北大社“十三五”职业教育规划教材

e联网+ 高职高专土建专业“互联网+”创新规划教材

全新修订

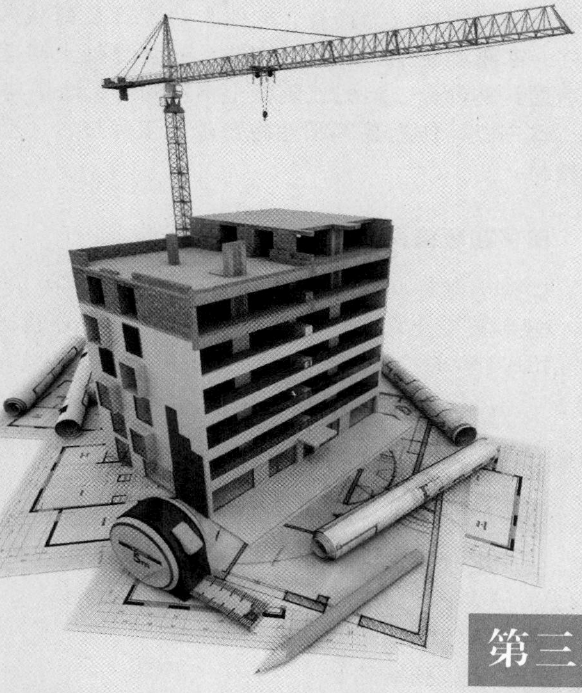

第三版

建筑力学与结构

主　编　吴承霞　宋贵彩
副主编　魏玉琴　王　焱　汪耀武
　　　　张　毅
参　编　孔　惠　宋　乔　李亚敏
　　　　尚瑞娟　王以贤　夏晋华
　　　　韩　梅

北京大学出版社
PEKING UNIVERSITY PRESS

内 容 简 介

本书按照最新国家规范编写，紧密围绕两套建筑结构施工图纸展开。书中内容按照模块教学要求编排，包括力学结构的概念，建筑结构施工图，建筑力学基本知识，结构构件上的荷载及支座反力计算，构件内力计算及荷载效应组合，钢筋混凝土梁、板，钢筋混凝土柱，钢筋混凝土框架结构构造，钢筋混凝土楼盖、楼梯及雨篷，砌体结构墙、柱，多高层房屋结构简介，装配式混凝土结构简介，地基与基础，钢结构。

本书既可作为高等职业教育建筑工程技术、工程监理等专业的教材，也可作为岗位培训教材。

图书在版编目(CIP)数据

建筑力学与结构/吴承霞，宋贵彩主编．—3版．—北京：北京大学出版社，2018.5
(高职高专土建专业“互联网+”创新规划教材)
ISBN 978-7-301-29209-9

Ⅰ．①建… Ⅱ．①吴… ②宋… Ⅲ．①建筑科学—力学—高等职业教育—教材②建筑结构—高等职业教育—教材 Ⅳ．①TU3

中国版本图书馆 CIP 数据核字(2018)第 026291 号

书　　名　建筑力学与结构（第三版）
　　　　　JIANZHU LIXUE YU JIEGOU
著作责任者　吴承霞　宋贵彩　主编
策划编辑　杨星璐
责任编辑　伍大维
数字编辑　陈颖颖　贾新越
标准书号　ISBN 978-7-301-29209-9
出版发行　北京大学出版社
地　　址　北京市海淀区成府路 205 号　100871
网　　址　http://www.pup.cn　新浪微博：@北京大学出版社
电子信箱　编辑部：pup6@pup.cn　总编室：zpup@pup.cn
电　　话　邮购部 62752015　发行部 62750672　编辑部 62750667
印 刷 者　天津中印联印务有限公司
经 销 者　新华书店
　　　　　787 毫米×1092 毫米　16 开本　25.75 印张　603 千字
　　　　　2009 年 9 月第 1 版　2013 年 4 月第 2 版
　　　　　2018 年 5 月第 3 版　2023 年 8 月修订
　　　　　2023 年 8 月第 7 次印刷（总第 26 次印刷）
定　　价　59.50 元

第三版 前言

建筑类高等职业教育把培养面向施工一线的高技能专门人才作为培养目标。高等职业院校的学生不仅需要具备一定的知识结构，更应具有一定的职业技能水平。要落实《教育部关于全面提高高等职业教育教学质量的若干意见》的精神，就要求高等职业院校在人才培养目标、知识技能结构、课程体系改革和教学内容等方面下功夫，逐步落实“教、学、做”一体化的教学模式改革，把提高学生职业技能的培养放在“教与学”的突出位置上。

为响应党的二十大报告中提出的我国新型工业化、信息化、城镇化、农业现代化的发展需求，落实教育部关于“三教”改革、1+X 证书制度等政策要求，使教材和职业教育、行业发展保持紧密的结合度，特修订教材。“建筑力学与结构”是高等职业教育建筑工程技术、工程监理等专业的一门重要的专业基础课程，它以“高等数学”“建筑工程制图基础”“建筑识图与构造”“建筑材料”等课程为基础，并为其他后续专业课程的学习奠定基础。其教学任务是使学生了解必要的力学基础知识，掌握建筑结构的基本概念以及结构施工图的识读方法，能运用所学知识分析和解决建筑工程实践中较为简单的结构问题；同时培养学生严谨、科学的思维方式，以及认真、细致的工作方式。

为完成以上教学目标和任务，我们在本书的编写过程中，尝试以两套实际工程施工图作为任务引领，从调整教学内容入手，打破传统的学科体系，把力学和结构融在一起。本书以工程“实用”“够用”为度，同时适应建筑业相应工种职业资格的岗位要求，由建筑设计单位和施工企业参与本书编写的全过程，以工程实例为主线，通过实训、实习和现场教学，将对学生实践能力的培养贯穿于每个教学过程的始终。按照建筑企业实际的工作任务、工作过程和工作情境组织教学，从而形成围绕建筑图纸为工作过程的新型模式。各教学单位的不同专业在使用本书时，可根据教学内容选择不同的模块开展教学。

本书自第一版 2009 年 9 月问世以来，在广大读者的支持下，于 2013 年修订了第二版，已经先后印刷了 19 次，受到了读者的一致好评。

随着新一批国家工程建设标准规范的相继修订与实施，本书的修订工作也随后展开。经编者一年多时间的努力，终于完成了本次修订任务。本次修订在保持教材的原版特色、组织结构和内容体系不变的前提下，努力在教学内容、表现形式等方面有所充实和更新。修订的主要内容如下。

【资源索引】

(1) 本书所有内容依据现行新规范进行修订。依据是:《混凝土结构设计规范(2015年版)》(GB 50010—2010);《建筑抗震设计规范(2016年版)》(GB 50011—2010);《砌体结构设计规范》(GB 50003—2011);《混凝土结构施工图平面整体表示方法制图规则和构造详图》(16G101)。同时根据行业发展情况,国家对装配式施工的大力推进,增加了模块12装配式混凝土结构简介。

(2) 为了便于教师直观教学和学生理解建筑力学与结构知识,本书通过部分三维图解和文字叙述,以图文并茂的方式讲解力学及结构构造等专业核心知识点。

针对课程特点,为了使学生更加直观地理解结构特点,也方便教师教学讲解,我们以“互联网+”教材的模式开发了与本书配套的手机APP客户端“巧课力”。读者可通过扫描封二中所附的二维码进行验证和使用。“巧课力”通过AR增强现实技术,将书中的一些结构图转化成可720°旋转,并可无限放大、缩小的三维模型。读者打开“巧课力”APP客户端之后,将手机摄像头对准“切口”带有色块和“互联网+”logo的页面,即可在手机上多角度、任意大小、交互式查看页面结构图所对应的三维模型。另外,书中通过二维码的形式链接了拓展学习资料和习题答案等内容,扫描书中的二维码,即可在课堂内外进行相应知识点的拓展学习,节约了搜集、整理学习资料的时间。作者也会根据行业发展情况,及时更新二维码所链接的资源,以便使书中内容与行业发展结合更为紧密。

本书推荐的学时数为90学时,各模块学时分配见下表(供参考)。

序次	模块1	模块2	模块3	模块4	模块5	模块6	模块7
学时数	4	8	10	6	12	10	8
序次	模块8	模块9	模块10	模块11	模块12	模块13	模块14
学时数	2	8	4	6	2	4	6

本书由河南建筑职业技术学院吴承霞、宋贵彩任主编;河南建筑职业技术学院魏玉琴,河南工业职业技术学院王焱,咸宁职业技术学院汪耀武,山东城市建设职业学院张毅任副主编;河南建筑职业技术学院孔惠、宋乔、李亚敏、尚瑞娟、王以贤、韩梅,以及郑州信息科技职业学院夏晋华参编。具体的编写分工如下:吴承霞编写模块1,夏晋华编写模块2,宋乔编写模块3,魏玉琴编写模块4,宋贵彩编写模块5、模块12,汪耀武、李亚敏编写模块6,孔惠编写模块7、模块8,张毅编写模块9,王以贤编写模块10,王焱编写模块11、模块13,尚瑞娟、韩梅编写模块14。两套图纸由河南东方建筑设计有限公司设计,王聚厚为工程负责人,建筑设计由尹军莉、李晓珺提供,结构设计由孔德帝、张宇翔提供。部分二维码资源由河南建筑职业技术学院柴伟杰老师提供。

由于编者水平有限,加之新规范和新图集的发布时间较短,编者对于新规范和新图集的学习和掌握还不够深入,书中尚有不足之处,恳请广大读者批评指正。

编　者

目录

模块1 力学结构的概念

教学目标

通过本模块的学习，掌握建筑结构的组成，会对建筑结构进行分类；理解建筑结构的功能要求，掌握极限状态的概念；掌握两种极限状态，掌握建筑结构抗震的基本术语。

教学要求

能力目标	相关知识	权重
掌握建筑结构的组成及分类	建筑结构按所用材料可分为混凝土结构、砌体结构，钢结构和木结构。建筑结构按受力和构造特点的不同可分为混合结构、框架结构、框架-剪力墙结构、剪力墙结构、筒体结构、大跨结构等	30%
理解建筑结构的功能要求	结构的功能要求是指结构的安全性、适用性和耐久性	10%
掌握极限状态的概念和分类	极限状态共分两类：承载能力极限状态和正常使用极限状态	20%
掌握建筑结构抗震的基本术语	地震的震级、烈度，抗震设防目标等	40%

学习重点

建筑结构的组成、功能要求，极限状态，抗震设防。

引例

一栋两层办公楼如图 1.1(a)所示(实例一),一栋两层教学楼如图 1.1(b)所示(实例二),如何保证两栋楼在正常使用时是安全的?两栋楼的结构形式有何不同?楼层的梁和板有何区别?板里有钢筋吗?如何放置?梁又如何设计?墙体用什么样的材料建造?基础怎样?两栋楼应如何考虑抗震?

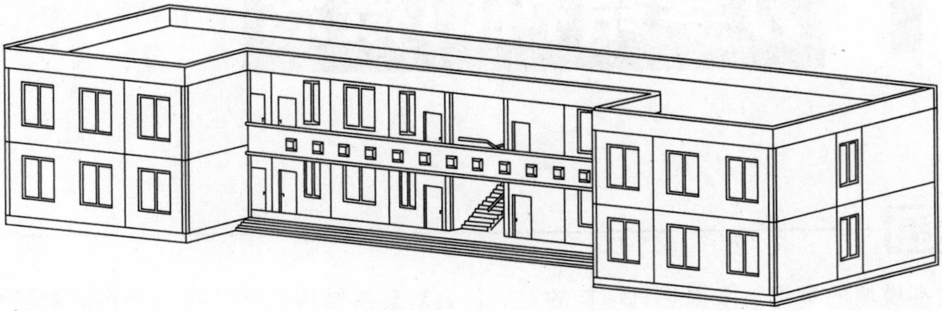

(a)

(b)

图 1.1 实例一和实例二的建筑效果图

(a) 实例一:办公楼(砖混结构);(b) 实例二:教学楼(钢筋混凝土框架结构)

引例中的问题就牵涉该结构和构件受多大的内力,要靠结构知识去解决板、梁的设计和墙体计算,基础的大小等问题。

1.1 建筑力学与结构概述

建筑物在施工和使用过程中受到各种力的作用——结构自重、人及设备的质量、风、雪、地震等。这些力的作用形式怎样?大小是多少?对建筑物会产生什么样的效应?这些问题都要靠建筑力学和结构来解决。

1.1.1 建筑结构的概念和分类

建筑中，由若干构件(如板、梁、柱、墙、基础等)连接而构成的能承受荷载和其他间接作用(如温度变化、地基不均匀沉降等)的体系，称为建筑结构(图 1.2)。建筑结构在建筑中起骨架作用，是建筑的重要组成部分。

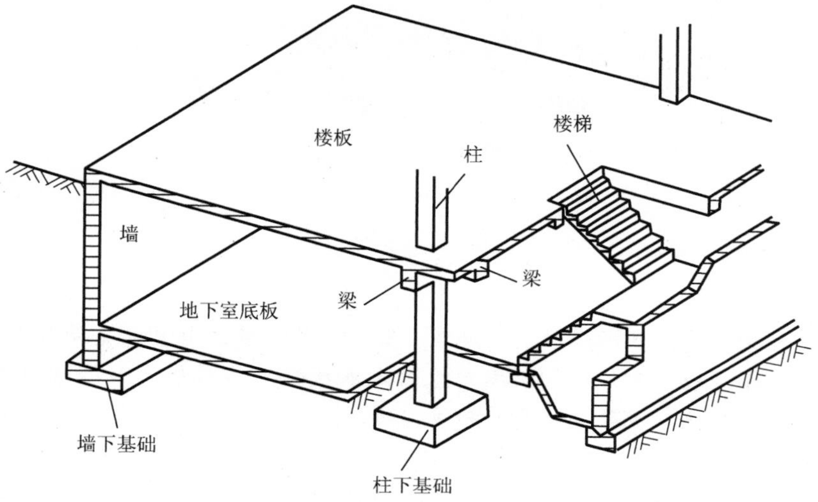

【建筑结构】

图 1.2 建筑结构

1. 按材料分类

根据所用材料的不同，建筑结构可分为混凝土结构、砌体结构、钢结构和木结构。

1) 混凝土结构

混凝土结构可分为钢筋混凝土结构、预应力混凝土结构、素混凝土结构。其中应用最广泛的是钢筋混凝土结构(图 1.3)，它具有强度高、耐久性好、抗震性能好、可塑性强等优点；也有自重大、抗裂能力差、现浇时耗费模板多、工期长等缺点。

图 1.3 钢筋混凝土结构施工现场

混凝土结构在工业与民用建筑中应用极为普遍，如多层与高层住宅、写字楼、教学楼、医院、商场及公共设施等。

2) 砌体结构

砌体结构是指各种块材(包括砖、石材、砌块等)通过砂浆砌筑而成的结构(图 1.4)。砌体结构根据所用块材的不同，又可分为砖结构、石结构和其他材料的砌块结构。砌体结构的主要优点是能就地取材、造价低廉、耐火性强、工艺简单、施工方便，所以在建筑中应用广泛，主要用作七层以下的住宅楼、旅馆，五层以下的办公楼、教学楼等民用建筑的承重结构。其缺点是自重大、强度较低、抗震性能差。

图 1.4　砌体结构施工现场

特别提示

传统的砌体结构房屋大多采用黏土砖建造，黏土砖的用量十分巨大，而生产黏土砖要毁坏农田，且污染环境。砌体结构材料应大力发展新型墙体材料，如蒸压粉煤灰砖、蒸压灰砂砖、混凝土砌块、混凝土多孔砖和实心砖等。

我国古代就用砌体结构建造城墙、佛塔、宫殿和拱桥。如闻名中外的万里长城、西安大雁塔等均为砌体结构建造(图 1.5)；隋代李春所设计和建造的河北赵县安济桥(又名赵州桥)迄今已有 1400 多年，桥净跨 37.02m，为世界上最早的单孔空腹式石拱桥(图 1.6)。

图 1.5　万里长城与大雁塔

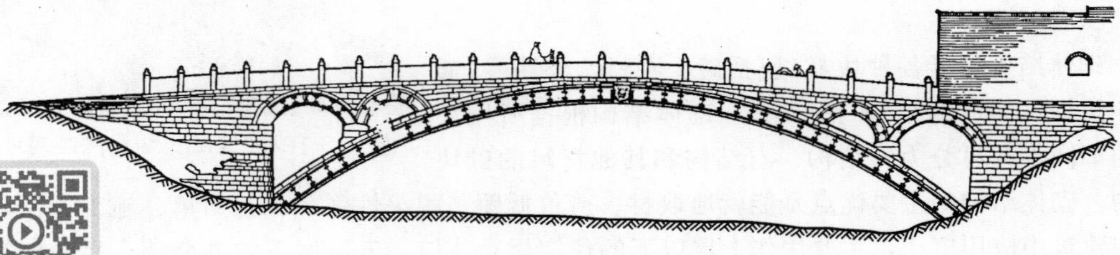

图 1.6　河北赵县安济桥

【经典建筑】

3）钢结构

用钢材制作的结构称为钢结构。钢结构具有强度高、自重轻、材质均匀、制作简单、运输方便等优点；但也存在易锈蚀、耐火性差、维修费用高等缺点。而且，钢材是国民经济各部门中不可缺少的重要材料，使用量大，价格比较昂贵，因此，钢结构在基本建设中主要用于大跨度屋盖(如体育场馆)、高层建筑、重型工业厂房、承受动力荷载的结构及塔桅结构中。

典型的钢结构建筑有：泸定桥(1705 年建造，图 1.7)，鸟巢(2008 年建成，图 1.8)，上海东方明珠塔(1994 年建成，高 468m，图 1.9)，上海金茂大厦(1997 年建成，420m 高，图 1.10)。

图 1.7 大渡河铁索桥——泸定桥

图 1.8 2008 年北京奥运会国家体育场——鸟巢

图 1.9 上海东方明珠塔

图 1.10 上海金茂大厦

4）木结构

以木材为主制作的结构称为木结构。木结构以梁、柱组成的构架承重，墙体则主要起填充、防护作用。木结构的优点是能就地取材、制作简单、造价较低、便于施工；缺点是木材本身疵病较多、易燃、易腐、结构易变形，因此不宜用于火灾危险性较大或经常受潮又不易通风的生产性建筑中。

【木结构建筑】

木结构是我国最早应用的建筑结构，直到现代还应用于古典园林建筑。北京故宫(图 1.11)充分反映了我国古代木结构的高超水平。但由于木材用途广泛，其产量又受到自然条件的限制，在建筑中已越来越少采用木结构。

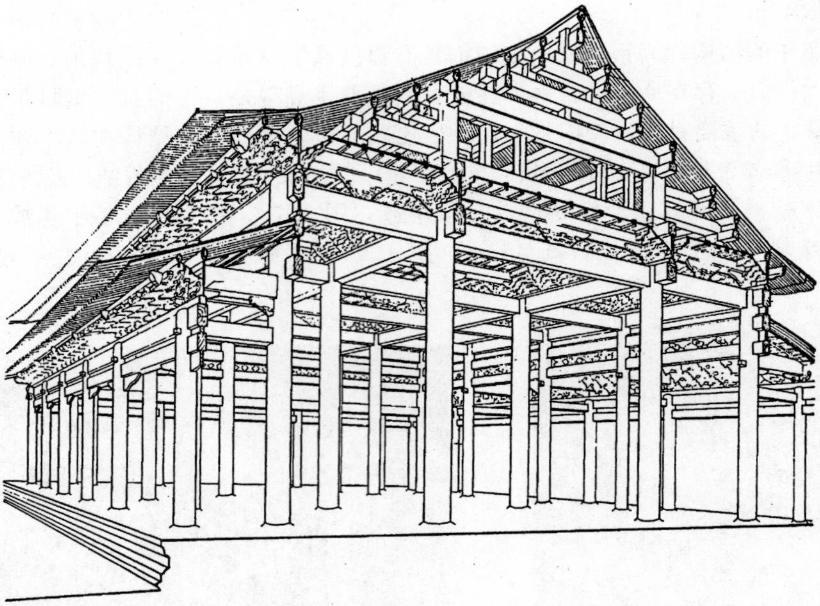

图 1.11　北京故宫太和殿梁架结构示意

2. 按受力分类

建筑结构按受力和构造特点的不同可分为混合结构、框架结构、剪力墙结构、框架-剪力墙结构、筒体结构、大跨结构等。其中大跨结构多采用网架结构、薄壳结构、膜结构及悬索结构。

1）混合结构

混合结构是指由砌体结构构件和其他材料构件组成的结构。如垂直承重构件用砖墙、砖柱，而水平承重构件用钢筋混凝土梁板(图 1.12)，这种结构就为混合结构，也称承重墙结构。该种结构形式具有就地取材、施工方便、造价低等特点。

2）框架结构

框架结构是由纵梁、横梁和柱组成的结构，这种结构是梁和柱刚性连接而形成骨架的结构(图 1.13)。框架结构的优点是强度高、自重轻、整体性和抗震性能好。框架结构多采用钢筋混凝土建造，一般适用于 10 层以下及 10 层左右的房屋结构。框架结构建筑平面布置灵活，可满足生产工艺和使用要求，且比混合结构强度高、延性好、整体性好、抗震性能好。

3）剪力墙结构

剪力墙结构是由纵向、横向的钢筋混凝土墙所组成的结构(图 1.14)。墙体除抵抗水平荷载和竖向荷载外，还为整个房屋提供很大的抗剪强度和刚度，对房屋起围护和分割作用。这种结构的侧向刚度大，适宜做较高的高层建筑，但由于剪力墙位置的约束，建筑内部空间的划分比较狭小，不利于形成开敞性的空间，因此较适宜用于宾馆与住宅。剪力墙结构常用于 25～30 层的房屋。

4）框架-剪力墙结构

框架-剪力墙结构又称框剪结构，它是在框架纵、横方向的适当位置，在柱与柱之间设置几道钢筋混凝土墙体(剪力墙)(图 1.15)的结构。在这种结构中，框架与剪力墙协同受力，剪力墙承担绝大部分水平荷载，框架则以承担竖向荷载为主。这种体系一般用于办公楼、旅馆、住宅及某些工艺用房，一般用于 25 层以下的房屋结构。

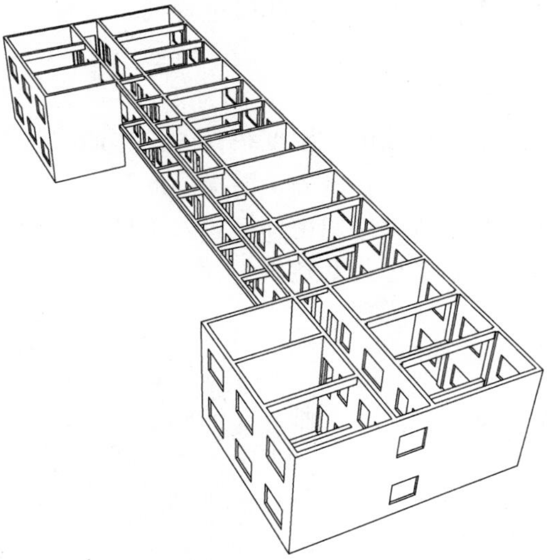

图 1.12 混合结构(实例一)

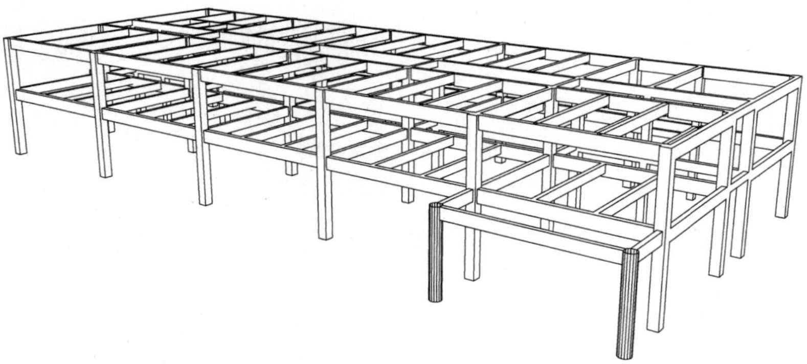

图 1.13 钢筋混凝土框架结构(实例二)

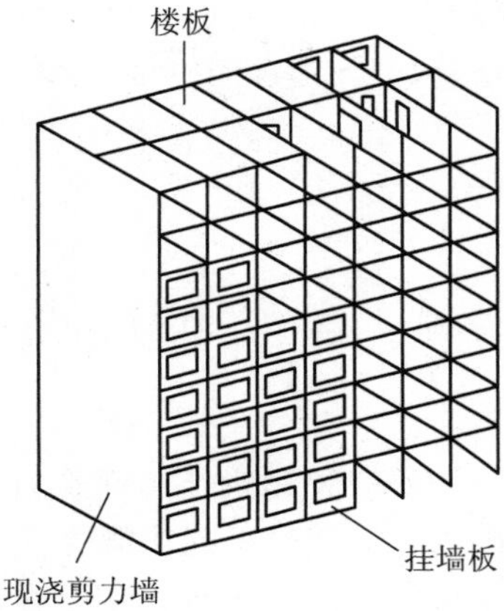

图 1.14 剪力墙结构

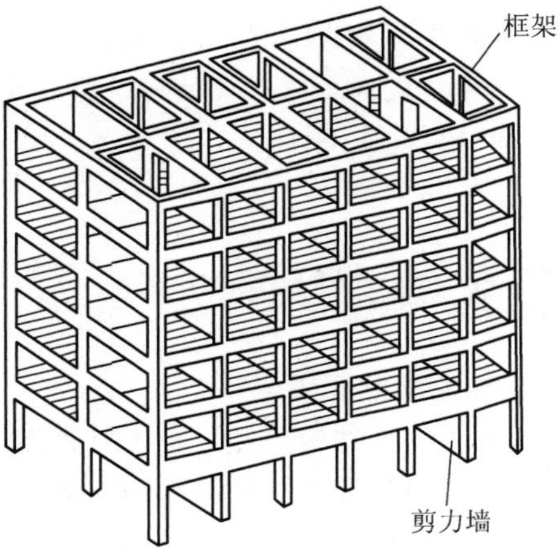

图 1.15 框架-剪力墙结构

如果将剪力墙布置成筒体，框架-剪力墙结构又可称为框架-筒体结构体系。筒体的承载能力、侧向刚度和抗扭能力都较单片剪力墙大大提高。在结构上，这是提高材料利用率的一种途径；在建筑布置上，则往往利用筒体做电梯间、楼梯间和竖向管道的通道，这也是十分合理的。

5）筒体结构

筒体结构是用钢筋混凝土墙围成侧向刚度很大的筒体的结构形式。筒体在侧向风荷载的作用下，受力特点类似于一个固定在基础上的筒形的悬臂构件，迎风面将受拉，而背风面将受压。筒体可以为剪力墙，可以采用密柱框架，也可以根据实际需要采用数量不同的筒体。筒体结构多用于高层或超高层公共建筑中(图 1.16)。

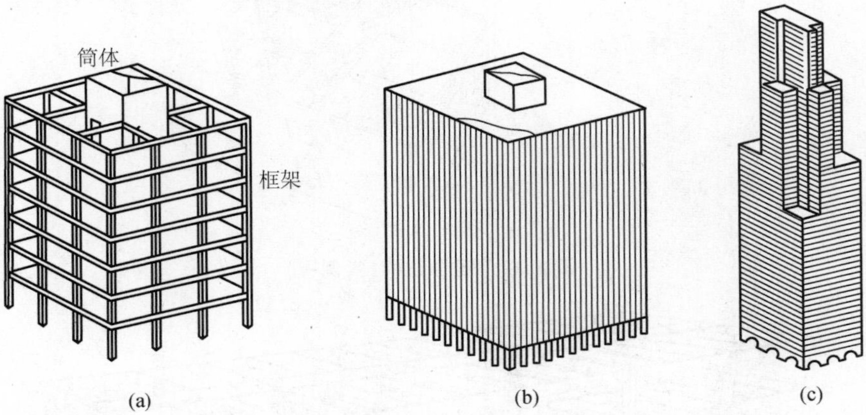

图 1.16　筒体结构

(a)框架核心筒结构；(b)筒中筒结构；(c)成束筒结构

筒体结构用于 30 层以上的超高层房屋结构，经济高度以不超过 80 层为限。

特别提示

(1) 从造价的角度来讲：砌体结构最为经济，混凝土结构次之，钢结构最贵。

(2) 从抗震的角度来讲：砌体结构最差，混凝土结构次之，钢结构最好。

(3) 实际工程中，建造房屋的用途、层数及当地经济发展状况等决定了采用何种结构形式。随着城市土地资源的稀缺，多层建筑(即砌体结构)应用越来越少；混凝土结构和钢结构应用越来越多。

1.1.2 建筑结构的功能

1. 结构的功能要求

不管采用何种结构形式，也不管采用什么材料建造，任何一种建筑结构都是为了满足所要求的功能而设计的。建筑结构在规定的设计使用年限内，应满足下列功能要求。

(1) 安全性，即结构在正常施工和正常使用时能承受可能出现的各种作用，在设计规定的偶然事件发生时及发生后，仍能保持必需的整体稳定。

（2）适用性，即结构在正常使用条件下具有良好的工作性能。如不发生过大的变形或振幅，以免影响使用，也不发生足以令用户不安的裂缝。

（3）耐久性，即结构在正常维护下具有足够的耐久性能。如混凝土不发生严重的风化、脱落，钢筋不发生严重锈蚀，以免影响结构的使用寿命。

2. 结构的可靠性

结构的可靠性是这样定义的：结构在规定的时间内，在规定的条件下，完成预定功能的能力。结构的安全性、适用性和耐久性总称为结构的可靠性。

结构可靠度是可靠性的定量指标，可靠度的定义是：结构在规定的时间内，在规定的条件下，完成预定功能的概率。

3. 极限状态的概念

整个结构或结构的一部分超过某一特定状态就不能满足设计规定的某一功能要求，此特定状态为该功能的极限状态。极限状态实质上是一种界限，是有效状态和失效状态的分界。极限状态可分为三类：

（1）承载能力极限状态(图 1.17)：结构或结构构件达到最大承载力、出现疲劳破坏或不适于继续承载的变形，或结构的连续倒塌。当结构或构件出现下列状态之一时，应认定超过了承载能力极限状态：

① 结构构件或连接因超过材料强度而破坏，或因过度变形而不适于继续承载。

② 整个结构或结构的一部分作为刚体失去平衡(如阳台、雨篷的倾覆)等。

③ 结构转变为机动体系(如构件发生三角共线而形成体系机动丧失承载力)。

④ 结构或结构构件丧失稳定(如长细杆的压屈失稳破坏等)。

⑤ 结构因局部破坏而发生连续倒塌。

⑥ 地基丧失承载能力而破坏(如失稳等)。

⑦ 结构或结构构件的效劳破坏。

图 1.17 承载能力极限状态

（2）正常使用极限状态：结构或结构构件达到正常使用或耐久性能的某项规定限值。当结构或构件出现下列状态之一时，应认定为超过了正常使用极限状态：

① 影响正常使用或外观的变形。

② 影响正常使用的局部损坏。

③ 影响正常使用的振动。

④ 影响正常使用的其他特定状态(如沉降量过大等)。

（3）耐久性极限状态（图 1－18)：当结构或构件出现下列状态之一时，应认定为超过了耐久性极限状态：

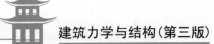

① 影响承载能力和正常使用的材料性能劣化；

② 影响耐久性能的裂缝、变形、缺口、外观、材料削弱等。

③ 影响耐久性能的其他特定状态。

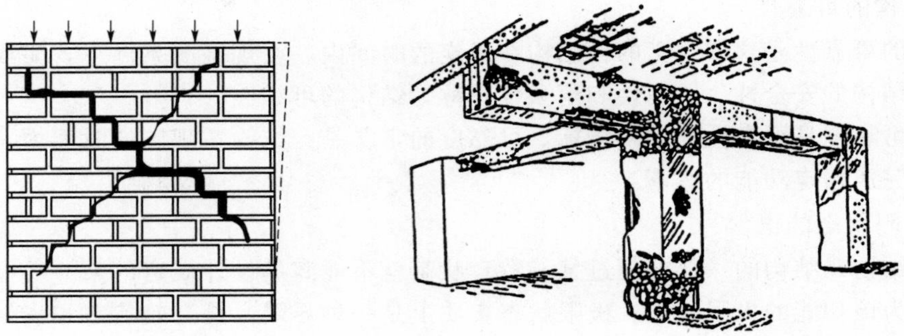

图 1.18　耐久性极限状态

由上述两类极限状态可以看出，结构或构件一旦超过承载能力极限状态，就可能发生严重破坏、倒塌，造成人身伤亡和重大经济损失。因此，应该将出现这种极限状态的概率控制得非常严格。而结构或构件出现正常使用极限状态的危险性和损失要小得多，其极限状态的出现概率可适当放宽。所以，结构设计时承载能力极限状态的可靠度水平应高于正常使用极限状态的可靠度水平。

特别提示

(1) 承载能力极限状态是保证结构安全性的，正常使用极限状态是保证结构适用性的，而耐久性极限状态是保证结构耐久性的。

(2) 结构设计年限分为以下四类。

一类（临时性建筑结构）：设计使用年限 5 年。

二类（易于替换的结构构件）：设计使用年限 25 年。

三类（普通房屋和构筑物）：设计使用年限 50 年。

四类（标志性建筑和特别重要的建筑结构）：设计使用年限 100 年。

4. 结构极限状态方程

结构和结构构件的工作状态可以由该结构构件所承受的荷载效应 S 和结构抗力 R 两者的关系来描述，即

$$Z=R-S$$

上式称为结构的功能函数，用来表示结构的三种工作状态。

(1) 当 $Z>0$(即 $R>S$)时，结构处于可靠状态。

(2) 当 $Z=0$(即 $R=S$)时，结构处于极限状态。

(3) 当 $Z<0$(即 $R<S$)时，结构处于失效状态。

特别提示

(1) 荷载效应 S 与施加在结构上的外荷载有关，其计算方法见模块5。
(2) 要保证结构可靠，所有的结构计算要满足 $S \leqslant R$。

1.1.3 建筑结构的发展概况趋势

1. 墙体材料改革

墙体材料总的发展趋势是走节能、节土、低污染、轻质、高强度、配套化、易于施工、劳动强度低的发展道路。国外墙体材料的发展遵循保护环境、节约能源、合理利用资源、发展绿色产品的原则，主要产品有灰砂砖、灰砂型加气混凝土砌块和板材、混凝土砌块、石膏砌块、复合轻质板材、烧结制品等。我国墙体材料的发展趋势如下。

(1) 以黏土为原料的产品大幅度减少，向空心化和装饰化方向发展；石膏制品以纸面石膏板为主，增长迅速；建筑砌块持续增长，并向系统化方向发展，产品以混凝土砌块为主且向空心化发展，装饰砌块和多功能、易施工的砌块也将得到发展；质量轻、强度高、保温性能好的功能性复合墙板将迅速发展。

(2) 发展满足建筑功能要求、保温隔热性能优良、轻质高强、便于机构化施工的各类内外墙板；发展承重混凝土小型空心砌块和承重利废空心砖，非承重墙体材料应以利废的各类非承重砌块和轻板为主；发展承重的空心砖和混凝土小型空心砌块。

(3) 充分利用废弃物生产建筑材料，使粉煤灰、煤矸石等工业废渣、建筑垃圾和生活垃圾等废弃物得到有效利用；实现产品的规范化、标准化、模数化，使多功能复合型的新型墙体材料产品得到快速发展。

(4) 开发各种新的制砖技术，如垃圾砖生产技术、蒸压粉煤灰砖生产技术、烧结粉煤灰砖生产技术、泡沫砖生产技术等。建筑砌块向多品种、大规模、自动化方向发展。

(5) 新型墙材的革新着重于建筑节能的推广。

2. 混凝土结构发展

混凝土结构的发展方向：高强和高性能混凝土的应用；发展轻集料混凝土，如浮石混凝土、陶粒混凝土、纤维混凝土、钢-混凝土混合结构的应用；预应力混凝土的应用等。

3. 装配式结构的推广

装配式混凝土结构是我国建筑结构发展的重要方向之一，它有利于我国建筑工业的发展、提高生产效率节约能源、发展绿色环保建筑，并且有利于提高和保证建筑工程质量。与现浇施工工法相比，装配式混凝土结构有利于绿色施工，因为装配式施工更符合绿色施工节地、节能、节材、节水和环境保护的要求，降低对环境的负面影响，包括降低噪声、防止扬尘，减少环境污染，清洁运输，减少场地干扰，节约水、电、材料等资源和能源，遵循可持续发展的原则。而且，装配式结构可以连续地按顺序完成工程的多个或全部工序，从而减少进场的工程机械种类和数量，消除工序衔接的停闲时间，实现立体交叉作业，减少施工人员，从而提高工效、降低物料消耗、减少环境污染，为绿色施工提供保障。另外，装配式结构在较大程度上减少了建筑垃圾（占城市垃圾总量的30%～40%），如废钢筋、废铁丝、废竹木材、废弃混凝土等。

建设现代化产业体系，要推进新型工业化，加快建设制造强国①。以装配式建筑、BIM 等新技术为代表的新型建筑体系正是我国建筑业当前及未来的发展方向，从而构建出现代化基础设施体系。

1.2 结构抗震知识

引例

北京时间 2008 年 5 月 12 日，我国四川省发生了里氏 8.0 级的特大地震。震中位于四川省汶川县的映秀镇(东经 103.4°，北纬 31.0°)，震源深度 33km，震中烈度达 11 度，破坏特别严重的地区超过 10 万平方千米。地震造成了特别重大灾害，给人民的生活和财产造成了巨大损失。

那么地震是什么？上述名词又有何解释？房屋如何抗震？

1.2.1 地震的基本概念

地震是一种突发性的自然灾害，其作用结果是引起地面的颠簸和摇晃。由于我国地处两大地震带(环太平洋地震带及地中海-南亚地震带)的交汇区，且东部台湾地区及西部青藏高原直接位于两大地震带上，因此，我国地震区分布广、发震频繁，是一个多地震国家。

【地震介绍】

地震发生的地方称为震源；震源正上方的位置称为震中；震中附近地面振动最厉害，也是破坏最严重的地区，称为震中区或极震区；地面某处至震中的距离称为震中距；地震时地面上破坏程度相近的点连成的线称为等震线；震源至地面的垂直距离称为震源深度(图 1.19)。

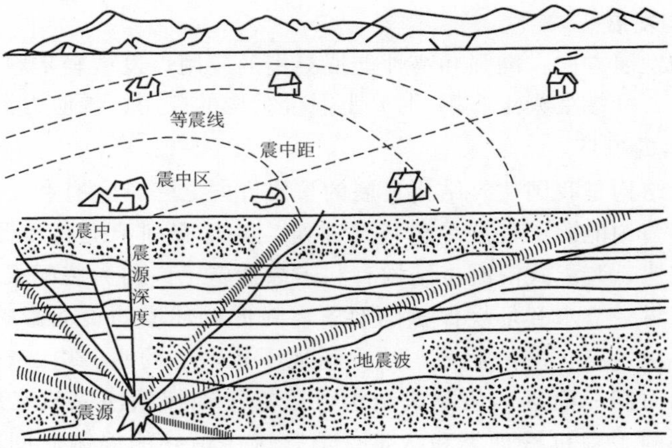

图 1.19 地震示意图

① 党的二十大报告提出：“建设现代化产业体系。坚持把发展经济的着力点放在实体经济上，推进新型工业化，加快建设制造强国、质量强国、航天强国、交通强国、网络强国、数字中国。”

依其成因，地震可分为三种主要类型：火山地震、塌陷地震和构造地震。根据震源深度不同，又可将构造地震分为三种：浅源地震——震源深度不大于60km；中源地震——震源深度为60～300km；深源地震——震源深度大于300km。

地震引起的振动以波的形式从震源向各个方向传播，它使地面发生剧烈的运动，从而使房屋产生上下跳动及水平晃动。当结构经受不住这种剧烈的颠晃时，就会产生破坏甚至倒塌。

1. 地震的震级

衡量地震大小的等级称为震级，它表示一次地震释放能量的多少，一次地震只有一个震级。地震的震级用 M 表示。

一般来说，震级小于里氏2级的地震，人们感觉不到，称为微震；里氏2～4级的地震称为有感地震；里氏5级以上的地震称为破坏地震，会对建筑物造成不同程度的破坏；里氏7～8级地震称为强烈地震或大地震；超过里氏8级的地震称为特大地震。到目前为止，世界最大的地震是1960年发生在智利的里氏9.5级地震，1976年我国河北唐山发生的地震为里氏7.8级，2008年5月12日四川汶川发生的地震为里氏8级。

2. 地震烈度

地震烈度是指某一地区地面和建筑物遭受一次地震影响的强烈程度。地震烈度不仅与震级大小有关，而且与震源深度、震中距、地质条件等因素有关。一次地震只有一个震级，然而同一次地震却有好多个烈度区。一般来说，离震中越近，烈度越高。我国地震烈度采用十二度划分法，见表1-1。

表1-1 中国地震烈度表

地震烈度	人的感觉	房屋震害			其他震害现象
		类型	震害程度	平均震害指数	
Ⅰ	无感	—	—	—	—
Ⅱ	室内个别静止中人有感觉	—	—	—	—
Ⅲ	室内少数静止中人有感觉	—	门、窗轻微作响	—	悬挂物微动
Ⅳ	室内多数人、室外少数人有感觉，少数人梦中惊醒	—	门、窗作响	—	悬挂物明显摆动，器皿作响
Ⅴ	室内绝大多数、室外多数人有感觉，多数人梦中惊醒	—	门窗、屋顶、屋架颤动作响，灰土掉落，个别房屋抹灰出现细微细裂缝，个别有檐瓦掉落，个别屋顶烟囱掉砖	—	悬挂物大幅度晃动，不稳定器物摇动或翻倒

(续)

地震烈度	人的感觉	房屋震害			其他震害现象
		类型	震害程度	平均震害指数	
Ⅵ	多数人站立不稳，少数人惊逃至户外	A	少数中等破坏，多数轻微破坏和/或基本完好	0.00～0.11	家具和物品移动；河岸和松软土出现裂缝，饱和砂层出现喷砂冒水；个别独立砖烟囱轻度裂缝
		B	个别中等破坏，少数轻微破坏，多数基本完好		
		C	个别轻微破坏，大多数基本完好	0.00～0.08	
Ⅶ	大多数人惊逃至户外，骑自行车的人有感觉，行驶中的汽车驾乘人员有感觉	A	少数毁坏和/或严重破坏，多数中等和/或轻微破坏	0.09～0.31	物体从架子上掉落；河岸出现塌方，饱和砂层常见喷水冒砂，松软土地上地裂缝较多；大多数独立砖烟囱中等破坏
		B	少数毁坏，多数严重和/或中等破坏		
		C	个别毁坏，少数严重破坏，多数中等和/或轻微破坏	0.07～0.22	
Ⅷ	多数人摇晃颠簸，行走困难	A	少数毁坏，多数严重和/或中等破坏	0.29～0.51	干硬土上出现裂缝，饱和砂层绝大多数喷砂冒水；大多数独立砖烟囱严重破坏
		B	个别毁坏，少数严重破坏，多数中等和/或轻微破坏		
		C	少数严重和/或中等破坏，多数轻微破坏	0.20～0.40	
Ⅸ	行动中的人摔倒	A	多数严重破坏或/和毁坏	0.49～0.71	干硬土上多处出现裂缝，可见基岩裂缝、错动，滑坡、塌方常见；独立砖烟囱多数倒塌
		B	少数毁坏，多数严重和/或中等破坏		
		C	少数毁坏和/或严重破坏，多数中等和/或轻微破坏	0.38～0.60	
Ⅹ	骑自行车的人会摔倒，处于不稳状态的人会摔离原地，有抛起感	A	绝大多数毁坏	0.69～0.91	山崩和地震断裂出现；基岩上拱桥破坏；大多数独立砖烟囱从根部破坏或倒毁
		B	大多数毁坏		
		C	多数毁坏和/或严重破坏	0.58～0.80	

（续）

地震烈度	人的感觉	房屋震害			其他震害现象
		类型	震害程度	平均震害指数	
Ⅺ	—	A	绝大多数毁坏	0.89～1.00	地震断裂延续很大，大量山崩滑坡
		B			
		C		0.78～1.00	
Ⅻ	—	A	—	1.00	地面剧烈变化，山河改观
		B			
		C			

注：表中的数量词："个别"为10%以下；"少数"为10%～45%；"多数"为40%～70%；"大多数"为60%～90%；"绝大多数"为80%以上。

3. 抗震设防烈度

抗震设防烈度是按国家批准权限审定，作为一个地区抗震设防依据的地震烈度。《建筑抗震设计规范(2016年版)》(GB 50011—2010) 给出了全国主要城镇抗震设防烈度。表1-2给出了全国主要城市抗震设防烈度。

【全国抗震设防烈度】

表1-2　全国主要城市抗震设防烈度

烈度	城市名
6度	重庆、哈尔滨、杭州、南昌、济南、武汉、长沙、南宁、贵阳、青岛
7度(0.1g)	上海、石家庄、沈阳、长春、南京、合肥、福州、广州、成都、西宁、澳门、大连、深圳、珠海
7度(0.15g)	天津、厦门、郑州、香港
8度(0.2g)	北京、太原、呼和浩特、昆明、拉萨、西安、兰州、银川、乌鲁木齐
8度(0.3g)	海口、台北

注：括号内数字是设计基本地震加速度值。

抗震设防烈度为6度及以上地区的建筑，必须进行抗震设计。抗震设防烈度大于9度地区的建筑和行业有特殊要求的工业建筑，其抗震设计应按有关专门规定执行，即我国抗震设防的范围为地震烈度为6～9度地震区。

特别提示

(1) 我国抗震设防烈度为6～9度，6～9度必须进行抗震计算和构造设计。

(2) 震级和烈度是两个概念，新闻报道的都是震级，烈度仅对地面和房屋的破坏程度而言。

(3) 对于一次地震，只能有一个震级，而可以有多个烈度。一般来说离震中越远，地震烈度越小，震中区的地震烈度最大，并称为"震中烈度"。我国地震烈度分为1～12度。

4. 抗震设防的一般目标

抗震设防是指对建筑物进行抗震设计并采取抗震构造措施，以达到抗震的效果。抗震设防的依据是抗震设防烈度。《建筑抗震设计规范》提出了“三水准两阶段”的抗震设防目标。

(1) 第一水准——小震不坏：当遭受低于本地区抗震设防烈度的多遇地震影响时，一般不受损坏或不需修理可继续使用。

(2) 第二水准——中震可修：当遭受相当于本地区抗震设防烈度的地震影响时，可能损坏，经一般修理或不需修理仍可继续使用。

(3) 第三水准——大震不倒：当遭受高于本地区抗震设防烈度预估的罕遇地震影响时，建筑物不致倒塌或发生危及生命的严重破坏。

“两阶段”指弹性阶段的承载力计算和弹塑性阶段的变形验算。

1.2.2 地震的破坏作用

1. 地表的破坏现象

在强烈地震作用下，地表的破坏现象为地裂缝(图 1.20)、喷砂冒水、地面下沉及河岸、陡坡滑坡。

2. 建筑物的破坏现象

(1) 结构丧失整体性：房屋建筑或构筑物是由许多构件组成的，在强烈地震作用下，构件连接不牢、支撑长度不够和支撑失稳等都会使结构丧失整体性而破坏(图 1.21)。

图 1.20 地震产生的地裂缝

图 1.21 地震产生的房屋破坏现象

(2) 强度破坏：对于未考虑抗震设防或设防不足的结构，在具有多向性的地震力作用下，会使构件因强度不足而破坏。如地震时砖墙产生交叉斜裂缝、钢筋混凝土柱被剪断、压酥等(图 1.22)。

(3) 地基失效：在强烈地震作用下，地基承载力可能下降甚至丧失，也可能由于地基饱和砂层液化而造成建筑物沉陷、倾斜或倒塌。

图 1.22　地震时砖墙产生交叉斜裂缝、钢筋混凝土柱被压酥现象

3. 次生灾害

次生灾害是指地震时给排水管网、煤气管道、供电线路的破坏，以及易燃、易爆、有毒物质、核物质容器的破裂，堰塞湖等造成的水灾、火灾、污染、瘟疫等严重灾害。这些次生灾害有时比地震造成的直接损失还大。

2011 年 3 月 11 日，日本当地时间 14 时 46 分，日本东北部海域发生里氏 9.0 级地震并引发海啸，造成重大人员伤亡和财产损失。地震引发的海啸影响到太平洋沿岸的大部分地区。地震造成日本福岛第一核电站 1～4 号机组发生核泄漏事故。

1.2.3 建筑抗震设防分类和设防标准

在进行建筑设计时，应根据建筑的重要性不同，采取不同的抗震设防标准。《建筑工程抗震设防分类标准》将建筑按其使用功能的重要程度不同，分为以下四类(表 1－3)。

【建筑抗震设防分类及标准】

表 1－3　抗震设防标准分类

分　类	定　义	抗震设防标准
(1) 甲类 (特殊设防类)	指使用上有特殊设施，涉及国家公共安全的重大建筑工程和地震时可能发生严重次生灾害等特别重大灾害后果，需要进行特殊设防的建筑。如三级医院中承担特别重要医疗任务的门诊、住院用房；承担研究、中试和存放剧毒的高危险传染病病毒任务的疾病预防与控制中心的建筑或其区段；国家和区域的电力调度中心；国际出入口局、国际无线电台、国家卫星通信地球站、国际海缆登陆站等	应按高于本地区抗震设防烈度提高一度的要求加强其抗震措施；但抗震设防烈度为 9 度时，应按比 9 度更高的要求采取抗震措施
(2) 乙类 (重点设防类)	指地震时使用功能不能中断或需尽快恢复的生命线相关建筑，以及地震时可能导致大量人员伤亡等重大灾害后果，需要提高设防标准的建筑。如县级市及以上的疾病预防与控制中心的主要建筑；作为应急避难场所的建筑；消防车库及其值班用房；特大型的体育场；大型的电影院、剧场、礼堂、图书馆的视听室和报告厅、文化馆的观演厅和展览厅、娱乐中心建筑；人流密集的大型多层商场；大型博物馆、大型展览馆、会展中心等；幼儿园、小学、中学的教学用房，以及学生宿舍和食堂	应按高于本地区抗震设防烈度一度的要求加强其抗震措施；但抗震设防烈度为 9 度时，应按比 9 度更高的要求采取抗震措施

(续)

分　　类	定　　义	抗震设防标准
(3) 丙类 (标准设防类)	指大量的除(1)、(2)、(4)条以外按标准要求进行设防的建筑。如居住建筑的抗震设防类别不应低于标准设防类	应按本地区抗震设防烈度确定其抗震措施和地震作用，达到在遭遇高于当地抗震设防烈度的预估罕遇地震影响时，不致倒塌或发生危及生命安全的严重破坏的抗震设防目标
(4) 丁类 (适度设防类)	指使用上人员稀少且震损不致产生次生灾害，允许在一定条件下适度降低要求的建筑。如一般的储存物品的价值低、人员活动少、无次生灾害的单层仓库等	允许比本地区抗震设防烈度的要求适当降低其抗震措施，但抗震设防烈度为6度时不应降低。一般情况下，仍应按本地区抗震设防烈度确定其地震作用

1.2.4 抗震设计的基本要求

为了减轻建筑物的地震破坏、避免人员伤亡、减少经济损失，必须对地震区的房屋进行抗震设计。建筑结构的抗震设计分为两大部分：一是计算设计——对地震作用效应进行定量分析计算；二是概念设计——正确地解决总体方案、材料使用和细部构造，以达到合理抗震设计的目的。根据概念设计的原理，在进行抗震设计、施工及材料选择时，应遵守下列要求。

1. 选择对抗震有利的场地和地基

确定建筑场地时，应选择有利地段，避开不利地段。对危险地段，严禁建造甲、乙类建筑，不应建造丙类建筑。图1.23所示为没有选择有利地段的后果。

图1.23　某县因山体崩塌产生巨大滚石，造成了建筑的破坏

地基和基础设计应符合下列要求：同一结构单元的基础不宜设置在性质截然不同的地基上；同一结构单元不宜部分采用天然地基，部分采用桩基。

2. 选择对抗震有利的建筑体型

建筑设计应符合抗震概念设计的要求，不规则的建筑方案应按规定采取加强措施；特别不规则的建筑方案应进行专门研究和论证，采取特别的加强措施。不应采用严重不规则的设计方案。建筑平面和立面布置宜规则、对称，其刚度和质量分布宜均匀。体型复杂的建筑宜设防震缝。

3. 选择合理的抗震结构体系

结构体系应根据建筑的抗震设防类别、抗震设防烈度、建筑高度、场地条件、地基、结构材料和施工等因素，经综合分析比较确定。结构体系应具有多道抗震防线，对可能出现的薄弱部位，应采取措施提高抗震能力。

4. 结构构件应有利于抗震

结构构件应符合下列要求：砌体结构应按规定设置钢筋混凝土圈梁和构造柱、芯柱，或采用约束砌体、配筋砌体等；混凝土结构构件应控制截面尺寸和受力钢筋与箍筋的设置；钢结构构件应避免局部失稳或整个构件失稳；多高层的混凝土楼、屋盖宜优先采用现浇混凝土板。当采用混凝土预制装配式楼、屋盖时，应从楼盖体系和构造上采取措施确保各预制板之间连接的整体性。

5. 处理好非结构构件

非结构构件包括建筑非结构构件(如女儿墙、围护墙、隔墙、幕墙、装饰贴面等)和建筑附属机电设备。附着于楼、屋面结构上的非结构构件以及楼梯间的非承重墙体，应与主体结构有可靠的连接或锚固，避免地震时倒塌伤人或砸坏重要设备；围护墙和隔墙应考虑对结构抗震的不利影响，避免不合理设置而导致主体结构的破坏；幕墙、装饰贴面与主体结构应有可靠的连接，避免地震时脱落伤人；安装在建筑物上的附属机械、电气设备系统的支座和连接应符合地震时使用功能的要求，且不应导致相关部件的损坏。图 1.24 所示的小塔楼遭破坏，就是因为非结构构件设置得不合理。

图 1.24　混凝土结构出屋面小塔楼破坏状况

6. 采用隔震和消能减震设计

隔震和消能减震是建筑结构减轻地震灾害的新技术。隔震装置设置部位如图 1.25 所示。

【隔震】

隔震的基本原理是：通过隔震层的大变形来减少其上部结构的地震作用，从而减少地震破坏。隔震设计主要解决的问题是隔震层的位置、隔震垫的布置及隔震支座的受力计算。

消能减震的基本原理是：通过消能器的设置来控制预期的结构变形，从而使主体结构在罕遇地震下不发生严重破坏。消能减震设计主要解决的问题是消能器及消能部件的选型、布置，以及与主体结构的连接及计算。

目前，隔震和消能减震设计主要应用于使用功能有特殊要求的建筑及抗震设防烈度为8度、9度的建筑。

图 1.25　隔震装置

7. 合理选用材料

结构材料性能指标应符合下列最低要求。

(1) 砌体结构材料应符合下列规定：普通砖和多孔砖的强度等级不应低于 MU10，其砌筑砂浆强度等级不应低于 M5；混凝土小型空心砌块的强度等级不应低于 MU7.5，其砌筑砂浆强度等级不应低于 M7.5。

(2) 混凝土结构材料应符合下列规定：框支梁、框支柱，以及抗震等级为一级的框架梁、柱、节点核心区的混凝土，其强度等级不应低于 C30；构造柱、芯柱、圈梁及其他各类构件的混凝土强度等级不应低于 C20。同时，对于混凝土结构中的混凝土强度等级，抗震墙不宜超过 C60，其他构件，9 度时不宜超过 C60，8 度时不宜超过 C70。

(3) 钢结构的钢材应符合下列规定：钢材应有明显的屈服台阶，且伸长率应大于20%；钢材应有良好的焊接性和合格的冲击韧性。

(4) 普通钢筋宜优先采用延性、韧性和可焊性较好的钢筋；纵向受力钢筋宜选用符合抗震性能指标不低于 HRB400 级的热轧钢筋，也可采用符合抗震性能指标的 HRB335 级热轧钢筋；箍筋宜选用符合抗震性能指标的不低于 HRB335 级的热轧钢筋，也可选用 HPB300 级热轧钢筋。

8. 保证施工质量

(1) 在施工中，当需要以强度等级较高的钢筋代替原设计中的纵向受力钢筋时，应按照钢筋受拉承载力设计值相等的原则换算，并应满足最小配筋率要求。

(2) 钢筋混凝土构造柱和底部框架-抗震墙房屋中的砌体抗震墙，其施工应先砌墙，后浇混凝土构造柱和框架梁柱。

特别提示

(1) 砌体：块材的强度等级用符号 MU××表示；砂浆的强度等级用符号 M××表示。
(2) 混凝土的强度等级用符号 C××表示。后面数值越大，其强度等级越高。
(3) 钢筋的级别：HRB500——Ⅳ级钢；HRB400——Ⅲ级钢；HRB335——Ⅱ级钢；HPB300——Ⅰ级钢。

1.3 课程教学任务、目标和课程特点

1.3.1 教学任务

本课程的教学任务是使学生了解必要的力学基础知识，掌握建筑结构的基本概念以及结构施工图的识读方法，能运用所学知识分析和解决建筑工程实践中较为简单的结构问题；培养学生的力学素质，为学习其他课程提供必要的基础；同时培养学生严谨、科学的思维方式，以及认真、细致的工作态度。

建筑力学与结构，其内容在实际工程中是较为复杂的。它是在建筑施工图的基础上，通过结构方案布置、构件和结构受力分析、荷载计算、内力分析、材料选择、构造措施等，作出结构施工图和结构计算书。因此，学好这门重要的专业基础课程是正确理解和贯彻设计意图、确定建筑及施工方案，组织施工、处理建筑施工中的结构问题、防止发生工程事故，以及保证工程质量所必须具备的知识。

本课程讲授时，建议多结合当地实际，进行多媒体教学、参观建筑工地等活动环节。

1.3.2 教学目标

本课程教学时数约 90 学时，通过一学期的学习，学生需达到以下目标。

1. 知识目标

学生应领会必要的力学概念，了解建筑结构材料的主要力学性能，掌握建筑结构基本构件的受力特点，掌握简单结构构件的设计方法，了解建筑结构抗震基本知识，掌握建筑结构施工图的识读方法。

2. 能力目标

学生应具有对简单结构进行结构分析和绘制内力图的能力；具有正确选用各种常用结构材料的能力；具有熟练识读结构施工图和绘制简单结构施工图的能力；理解钢筋混凝土基本构件承载力的计算思路；熟悉钢筋混凝土结构、砌体结构、钢结构以及建筑物基础的主要构造，能理解建筑工程中出现的一般结构问题。

3. 思想素质目标

培养学生从事职业活动所需要的工作方法和学习方法，养成科学的思维习惯；培养勤奋向上、严谨求实的工作态度；具有自学和拓展知识、接受终身教育的基本能力。

1.3.3 课程特点

(1) 本课程内容较多，公式多、符号多，不能死记硬背，要结合图纸、结合实际去理解，在理解的基础上逐步记忆。

(2) 注意学习我国现行工程建设标准和规范：《建筑结构荷载规范》(GB 50009—2012)、《建筑结构可靠性设计统一标准》(GB 50068—2018)、《混凝土结构设计规范(2015 年版)》(GB 50010—2010)、《砌体结构设计规范》(GB 50003—2011)、《岩土工程勘察规范》(GB 50021—2001)、《建筑地基基础设计规范》(GB 50007—2011)、《钢结构设计规范》(GB 50017—2017)、《建筑抗震设计规范(2016 年版)》(GB 50011—2010)、《建筑工程抗震设防分类标准》(GB 50223—2008)及国家建筑标准设计图集《混凝土结构施工图平面整体表示方法制图规则和构造详图》(16G101)。国家规范和标准是建筑工程设计、施工的依据，必须熟悉并正确应用。

(3) 本书的内容围绕两套图纸展开，因此必须先看懂图纸，同时结合当地的实际工程，学有所用。

(4) 本课程与“建筑材料”“建筑识图与房屋构造”“建筑施工技术”等课程有密切关系，要学好本课程必须要努力学好上述几门课程。

小　结

(1) 结构的功能要求。在正常使用和施工时，能承受可能出现的各种作用；在正常使用时具有良好的工作性能；在正常维护下具有足够的耐久性能；在设计规定的偶然事件发生时及发生后，仍能保持必需的整体稳定性。概括起来就是安全性、适用性、耐久性，统称可靠性。

(2) 结构的极限状态。结构的极限状态是指整个结构或结构的一部分超过某一特定状态就不能满足设计规定的某一功能要求，此特定状态就称为结构的极限状态。极限状态分为承载能力极限状态、正常使用极限状态和耐久性极限状态。承载能力极限状态是指结构构件达到最大承载能力或不适于继续承载的变形；一旦超过此状态，就可能发生严重后果。正常使用极限状态是指结构或结构构件达到正常使用的某项规定限制，耐久性极限状态是指材料性能劣化、材料削弱等。

(3) 我国抗震设防是“三水准两阶段”原则。“三水准”是指小震不坏，中震可修，大震不倒。“两阶段”指弹性阶段的承载力计算和弹塑性阶段的变形验算。

(4) 抗震概念设计的要求。选择对抗震有利的场地和地基；选择对抗震有利的建筑体型；选择合理的抗震结构体系；结构构件应有利于抗震；处理好非结构构件；采用隔震和消能减震设计；合理选用材料；保证施工质量；等等。

习 题

一、填空题

1. 房屋建筑中能承受荷载作用，起骨架作用的体系称为________。

2. 建筑结构按受力和构造特点不同可分为________、________、________、________、________。

3. 建筑结构按作用的材料不同分为________、________、________、________。

4. 框架结构的主要承重体系由________和________组成。

5. 结构的________、________和________统称为结构的可靠性。

6. 结构或构件达到最大承载能力或不适于继续承载的变形的极限状态称为________。

7. 结构或构件达到正常使用某项规定限值的极限状态称为________。

8. 根据结构的功能要求，极限状态可划分为________、________和________。

二、选择题

1. 当结构或结构的一部分作为刚体失去了平衡状态，就认为超出了(　　)。

A. 承载能力极限状态　　B. 正常使用极限状态

C. 刚度　　D. 柔度

2. 下列几种状态中，不属于超过承载力极限状态的是(　　)。

A. 结构转变为机动体系　　B. 结构丧失稳定

C. 地基丧失承载力而破坏　　D. 结构产生影响外观的变形

3. 结构的可靠性是指(　　)。

A. 安全性、耐久性、稳定性　　B. 安全性、适用性、稳定性

C. 适用性、耐久性、稳定性　　D. 安全性、适用性、耐久性

4. 我国目前建筑抗震规范提出的抗震设防目标为(　　)。

A. 三水准两阶段　　B. 三水准三阶段

C. 两水准三阶段　　D. 单水准单阶段

5. 在抗震设防中，小震对应的是(　　)。

A. 小型地震　　B. 多遇地震　　C. 偶遇地震　　D. 罕遇地震

6. 下列哪种结构形式对抗震是最有利的？(　　)

A. 框架结构　　B. 砌体结构　　C. 剪力墙结构　　D. 桁架结构

7. 下列结构类型中，抗震性能最佳的是(　　)。

A. 钢结构　　B. 现浇钢筋混凝土结构

C. 预应力混凝土结构　　D. 装配式钢筋混凝土结构

8. 下列哪些结构布置对抗震是不利的？(　　)

A. 结构不对称　　B. 各楼层屈服强度按层高变化

C. 同一楼层的各柱等刚度　　D. 采用变截面抗震墙

9. 框架结构的特点有(　　)。

A. 建筑平面布置灵活　　B. 适用于商场、展厅以及轻工业厂房

C. 构件简单　　D. 施工方便

三、判断题

1. 结构在正常使用时，不能出现影响正常使用或外观的变形。(　　)

2. 构件若超出承载能力极限状态，就有可能发生严重后果。(　　)

3. 目前来讲，抗震能力的概念设计比理论计算重要。(　　)

模块2 建筑结构施工图

教学目标

通过本模块的学习，了解结构施工图的内容和图示方法；掌握常见建筑结构施工图的识读方法；能看懂混合结构、钢筋混凝土框架结构的施工图。对《混凝土结构施工图平面整体表示方法制图规则和构造详图》(简称平法)有所认识。本模块的教学目标是具备实际应用的能力，具体地说，就是能够识读简单工程的施工图。要达到这个目的，一是将实例一、实例二中所有图纸通读一遍，二是多接触实际工程，加强识读施工图的练习。

教学要求

能力目标	相关知识	权重
结构设计总说明	掌握结构设计总说明的内容及图纸目录；能够读懂结构设计总说明	10%
基础图	掌握基础平面图和基础详图一般的组成和表示方法；能够识读基础平面图和基础详图	20%
柱模板及配筋图	理解柱模板及配筋图的作用和表示方法；能够识读柱模板及配筋图	20%
梁模板及配筋图	理解梁模板及配筋图的作用和表示方法；能够识读梁模板及配筋图	20%
结构平面布置图	理解楼层结构平面布置图和屋面结构布置图的作用和表示方法；能够识读楼层结构平面布置图和屋面结构布置图	20%
其他结构构件详图	理解楼梯结构详图和其他详图(如预埋件、连接件等)的作用和表示方法；能够识读楼梯结构详图和其他详图(如预埋件、连接件等)	10%

学习重点

常用构件的代号，结构说明，基础结构图，各楼层结构平面图，梁配筋平法表示方法，柱配筋平法表示方法，构件详图的识读。

引例

图 1.1(a)所示为二层砖混结构办公楼(实例一)的建筑效果图，图 1.1(b)所示为二层框架结构教学楼(实例二)的建筑效果图，其建筑施工图和结构施工图分别见附录 A、B。实际工程中我们看见的都是施工图。

附录 A 是一栋砖混结构办公楼(实例一)，层高 3.6m，平面尺寸为 42.9m×13.2m。建筑抗震设防烈度为 7 度。办公楼面为预制板，卫生间为现浇钢筋混凝土楼(屋)面，墙体采用 MU10 蒸压粉煤灰砖砌筑。其建筑平、立、剖面图见建施-1～建施-4。一栋房屋从施工到建成，需要有全套房屋施工图(即常说的建筑施工图、结构施工图、水施工图、电施工图、暖通施工图)做指导。在整套施工图中，建筑施工图处于主导地位。结构施工图是施工的重要依据。

思考：如何读懂结构施工图？结构施工图表达的内容？

“建筑制图”课程介绍了建筑施工图，它表达了建筑的外形、大小、功能、内部布置、内外装修和细部结构的构造做法，而建筑物的各承重构件(如基础、柱、梁、板等结构构件)的布置和配筋并没有表达出来。因此，在进行房屋设计时除了画出建筑施工图外，还要进行结构设计，画出结构施工图。本模块将介绍结构施工图的内容。

2.1 结构施工图的内容与作用

2.1.1 结构施工图的内容

结构施工图主要表示承重构件(基础、墙体、柱、梁、板)的结构布置，构件种类、数量，构件的内部构造、配筋和外部形状大小，材料及构件间的相互关系。其内容包括以下几点。

【剪力墙结构图】

(1) 结构设计总说明。

(2) 基础图：包括基础(含设备基础、基础梁、地圈梁)平面图和基础详图。

(3) 结构平面布置图：包括楼层结构平面布置图和屋面结构布置图。

(4) 柱(墙)、梁、板的配筋图：包括梁、板结构详图。

(5) 结构构件详图：包括楼梯(电梯)结构详图和其他详图(如预埋件、连接件等)。

上述顺序即为结构施工图的识读顺序。

特别提示

(1) 结构施工图必须和建筑施工图密切配合，它们之间不能产生矛盾。

(2) 根据工程的复杂程度，结构说明的内容有多有少，一般设计单位将内容详列在一张“结构设计说明”图纸上。

(3) 基础断面详图应尽可能与基础平面图布置在同一张图纸上，以便对照施工，读图方便。

2.1.2 结构施工图的作用

结构施工图主要作为施工放线，开挖基槽，安装梁、板构件，浇筑混凝土，编制施工预算，进行施工备料及做施工组织计划等的依据。

2.1.3 常用结构构件代号和钢筋的画法

房屋结构中的承重构件往往是种类多、数量多，而且布置复杂，为了图面清晰，把不同的构件表达清楚，为了便于施工，在结构施工图中，结构构件的位置用其代号表示，每个构件都应有个代号。《建筑结构制图标准》(GB/T 50105—2010)中规定这些代号用构件名称汉语拼音的第一个大写字母表示。要识读结构施工图，必须熟悉各类构件代号，常用构件代号见表 2-1。钢筋的画法见表 2-2。

表 2-1 常用结构构件代号

序号	名称	代号	序号	名称	代号
1	板	B	15	楼梯梁	TL
2	屋面板	WB	16	框支梁	KZL
3	空心板	KB	17	框架梁	KL
4	槽形板	CB	18	屋面框架梁	WKL
5	折板	ZB	19	框架	KJ
6	楼梯板	TB	20	刚架	GJ
7	预应力空心板	YKB	21	柱	Z
8	屋面梁	WL	22	构造柱	GZ
9	吊车梁	DL	23	承台	CT
10	梁	L	24	桩	ZH
11	圈梁	QL	25	雨篷	YP
12	过梁	GL	26	阳台	YT
13	连系梁	LL	27	预埋件	M
14	基础梁	JL	28	基础	J

表 2－2　钢筋的画法

序号	说　明	图　例
1	在结构平面图中配置双层钢筋时，底层钢筋的弯钩应向上或向左，顶层钢筋的弯钩则向下或向右	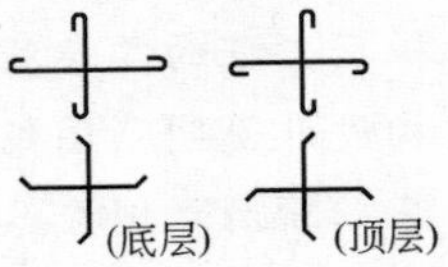
2	钢筋混凝土墙体配双层钢筋时，在配筋立面图中，远面钢筋的弯钩应向上或向左，而近面钢筋的弯钩则向下或向右 (JM 近面；YM 远面)	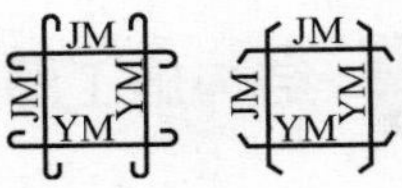
3	若在断面图中不能表达清楚的钢筋布置，应在断面图外增加钢筋大样图(如钢筋混凝土墙、楼梯等)	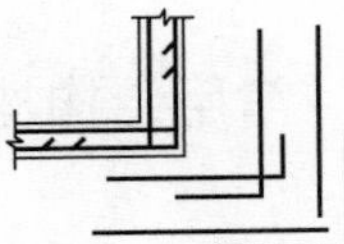
4	图中所表示的箍筋、环筋等若布置复杂时，可加画钢筋大样及说明	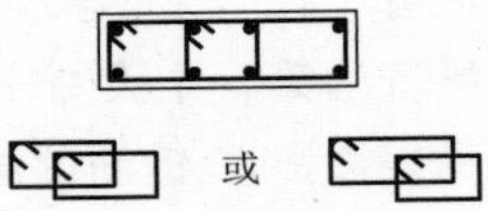
5	每组相同的钢筋、箍筋或环筋，可用一根粗实线表示，同时用一两端带斜短画线的横穿细线，表示其余钢筋及起止范围	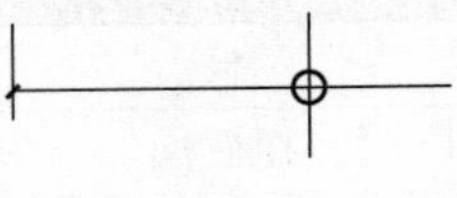

特别提示

(1) 钢筋代号：Φ—HPB 300 级钢筋；Φ—HRB 335 级钢筋；Φ—HRB 400 级钢筋；Φ—HRB 500 钢筋。

(2) 如 Φ8@200 表示 HPB 300 级钢筋，直径为 8mm，间距为 200mm。4Φ18 表示 4 根直径为 18mm 的 HRB400 级钢筋。

(3) 在阅读结构施工图前，必须先阅读建筑施工图，建立起立体感，并且在识读结构施工图期间，先看文字说明后看图样；应反复核对结构与建筑对同一部位的表示，这样才能准确地理解结构图中所表达的内容。

2.2 钢筋混凝土框架结构施工图

【框架结构施工图】

引例

实例二教学楼为二层全现浇钢筋混凝土框架结构，层高 3.6m，平面尺寸为 45m×17.4m。建筑抗震设防烈度为 7 度。

建筑平、立面图见实例二建施-1～建施-3。三维效果图如图 1.1(b)所示。

思考：该楼的图纸表达与实例一有何异同？

2.2.1 框架结构施工图内容

（1）结施-1：结构设计总说明和图纸目录。

（2）结施-2：基础平面图和基础详图。

（3）结施-3：柱平法配筋图。

（4）结施-4：楼面板模板配筋图。

（5）结施-5：楼面梁平法施工图。

（6）结施-6：屋面板模板配筋图。

（7）结施-7：屋面梁平法施工图。

（8）结施-8：楼梯结构详图。

2.2.2 钢筋混凝土结构施工图的识读

【实例二解读 1】

结施-1 为结构设计总说明。由图可知：工程为二层框架结构，7 度抗震设防，地基承载力特征值是 200kPa，墙体材料的类型、规格、强度等级，混凝土及钢筋的等级，构造要求，施工注意事项，选用标准图集等情况均有说明。

结施-2 为基础平面图，局部如图 2.1 所示，由图可知：基础类型为柱下独立基础，共有 3 种基础形式，JC-1、JC-2、JC-3，基底标高为－1.5m，平面图中表示了各自的尺寸、定位。JC-1～JC-3 的基础详图和配筋见 JC-X、*A*—*A* 剖面、单柱柱基参数表。JC-3 为一圆柱(直径 500mm)下的基础，尺寸为 2200mm×2200mm；JC-2 为正方形，尺寸为 2500mm×2500mm，板底钢筋网片为 ⌀12@150，钢筋直径为 12mm，间距为 150mm；JC-1 为正方形，尺寸为 2000mm×2000mm，板底钢筋网片为 ⌀12@150，两个方向钢筋直径均为 12mm，间距为 150mm。

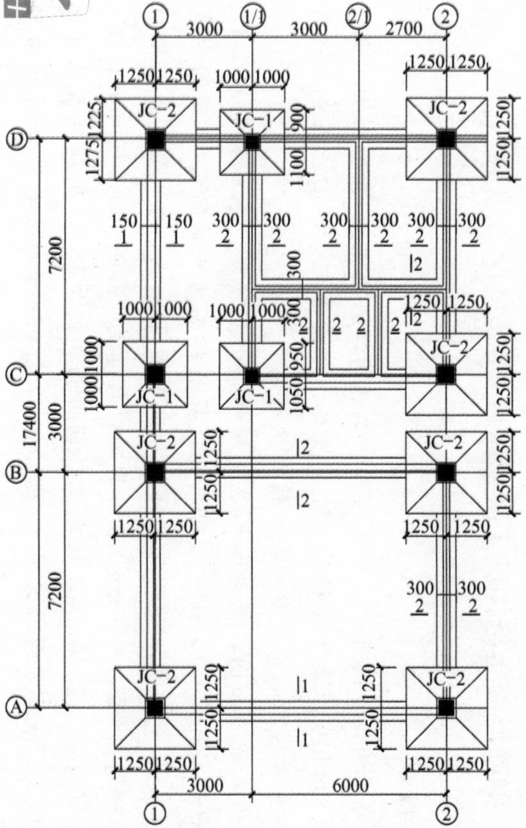

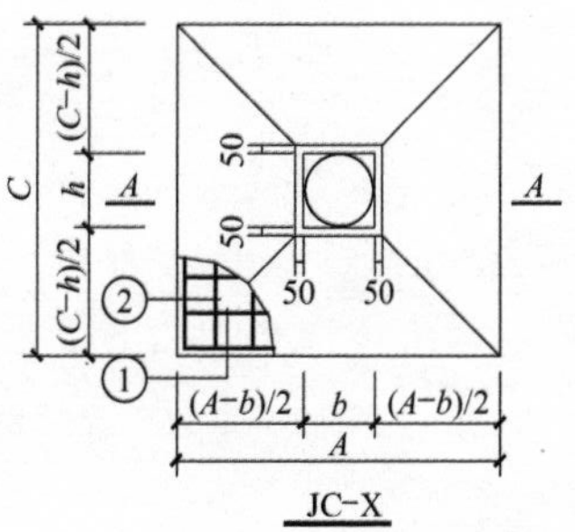

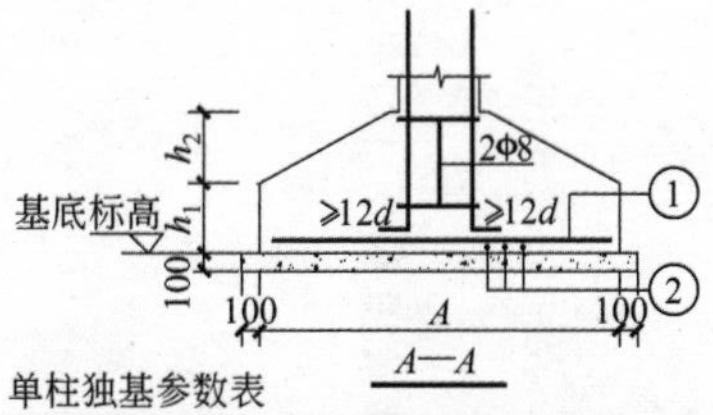

单柱独基参数表

独立基础编号	柱截面	基底标高	A	C	h_1	h_2	①	②
JC-1	400×400/500×500	-1.500	2000	2000	300	300	Φ12@150	Φ12@150
JC-2	500×550/500×500	-1.500	2500	2500	300	350	Φ12@150	Φ12@150
JC-3	直径500	-1.500	2200	2200	300	300	Φ12@150	Φ12@150

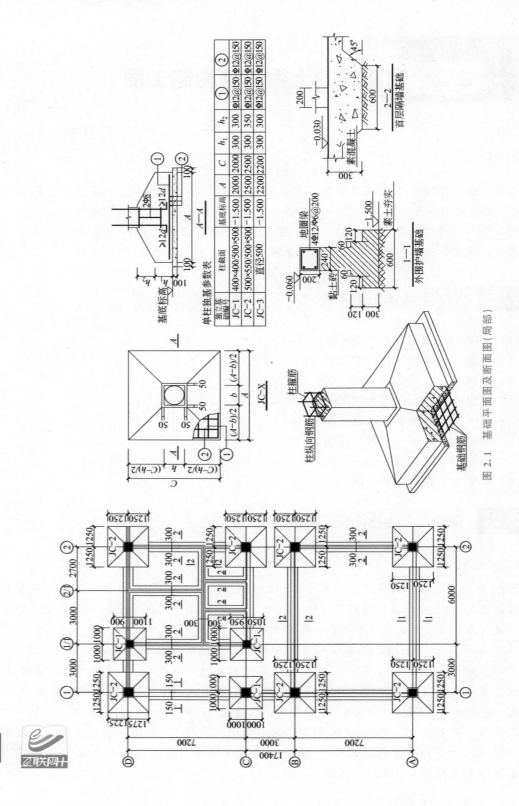

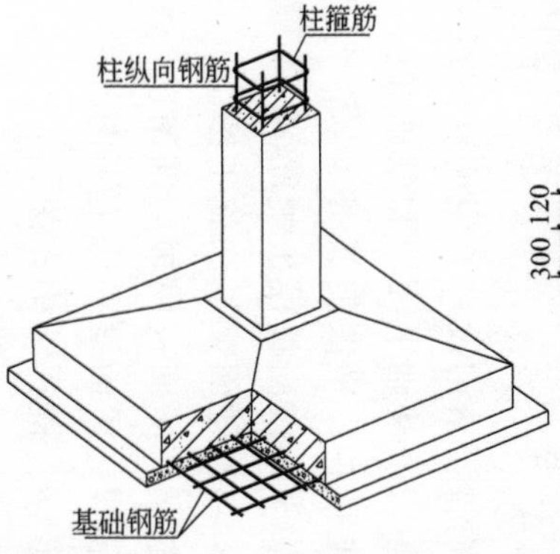

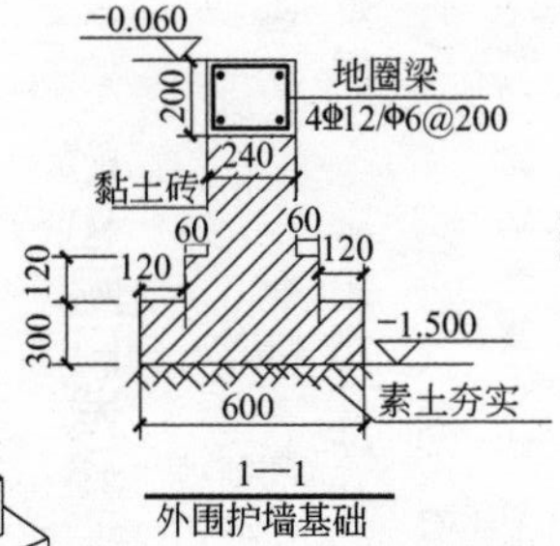

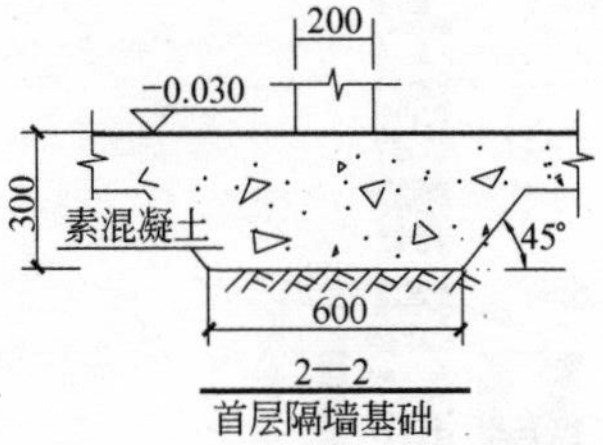

图 2.1　基础平面图及断面图(局部)

墙下基础分布在各道轴线上，外墙剖面1—1，墙下条形基础定位轴线两侧的线是基础墙的断面轮廓线，墙线外侧的细线是可见的墙下基础底部轮廓线，宽度为600mm。所有墙墙体厚度均为240mm，轴线居中(距内、外侧均为120mm,)。内墙剖面2—2，宽度为600mm，采用元宝基础。

特别提示

(1) ①号筋、②号筋均为受力钢筋，网状配置。
(2) 基坑尺寸和标高不包括垫层宽和厚度，实际开挖时注意考虑垫层。

结施-4和结施-6为楼面板、屋面板模板配筋图，局部配筋图如图2.2所示。

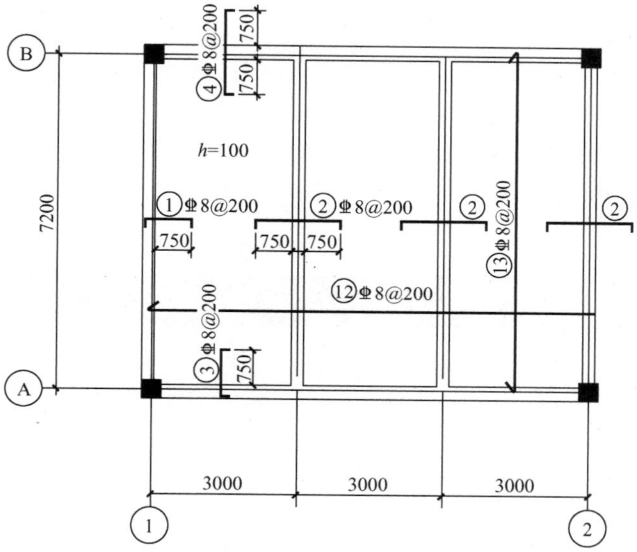

图2.2 楼面板局部配筋图

特别提示

(1) 板是连续单向板，板跨中下部受拉，支座上部受拉，受力钢筋配在受拉侧，即⑫号筋在下部，②号筋在上部。
(2) 支座上部钢筋的内侧还有分布钢筋Φ8@200(图中未标出)。
(3) 图2.2中下部短向钢筋⑫放在长向钢筋⑬的外侧。
(4) 板上负筋长度为$\frac{1}{4}$跨度，即$\frac{1}{4}\times3000=750$(mm)。

思考：结施-3是柱平法施工图，结施-5和结施-7为楼面梁和屋面梁平法施工图。什么是平法施工图？制图规则有何规定？

2.2.3 混凝土结构施工图平面整体表示法制图规则及其识图

《混凝土结构施工图平面整体表示法制图规则和构造详图》(以下简称平法)是目前我国混凝土结构施工图的主要设计表示方法。图集号分别为:《混凝土结构施工图平面整体表示方法制图规则和构造详图》(现浇混凝土框架、剪力墙、梁、板)(16G101—1)、(现浇混凝土板式楼梯)(16G101—2)、(独立基础、条形基础、筏形基础、桩基础)(16G101—3)。

平法施工图由于采用了全新的平面整体表示方法制图规则来表达,在识读平法施工图时,应首先掌握平法制图规则。对平法标准构造图集的识读,更需要的是对规范条文的理解和一定的施工经验积累。现主要介绍 16G101—1 标准设计图集的识读。

1. 柱平法施工图制图规则

柱平法施工图系在柱平面布置图上采用列表注写方式或截面注写方式表达柱构件的截面形状、几何尺寸、配筋等设计内容,并用表格或其他方式注明包括地下和地上各层的结构层楼(地)面标高、结构层高及相应的结构层号(与建筑楼层号一致)。

柱编号方式见表 2-3。

表 2-3 柱编号

柱类型	代号	序号	柱类型	代号	序号
框架柱	KZ	××	梁上柱	LZ	××
转换柱	ZHZ	××	剪力墙上柱	QZ	××
芯柱	XZ	××			

结构层标高指扣除建筑面层及垫层做法厚度后的标高,如图 2.3 所示。结构层应含地下及地上各层,同时应注明相应结构层号(与建筑楼层号一致)。

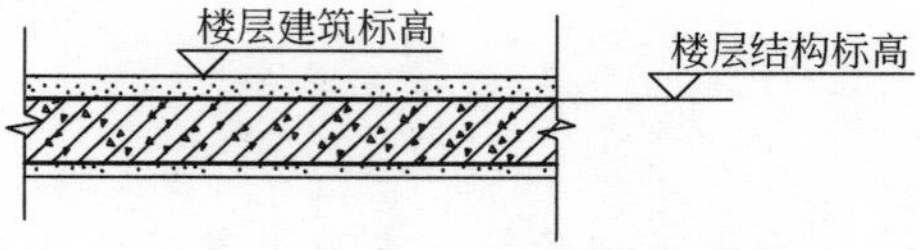

图 2.3 结构层楼面标高示例

1) 截面注写方式

截面注写方式是指在分标准层绘制的柱平面布置图的柱截面上,分别在同一编号的柱中选择一个截面,以直接注写截面尺寸和配筋具体数值的方式,来表达柱平法施工图(图 2.4)。首先对所有柱截面进行编号,从相同编号的柱中选择一个截面,按另一种比例在原位放大绘制柱截面配筋图,并在各配筋图上继其编号后再注写截面尺寸 $b\times h$、角筋或全部纵筋、箍筋的具体数值,并在柱截面配筋图上标注柱截面与轴线关系的具体数值。

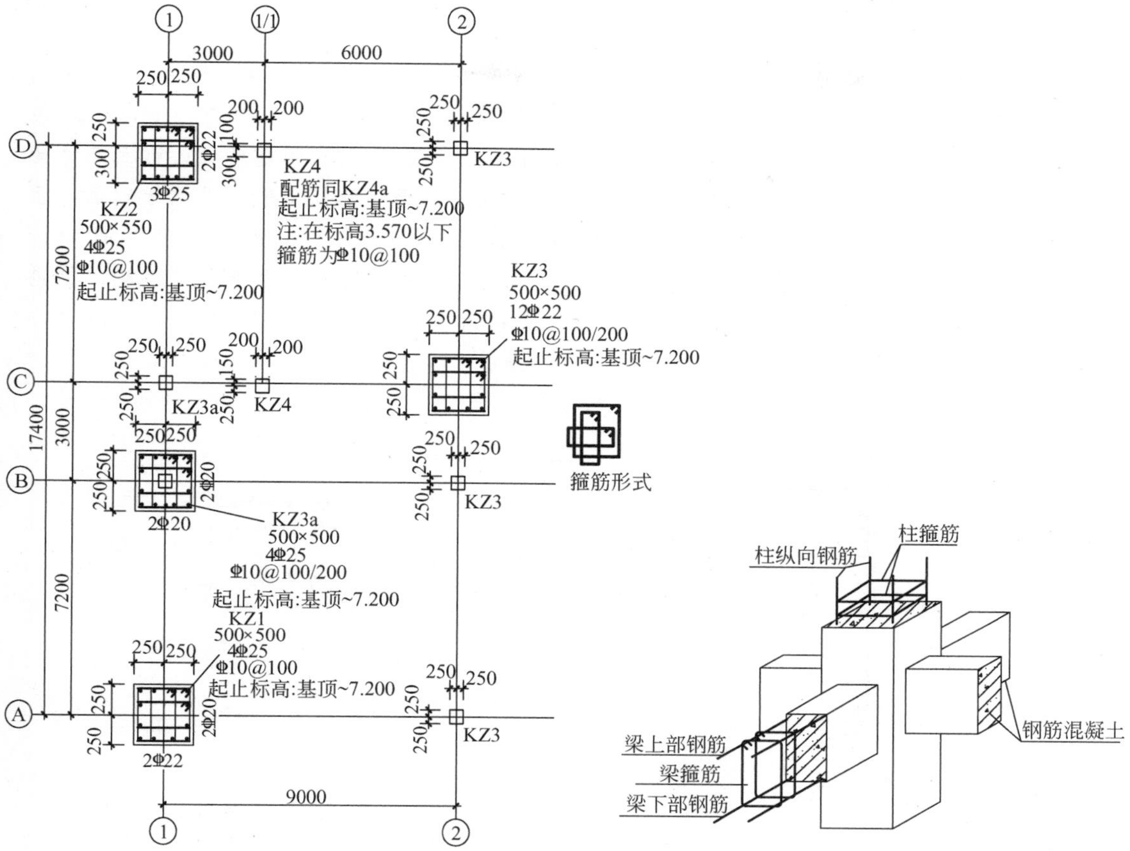

图 2.4　柱平法施工图截面注写方式

特别提示

截面注写方式绘制的柱平法施工图图纸数量一般与标准层数相同。但对不同标准层的不同截面和配筋，也可根据具体情况在同一柱平面布置图上用加括号“(　)”的方式来区分和表达不同标准层的注写数值。加括号的方法是设计人员经常用来区分图纸上图形相同、数值不同时的有效方法。

2）结构层楼面标高、结构层高及相应结构层号

此项内容可以用表格或其他方法注明，用来表达所有柱沿高度方向的数据，方便设计和施工人员查找、修改。如二层楼面，其结构层楼面标高为 3.57m，层高为 3.6m，见表 2-4。

表 2-4　结构层标高及结构层高示例

层　号	标高/m	层高/m
屋面	7.20	0
2	3.57	3.60
1	基础顶面	3.60

【实例二解读 2】

图 2.4 中：框架柱 KZ1 是角柱，截面尺寸为 500mm×500mm，柱中纵向受力钢筋：四角 4Φ25 钢筋，两边配有 2Φ22 和 2Φ20 钢筋，箍筋 Φ10@100（表示箍筋为 HRB400 级钢筋，直径为 10mm，沿全高加密，间距为 100mm）。框架柱 KZ2 仍是角柱，截面尺寸为 500mm×550mm，柱中纵向受力钢筋：四角 4Φ25 钢筋，两边配有 3Φ25、2Φ22 钢筋，箍筋 Φ10@100（表示箍筋为 HRB400 级钢筋，直径为 10mm，沿全高加密，间距为 100mm）。框架柱 KZ3，截面尺寸为 500mm×500mm，柱中纵向受力钢筋 12Φ22，箍筋 Φ10@100/200（表示箍筋为 HRB400 级钢筋，直径为 10mm，加密区间距为 100mm，非加密区间距为 200mm）。柱高度自基础顶到 7.200m。

图 2.5 所示为 KZ3 配筋图及抽筋图，可以对照阅读。

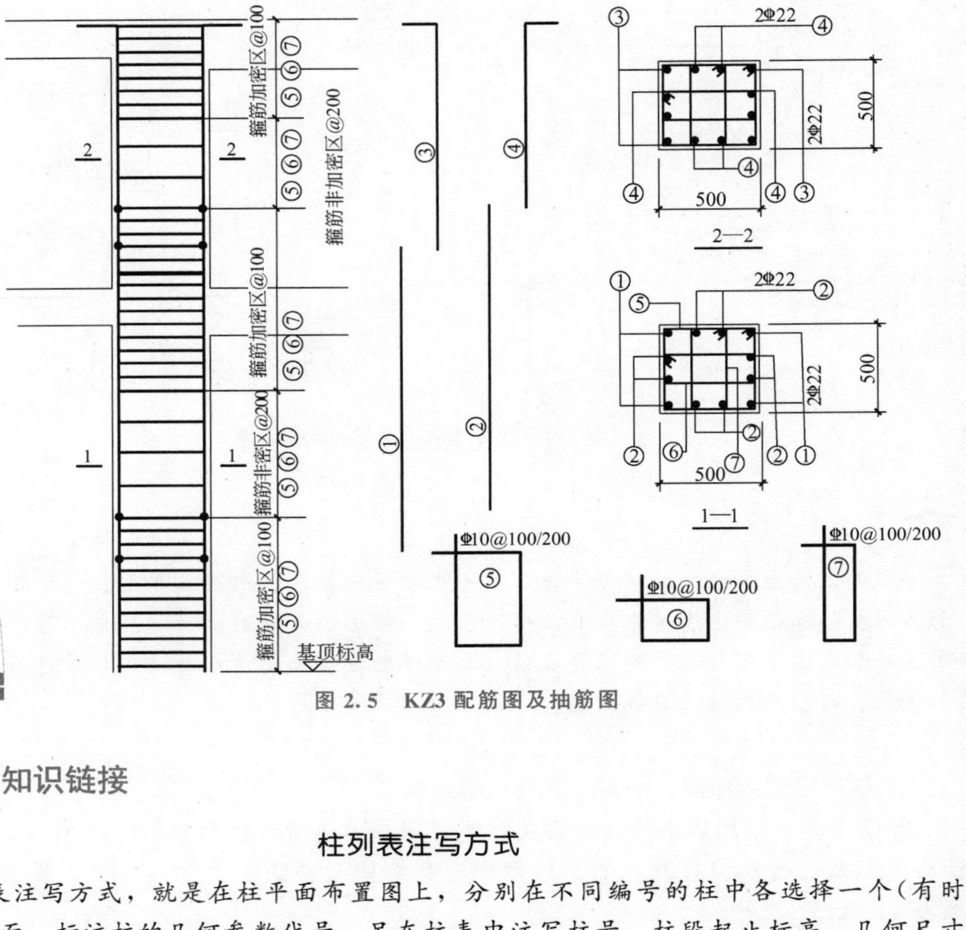

图 2.5 KZ3 配筋图及抽筋图

知识链接

柱列表注写方式

柱列表注写方式，就是在柱平面布置图上，分别在不同编号的柱中各选择一个(有时需几个)截面，标注柱的几何参数代号；另在柱表中注写柱号、柱段起止标高、几何尺寸与配筋具体数值；同时配以各种柱截面形状及其箍筋类型图的方式，来表达柱平法施工图(图 2.8)。一般情况下，用一张图纸便可以将本工程所有柱的设计内容(构造要求除外)一次性表达清楚。

第一部分：柱平面布置图。在柱平面布置图上，分别在不同编号的柱中各选择一个(或几个)截面，标注柱的几何参数代号 b_1、b_2、h_1、h_2，用以表示柱截面形状及与轴线关系。

第二部分：柱表。柱表内容包含以下6部分。

(1) 编号：由柱类型代号(如KZ…)和序号(如1，2，…)组成，应符合表2-3的规定。给柱编号一方面可以使设计和施工人员对柱的种类、数量一目了然；另一方面，在必须与之配套使用的标准构造详图中，也按构件类型统一编制了代号，这些代号与平法图中相同类型的构件的代号完全一致，使二者之间建立明确的对应互补关系，从而保证结构设计的完整性。

(2) 各段柱的起止标高：自柱根部往上，以变截面位置或截面未变但配筋改变处为界分段注写。框架柱和框支柱的根部标高系指基础顶面标高。梁上柱的根部标高系指梁顶面标高。剪力墙上柱的根部标高分两种：当柱纵筋锚固在墙顶部时，其根部标高为墙顶面标高；当柱与剪力墙重叠一层时，其根部标高为墙顶面往下一层的结构层楼面标高，如图2.6所示。

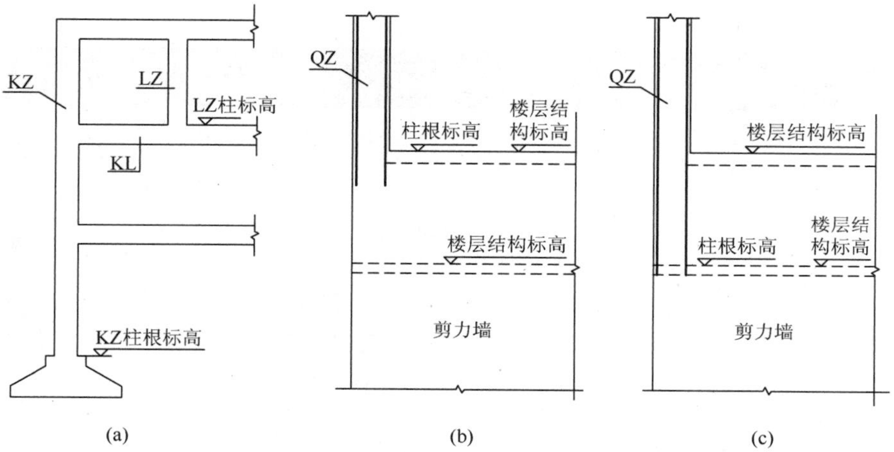

图2.6 柱的根部标高起始点示意图

(a) 框架柱、框支柱、梁上柱；(b) 剪力墙上柱(1)；(c) 剪力墙上柱(2)

(3) 柱截面尺寸 $b\times h$ 及与轴线关系的几何参数代号 b_1、b_2 和 h_1、h_2 的具体数值，须对应各段柱分别注写。其中 $b=b_1+b_2$，$h=h_1+h_2$。当截面的某一边收缩变化至与轴线重合或偏离轴线的另一侧时，b_1、b_2、h_1、h_2 中的某项为零或为负值，如图2.7所示。

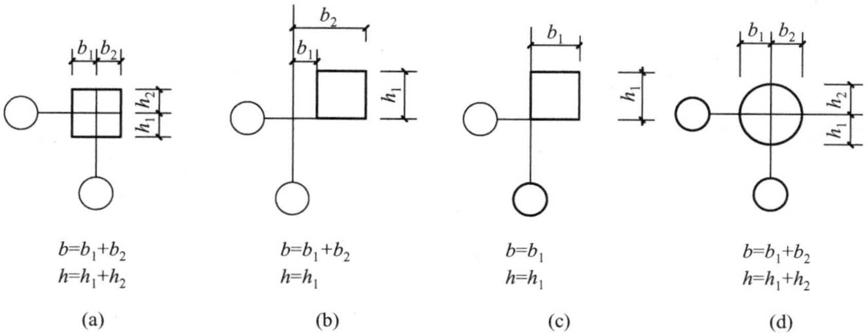

图2.7 柱截面尺寸与轴线的关系

(4) 柱纵筋：分角筋、截面 b 边中部筋和 h 边中部筋3项。当柱纵筋直径相同，各边根数也相同时，可将纵筋写在“全部纵筋”一栏中。采用对称配筋的矩形柱，可仅注写一侧中部筋，对称边省略。

(5) 箍筋种类、型号及箍筋肢数，在箍筋类型栏内注写。具体工程所设计的箍筋类型图及箍筋复合的具体方式，需画在表的上部或图中的适当位置，并在其上标注与表中相对应的 b、h 和类型号。各种箍筋的类型如图 2.8 所示。

(6) 柱箍筋：包括钢筋级别、直径与间距。当为抗震设计时，用斜线“/”区分柱端箍筋加密区与柱身非加密区长度范围内箍筋的不同间距。例如：Φ8@100/200，表示箍筋为 HRB400 级钢筋，直径为 8mm，加密区间距为 100mm，非加密区间距为 200mm。当柱纵筋采用搭接连接，且为抗震设计时，在柱纵筋搭接长度范围内(应避开柱端的箍筋加密区)的箍筋，均应按≤5d(d 为柱纵筋较小直径)且≤100mm 的间距加密。

【实例二解读 3】

图 2.4 所述框架若用柱列表注写方式表达如图 2.8 所示。

柱　表

柱号	标高/m	$b\times h$/mm	b_1/mm	b_2/mm	h_1/mm	h_2/mm	角筋	b边一侧	h边一侧	箍筋类型号	箍　筋	备　注
KZ1	基顶～7.200	500×500	250	250	250	250	4Φ25	2Φ22	2Φ20	1(4×4)	Φ10@100	起止标高：基顶～7.200
KZ2	基顶～7.200	500×550	250	250	300	250	4Φ25	3Φ25	2Φ22	1(4×4)	Φ10@100	起止标高：基顶～7.200
KZ3	基顶～7.200	500×500	250	250	250	250	4Φ22	2Φ22	2Φ22	1(4×4)	Φ10@100/200	起止标高：基顶～7.200
KZ4	基顶～7.200	400×400	200	200	250 (300)	150 (100)	4Φ2	2Φ22	2Φ20	1(4×4)	Φ10@100 Φ10@100/200	起止标高： 基顶～3.570 3.570～7.200

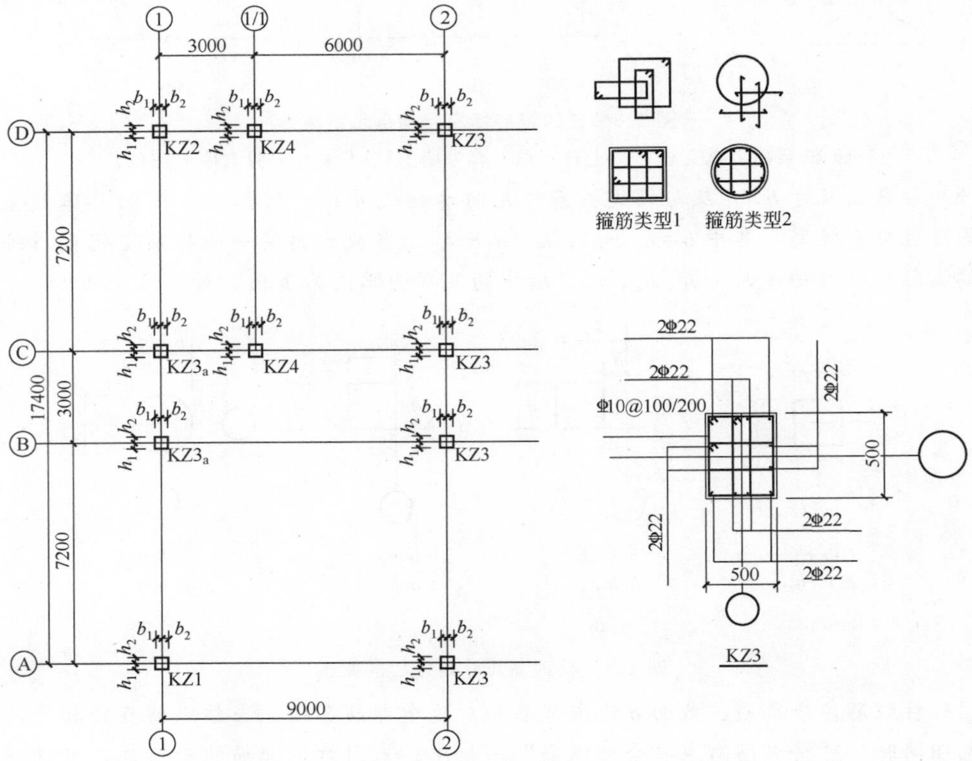

图 2.8　柱平法施工图列表注写方式

2. 梁平法施工图制图规则

梁平法施工图，是在梁平面布置图上采用平面注写方式或截面注写方式表达。在梁平法施工图中，也应注明结构层的顶面标高及相应的结构层号(同柱平法标注)。需要提醒注意的是：在柱、剪力墙和梁平法施工图中分别注明的楼层结构标高及层高必须保持一致，以保证用同一标准竖向定位。通常情况下，梁平法施工图的图纸数量与结构楼层的数量相同，图纸清晰简明，便于施工。

平面注写方式是在梁平面布置图上，分别在不同编号的梁中各选一根梁，在其上注写截面尺寸和配筋具体数值的方式来表达梁平法施工图，如图 2.9 所示。

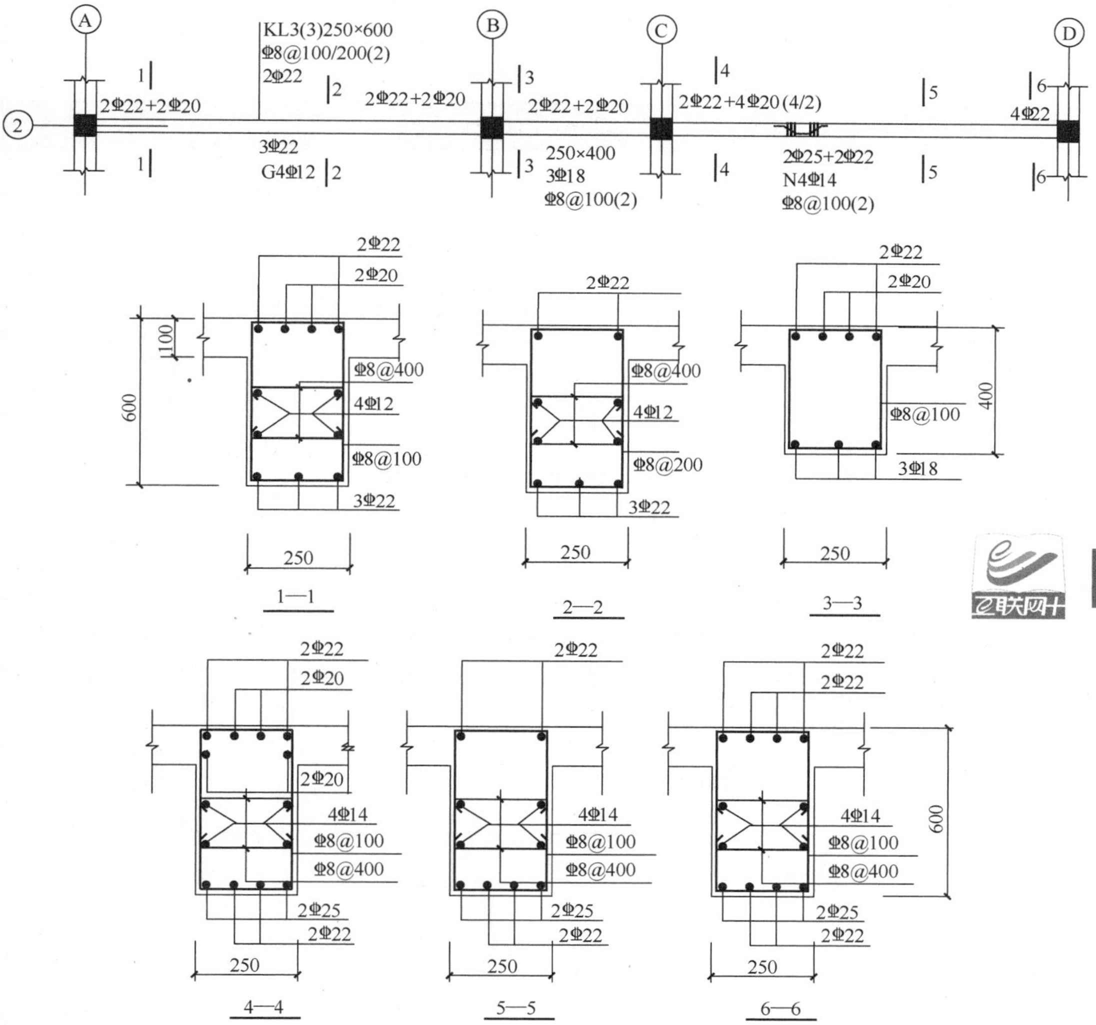

图 2.9 平法 KL3 梁平面注写方式对比示例

平面注写包括集中标注和原位标注。集中标注表达梁的通用数值，即梁多数跨都相同的数值；原位标注表达梁的特殊数值，即梁个别截面与其不同的数值。

特别提示

当集中标注中的某项数值不适用于梁的某部位时，则将该项数值原位标注。施工时，原位标注取值优先。这样，既有效减少了表达上的重复，又保证了数值的唯一性。

1）梁集中标注的内容

梁集中标注的内容，有五项必注值及一项选注值，规定如下。

(1) 梁编号。该项为必注值，由梁类型代号、序号、跨数及有无悬挑代号组成。根据梁的受力状态和节点构造的不同，将梁类型代号归纳为8种，见表2-5。

表2-5 梁编号

梁类型	代号	序号	跨数、是否带悬挑
楼层框架梁	KL	××	(××)、(××A)或(××B)
屋面框架梁	WKL	××	(××)、(××A)或(××B)
框支梁	KZL	××	(××)、(××A)或(××B)
非框架梁	L	××	(××)、(××A)或(××B)
悬挑梁	XL	××	—
井字梁	JZL	××	(××)、(××A)或(××B)
楼层框架扁梁	KB2	××	(××)、(××A)或(××B)
托柱转换梁	TZL	××	(××)、(××A)或(××B)

注：(××A)为一端有悬挑，(××B)为两端有悬挑，悬挑不计入跨内。

(2) 梁截面尺寸。该项为必注值。等截面梁时，用 $b\times h$ 表示；当为竖向加腋梁时，用 $b\times h$、$Yc_1\times c_2$ 表示，其中 c_1 为腋长、c_2 为腋高(图2.10)；当为水平加腋梁时，用 $b\times h$、$PYc_1\times c_2$ 表示；当有悬挑梁且根部和端部的高度不同时，用斜线分隔根部与端部的高度值，即 $b\times h_1/h_2$(图2.11)。

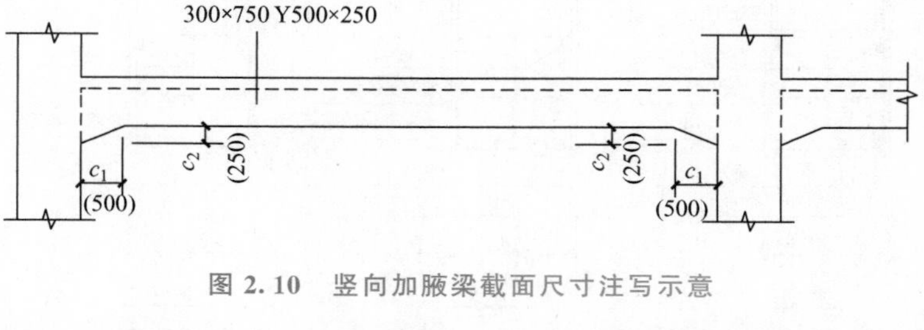

图2.10 竖向加腋梁截面尺寸注写示意

(3) 梁箍筋。包括钢筋级别、直径、加密区与非加密区间距及根数，该项为必注值。箍筋加密区与非加密区的不同间距及根数需用斜线“/”分隔；当梁箍筋为同一种间距及根数时，则不需用斜线；当加密区与非加密区的箍筋根数相同时，则将根数注写一次；箍筋根数应写在括号内。加密区范围见相应抗震级别的构造详图(模块8)。

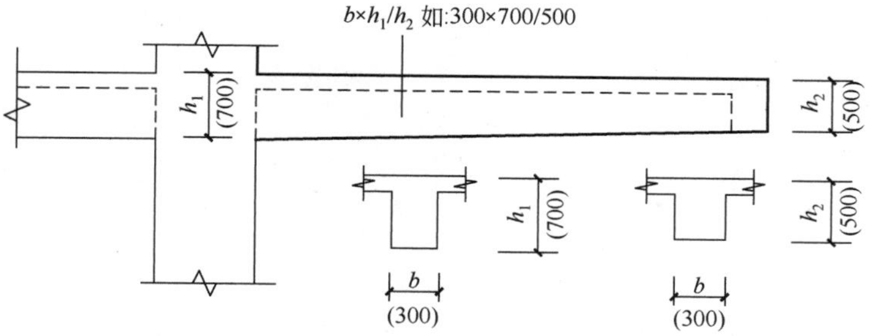

图 2.11 悬挑梁不等高截面尺寸注写示意

特别提示

框架抗震等级分四级，相应的加密区范围也有规定，详见模块8表8-3。实例二框架抗震等级为二级。

(4) 梁上部通长筋或架立筋配置(通长筋可为相同或不同直径采用搭接连接、机械连接或对焊连接的钢筋)。该项为必注值，应根据结构受力要求及箍筋根数等构造要求而定。当同排纵筋中既有通长筋又有架立筋时，应采用加号“+”将通长筋和架立筋相连。注写时需将角部纵筋写在加号的前面，架立筋写在加号后面的括号内，以示不同直径及与通长筋的区别。当全部采用架立筋时，则将其写入括号内。

当梁的上部和下部纵筋均为通长筋，且各跨配筋相同时，此项可加注下部纵筋的配筋值，用分号“;”将上部与下部纵筋的配筋值分隔开来，少数跨不同者，可取原位标注。

(5) 梁侧面纵向构造钢筋或受扭钢筋配置。该项为必注值。当梁腹板高度 $h_w \geqslant$ 450mm 时，需配置纵向构造钢筋，所注规格与根数应符合规范规定。此项注写值以大写字母G打头，接续注写设置在梁两个侧面的总配筋值，且对称配置。

当梁侧面需配置受扭纵向钢筋时，此项注写值以字母N打头，接续注写配置在梁两个侧面的总配筋值，且对称配置。受扭纵向钢筋应满足梁侧面纵向构造钢筋的间距要求，且不再重复配置纵向构造钢筋。

【实例二解读4】

以KL3为例，该框架梁有3跨，两端跨截面尺寸为250mm×600mm，中跨为250mm×400mm，左端跨箍筋“⏀8@100/200(2)”，表示箍筋为HRB400级钢筋，直径为8mm，双肢箍，端部加密区间距为100mm，中部非加密区间距为200mm。中跨、右跨“⏀8@100(2)”，表示箍筋为HRB400级钢筋，直径为8mm，双肢箍，沿梁箍筋间距均为100mm。

该梁上部通长筋“2⏀22”，在A支座“2⏀22+2⏀20”表示通长筋“2⏀22”另加2⏀20支座负筋，B支座“2⏀22+2⏀20”表示通长筋“2⏀22”另加2⏀20纵筋，C支座“2⏀22+4⏀20(4/2)”表示通长筋“2⏀22”另加4⏀20纵筋(两排)，D支座“4⏀22”表示通长筋“2⏀22”另加2⏀22纵筋。

该梁下部第一跨纵筋3Φ20、G4Φ12表示梁的两个侧面共配置4Φ12的纵向构造钢筋，每侧各2Φ12。由于是构造钢筋，其搭接与锚固长度可取为15d。下部第二跨纵筋3Φ18。下部第三跨纵筋2Φ25＋2Φ22、N4Φ14表示梁的两个侧面共配置4Φ14的受扭纵向钢筋，每侧各配置2Φ14。由于是受力钢筋，其搭接长度为l_l或l_{lE}，其锚固长度与方式同框架梁下部纵筋。

(6) 梁顶面标高高差。该项为选注值。梁顶面标高高差是指相对于该结构层楼面标高的高差值，有高差时，需将其写入括号内，无高差时不注。一般情况下，需要注写梁顶面高差的梁有洗手间梁、楼梯平台梁、楼梯平台板边梁等。

2) 梁原位标注的内容

梁原位标注的内容规定如下。

(1) 梁支座上部纵筋，应包含通长筋在内的所有纵筋。

① 当上部纵筋多于一排时，用斜线“/”将各排纵筋自上而下分开。

如KL3梁支座上部纵筋注写为2Φ22＋4Φ20(4/2)，则表示上一排纵筋为2Φ22(两侧)＋2Φ20(中间)，第二排纵筋为2Φ20(两侧)。

② 当同排纵筋有两种直径时，用加号“＋”将两种直径的纵筋相连，注写时将角部纵筋在前。

如KL3梁A支座上部纵筋注写为2Φ22＋2Φ20，表示有4根纵筋，2Φ22放在角部，2Φ20放在中部。

③ 当梁中间支座两边的上部纵筋不同时，需在支座两边分别标注；当梁中间支座两边的上部纵筋相同时，可仅在支座的一边标注配筋值，另一边省去不注。

(2) 梁下部纵筋。

① 当下部纵筋多于一排时，用斜线“/”将各排纵筋自上而下分开。

如梁下部纵筋注写为6Φ25　2/4，则表示上一排纵筋为2Φ25，下一排纵筋为4Φ25，全部伸入支座。

② 当同排纵筋有两种直径时，用加号“＋”将两种直径的纵筋相连，注写时角筋写在前面。

如KL3梁右跨下部纵筋注写为2Φ25＋2Φ22，表示2Φ25放在角部，2Φ22放在中部。

③ 当梁下部纵筋不全部伸入支座时，将梁支座下部纵筋减少的数量写在括号内。

如下部纵筋注写为6Φ25　2(－2)/4，表示上一排纵筋为2Φ25，且不伸入支座；下一排纵筋为4Φ25，全部伸入支座。又如梁下部纵筋注写为2Φ25＋3Φ22(－3)/5Φ25，则表示上一排纵筋为2Φ25和3Φ22，其中3Φ22不伸入支座；下一排纵筋为5Φ25，全部伸入支座。

(3) 附加箍筋或吊筋，将其直接画在平面图中的主梁上，用线引注总配筋值(附加箍筋的肢数注在括号内)，如图2.12所示。当多数附加箍筋或吊筋相同时，可在施工图中统一注明，少数不同值原位标注。

如KL3支承一梁，在支承处设2Φ25吊筋和附加箍筋(每侧3根，直径为8mm间距为50mm)，类型为图示A类。

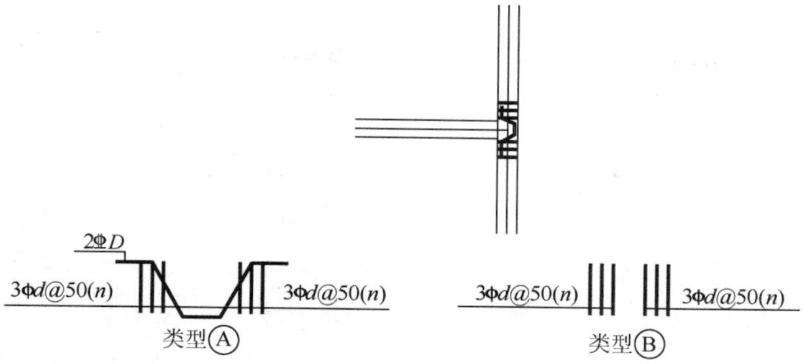

主次梁相交处主梁各类型附加横向钢筋配置示意图
注：D为附加横向钢筋所在主梁下部下排较粗纵筋直径，D≤20mm。
d为附加箍筋所在主梁箍筋直径，n为附加箍筋所在主梁箍筋根数。

图 2.12　附加箍筋和吊筋的画法示例

特别提示

在主次梁交接处，主梁必须设附加横向钢筋，附加横向钢筋可以是箍筋或吊筋，也可以是箍筋加吊筋方案。

（4）其他。当在梁上集中标注的内容如截面尺寸、箍筋、通长筋、架立筋、梁侧构造筋、受扭筋或梁顶面高差等，不适用某跨或某悬挑部分时，则将其不同数值原位标注在该跨或该悬挑部位，施工时应按原位标注数值取用。

知识链接

梁平法截面注写方式

截面注写方式是在分标准层绘制的梁平面布置图上，分别在不同编号的梁中各选一根梁用剖面号引出配筋图，并在其上注写截面尺寸和配筋具体数值的方式来表达梁平法施工图。

对所有梁进行编号，从相同编号的梁中选择一根梁，先将“单边截面号”画在该梁上，再将截面配筋详图画在本图或其他图上。当某梁的顶面标高与该结构层的楼面标高不同时，尚应在其梁编号后注写梁顶面高差。

截面配筋详图上注写截面尺寸 $b \times h$，上部筋、下部筋、侧面构造筋或受扭筋以及箍筋的具体数值时，其表达形式与平面注写方式相同。

截面注写方式可以单独使用，也可以与平面注写方式结合使用。

小 结

结构施工图是表达建筑物的结构形式及构件布置等的图样，是建筑施工的依据。

结构施工图一般包括基础平面图、楼层结构平面图、构建详图等。基础平面图、结构平面图都是从整体上反映承重构件的平面布置情况，是结构施工图的基本图样。构件详图表达了各构件的形状、尺寸、配筋及与其他构件的关系。

基础施工图是用来反映建筑物的基础形式、基础构件布置及构件详图的图样。在识读基础施工图时，应重点了解基础的形式、布置位置、基础地面宽度、基础埋置深度等。

楼层结构平面图中，主要反映了墙、柱、梁、板等构件的型号，布置位置，现浇及预制板装配情况。

构件详图主要反映构件的形状、尺寸、配筋、预埋件设置等情况。

在识读结构施工图时，要与建筑施工图对照阅读，因为结构施工图是在建筑施工图的基础上设计的。

习 题

一、判断题

1. 在结构平面图中配置双层钢筋时，底层钢筋的弯钩应向下。 (　　)
2. 欲了解建筑物的内部构造和结构形式，应查阅建筑立面图。 (　　)
3. 在结构平面图中配置双层钢筋时，顶层钢筋的弯钩应向上。 (　　)
4. 欲了解门窗的位置、宽度和数量，应查阅结构布置图。 (　　)

二、思考题

1. 说出下列构件符号所表示的内容。

TB　QL　KZL　YP　J　KB　GL　TL　KL　KZ

2. 识读 KL1 平法配筋图。

3. 识读 KZ1 平法配筋图。

模块3 建筑力学基本知识

教学目标

通过本模块的学习，要求掌握静力学的基本概念；掌握受力分析的方法，并会画物体及物体系统的受力图；掌握构件计算简图简化的方法，并能正确运用。

教学要求

能力目标	相关知识	权重
了解建筑力学在建筑工程中的作用；掌握静力学的基本概念；掌握受力分析的基本方法；掌握构件计算简图简化的方法	建筑力学在建筑工程中的作用；力的概念、力的效应、力的平衡、静力学公理、力系、力矩、力偶、力的分解与合成	30%
能够在实际工程中运用力学概念进行简单受力分析的能力	常见的约束与约束类型；受力分析的方法；受力图的画法	35%
能正确地确定结构构件计算简图的能力	梁、板、柱等结构构件的简化要求，支座形式及荷载的简化	35%

学习重点

静力学的基本概念；常见的约束类型；杆件及杆件系统的受力图；构件的计算简图。

引例

实例一为两层砖混结构的办公楼，由楼面梁、预制板、砌体墙和钢筋混凝土基础等构件组成，这些构件相互支承，形成受力骨架。楼面由预制空心板铺成，空心板支承在梁上，梁支承在墙上，墙体支承在基础上。图 3.1(a)所示为其构件布置示意。

实例二为两层现浇钢筋混凝土框架结构教学楼，由现浇的梁、板、柱和基础等构件组成，这些构件整体浇筑在一起。楼面是现浇的钢筋混凝土板，由框架梁支承着，柱支承着框架梁，柱固结于现浇钢筋混凝土基础内。图 3.1(b)所示为其构件布置示意。

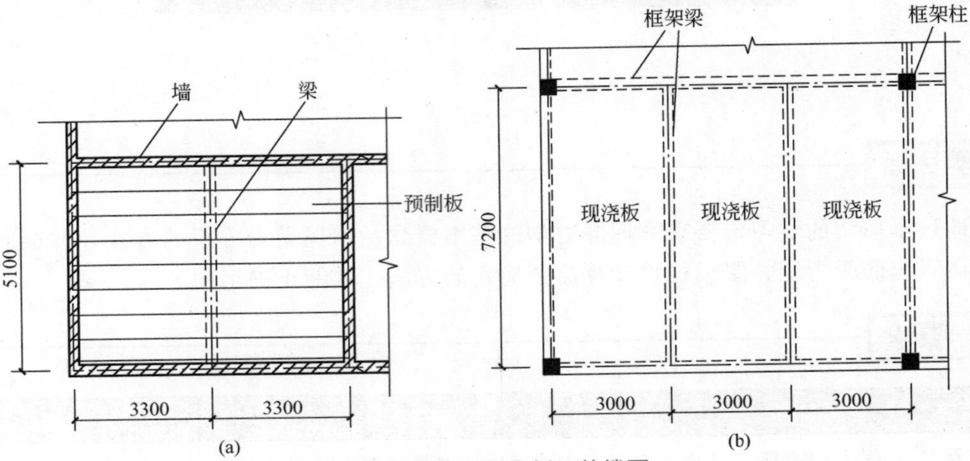

图 3.1　实例一和实例二的楼面

(a) 办公楼中某办公室构件布置示意；(b) 教学楼中某教室构件布置示意

以上两个实例中各种构件之间，构件与构件上作用的家具、人群之间存在各种力的关系，房屋结构只有正确合理地承担着各种力的作用，才能安全地工作。掌握基本的建筑力学知识，这也是结构设计的第一步。

3.1 静力学的基本知识

3.1.1 静力学简介

静力学是研究物体在力作用下的平衡规律的科学。

平衡是物体机械运动的特殊形式，严格地说，物体相对于惯性参照系处于静止或做匀速直线运动的状态，即加速度为零的状态都称为平衡。对于一般工程问题，平衡状态是以地球为参照系确定的。例如，相对于地球静止不动的建筑物和沿直线匀速起吊的物体，都处于平衡状态。

特别提示

房屋从开始建造的时起，就承受各种力的作用。例如，楼板在施工中除承受自身的重力外，还承受人和施工机具的重力；墙面承受楼面传来的竖向压力和水平的风力；基础则承受墙身传来的压力；等等。

3.1.2 力的概念

1. 力

1）力的定义

力是物体之间相互的机械作用，这种作用的效果是使物体的运动状态发生改变(外效应)，或者使物体发生变形(内效应)。

既然力是物体与物体之间的相互作用，那么，力不能脱离物体而单独存在，某一物体受到力的作用，一定有另一物体对它施加作用。在研究物体的受力问题时，必须分清哪个是施力物体，哪个是受力物体。

特别提示

实例一中预制板支承在楼面梁上，板是施力物体，梁是受力物体；楼面梁支承在墙上，梁是施力物体，墙是受力物体。

2）力的三要素

实践证明，力对物体的作用效果取决于三个要素：力的大小、方向和作用点，如图 3.2 所示。

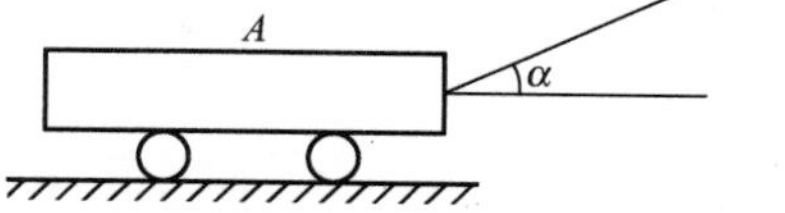

图 3.2　力的图示

描述一个力时，要全面表明力的三要素，因为任一要素发生改变时，都会对物体产生不同的效果。

(1) 力的大小。力的大小表示物体间相互作用的强烈程度。为了度量力的大小，必须确定力的单位。在国际单位制里，力的常用单位为牛顿(N)或千牛顿(kN)，1kN＝1000N。

(2) 力的方向。力的方向包含方位和指向两个含义。例如，重力的方向是铅垂向下的，“铅垂”是力的方位，“向下”是力的指向。

(3) 力的作用点。力的作用点是指力在物体上的作用位置。力的作用位置一般并不是一个点，而往往有一定的范围，但是，当力的作用范围与物体相比很小时，就可以近似地看成一个点，而认为力集中作用在这个点上。作用在这一点上的力称为集中力，工程中也称集中荷载。

3）矢量

力是一个有大小和方向的物理量，所以力是矢量。力用一段带箭头的线段来表示。线段的长度表示力的大小；线段与某定直线的夹角表示力的方位，箭头表示力的指向；线段的起点或终点表示力的作用点。用字母表示力时，用粗黑体字母 $\boldsymbol{F}$ 或 $\vec{F}$，而普通字母 F 只表示力的大小。

特别提示

实例一中的预制板承受人群和家具的重力；梁承受着预制板传来的重力；外纵墙承受着梁传来的重力和外部的风力。这些力都有确定的大小、方向和作用点，它们都是矢量。

2. 刚体

【刚体和变形体】

任何物体在力的作用下，都会发生大小和形状的改变，即发生变形。但在正常情况下，实际工程中许多物体的变形都是非常微小的，对研究物体的平衡问题影响很小，可以忽略不计，这样就可以将物体看成是不变形的。

在外力的作用下，大小和形状保持不变的物体称为刚体。例如，对实例一和实例二中的梁进行受力分析时，就应将该梁看成刚体，梁本身的变形可以忽略。

特别提示

在静力学中，将所讨论的物体都看作刚体，但在讨论物体受到力的作用时是否破坏及计算变形时，就不能再将物体看成刚体，而应看作变形体。例如，对实例一和实例二中的梁和板进行设计计算时，就要考虑梁和板本身的变形。

3. 力系

通常一个物体所受的力不止一个而是若干个。将作用于物体上的一群力称为力系。力系是工程力学研究的对象，因为所有的工程构件都是处于平衡状态，且由于一个力不可能使物体处于平衡状态，因此，工程构件都是受到力系作用的。

特别提示

实例一中办公楼的楼面梁本身有重力，还承受其上预制板传来的竖向力；梁两端支承在墙上，墙对梁还有支承力，所以对于梁来讲，梁所受的力不止一个，而是多个，这些力就构成了力系。其他的房屋结构构件也都在力系的作用之下处于平衡状态。

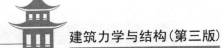

按照力系中各力作用线分布的不同，力系可分为以下三种。

(1) 汇交力系——力系中各力的作用线汇交于一点。

(2) 平行力系——力系中各力的作用线相互平行。

(3) 一般力系——力系中各力的作用线既不完全交于一点，也不完全相互平行。

按照各力作用线是否位于同一平面内，上述力系又可分为平面力系和空间力系两类。本书主要研究的是平面力系，如平面汇交力系、平面平行力系和平面一般力系。

如果物体在某一力系作用下保持平衡状态，则该力系称为平衡力系。作用在物体上的一个力系，如果可用另一个力系来代替，而不改变力系对物体的作用效果，则这两个力系称为等效力系。如果一个力与一个力系等效，则这个力就为该力系的合力；原力系中的各个力称为其合力的各个分力。

特别提示

实例一中的楼面梁L1所承受的各个力组成了力系，如图3.3所示。这些力都作用在梁的纵向对称平面内，所以该力系为平面力系。经过分析，可以发现这个平面力系中的各个力的作用线又是相互平行的，所以该力系又可以称为平面平行力系。

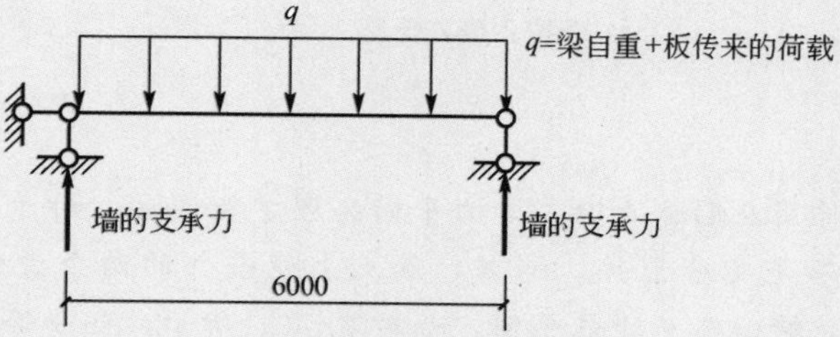

【简支梁实例——过梁】

图3.3 梁L1上各种力的分布情况

3.1.3 静力学公理

静力学公理是人们在长期的生产和生活实践中逐步认识和总结出来的力的普遍规律。它阐述了力的基本性质，是静力学的基础。

1. 二力平衡公理

作用在同一刚体上的两个力，使刚体处于平衡状态的充分与必要条件是：这两个力大小相等、方向相反，作用线在同一直线上。

此公理说明了作用在同一个物体上的两个力的平衡条件。

知识链接

如图3.4所示，在起重机上挂一静止重物[图3.4(a)]，重物受到绳索拉力 T 和重力 G 的作用[图3.4(b)]，则这两个力大小相等、方向相反且作用在同一条直线上。

只在两点受力的作用而处于平衡的构件称为二力构件，如图 3.5 所示。如果构件是一个直杆，则称为二力杆，如图 3.6 所示。

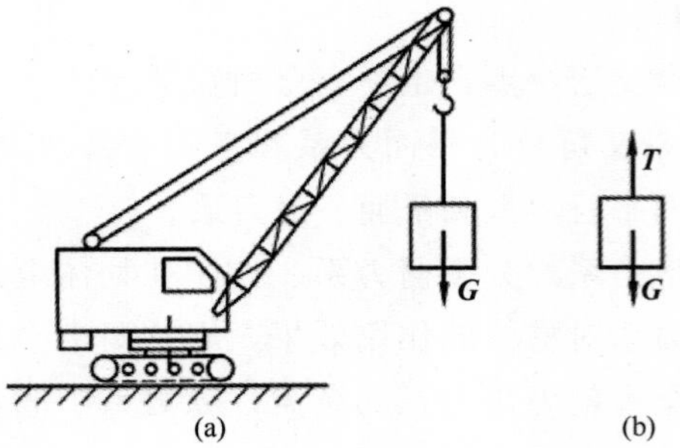

图 3.4 平衡力

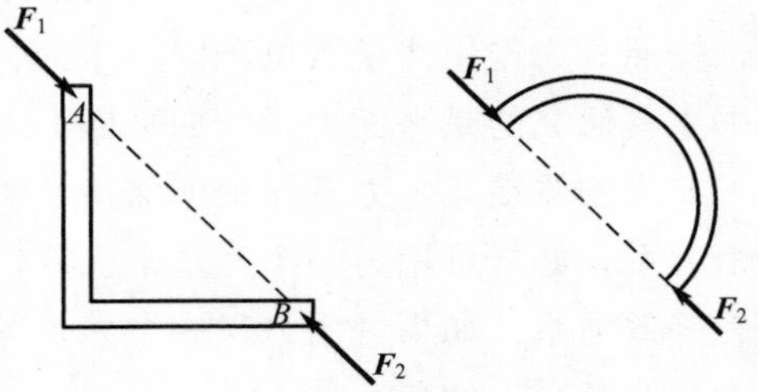

图 3.5 二力构件

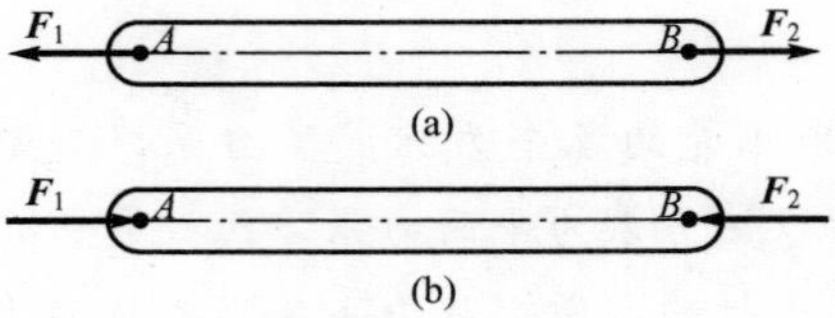

图 3.6 二力杆

(a) 受拉；(b) 受压

知识链接

应当注意，只有当力作用在刚体上时，二力平衡公理才能成立，对于变形体，二力平衡条件只是必要条件，并不是充分条件。例如，满足上述条件的两个力作用在一根绳子上，当这两个力使绳子受拉时，绳子才能平衡，如图 3.7(a)所示。如受等值、反向、共线的压力就不能平衡了，如图 3.7(b)所示。

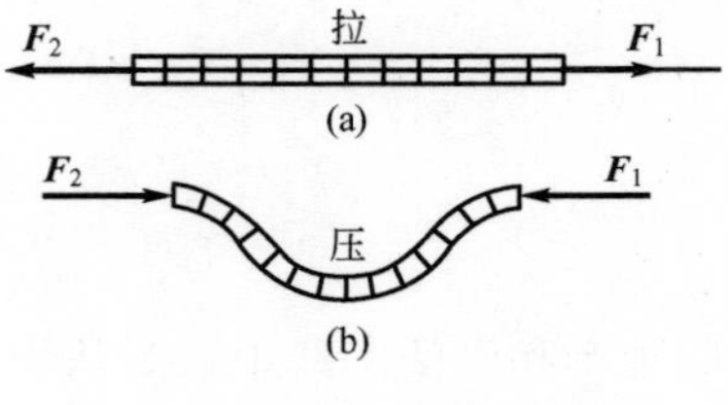

图 3.7 二力作用下的变形体

(a) 受拉；(b) 受压

2. 作用力与反作用力

【作用力与反作用力】

作用力和反作用力总是同时存在，两力的大小相等、方向相反，沿着同一直线，分别作用在两个相互作用的物体上。

若 A 物体对 B 物体有一个作用力，则同时 B 物体对 A 物体必有一个反作用力。这两个力大小相等、方向相反，沿着同一直线分别作用在这两个物体上。如图 3.8 所示，$\boldsymbol{N}_1$ 和 $\boldsymbol{N}_1'$为作用力和反作用力，它们分别作用在 A、B 两个物体上。

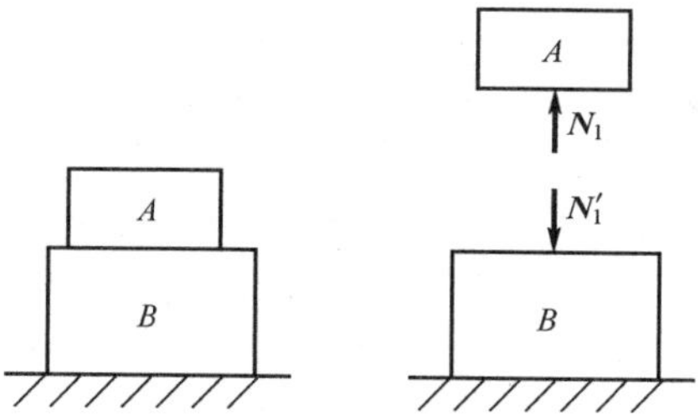

图 3.8 作用力与反作用力

此公理说明了两个物体间相互作用力的关系。这里必须强调指出：作用力和反作用力是分别作用在两个物体上的力，任何作用在同一个物体上的两个力都不是作用力与反作用力。

特别提示

实例一中的各个受力构件之间都存在作用力和反作用力的关系。例如，支承在墙上的楼面梁 L1，梁对墙的压力和墙对梁的支持力是作用力和反作用力的关系。

3. 加减平衡力系公理

在作用着已知力系的刚体上，加上或者减去任意平衡力系，不会改变原来力系对刚体的作用效应。这是因为平衡力系对刚体的运动状态没有影响，所以增加或减少任意平衡力系均不会使刚体的运动效果发生改变。

推论 力的可传性原理：作用在刚体上的力可以沿其作用线移动到刚体上的任意一点，而不改变力对物体的作用效果。

根据力的可传性原理可知，力对刚体的作用效应与力的作用点在作用线上的位置无关。因此，力的三要素可改为力的大小、方向、作用线。

知识链接

如图 3.9 所示，在 A 点作用一水平力 $\boldsymbol{F}$ 推车或沿同一直线在 B 点拉车，对小车的作用效果是一样的。

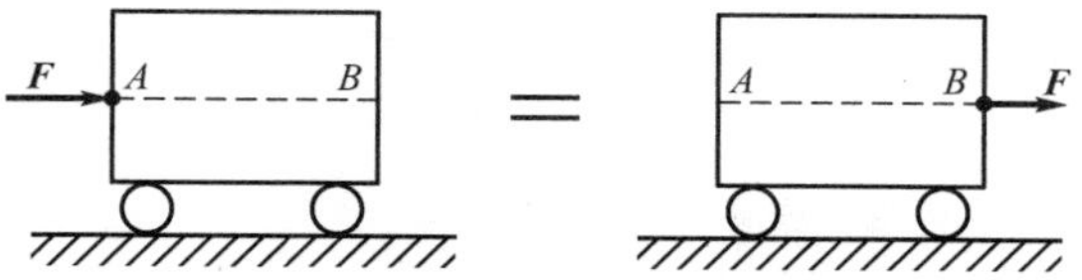

图 3.9 刚体上力的可传性

力的可传性原理只适用于刚体而不适用于变形体。当研究物体的内力、变形时，将力的作用点沿着作用线移动，必须使该力对物体的内力效应发生改变。如图 3.10(a)所示，直杆 AB 为变形体，受到一对拉力的作用，杆件伸长。但若将两力分别沿其作用线移动到杆的另一端，如图 3.10(b)所示，此杆将缩短。

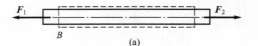

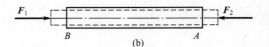

图 3.10　力在变形体上沿作用线移动

(a) 变形体受拉伸长；(b) 变形体受压缩短

4. 力的平行四边形法则

作用于刚体上同一点的两个力可以合成一个合力，合力也作用于该点，合力的大小和方向由这两个力为邻边所组成的平行四边形的对角线(通过二力汇交点)确定。如图 3.11(a)所示，两力 $\boldsymbol{F}_1$、$\boldsymbol{F}_2$ 汇交于 A 点，它们的合力 $\boldsymbol{F}$ 也作用在 A 点，合力 $\boldsymbol{F}$ 的大小和方向由 $\boldsymbol{F}_1$、$\boldsymbol{F}_2$ 为邻边所组成的平行四边形 $ABCD$ 的对角线 AC 确定：合力 $\boldsymbol{F}$ 的大小为此对角线的长，方向由 A 指向 C。

作用在刚体上的两个汇交力可以合成一个合力。反之，作用在刚体上的一个力也可以分解为两个分力。在工程实际中，最常见的分解方法是将已知力 $\boldsymbol{F}$ 沿两直角坐标轴方向分解，如图 3.11(b)所示，可分解为两个相互垂直的分力 $\boldsymbol{F}_x$ 和 $\boldsymbol{F}_y$。

按照三角公式可得下列关系

两分力的大小为

$$\begin{cases} F_x = F\cos\alpha \\ F_y = F\sin\alpha \end{cases} \tag{3-1}$$

推论　三力平衡汇交定理：若刚体在 3 个互不平行的力的作用下处于平衡状态，则此 3 个力的作用线必在同一平面且汇交于一点。

如图 3.12 所示，物体在 3 个互不平行的力 $\boldsymbol{F}_1$、$\boldsymbol{F}_2$ 和 $\boldsymbol{F}_3$ 作用下处于平衡，其中二力 $\boldsymbol{F}_1$、$\boldsymbol{F}_2$ 可合成一作用于 A 点的合力 $\boldsymbol{F}$。据二力平衡公理，第三力 $\boldsymbol{F}_3$ 与 $\boldsymbol{F}$ 必共线，即第三力 $\boldsymbol{F}_3$ 必过其他二力 $\boldsymbol{F}_1$、$\boldsymbol{F}_2$ 的汇交点 A。

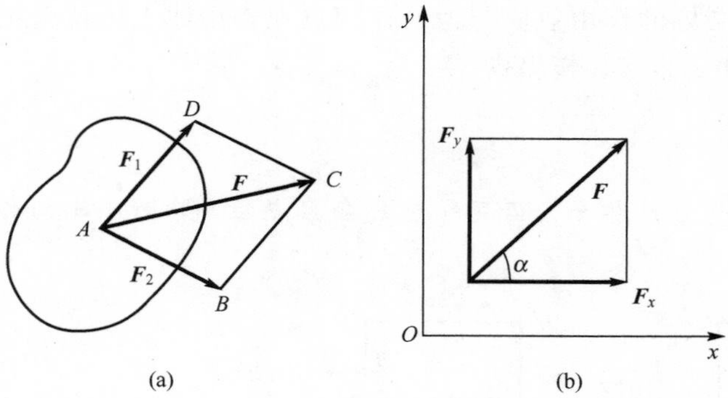

图 3.11　力的合成和分解

(a) 力的合成；(b) 力的分解

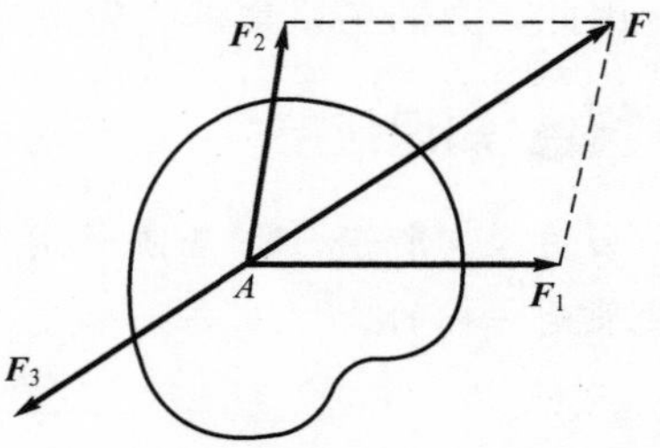

图 3.12　三力平衡汇交定理示意

3.1.4　力的合成与分解

1. 力在坐标轴上的投影

由于力是矢量，而矢量在运算中很不方便，所以一般在力学计算中常常是将矢量运算转化为代数运算。力在直角坐标轴上的投影就是转化的基础。

设力 $\boldsymbol{F}$ 作用在物体上某点 A 处，用 AB 表示。通过力 $\boldsymbol{F}$ 所在平面的任意点 O 作直角坐标系 xOy，如图 3.13 所示。从力 $\boldsymbol{F}$ 的起点 A、终点 B 分别作垂直于 x 轴的垂线，得垂足 a 和 b，并在 x 轴上得线段 ab，线段 ab 的长度加以正负号称为力 $\boldsymbol{F}$ 在 x 轴上的投影，用 F_x 表示。同样方法也可以确定力 $\boldsymbol{F}$ 在 y 轴上的投影为线段 a_1b_1，用 F_y 表示。并且规定：从投影的起点到终点的指向与坐标轴正方向一致时，投影取正号；从投影的起点到终点的指向与坐标轴正方向相反时，投影取负号。

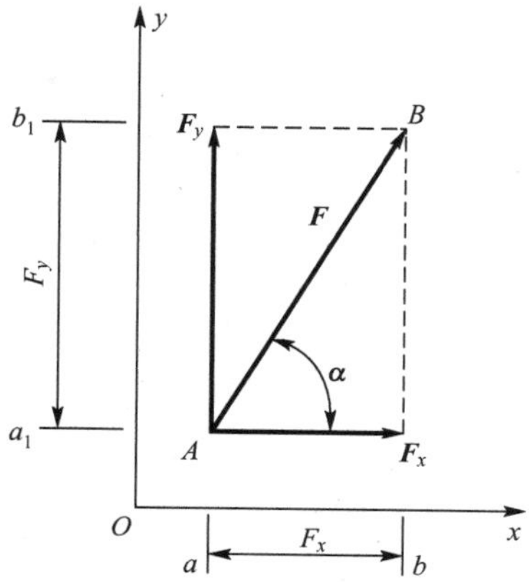

图 3.13　直角坐标系中力的投影

从图中的几何关系得出投影的计算公式为

$$\begin{cases} F_x = \pm F\cos\alpha \\ F_y = \pm F\sin\alpha \end{cases} \quad (3-2)$$

式中，α——力 $\boldsymbol{F}$ 与 x 轴所夹的锐角。F_x 和 F_y 的正负可按上面提到的规定直观判断得出。

反过来，已知力 $\boldsymbol{F}$ 在直角坐标系的投影 F_x 和 F_y，则可以求出这个力的大小和方向。由图 3.13 中所示的几何关系可知

$$\begin{cases} F = \sqrt{F_x^2 + F_y^2} \\ \alpha = \arctan \dfrac{|F_y|}{|F_x|} \end{cases} \quad (3-3)$$

特别要指出的是，当力 $\boldsymbol{F}$ 与 x 轴(y 轴)平行时，$\boldsymbol{F}$ 的投影 $F_y(F_x)$ 为零；$F_x(F_y)$ 的值与 $\boldsymbol{F}$ 的大小相等，方向按上述规定的符号确定。

特别提示

$\boldsymbol{F}$ 的分力 $\boldsymbol{F}_x$ 与 $\boldsymbol{F}_y$ 的大小与 $\boldsymbol{F}$ 在对应的坐标轴上的投影 F_x 和 F_y 的绝对值相等，但力的投影与力的分力却是两个不同的概念。力的投影是代数量，由力 $\boldsymbol{F}$ 可确定其投影 F_x 和 F_y，但是由投影 F_x 和 F_y 只能确定力 $\boldsymbol{F}$ 的大小和方向，不能确定其作用位置；而力的分力是力沿该方向的分作用，是矢量，由分力能完全确定力的大小、方向和作用位置。

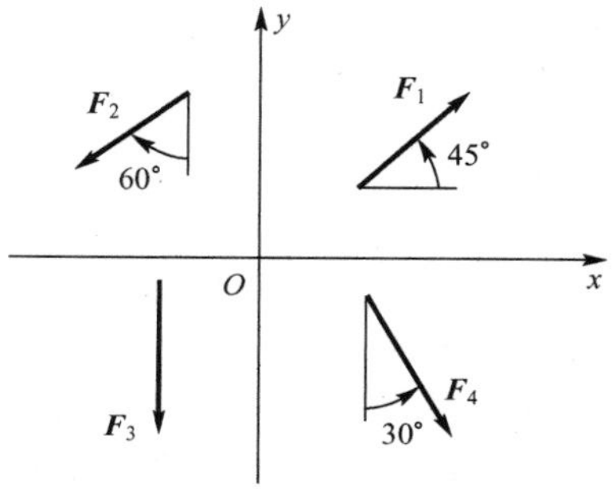

图 3.14　应用案例 3－1 图

应用案例 3－1

试分别求出图 3.14 中所示的各力在 x 轴和 y 轴上投影。已知 $F_1=100\text{N}$，$F_2=150\text{N}$，$F_3=F_4=200\text{N}$，各力方向如图 3.14 所示。

解：由公式可得出各力在 x、y 轴上的投影为

$F_{1x}=F_1\cos45°=100\times0.707=70.7(\text{N})$

$F_{1y}=F_1\sin45°=100\times0.707=70.7(\text{N})$

$F_{2x}=-F_2\sin60°=-150\times0.866=-129.9(\text{N})$

$F_{2y}=-F_2\cos60°=-150\times0.5=-75(\text{N})$

$F_{3x}=F_3\cos 90°=0$

$F_{3y}=-F_3\sin 90°=-200\times 1=-200(N)$

$F_{4x}=F_4\sin 30°=200\times 0.5=100(N)$

$F_{4y}=-F_4\cos 30°=-200\times 0.866=-173.2(N)$

【案例点评】

以上案例中的各力出现在不同的方向上，具有代表性。在求解力的投影时要明确力的投影与坐标轴的正方向的关系，若方向一致，力的投影就取正号；反之，则取负号。

2. 合力投影定理

合力在坐标轴上的投影(F_{Rx}，F_{Ry})等于各分力在同一轴上投影的代数和，即

$$\begin{cases}F_{Rx}=F_{1x}+F_{2x}+\cdots+F_{nx}=\sum F_x\\ F_{Ry}=F_{1y}+F_{2y}+\cdots+F_{ny}=\sum F_y\end{cases}\tag{3-4}$$

如果将各个分力沿坐标轴方向进行分解，再对平行于同一坐标轴的分力进行合成(方向相同的相加，方向相反的相减)，可以得到合力在该坐标轴方向上的分力(F_{Rx}，F_{Ry})。不难证明，合力在直角坐标系坐标轴上的投影(F_{Rx}，F_{Ry})和合力在该坐标轴方向上的分力(F_{Rx}，F_{Ry})大小相等，而投影的正号代表了分力的指向和坐标轴的指向一致，负号则相反。

应用案例 3-2

分别求出图 3.15 中所示的各力的合力在 x 轴和 y 轴上投影。已知 $F_1=20$kN，$F_2=40$kN，$F_3=50$kN，各力方向如图 3.15 所示。

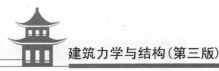

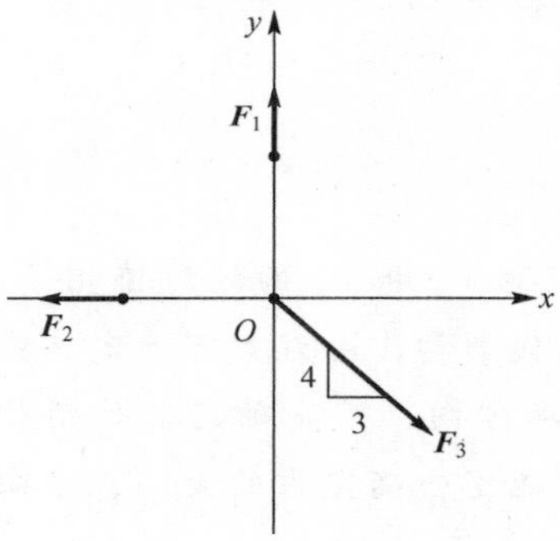

图 3.15　应用案例 3-2 图

解：由式(3-4)可得出各力的合力在 x、y 轴上的投影分别为

$$F_{Rx}=\sum F_x=F_1\cos 90°-F_2\cos 0°+F_3\times\frac{3}{\sqrt{3^2+4^2}}$$

$$=0-40+50\times\frac{3}{5}=-10(kN)$$

$$F_{Ry}=\sum F_y=F_1\sin 90°+F_2\sin 0°-F_3\times\frac{4}{\sqrt{3^2+4^2}}$$

$$=20+0-50\times\frac{4}{5}=-20(kN)$$

【案例点评】

用合力投影定理求解平面汇交力系的合力的投影最为方便。

3.1.5 力矩和力偶

1. 力矩

从实践中知道，力对物体的作用效果除了能使物体移动外，还能使物体转动，力矩就是度量力使物体转动效应的物理量。

知识链接

用扳手拧螺母(图 3.16)、用钉锤拔钉子(图 3.17)及用手推门等，都是物体在力的作用下产生转动效应的实例。

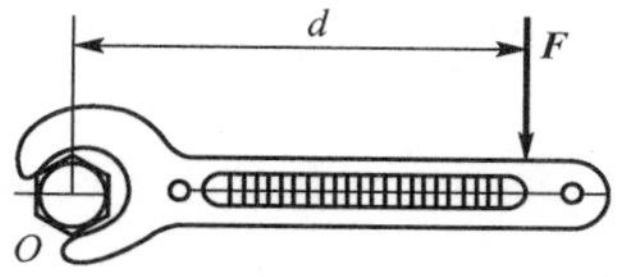

图 3.16　用扳手拧螺母

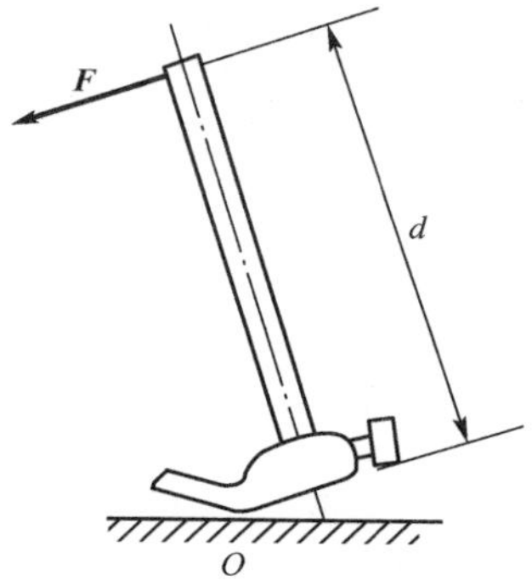

图 3.17　用钉锤拔钉子

实践经验告诉人们：力 $\boldsymbol{F}$ 使物体绕某点 O 的转动效应，不仅与力 $\boldsymbol{F}$ 的大小成正比，而且还与力 $\boldsymbol{F}$ 的作用线到 O 点的垂直距离 d 成正比。可见其大小的乘积 Fd 就可作为这种转动效应强度的度量(图 3.18)。力对物体的转动效应，除了反映它的强度外，还要反映其转向，就平面问题来说，可能产生两种转向相反的转动，即逆时针或顺时针方向的转动。对这两种情况，可采用正负号加以区分。因此，用乘积 Fd 加上正号或负号作为度量力 $\boldsymbol{F}$ 使物体绕 O 点转动效应的物理量，称为力 $\boldsymbol{F}$ 对 O 点的矩，简称力矩。O 点称为矩心，矩心 O 到力 $\boldsymbol{F}$ 的作用线的垂直距离 d 称为力臂。力 $\boldsymbol{F}$ 对 O 点之矩通常用符号 $M_0(F)$ 表示，式(3－5)中，若力使物体产生逆时针方向转动，取正号；反之，取负号。力对点的矩是代数量，即

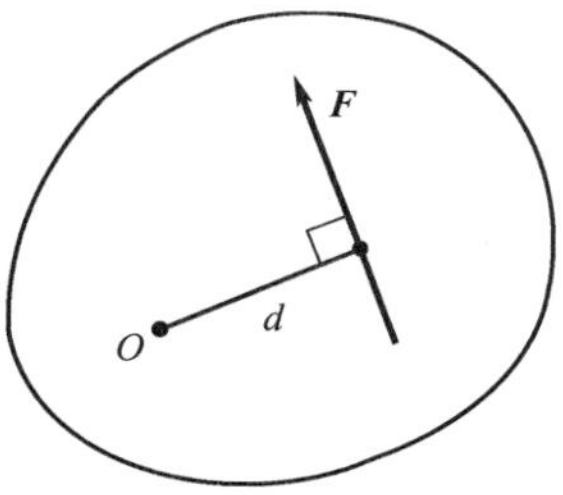

图 3.18　力对点之矩

$$M_0(F)=\pm Fd \tag{3-5}$$

力矩的单位是力与长度的单位的乘积。在国际单位制中，力矩的单位为牛顿·米(N·m)或千牛顿·米(kN·m)。

特别提示

力矩在下列情况下为零：①力等于零；②力臂等于零，即力的作用线通过矩心。

2. 合力矩定理

在计算力对点的力矩时，往往是力臂不易求出，因而直接按定义求力矩难以计算。此时，通常采用的方法是将这个力分解为两个或两个以上便于求出力臂的分力，再由多个分力力矩的代数和求出合力的力矩。这一有效方法的理论根据是合力矩定理，即有 n 个平面汇交力作用于 A 点，则平面汇交力系的合力对平面内任一点之矩，等于力系中各分力对同

一点力矩的代数和，表示为

$$M_0(F_R)=M_0(F_1)+M_0(F_2)+\cdots+M_0(F_n)=\sum_{i=1}^{n}M_0(F_i) \qquad (3-6)$$

该定理不仅适用于平面汇交力系，而且可以推广到任意力系。

应用合力矩定理可以简化力矩的计算。在力臂已知或方便求解时，按力矩定义进行计算；在求力对某点力矩时，若力臂不易计算，按合力矩定理求解，可以将此力分解为相互垂直的分力，如两分力对该点的力臂已知，即可方便地求出两分力对该点力矩的代数和，从而求出已知力对该点的力矩。

应用案例 3-3

如图 3.19 所示，$F_1=400$N，$F_2=200$N，$F_3=300$N。试求各力对 O 点的力矩以及合力对 O 点的力矩。

解：F_1 对 O 点的力矩：$M_0(F_1)=F_1d_1=(400\times1)\text{N}\cdot\text{m}=400\text{N}\cdot\text{m}$(↻)

F_2 对 O 点的力矩：$M_0(F_2)=-F_2d_2=(-200\times2\sin30°)\text{N}\cdot\text{m}=-200\text{N}\cdot\text{m}$(↺)

F_3 对 O 点的力矩：$M_0(F_3)=F_3d_3=(300\times0)\text{N}\cdot\text{m}=0\text{N}\cdot\text{m}$

上述 3 个力的合力对 O 点的力矩：$M_0=(400-200+0)\text{N}\cdot\text{m}=200\text{N}\cdot\text{m}$(↻)

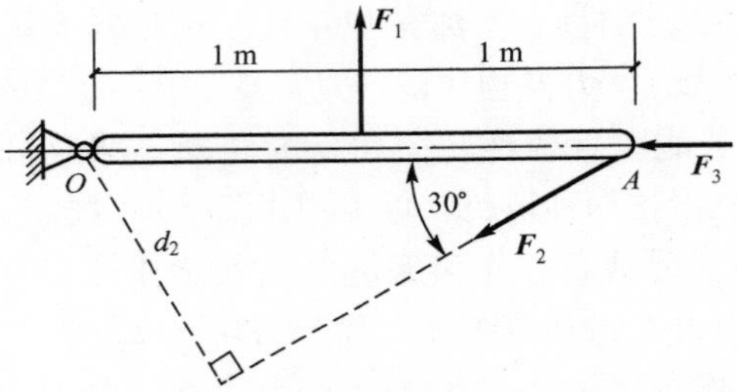

图 3.19　应用案例 3-3 图

3. 力偶

1) 力偶的概念

在力学中，由两个大小相等、方向相反、作用线平行而不重合的力 **F** 和 **F**′组成的力系，称为力偶，并用符号(**F**，**F**′)来表示。力偶的作用效果是使物体转动。

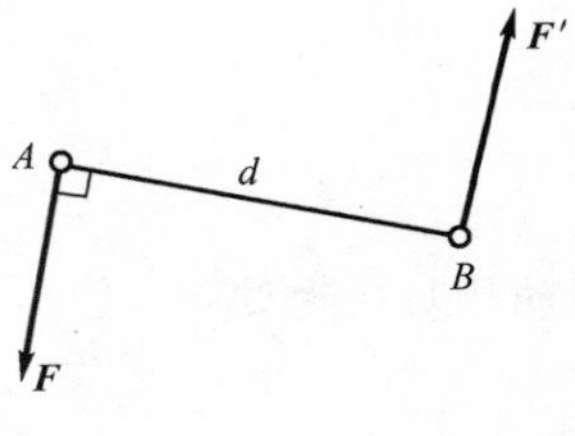

图 3.20　力偶示意图

在日常生活中，汽车司机用双手转动转向盘、钳工用丝锥攻螺纹等都是力偶作用的案例。

力偶中两力作用线间的垂直距离 d 称为力偶臂，如图 3.20 所示。力偶所在的平面称为力偶作用面。

在力偶作用面内，力偶能使物体产生转动，那么力偶对物体的转动效应当如何度量呢？由经验可知，力偶中的力 **F** 越大，或者力偶臂 d 越大时，力偶对物体的转动效应越强。此外，力偶在平面内的转向不同，其作用效应也不相同。可见在力偶作用面内，力偶对物体的转动效应取决于力偶中力 **F** 和力臂 d 的乘积的大小以及力偶的转向。在力学中用力 **F** 的大小与力偶臂 d 的乘积 Fd 加上正号或负号作为度量力偶对物体转动效应的物理量，该物理量称为力偶矩，并用符号 M(**F**，**F**′)或 M 表示，即

$$M(\boldsymbol{F}, \boldsymbol{F}') = \pm F \cdot d \tag{3-7}$$

式中，对于正负号的规定是：若力偶的转向是逆时针，取正号；反之，取负号。在国际单位制中，力偶矩的单位为牛顿·米(N·m)或千牛顿·米(kN·m)。

2）力偶的性质

（1）力偶在任一坐标轴上的投影等于零。由于力偶在任一轴上的投影等于零，所以力偶对物体不会产生移动效应，只产生转动效应。力偶不能用一个力来代替，即力偶不能简化为一个力，因而力偶也不能和一个力平衡，力偶只能与力偶平衡。

（2）力偶对其作用面内任一点 O 之矩恒等于力偶矩，而与矩心的位置无关，即

$$M(\boldsymbol{F}, \boldsymbol{F}') = M = \pm F \cdot d \tag{3-8}$$

（3）力偶的等效性。在同一平面内的两个力偶，如果它们的力偶矩大小相等，力偶的转向相同，则这两个力偶是等效的。这一性质称为力偶的等效性。图 3.21 所示的各力偶均为等效力偶。

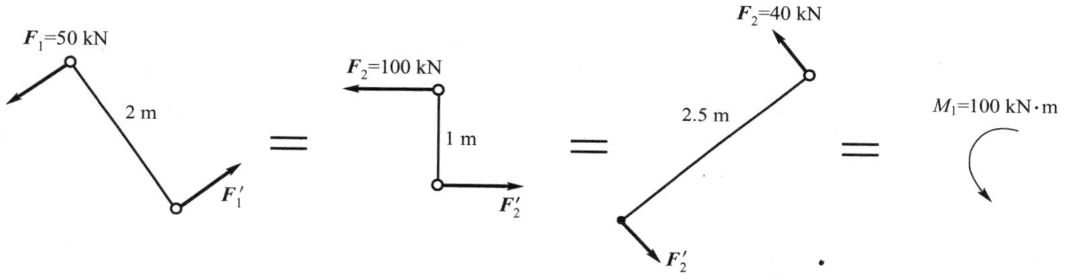

图 3.21 等效力偶

根据力偶的等效性，可以得出以下两个推论。

推论 1 力偶可以在其作用面内任意移转而不改变它对物体的转动效应，即力偶对物体的转动效应与它在作用面内的位置无关。

推论 2 只要保持力偶矩的大小、转向不变，可以同时改变力偶中的力和力偶臂的大小，而不改变它对物体的转动效应。在平面问题中，由于力偶对物体的转动效应完全取决于力偶矩的大小和力偶的转向，所以，力偶在其作用面内除可用两个力表示外，通常还可用一带箭头的弧线来表示，如图 3.22 所示。其中箭头表示力偶的转向，M 表示力偶矩的大小。

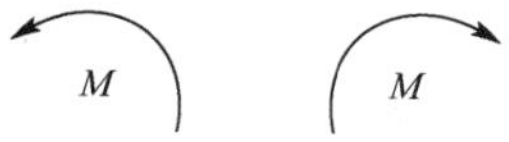

图 3.22 力偶的表示方法

3）平面力偶系的合成

在物体的某一平面内同时作用有两个或两个以上的力偶时，这群力偶就称为平面力偶系。

力偶对物体的作用效应只有转动效应，而转动效应由力偶的大小和转向来度量，因此，力偶系的作用效果也只能是产生转动，其转动效应等于各力偶转动效应的总和。可以证明，平面力偶系合成的结果为一合力偶，其合力偶矩等于各分力偶矩的代数和，即

$$M = M_1 + M_2 + \cdots + M_n = \sum_{i=1}^{n} M_i \tag{3-9}$$

应用案例 3-4

如图 3.23 所示，在物体的某平面内作用 3 个力偶。已知 $F_1=400\text{N}$，$F_2=200\text{N}$，$M=300\text{N}\cdot\text{m}$，求其合成的结果。

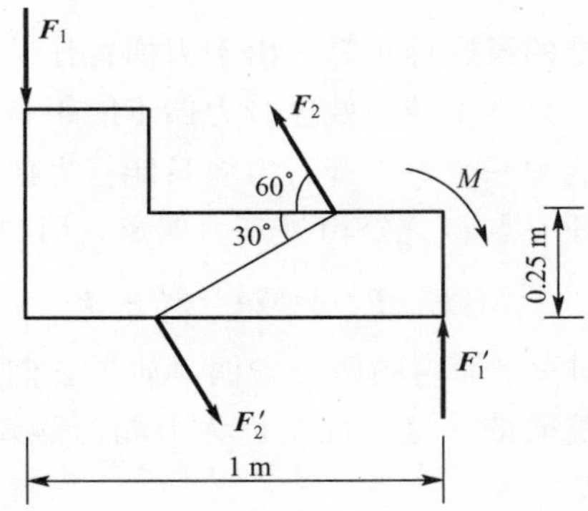

图 3.23　应用案例 3-4 图

解：此共面的 3 个力偶组成平面力偶系，它们合成的结果是一个合力偶。

$$\sum M_i = M_1 + M_2 + \cdots + M_n = F_1 d_1 + F_2 d_2 - M$$

$$= 400 \times 1 + 200 \times \frac{0.25}{\sin 30^\circ} - 300$$

$$= 200(\text{N}\cdot\text{m})\ (\circlearrowleft)$$

4. 力的平移定理

由力的性质可知：在刚体内，力沿其作用线平移，其作用效应不改变。如果将力的作用线平行移动到另一个位置，其作用效应将发生改变，原因是力的转动效应与力的位置是直接的关系。生活中用力开门的实际效应与力的大小、方向和位置都有关系。

那么，要想将力平移而又不改变其对物体的运动效果，需要附加什么条件呢？

在图 3.24(a)中，物体上 A 点作用有一个力 $\boldsymbol{F}$，如将此力平移到物体的任意一点 O，而又不改变物体的运动效果，则应根据加减平衡力系公理，在 O 点加上一对平衡力 $\boldsymbol{F}'$ 和 $\boldsymbol{F}''$，使它们的大小与力 $\boldsymbol{F}$ 相等，作用线与力 $\boldsymbol{F}$ 平行，如图 3.24(b)所示。显然，力 $\boldsymbol{F}$ 与 $\boldsymbol{F}''$ 组成了一个力偶($\boldsymbol{F}$，$\boldsymbol{F}''$)，其力偶矩为 $M=Fd=M_O(\boldsymbol{F})$。于是，原作用于 A 点的力 $\boldsymbol{F}$ 就与现在作用在 O 点的力 $\boldsymbol{F}'$ 和力偶($\boldsymbol{F}$，$\boldsymbol{F}''$)等效，即相当于将力 $\boldsymbol{F}$ 平移到 O 点，如图 3.24(c)所示。

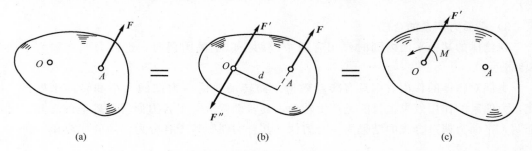

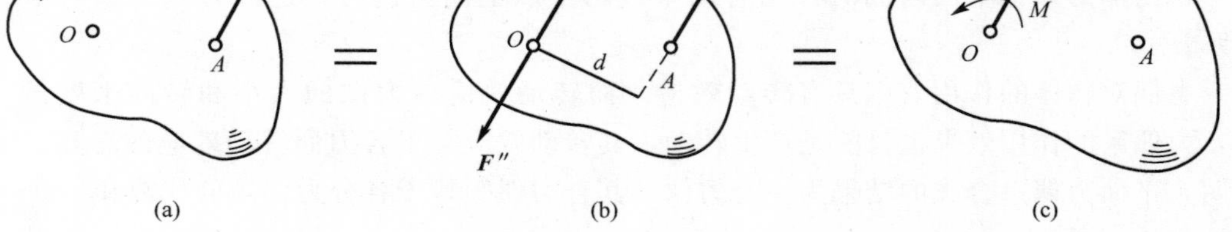

图 3.24　力的平移定理

由此可以得出力的平移定理：作用于刚体上的力 $\boldsymbol{F}$，可以平移到刚体上任意一点 O，但必须附加一个力偶才能与原力等效，附加的力偶矩等于原力 $\boldsymbol{F}$ 对新作用点 O 的矩。

应用力的平移定理可将一个力化为一个力偶。反之，也可将同一平面内的一个力 $\boldsymbol{F}'$ 和一个力偶矩为 M 的力偶合成一个合力，即将图 3.24(c)化为图 3.24(a)，而力 $\boldsymbol{F}$ 就是力 $\boldsymbol{F}'$ 和力偶 M 的合力。力 $\boldsymbol{F}$ 与 $\boldsymbol{F}'$ 大小相等，方向相同，作用线平行，作用线间的垂直距离为 d。

3.1.6 约束与约束反力

1. 约束与约束反力的概念

在工程结构中，每一个构件都和周围的其他构件相互联系着，并且由于受到这些构件的限制不能自由运动。一个物体的运动受到周围物体的限制时，这些周围物体称为该物体的约束。例如，前面所提到的柱就是梁的约束，基础是柱子的约束。

如果没有柱子的限制，梁就会掉下来。柱子要阻止梁的下落，就必须给梁施加向上的力，这种约束给被约束物体的力称为约束反力，简称反力。约束反力的方向总是与约束所能限制的运动方向相反。

特别提示

实例二中的框架梁受到框架柱的支承而不致下落，框架柱由于受到基础的限制而被固定。

实例一中的楼面大梁受到墙的支承，预制板受到楼面大梁的支承等，其支承均称为“约束”。

在物体上，除约束反力以外，还有能主动引起物体运动或物体产生运动趋势的力，称为主动力。例如，重力、风力、水压力、土压力等都是主动力。主动力在工程中也称为荷载。一般情况下，物体总是同时受到主动力和约束反力的作用。主动力通常是已知的，而约束反力则是未知的。因此，正确地分析约束反力是对物体进行受力分析的关键。

1）柔体约束

用柔软的皮带、绳索、链条阻碍物体运动而构成的约束称为柔体约束。这种约束只能限制物体沿着柔体中心线向柔体张紧方向移动，且柔体约束只能受拉力，不能受压力，所以约束反力一定通过接触点，沿着柔体中心线背离被约束物体的方向，且恒为拉力，如图 3.25 中的力 $\boldsymbol{T}$。

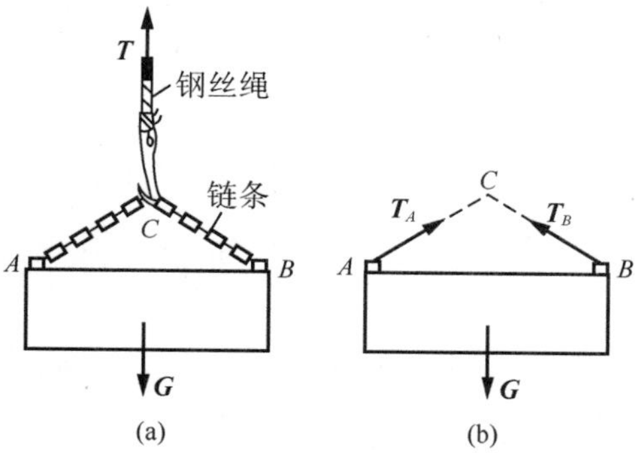

图 3.25　柔体约束及其反力

【柔索实例】

特别提示

在办公楼和教学楼内用链条悬挂吊灯、施工现场塔式起重机的绳索吊起重物等，都是柔体约束。

2）光滑接触面约束

当两物体在接触面处的摩擦力很小而可略去不计时，就是光滑接触面约束。这种约束不论接触面的形状如何，都不能限制物体沿光滑接触面的方向的运动或离开光滑面，只能限制物体沿着接触面的公法线向光滑面内的运动，所以光滑接触面约束反力是通过接触点，沿着接触面的公法线指向被约束的物体，只能是压力，如图 3.26 中的 $\boldsymbol{F}_N$ 所示。

【光滑接触面】

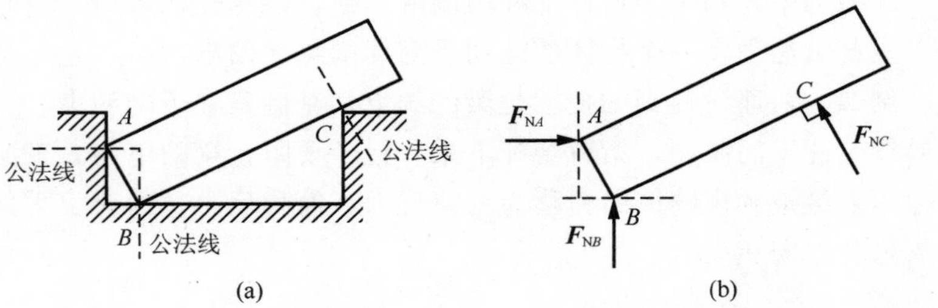

图 3.26 光滑接触面约束及其反力

3）圆柱铰链约束

圆柱铰链简称铰链，它是由一个圆柱形销钉 C 插入两个物体 A 和 B 的圆孔中构成的，并假设销钉与圆孔的面都是完全光滑的，如图 3.27(a)、(b)所示。

【光滑圆柱铰链约束】

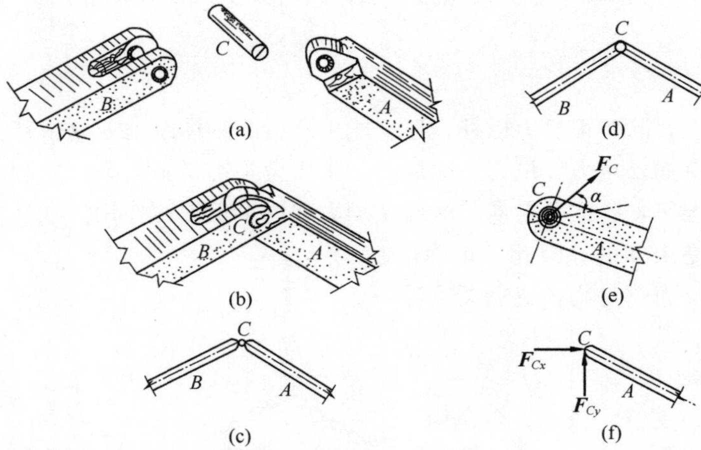

图 3.27 圆柱铰链约束及其反力

圆柱铰链约束只能限制物体在垂直于销钉轴线的平面内沿任意方向的相对移动，而不能限制物体绕销钉作相对转动。圆柱铰链的计算简图如图 3.27(c)、(d)所示。圆柱铰链的约束反力垂直于销钉轴线的平面内，通过销钉中心，而方向未定，可用 $\boldsymbol{F}_C$ 来表示，如图 3.27(e)所示。在对物体进行受力分析时，通常将圆柱铰链的约束反力用两个相互垂直的分力来表示，如图 3.27(f)所示，两分力的指向可以任意假设，是否为实际指向则要根据计算的结果来判断。

4）链杆约束

两端用光滑销钉与其他物体连接而中间不受力的直杆称为链杆。图 3.28(a)所示为建筑物中放置空调用的三角架，其中杆 BC 即为链杆约束。

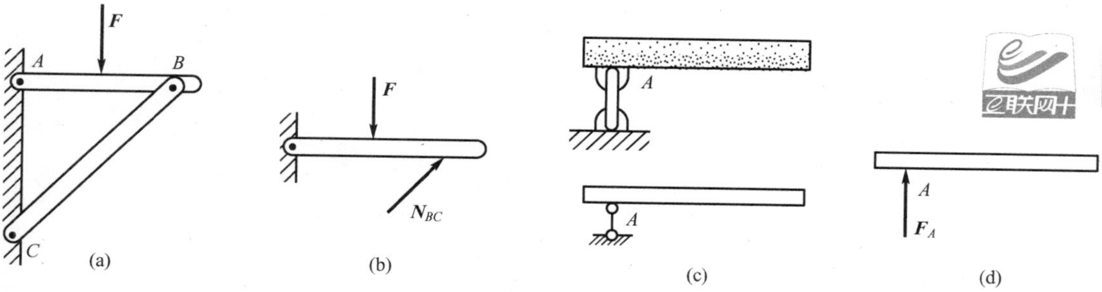

图 3.28 链杆约束及其反力

链杆约束计算简图如图 3.28(c)所示。由于链杆只能限制物体沿着链杆中心线的运动，而不能限制其他方向的运动。所以，链杆的约束反力沿着链杆中心线，而指向未定，如图 3.28(b)、(d)所示，图中反力的指向是假设的。

2. 支座的简化和支座反力

工程上将结构或构件连接在支承物上的装置称为支座。工程上常常通过支座将构件支承在基础或另一个静止的构件上。支座对构件就是一种约束。支座对它所支承的构件的约束反力也称支座反力。支座的构造是多种多样的，其具体情况也是比较复杂的，这样就需要加以简化，并归纳成几个类型，以便于分析计算。通过简化，建筑结构的支座通常分为固定铰支座、可动铰支座和固定端支座三类。

1）固定铰支座

将构件用光滑的圆柱形销钉与固定支座连接，则该支座成为固定铰支座，如图 3.29(a)所示。构件与支座用光滑的圆柱铰链连接，构件不能产生沿任何方向的移动，但可以绕销钉转动，可见固定铰支座的约束反力与圆柱铰链相同，即约束反力一定作用于接触点，垂直于销钉轴线，并通过销钉中心，而方向未定。固定铰支座的简图如图 3.29(b)、(c)、(d)所示。约束反力如图 3.29(e)所示，用一个水平分力 $\boldsymbol{F}_{Ax}$ 和垂直分力 $\boldsymbol{F}_{Ay}$ 来表示。

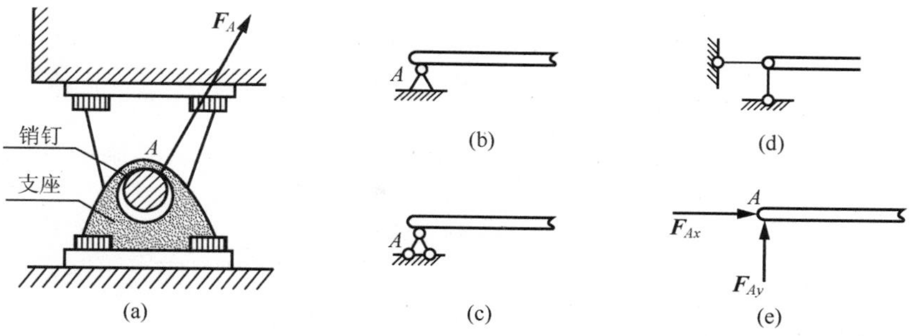

【固定铰支座】

图 3.29 固定铰支座及其反力

特别提示

建筑结构中这种理想的支座是不多见的，通常将不能产生移动只能产生微小转动的支座视为固定铰支座。图 3.30(a)所示为一榀屋架支撑在钢筋混凝土柱上，柱为支座。支座阻止了结构的垂直移动和水平移动，但是它不能阻止结构的微小转动。这种支座可视为固定铰支座，如图 3.30(b)所示。

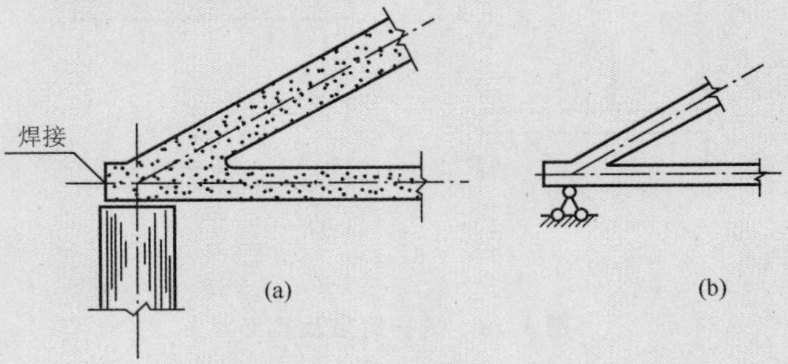

图 3.30 屋架支座

2) 可动铰支座

如果在固定铰支座下面加上辊轴，则该支座成为可动铰支座，如图 3.31(a)所示。可动铰支座的计算简图如图 3.31(b)、(c)所示。这种支座只能限制构件垂直于支承面方向的移动，而不能限制物体绕销钉轴线的转动，其支座反力通过销钉中心，垂直于支承面，而指向未定，如图 3.31(d)所示，图中反力 $\boldsymbol{F}_A$ 的指向是假设的。

【可动铰支座】

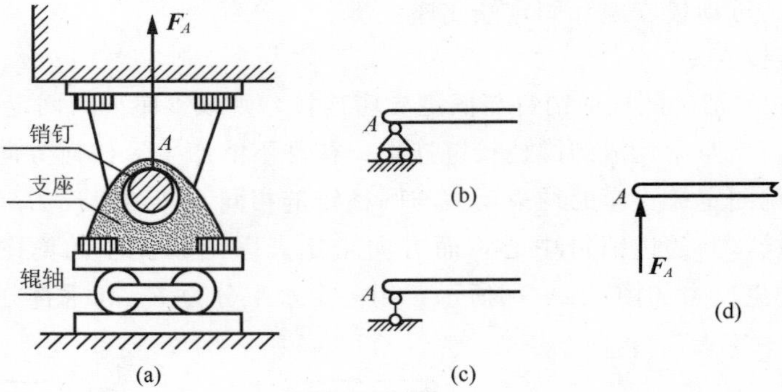

图 3.31 可动铰支座及其反力

如图 3.32(a)所示，实例一中的楼面梁 L1 搁置在砖墙上，砖墙就是梁的支座，如略

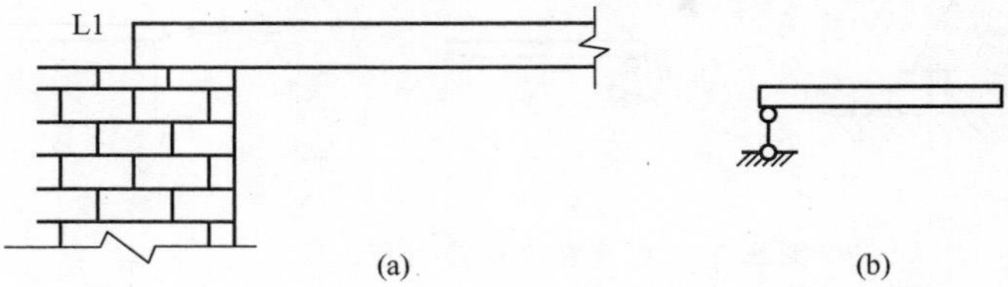

图 3.32 楼面梁 L1 的支座简化

去梁与砖墙之间的摩擦力，则砖墙只能限制梁向下运动，而不能限制梁的转动与水平方向的移动。这样，就可以将砖墙简化为可动铰支座，如图 3.32(b)所示。

3）固定端支座

特别提示

> 实例二中固结于独立基础 JC-2 的钢筋混凝土柱 KZ1 如图 3.33(a)所示；实例一中屋面挑梁 WTL1 和楼面挑梁 XTL1 等固结于墙中，如图 3.33(c) 所示。它们的固结端就是典型的固定端支座。

固定端支座构件与支承物固定在一起，构件在固定端既不能沿任何方向移动，也不能转动，因此，这种支座对构件除产生水平反力和竖向反力，还有一个阻止转动的力偶。图 3.33(b)和(d)分别是柱和挑梁的固定端支座简图及支座反力。

【固定端支座实例】

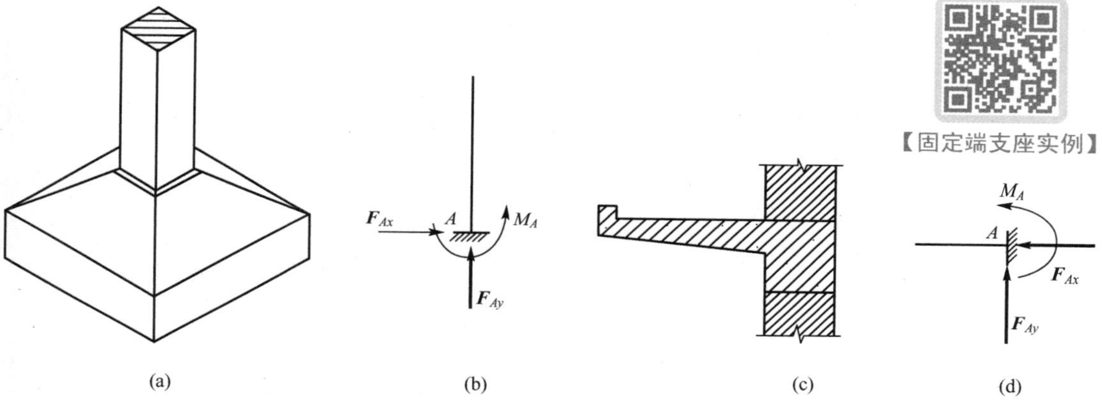

图 3.33　固定端支座及其反力

(a) 柱与基础；(b) 柱的计算简图及支座反力；(c) 挑梁；(d) 挑梁的计算简图及支座反力

3.1.7　受力图

在工程实际中，建筑结构通常是由多个物体或构件相互联系组合在一起的。如实例一的板支承在梁上、梁支承在墙体上、墙支承在基础上。因此，进行受力分析前，必须首先明确要对哪一种物体或构件进行受力分析，即要明确研究对象。为了分析研究对象的受力情况，又必须弄清研究对象与哪些物体有联系，受到哪些力的作用，这些力是什么物体给它的，哪些是已知力，哪些是未知力。为此，需要将研究对象从它周围的物体中分离出来。被分离出来的研究对象称为脱离体。在脱离体上画出周围物体对它的全部主动力和约束反力，这样的图形称为受力图。受力图是对物体进行力学计算的依据，必须认真对待，熟练掌握。

1. 单个物体的受力图

在画单个物体受力图之前，先要明确对象，然后画出研究对象的简图，再将已知的主动力画在简图上，然后根据约束性质在各相互作用点上画出对应的约束反力。这样，就可得到单个物体的受力图了。

应用案例 3－5

(1) 实例一中的楼面梁 L1 两端支承在墙上，试画出该梁的受力图。

解：梁 L1 放置在墙体上，如图 3.34(a)所示。简化后如图 3.34(b)所示，A 端为固定铰支座，B 端为可动铰支座。根据支座形式，得到如图 3.34(c)所示的受力图。

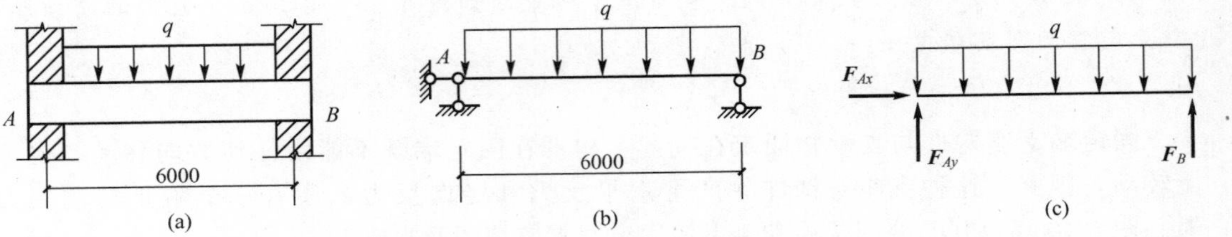

图 3.34　梁 L1 及其受力图

(a) 楼面梁 L1；(b) 梁 L1 计算简图；(c) 受力图

(2) 图 3.35(a)所示的杆 AB 重力为 $\boldsymbol{G}$，在 C 处用绳索拉住，A、B 处分别支在光滑的墙面及地面上。试画出杆 AB 的受力图。

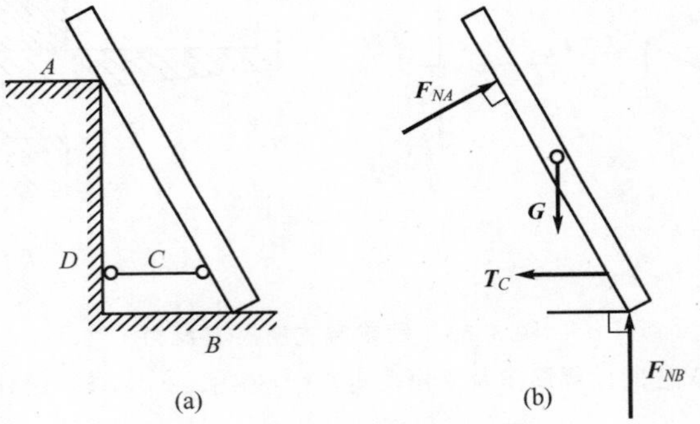

图 3.35　杆 AB 的受力分析图

(a) 斜杆 AB；(b) 受力图

解：以杆 AB 为研究对象，将其单独画出。作用在杆上的主动力是已知的重力 $\boldsymbol{G}$，重力 $\boldsymbol{G}$ 作用在杆的中点，铅垂向下；光滑墙面的约束反力 $\boldsymbol{F}_{NA}$ 通过接触点 A，垂直于杆并指向杆；光滑地面的约束反力 $\boldsymbol{F}_{NB}$，它通过接触点 B 垂直于地面并指向杆；绳索的约束反力是 $\boldsymbol{T}_C$，作用于绳索与杆的接触点 C，沿绳索中心背离杆。杆 AB 的受力图如图 3.35(b)所示。

(3) 水平梁 AB 在跨中 C 处受到集中力 $\boldsymbol{F}$ 的作用，A 端为固定铰支座，B 端为可动铰支座，如图 3.36(a)所示。梁的自重不计，试画出梁 AB 的受力图。

解：取梁 AB 为研究对象，解除约束并将它单独画出。在梁的中点 C 处受到主动力 $\boldsymbol{F}$ 的作用。A 端是固定铰支座，支座反力可用通过铰链中心 A 并且相互垂直的分力 $\boldsymbol{F}_{Ax}$ 和 $\boldsymbol{F}_{Ay}$ 表示。B 端是可动铰支座，支座反力可用通过铰链中心且垂直于支承面的力 $\boldsymbol{F}_B$ 表示。梁 AB 的受力如图 3.36(b)所示。

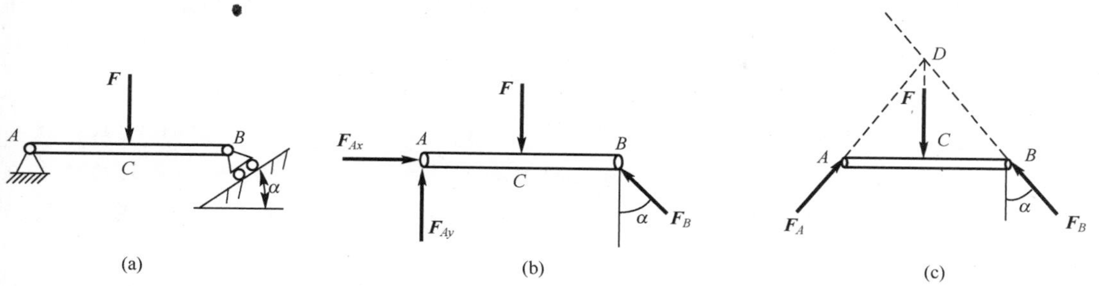

图 3.36 杆 *AB* 的受力分析图

另外，梁 *AB* 受共面不平行的 3 个力作用而平衡，也可以根据三力平衡汇交定理进行受力分析。已知 $\boldsymbol{F}$、$\boldsymbol{F}_B$ 相交于 *D* 点，则 $\boldsymbol{F}_A$ 也必沿 *A*、*D* 两点的连线通过 *D* 点，可画出受力图，如图 3.36(c)所示。

2. 物体系统的受力图

物体系统的受力图的画法与单个物体的受力图画法基本相同，区别只在于所取的研究对象可能是整个物体系统或物体系统中的某一部分或某一物体。画整个系统的受力图时，只需将物体系统看作为一个整体，就像对单个物体一样。此外，当需要画出物体系统中某一部分或某个物体的受力图时，要注意被拆开的约束处必须加上相应的约束反力，且约束反力是相互间的作用，也一定遵循作用力与反作用力公理。

知识链接

(1) 梁 *AC* 和 *CD* 用铰链 *C* 连接，并支承在 3 个支座上，*A* 处为固定铰支座，*B*、*D* 处为可动铰支座，受已知力 $\boldsymbol{F}$ 的作用，如图 3.37(a)所示。试画出梁 *AC*、*CD* 及整个梁 *AD* 的受力图。

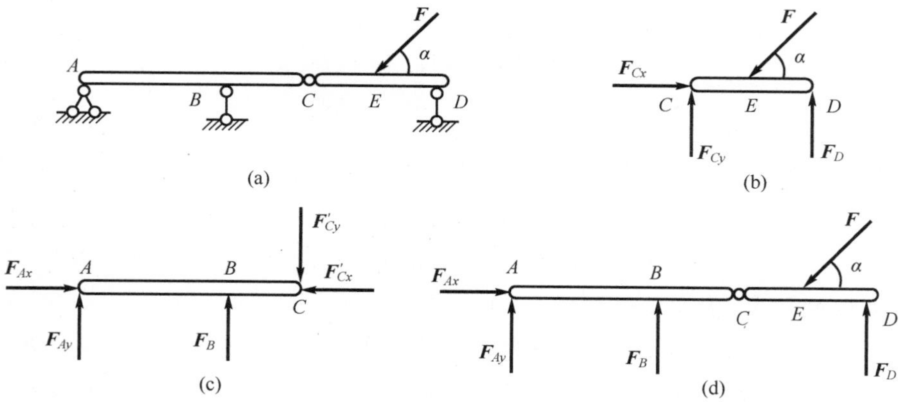

图 3.37 多跨静定梁的受力图

(a) 梁 *AD* 计算简图；(b) 梁 *CD* 受力图；(c) 梁 *AC* 受力图；(d) 梁 *AD* 受力图

解：① 以梁 *CD* 为研究对象。梁 *CD* 上受到的主动力为已知力 $\boldsymbol{F}$；*D* 处为可动铰支座，其约束反力是垂直于支承面的 $\boldsymbol{F}_D$，其指向假设为向上；*C* 处为铰接，其反力用两个相互垂直的分力 $\boldsymbol{F}_{Cx}$ 和 $\boldsymbol{F}_{Cy}$ 表示，指向假设，如图 3.37(b)所示。

② 取梁 AC 为研究对象。A 处为固定铰支座，其反力可用 $\boldsymbol{F}_{Ax}$ 和 $\boldsymbol{F}_{Ay}$ 表示；B 处为可动铰支座，其反力可用 $\boldsymbol{F}_B$ 表示；C 处为铰接，其反力用两个互相垂直的分力 $\boldsymbol{F}'_{Cx}$ 和 $\boldsymbol{F}'_{Cy}$ 表示，梁 AC 受力图如图 3.37(c)所示。

③ 取整梁 AD 为研究对象。此时，没有解除 AC 和 CD 两段梁之间的铰链约束，故其相互作用力不必画出。因此，作用在整梁上的力有主动力 $\boldsymbol{F}$，A 处固定铰支座的约束反力为 $\boldsymbol{F}_{Ax}$ 和 $\boldsymbol{F}_{Ay}$，B 和 D 两处的可动铰支座的约束反力是 $\boldsymbol{F}_B$ 和 $\boldsymbol{F}_D$，其受力图如图 3.37(d)所示。

(2) 三铰拱 ABC 如图 3.38(a)所示。C 处为铰链连接，A 和 B 处都是固定铰支座。在拱 AC 上作用有荷载 $\boldsymbol{F}$。若不计拱的自重，试画出拱 AC、BC 及整体的受力图。

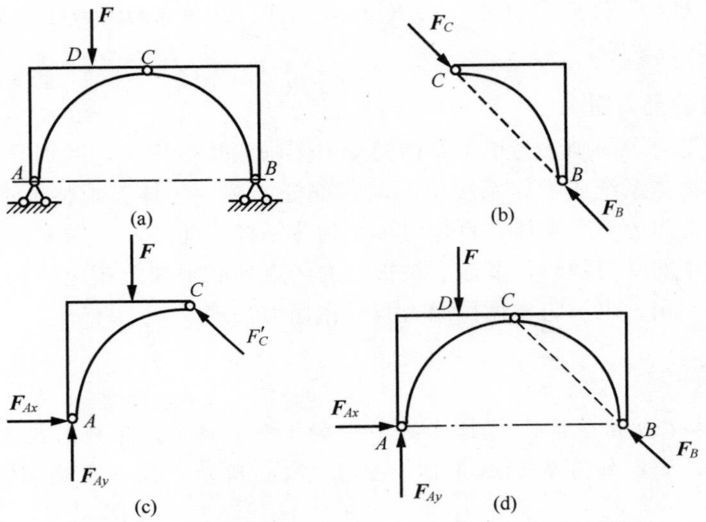

图 3.38　三铰拱的受力图

(a) 三铰拱 ABC 计算简图；(b) 拱 BC 受力图；
(c) 拱 AC 受力图；(d) 三铰拱 ABC 受力图

解：① 画 BC 的受力图。取 BC 为研究对象，由 B 处和 C 处的约束性质可知其约束反力分别通过两铰的中心 B、C，大小和方向未知。但因为 BC 上只受 $\boldsymbol{F}_B$ 和 $\boldsymbol{F}_C$ 两个力的作用且平衡，它是二力构件，所以 $\boldsymbol{F}_B$ 和 $\boldsymbol{F}_C$ 的作用线一定沿着两铰中心的链接线 BC，且大小相等、方向相反，其指向是假定的，如图 3.38(b)所示。

② 画 AC 的受力图。取 AC 为研究对象，作用在 AC 上的主动力是已知力 $\boldsymbol{F}$。A 处为固定铰支座，其约束力是 $\boldsymbol{F}_{Ax}$ 和 $\boldsymbol{F}_{Ay}$。C 处通过铰链与 BC 相连，由作用力与反作用力关系可以确定 C 处的约束反力是 $\boldsymbol{F}'_C$，它与 $\boldsymbol{F}_C$ 大小相等、方向相反，作用在同一条直线上。AC 的受力图如图 3.38(c)所示。

③ 画整体的受力图。将 AC 和 BC 的受力图合并，即得整体的受力图，如图 3.38(d)所示。

想一想：AC、BC 及整体的受力图还有其他画法吗？

特别提示

画受力图时应注意以下几点。

(1) 明确研究对象。首先要明确画哪个物体的受力图，然后将与它相联系的所有约束去掉，单独画出它的简图。

(2) 研究对象受的力要全部画出。在建筑力学中，除重力外，物体之间都是通过直接接触才会出现相互作用的力。因此，凡是研究对象与其他物体连接之处，一般都受到力的作用，千万不要遗漏。

(3) 主动力照原样画出即可。约束反力是由约束的性质和类型确定的，有什么样的约束，必定产生什么样的约束反力，不能根据主动力的方向简单推断。

(4) 注意作用力与反作用力关系。作用力的方向一旦确定，反作用力的方向必定与它相反，不能再随意假设。此外，在以几个物体构成的物体系统为研究对象时，系统中各物体间没有拆开的约束的，约束反力不必画出来。

(5) 同一约束的反力，在各受力图中假设的指向必须一致。

【工程实例】

2008年3月15日，美国纽约曼哈顿一处建筑工地发生吊车高空坠落事故，砸毁附近数座建筑，如图3.39所示，造成至少4人死亡、10多人受伤。这是纽约近年来发生的最严重的建筑施工事故之一。

图3.39　某建筑工地事故现场

事故发生在当地时间下午2点30分左右，悬在大厦一侧的吊车突然自15层高处落下，造成旁边一座4层建筑物坍塌，其他3座建筑物受损。经初步调查发现，事故原因是工人在安装一个钢质环梁时发生坠落，环梁套在起重机塔身的标准节上，通过撑杆把起重机固定在建筑物的预埋件上，起着固定塔式起重机的作用。该环梁坠落时恰好削断处在低位的一个同样起到支撑起重机作用的撑杆连接点，使起重机失去平衡坠向旁边的建筑物。环梁失去约束作用，没有了约束力，起重机失去平衡倒塌。

3.2 结构的计算简图

3.2.1 结构计算简图概述

在实际结构中，结构的受力和变形情况非常复杂，影响因素也很多，完全按实际情况进行结构计算是不可能的，而且计算过分精确，在工程实际中也是不必要的。为此，在进行结构力学分析之前，应首先将实际结构进行简化，即用一种力学模型来代替实际结构，它能反映实际结构的主要受力特征，同时又能使计算大大简化。这样的力学模型称为结构的计算简图。因此，力学所研究的并非结构实体，而是结构的计算简图。

特别提示

计算简图的选取非常重要，它直接影响计算工作量的大小以及结构分析与实际受力情况之间的差异。计算简图选取不准确将会导致设计结果与实际不符，甚至造成工程事故。因此，应高度重视对计算简图的选取。

1. 结构计算简图的选择原则

(1) 反映结构实际情况——计算简图能正确反映结构的实际受力情况，使计算结果尽可能准确。

(2) 分清主次因素——计算简图可以略去次要因素，使计算简化。

计算简图的简化程度与结构构件的重要性、设计阶段、计算的复杂性及计算工具等许多因素有关。

2. 计算简图的简化方法

一般工程结构是由杆件、结点、支座三部分组成的。要想得出结构的计算简图，就必须对结构的各组成部分进行简化。

1) 结构、杆件的简化

一般的实际结构均为空间结构，而空间结构常常可分解为几个平面结构来计算，结构构件均可用其杆轴线来代替。

2) 结点的简化

杆系结构的结点通常可分为铰结点和刚结点。

(1) 铰结点的简化原则：铰结点上各杆间的夹角可以改变；各杆的铰结点既不承受也不传递弯矩，但能承受轴力和剪力。其简化示意如图 3.40(a)所示。

(2) 刚结点的简化原则：刚结点上各杆间的夹角保持不变，各杆的刚结点在结构变形时转动同一角度；各杆的刚结点既能承受并传递弯矩，又能承受轴力和剪力。其简化示意如图 3.40(b)所示。

3）支座的简化

平面杆系结构的支座常用的有以下三种。

（1）可动铰支座：杆端 A 沿水平方向可以移动，绕 A 点可以转动，但沿支座杆轴方向不能移动，如图 3.41(a)所示。

（2）固定铰支座：杆端 A 绕 A 点可以自由转动，但沿任何方向不能移动，如图 3.41(b)所示。

（3）固定端支座：A 端支座为固定端支座，使 A 端既不能移动，也不能转动，如图 3.41(c)所示。

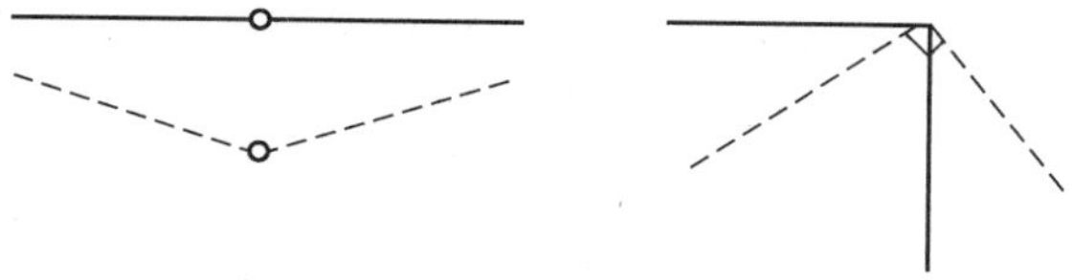

(a) (b)

图 3.40　结点简化示意

(a) 铰结点；(b) 刚结点

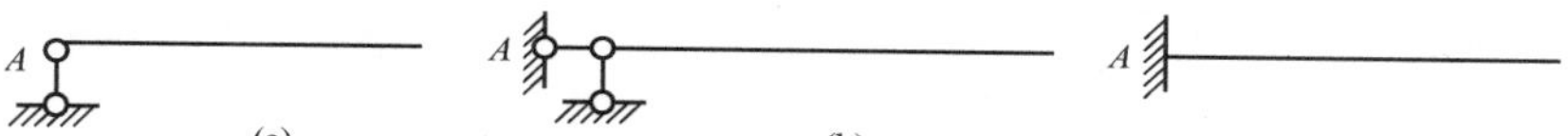

(a) (b) (c)

图 3.41　支座简化示意

(a) 可动铰支座；(b) 固定铰支座；(c) 固定端支座

【工程实例】

工业厂房中的刚屋架结点如图 3.42(a)所示，可简化为铰结点；钢筋混凝土结构房屋中的现浇梁柱结点如图 3.42(b)所示，可简化为刚结点。

(a) (b)

图 3.42　结点简化示意

(a)工业厂房；(b)钢筋混凝土房屋

3.2.2 平面杆系结构的分类

平面杆系结构是本书分析的对象，按照它的构造和力学特征，可分为以下五类。

【简支梁】

【悬挑梁】

1. 梁

梁是一种受弯构件，轴线常为一直线，可以是单跨梁，如图 3.43(a)、(b)和(c)所示，也可以是多跨梁，如图 3.43(d)所示。其支座可以是固定铰支座、可动铰支座，也可以是固定端支座。工程中常见的单跨静定梁有三种形式，即简支梁[图 3.43(a)]、悬臂梁[图 3.43(b)]和外伸梁[图 3.43(c)]。

2. 拱

拱的轴线为曲线，在竖向力的作用下，支座不仅有竖向支座反力，而且还存在水平支座反力，拱内不仅存在剪力、弯矩，而且还存在轴力。由于支座水平反力的影响，拱内的弯矩往往小于同样条件下的梁的弯矩。三铰拱式结构如图 3.43(i)所示。

3. 刚架

刚架由梁、柱组成，梁、柱结点多为刚结点。在荷载作用下，各杆件的轴力、剪力、弯矩往往同时存在，但以弯矩为主。图 3.43(e)、(f)、(g)、(h)所示分别为简支刚架、悬臂刚架、三铰刚架和组合刚架。

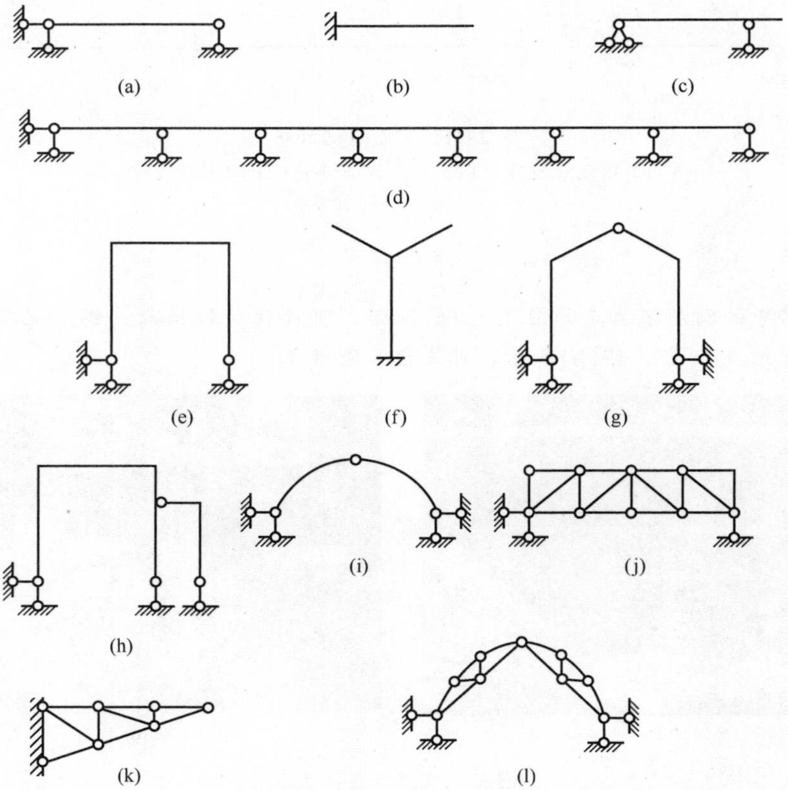

图 3.43　不同平面杆系结构简图

(a) 简支梁；(b) 悬臂梁；(c) 外伸梁；(d)连续梁；
(e)简支刚架；(f)悬臂刚架；(g)三铰刚架；(h)组合刚架；(i)三铰架；
(j)简支桁架；(k)悬臂桁架；(l)三铰拱桁架

4. 桁架

桁架是由若干杆件通过铰结点连接起来的结构，各杆轴线为直线，支座常为固定铰支座或可动铰支座。当荷载只作用于桁架节点上时，各杆只产生轴力。图 3.43(j)、(k)、(l)所示分别为简支桁架、悬臂桁架、三铰拱桁架。

5. 组合结构

组合结构即结构中一部分是链杆，一部分是梁或刚架，在荷载作用下，链杆中往往只产生轴力，而梁或刚架部分则同时还存在弯矩和剪力。

【实例一解读】

实例一砖混结构施工图中钢筋混凝土梁 L2 两端支承在墙上，如图 3.44(a)所示；梁 L4 一端支承在墙上，另一端悬挑。梁所承受的预制混凝土板的荷载和梁的自重，可以简化为沿梁跨度方向的均布线荷载 q。

为了选择一个较为符合实际的计算简图，先要分析梁在墙上的工作情况，因为梁支承在砖墙上，其两端均不可能产生垂直向下的移动，但在梁弯曲变形时，两端能够产生转动；整个梁不可能在水平方向移动，但在温度变化时，梁端能够产生热胀冷缩。考虑到以上工作特点，可将梁的支座做如下处理：通常在一端墙宽的中点设置固定铰支座，在另一端墙宽的中点设置可动铰支座，用梁的轴线代替梁，所以对梁 L2 简化就得到了如图 3.44(b)所示的计算简图。

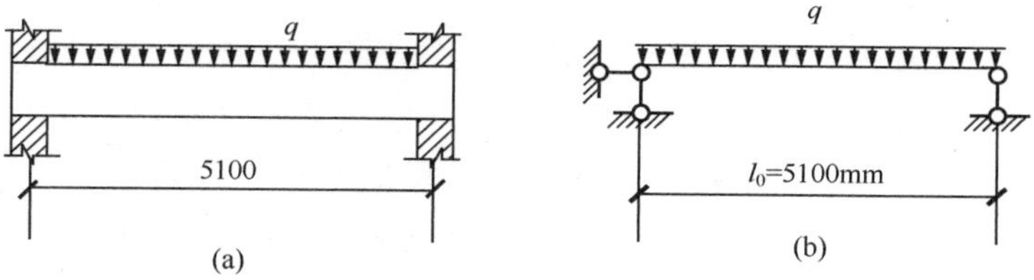

图 3.44 梁 L2 的计算简图

(a)L2 实际支承情况；(b)L2 的计算简图

特别提示

这个计算简图反映的就是所谓的简支梁，梁 L2 的两端不可能产生垂直向下的移动，但可转动；左端的固定铰支座限制了梁在水平方向的整体移动；右端的可动铰支座允许梁在水平方向的温度变形。这样的简化既反映了梁的实际工作性能及变形特点，又便于计算。

图 3.45 所示为梁 L4 的计算简图，L4 为外伸梁。

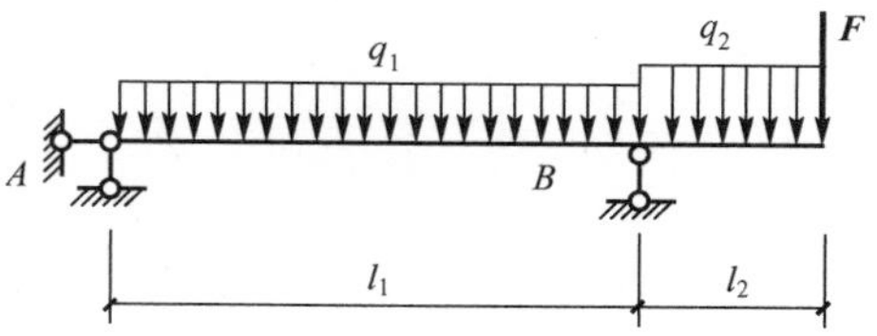

图 3.45 梁 L4 的计算简图

一端是固定端，另一端是自由端的梁称为悬臂梁。实例一中的 XTL1 计算简图如图 3.46 所示，属于悬臂梁。

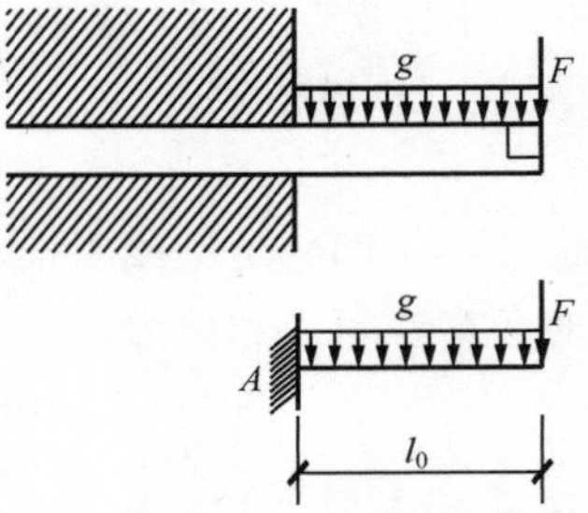

图 3.46　XTL1 的计算简图

小　结

静力学的基本的知识包括力的基本概念(力的三要素、力的矢量性、力系的概念及分类)、静力学公理(二力平衡公理阐述了二力作用下的平衡条件、作用力和反作用力公理说明了物体之间的相互关系、加减平衡力系公理是力系等效的基础、力的平行四边形法则是力的合成的规律)、力的合成与分解(主要是运用力在坐标轴上的投影对力进行代数运算及合力投影定理)、力矩(力矩就是度量力使物体转动效应的物理量)、力偶(力偶的作用效果是使物体转动)、约束(约束是阻碍物体运动的限制物)、约束反力(约束反力的方向与限制物体运动的方向相反)、受力图(画受力图的步骤：明确分析对象，画出分析对象的分离简图；在分离简图上画出全部主动力；在分离体上画出全部的约束反力，注意约束反力与约束应一一对应)。

在进行结构力学分析之前，对实际结构进行简化，用一种力学模型来代替实际结构，既能反映实际的主要受力特征，又能使计算简化，所以工程力学的研究对象并非结构的实体，而是结构的计算简图。

计算简图简化的方法：结构的杆件均可用其杆轴线来代替；杆系结构的结点，根据连接形式不同，简化为铰结点和刚结点；支座的简化；荷载的简化。

习　题

一、选择题(含多项选择题)

1. 力的三要素是(　　)。

A. 力的大小　　B. 力的方向　　C. 力的矢量性　　D. 力的作用点

2. 常见约束有以下哪几种？(　　)

A. 柔体约束　　B. 光滑接触面约束　　C. 链杆　　D. 圆柱铰链约束

3. (　　)是在描述作用力和反作用力公理。

A. 阐述了二力作用下的平衡条件

B. 物体之间的相互作用关系

C. 力系等效的基础

D. 力的合成的规律

4. 实例二中教学楼的柱与基础的结点可简化为(　　)。

A. 铰结点　　B. 链杆　　C. 刚结点　　D. 接触点

二、判断题

1. 力可以使物体发生各种形式的运动。　(　　)

2. 力与力偶可以合成。　(　　)

3. 力的投影和力的分解是等效的。　(　　)

4. 约束反力的方向与限制物体运动的方向相反。　(　　)

5. 当力的作用线通过矩心时，力的转动效应为零。　(　　)

三、案例分析题

1. 试将实例一中的梁 L6 进行简化，画出计算简图，并进行受力分析。

2. 图 3.47 所示为现浇钢筋混凝土板式雨篷，试将该雨篷中的雨篷板和雨篷梁进行力学简化，画出计算简图，并进行受力分析。

3. 如图 3.48 所示，试将该房屋结构中的各种结构构件进行力学简化，画出计算简图，并讨论各个构件的受力情况。

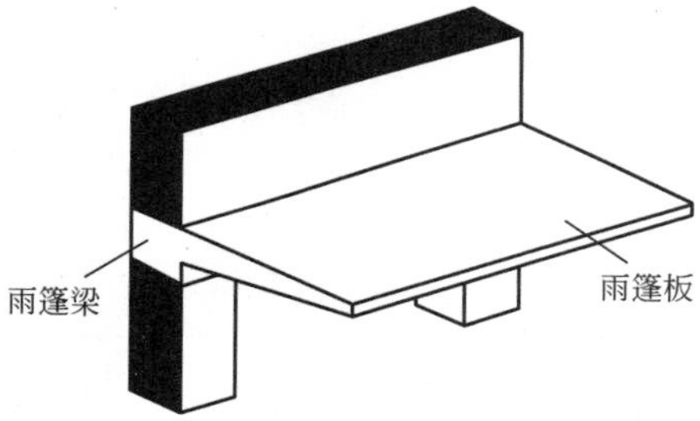

图 3.47　雨篷板和雨篷梁

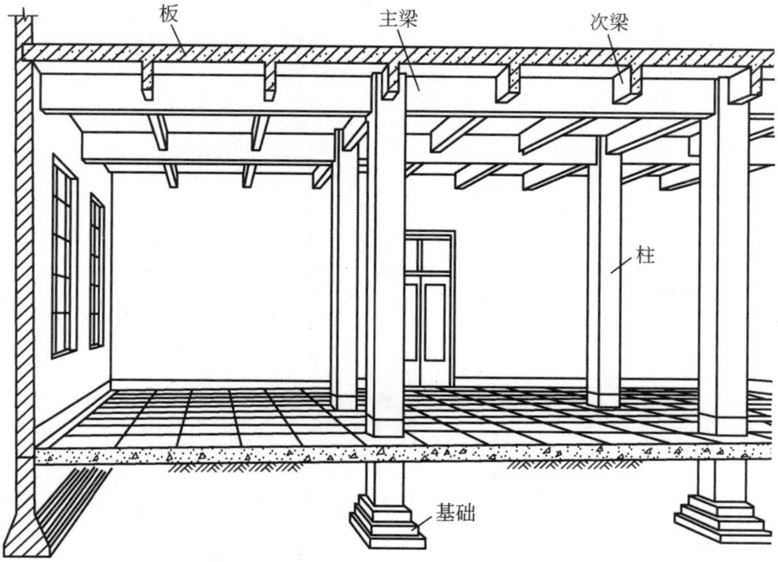

图 3.48　案例分析题 3 图

四、思考题

1. 推小车时，人给小车一个作用力，小车也给人一个反作用力。此二力大小相等、方向相反，且作用在同一直线上，因此二力互相平衡。这种说法对不对？为什么？

2. 同一个力在两个互相平行的轴上的投影是否相等？若两个力在同一轴上的投影相等，这两个力是否一定相等？

3. 为什么用手拔钉子拔不出来，用钉锤很容易就能拔出来？

4. 为什么力偶在任意坐标轴上的投影为零？

五、作图题

1. 试画出图 3.49 中所示的各物体的受力图。假定各接触面都是光滑的。

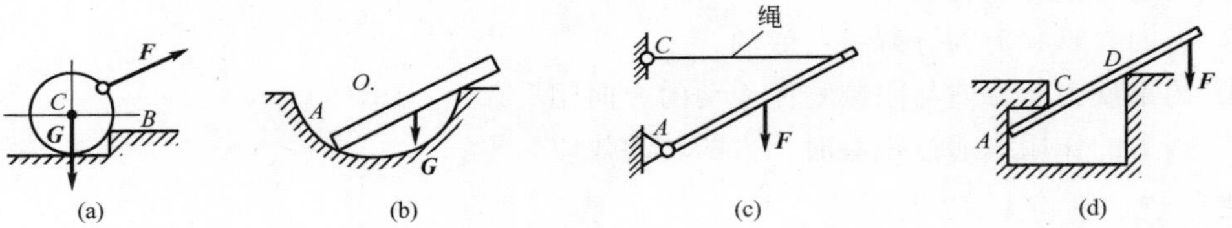

图 3.49　作图题 1 图

2. 试画出图 3.50 中所示的各梁的受力图，梁重不计算。

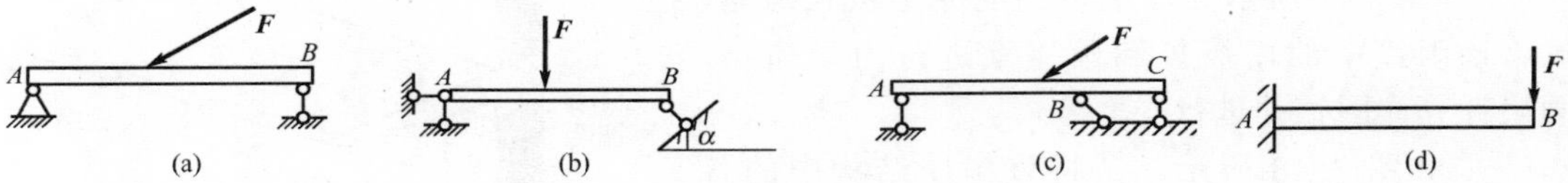

图 3.50　作图题 2 图

3. 试画出图 3.51 中所示的物体系统各部分及整体的受力图，结构自重不计。

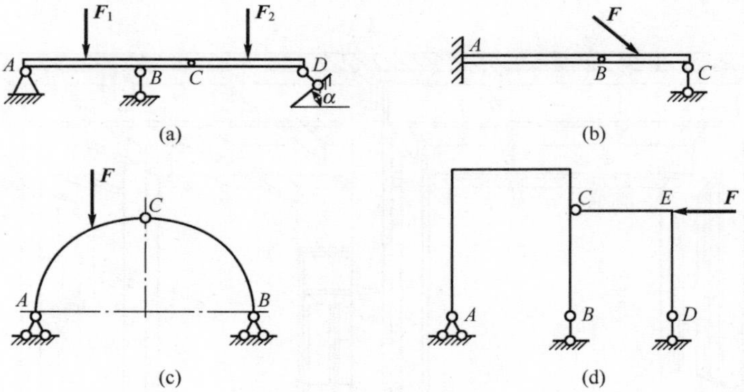

图 3.51　作图题 3 图

六、计算题

1. 已知 $F_1=400\text{N}$，$F_2=200\text{N}$，$F_3=300\text{N}$，$F_4=300\text{N}$。各力的方向如图 3.52 所示。试求每个力在 x、y 轴上的投影。

2. 如图 3.53 所示，支架由杆 AB、AC 构成，A 处是铰链，B、C 两处都是固定铰支座，在 A 点作用有竖直力 $F=100\text{kN}$。求图示 3 种情况下，杆 AB、AC 所受的力。

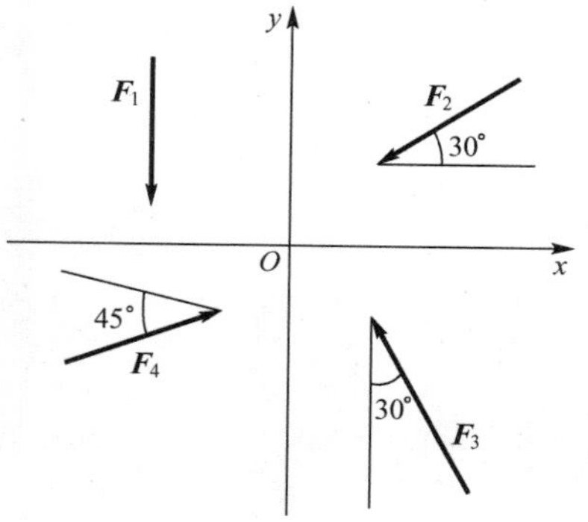

图 3.52 计算题 1 图

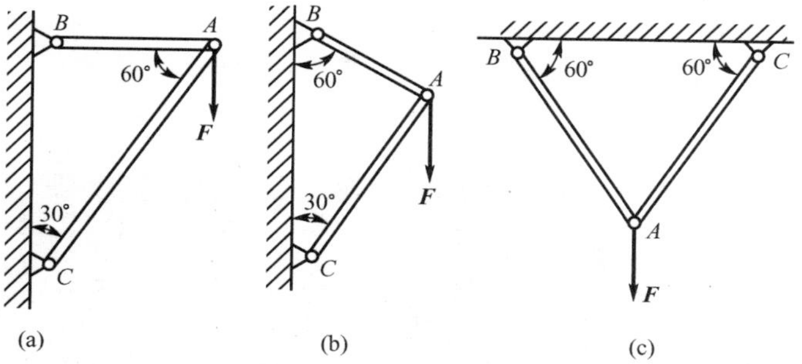

图 3.53 计算题 2 图

3. 试求图 3.54 中所示的力 $\boldsymbol{F}$ 对 O 点的力矩。

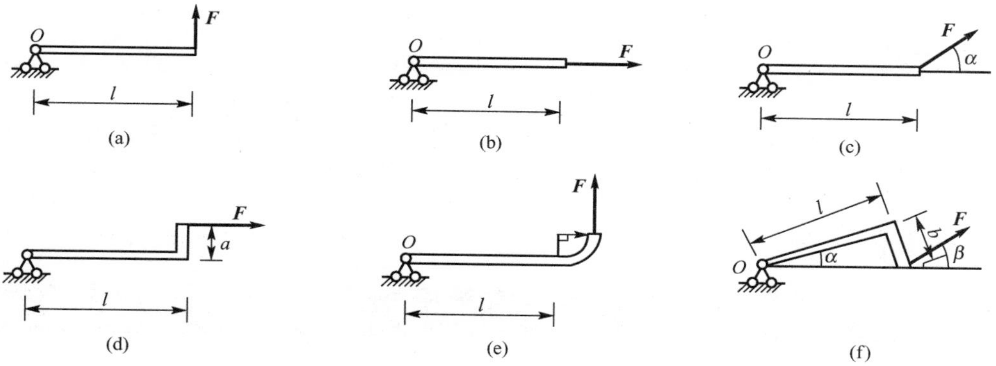

图 3.54 计算题 3 图

4. 分别求出图 3.55 所示力偶的力偶矩，已知：$F_1=F_1'=50\text{N}$，$F_2=F_2'=100\text{N}$，$F_3=F_3'=120\text{N}$；$d_1=50\text{cm}$，$d_2=30\text{cm}$，$d_3=20\text{cm}$。

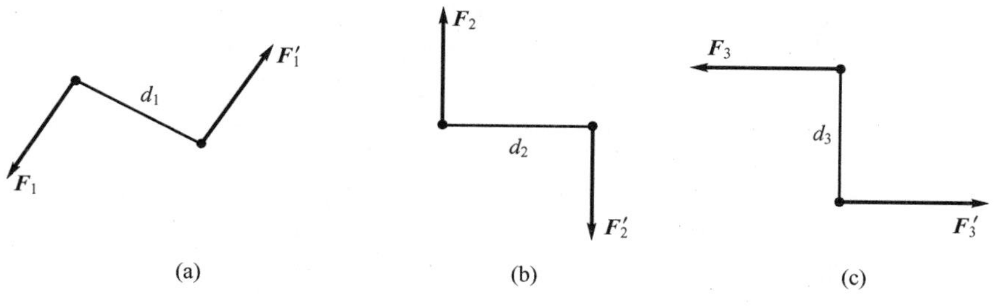

图 3.55 计算题 4 图

模块4 结构构件上的荷载及支座反力计算

教学目标

通过本模块的学习，知道结构上荷载的分类及其代表值的确定，能够进行一般结构上荷载的计算，会利用静力平衡条件求解简单静定结构的支座反力。

教学要求

能力目标	相关知识	权重
(1) 知道结构上荷载的分类 (2) 会确定荷载代表值 (3) 能够进行一般结构上荷载的计算	结构上荷载的概念，不同荷载的性质；材料的重度，集中力、线荷载、均布面荷载等荷载形式，以及荷载的代表值	60%
(1) 掌握静力平衡条件 (2) 会进行支反力计算	平面力系平衡条件；构件的支座与约束反力的计算，静定结构与超静定结构的概念	40%

学习重点

一般结构上荷载的计算，利用平衡条件求解简单静定结构的支座反力。

引例

实例一和实例二中，教室的楼盖由梁和板组成，其上有家具和人群等荷载，其自身重量和外加荷载由梁和板承受，并通过梁、板传递到墙上，墙就是梁的支座，那么梁和板上的荷载是多少？由于荷载总是变化的，怎样取值才能保证结构及结构构件的可靠性？同时，梁和板传到支座的压力是多少？支座反力又是多少？这些都是要解决的问题。

4.1 结构上的荷载

4.1.1 荷载的分类

建筑结构在施工与使用期间要承受各种作用，如人群、风、雪及结构构件的自重等，这些外力直接作用在结构物上；还有温度变化、地基不均匀沉降等间接作用在结构上。直接作用在结构上的外力称为荷载。

(1) 荷载按作用时间的长短和性质可分为三类：永久荷载、可变荷载和偶然荷载。

① 永久荷载是指在结构设计使用期内，其值不随时间而变化，或其变化与平均值相比可以忽略不计，或其变化是单调的并能趋于限值的荷载，如结构的自重、土压力、预应力等荷载。永久荷载又称恒荷载。

② 可变荷载是指在结构设计使用期内，其值随时间而变化，或其变化与平均值相比不可忽略的荷载，如楼面活荷载、吊车荷载、风荷载、雪荷载等。可变荷载又称活荷载。

③ 偶然荷载是指在结构设计使用期内不一定出现，一旦出现，其值很大且持续时间很短的荷载，如爆炸力、撞击力等。

【美国“9・11事件”】

(2) 荷载按结构的反应特点分为两类：静态荷载和动态荷载。

① 静态荷载，使结构产生的加速度可以忽略不计的作用，如结构自重、住宅和办公楼的楼面活荷载等。

② 动态荷载，使结构产生的加速度不可忽略不计的作用，如地震、吊车荷载、设备振动等。

(3) 荷载按作用位置荷载可分为两类：固定荷载和移动荷载。

① 固定荷载是指作用位置不变的荷载，如结构的自重等。

② 移动荷载是指可以在结构上自由移动的荷载，如车轮压力等。

【材料自重表】

4.1.2 荷载的分布形式

1. 材料的重度

某种材料单位体积的重量(kN/m^3)称为材料的重力密度，即重力密度，用 γ 表示，详见附录 C 表 C1。

特别提示

如工程中常用水泥砂浆的重力密度是 $20kN/m^3$，石灰砂浆的重力密度是 $17kN/m^3$，钢筋混凝土的重力密度是 $25kN/m^3$，砖的重力密度是 $19kN/m^3$。

2. 均布面荷载

在均匀分布的荷载作用面上，单位面积上的荷载值称为均布面荷载，其单位为 kN/m^2 或 N/m^2，图 4.1 所示为板的均布面荷载。

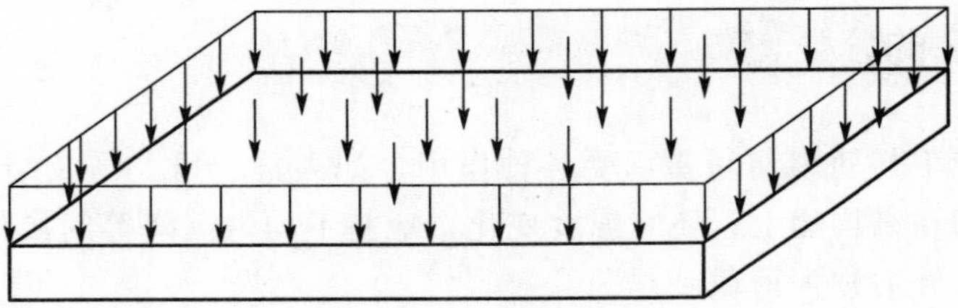

图 4.1 板的均布面荷载

特别提示

一般板上的自重荷载为均布面荷载，其值为重力密度乘以板厚。

如一矩形截面板，板长为 L(m)，板宽度为 B(m)，截面厚度为 h(m)，重力密度为 γ(kN/m^3)，则此板的总重力 $G=\gamma BLh$；板的自重在平面上是均匀分布的，所以单位面积的自重 $g_k=\frac{G}{BL}=\frac{\gamma BLh}{BL}=\gamma h(kN/m^2)$。$g_k$ 值就是板自重简化为单位面积上的均布荷载标准值。

3. 均布线荷载

沿跨度方向单位长度上均匀分布的荷载称为均布线荷载，其单位为 kN/m 或 N/m。图 4.2 所示为梁上的均布线荷载。

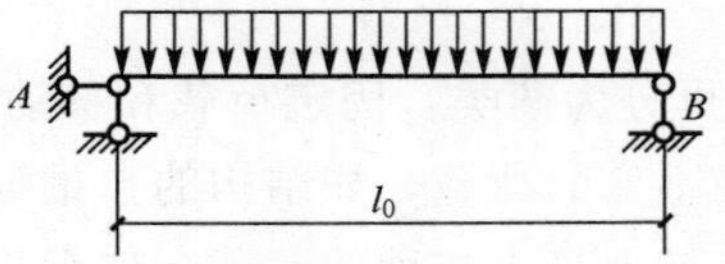

图 4.2 梁上的均布线荷载

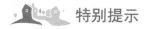

特别提示

一般梁上的自重荷载为均布线荷载，其值为重力密度乘以横截面面积。

如一矩形截面梁，梁长为L(m)，其截面宽度为b(m)，截面高度为h(m)，重力密度为γ(kN/m^3)，则此梁的总重力$G=\gamma bhL$；梁的自重沿跨度方向是均匀分布的，所以沿梁轴每米长度的自重$g_k=\frac{G}{L}=\frac{\gamma bhL}{L}=\gamma bh$(kN/m)。$g_k$值就是梁自重简化为沿梁轴方向的均布荷载标准值，均布线荷载g_k也称线荷载集度。

4. 非均布线荷载

沿跨度方向单位长度上非均匀分布的荷载称为非均布线荷载，其单位为kN/m或N/m，图4.3(a)所示的挡土墙的土压力即为非均布线荷载。

5. 集中荷载(集中力)

集中地作用于一点的荷载称为集中荷载(集中力)，其单位为kN或N，通常用$\boldsymbol{G}$或$\boldsymbol{F}$表示，图4.3(b)所示的柱子自重即为集中荷载。

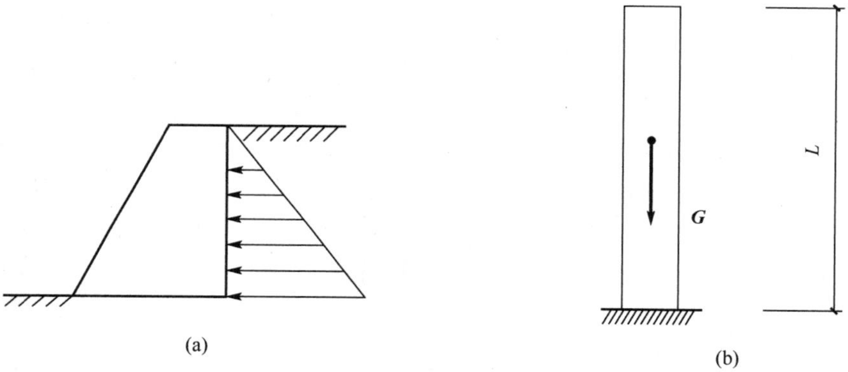

图4.3 非均布线荷载与集中荷载

(a) 挡土墙的土压力；(b) 柱子的自重

特别提示

一般柱子的自重荷载为集中力，其值为重力密度乘以柱子的体积，即$G=\gamma bhL$。

知识链接

均布面荷载化为均布线荷载的计算

在工程计算中，板面上受到均布面荷载q'(kN/m^2)时，它传给支撑梁的为线荷载，梁沿跨度(轴线)方向均匀分布的线荷载如何计算？

实例一：设板上受到均匀的面荷载q'(kN/m^2)作用，板跨度为3.3m(受荷宽度)、L2

梁跨度为 5.1m，如图 4.4 所示。那么，梁 L2 上受到的全部荷载 $q=q'\times3.3+$梁 L2 自重(kN/m)，而荷载 q 是沿梁的跨度均匀分布的。

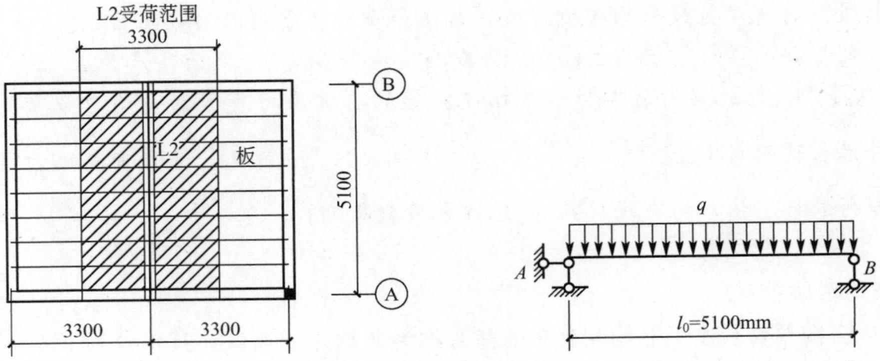

图 4.4　板上的荷载传给梁示意图

4.1.3　荷载的代表值

在后续进行结构设计时，对荷载应赋予一个规定的量值，该量值即所谓荷载代表值。永久荷载采用标准值为代表值，可变荷载采用标准值、组合值、频遇值或准永久值为代表值。

1. 荷载标准值

荷载标准值是荷载的基本代表值，为设计基准期内(50 年)最大荷载统计分布的特征值，是指其在结构使用期间可能出现的最大荷载值。

(1) 永久荷载标准值(G_k)是永久荷载的唯一代表值。对于结构自重可以根据结构的设计尺寸和材料的重力密度确定，《建筑结构荷载规范》(GB 50009—2012) 中列出了常用材料和构件自重，见附录 C 表 C1。

应用案例 4-1

实例一中矩形截面钢筋混凝土梁 L2，计算跨度为 5.1m，截面尺寸为 $b=250$mm，$h=500$mm，求该梁自重(即永久荷载)标准值。

解：梁自重为均布线荷载的形式，梁自重标准值应按照 $g_k=\gamma bh$ 计算，其中钢筋混凝土的重力密度 $\gamma=25\text{kN/m}^3$，$b=250$mm，$h=500$mm，故

$$\text{梁自重标准值 } g_k=\gamma bh=25\times0.25\times0.5=3.125(\text{kN/m})$$

特别提示

计算过程中应注意物理量单位的换算。
梁的自重标准值用 g_k 表示。

应用案例 4-2

实例一中楼面做法为：30mm 水磨石地面，120mm 钢筋混凝土空心板(折算为 80mm 厚的实心板)，板底石灰砂浆粉刷厚 20mm，求楼板自重标准值。

解：板自重为均布面荷载的形式，其楼面做法中每一层标准值均应按照 $g_k=\gamma h$ 计算，然后把3个值加在一起就是楼板的自重标准值。

查附C表C1得：30mm水磨石地面的面荷载为0.65kN/m²，钢筋混凝土的重力密度 $\gamma_2=25kN/m^3$，石灰砂浆的重力密度 $\gamma_3=17kN/m^3$，故

楼面做法：	30mm水磨石地面	0.65kN/m²
	120mm空心板自重	25×0.08=2(kN/m²)
	板底粉刷	17×0.02=0.34(kN/m²)
	板每平方米总重力(面荷载)标准值：	$g_k=2.99kN/m^2$

应用案例4-3

实例一中钢筋混凝土梁L5(7)，截面尺寸 $b=200mm$，$h=300mm$，且梁上放置120mm厚、1.2m高的栏杆，栏杆两侧20mm厚石灰砂浆抹面，求作用在梁上的永久荷载标准值。

解：经分析，梁L5(7)的自重及作用在梁上的栏杆、石灰砂浆抹面为梁的永久荷载，荷载计算如下。

查附录C表C1得：钢筋混凝土的重力密度 $\gamma_1=25kN/m^3$，石灰砂浆的重力密度 $\gamma_2=17kN/m^3$，故

梁L5(7)的自重	25×0.2×0.3=1.5(kN/m)
梁上的栏杆及石灰砂浆抹面	1.2×(0.12×19+0.02×17×2)=3.552(kN/m)
梁上的永久荷载标准值：	$g_k=5.052kN/m$

(2) 可变荷载标准值(Q_k)由设计使用年限内最大荷载概率分布的某个分位值确定，是可变荷载的最大荷载代表值，由统计获得。我国《建筑结构荷载规范》(GB 50009—2012)对于楼(屋)面活荷载、雪荷载、风荷载、吊车荷载等可变荷载标准值规定了具体的数值，设计时可直接查用。

① 楼(屋)面可变荷载标准值见附录C表C2。

特别提示

根据附录C表C2，查得实例二中教学楼教室的楼面活荷载标准值为2.5kN/m²；楼梯活荷载标准值为3.5kN/m²。

② 风荷载标准值(w_k)，风受到建筑物的阻碍和影响时，速度会改变，并在建筑物表面上形成压力和吸力，即为建筑物所受的风荷载。根据《建筑结构荷载规范》(GB 50009—2012)相关规定，风荷载标准值(w_k)按下式计算。

$$w_k=\beta_z\mu_s\mu_z w_0 \tag{4-1}$$

式中，w_k——风荷载标准值(kN/m²)；

β_z——高度 z 处的风振系数，它是考虑风压脉动对结构产生的影响，按《建筑结构荷载规范》(GB 50009—2012)规定的方法计算；

μ_s——风荷载体型系数，见《建筑结构荷载规范》(GB 50009—2012)；

μ_z——风压高度变化系数，见《建筑结构荷载规范》(GB 50009—2012)；

w_0——基本风压(kN/m^2)是以当地平坦空旷地带，10m 高处统计得到的 50 年一遇 10min 平均最大风速为标准确定的，按《建筑结构荷载规范》(GB 50009—2012)中“全国基本风压分布图”查用。

③ 此外雪荷载标准值、施工及检修荷载标准值见《建筑结构荷载规范》(GB 50009—2012)相关规定取值。

知识链接

应用实例一中根据上述风荷载计算方法，确定出框架结构上的风荷载，如图 4.5 所示。

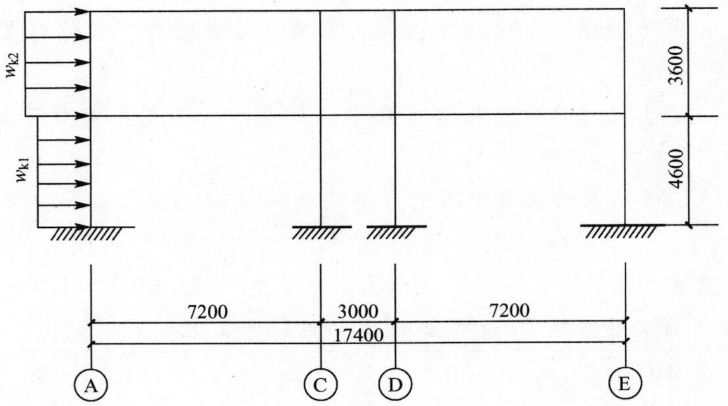

图 4.5 风荷载作用示意

2. 可变荷载组合值

当结构上同时作用有两种或两种以上可变荷载时，由于各种可变荷载同时达到其最大值(标准值)的可能性极小，因此计算时采用可变荷载组合值。所谓荷载组合值是将除多种可变荷载中的第一个可变荷载(或称主导荷载，即产生最大荷载效应的荷载)仍以其标准值作为代表值外，其他均采用可变荷载的组合值进行计算，即将它们的标准值乘以小于 1 的荷载组合值系数作为代表值，称为可变荷载的组合值，用 Q_c 表示，即

$$Q_c = \psi_c Q_k \tag{4-2}$$

式中，Q_c——可变荷载组合值；

Q_k——可变荷载标准值；

ψ_c——可变荷载组合值系数，一般楼面活荷载、雪荷载取 0.7，风荷载取 0.6，其他可变荷载取值见附录 C 表 C2 和表 C3。

3. 可变荷载频遇值

可变荷载频遇值是指结构上时而出现的较大荷载。对可变荷载，在设计基准期内，其超越的总时间为规定的较小比率或超越频率为规定频率的荷载值。可变荷载频遇值总是小于荷载标准值，其值取可变荷载标准值乘以小于 1 的荷载频遇值系数，用 Q_f 表示，即

$$Q_f = \psi_f Q_k \tag{4-3}$$

式中，Q_f——可变荷载频遇值；

ψ_f——可变荷载频遇值系数，取值见附录C表C2和表C3。

4. 可变荷载准永久值

可变荷载准永久值是指可变荷载中在设计基准期内经常作用(其超越的时间约为设计基准期一半)的可变荷载。在规定的期限内有较长的总持续时间，也就是经常作用于结构上的可变荷载。其值取可变荷载标准值乘以小于1的荷载准永久值系数，用Q_q表示，即

$$Q_q=\psi_q Q_q \tag{4-4}$$

式中，Q_q——可变荷载准永久值；

ψ_q——可变荷载准永久值系数，取值见附录C表C2和表C3。

4.1.4 荷载分项系数及荷载设计值

1. 荷载分项系数

荷载分项系数用于结构承载力极限状态设计中，目的是保证在各种可能的荷载组合出现时，结构均能维持在相同的可靠度水平上。荷载分项系数又分为永久荷载分项系数γ_G和可变荷载分项系数γ_Q，其值见表4-1。

表4-1 建筑结构的作用分项系数

适用情况 / 作用分项系数	当作用效应对承载力不利时	当作用效应对承载力有利时
γ_G	1.3	≤1.0
γ_P	1.3	≤1.0
γ_Q	1.5	0

2. 荷载设计值

一般情况下，荷载标准值与荷载分项系数的乘积为荷载设计值，也称设计荷载，其数值大体上相当于结构在非正常使用情况下荷载的最大值，它比荷载的标准值具有更大的可靠度。永久荷载设计值为$\gamma_G G_k$；可变荷载设计值为$\gamma_Q Q_k$。

应用案例4-4

实例二中，现浇钢筋混凝土楼面板板厚$h=100$mm，板面做法选用8～10mm厚地砖，25mm厚干硬水泥砂浆，素水泥浆，其面荷载标准值合计为0.7kN/m²，板底采用20mm厚石灰砂浆粉刷，确定楼面永久荷载设计值和可变荷载设计值。

解：(1)永久荷载标准值。

板自重	$25\times0.10=2.5(\text{kN/m}^2)$
楼面做法自重	0.7kN/m^2
板底粉刷自重	$17\times0.02=0.34(\text{kN/m}^2)$

板每平方米总重力(面荷载)标准值：$g_k=3.54\text{kN/m}^2$

(2) 永久荷载设计值。

$$g=\gamma_G g_k=1.3\times 3.54=4.602(kN/m^2)$$

(3) 可变荷载标准值。

查附录C表C2知：教室楼面可变荷载标准值为$q_k=2.5kN/m^2$(面荷载)。

(4) 可变荷载设计值。

$$q=\gamma_q q_k=1.5\times 2.5=3.75(kN/m^2)$$

4.2 静力平衡条件及构件支座反力计算

物体在力系的作用下处于平衡时，力系应满足一定的条件，这个条件称为力系的平衡条件。

4.2.1 平面力系的平衡条件

1. 平面任意力系的平衡条件

在前面的力学概念可以知道，一般情况下平面力系与一个力及一个力偶等效。若与平面力系等效的力和力偶均等于零，则原力系一定平衡。则平面任意力系平衡的必要和充分条件是：力系中所有各力在两个坐标轴上的投影的代数和等于零，力系中所有各力对于任意一点O的力矩的代数和等于零。

由此得平面任意力系的平衡方程为

$$\sum F_x=0 \qquad (4-5)$$

$$\sum F_y=0 \qquad (4-6)$$

$$\sum M_O(F)=0 \qquad (4-7)$$

特别提示

$\sum F_x=0$即力系中所有力在x方向的投影的代数和等于零；$\sum F_y=0$即力系中所有力在y方向的投影的代数和等于零；$\sum M_O(F)=0$即力系中所有力对任意一点O的力矩的代数和等于零。

平面任意力系的平衡方程还有另外两种形式。

(1) 二矩式：$\sum F_x=0$ (4-8)

$$\sum M_A(F)=0 \qquad (4-9)$$

$$\sum M_B(F)=0 \qquad (4-10)$$

其中，A、B 两点之间的连线不能垂直于 x 轴。

(2) 三矩式：$\sum M_A(F)=0$ (4－11)

$\sum M_B(F)=0$ (4－12)

$\sum M_C(F)=0$ (4－13)

其中，A、B、C 三点不能共线。

2. 几种特殊情况的平衡方程

(1) 平面汇交力系。

若平面力系中的各力的作用线汇交于一点，则此力系称为平面汇交力系。根据力系的简化结果可知，汇交力系与一个力(力系的合力)等效；由平面任意力系的平衡条件可知，平面汇交力系平衡的充分和必要条件是力系的合力等于零，即

$$\sum F_x=0$$

$$\sum F_y=0$$

(2) 平面平行力系。

若平面力系中的各力的作用线均相互平行，则此力系为平面平行力系。显然，平面平行力系是平面力系的一种特殊情况，由平面力系的平衡方程推出，由于平面平行力系在某一坐标轴 x 轴(或 y 轴)上的投影均为零，因此，平衡方程为

$$\sum F_y=0\text{(或}\sum F_x=0\text{)}$$

$$\sum M_0(F)=0$$

当然，平面平行力系的平衡方程也可写成二矩式，即

$$\sum M_A(F)=0$$

$$\sum M_B(F)=0$$

其中，A、B 两点之间的连线不能与各力的作用线平行。

4.2.2 构件的支座反力计算

求解构件支座反力的基本步骤如下。

(1) 以整个构件为研究对象进行受力分析，绘制受力图。

(2) 建立 xOy 直角坐标系。

(3) 依据静力平衡条件，根据受力图建立静力平衡方程，求解方程，得支座反力。

特别提示

xOy 直角坐标系，一般假定 x 轴以水平向右为正，y 轴以竖直向上为正。

绘制受力图时，支座反力均假定为正方向。

求解出支座反力后，应标明其实际受力方向。

应用案例 4-5

图 4.6(a)所示的简支梁，计算跨度为 l_0，承受的均布荷载为 q，求梁的支座反力。

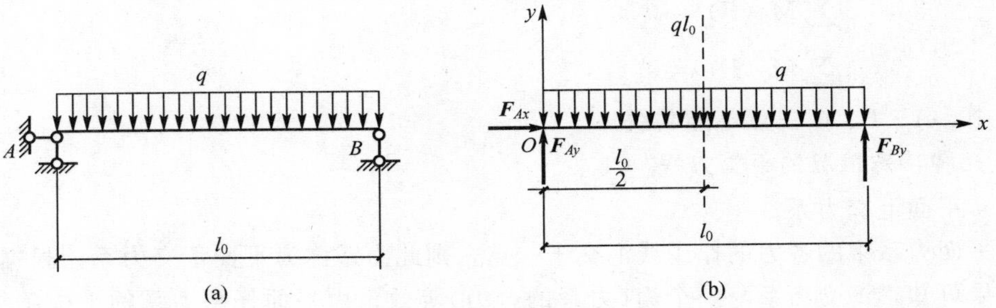

图 4.6　梁的支座反力计算

(a)计算简图；(b)受力图

解：(1) 以梁为研究对象进行受力分析，绘制受力图，如图 4.6(b)所示。

(2) 建立如图 4.6(b)所示的直角坐标系。

(3) 建立平衡方程，求解支座反力。

$$\sum F_x = 0，F_{Ax} = 0$$

$$\sum F_y = 0，F_{Ay} - ql_0 + F_{By} = 0$$

$$\sum M_A = 0，F_{By}l_0 - ql_0 \times \frac{l_0}{2} = 0$$

解得：$F_{Ax}=0$，$F_{Ay}=F_{By}=\frac{1}{2}ql_0(\uparrow)$

应用案例 4-6

如图 4.7(a)所示的悬臂梁，计算跨度为 l，承受的集中荷载设计值为 $\boldsymbol{F}$，求支座反力。

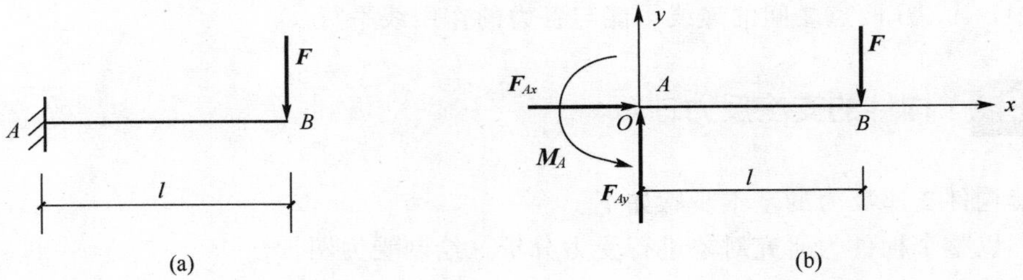

图 4.7　悬臂梁受力图

(a)计算简图；(b)受力图

解：(1) 以梁为研究对象进行受力分析，绘制受力图，如图 4.7(b)所示。

(2) 建立如图 4.7(b)所示的直角坐标系。

(3) 建立平衡方程，求解支座反力。

$$\sum F_x = 0，F_{Ax} = 0$$

$$\sum F_y = 0，F_{Ay} - F = 0$$

$$\sum M_A = 0,\ M_A - Fl = 0$$

解得：$F_{Ax}=0$，$F_{Ay}=F(\uparrow)$，$M_A=Fl(\curvearrowleft)$

应用案例 4-7

图 4.8(a)所示的简支梁，计算跨度为 l，承受的集中荷载设计值为 $\boldsymbol{F}$，作用在跨中 C 点，求简支梁的支座反力。

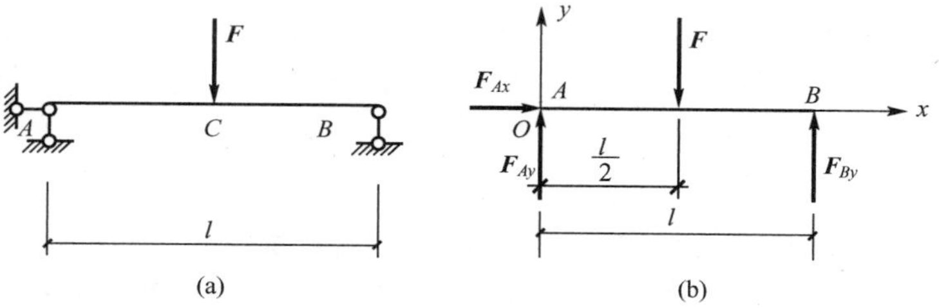

图 4.8 简支梁受力图

(a)计算简图；(b)受力图

解：(1) 以梁为研究对象进行受力分析，绘制受力图，如图 4.8(b)所示。

(2) 建立如图 4.8(b)所示的直角坐标系。

(3) 建立平衡方程，求解支座反力。

$$\sum F_x = 0,\ F_{Ax} = 0$$

$$\sum F_y = 0,\ F_{Ay} - F + F_{By} = 0$$

$$\sum M_A = 0,\ F_{By} \times l - F \times \frac{l}{2} = 0$$

解得：$F_{Ax}=0$，$F_{Ay}=F_{By}=\dfrac{F}{2}(\uparrow)$

应用案例 4-8

如图 4.9(a)所示的外伸梁，简支跨计算跨度为 l_1，承受的均布荷载为 q_1；外伸跨计算跨度为 l_2，承受的均布荷载为 q_2，承受的集中荷载值为 $\boldsymbol{F}$，求外伸梁的支座反力。

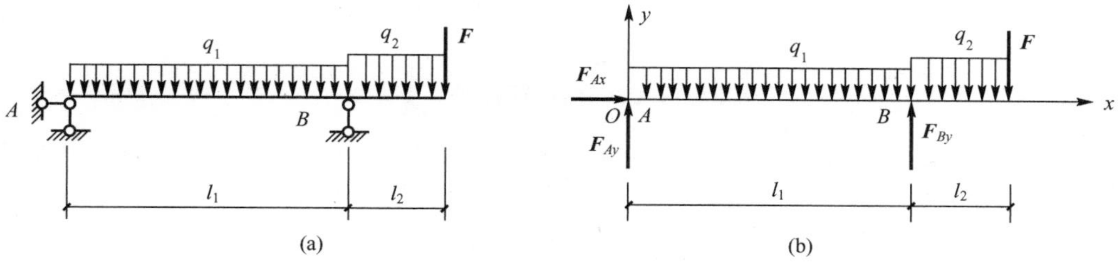

图 4.9 外伸梁受力图

(a)计算简图；(b)受力图

解：(1)以梁为研究对象进行受力分析，绘制受力图，如图 4.9(b)所示。

(2) 建立如图 4.9(b)所示的直角坐标系。

(3) 建立平衡方程，求解支座反力。

$$\sum F_x = 0,\ F_{Ax} = 0$$

$$\sum F_y = 0,\ F_{Ay} - q_1 l_1 - q_2 l_2 + F_{By} - F = 0$$

$$\sum M_A = 0,\ F_{By} l_1 - \frac{1}{2} q_1 l_1^2 - q_2 l_2 (l_1 + \frac{l_2}{2}) - F(l_1 + l_2) = 0$$

解得：$F_{Ax} = 0$

$$F_{Ay} = \frac{q_1 l_1}{2} - \frac{q_2 l_2^2}{2 l_1} - \frac{F l_2}{l_1} (\uparrow)$$

$$F_{By} = \frac{q_1 l_1}{2} + q_2 l_2 + \frac{q_2 l_2^2}{2 l_1} + F + \frac{F l_2}{l_1} (\uparrow)$$

综合应用案例 4-1

实例一中钢筋混凝土矩形截面梁 L1 如图 4.10(a)所示，已知楼面做法为：30mm 水磨石地面，120mm 钢筋混凝土空心板，板底石灰砂浆粉刷、厚 20mm，梁的跨度 $l_0 =$ 6000mm，梁的截面宽度 $b=250$mm，截面高度 $h=500$mm，梁两侧 20mm 石灰砂浆粉刷，求梁 L1 的恒荷载标准值及活荷载标准值产生的支座反力。

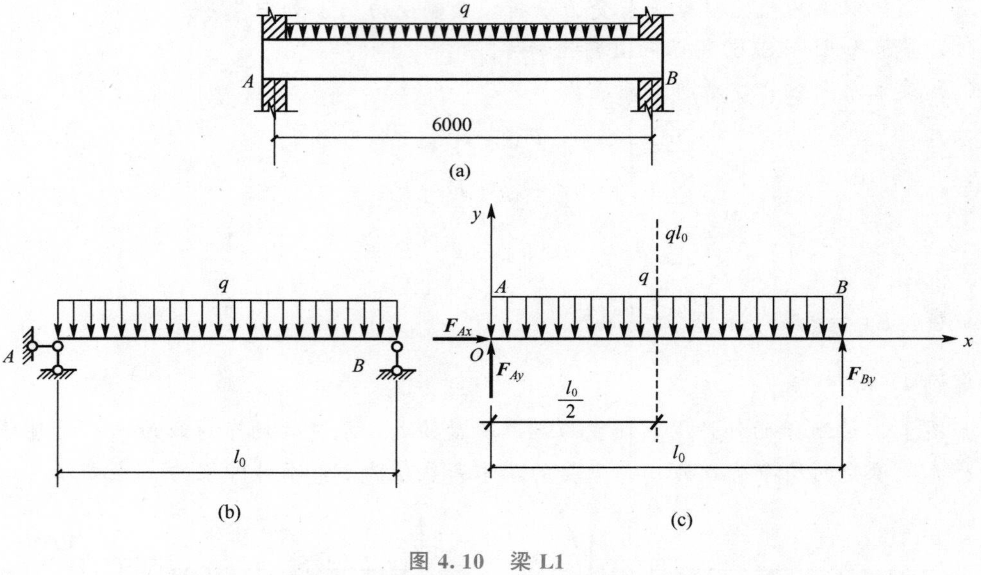

图 4.10　梁 L1

(a)梁 L1；(b) 计算简图；(c) 受力图

解：(1) 确定计算简图。按照模块 3 的内容，梁 L1 简化为简支梁，其计算简图如图 4.10(b)所示。

(2) 荷载计算。

① 楼面荷载标准值。

楼面做法：30mm 水磨石地面	0.65kN/m^2
120mm 空心板自重	25×0.08=2(kN/m^2)
板底粉刷	17×0.02=0.34(kN/m^2)
楼面荷载标准值：	2.99kN/m^2

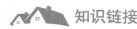

板传给梁的恒荷载标准值 2.99×3.3=9.867 kN/m(梁的受荷范围是 3.3m)

② 梁 L1 自重　　25×0.25×0.5=3.125(kN/m)

两侧粉刷　　2×17×0.5×0.02=0.34(kN/m)

则梁 L1 上的恒荷载标准值 g_k=9.867+3.125+0.34=13.332(kN/m)

③ 查附录 C 表 C2 知：办公楼楼面可变荷载标准值为 2kN/m²

则梁 L1 上的活荷载标准值 q_k=2×3.3=6.6kN/m(大梁的受荷范围是 3.3m)

(3) 求解支座反力。以梁为研究对象进行受力分析，绘制受力图，如图 4.10(c)所示，建立如图 4.10(c)所示的直角坐标系，依据平衡条件建立平衡方程

$$\sum F_x = 0,\ F_{Ax} = 0$$

$$\sum F_y = 0,\ F_{Ay} - ql_0 + F_{By} = 0$$

$$\sum M_A = 0,\ F_{By}l_0 - ql_0 \times \frac{l_0}{2} = 0$$

解得：$F_{Ax}=0$，$F_{Ay}=F_{By}=\frac{1}{2}ql_0(\uparrow)$

(4) 恒载标准值产生的支座反力：$F_{Ax}=0$，$F_{Ay}=F_{By}=\frac{g_k l_0}{2}=39.996\text{kN}(\uparrow)$

活载标准值产生的支座反力：$F_{Ax}=0$，$F_{Ay}=F_{By}=\frac{q_k l_0}{2}=19.8\text{kN}(\uparrow)$

知识链接

图 4.11 所示梁的受荷范围取相邻两开间各一半。

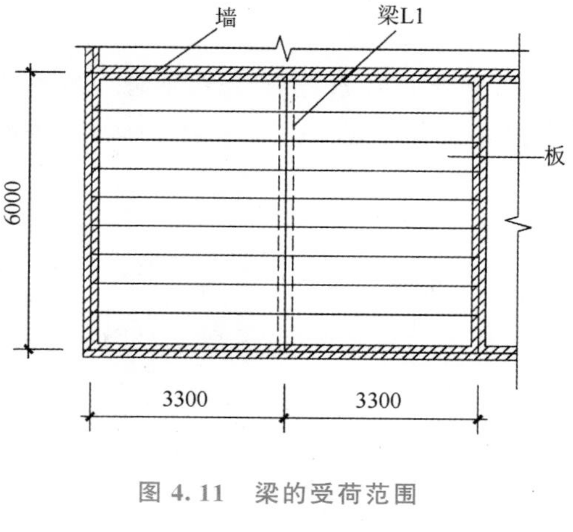

图 4.11　梁的受荷范围

综合应用案例 4-2

如图 4.12 所示的外伸梁 L4(1A)，若内跨度 l_1=6000mm，截面宽度 b=250mm，截面高度h=500mm；外伸跨度 l_2=2220mm，变截面端部取 b=250mm，h=300mm，计算简图如图 4.12(a)所示，求恒荷载标准值产生的支座反力。

解：(1)荷载计算。

① 内跨：梁上均布线荷载标准值同 L1。

$$g_{1k}=13.332\text{kN/m}$$

② 外伸部分。

楼面做法：30mm 水磨石地面	0.65kN/m²
120mm 空心板自重	25×0.08=2(kN/m²)
板底粉刷	17×0.02=0.34(kN/m²)
楼面恒荷载标准值：	2.99kN/m²
梁平均高度为	$\frac{500+300}{2}=400$(mm)
梁的自重为	25×0.25×0.4=2.5(kN/m)
两侧粉刷为	2×17×0.4×0.02=0.272(kN/m)

则梁上的恒荷载标准值 $g_{2k}=2.99\times3.3+2.5+0.272=12.639$(kN/m)

同时，L5 传来集中力标准值(应用案例 4-3 已计算出)$F_k=5.052\times3.3=16.665$(kN/m)

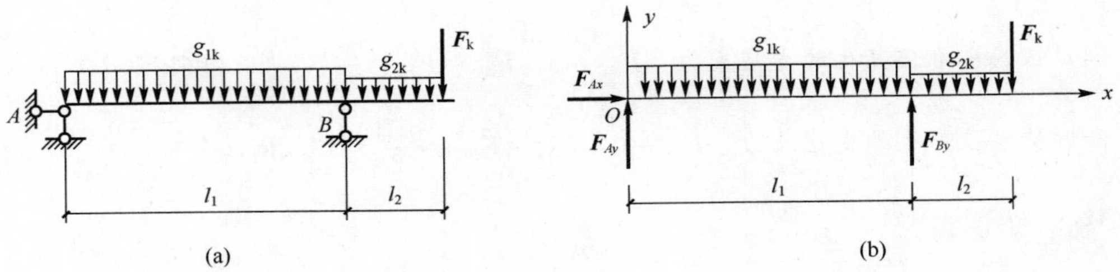

图 4.12 外伸梁 L4(1A)受力图

(a) 计算简图；(b) 受力图

(2) 求解支座反力。以梁为研究对象进行受力分析，绘制受力图，如图 4.13(b)所示，建立如图 4.13(b)所示的直角坐标系，依据平衡条件建立平衡方程

$$\sum F_x=0,\ F_{Ax}=0$$

$$\sum F_y=0,\ F_{Ay}-g_{1k}l_1-g_{2k}l_2+F_{By}-F_k=0$$

$$\sum M_A=0,\ F_{By}l_1-\frac{1}{2}g_{1k}l_1^2-g_{2k}l_2(l_1+\frac{l_2}{2})-F_k(l_1+l_2)=0$$

解得：$F_{Ax}=0$

$$F_{By}=\frac{1}{2}g_{1k}l_1+g_{2k}l_2(1+\frac{l_2}{2l_1})+F_k(1+\frac{l_2}{l_1})$$

$$=\frac{1}{2}\times13.332\times6+12.639\times2.22\times(1+\frac{2.22}{2\times6})+16.665\times(1+\frac{2.22}{6})$$

$$=96.086(\text{kN})\ (\uparrow)$$

$$F_{Ay}=g_{1k}l_1+g_{2k}l_2-F_{By}+F_k$$

$$=13.332\times6+12.629\times2.22-95.675+16.665=28.637(\text{kN})\ (\uparrow)$$

小 结

(1) 按作用时间的长短和性质，荷载可分为三类：永久荷载、可变荷载和偶然荷载。

(2) 永久荷载的代表值是荷载标准值，可变荷载的代表值有荷载标准值、组合值、频遇值和准永久值；荷载标准值是荷载在结构使用期间的最大值，是荷载的基本代表值。

(3) 荷载的设计值是荷载分项系数与荷载代表值的乘积，荷载分项系数分为永久荷载分项系数和可变荷载分项系数。

(4) 平面任意力系平衡的必要和充分条件是：力系中所有各力在两个坐标轴上的投影的代数和等于零，力系中所有各力对于任意一点 O 的力矩的代数和等于零。

(5) 根据力系平衡原理及平衡方程，可以求解静定结构构件的支反力。

习 题

一、选择题

1. 永久荷载的代表值是(　　)。

A. 标准值　　B. 组合值　　C. 设计值　　D. 准永久值

2. 当两种或两种以上的可变荷载同时出现在结构上时，应采用荷载的代表值是(　　)。

A. 标准值　　B. 组合值　　C. 设计值　　D. 准永久值

3. 办公楼楼梯上的可变荷载标准值是(　　)。

A. 2kN/m^2　　B. 2.5kN/m^2　　C. 3.5kN/m^2　　D. 4kN/m^2

4. 可变荷载的设计值是(　　)。

A. $\gamma_Q Q_k$　　B. Q_k　　C. $\gamma_G G_k$　　D. G_k

5. 当楼面上的可变荷载标准值大于 $4\ \text{kN/m}^2$ 时，可变荷载分项系数 γ_Q 应取(　　)。

A. 1.2　　B. 1.3　　C. 1.4　　D. 1.35

二、填空题

1. 平面任意力系平衡的必要和充分条件是：力系中所有各力在__________的代数和等于零，力系中所有各力对于__________的力矩代数和等于零。

2. 平面汇交力系平衡的充分和必要条件是：__________。

3. 若平面力系中的各力的作用线均相互平行，则此力系为__________。

4. 荷载标准值是荷载的__________代表值，是指其在结构使用期间可能出现的__________荷载值。

5. 一般情况下，荷载标准值与荷载分项系数的乘积为__________，也称设计荷载。

三、计算题

1. 某办公楼走廊平板，现浇钢筋混凝土板板厚 120mm，30mm 厚水磨石楼面，板底 20mm 厚混合砂浆抹灰，求该走廊板上的面荷载标准值。

2. 某办公楼钢筋混凝土简支梁，计算跨度为 6m，梁的截面尺寸为 200mm×500mm，作用在梁上的恒荷载标准值 g_k = 10kN/m(未考虑梁自重)，活载标准值 q_k = 5kN/m，试计算：

(1) 该梁上的恒荷载标准值。

(2) 该梁恒荷载标准值和活荷载标准值共同作用下的支座反力。

3. 求图 4.13 所示悬臂梁的支座反力。

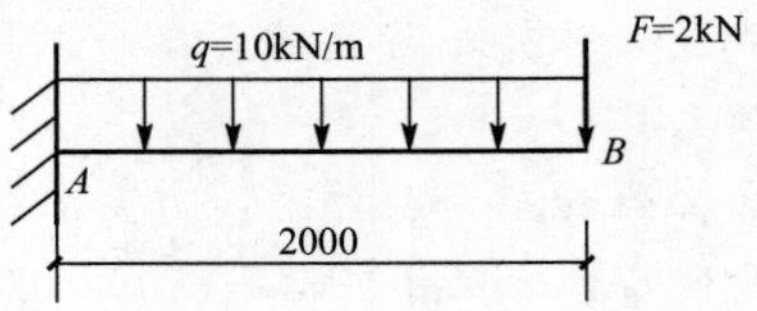

图 4.13 计算题 3 图

4. 试确定出图书馆书库的楼面活荷载标准值，并求出其准永久值。

5. 求下列各计算简图(图 4.14)的支座反力。

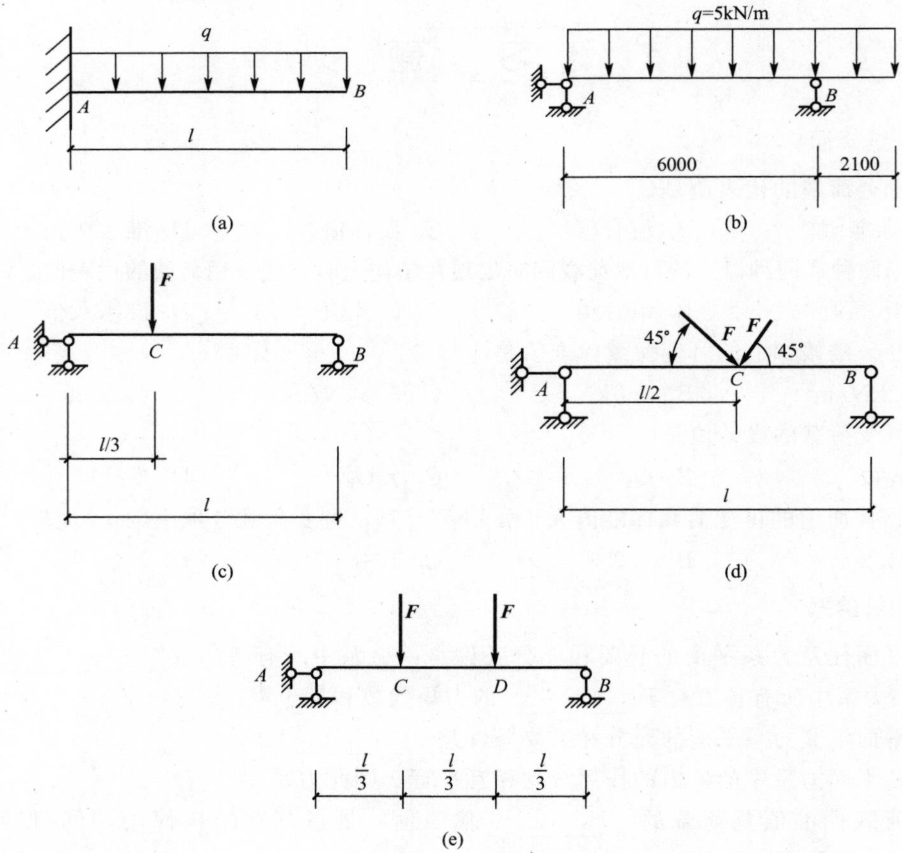

图 4.14 计算题 5 图

模块5 构件内力计算及荷载效应组合

教学目标

通过本模块的学习，掌握内力的概念及计算方法，能够进行简单结构构件内力图的绘制，了解超静定结构内力的计算方法，了解荷载效应的基本概念。

教学要求

能力目标	相关知识	权重
掌握内力的基本概念，掌握平面弯曲梁截面应力分布	内力及应力的基本概念	15%
熟练掌握运用截面法计算指定截面上的内力	指定截面的内力计算	35%
熟练掌握梁的内力图的规律，能够绘制静定单跨梁的剪力图和弯矩图，并能够通过内力图判定梁控制截面的位置	静定单跨梁的内力图绘制	35%
了解超静定结构的内力图形状，能够判定控制截面的位置	超静定结构内力计算	5%
了解荷载效应及效应组合的基本概念	荷载效应及荷载效应组合	10%

学习重点

内力及应力的基本概念；指定截面内力计算；静定单跨梁的内力图绘制。

引例

实际工程中，所有建筑物都要依靠其结构来承受荷载和其他间接作用(如温度变化、混凝土收缩与徐变等)，结构是建筑的重要组成部分。结构构件在外荷载及其他作用下必定在其内部引起内力和变形，即荷载效应。荷载效应的大小决定了后续的结构设计工作中选择什么样的材料、材料的强度等级、材料的用量、构件的截面形状及尺寸等内容。以钢筋混凝土结构为例，构件在荷载作用下的荷载效应之一是弯矩，控制截面的弯矩就控制了截面受力纵筋的多少及钢筋所处的位置。本模块在模块 3 和模块 4 的基础上主要介绍构件内力计算的基本方法及荷载效应组合的基本概念。

5.1 内力的基本概念

5.1.1 内力的定义

当人们用双手拉长一根弹簧时会感到弹簧内有一种反抗拉长的力，要想使弹簧拉得更长，就要施加更大的外力，而弹簧的反抗力也越大，这种反抗力就是弹簧的内力。所以，内力是指杆件受外力作用后在其内部所引起的各部分之间的相互作用力，内力是由外力引起的，且外力越大，内力也越大。

工程构件内常见的内力有轴力、剪力、弯矩及扭矩。轴力用 $\boldsymbol{N}$ 表示，与截面正交，与杆件重合；剪力用 $\boldsymbol{V}$ 表示，与截面相切，与轴线正交；弯矩用 $\boldsymbol{M}$ 表示，与截面互相垂直。这 3 种力分别如图 5.1～图 5.3 所示。

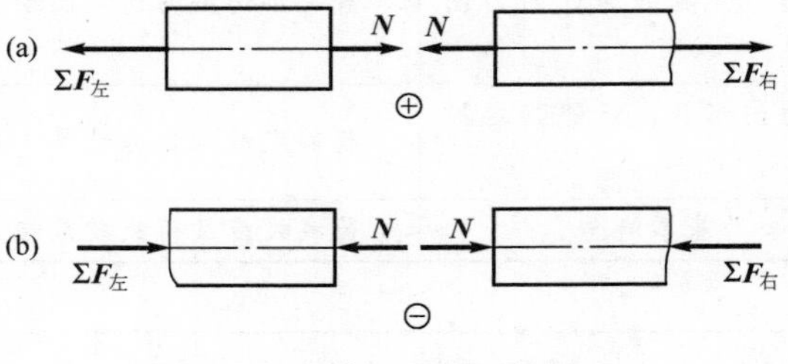

图 5.1　轴力的正负号规定

(a) 拉力；(b) 压力

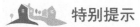

特别提示

内力除轴力、剪力、弯矩外，还有扭矩 $\boldsymbol{T}$，由于工程中受扭构件比较少，本节将不涉及扭矩的相关内容。

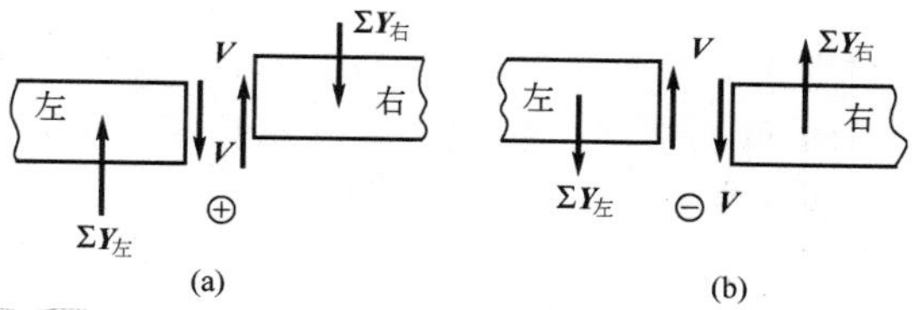

图 5.2 剪力的正负号规定

(a) 正剪力；(b) 负剪力

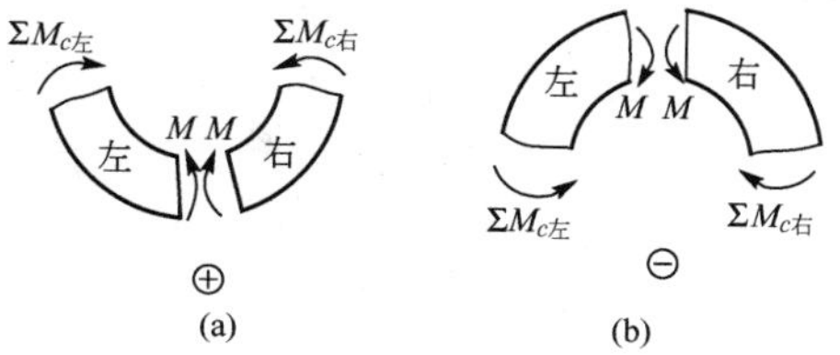

图 5.3 弯矩的正负号规定

(a)正弯矩；(b)负弯矩

5.1.2 内力的符号规定

1. 轴力符号的规定

轴力用符号 **N** 表示，背离截面的轴力称为拉力，为正值；指向截面的轴力称为压力，为负值。图 5.1(a)所示的截面受拉，**N** 为正号，图 5.1(b)所示的截面受压，**N** 为负号。轴力的单位为牛顿(N)或千牛顿(kN)。

2. 剪力符号的规定

剪力用符号用 **V** 表示，其正负号规定如下：当截面上的剪力绕梁段上任一点有顺时针转动趋势时为正，反之为负，如图 5.2 所示。剪力的单位为牛顿(N)或千牛顿(kN)。

3. 弯矩符号的规定

弯矩用符号 **M** 表示，其正负号规定如下：当截面上的弯矩使梁产生下凹的变形时为正，反之为负，如图 5.3 所示。柱子的弯矩的正负号可随意假设，但弯矩图画在杆件受拉的一侧，图中不标正负号。弯矩的单位为牛顿·米(N·m)或千牛顿·米(kN·m)。

特别提示

用截面法求解杆件截面内力时，轴力、剪力、弯矩均假定为正方向。

5.1.3 应力

1. 应力的基本概念

杆件在外荷载作用下的截面内力计算是通过截面法求解的，从其求解步骤来看，截面上的内力只与杆件的支座、荷载及长度有关，而与构件的材料和截面尺寸无关。因此，内力的大小不足以反映杆件截面的强度，内力在杆件上的密集程度才是影响强度的主要原因。

内力在一点处的集度称为应力，用分布在单位面积上的内力来衡量。一般将应力分解为垂直于截面和相切于截面的两个分量，垂直于截面的应力分量称为正应力或法应力，用 σ 表示；相切于截面的应力分量称为剪应力或切向应力，用 τ 表示。

应力的单位为帕(Pa)，常用单位还有兆帕(MPa)或吉帕(GPa)。

$$1\mathrm{Pa}=1\mathrm{N/m^2}，1\mathrm{MPa}=10^6\mathrm{Pa}=1\mathrm{N/mm^2}，1\mathrm{GPa}=10^9\mathrm{Pa}$$

2. 轴向拉压杆件横截面上的应力计算

轴向拉伸(压缩)时，杆件横截面上的应力为正应力，根据材料的均匀连续假设，可知正应力在其截面上是均匀分布的，若用 A 表示杆件的横截面面积，N 表示该截面的轴力，则等直杆轴向拉伸(压缩)时横截面的正应力 σ 的计算公式为

$$\sigma=\frac{N}{A} \tag{5-1}$$

正应力有拉应力与压应力之分，拉应力为正，压应力为负。

图 5.4(a)所示为等截面轴心受压柱的简图，其横截面面积为 A，荷载竖直向下且大小为 N，通过截面法求得 1—1 截面的轴力为 $-N$，负号说明轴力为压力，正应力 σ 为压应力，大小为 N/A，其分布如图 5.4(b)所示。

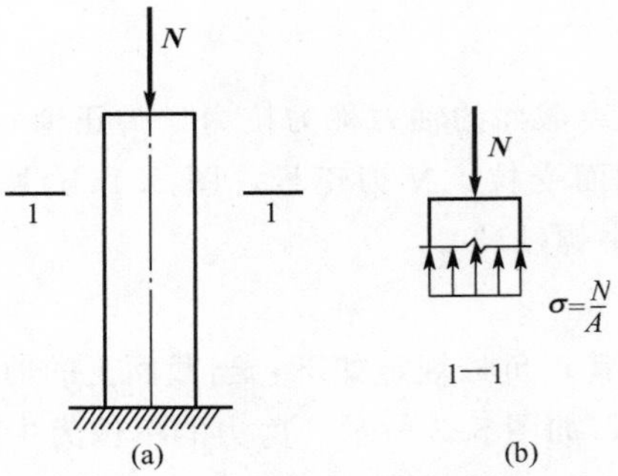

图 5.4　轴向压杆横截面上的应力分布

(a)轴心受压柱；(b)1—1 截面处应力分布

3. 矩形截面梁平面弯曲时横截面上的应力

一般情况下，梁在竖向荷载作用下会产生弯曲变形，本书只涉及平面弯曲的梁。平面弯曲指梁上所有外力都作用在纵向对称面内，梁变形后轴线形成的曲线也在该平面内弯曲，如图 5.5 所示。

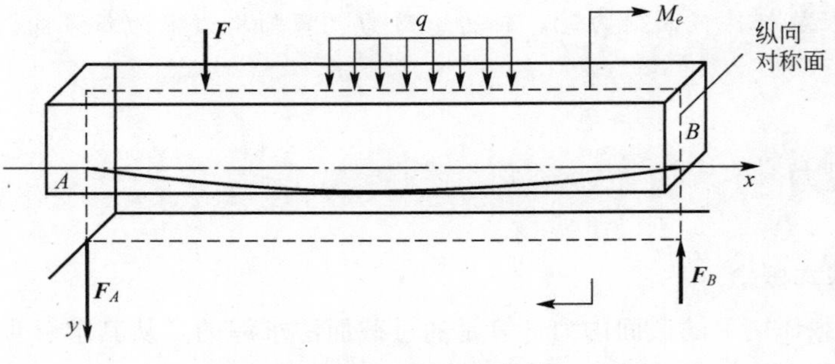

图 5.5　平面弯曲的梁

梁平面弯曲时，其横截面上的内力有弯矩和剪力，因此，梁横截面上必然会有正应力和剪应力的存在。

1）弯曲正应力

假设梁是由许多纵向纤维组成的，在受到如图 5.6 所示的外力作用下，将产生如图 5.6 所示的弯曲变形，凹边各层纤维缩短，凸边各层纤维伸长。这样梁的下部纵向纤维产生拉应变，上部纵向纤维产生压应变。从下部的拉应变过渡到上部的压应变，必有一层

纤维既不伸长也不缩短，即此层线应变为零，定义这一层为中性层，中性层与横截面的交线称为中性轴，如图 5.7 中的 z 轴所示。

通过推导，平面弯曲梁的横截面上任一点处的正应力计算公式为

$$\sigma=\frac{M}{I_z}\cdot y \tag{5-2}$$

式中，M——横截面上的弯矩；

I_z——截面对中性轴的惯性矩；

y——所求应力点在 yOz 坐标系中的纵坐标。

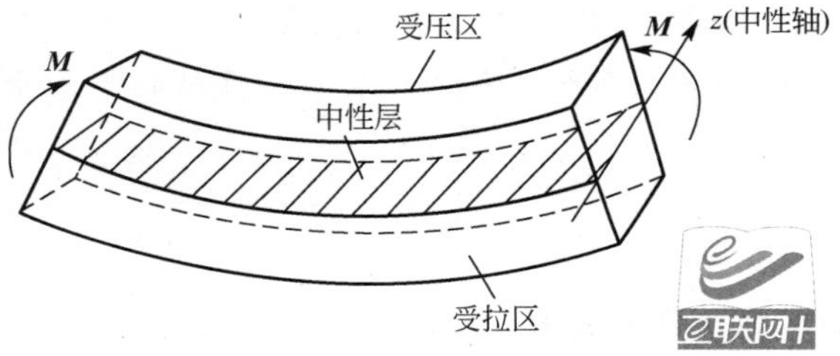

图 5.6 弯矩作用下梁的变形

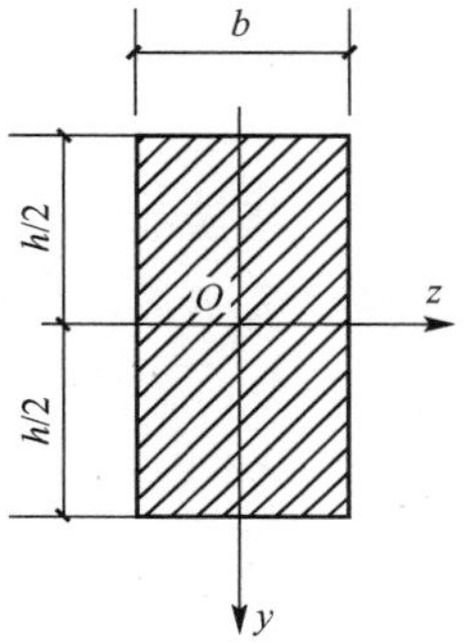

图 5.7 矩形截面

特别提示

(1) 计算截面弯曲正应力时，其假定的坐标轴与普通的坐标轴正方向不同，y 轴正方向垂直向下，z 轴正方向水平向右，如图 5.7 所示。

(2) 矩形截面：$I_z=\frac{1}{12}bh^3$；当 y 达到最大值时，$I_z/y_{max}=W_z$，W_z 称为抗弯截面模量。

由式(5-2)可知，对于同一个截面，M、I_z 为常量，截面上任一点处的正应力的大小与该点到中性轴的距离成正比，沿截面高度呈线性变化，如图 5.8 所示。

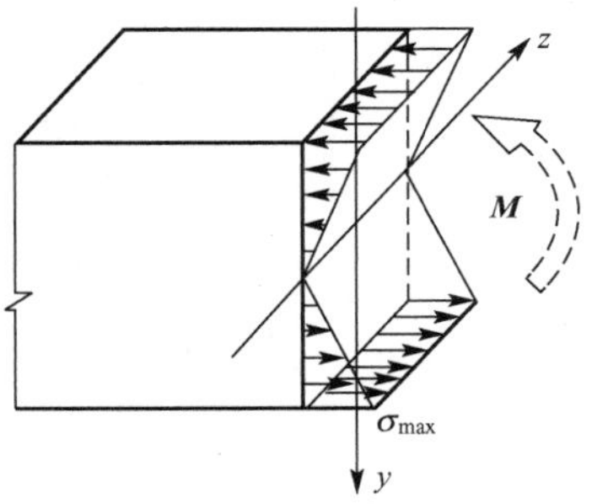

图 5.8 弯曲正应力分布

如图 5.9 所示，如果截面上弯矩为正弯矩，中性轴至截面上边缘区域为受压区，中性轴至截面下边缘区域为受拉区，且中性轴上应力为零，截面上边缘处压应力最大，截面下边缘处拉应力最大；假若截面上的弯矩为负弯矩，中性轴至截面上边缘区域为受拉区，中性轴至截面下边缘区域为受压区，且中性轴处应力为零，截面上边缘处拉应力最大，截面下边缘处压应力最大。

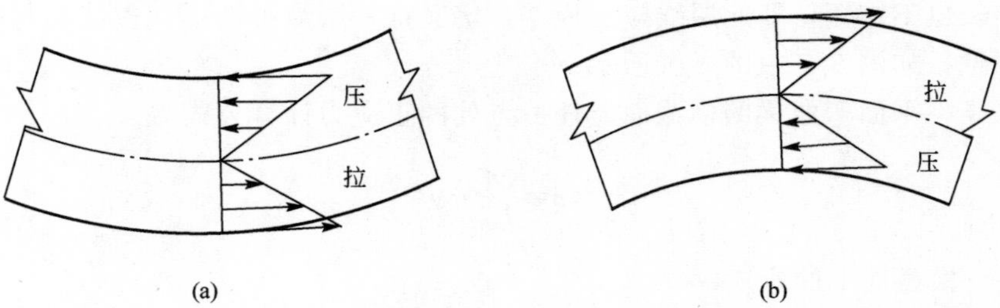

图 5.9　正弯矩及负弯矩下正应力分布

(a)正弯矩；(b)负弯矩

特别提示

对于多跨连续梁来讲，在竖向荷载作用下其跨中处产生正弯矩而支座处产生负弯矩，其受拉区位置不同，因此受力纵筋所处的位置也不同，参见模块 2 砖混结构平面布置图 L5(7)的配筋。

2）弯曲剪应力

平面弯曲的梁的横截面上任一点处的剪应力计算公式为

$$\tau=\frac{VS_z^*}{I_z b} \tag{5-3}$$

式中，V——横截面上的剪力；

I_z——横截面对中性轴的惯性矩；

b——横截面宽度；

S_z^*——横截面上所求剪应力处的水平线以下(或以上)部分面积 A^* 对中性轴的静矩。

剪应力的方向可根据与横截面上剪力方向一致来确定。对矩形截面梁，其剪应力沿截面高度呈二次抛物线变化，如图 5.10 所示，中性轴处剪应力最大，离中性轴越远剪应力越小，截面上、下边缘处剪应力为零，中性轴 a 点和 b 点如果距离中性轴相同，其剪应力也相同。

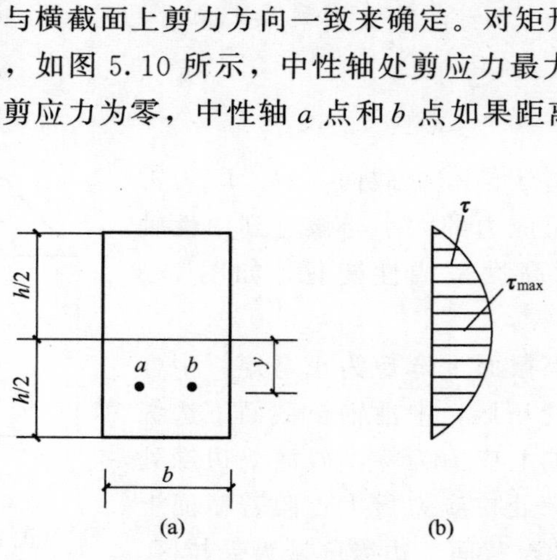

图 5.10　矩形截面梁剪应力分布

(a)矩形截面梁；(b)剪应力分布

特别提示

(1) 对于矩形截面梁来讲，截面弯矩引起的正应力在中性轴处为零，截面边缘处正应力最大；而剪力引起的剪应力在中性轴处最大，在截面边缘处剪应力为零。

(2) 矩形截面梁：$\tau_{max}=3V/2A$。

5.2 静定结构内力计算

静定结构是指结构的支座反力和各截面的内力可以用平衡条件唯一确定的结构，本节将介绍静定结构的内力计算，包括求解结构构件指定截面的内力与绘制整个结构构件内力图两大部分。

5.2.1 指定截面的内力计算

不同的结构构件承担的荷载与支承条件不同，截面上产生的内力不同。例如，仅受轴向外力作用的杆件，截面上产生的内力只有轴力；外力作用下产生平面弯曲的梁，截面上产生的内力为剪力与弯矩；由梁和柱用刚结点连接而成的平面刚架上的截面内力一般有轴力、剪力和弯矩。

求解不同结构构件的指定截面内力采用的基本方法是截面法，其基本步骤如下。

(1) 按模块4中的方法求解支座反力。

(2) 沿所需求内力的截面处假想切开，选择其中一部分为脱离体，另一部分留置不顾。

(3) 绘制脱离体受力图，应包括原来在脱离体部分的荷载和反力，以及切开截面上的待定内力。

(4) 根据脱离体受力图建立静力平衡方程，求解方程，得截面内力。

1. 轴向受力杆件的轴力

应用案例5-1

杆件受力如图5.11(a)所示，在力 $\boldsymbol{F}_1$、$\boldsymbol{F}_2$、$\boldsymbol{F}_3$ 作用下处于平衡。已知 $F_1=25\text{kN}$，$F_2=35\text{kN}$，$F_3=10\text{kN}$，求截面1—1和2—2上的轴力。

解：杆件承受多个轴向力作用时，外力将杆分为几段，各段杆的内力将不相同，因此要分段求出杆的力。

(1) 求1—1截面的轴力。用1—1截面在 AB 段内将杆假想截开，取左段为研究对象[图5.11(b)]，截面上的轴力用 N_1 表示，并假设为拉力，由平衡方程

$$\sum F_x=0,\ N_1-F_1=0$$

求得 $N_1=F_1=25\text{kN}$。正值说明假设方向与实际方向相同，1—1截面的轴力为拉力。

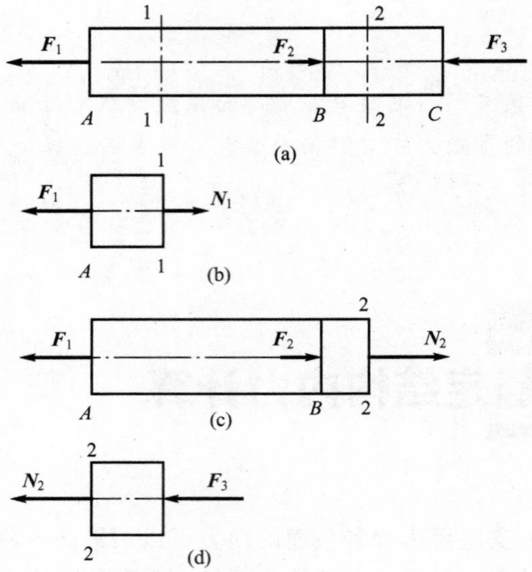

图 5.11　轴向受力杆件的内力

(2) 求 2—2 截面的轴力。用 2－2 截面在 BC 段内将杆假想截开，取左段为研究对象[图 5.11(c)]，截面上的轴力用 N_2 表示，由平衡方程

$$\sum F_x = 0,\ N_2 + F_2 - F_1 = 0$$

求得 $N_2 = F_1 - F_2 = 25 - 35 = -10(\mathrm{kN})$。负值说明假设方向与实际方向相反，2—2 截面的轴力为压力。

也可以取 2—2 截面右段为研究对象[图 5.11(d)]，截面上的轴力用 N_2 表示，由平衡方程

$$\sum F_x = 0,\ N_2 + F_3 = 0$$

求得 $N_2 = -F_3 = -10\mathrm{kN}$。

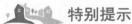

特别提示

不难看出：AB 段任一截面的轴力与 1—1 截面上的轴力相等，BC 段任一截面的轴力与 2—2 截面上的轴力相等。

2. 梁的内力计算

应用案例 5－2

图 5.12(a)所示为实例一砖混结构楼层平面图中简支梁 L2 的计算简图，计算跨度 $l_0 = 5100\mathrm{mm}$，已知梁上均布永久荷载标准值 $g_k = 13.332\mathrm{kN/m}$，计算梁跨中处截面的内力。

解：(1)求支座反力。取整个梁为研究对象，画出梁的受力图，如图 5.12(b)所示，建立平衡方程求解支座反力，即

$$\sum F_x = 0,\ F_{Ax} = 0$$

$$\sum F_y = 0,\ F_{Ay} - g_k \times l_0 + F_{By} = 0$$

$$\sum M_A = 0,\ F_{By} \times l_0 - \frac{1}{2} g_k l_0^2 = 0$$

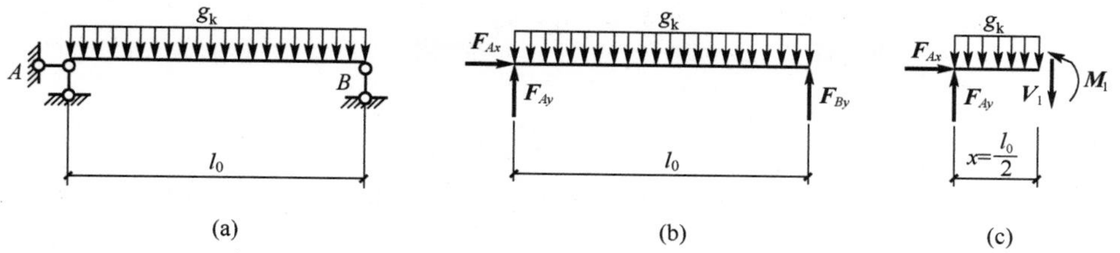

图 5.12 简支梁 L2

(a)计算简图；(b)受力图；(c) 脱离体受力图

解得：$F_{Ax}=0$，$F_{Ay}=F_{By}=\frac{1}{2}g_k l_0=\frac{1}{2}\times 13.332\times 5.1=33.997\text{kN}(\uparrow)$

(2) 求跨中截面内力。在跨中截面将梁假想截开，取左段梁为脱离体，画出脱离体的受力图。假定该截面的剪力 V_1 和弯矩 M_1 的方向均为正方向，如图 5.12(c)所示，$x=\frac{1}{2}l_0$，建立平衡方程求解剪力 V_1 和弯矩 M_1，即

$$\sum F_x=0,\ F_{Ax}=0$$

$$\sum F_y=0,\ F_{Ay}-V_1-\frac{1}{2}g_k l_0=0$$

$$\sum M_A=0,\ M_1-V_1\cdot\frac{l_0}{2}-g_k\cdot\frac{l_0}{2}\cdot\frac{l_0}{4}=0$$

解得：$V_1=0$，$M_1=\frac{1}{8}g_k l_0^2=\frac{1}{8}\times 13.332\times 5.1^2=43.346(\text{kN}\cdot\text{m})$

特别提示

简支梁 L2 承受均布可变荷载标准值 $q_k=6.6\text{kN/m}$，按照截面法求解得

跨中截面内力 $V_1=0$，$M_1=\frac{1}{8}q_k l_0^2=\frac{1}{8}\times 6.6\times 5.1^2=21.458(\text{kN}\cdot\text{m})$

支座处截面内力 $V_2=\frac{1}{2}q_k l_0=16.83\text{kN}$，$M_2=0$

应用案例 5-3

图 5.13(a)所示为砖混结构楼层平面图中悬挑梁 XTL1 的计算简图，$l_0=2.1\text{m}$，永久荷载标准值 $g_k=12.639\text{kN/m}$，$F_k=16.665\text{kN}$，计算梁支座 1—1 截面的内力。

解：通过截面法求解 1—1 截面内力时，沿 1—1 截面将梁假想截开，不难发现：取左端梁为脱离体时，脱离体包含支座，需要求解求支座反力；取右段梁为脱离体时，脱离体没有支座，无须求解支座反力，所以为了方便起见，取右段梁为脱离体，画出脱离体的受力图，假定该截面的剪力 V_1 和弯矩 M_1 的方向均为正方向，如图 5.13(b)所示，

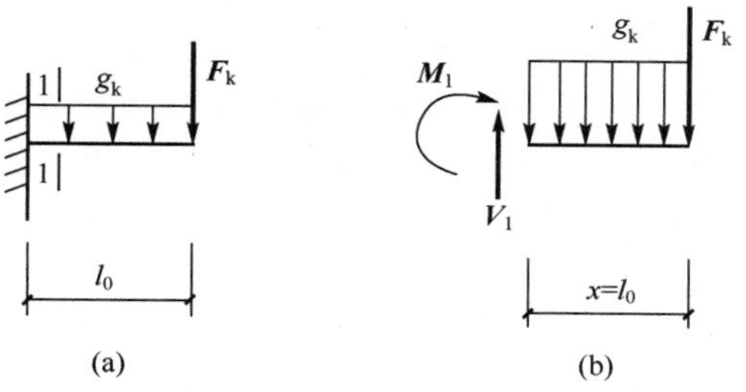

图 5.13 悬臂梁 XTL1

$x \approx l_0$，建立平衡方程求解剪力 V_1 和弯矩 M_1，即

$$\sum F_y = 0,\ V_1 - g_k l_0 - F_k = 0$$

$$\sum M_1 = 0,\ -M_1 - \frac{1}{2} g_k l_0^2 - F_k l_0 = 0$$

解得：$V_1 = g_k l_0 + F_k = 12.639 \times 2.1 + 16.665 = 43.207(\text{kN})$

$$M_1 = -\frac{1}{2} g_k l_0^2 - F_k l_0 = -\frac{1}{2} \times 12.639 \times 2.1^2 - 16.665 \times 2.1 = -62.865(\text{kN} \cdot \text{m})$$

应用案例 5-4

图 5.14(a)所示为砖混结构楼层平面图中外伸梁 L4(1A)的计算简图，$l_1 = 6\text{m}$，$l_2 = 2.20\text{m}$；永久荷载标准值 $g_{1k} = 13.332\text{kN/m}$，$g_{2k} = 12.639\text{kN/m}$，$F_k = 16.665\text{kN}$，计算梁支座处及跨中截面的内力。

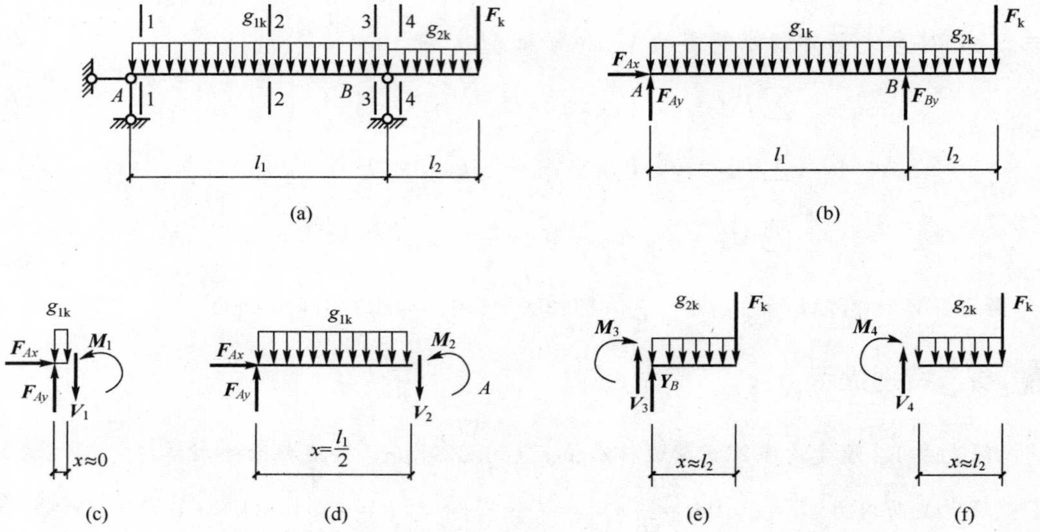

图 5.14 外伸梁 L4(1A)

解：(1)求支座反力。取整个梁为研究对象，画出梁的受力图，如图 5.14(b)所示，建立平衡方程求解支座反力，即

$$\sum F_x = 0,\ F_{Ax} = 0$$

$$\sum F_y = 0,\ F_{Ay} - g_{1k} l_1 - g_{2k} l_2 + F_{By} - F_k = 0$$

$$\sum M_A = 0,\ F_{By} l_1 - \frac{1}{2} g_{1k} l_1^2 - g_{2k} l_2 (l_1 + \frac{l_2}{2}) - F_k (l_1 + l_2) = 0$$

解得：$F_{Ax} = 0$，$F_{Ay} = 28.788\text{kN}(\uparrow)$，$F_{By} = 95.675\text{kN}(\uparrow)$

(2) 求 1—1 截面内力。用 1—1 截面将梁假想截开，取左段梁为脱离体，画出脱离体的受力图，假定该截面的剪力 V_1 和弯矩 M_1 的方向均为正方向，如图 5.14(c)所示，$x = 0$。建立平衡方程求解剪力 V_1 和弯矩 M_1，即

$$\sum F_x = 0,\ F_{Ax} = 0$$

$$\sum F_y = 0,\ F_{Ay} - V_1 = 0$$

$$\sum M_A = 0,\ M_1 = 0$$

解得：$V_1 = F_{Ay} = 28.788\text{kN}$，$M_1 = 0$

（3）求2—2截面内力。用2—2截面将梁假想截开，取左段梁为脱离体，画出脱离体的受力图，假定该截面的剪力V_2和弯矩M_2的方向均为正方向，如图5.14(d)所示，$x = l_1/2$。建立平衡方程求解剪力V_2和弯矩M_2，即

$$\sum F_x = 0，F_{Ax} = 0$$

$$\sum F_y = 0，F_{Ay} - \frac{1}{2}g_{1k}l_1 - V_2 = 0$$

$$\sum M_A = 0，M_2 + \frac{1}{8}g_{1k}l_1^2 - \frac{1}{2}V_2 l_1 = 0$$

解得：$V_2 = F_{Ay} - \frac{1}{2}g_{1k}l_1 = 28.788 - \frac{1}{2} \times 13.332 \times 6 = -11.208(\text{kN})$

$$M_2 = \frac{1}{8}g_{1k}l_1^2 + \frac{1}{2}V_2 l_1 = \frac{1}{8} \times 13.332 \times 6^2 + \frac{1}{2} \times (-11.208) \times 6 = 26.37(\text{kN} \cdot \text{m})$$

（4）求3—3截面内力。用3—3截面将梁假想截开，取右段梁为脱离体，画出脱离体的受力图，假定该截面的剪力V_3和弯矩M_3的方向均为正方向，如图5.14(e)所示，$x = l_2$。建立平衡方程求解剪力V_3和弯矩M_3，即

$$\sum F_y = 0，F_{By} - g_{2k}l_2 + V_3 - F_k = 0$$

$$\sum M_B = 0，-M_3 - \frac{1}{2}g_{2k}l_2^2 - F_k l_2 = 0$$

解得：$V_3 = g_{2k}l_2 + F_k - F_{By} = 12.639 \times 2.20 + 16.665 - 95.675 = -51.204(\text{kN})$

$$M_3 = -\frac{1}{2}g_{2k}l_2^2 - F_k l_2 = -\frac{1}{2} \times 12.639 \times 2.2^2 - 16.665 \times 2.2$$

$$= -67.249(\text{kN} \cdot \text{m})$$

（5）求4—4截面内力。用4—4截面将梁假想截开，取右段梁为脱离体，画出脱离体的受力图，假定该截面的剪力V_4和弯矩M_4的方向均为正方向，如图5.14(f)所示，$x \approx l_2$。建立平衡方程求解剪力V_4和弯矩M_4，即

$$\sum F_y = 0，V_4 - g_{2k}l_2 - F_k = 0$$

$$\sum M_4 = 0，-M_4 - \frac{1}{2}g_{2k}l_2^2 - F_k l_2 = 0$$

解得：$V_4 = g_{2k}l_2 + F_k = 12.639 \times 2.2 + 16.665 = 44.471(\text{kN})$

$$M_4 = -\frac{1}{2}g_{2k}l_2^2 - F_k l_2 = -\frac{1}{2} \times 12.639 \times 2.20^2 - 16.665 \times 2.20$$

$$= -67.249(\text{kN} \cdot \text{m})$$

特别提示

在求解悬臂梁及外伸梁外伸部分截面内力时，无须求解支座反力。

3. 静定平面刚架的内力计算

静定平面刚架是由横梁和柱共同组成的一个整体静定承重结构。刚架的特点是具有刚结点，即梁与柱的接头是刚性连接的，共同组成一个几何不变的整体。

应用案例 5-5

求图 5.15(a)所示刚架 E 截面的内力。

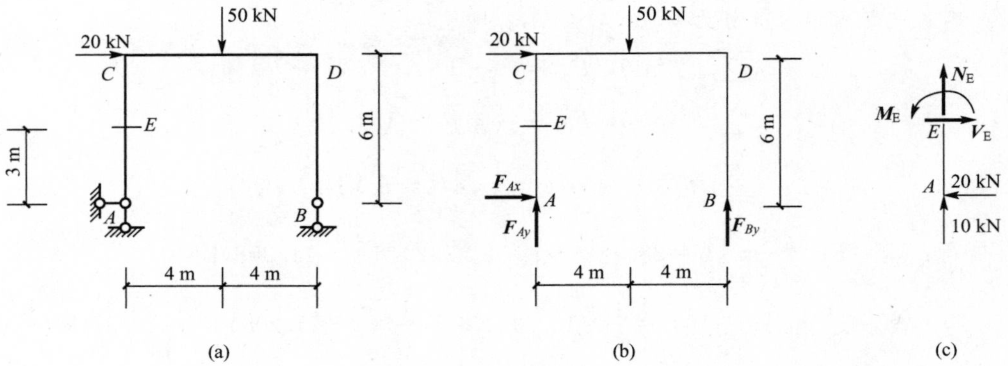

图 5.15 静定平面刚架

解：(1) 求支座反力。取整个刚架为脱离体，画出刚架的受力图，如图 5.15(b)所示，建立平衡方程求解支座反力，即

$$\sum F_x = 0,\ F_{Ax} + 20 = 0$$

$$\sum M_B = 0,\ -F_{Ay} \times 8 - 20 \times 6 + 50 \times 4 = 0$$

$$\sum M_A = 0,\ F_{By} \times 8 - 50 \times 4 - 20 \times 6 = 0$$

解得：$F_{Ax} = -20\text{kN}(\leftarrow)$，$F_{Ay} = 10\text{kN}(\uparrow)$，$F_{By} = 40\text{kN}(\uparrow)$

(2) 求 E 截面内力。沿 E 截面将刚架截开，取 AE 段为脱离体，画出脱离体的受力图，假定该截面的剪力 V_E 和弯矩 M_E 的方向均为正方向，如图 5.15(c)所示，建立平衡方程求解剪力 V_E 和弯矩 M_E，即

$$\sum F_x = 0,\ V_E - 20 = 0$$

$$\sum F_y = 0,\ N_E + 10 = 0$$

$$\sum M_E = 0,\ M_E - 20 \times 3 = 0$$

解得：$V_E = 20\text{kN}$，$N_E = -10\text{kN}$，$M_E = 60\text{kN} \cdot \text{m}$

知识链接

静定平面桁架的内力计算

1. 静定平面桁架的基本特点

静定平面桁架是指由在一个平面内的若干直杆在两端用铰连接所组成的静定结构，如图 5.16 所示。下面所提及的桁架均为静定平面桁架。

组成桁架的各杆依其所在的位置可分为弦杆和腹杆两类，弦杆是指桁架外围的杆件，上部的称为上弦杆，下部的称为下弦杆；上、下弦杆之间的杆件统称为腹杆，其中竖向的称为直腹杆，斜向的称为斜腹杆。从上弦最高点至下弦的距离称矢高，也称为桁架高；杆

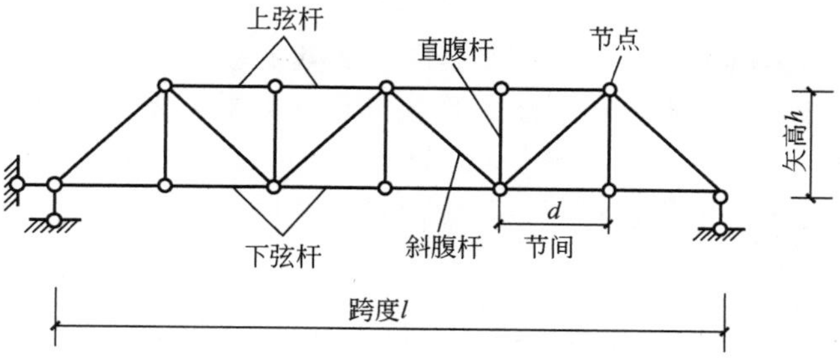

图 5.16 平面桁架

件与杆件的连接点称为节点（或称结点）；弦杆上两相邻节点间的区间称为节间；桁架两支座之间的距离称为跨度。

为了简化计算，在取桁架计算简图时，通常做如下假定。

(1) 各杆在两端用光滑的理想铰相互连接。

(2) 所有杆件的轴线都是直线，在同一平面内且通过铰的中心。

(3) 荷载和支座反力都作用在节点上且位于桁架所在的平面内。

符合上述假定的桁架称为理想桁架，其各杆件在节点荷载作用下的内力仅为轴力，且应力分布均匀。

2. 静定平面桁架内力计算

静定平面桁架的内力计算方法有两种：节点法和截面法。节点法是指截取桁架的节点为脱离体，由节点的平衡条件求解与节点相连的各杆件的内力。截面法是假想用一个截面将桁架切开分成两部分，取其任一部分为脱离体，画出作用在该部分桁架上的外力及被截断杆件的内力，由平衡条件求解被截断各杆件的内力。

求解过程中，进行受力分析作受力图时，习惯上假定杆件轴力为拉力，其实际轴力方向根据计算结果的正负号判断，正值为拉力，负值为压力。当轴力为零时，杆件称为零杆。

特别提示

判断零杆的结论如下。

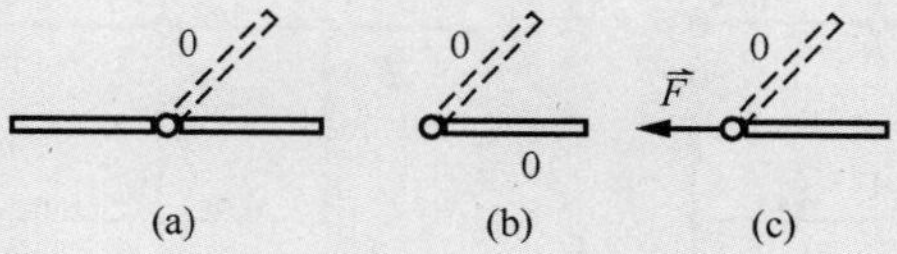

(1) 一节点上有三根杆件，如果节点上无外力的作用，其中两根共线，则另一杆为零杆(a)。

(2) 一节点上只有两根不共线杆件，如果节点上无外力的作用，则两杆件均为零杆(b)。

(3) 一节点上只有两根不共线杆件，如果作用在节点上的外力沿其中一杆，则另一杆为零杆(c)。

(1) 节点法的基本步骤。

① 选取整个桁架为研究对象，依据平衡条件求解支座反力。

② 从只有两个杆件的节点开始，逐一将各节点从整榀桁架中依次截割出来为脱离体，作受力图。

③ 依据平衡条件建立平衡方程，逐一求解各杆件内力。

应用案例 5－6

试用节点法求图 5.17(a)所示桁架各杆件的内力。

解：(1)求支座反力。由于结构和荷载均对称，故

$$F_{Ax}=0,\ F_{Ay}=F_{By}=25\text{kN}(\uparrow)$$

(2) 求各杆件内力。经判断，以 F、D、H 为节点，无竖向力作用[以图 5.17(c)中节点 F 为例]，故 CF、DG 及 EH 杆件为零杆。

节点 A：受力图如图 5.17(c)所示，建立平衡方程

$$\sum F_x=0,\ N_{AF}+N_{AC}\times 4/5=0$$

$$\sum F_y=0,\ N_{AC}\times 3/5+25=0$$

解得：$N_{AF}=33.3\text{kN}$(拉)，$N_{AC}=-41.7\text{kN}$(压)

节点 F：CF 杆为零杆，$N_{FC}=0$

$$\sum F_x=0, N_{FG}=N_{FA}=33.3\text{kN}(\text{拉})$$

节点 C：受力图如图 5.17(c)所示，建立平衡方程

$$\sum F_x=0,\ N_{CG}\times 4/5+N_{CD}+41.7\times 4/5=0$$

$$\sum F_y=0,\ -N_{CG}\times 3/5-20+41.7\times 3/5=0$$

解得：$N_{CG}=8.37\text{kN}$(拉)，$N_{CD}=-40\text{kN}$(压)

将计算结果标于图 5.17(b)所示的桁架上(右半桁架各杆件括号内所注数字是根据对称关系求得的结果)。

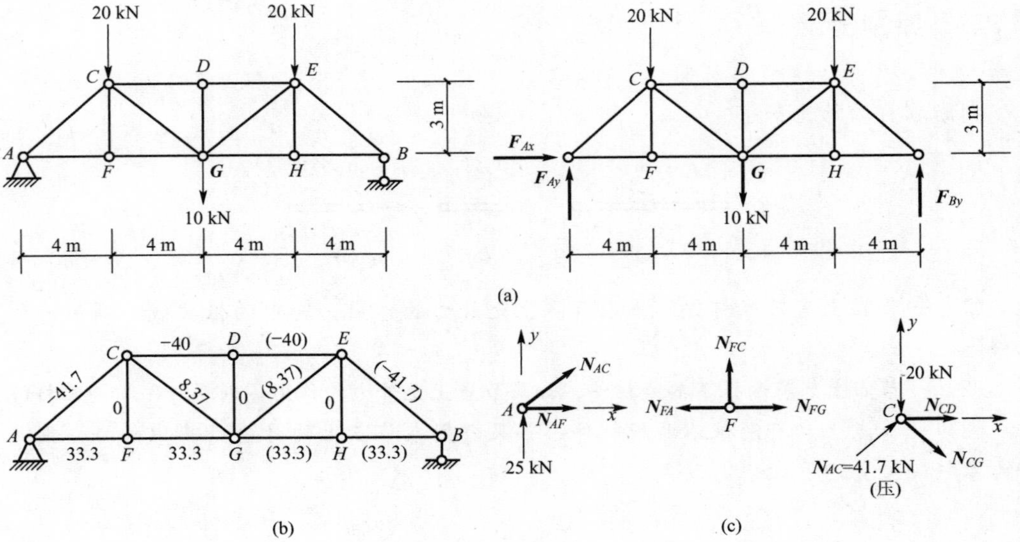

图 5.17　节点法求桁架内力

（2）截面法的基本步骤。

① 选取整个桁架为研究对象，依据平衡条件求解支座反力。

② 假想用一个截面将桁架切开分成两部分，取其任一部分为脱离体，画出作用在该部分桁架上的外力及被截断杆件的内力，作受力图。

③ 依据平衡条件建立平衡方程，求解被截断各杆件的内力。

应用案例 5－7

试用截面法求图 5.18(a)所示桁架 a、b、c 杆件的内力。

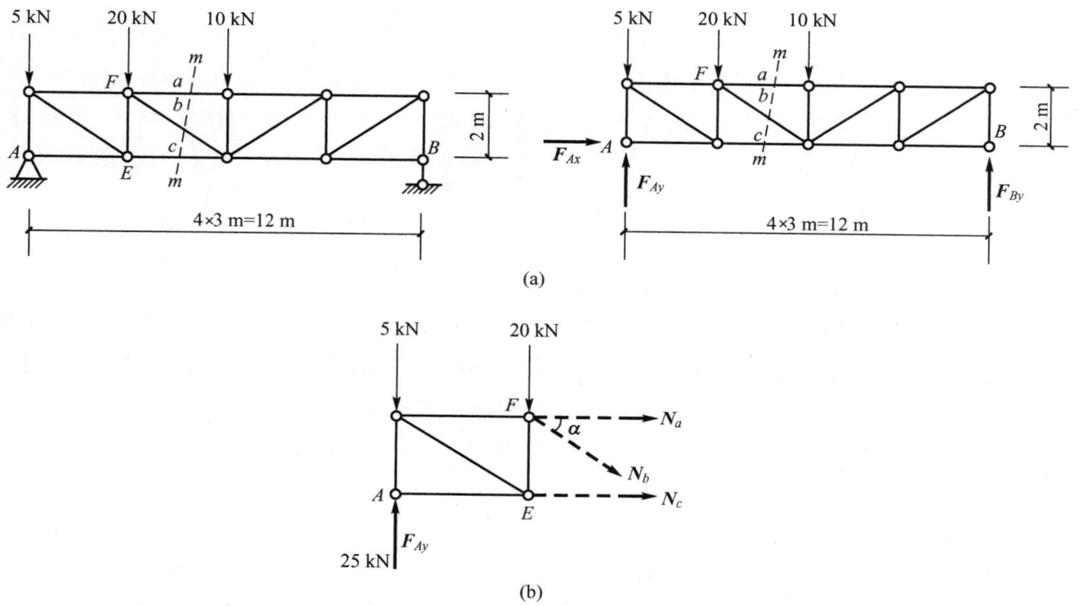

图 5.18 截面法求桁架内力

解：(1)求支座反力。

$$\sum F_y = 0，F_{Ay} + F_{By} - 5 - 20 - 10 = 0$$

$$\sum M_B = 0，-F_{Ay} \times 12 + 5 \times 12 + 20 \times 9 + 10 \times 6 = 0$$

求得：$F_{Ax}=0$，$F_{Ay}=25\text{kN}(\uparrow)$，$F_{By}=10\text{kN}(\uparrow)$

(2) 求指定杆件的内力。用截面 m—m 将杆件 a、b、c 截开，取左半部分为脱离体，画受力图如图 5.18(b)所示。

$$\sum F_x = 0，N_a + N_c + N_b \cos \alpha = 0$$

$$\sum F_y = 0，25 - 5 - 20 - N_b \sin \alpha = 0$$

$$\sum M_F = 0，5 \times 3 - 25 \times 3 + N_c \times 2 = 0$$

求得：$N_b=0$，$N_a=-30\text{kN}$(压)，$N_c=30\text{kN}$(拉)

5.2.2 内力图

结构构件在外力作用下，截面内力随截面位置的变化而变化，为了形象、直观地表达内力沿截面位置变化的规律，通常绘出内力随横截面位置变化的图形，即内力图。根据内力图可以找出构件内力最大值及其所在截面的位置。

特别提示

内力图在结构设计中有重要的作用，构件的承载力计算是以构件在荷载作用下控制截面的内力作为依据的。对于等截面结构构件，其控制截面是指内力最大的截面；对于变截面结构构件，其控制截面除了内力最大的截面外，还有尺寸突变的截面。不同的结构构件在不同的荷载作用下，其控制截面的位置和数量是不一样的，可以通过绘制结构构件内力图的方法来达到这一目的。

1. 轴向受力杆件的内力图——轴力图

可按选定的比例尺，用平行于轴线的坐标表示横截面的位置，用垂直于杆轴线的坐标表示各横截面轴力的大小，绘出表示轴力与截面位置关系的图线，该图形就称为轴力图。画图时，习惯上将正值的轴力画在上侧，负值的轴力画在下侧。

绘制仅受轴向集中力杆件的轴力图的步骤如下。

(1) 求解支座反力。

(2) 根据施加荷载情况分段。

(3) 求出每段内任一截面上的轴力值。

(4) 选定一定比例尺，用平行于轴线的坐标表示横截面的位置，用垂直于杆轴线的坐标表示各横截面轴力的大小，绘制轴力图。

应用案例 5-8

等截面杆件受力如图 5.19(a)所示，试作出该杆件的轴力图。

解：(1)求支座反力。根据平衡条件可知，轴向拉压杆固定端的支座反力只有 $\boldsymbol{F}_{Ax}$，如图 5.19(b)所示。取整根杆为研究对象列平衡方程，即

$$\sum F_x = 0,\ -F_{Ax} - F_1 + F_2 - F_3 + F_4 = 0$$

解得：$F_{Ax} = -F_1 + F_2 - F_3 + F_4 = -20 + 60 - 40 + 25 = 25(\text{kN})$ (←)

(2) 求各段杆的轴力。如图 5.19(b)所示，杆件在 5 个集中力作用下保持平衡，分 4 段：AB 段、BC 段、CD 段、DE 段。

求 AB 段轴力：用 1—1 截面将杆件在 AB 段内截开，取左段为研究对象[图 5.19(c)]。以 N_1 表示截面上的轴力，由平衡方程

$$\sum F_x = 0,\ -F_{Ax} + N_1 = 0$$

解得：$N_1 = F_{Ax} = 25\text{kN}$(拉力)

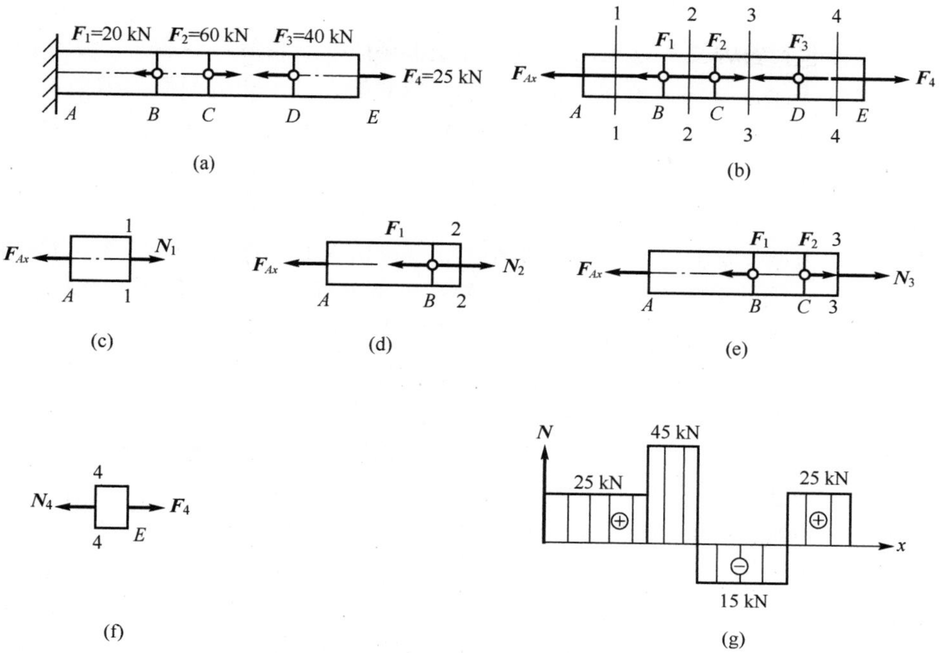

图 5.19 轴向拉压杆的内力图

求 BC 段的轴力：用 2—2 截面将杆件截断，取左段为研究对象[图 5.19(d)]。由平衡方程

$$\sum F_x = 0, \ -F_{Ax} + N_2 - F_1 = 0$$

解得：$N_2 = F_{Ax} + F_1 = 20 + 25 = 45(\text{kN})$（拉力）

求 CD 段轴力：用 3—3 截面将杆件截断，取左段为研究对象[图 5.19(e)]。由平衡方程

$$\sum F_x = 0, \ N_3 - F_{Ax} + F_2 - F_1 = 0$$

解得：$N_3 = F_{Ax} - F_2 + F_1 = 25 - 60 + 20 = -15(\text{kN})$（压力）

求 DE 段轴力：用 4—4 截面将杆件截断，取右段为研究对象[图 5.19(f)]。由平衡方程

$$\sum F_x = 0, \ F_4 - N_4 = 0$$

解得：$N_4 = F_4 = 25\text{kN}$(拉力)

(3) 画轴力图。以平行于杆轴的 x 轴为横坐标，垂直于杆轴的坐标轴为 N 轴，按一定比例将各段轴力标在坐标轴上，可作出轴力图，如图 5.19(g)所示。

特别提示

(1) 轴向拉力为“+”，压力为“-”。

(2) 绘制轴力图时，杆件是以作用在杆件的集中力(包括支反力和外荷载)的位置来分段求解的，对于两个集中力之间的杆件，任一截面处的内力均相等。

(3) BC 段截面上的拉力值最大，为轴拉杆件设计的控制段；同时 CD 段上的压力值最大，也为轴压杆件设计的控制段。

2. 梁的内力图——剪力图和弯矩图

梁的内力图包括剪力图和弯矩图，其绘制方法与轴力图相似，即用平行于梁轴线的横坐标 x 轴为基线表示该梁的横坐标位置，用纵坐标的端点表示相应截面的剪力或弯矩，再将各纵坐标的端点连接起来。在绘剪力图时习惯上将正剪力画在 x 轴的上方，负剪力画在 x 轴的下方，并标明正负号。而绘弯矩图时则规定画在梁受拉的一侧，即正弯矩画在 x 轴的下方，负弯矩画在 x 轴的上方，可以不标明正负号。

绘制梁的内力图方法有三种：内力方程法、规律法及叠加法。内力方程法是指将梁分成若干荷载段，分段采用截面法建立剪力方程和弯矩方程，然后在平行于梁轴线为 x 轴、垂直于梁轴线为 y 轴的坐标系绘制成剪力图和弯矩图。规律法是指在求得支反力之后，利用梁上荷载与剪力图、弯矩图之间的关系直接绘制剪力图和弯矩图。叠加法是指在绘制多个荷载作用下构件的内力图时，可以先按规律法绘制单个荷载作用下的内力图，然后将多个分内力图线性叠加形成最终的内力图。下面将讨论采用内力方程法、规律法及叠加法绘制梁的内力图的方法与技巧。

1）用内力方程法绘制剪力图和弯矩图

通常梁在外力作用下，各截面上的剪力和弯矩沿轴线方向是变化的。如果用横坐标 x 表示横截面沿梁轴线的位置，则剪力和弯矩都可以表示为坐标 x 的函数，即

$$V=V(x),\ M=M(x)$$

这两个方程分别称为梁的剪力方程和弯矩方程。

应用案例 5－9

作如图 5.20(a)所示简支梁的剪力图和弯矩图。

解：(1) 求支座反力。

由图 5.20(b)知：$\sum M_A = 0, F_B = \dfrac{Fa}{l}(\uparrow)$

$$\sum M_B = 0, F_{Ay} = \frac{Fb}{l}(\uparrow)$$

$$\sum F_x = 0, F_{Ax} = 0$$

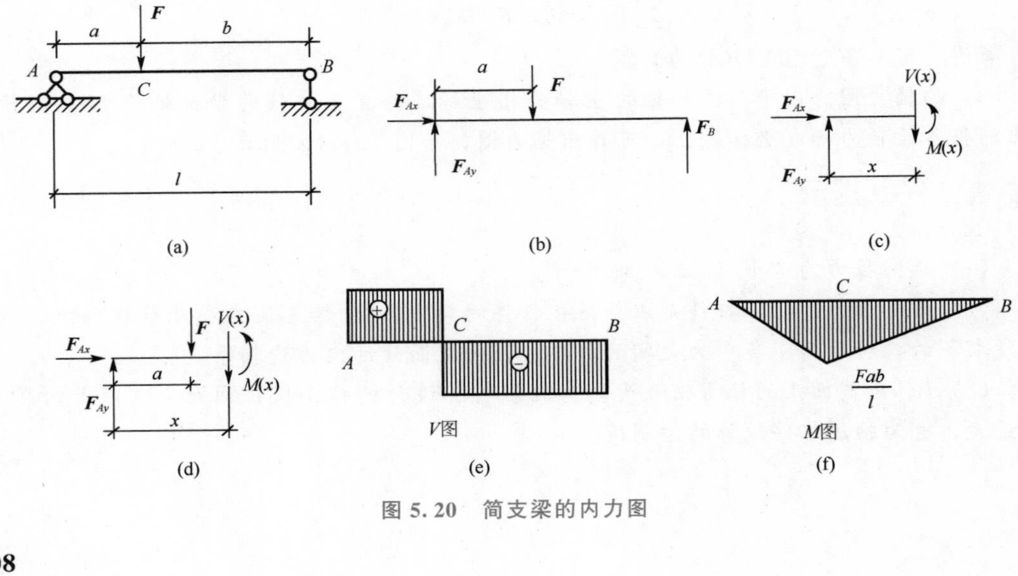

图 5.20　简支梁的内力图

(2) 列剪力方程和弯矩方程。

建立 x 坐标轴，取图中的 A 点为坐标原点。因为 AC、CB 段的内力方程不同，所以应分别列出。两段的内力方程分别为

AC 段[图 5.20(c)]

$$V(x)=F_{Ay}=\frac{Fb}{l}\qquad(0\leqslant x<a)$$

$$M(x)=F_{Ay}x=\frac{Fb}{l}x\qquad(0\leqslant x<a)$$

CB 段[图 5.20(d)]

$$V(x)=F_{Ay}-F=\frac{Fa}{l}\qquad(a\leqslant x\leqslant l)$$

$$M(x)=F_{Ay}x-F(x-a)=\frac{Fb}{l}x-F(x-a)=\frac{Fa}{l}(l-x)\qquad(a\leqslant x\leqslant l)$$

(3) 绘制剪力图和弯矩图。

由剪力方程和弯矩方程可以看出，C 点是分段函数的分界点，也是剪力图和弯矩图的分界点。剪力图是两条水平线，在集中力 F 作用点 C 处剪力图产生突变，突变值等于集中力的大小，弯矩图是两条斜率不同的斜直线，在集中力 F 的作用点 C 处相交，形成尖角。梁剪力图和弯矩图分别如图 5.20(e)、(f)所示，并且由图 5.20(e)、(f)可得到以下两条内力图规律。

① 梁上没有荷载段，剪力图为水平直线，弯矩图为一斜直线，当剪力为正时，弯矩图向右下倾斜，当剪力为负时，弯矩图向右上倾斜。

② 在集中力作用点处，剪力图出现突变，方向、大小与集中力同，M 图没有突变但有尖点。

应用案例 5-10

作如图 5.21(a)所示简支梁的剪力图和弯矩图。

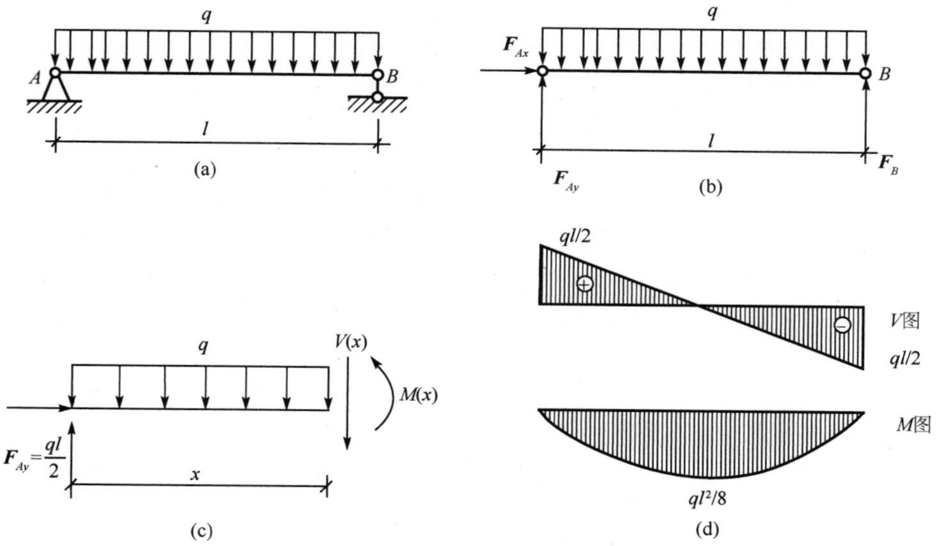

图 5.21 应用案例 5-10 图

解：(1) 求支座反力。

取梁整体为隔离体[图 5.21(b)]利用对称性，则 $F_{Ay}=F_B=\frac{ql}{2}(\uparrow)$，建立平衡方程。

$$\sum F_x=0,\ F_{Ax}=0$$

(2) 列剪力方程和弯矩方程。

建立 x 坐标轴，取图中的 A 点为坐标原点，取 x 的左侧截面为隔离体，列出剪力方程和弯矩方程[图 5.21(c)]

$$V(x)=F_{Ay}-qx=\frac{ql}{2}-qx \qquad (0\leqslant x\leqslant l)$$

$$M(x)=F_{Ay}x-q\frac{x^2}{2}=\frac{ql}{2}x-\frac{q}{2}x^2 \qquad (0\leqslant x\leqslant l)$$

(3) 绘制剪力图和弯矩图。

由剪力方程可以看出，该梁的剪力图是直线，只要算出两个点的剪力值就可以画出；弯矩图是抛物线，要计算出三个点的弯矩值。

$$V_A=\frac{q}{2}l,\ V_B=-\frac{q}{2}l$$

$$M_A=0,\ M_B=0,\ M_C=\frac{ql^2}{8}$$

根据求出的各值，绘制梁剪力图和弯矩图，分别如图 5.21(d)所示，并可得出下述规律。

梁上有均布荷载段，剪力图为斜直线，弯矩图为二次抛物线。当荷载向上时，剪力图为向右上倾斜的直线，弯矩图为向上凸的抛物线；当荷载向下时，剪力图为向右下倾斜的直线，弯矩图为向下凹的抛物线。

最大剪力发生在 A、B 两支座的内侧截面上，$|V|_{max}=\frac{1}{2}ql$，而该处的弯矩为零；最大弯矩发生在梁的中点截面上，$M_{max}=\frac{1}{8}ql^2$，而该处的剪力为零。

应用案例 5-11

作如图 5.22(a)所示简支梁的剪力图和弯矩图。

解：(1) 求支座反力。

$$F_{Ax}=0,\ F_{Ay}=\frac{M_e}{l}(\downarrow),\ F_B=\frac{M_e}{l}(\uparrow)$$

(2) 列剪力方程和弯矩方程。

建立 x 坐标轴，取图中的 A 点为坐标原点，两段的内力方程分别为

AC 段

$$V(x)=F_{Ay}=\frac{M_e}{l} \qquad (0\leqslant x< a)$$

$$M(x)=F_{Ay}x=\frac{M_e}{l}x \qquad (0\leqslant x< a)$$

CB 段

$$V(x)=F_{Ay}=\frac{M_e}{l} \qquad (a\leqslant x\leqslant l)$$

$$M(x)=F_{Ay}x-M_e=\frac{M_e}{l}(x-l) \qquad (a\leqslant x\leqslant l)$$

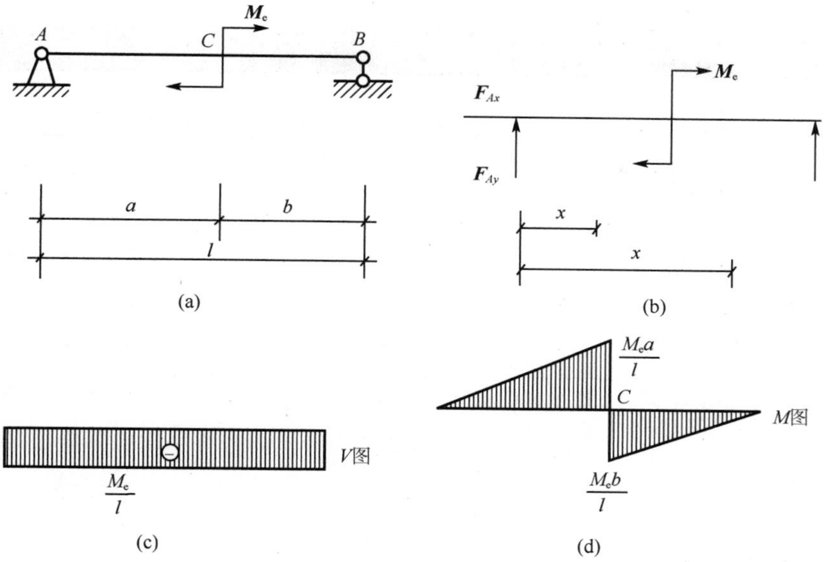

图 5.22　应用案例 5－11 图

(3) 画剪力图和弯矩图。

由剪力方程可知剪力图是一条水平直线。从弯矩方程可以看出，C 点是分段函数的分界点，也是弯矩图的分界点，弯矩图是两条互相平行的斜直线，C 点处弯矩出现突变，突变值等于力偶矩的大小。梁剪力图和弯矩图分别如图 5.22(c)、(d)所示，并可得出下述规律。

在集中力偶作用处，剪力图没有变化，弯矩图发生突变，顺时针力偶弯矩图向下突变，逆时针力偶弯矩图向上突变，突变的值为该集中力偶矩的大小。

2) 利用内力图的规律绘制内力图

(1) 梁上荷载与剪力图、弯矩图之间的关系见表 5－1。

表 5－1　梁上荷载与剪力图、弯矩图的关系

项次	梁段上荷载情况	剪力图		弯矩图	
		特征：V 图为水平直线		特征：M 图为斜直线	
1	无荷载区段	$V=0$ 时	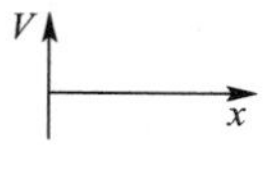	$M=0$ 时	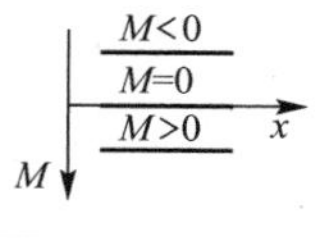
		$V>0$ 时	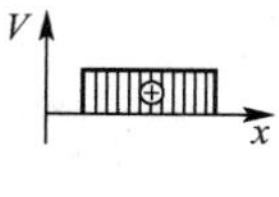	$M>0$ 时	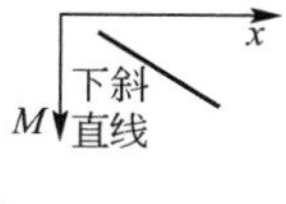
		$V<0$ 时	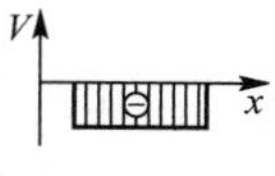	$M<0$ 时	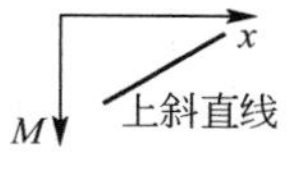

（续）

项次	梁段上荷载情况	剪力图	弯矩图
2	均布荷载向上作用 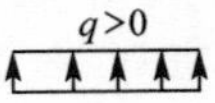	特征：上斜直线 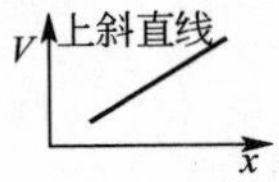	特征：上凸曲线 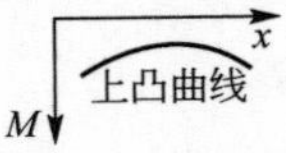
3	均布荷载向下作用 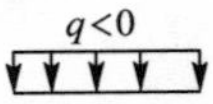	特征：下斜直线 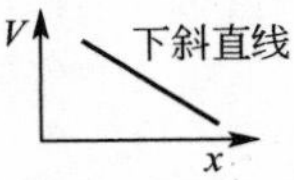	特征：下凸曲线 
4	集中力作用处 C 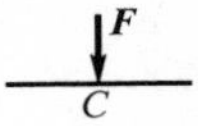	特征：C 截面处有突变，突变值等于 F 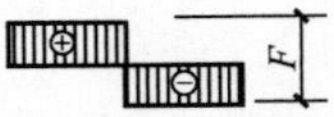	特征：C 处有尖点，尖点方向同荷载方向 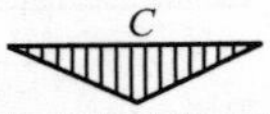
5	集中力偶作用处 C	特征：C 截面处无变化	C 截面处有突变，突变值等于 m 

为了便于记忆表 5－1 中的规律，可以用下面的口诀简述。

① 对剪力图：没有荷载平直线，均布荷载斜直线，力偶荷载无影响，集中荷载有突变。

② 对弯矩图：没有荷载斜直线，均布荷载抛物线，集中荷载有尖点，力偶荷载有突变。

（2）利用规律法绘制内力图的步骤如下。

① 求解支座反力。

② 绘制受力图。

③ 依据梁上荷载与剪力图、弯矩图之间的关系绘制剪力图、弯矩图。

应用案例 5－12

图 5.23(a)所示为实例一砖混结构楼层平面图中简支梁 L2 的计算简图，计算跨度 $l_0=5100\text{mm}$，已知梁上均布永久荷载标准值 $g_k=13.332\text{kN/m}$，绘制简支梁 L2 的内力图。

解：(1)求支座反力。应用案例 5－2 中已求出：$F_{Ax}=0$，$F_{Ay}=F_B=33.997\text{kN}(\uparrow)$。

（2）绘制受力图，如图 5.23(b)所示，画出外荷载和支座反力的实际方向并标出大小。

（3）依据荷载和与剪力图、弯矩图的规律绘制 V 图和 M 图，如图 5.23(c)所示，$V_A=F_{Ay}=33.997\text{kN}$，$V_B=-F_B=-33.997\text{kN}$，跨中 $M=\dfrac{1}{8}\times13.332\times5.1^2=43.346(\text{kN}\cdot\text{m})$。

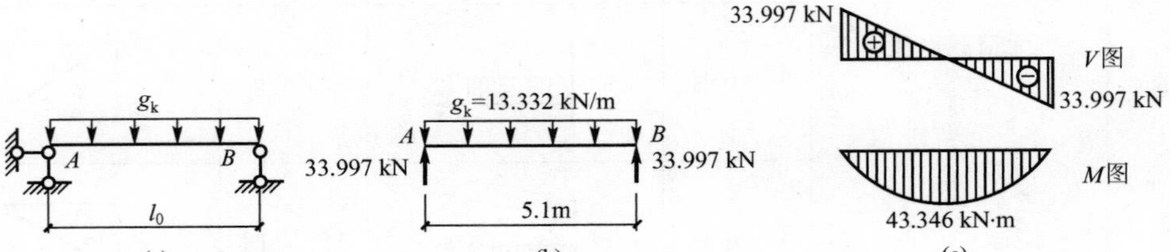

图 5.23 简支梁 L2 内力图

特别提示

不难看出：跨中截面弯矩最大，$M_{max}=43.346\text{kN}\cdot\text{m}$，且引起该截面上部受压、下部受拉；支座处剪力最大，$V_{max}=33.997\text{kN}$。

应用案例 5-13

图 5.24(a)所示为实例一砖混结构楼层平面图中悬挑梁 XTL1 的计算简图，$l_0=2.1\text{m}$，永久荷载标准值 $g_k=12.639\text{kN/m}$，$F_k=16.665\text{kN}$，绘制悬挑梁 XTL1 的内力图。

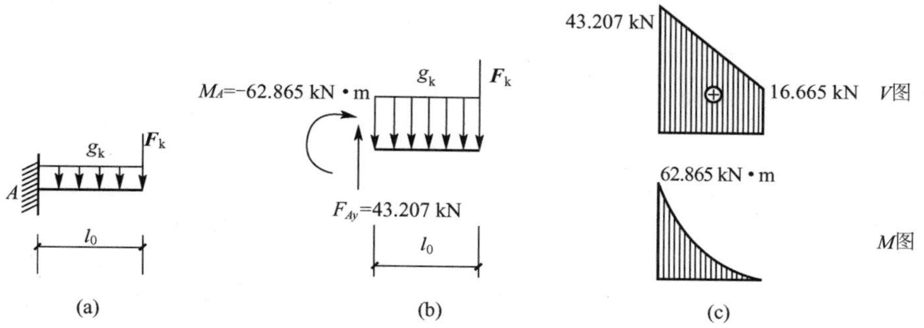

图 5.24 悬挑梁 XTL1 的计算简图与内力图

解：(1)以悬臂梁为研究对象，根据静力平衡条件求得支座反力。

$$F_{Ax}=0$$

$$F_{Ay}=g_k l_0+F_k=12.639\times2.1+16.665=43.207(\text{kN})(\uparrow)$$

$$\begin{aligned}M_A&=-\frac{1}{2}g_k l_0^2-F_k l_0\\&=-\frac{1}{2}\times12.639\times2.1^2-16.665\times2.1\\&=-62.865(\text{kN}\cdot\text{m})(\frown)\end{aligned}$$

(2) 绘制受力图，如图 5.24(b)所示，画出外荷载和支座反力并标出大小。

(3) 依据荷载和与剪力图、弯矩图的规律绘制 V 图和 M 图，如图 5.24(c)所示，不难看出：悬挑梁 XTL1 负弯矩最大值 $M_{max}^{-}=-62.865\text{kN}\cdot\text{m}$，且位于支座处，引起该截面上部受拉、下部受压；支座处剪力最大，$V_{max}=43.207\text{kN}$。

应用案例 5-14

图 5.25(a)所示为砖混结构楼层平面图中外伸梁 L4(1A)的计算简图，$l_1=6\text{m}$，$l_2=2.20\text{m}$；永久荷载标准值 $g_{1k}=13.332\text{kN/m}$，$g_{2k}=12.639\text{kN/m}$，$F_k=16.665\text{kN}$，绘制梁 L4(1A)的内力图。

解：(1)求支座反力。

应用案例 5-4 已求出：$F_{Ax}=0$，$F_{Ay}=28.788\text{kN}(\uparrow)$，$F_{By}=95.675\text{kN}(\uparrow)$

(2) 绘制荷载图，如图 5.25(b)所示，画出外荷载和支座反力的实际方向并标出大小。

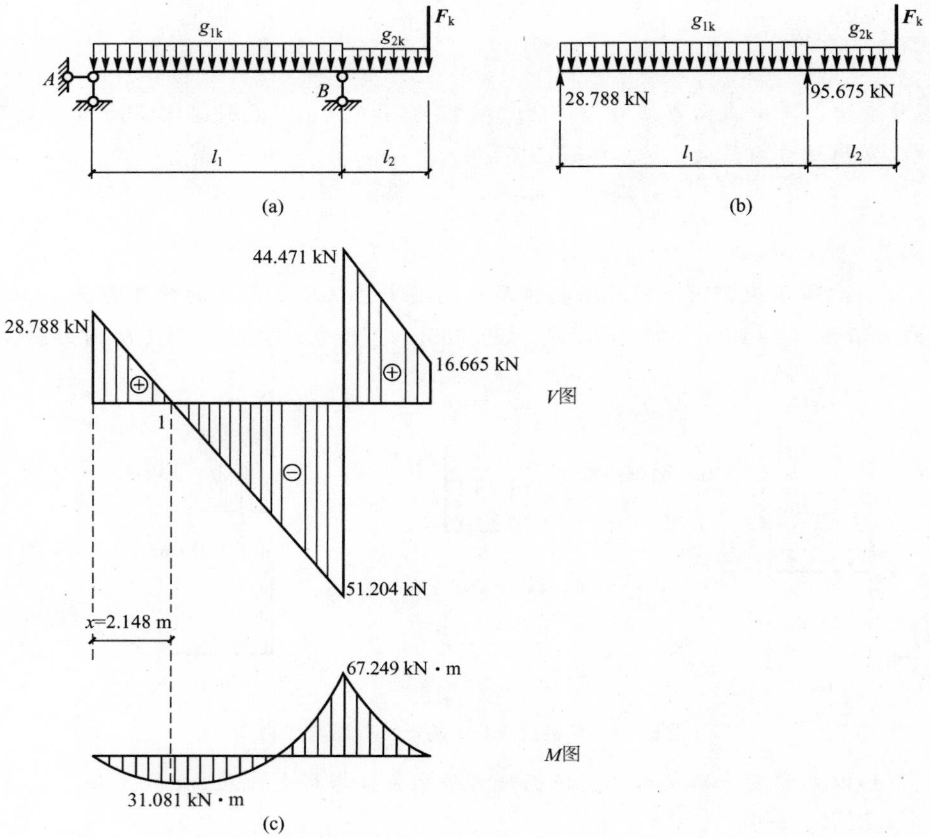

图 5.25 外伸梁 L4(1A)

(3) 依据荷载和剪力图、弯矩图的规律绘制 V 图和 M 图，如图 5.25(c)所示，不难看出：外伸梁 L4(1A)正弯矩最大值 $M_{max}=31.081\text{kN}\cdot\text{m}$，且引起该截面上部受压、下部受拉。负弯矩最大值 $M_{max}^{-}=-67.249\text{kN}\cdot\text{m}$ 且位于中间支座 B 处，引起该截面上部受拉、下部受压；B 支座处剪力最大，$V_{max}^{-}=-51.204\text{kN}$。

(3) 常见静定单跨梁在荷载作用下的内力图(表 5-2)。

表 5-2 常见静定单跨梁在荷载作用下的内力图

序号	计算简图	剪力图 V	弯矩图 M
1	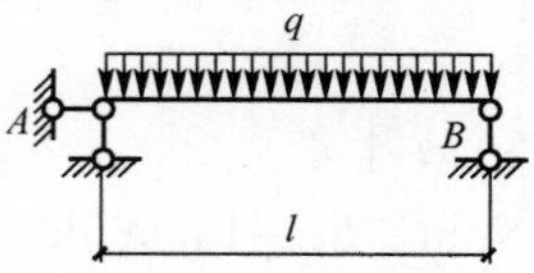	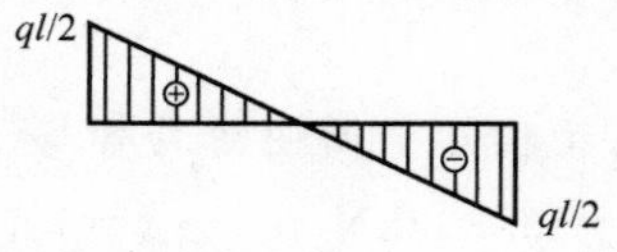	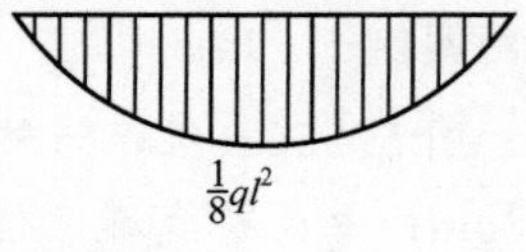
2	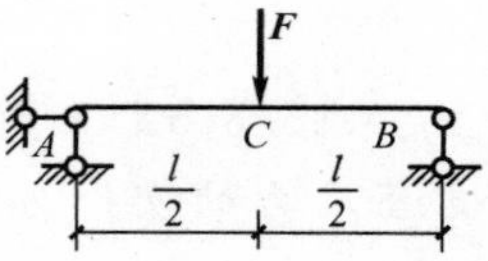	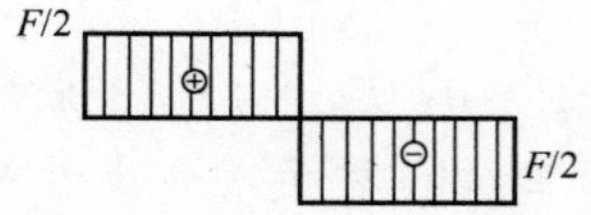	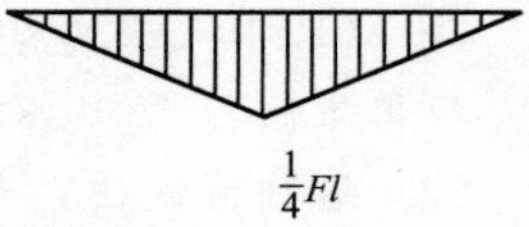

（续）

序号	计算简图	剪力图 V	弯矩图 M
3	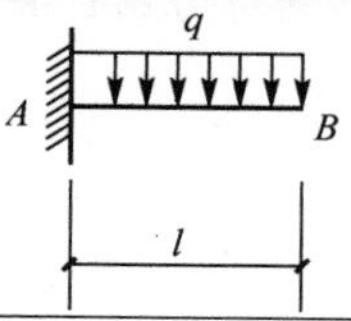	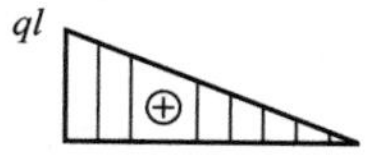	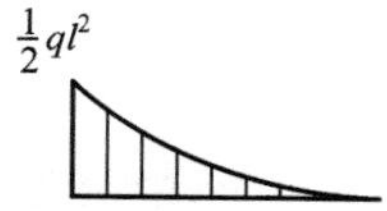
4	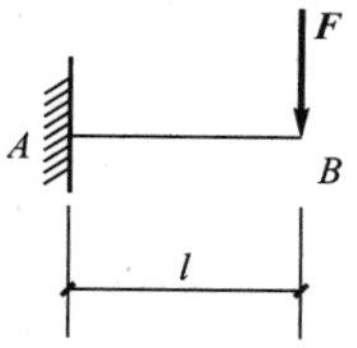	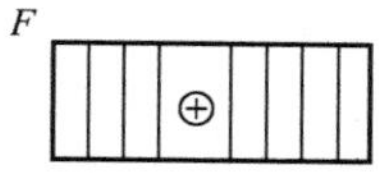	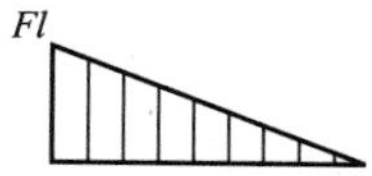
5	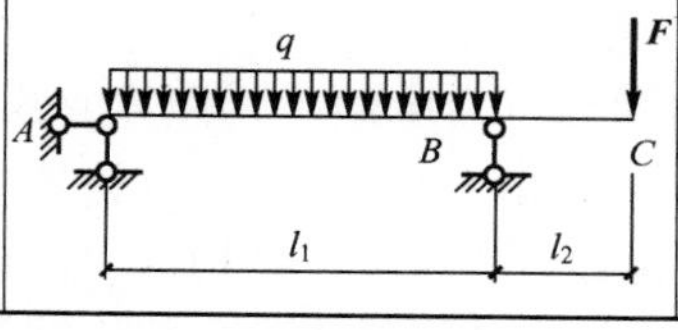	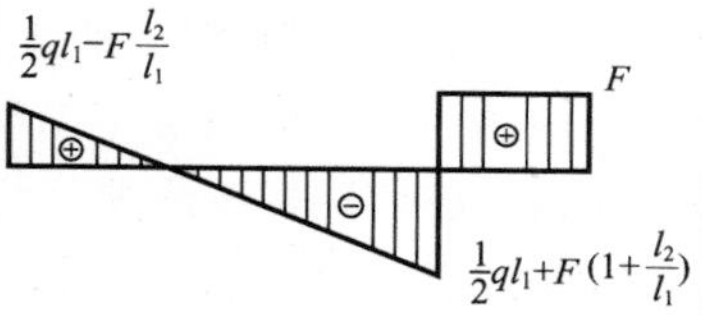	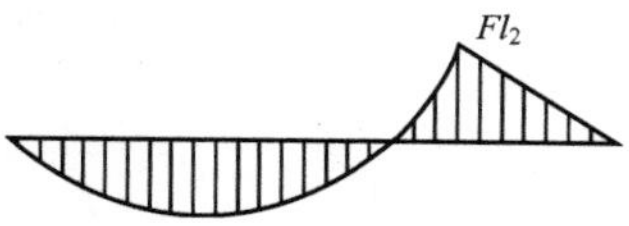

3）利用叠加法绘制内力图

应用案例 5 - 15

图 5.26(a)所示为悬臂梁的计算简图，利用叠加法绘制梁的内力图。

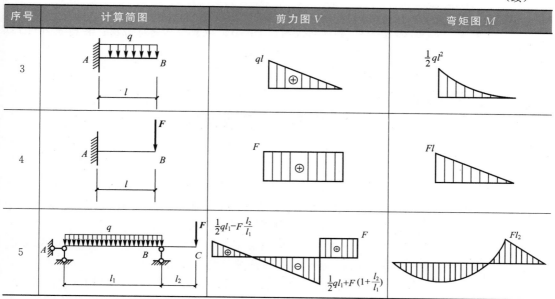

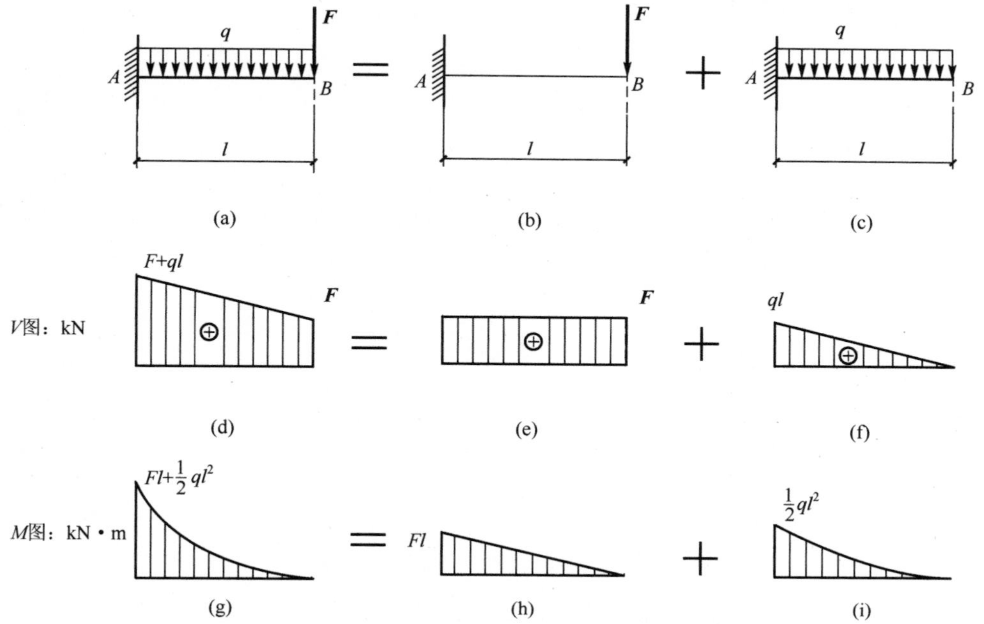

图 5.26　叠加法绘制内力图

解：(1) 该悬臂梁承受均布荷载 q 和集中力 F，按照叠加法的思想，现将悬臂梁的计算简图 5.26(a)分解为如图 5.26(b)、(c) 所示的两个悬臂梁。

(2) 利用规律法分别绘制图 5.26(b)、(c)所示两个悬臂梁的内力图，如图 5.26(e)、(f)、(h)、(i)所示。

(3) 将图 5.26(e)与图 5.26(f)叠加形成图 5.26(d)，即悬臂梁的剪力图；将图 5.26(h)与图 5.26(i)叠加形成图 5.26(g)，即悬臂梁的弯矩图。

5.3 超静定结构内力计算

【结构力学求解器】

【力法与位移法】

超静定结构是指从几何组成性质的角度来看，属于几何不变且有多余约束的结构，其支座反力和内力不能用平衡条件来确定。建筑工程中常见的超静定结构形式有刚架、排架、桁架及连续梁等。

超静定结构的内力计算与静定结构相比较为麻烦，其计算方法较多，其中最基本的是力法和位移法两种。此外，随着计算机在结构计算中的广泛应用，在实际工程设计中通常采用结构计算软件进行结构内力计算。本节将直接给出本书中通过结构软件计算得到的砖混结构中多跨连续梁在竖向均布荷载作用下、现浇框架结构中多跨连续单向板在竖向均布荷载作用下、框架结构中一榀框架在风荷载和竖向荷载作用下的内力图。

5.3.1 多跨连续梁内力计算

应用案例 5-16

图 5.27(a)所示为砖混结构楼层平面图中多跨连续梁 L5(7)的计算简图，$q=6.06\text{kN/m}$，L5 共 7 跨，跨度为 3.3m，梁的内力图如图 5.27(b)、(c)所示。

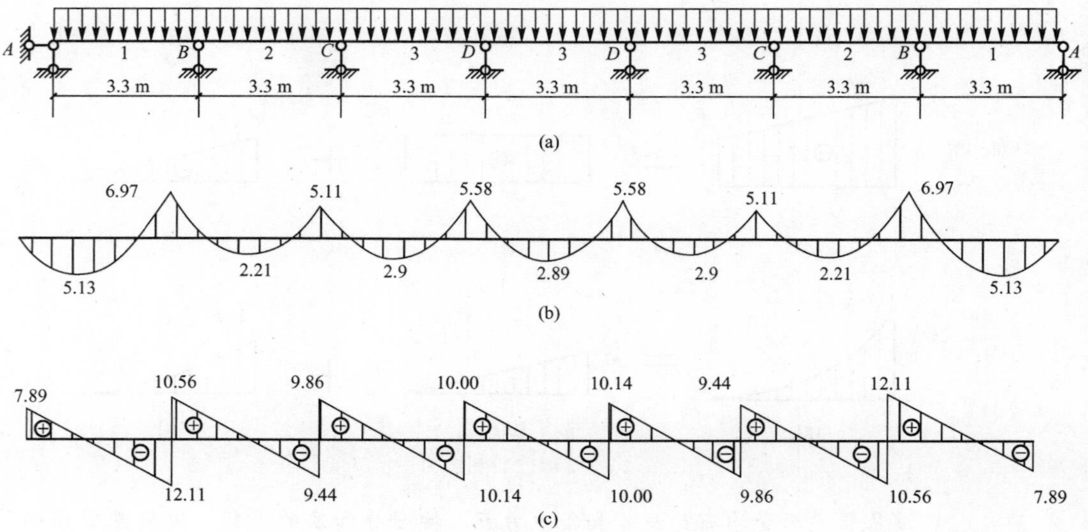

图 5.27 梁 L5(7)的计算简图与内力图

(a)计算简图；(b)M 图(kN·m)；(c) V 图(kN)

应用案例 5-17

图 5.28(a)所示为①～⑥轴线的多跨连续板的计算简图，共 15 跨，板跨均为 3m，由于板跨相等近似采用 5 跨连续板代替，$q=7.048\text{kN/m}$，其内力图如图 5.28(b)、(c)所示。

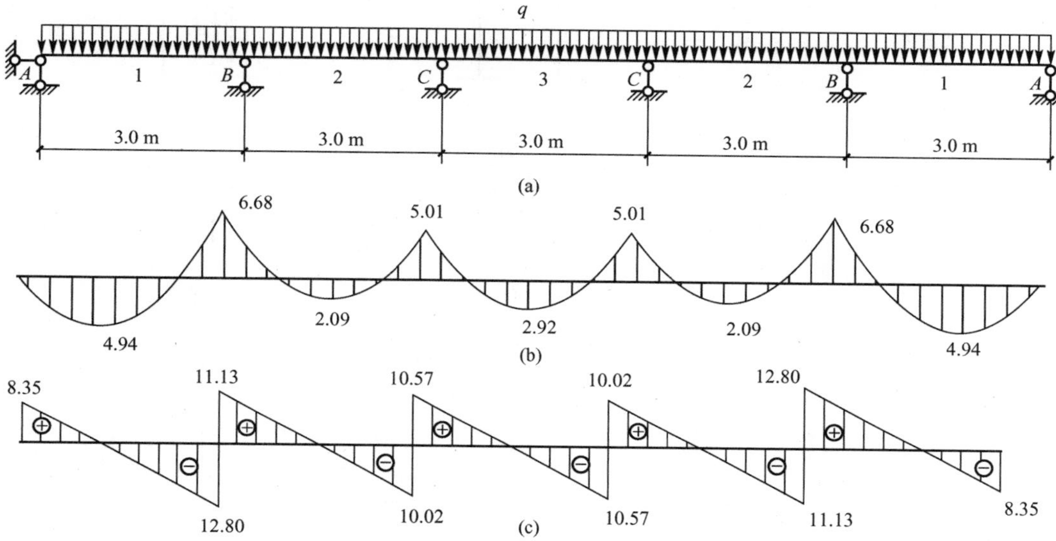

图 5.28 多跨连续板的内力图

(a)计算简图；(b)M 图(kN·m)；(c) V 图(kN)

特别提示

工程中多跨连续梁或多跨连续板在竖向荷载作用下，其内力图形状与图 5.27 及图 5.28 相似，仅数值不同，不难看出：每跨跨中正弯矩最大，中间支座处负弯矩最大且左、右截面弯矩相等；支座处剪力最大，且左、右截面剪力方向相反、数值不同，跨中剪力较小。因此，对于多跨连续梁或多跨连续板来讲，其每跨跨中弯矩最大处及支座左右边缘截面为结构计算的控制截面。

5.3.2 框架结构内力计算

应用案例 5-18

【框架结构的内力和位移计算】

【框架结构的电算】

图 5.29(a)所示为框架结构楼层平面图中③轴线的横向两层三跨框架的计算简图，框架在风荷载作用下的简图如图 5.29(b)所示，其内力图如图 5.29(c)、(d)、(e)所示；框架在竖向荷载作用下的简图如图 5.29(f)所示，其内力图如图 5.29(g)、(h)、(i)所示。

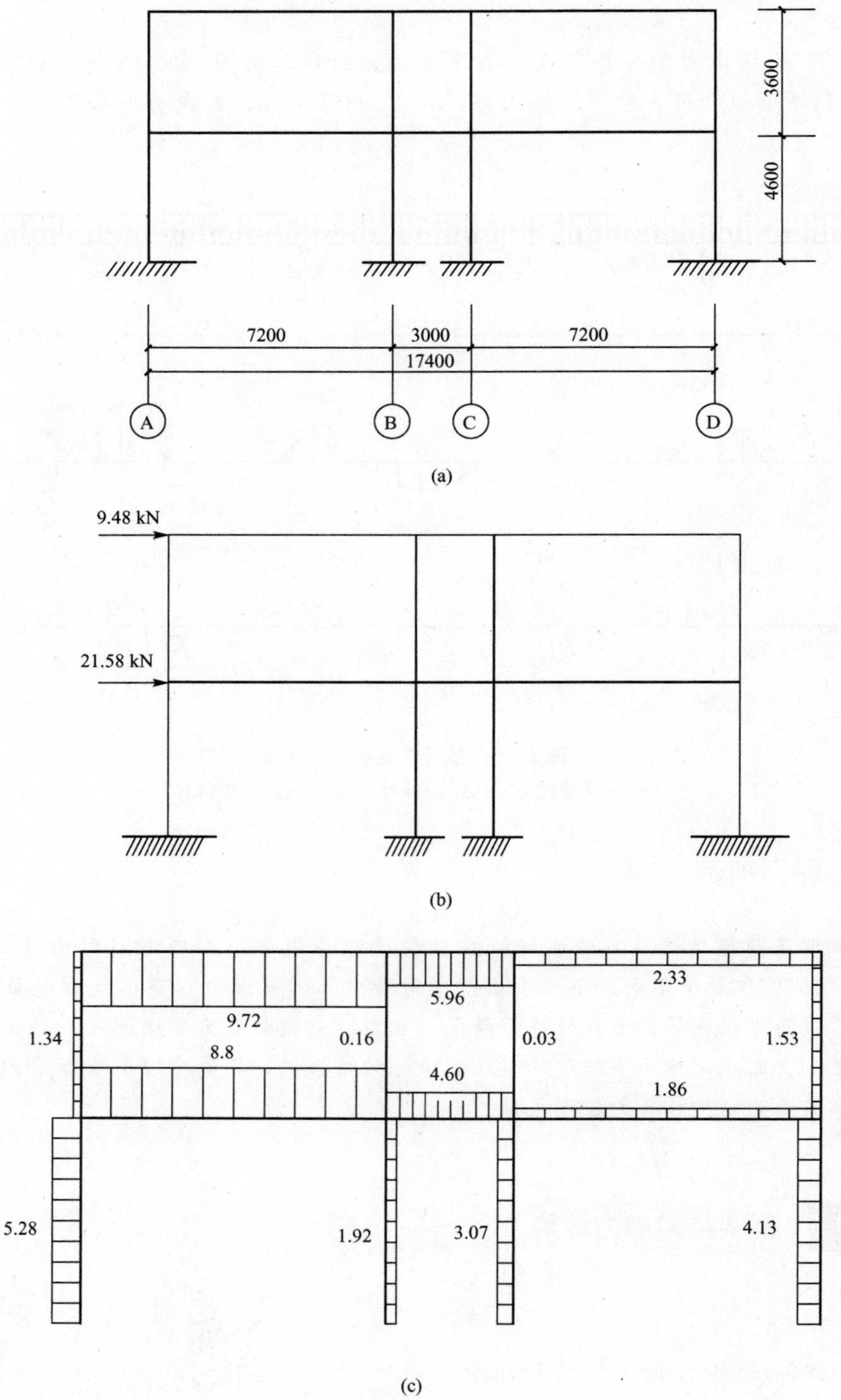

图 5.29 框架结构在水平荷载及竖向荷载作用下的内力图

(a)计算简图；(b)风荷载作用；(c) 风荷载作用下的 N 图(kN)

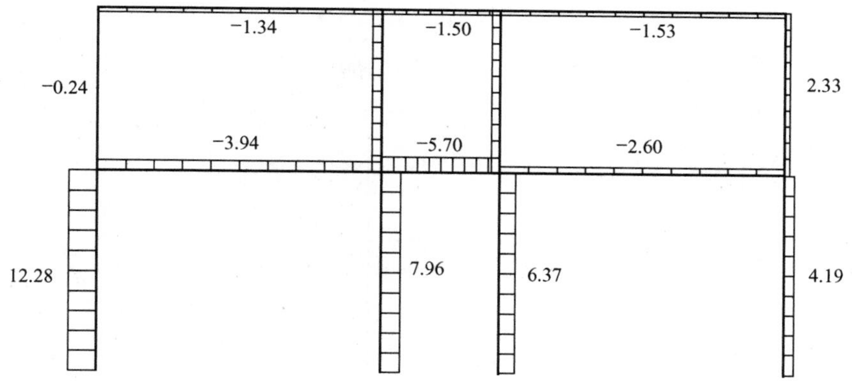

(d)

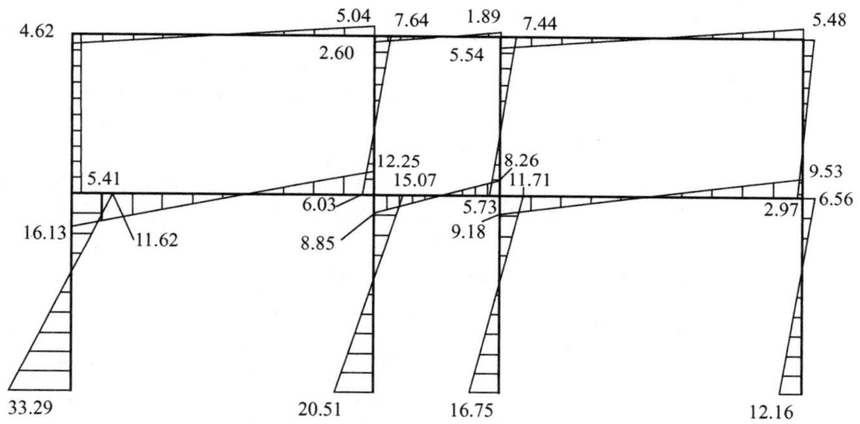

(e)

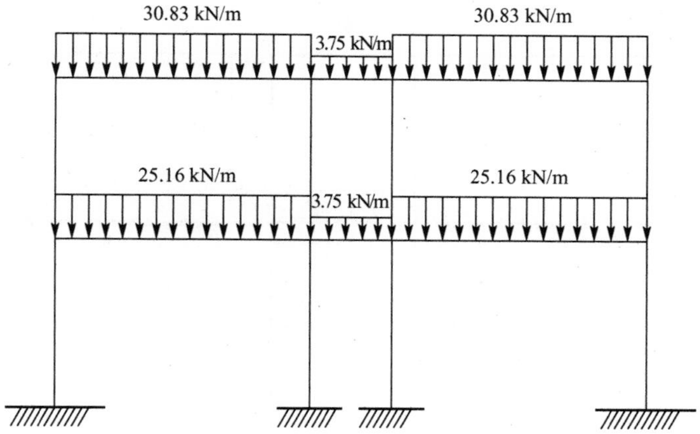

(f)

图 5.29 框架结构在水平荷载及竖向荷载作用下的内力图(续)

(d) 风荷载作用下的 V 图(kN)；(e) 风荷载作用下的 M 图(kN·m)；(f) 竖向荷载作用

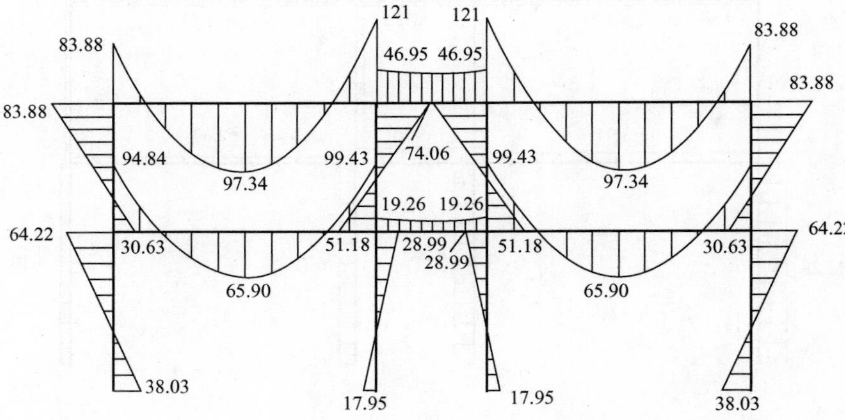

(g)

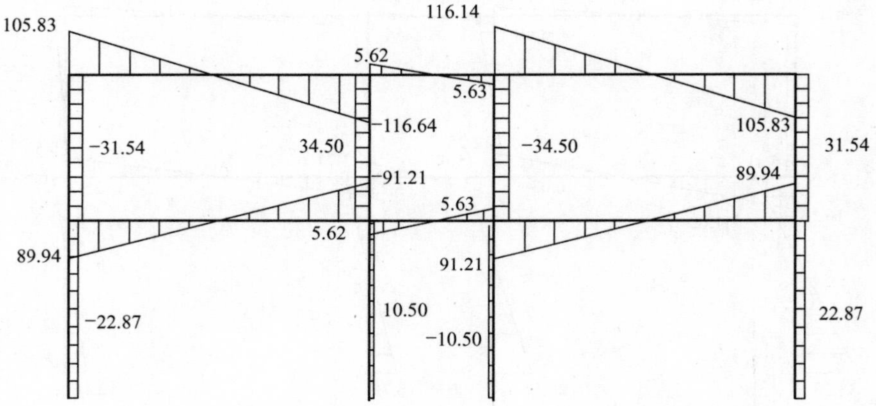

(h)

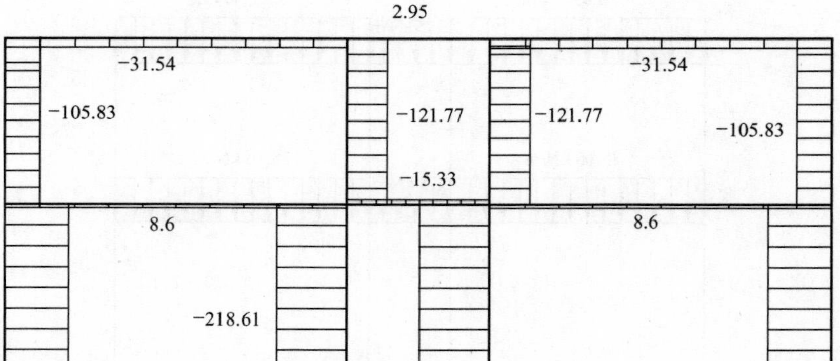

(i)

图 5.29　框架结构在水平荷载及竖向荷载作用下的内力图(续)

(g) 竖向荷载作用下的 M 图(kN · m)；(h) 竖向荷载作用下的 V 图(kN)；(i) 竖向荷载作用下的 N 图(kN)

特别提示

结构不但要承受竖向荷载，还要承担水平荷载。总的来看，在外荷载作用下，框架结构中的梁的内力以弯矩和剪力为主，柱子的内力有轴力、弯矩和剪力。以钢筋混凝土框架结构为例，梁中的受力纵筋抵抗弯矩而箍筋抵抗剪力；柱子中的纵筋抵抗轴力和弯矩，而箍筋抵抗剪力。

5.4 荷载效应组合

5.4.1 荷载效应及结构抗力

1. 荷载效应

荷载效应是指由于施加在结构或结构构件上的荷载产生的内力(拉力、压力、弯矩、剪力、扭矩)与变形(伸长、压缩、挠度、侧移、转角、裂缝)，用 S 表示。因为结构上的荷载大小、位置是随机变化的，即为随机变量，所以荷载效应一般也是随机变量。

特别提示

5.2 节及 5.3 节中求解得到的结构或结构构件的内力均是荷载效应，如梁在竖向均布荷载作用下产生的弯矩 $\boldsymbol{M}$ 和剪力 $\boldsymbol{V}$；框架结构在竖向荷载和风荷载作用下引起柱子与梁上的轴力 $\boldsymbol{N}$、弯矩 $\boldsymbol{M}$ 和剪力 $\boldsymbol{V}$。

2. 结构抗力

结构抗力是指整个结构或结构构件承受作用效应(即内力和变形)的能力，如构件的承载能力、刚度等，用 R 表示。

影响抗力的主要因素有材料性能(强度、变形模量等)、几何参数(构件尺寸)等和计算模式的精确性(抗力计算所采用的基本假设和计算公式够不够精确等)。因此，结构抗力也是一个随机变量。

特别提示

模块 2 实例一的二层砖混结构平面布置图中的简支梁 L1，截面尺寸为 250mm×500mm，C25 混凝土，配有纵向受力钢筋 3Φ20，经计算（计算方法详见模块 6)，梁能够承担的弯矩为 M=136.37kN·m，即抗弯承载力，亦即抗力 R=136.67kN·m。

5.4.2 极限状态下的实用设计表达式

结构设计的原则是结构抗力 R 不小于荷载效应 S，事实上，由于结构抗力与荷载效应都是随机变量，因此，在进行结构和结构构件设计时采用基于极限状态理论和概率论的计算设计方法，即概率极限状态设计法。考虑到应用上的简便，《建筑结构可靠性设计统一标准》(GB 50068—2018)提出了设计表达式。

1. 承载能力极限状态设计表达式

对持久设计状况、短暂设计状况和地震设计状况，其设计表达式为

$$\gamma_0 S_d \leqslant R_d \tag{5-4}$$

式中，γ_0——结构重要性系数，在持久设计状况和短暂设计状况下，对安全等级为一级的结构构件不应小于 1.1，对安全等级为二级的结构构件不应小于 1.0，对安全等级为三级的结构构件不应小于 0.9；对偶然设计状况和地震设计状况应取 1.0。

S_d——承载能力极限状态下作用组合的效应设计值，对持久设计状况和短暂设计状况应按作用的基本组合计算；对地震设计状况应按作用的地震组合计算。

R_d——结构或结构构件的抗力设计值。

1）荷载效应组合设计值 S_d 的计算

当结构上同时作用两种及两种以上可变荷载时，要考虑荷载效应(内力)的组合。荷载效应组合是指在所有可能同时出现的各种荷载组合中，确定对结构或构件产生的总效应，取其最不利值。

(1) 对持久设计状况和短暂设计状况，应采用作用的基本组合。

① 基本组合的效应设计值按式(5-5)中最不利值确定：

$$S_d = S\left(\sum_{i31}\gamma_{Gi}G_{ik} + \gamma_P P + \gamma_{Q_1}\gamma_{L_1}Q_{1k} + \sum_{j>1}\gamma_{Q_j}\psi_{cj}\gamma_{L_j}Q_{jk}\right) \tag{5-5}$$

式中：S(•)——作用组合的效应函数；

G_{ik}——第 i 个永久荷载的标准值；

P——预应力作用的有关代表值；

Q_{1k}——第 1 个可变荷载的标准值；

Q_{jk}——第 j 个可变荷载的标准值；

γ_{G_i}——第 i 个永久荷载的分项系数，详见模块四；

γ_P——预应力作用的分项系数，详见模块四；

γ_{Q_1}——第 1 个可变荷载的分项系数，详见模块四；

γ_{Q_j}——第 j 个可变荷载的分项系数，详见模块四；

γ_{L_1}、γ_{L_j}——第 1 个和第 j 个考虑结构设计使用年限的荷载调整系数，详见表 5－3；

ψ_{cj}——第 j 个可变荷载的组合值系数，详见模块四。

② 当作用与作用效应按线性关系考虑时，基本组合的效应设计值按式(5－6)中最不利值计算：

$$S_d = \sum_{i31}\gamma_{G_i}S_{G_{ik}} + \gamma_P S_P + \gamma_{Q_1}\gamma_{L_1}S_{Q_{1k}} + \sum_{j>1}\gamma_{Q_j}\psi_{cj}\gamma_{L_j}S_{Q_{jk}} \tag{5-6}$$

式中：$S_{G_{ik}}$——第 i 个永久荷载标准值的效应；

S_P——预应力作用有关代表值的效应；

$S_{Q_{1k}}$——第 1 个可变荷载标准值的效应；

$S_{Q_{jk}}$——第 i 个可变荷载标准值的效应。

表 5－3 建筑结构考虑结构设计使用年限的调整系数

结构设计使用年限/年	5	50	100
γ_L	0.9	1.0	1.1

注：对设计使用年限为 25 年的结构构件，γ_L 应按各种材料结构设计标准和规定采用。

特别提示

(1) 当对 $S_{Q_{1k}}$无法明显判断时，依次以各可变荷载效应为 $S_{Q_{1k}}$，选取其中最不利的荷载效应组合。

(2) 对雪荷载与风荷载，应取重现期为设计使用年限。

(2) 对偶然设计状况，应用偶然组合。偶然组合是指一个偶然作用与其他可变荷载相结合，这种偶然作用的特点是发生概率小，持续时间短，但对结构的危害大。由于不同的偶然作用(如罕遇自然灾害、爆炸、撞击及火灾等)，其性质差别较大，目前尚难给出统一的设计表达式。规范提出对于偶然组合，承载能力极限状态设计表达式宜按下列原则确定：结构重要性系数不小于 1.0，材料强度改用标准值；当进行偶然作用下结构防连续倒塌的验算时，作用宜考虑结构相应部位倒塌冲击引起的动力系数。

2) 结构构件承载力设计值 R_d 的计算

结构构件承载力设计值与材料的强度、材料用量、构件截面尺寸、形状等有关，根据结构构件类型的不同，承载力设计值 R_d 的计算方法也不尽相同，具体计算公式将在以后的模块进行研究。

2. 正常使用极限状态设计表达式

对于正常使用极限状态，应根据不同的设计要求，采用荷载的标准组合、频遇组合或准永久组合，并按下列设计表达式进行设计，使变形、裂缝、振幅等计算值不超过相应的规定限值：

$$S_d \leqslant C \tag{5-7}$$

式中，C——结构或结构构件达到正常使用要求的规定限值，如变形、裂缝、振幅、加速度、应力等的限值，应按各有关规定采用。

应用案例 5-19

应用案例 5-2 求出了实例一砖混结构楼层平面图中简支梁 L2，已知由永久荷载产生的跨中截面弯矩标准值 $M_{Gk}=43.346\text{kN}\cdot\text{m}$，由可变荷载产生的跨中截面弯矩标准值 $M_{Qk}=21.458\text{kN}\cdot\text{m}$，安全等级为二级，求跨中截面弯矩设计值 M。

解：跨中截面弯矩设计值。

$$M_1=\gamma_G M_{Gk}+\gamma_Q M_{Qk}=1.3\times43.346+1.5\times21.458$$
$$=88.537(\text{kN}\cdot\text{m})$$

小　结

(1) 内力是由外力(或外界因素)引起的杆件内的各部分间的相互作用力，轴向拉压时截面上的内力是轴力，它通过截面的形心并与横截面垂直。

(2) 求解截面内力的基本方法是截面法。其步骤为：首先在所求内力的截面假想切开，选择其中一部分为脱离体，另一部分留置不顾；其次绘制脱离体的受力图，应包括原来在脱离体部分的荷载与反力，以及切开截面上的待定内力；最后根据脱离体受力图建立静力平衡方程，求解方程得截面内力。

(3) 矩形截面平面弯曲梁的正应力及剪应力分布。弯矩引起截面一侧受压、另一侧受拉，其截面上任一点处的正应力的大小与该点到中性轴的距离成正比，沿截面高度呈线性变化；其剪力沿截面高度呈二次抛物线变化，中性轴处剪力最大，离中性轴越远、剪力越小，截面上、下边缘处剪力为零。

(4) 结构构件在外力作用下，截面内力随截面位置的变化而变化。为了形象、直观地表达内力沿截面位置变化的规律，通常给出内力随横截面位置变化的图形，即内力图。根据内力图可以找出构件内力最大值及其所在截面的位置。绘制静定梁内力图的方法有截面法、规律法及叠加法。

(5) 超静定结构是指从几何组成性质的角度来看，属于几何不变且有多余约束的结构，其支座反力和内力不能用平衡条件来确定。

(6) 荷载效应 S_d 是指由于施加在结构上的荷载产生的结构内力与变形，如各种构件的截面拉力、压力、弯矩、剪力、扭矩等内力和伸长、压缩、挠度、转角等变形，以及产生的裂缝、滑移等后果。结构抗力 R_d 是指整个结构或结构构件承受作用效应(即内力和变形)的能力，如构件的承载能力、刚度等。

(7) 对于承载能力极限状态，结构构件应按荷载效应（内力）的基本组合和偶然组合（必要时）进行；对于正常使用极限状态，应根据不同的设计要求，采用荷载的标准组合、频遇组合和准永久组合，使变形、裂缝、振幅等计算值不超过相应的规定限值。

习　题

一、选择题

1. 截面上的内力与哪些因素没有关系？(　　)

A. 外力　　B. 位置　　C. 形状

2. 拉伸时轴力为正，方向为(　　)截面。

A. 指向　　B. 背离　　C. 平行于

3. 剪力使所在的脱离体有(　　)时转动趋势时为正，反之为负。

A. 顺时针　　B. 逆时针

4. 弯矩使所在的脱离体产生(　　)的变形为正，反之为负。

A. 下凹　　B. 上凸　　C. 上升

5. 图 5.30 所示的构件，1—1 截面的轴力为(　　)。

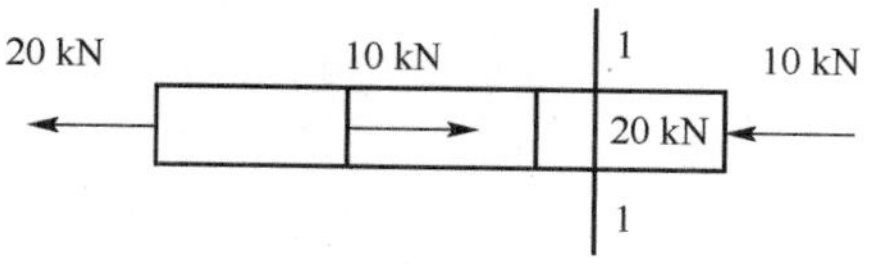

图 5.30　选择题 5 图

A. 20kN 拉力

B. −10kN 压力

C. 10kN 拉力

6. 在集中力作用处，(　　)不发生突变。

A. 剪力　　B. 弯矩　　C. 轴力

7. 在集中力偶作用处，(　　)发生突变。

A. 剪力　　B. 弯矩　　C. 剪力和弯矩

8. 两根跨度相同、荷载相同的简支梁，当材料相同、截面形状及尺寸不同时，其弯矩图的关系是(　　)。

A. 相同　　B. 不同　　C. 无法确定

9. 两根材料不同、截面不同的杆，当受同样的轴向拉力作用时，则它们的内力(　　)。

A. 相同　　B. 不同　　C. 不一定

10. 杆件上内力(　　)的截面称为控制截面。

A. 最大　　B. 最小　　C. 为零

11. 正应力截面的应力分量(　　)于横截面。

A. 垂直　　B. 相切　　C. 平行

12. 受弯构件，矩形截面的中性轴上其(　　)。

A. 正应力等于零

B. 剪应力等于零

C. 正应力与剪应力都等于零

13. 梁横截面上的应力不受哪些因素影响?(　　)

A. 截面尺寸和形状

B. 荷载

C. 材料

14. 下面单位换算正确的是(　　)。

A. $1MPa=1N/mm^2$

B. $1Pa=1N/mm^2$

C. $1Pa=1kN/mm^2$

15. 安全等级为一级的结构构件，其结构重要性系数不小于(　　)。

A. 1.2　　B. 1.1　　C. 1.0

二、判断题

1. 求解内力的基本方法就是截面法。(　　)

2. 截面法就是将一个真正的截面切构件为两部分。(　　)

3. 截面上的剪力使脱离体发生顺时针转动的趋势时为负剪力。(　　)

4. 作用线与杆轴重合的力为轴力。(　　)

5. 轴向拉压杆横截面的正应力的正负由截面上的轴力确定，当轴力为正时，正应力为拉应力。(　　)

6. 画轴力图时，正轴力画在 x 轴上方。(　　)

7. 在无荷载区，剪力图无变化，弯矩图平直线。(　　)

8. 画内力图时，剪力图正的画在 x 轴上方，负的画在 x 轴下方。(　　)

9. 负弯矩也必须画在梁的受拉一侧。(　　)

10. 平面弯曲是工程中的一种基本变形。(　　)

11. 平面弯曲时，中性轴上下两个区域内的正应力一定符号相反。(　　)

三、作图题

(1) 画出图5.31所示的杆件的轴力图，不用写步骤。

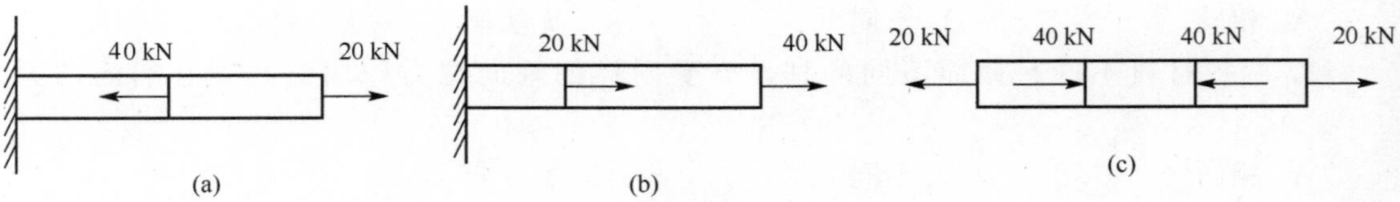

图5.31　杆件受力图

(2) 绘制梁的内力图。

① 图5.32所示为实例一砖混结构楼层平面图中简支梁L3的计算简图，计算跨度$l_0=$

2100mm，已知梁上均布荷载 q=13.775kN/m，绘制图示梁 L3 的内力图。

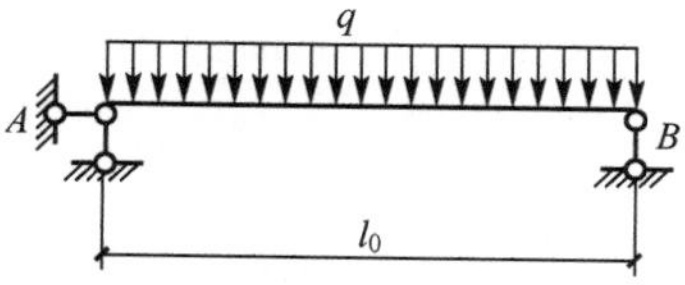

图 5.32　L3 的计算简图

② 图 5.33 所示为实例一砖混结构楼层平面图中悬挑梁 XTL2 的计算简图，l_0 = 2100mm，荷载 q=27.634kN/m，F=12kN，绘制梁 XTL2 的内力图。

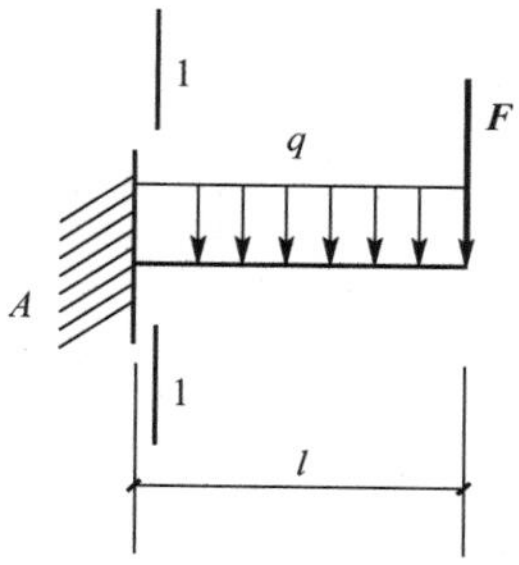

图 5.33　XTL2 的计算简图

③ 图 5.34 所示为实例一砖混结构楼层平面图中外伸梁 L7(1A)的计算简图，l_1 = 6000mm，l_2=2200mm；荷载 q_1=28.57kN/m，q_2=27.634kN/m，F=12kN，绘制梁 L7(1A)的内力图。

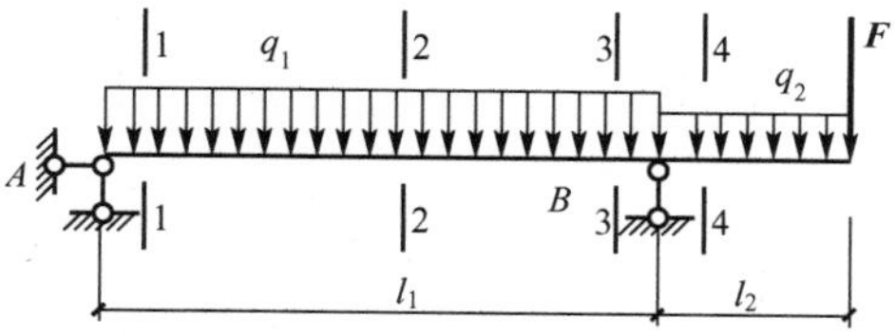

图 5.34　L7(1A)的计算简图

四、计算题

1. 图 5.35 所示为实例一砖混结构楼层平面图中简支梁 L1 的计算简图，计算跨度 l_0=6000mm，已知梁上均布荷载 q=25.238kN/m，计算梁跨中截面的内力。

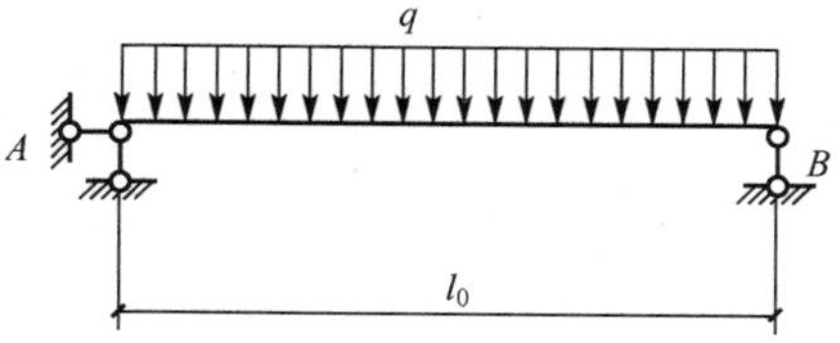

图 5.35　L1 的计算简图

2. 图 5.33 所示为实例一砖混结构楼层平面图中悬挑梁 XTL2 的计算简图，$l=2100\text{mm}$，荷载 $q=27.634\text{kN/m}$，$F=12\text{kN}$，计算 1—1 截面的内力。

3. 图 5.34 所示为实例一砖混结构楼层平面图中外伸梁 L7(1A)的计算简图，$l_1=6000\text{mm}$，$l_2=2200\text{mm}$；荷载 $q_1=28.57\text{kN/m}$，$q_2=27.634\text{kN/m}$，$F=12\text{kN}$，计算 1—1、2—2(AB 跨中)、3—3 及 4—4 截面的内力。

4. 应用案例 5-1 求出了实例一砖混结构楼层平面图中简支梁 L2 的支座处剪力，由永久荷载产生的剪力标准值 $V_{gk}=33.997\text{kN}$，由可变荷载产生的剪力标准值 $V_{qk}=16.83\text{kN}$，安全等级为二级，求支座处截面剪力设计值 V。

模块6 钢筋混凝土梁、板

教学目标

通过本模块的学习，掌握钢筋混凝土梁、板的构造要求及梁的设计方法；理解结构构件的设计结果是通过计算书和施工图来表达的；了解预应力混凝土的概念及其板、梁的构造。

教学要求

能力目标	相关知识	权重
对钢筋混凝土梁进行设计、校核	受弯构件正截面承载力公式及适用条件，斜截面承载力计算公式及适用条件	35%
利用钢筋混凝土材料性能解决实际工程问题	钢筋、混凝土材料的种类和强度等级，混凝土与钢筋的黏结力	20%
在实际工程中理解和运用受弯构件构造知识	混凝土保护层，钢筋的锚固长度，钢筋的连接方式，梁、板构件的构造规定	35%
正确理解预应力混凝土构件的构造要求	预应力构件中施加预应力的方法，预应力梁、板构件的构造要求等	10%

学习重点

钢筋的分类及强度指标，混凝土的强度等级，钢筋和混凝土之间的黏结力，受弯构件的相关构造要求，预应力板、梁的构造要求及施加预应力的方法。

引例

1. 工程与事故概况

某教学楼为3层混合结构，纵墙承重，外墙厚300mm，内墙厚240mm，灰土基础，楼盖为现浇钢筋混凝土肋形楼盖，平面示意如图6.1所示。

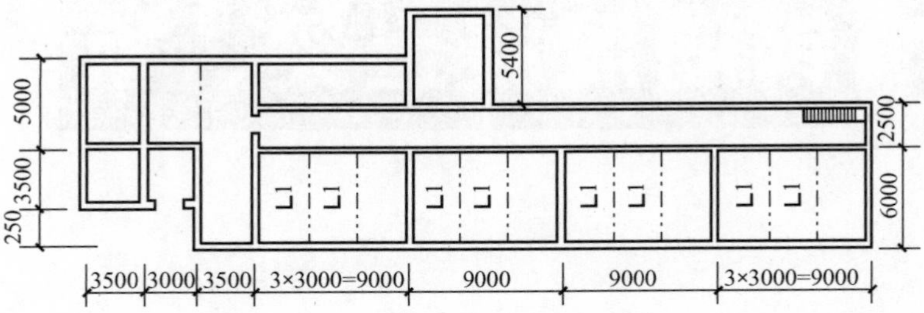

图6.1 建筑平面图

该工程在10月浇筑第二层楼盖混凝土，11月初浇筑第三层楼盖，主体结构于次年1月完成。4月做装饰工程时，发现大梁两侧的混凝土楼板上部普遍开裂，裂缝方向与大梁平行。凿开部分混凝土检查，发现板内负钢筋被踩下。施工人员决定加固楼板，7月施工，板厚由70mm增加到90mm。

该教学楼使用后，各层大梁普遍开裂，裂缝特征如下。

(1) 裂缝分布与数量：梁的两端裂缝多而密，跨中较少，每根梁裂缝数量一般为10～15条，少者4条，最多的22条，梁主筋截断处附近都产生了裂缝。

(2) 裂缝方向：多数为斜裂缝，一般倾角50°～60°，个别为40°，跨中为竖向裂缝，如图6.2所示。

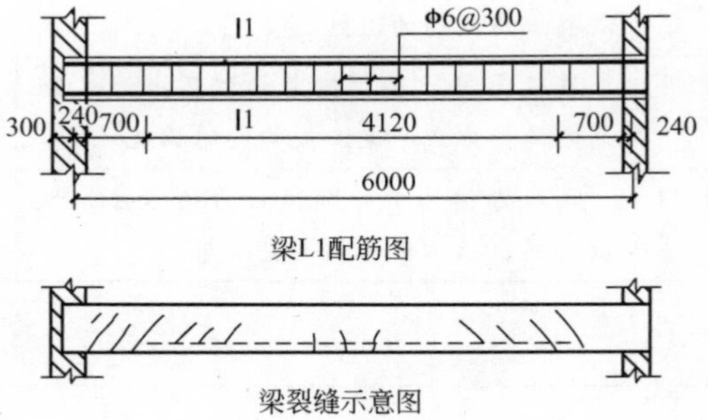

图6.2 梁L1配筋与裂缝示意图

(3) 裂缝位置：一般裂缝均在梁的中和轴以下，至受拉纵筋边缘，个别贯通梁的全高。

(4) 裂缝宽度：梁两端的裂缝较宽，约0.5～1.2mm，跨中附近裂缝较窄，约0.1～0.5mm。

(5) 裂缝深度：一般小于梁宽的1/3，个别的两面贯穿。

2. 事故原因分析

该事故原因与设计、施工均有关，但主要是施工方面的问题，具体原因如下。

(1) 施工方面存在的问题。

① 浇筑混凝土时，把板中的负弯矩钢筋踩下，造成板与梁连接处附近出现通长裂缝。

② 出现裂缝后，采用增加板厚 20mm 的方法加固，使梁的荷载加大而开裂明显。

③ 混凝土水泥用量过少，每立方米混凝土仅用水泥 210kg，而要求是不少于 250kg。

④ 第二层楼盖浇完后 2h，就在新浇楼板上铺脚手板，大量堆放砖和砂浆，并进行上层砖墙的砌筑，施工荷载超载和早龄期混凝土受振动是事故的重要原因之一。

⑤ 混凝土强度低：第三层楼盖浇筑混凝土时，室内温度已降至 0～1℃，没有采取任何冬期施工措施。试块强度 21d 才达到设计值的 42.5%，一个月的试块强度才达到 52% 的设计强度。因此混凝土早期受冻导致强度低下，是混凝土裂缝的重要原因之一。此外，混凝土振实差、养护不良以及浇筑前模板内杂物未清理干净等因素，也造成混凝土强度低下。

(2) 设计方面存在的问题。

① 对楼板加厚产生的不利因素考虑不周。例如 L1 梁的设计荷载因加厚板而提高，自 15kN/m 提高到 17.105kN/m，经验算梁内主筋少了 9.4%，是跨中产生竖向裂缝的原因之一；又如，楼板加厚导致梁内剪力显著增加，剪力设计值约为无腹筋截面的抗剪强度的 1.8 倍，因此梁较易产生斜裂缝。设计存在的问题，加上施工的混凝土强度低下，使这些裂缝更加严重。

② 梁箍筋间距太大。设计规范规定：梁高为 500mm 时，箍筋最大间距为 200mm，而该工程的梁箍筋为Φ6@300mm。因此虽然考虑箍筋后的截面抗剪强度略大于设计剪力值，但是因为箍筋间距太大，因而在箍筋之间的混凝土出现斜裂缝，这也是斜裂缝都成 50°～60°倾角的原因，如图 6.3 所示。

③ 纵向钢筋截断处均有斜裂缝，是由于违反设计规范“纵向钢筋不宜在受拉区截断”的构造规定而造成的。

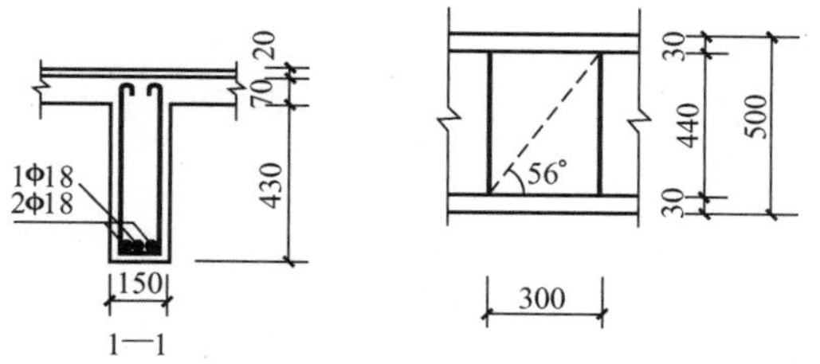

图 6.3　L1 梁局部配筋情况

6.1　混凝土结构的材料性能

在引例中了解到，事故中的教学楼楼板采用了钢筋混凝土结构，构件中用到了钢筋和混凝土两种建筑材料。

6.1.1 钢筋

混凝土结构对钢筋的性能有以下四方面的要求。

(1) 强度要高。采用强度较高的钢筋，可以节约钢材。例如，HPB300 级钢筋的强度设计值为 270N/mm^2，而 HRB400 级钢筋的强度设计值为 360N/mm^2，所以采用 HRB400 级钢筋较 HPB300 级钢筋可以节约 25%左右的钢材。

(2) 延性要好。延性是钢筋变形、耗能的能力。所谓延性好，是指钢材在断裂之前有较大的变形，能给人以明显的警示，如果延性不好，就会在没有任何征兆时发生突然脆断，后果严重。

(3) 焊接性能要好。焊接性能指把两个或两个以上金属材料焊接到一起，接口处能满足使用目的的能力。良好的焊接性使钢筋能够按照使用需要焊接，而不破坏其强度和延性。

(4) 与混凝土之间的黏结力要强。黏结力是钢筋与混凝土两种不同材料能够共同工作的基本前提之一。如果没有黏结力，杆件受力之后，两种材料各行其是，不能成为一个整体，也就谈不上钢筋混凝土构件了。

1. 钢筋的品种、级别

钢材的品种繁多，能满足混凝土结构对钢筋性能要求的钢筋，分为普通钢筋混凝土钢筋和预应力混凝土钢筋两大类；还可以按力学性能、化学成分、加工工艺、轧制外形等进行分类。

按力学性能钢筋分为不同等级，随钢筋级别的增大，钢筋强度提高，延性有所降低。

按化学成分钢筋分为碳素钢和普通低合金钢。碳素钢的强度随含碳量的提高而增加，但延性明显降低；合金钢是在碳素钢中添加了少量合金元素，使钢筋的强度提高，延性保持良好。

按生产加工工艺，钢筋分为热轧钢筋、余热处理钢筋、细晶粒热轧钢筋、钢丝、钢绞线、冷轧带肋钢筋、冷轧扭钢筋等。

按轧制外形，钢筋分为光圆钢筋、变形钢筋。我国钢筋的外形有光面、带肋、刻痕、旋扭、螺旋及绳状六大类，如图 6.4 所示。

【钢筋】

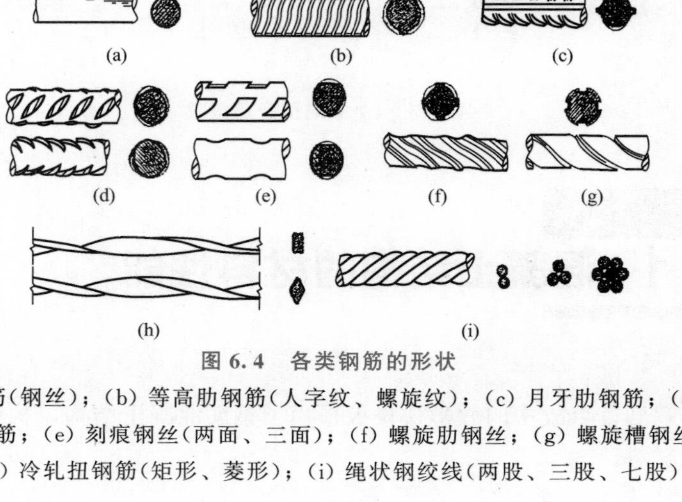

图 6.4 各类钢筋的形状

(a) 光面钢筋(钢丝)；(b) 等高肋钢筋(人字纹、螺旋纹)；(c) 月牙肋钢筋；(d) 冷轧带肋钢筋；(e) 刻痕钢丝(两面、三面)；(f) 螺旋肋钢丝；(g) 螺旋槽钢丝；(h) 冷轧扭钢筋(矩形、菱形)；(i) 绳状钢绞线(两股、三股、七股)

钢筋的具体分类见表6-1和表6-2。热轧带肋钢筋的牌号由HRB和牌号的屈服点最小值构成，其中“H”“R”“B”分别代表“热轧”“带肋”“钢筋”3个词。例如，HRB400表示屈服强度标准值为400MPa的热轧带肋钢筋；HRBF500表示屈服强度标准值为500MPa的细晶粒热轧带肋钢筋。

表6-1 普通钢筋分类

分类 符号	按力学性能(屈服强度标准值)/(N/mm²)	按加工工艺	按轧制外形	公称直径 d/mm
Φ	HPB300 (300)	热轧(H)	光圆(P)	6～14
Φ	HRB335 (335)	热轧(H)	带肋(R)	6～14
Φ	HRB400 (400)	热轧(H)	带肋(R)	6～50
Φ^{F}	HRBF400 (400)	细晶粒热轧(F)	带肋(R)	6～50
Φ^{R}	RRB400(400)	余热处理(R)	带肋(R)	6～50
Φ	HRB500 (500)	热轧(H)	带肋(R)	6～50
Φ^{F}	HRBF500 (500)	细晶粒热轧(F)	带肋(R)	6～50

表6-2 预应力钢筋分类

分类 种类	符号	按轧制外形	公称直径 d/mm
中强度预应力钢丝	Φ^{PM} Φ^{HM}	光面 螺旋肋	5、7、9
预应力螺纹钢筋	Φ^{T}	螺纹	18、25、32、40、50
消除应力钢丝	Φ^{P} Φ^{H}	光面 螺旋肋	5、7、9
钢绞线	Φ^{S}	1×3(三股)	8.6、10.8、12.9
		1×7(七股)	9.5、12.7、15.2、17.8、21.6

知识链接

钢筋的生产加工工艺

1. 普通钢筋混凝土用钢筋

(1) 热轧钢筋。经热轧成型并自然冷却的成品钢筋，具有较高的强度，一定的塑性、韧性、冷弯和可焊性。热轧钢筋主要有光圆钢筋和带肋钢筋两类。

(2) 细晶粒热轧钢筋。在热轧过程中，通过控轧和控冷工艺形成细晶粒钢筋。在不增加合金含量的基础上大幅提高钢材的强度和韧性。

(3) 余热处理钢筋。热轧后进行控制冷却，并利用芯部余热自身完成回火处理的钢筋。余热处理钢筋的焊接性能与热轧钢筋相比，有一定的差异，延性稍低，但强度提高，而且节约了热处理成本，是新型的钢筋热处理工艺。

2. 预应力混凝土用钢筋

(1) 中强度预应力钢丝。强度级别为800～1370MPa的冷加工或冷加工后热处理钢丝。

(2) 热处理钢筋。将热轧的带肋钢筋(中碳低合金钢)经淬火和高温回火调质处理而成的。其特点是延性降低不大，但强度提高很多，综合性能比较理想。主要用于预应力混凝土。

(3) 预应力螺纹钢筋。采用热轧、轧后余热处理或热处理等工艺生产的预应力混凝土用螺纹钢筋。

(4) 预应力钢绞线。是由3根或7根高强度钢丝构成的绞合钢缆，并经消除应力(即稳定化)处理。

(5) 消除应力钢丝。即碳素钢丝，是由高碳钢条经淬火、酸洗、拉拔制成的。

2. 钢筋的力学性能

1) 钢筋的拉伸试验

钢筋的强度、延性等力学性能指标是通过钢筋的拉伸试验得到的。

图6.5所示是热轧低碳钢在试验机上进行拉伸试验得出的典型应力-应变曲线。从图中可以看出应力-应变曲线上有一个明显的台阶(图6.5中cd段)，称为屈服台阶，说明低碳钢有良好的纯塑性变形性能。低碳钢在屈服时对应的应力f_y称为屈服强度，是钢筋强度设计时的主要依据。应力的最大值f_u称为极限抗拉强度。极限抗拉强度与屈服强度的比值f_u/f_y，反映钢筋的强度储备，称为强屈比，热轧钢筋通常在1.4～1.6之间。钢筋拉断后的伸长值与原始长度的比率称为伸长率δ，是反映钢筋延性性能的指标。延伸率大的钢筋，在拉断前有足够预兆，延性较好。

图6.6所示是高强钢丝的应力-应变曲线，在与图6.5的对比中能看到有明显屈服点钢筋与无明显屈服点钢筋力学性能的差别。

高强钢丝的应力-应变曲线没有明显的屈服点，表现出强度高、延性低的特点。设计时取残余应变为0.2%时的应力$\sigma_{0.2}$作为假想屈服强度，称为“条件屈服强度”。实际应用时按极限抗拉强度σ_b的85%取用。

【钢筋拉伸试验】

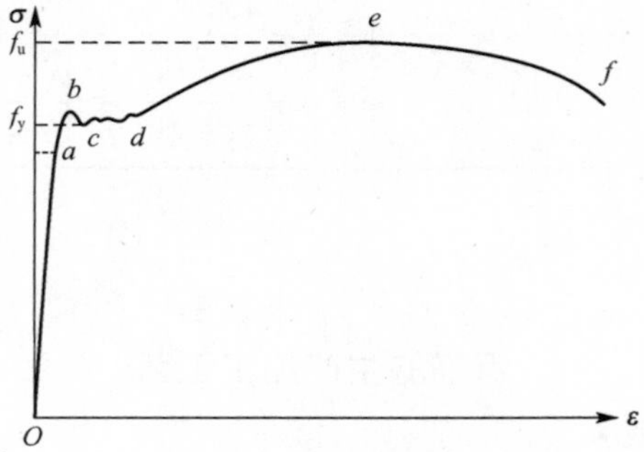

图6.5 有明显屈服点钢筋的应力-应变关系

2）钢筋的冷弯试验

在常温下将钢筋绕规定的直径 D 弯曲 α 角度而不出现裂纹、鳞落和断裂现象，即认为钢筋的冷弯性能符合要求(图 6.7)。D 越小，α 越大，则弯曲性能越好。通过冷弯既能够检验钢筋变形能力，又可以反映其内在质量，是比延伸率更严格的检验指标。

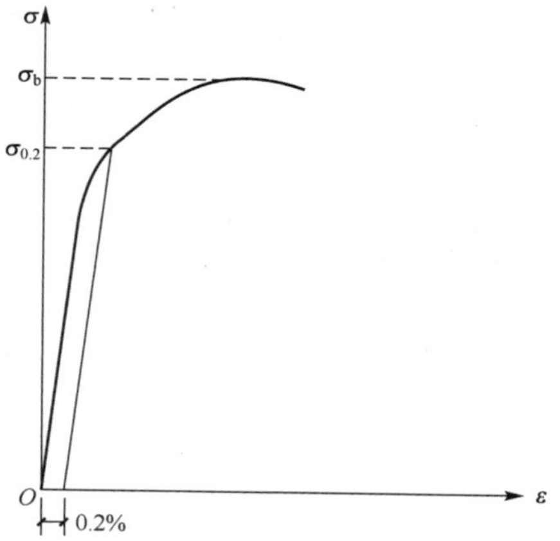

图 6.6　无明显屈服点钢筋的应力-应变关系

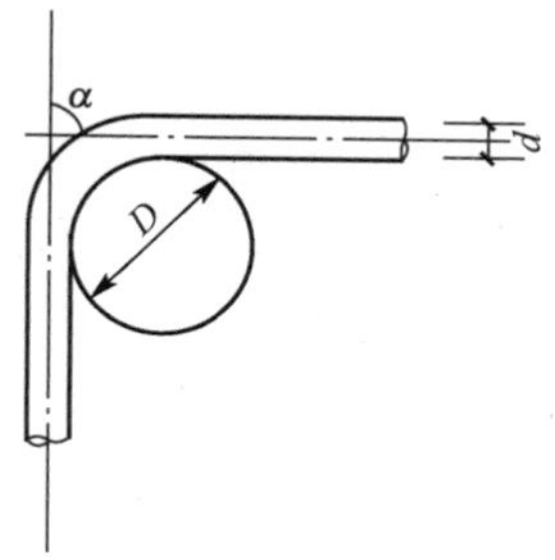

图 6.7　钢筋冷弯示意图

特别提示

对有明显屈服点的钢筋进行质量检验时，主要测定四项指标：屈服强度、极限抗拉强度、伸长率和冷弯性能；对没有明显屈服点钢筋的质量检验须测定三项指标：极限抗拉强度、伸长率和冷弯性能。

3. 钢筋的强度指标概述

(1) 钢筋强度标准值。如前述，钢筋的强度是通过试验测得的。即使同一种类的钢材，由于各种原因，其强度值也会存在一定差异。为保证结构设计的可靠性，对同一强度等级的钢筋，取具有一定保证率的强度值作为该等级的标准值，材料强度的标准值应具有不少于 95%的保证率。

(2) 钢筋强度设计值。钢筋混凝土结构按承载力设计计算时，钢筋应采用强度设计值。强度设计值为强度标准值除以材料的分项系数 γ_s。400MPa 及以下普通钢筋的材料分项系数为 1.10，500MPa 的钢筋取 1.15，预应力用钢筋的材料分项系数为 1.2。

普通钢筋、预应力钢筋强度标准值、设计值及钢筋弹性模量见附录 D 表 D1、表 D2。

我国是世界钢产量大国，钢材总产量居世界首位，强度等级低的钢筋在逐渐被淘汰，更高强度等级的钢筋应运而生，多地已推广 HRB600 钢筋并出台地方标准。混凝土等级也在往高强度方向发展，现已有在工程上应用 C130 混凝土的报道。高强材料的推广应用说明我国在建筑材料研发与使用上已向现代化科技强国[①]迈进了坚实的一步。

① 党的二十大报告提出“全面建成社会主义现代化强国”。到二〇三五年，我国发展的总体目标中包括“建成教育强国、科技强国、人才强国、文化强国、体育强国、健康中国”。

6.1.2 混凝土概述

1. 混凝土的强度

混凝土是由砂、石、水泥和水按一定比例混合而成的。混凝土承受压力的能力要远远大于承受的拉力，故混凝土在结构中主要起承担压力的作用。因此，抗压强度就成为它所有力学性能中最为重要的性能。为了设计、施工和质量检验的方便，必须对混凝土的强度规定统一的级别，混凝土立方体抗压强度是划分混凝土强度等级的主要标准。

(1) 立方体抗压强度标准值 $f_{cu,k}$。立方体抗压强度标准值是按照标准方法制作、养护的边长为 150mm×150mm×150mm 的立方体试件，在 28d 龄期用标准试验方法测得的具有 95%保证率的抗压强度，用符号 $f_{cu,k}$表示。依此将混凝土划分为 14 个强度等级：C15、C20、C25、C30、C35、C40、C45、C50、C55、C60、C65、C70、C75、C80。C 代表混凝土强度等级，数字代表混凝土承受的抗压强度值，单位为 N/mm^2。其中，C50～C80 属高强度混凝土。

需要指出，立方体的受力情况并不能代表实际混凝土构件中的受力情况，它只是作为一种在给定的统一试验方法下衡量混凝土强度的基本方法，因为这种试件的制作和试验方法简便，结果可靠。

【混凝土立方体抗压强度试验】

(2) 混凝土轴心抗压强度 f_c。实际工程中钢筋混凝土构件的长度要比截面尺寸大得多，故取棱柱体(150mm×150mm×300mm 或 150mm×150mm×450mm)标准试件测定混凝土轴心抗压强度。

(3) 混凝土轴心抗拉强度 f_t。混凝土的轴心抗拉强度比抗压强度小得多，一般只有抗压强度的 5%～10%。混凝土构件的开裂、变形以及受剪、受扭、受冲切等承载力均与混凝土抗拉强度有关。

特别提示

混凝土轴心抗压强度和轴心抗拉强度都可通过对比试验由立方体抗压强度推算求得，三者之间的大小关系是：$f_{cu}>f_c>f_t$。

2. 混凝土的计算指标

(1) 混凝土强度标准值。混凝土轴心抗压强度标准值 f_{ck}和轴心抗拉强度标准值 f_{tk}具有 95%的保证率。

(2) 混凝土强度设计值。混凝土强度设计值为混凝土强度标准值除以混凝土的材料分项系数 γ_c。即 $f_c=f_{ck}/\gamma_c$，$f_t=f_{tk}/\gamma_c$。混凝土的材料分项系数 $\gamma_c=1.4$，取值是根据可靠度分析和工程经验校准法确定的。混凝土强度标准值、设计值及混凝土弹性模量见附录 D 表 D3。

3. 混凝土的收缩和徐变

(1) 混凝土的收缩。混凝土在空气中硬化体积缩小的现象称为混凝土的收缩。混凝土的收缩对混凝土的构件会产生有害的影响，例如使构件产生裂缝，对预应力混凝土构件会引起预应力损失等。减少收缩的主要措施：控制水泥用量及水灰比、混凝土振捣密实、加强养护等，对纵向延伸的结构，在一定长度上需设置伸缩缝。

（2）混凝土的徐变。混凝土在长期不变荷载作用下应变随时间继续增长的现象称为混凝土的徐变。混凝土的徐变在不同结构物中有不同的作用。对普通钢筋混凝土构件，能消除混凝土内部温度应力和收缩应力，减弱混凝土的开裂现象。对预应力混凝土结构，混凝土的徐变使预应力损失大大增加，这是极其不利的。

影响混凝土徐变的因素主要有：①水泥用量越大(水灰比一定时)，徐变越大；②水灰比越小，徐变越小；③构件龄期长、结构致密、强度高，则徐变小，因此混凝土过早的受荷(即过早地拆除底板)对混凝土是不利的；④骨料用量多，弹性模量高，级配好，最大粒径大，则徐变小；⑤应力水平越高，徐变越大；⑥养护温度越高，湿度越大，水泥水化作用越充分，徐变越小。

4. 混凝土的耐久性

混凝土的耐久性是指在外部和内部不利因素的长期作用下，必须保持适合于使用，而不需要进行维修加固，即保持其原有设计性能和使用功能的性质。外部因素指的是酸、碱、盐的腐蚀作用，冰冻破坏作用，水压渗透作用，碳化作用，干湿循环引起的风化作用，荷载应力作用和振动冲击作用等。内部因素主要指的是碱骨料反应和自身体积变化。通常用混凝土的抗渗性、抗冻性、抗碳化性能、抗腐蚀性能和碱骨料反应综合评价混凝土的耐久性。

提高混凝土耐久性的措施主要包括以下几个方面。

① 选用适当品种的水泥及掺合料；②适当控制混凝土的水灰比及水泥用量；③长期处于潮湿和严寒环境中的混凝土，应掺用引气剂；④选用较好的砂、石集料；⑤掺用加气剂或减水剂；⑥改善混凝土的施工操作方法。

混凝土结构耐久性应根据设计使用年限和环境类别进行设计。混凝土结构的环境类别划分应符合附录 D 表 D4 的要求。设计使用年限为 50 年的混凝土结构，其混凝土材料宜符合附录 D 表 D5 的规定。

6.1.3 钢筋与混凝土的共同工作原理

1. 钢筋和混凝土共同工作的原因

（1）钢筋与混凝土之间存在黏结力。钢筋和混凝土之所以能有效地结合在一起共同工作，主要原因是混凝土硬化后与钢筋之间产生了良好的黏结力。当钢筋与混凝土之间产生相对变形(滑移)时，在钢筋和混凝土的交界面上会产生沿钢筋轴线方向的相互作用力，此作用力称为黏结力。

钢筋与混凝土之间的黏结力由以下三部分组成。

① 由于混凝土收缩将钢筋紧紧握裹而产生的摩阻力。

② 由于混凝土颗粒的化学作用产生的混凝土与钢筋之间的胶合力。

③ 由于钢筋表面凹凸不平与混凝土之间产生的机械咬合力。

上述三部分中，以机械咬合力作用最大，约占总黏结力的一半以上。变形钢筋比光面钢筋的机械咬合力作用大。此外，钢筋表面的轻微锈蚀也可增加它与混凝土的黏结力。

(2) 钢筋和混凝土的温度线膨胀系数几乎相同，在温度变化时，二者的变形基本相等，不致破坏钢筋混凝土结构的整体性。

(3) 钢筋被混凝土包裹着，从而使钢筋不会因大气的侵蚀而生锈变质，提高耐久性。

2. 影响钢筋和混凝土黏结强度的因素

(1) 混凝土强度：混凝土强度等级越高，黏结强度越大。

(2) 混凝土保护层厚度：混凝土保护层较薄时，其黏结力将降低，并易在保护层最薄弱处出现纵向劈裂裂缝，使黏结力提早破坏。

(3) 钢筋间的净距 s：钢筋间净距越小，黏结强度降低越多。

(4) 横向钢筋的数量：横向钢筋(如箍筋)可以限制混凝土内部裂缝的发展，防止保护层脱落，并保护后期黏结强度。

(5) 横向约束应力：横向压应力约束了混凝土的横向变形，增大了摩阻力，因而提高了黏结强度。

(6) 钢筋的表面形状：变形钢筋的黏结强度大于光面钢筋。工程中通过将光面钢筋端部加做弯钩来增加其黏结强度。

3. 保证钢筋与混凝土黏结力的构造措施

工程中，必须采取有效的构造措施加以保证。例如，钢筋伸入支座应有足够的锚固长度；保证钢筋最小搭接长度；钢筋的间距和混凝土的保护层不能太小；要优先采用小直径的变形钢筋；光面钢筋末端应设弯钩；钢筋不宜在混凝土的拉区截断；在大直径钢筋的搭接和锚固区域内宜设置横向钢筋(如箍筋)等，以上构造措施的具体规定详见6.2节。

6.2 钢筋混凝土梁、板的构造规定

6.2.1 一般规定

1. 钢筋级别及混凝土强度等级的选择

(1) 纵向受力普通钢筋宜选用HRB400、HRB500、HRBF400、HRBF500钢筋，也可采用HRB335、HPB300、RRB400钢筋。其中HRB400级钢筋具有强度高、延性好、与混凝土结合握裹力强等优点，是目前我国钢筋混凝土结构的主力钢筋。

箍筋宜采用HRB400、HRBF400、HPB300、HRB500、HRBF500钢筋，也可采用HRB335钢筋。

预应力钢筋宜采用预应力钢丝、钢绞线和预应力螺纹钢筋。

(2) 钢筋混凝土结构的混凝土强度等级不应低于C20；采用强度等级400MPa及以上的钢筋时，混凝土强度等级不应低于C25。承受重复荷载的钢筋混凝土构件，混凝土强度等级不应低于 C30。预应力混凝土结构的混凝土强度等级不宜低于 C40，且不应低于 C30。

2. 混凝土保护层

在钢筋混凝土构件中，为防止钢筋锈蚀，并保证钢筋和混凝土牢固黏结在一起，钢筋外面必须有足够厚度的混凝土保护层。由最外层钢筋的外边缘到混凝土表面的距离称为混凝土保护层(图 6.8)。混凝土保护层的作用如下。

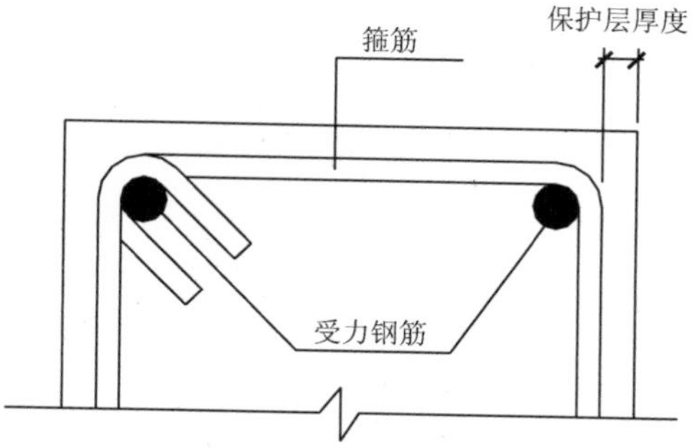

【保护层控制】

图 6.8 混凝土保护层

(1) 维持受力钢筋与混凝土之间的黏结力。钢筋周围混凝土的黏结力很大程度上取决于混凝土握裹层的厚度，两者是成正比的。保护层过薄或缺失时，受力钢筋的作用不能正常发挥。

(2) 保护钢筋免遭锈蚀。混凝土的碱性环境使包裹在其中的钢筋不易锈蚀。一定的保护层厚度是保证结构耐久性所必需的条件。

(3) 提高构件的耐火极限。混凝土保护层具有一定的隔热作用，遇到火灾时能对钢筋进行保护，使其强度不致降低过快。

混凝土结构构件中受力钢筋的保护层厚度不应小于钢筋的公称直径 d。设计使用年限为 50 年的混凝土结构，钢筋保护层厚度应符合附录 D 表 D6 的规定；设计使用年限为 100 年的混凝土结构，应按该表的规定增加 40%；当采取有效的表面防护及定期维修等措施时，保护层厚度可适当减少。

当有充分依据并采取下列有效措施时，可适当减小混凝土保护层的厚度。

(1) 构件表面有可靠的防护层。

(2) 采用工厂化生产的预制构件，并能保证预制构件混凝土的质量。

(3) 在混凝土中掺加阻锈剂或采用阴极保护处理等防锈措施。

(4) 当对地下室墙体采取可靠的建筑防水做法或防护措施时，与土层接触一侧钢筋的保护层厚度可适当减少，但不应小于 25mm。

当梁、柱、墙中纵向受力钢筋的保护层厚度大于 50mm 时，宜对保护层采取有效的构造措施。可在保护层内配置防裂、防剥落的焊接钢筋网片，网片钢筋的保护层厚度不应小于 25mm，并采取有效的绝缘、定位措施。

3. 钢筋的锚固

钢筋的锚固是保证构件承载力至关重要的因素。对图 6.9 所示的梁受拉钢筋在支座处必须要有足够的锚固长度，才能在受力钢筋中建立能发挥钢筋强度的应力。如果钢筋锚固黏结长度不够，将会使构件提前破坏，引起承载力丧失并引发塌垮等灾难性后果。

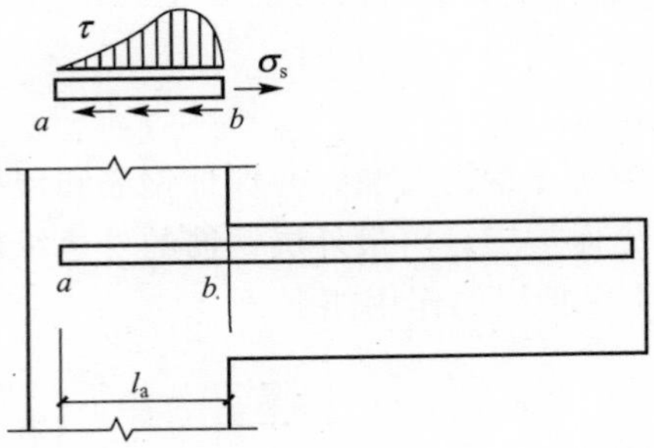

图 6.9　钢筋在支座中的锚固长度

(1) 钢筋的基本锚固长度 l_{ab}。钢筋的基本锚固长度一般指受力钢筋通过混凝土与钢筋的黏结将所受的力传递给混凝土所需的长度。受拉钢筋的基本锚固长度为

$$l_{ab}=\alpha\frac{f_y}{f_t}d \tag{6-1}$$

式中，f_y——普通钢筋的抗拉强度设计值(N/mm²)；

f_t——锚固区混凝土轴心抗拉强度设计值，当混凝土强度等级高于 C60 时，按 C60 取值(N/mm²)；

d——锚固钢筋的直径(mm)；

α——锚固钢筋的外形系数，按表 6-3 取值。

表 6-3　锚固钢筋的外形系数 α

钢筋类型	光面钢筋	带肋钢筋	螺旋肋钢丝	三股钢绞线	七股钢胶线
α	0.16	0.14	0.13	0.16	0.17

注：光面钢筋末端应做 180°弯钩，弯后平直段长度不应小于 $3d$，但作受压钢筋时可不做弯钩。

(2) 受拉钢筋的锚固长度 l_a。受拉钢筋的锚固长度应根据锚固条件按下列公式计算，且不应小于 200mm。

$$l_a=\zeta_a l_{ab} \tag{6-2}$$

式中，ζ_a——锚固长度修正系数，按下列规定取用，当多于一项时，可按连乘计算，但不应小于 0.6；对预应力筋，可取 1.0。

① 当带肋钢筋的公称直径大于 25mm 时取 1.10。

② 环氧树脂涂层带肋钢筋取 1.25。

③ 施工过程中易受扰动的钢筋取 1.10。

④ 当纵向受力钢筋的实际配筋面积大于其设计计算面积时，修正系数取设计计算面积与实际配筋面积的比值，但对有抗震设防要求及直接承受动力荷载的结构构件，不应考虑此项修正。

⑤ 锚固区保护层厚度为 $3d$ 时修正系数可取 0.80，保护层厚度为 $5d$ 时修正系数可取 0.70，中间按内插取值，此处 d 为纵向受力带肋钢筋的直径。

特别提示

l_{ab}及l_a除了可以按照式(6-1)及式(6-2)计算外，也可通过查附录D表D15来确定。

（3）锚固区横向构造钢筋。为防止锚固长度范围内的混凝土破碎，应配置横向构造钢筋加以约束，以维持其锚固能力。当锚固钢筋保护层厚度不大于5d时，锚固长度范围内应配置横向构造钢筋，其直径不应小于$d/4$；对于梁、柱一类的杆状构件间距不应大于5d，对板、墙一类的平面构件间距不应大于10d，且均不应大于100mm，d为锚固钢筋的直径。

（4）纵向钢筋的机械锚固。当支座构件因截面尺寸限制而无法满足规定的锚固长度要求时，采用钢筋弯钩或机械锚固是减少锚固长度的有效方式，如图6.10所示。包括弯钩或锚固端头在内的锚固长度(投影长度)可取为基本锚固长度l_{ab}的60%。钢筋弯钩或机械锚固的形式和技术要求应符合表6-4的规定。

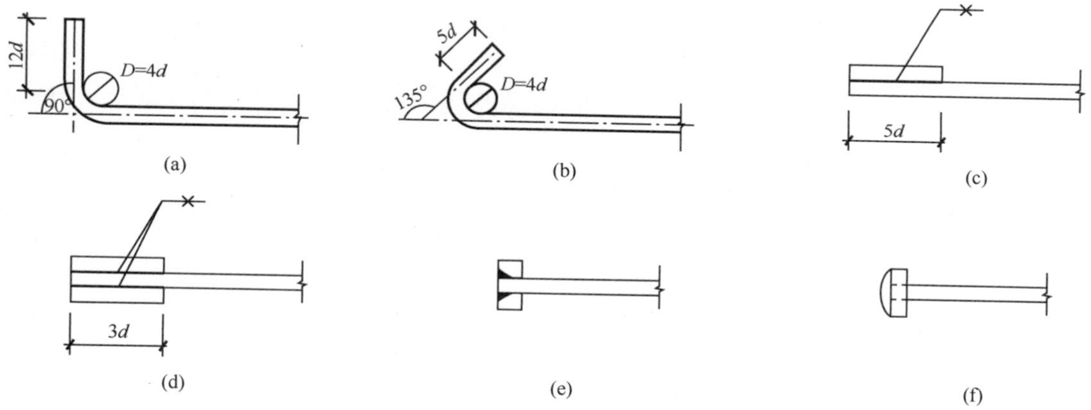

图6.10 钢筋弯钩和机械锚固形式

(a)90°弯钩；(b)135°弯钩；(c)一侧贴焊锚筋；
(d)两侧贴焊锚筋；(e)穿孔塞焊锚板；(f)螺栓锚头

表6-4 钢筋弯钩或机械锚固的形式和技术要求

锚固形式	技术要求
90°弯钩	末端90°弯钩，弯钩内径4d，弯后直段长度12d
135°弯钩	末端135°弯钩，弯钩内径4d，弯后直段长度5d
一侧贴焊锚筋	末端一侧贴焊长5d同直径钢筋
两侧贴焊锚筋	末端两侧贴焊长3d同直径钢筋
穿孔塞焊锚板	末端与厚度d的锚板穿孔塞焊
螺栓锚头	末端旋入螺栓锚头

注：(1) 焊缝和螺纹长度应满足承载力要求。
(2) 焊接锚板和螺栓锚头的承压净面积不应小于锚固钢筋截面积的4倍。
(3) 螺栓锚头的规格应符合相关标准的要求。
(4) 螺栓锚头和焊接锚板的钢筋间距不宜小于4d时，否则应考虑群锚效应的不利影响。
(5) 截面角部的弯钩和一侧贴焊锚筋的布筋方向宜向截面内侧偏置。

(5) 受压钢筋的锚固。混凝土结构中的纵向受压钢筋，当计算中充分利用钢筋的抗压强度时，受压钢筋的锚固长度不应小于相应受拉钢筋锚固长度的70%。由于弯钩及贴焊锚筋等机械锚固形式在承受压力作用时往往会引起偏心作用，容易发生压曲而影响构件的受力性能，因此不应采用弯钩、贴焊锚筋等形式的机械锚固。

(6) 纵向钢筋在梁简支支座内的锚固。钢筋混凝土简支梁和连续梁简支端的下部纵向受力钢筋，从支座边缘算起伸入梁支座内的锚固长度 l_{as}(图6.11)应符合下列规定。

① 当 $V \leqslant 0.7 f_t b h_0$ 时　　　$l_{as} \geqslant 5d$

当 $V > 0.7 f_t b h_0$ 时

带肋钢筋　　　$l_{as} \geqslant 12d$

光面钢筋　　　$l_{as} \geqslant 15d$

此处，d 为钢筋的最大直径。

② 如纵向受力钢筋伸入梁支座范围内的锚固长度不符合上述要求时，应采取前述纵向钢筋的机械锚固措施。

③ 支承在砌体结构上的钢筋混凝土独立梁，在纵向受力钢筋的锚固长度 l_{as} 范围内应配置不少于两根箍筋(图6.11)，其直径不宜小于纵向受力钢筋最大直径的25%，间距不宜大于纵向受力钢筋最小直径的10倍。伸入梁支座范围内的纵向受力钢筋不应少于两根。

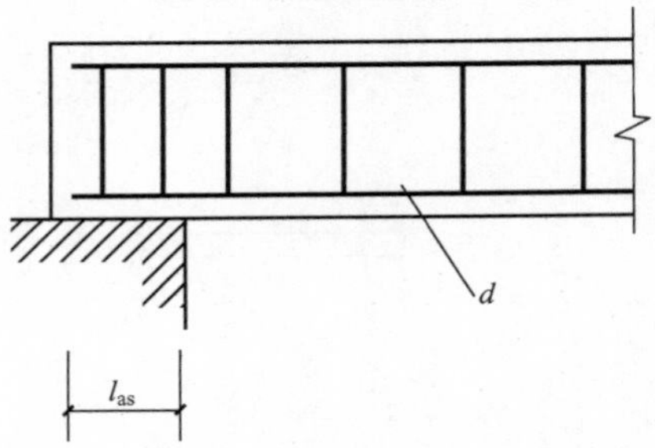

图6.11　纵向受力钢筋伸入简支支座范围内的锚固

(7) 板中受力钢筋的锚固。对于板，一般剪力较小，通常能满足 $V \leqslant 0.7 f_t b h_0$ 的条件，故板的简支支座和中间支座下部纵向受力钢筋伸入支座的锚固长度均取 $l_{as} \geqslant 5d$。

(8) 箍筋的锚固。箍筋在构件中的主要作用是抗剪，它本身是受拉钢筋，必须有良好的锚固。通常箍筋采用封闭式(图6.12)。

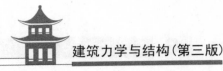

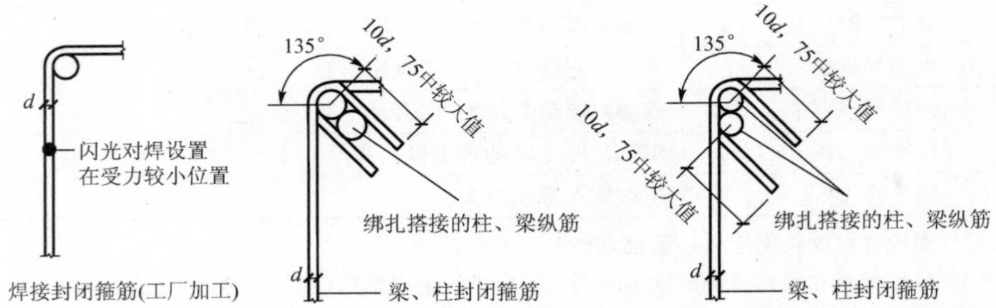

图6.12　箍筋的锚固

应用案例 6-1

某锻工车间屋面梁为12m跨度的T形薄腹梁。在车间建成后使用不久，梁端头突然断裂，造成厂房部分倒塌，如图6.13(a)所示。倒塌构件包括屋面大梁及大型屋面板。

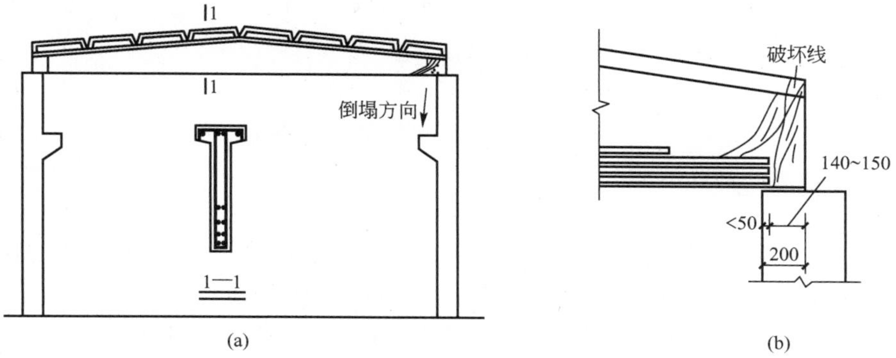

图6.13　受力钢筋锚固长度不合要求造成的后果

【案例点评】

经现场调查分析，该屋面梁混凝土强度能满足设计要求，从梁端断裂处看，大梁支承端钢筋深入支座的锚固长度太少是导致事故发生的主因。该梁设计要求钢筋伸入支座锚固长度至少应为150mm，实际上不足50mm；图纸标明钢筋端头至梁端为40mm，实际上却有140～150mm，如图6.13(b)所示。因此，梁端与柱的连接接近于素混凝土节点，这是非常不可靠的。加之本车间为锻工车间，投产后锻锤的振动力很大，这在一定程度上增加了大梁的负荷，使梁柱连接处的构造做法更加恶化，最终导致大梁的断裂。

4. 钢筋的连接

受钢筋供货条件的限制，实际施工中钢筋长度不够时，常需要连接。钢筋的连接可分为三类：绑扎搭接、机械连接及焊接连接。由于钢筋通过连接接头传力总不如整体钢筋可靠，所以钢筋连接的原则是：接头宜设置在受力较小处，同一纵向受力钢筋不宜设置两个或两个以上接头，在结构的重要构件和关键传力部位，如柱端、梁端的箍筋加密区，纵向受力钢筋不宜设置连接接头。同一构件中相邻纵向受力钢筋的连接接头宜相互错开（图6.14）。

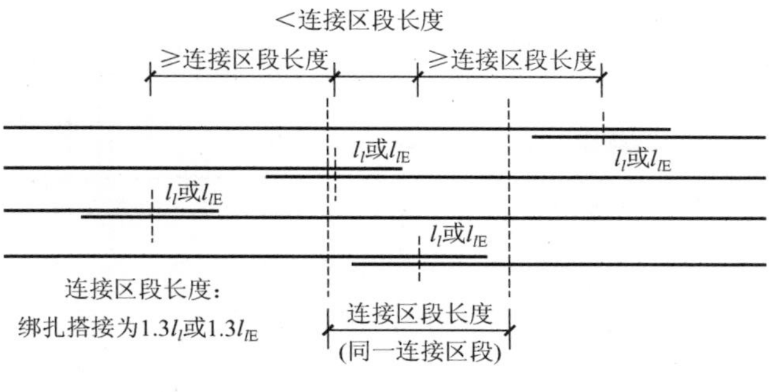

图6.14　同一连接区段内纵向受拉钢筋绑扎搭接接头示意
（图示接头面积百分率为50%）

特别提示

钢筋的连接区段长度，对绑扎连接为 1.3 倍搭接长度；对机械连接为 35d；对焊接连接为 35d 且不小于 500mm。d 为纵向受力钢筋的较小直径。凡连接接头的中点位于该连接区段长度范围内，均属同一连接区段(图 6.14)。

(1) 绑扎搭接。钢筋搭接要有一定的长度才能传递黏结力。纵向受拉钢筋的最小搭接长度 l_l 按下式计算。在任何情况下，纵向受拉钢筋的搭接长度不应小于 300mm。

$$l_l=\zeta_l l_a \tag{6-3}$$

式中，ζ_l——纵向受拉钢筋搭接长度修正系数，按表 6-5 采用。当纵向搭接钢筋接头面积百分率为表的中间值时，修正系数可按内插取值。

采用绑扎搭接时，受拉钢筋直径不宜大于 25mm，受压钢筋直径不宜大于 28mm。

表 6-5　纵向受拉钢筋搭接长度修正系数

纵向搭接钢筋接头面积百分率/%	≤25	50	100
ζ_l	1.2	1.4	1.6

纵向搭接钢筋接头面积百分率(%)的意义是：同一连接区段，需要接头的钢筋截面面积与全部纵向钢筋总截面面积之比。同一连接区段内，受拉钢筋搭接接头面积百分率：对梁、板、墙类构件不宜大于 25%；对柱类构件不宜大于 50%。当工程中确有必要增大接头面积百分率时，对梁类构件，不宜大于 50%；对板、墙、柱等其他构件，可根据实际情况放宽。

纵向受压钢筋搭接时，其最小搭接长度应根据式(6-3)的规定确定后，再乘以系数 0.7 取用。在任何情况下，受压钢筋的搭接长度不应小于 200mm。

绑扎搭接接头中钢筋的横向净距不应小于钢筋直径，且不应小于 25mm。搭接长度的末端与钢筋弯折处的距离，不得小于钢筋直径的 10 倍。接头不宜位于构件最大弯矩处。在受拉区域内，光面钢筋绑扎接头的末端应做弯钩[图 6.15(a)]，变形钢筋可不做弯钩[图 6.15(b)]。

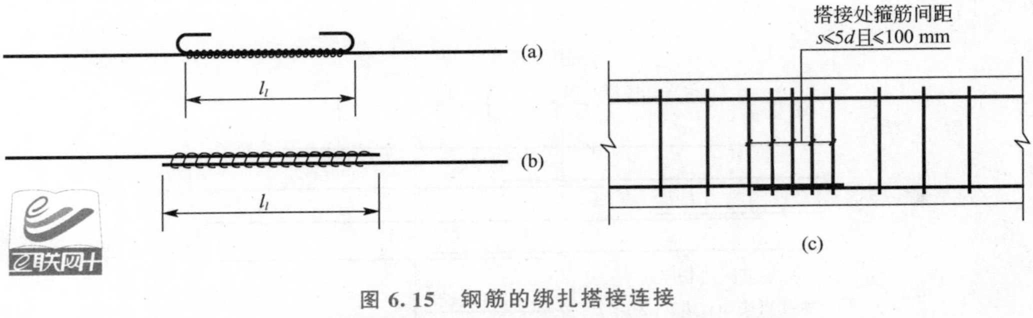

图 6.15　钢筋的绑扎搭接连接

(a) 光面钢筋；(b) 变形钢筋；(c) 搭接处箍筋加密

在纵向受力钢筋搭接长度范围内，应配置符合下列规定的箍筋。

① 箍筋直径不应小于搭接钢筋较大直径的 0.25 倍。

② 搭接区段的箍筋间距不应大于搭接钢筋较小直径的 5 倍，且不应大于 100mm [图 6.15(c)]。

③ 当受压钢筋(如柱中纵向受力钢筋)直径大于 25mm 时，应在搭接接头两个端面外 100mm 范围内各设置两个箍筋，其间距宜为 50mm。

(2) 机械连接。钢筋机械连接是通过连接件的机械咬合作用或钢筋端面的承压作用，将一根钢筋中的力传递至另一根钢筋的连接方法(图 6.16)。机械连接具有施工简便、接头质量可靠、节约钢材和能源等优点。常采用的连接方式有套筒挤压、直螺纹连接等。

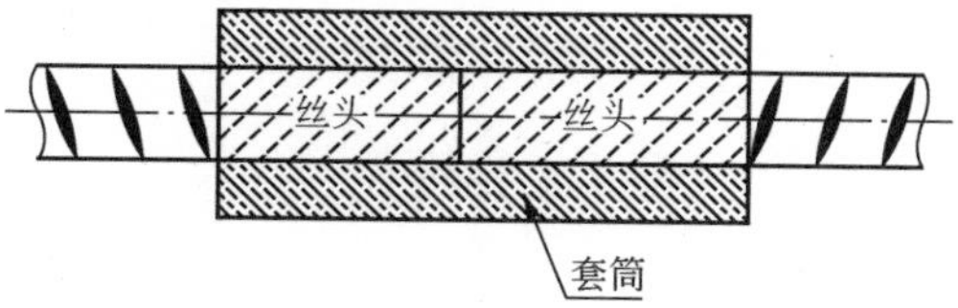

图 6.16 钢筋的机械连接(直螺纹连接)

纵向受力钢筋的机械连接接头宜相互错开。同一连接区段内，纵向受拉钢筋接头面积百分率不宜大于 50%；但对于板、墙、柱及预制构件的拼接处，可根据实际情况放宽。受压钢筋不受此限制。

机械连接套筒的混凝土保护层厚度宜满足钢筋最小保护层厚度的要求。套筒的横向净距不宜小于 25mm；套筒处箍筋的间距仍应满足相应的构造要求。

(3) 焊接连接。利用热加工，熔融金属实现钢筋的连接。常采用的连接方式有对焊(图 6.17)、点焊、电弧焊、电渣压力焊等。

采用焊接连接时，同一连接区段内，纵向受拉钢筋接头面积百分率不宜大于 50%，但对预制构件拼接处，可根据实际情况放宽。受压钢筋不受此限。

图 6.17 钢筋的对焊

【电渣压力焊】

5. 抗震构造规定

1) 材料的选择

(1) 混凝土强度等级：一般结构构件不应低于 C20，框支梁与框支柱及抗震等级为一级的框架梁、柱、节点核心区不应低于 C30。

(2) 钢筋：普通纵向受力钢筋宜选用符合抗震性能指标的不低于 HRB400 级的热轧钢筋，也可采用符合抗震性能指标的 HRB335 级热轧钢筋；箍筋宜选用符合抗震性能指标的不低于 HRB335 级的热轧钢筋，也可选用 HPB300 级热轧钢筋。

按一、二、三级抗震等级设计的各类框架中的纵向受力钢筋，其抗拉强度实测值与屈服强度实测值的比值不应小于 1.25；同时钢筋的屈服强度实测值与强度标准值的比值不应大于 1.3，且钢筋在最大拉力下的总伸长率实测值不应小于 9%，这是为了保证结构破坏时有足够的延性。

(3) 在施工中，当需要以强度等级较高的钢筋替代原设计中的纵向受力钢筋时，应按照钢筋受拉承载力设计值相等的原则换算，并应满足最小配筋率要求。钢筋混凝土结构构件中纵向受力钢筋最小配筋百分率见附录 D 表 D8。

2）纵向受拉钢筋的抗震锚固长度 l_{aE}

当结构有地震荷载作用时，构件中受力钢筋的锚固会处在更为不利的状态下。因此对有抗震设防要求的混凝土结构构件，应根据结构不同的抗震等级增大其锚固长度。纵向受拉钢筋的抗震锚固长度 l_{aE}应按下式计算，也可查附录 D 表 D18。

一、二级抗震等级

$$l_{aE}=1.15l_a \tag{6-4}$$

三级抗震等级

$$l_{aE}=1.05l_a \tag{6-5}$$

四级抗震等级

$$l_{aE}=l_a \tag{6-6}$$

特别提示

结构抗震等级的分类见模块 8 表 8-1。

3）纵向受拉钢筋的抗震搭接长度 l_{lE}

抗震搭接长度 l_{lE}按下式计算，也可查附录 D 表 D20。

$$l_{lE}=\zeta_l l_{aE} \tag{6-7}$$

在纵向受力钢筋抗震搭接长度范围内配置的箍筋，必须满足下列规定。

(1) 箍筋直径不应小于搭接钢筋较大直径的 25%倍。

(2) 间距不应大于搭接钢筋较小直径的 5 倍，且不应大于 100mm。

4）钢筋的连接要求

在抗震结构中，构件纵向受力钢筋的连接可采用绑扎搭接、机械连接或焊接。连接接头位置宜避开梁端、柱端箍筋加密区；无法避开时，应采用机械连接或焊接。位于同一连接区段内的纵向受力钢筋接头面积百分率不宜超过 50%。

5）箍筋

箍筋宜采用焊接封闭箍筋、连续螺旋箍筋或连续复合螺旋箍筋。当采用非焊接封闭箍筋时，其末端应做成 135°弯钩，弯钩端头平直段长度不应小于 10 倍箍筋直径与 75mm 中的较大值(图 6.18)，以保证箍筋对中心区混凝土的有效约束；在纵向钢筋搭接长度范围内的箍筋间距不应大于搭接钢筋较小直径的 5 倍，且不宜大于 100mm。

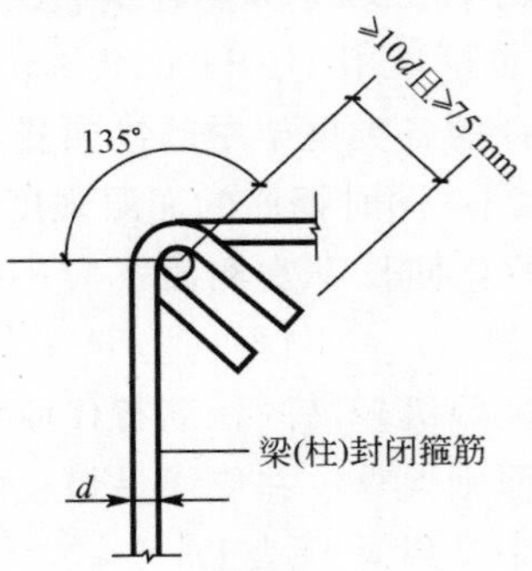

图 6.18 非焊接封闭箍筋的抗震构造

6.2.2 梁的构造规定

1. 梁的截面

梁的截面形式常见的有矩形、T 形、I 形，考虑到施工方便和结构整体性要求，工程中也有采用预制和现浇结合的方法，形成叠合梁和叠合板，如图 6.19 所示。

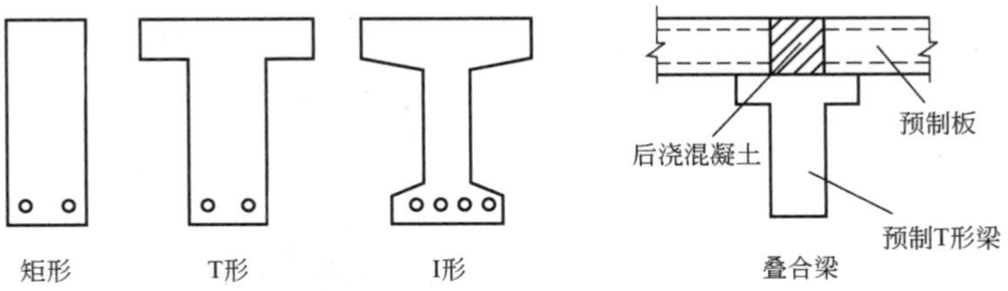

图 6.19 梁的截面形式

梁截面高度 h 与梁的跨度及所受荷载大小有关。一般按高跨比 h/l 估算，如简支梁的高度 $h=(1/12\sim1/8)l$；悬臂梁的高度 $h=l/6$；多跨连续梁 $h=(1/18\sim1/12)l$。

梁截面宽度常用截面高宽比 h/b 确定。对于矩形截面一般 $h/b=2\sim3.5$；对于 T 形截面一般 $h/b=2.5\sim4.0$。

为了统一模板尺寸和便于施工，通常采用梁宽度 $b=150$mm、180mm、200mm…，当 $b>200$mm 时采用 50mm 的倍数；梁高度 $h=250$mm、300mm…，当 $h\leqslant800$mm 时采用 50mm 的倍数，当 $h>800$mm 时采用 100mm 的倍数。

2. 梁的配筋

梁中的钢筋有纵向受力钢筋、弯起钢筋、箍筋和架立筋等，如图 6.20 所示。

【梁的钢筋】

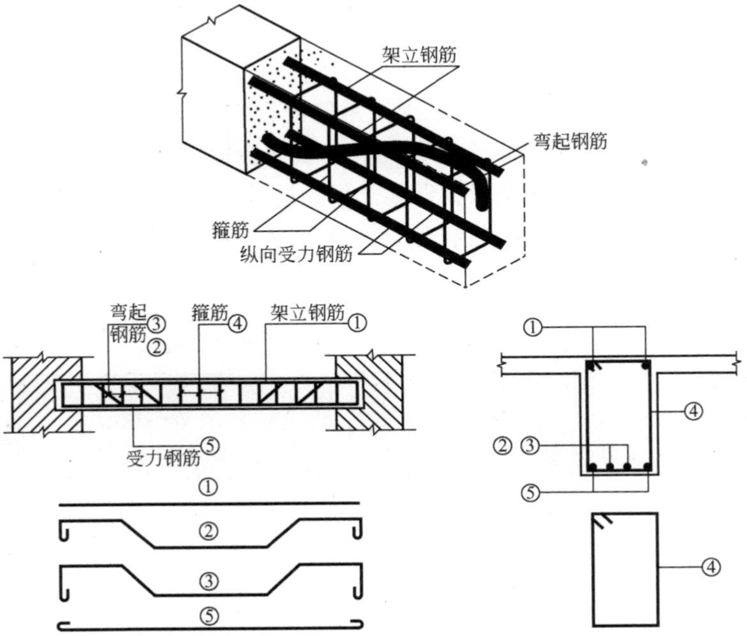

图 6.20 梁的配筋形式

1）纵向受力钢筋

纵向受力钢筋主要承受弯矩产生的拉力，如图 6.20 中所示的⑤号钢筋。其常用直径为 12～25mm。为保证钢筋与混凝土之间具有足够的黏结力和便于浇筑混凝土，梁的上部纵向钢筋水平方向的净间距不应小于 30mm 和 1.5d，下部纵向钢筋的水平净间距不应小于 25mm 和 d。当梁的下部纵向钢筋配置多于两层时，两层以上钢筋水平方向的中距应比下面两层的中距增大一倍；各层钢筋之间的净间距应不小于 25mm 和 d，d 为纵向钢筋的最大直径，如图 6.21 所示。

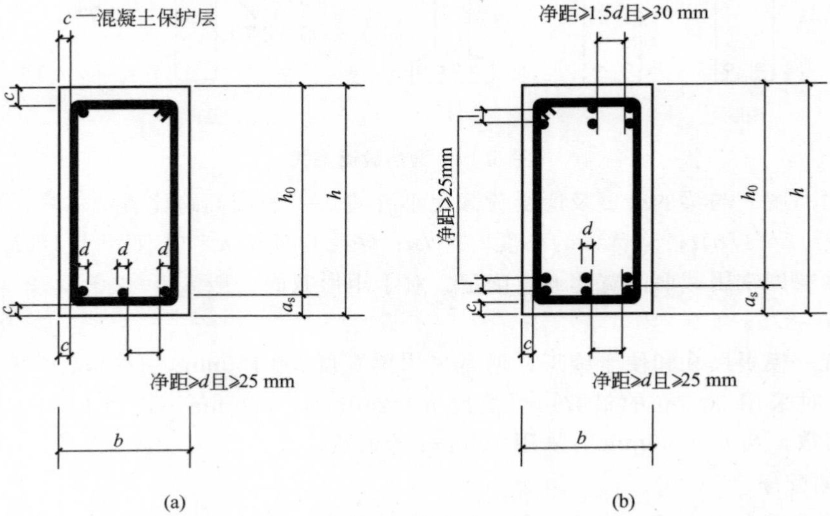

图 6.21　梁内纵向受力钢筋的排列

(a) 钢筋放一排时；(b) 钢筋放两排时

图 6.21 中，h_0 为梁的有效高度，是受拉钢筋的合力作用点到截面受压混凝土边缘的距离：$h_0=h-a_s$，a_s 为受拉钢筋的合力作用点至截面受拉区边缘的距离。

为便于计算 h_0，通常的做法是根据混凝土保护层最小厚度及上述梁中纵向受力钢筋排列的构造规定，并假设梁中纵向受力钢筋的直径为 20mm，箍筋直径为 10mm，在一类环境情况下，h_0 可按表 6-6 的数值取用。

表 6-6　一类环境下梁、板的 h_0 值表 (mm)

构件类型		混凝土强度等级	
		≤C25	C30 及以上
板		$h_0=h-25$	$h_0=h-20$
梁	一排钢筋	$h_0=h-45$	$h_0=h-40$
	两排钢筋	$h_0=h-70$	$h_0=h-65$

特别提示

二a类环境类别下的梁板，保护层厚度 c 比一类环境增加了 5mm，故其 h_0 按表 6-6 再减 5mm 即可。

多排布筋减少了梁截面的有效高度，使梁的承载力降低。同时钢筋多排布置导致混凝土浇筑密实困难。为方便施工，可采用同类型、同直径 2 根或 3 根钢筋并在一起配置，形成并筋，如图 6.22 所示。直径 28mm 及以下的钢筋并筋数量不宜超过 3 根；直径为 32mm 的钢筋宜为 2 根；直径 36mm 及以上的钢筋不应采用并筋。

2）弯起钢筋

弯起钢筋由纵向钢筋在支座附近弯起形成，如图 6.20 中所示的②、③号钢筋。它的作用分三段：跨中水平段承受正弯矩产生的拉力；斜弯段承受剪力；弯起后的水平段可承受压力，也可承受支座处负弯矩产生的拉力。

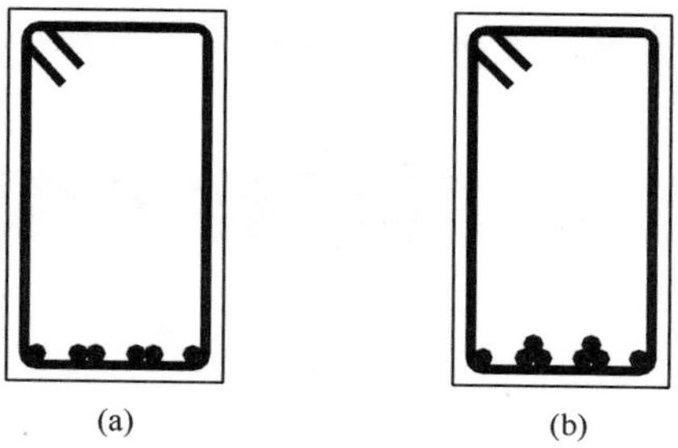

图 6.22 梁中钢筋的并筋形式

(a)2 根并筋；(b)3 根并筋

弯起钢筋的弯起角度：当梁高 $h \leqslant 800$mm 时，采用 45°；当梁高 $h > 800$mm 时，采用 60°。位于梁底层的角部钢筋不应弯起，顶层钢筋中的角部钢筋不应下弯。

弯起钢筋的末端应留有直线段，其长度在受拉区不应小于 $20d$，在受压区不应小于 $10d$，d 为弯起钢筋直径。对于光面钢筋，在其末端还应设置弯钩，如图 6.23 所示。

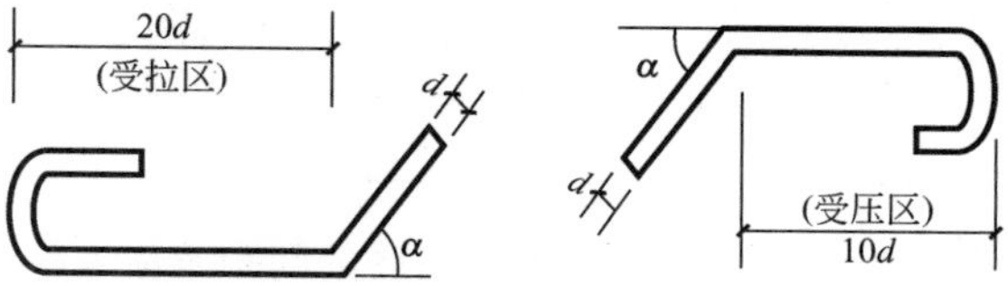

图 6.23 弯起钢筋端部构造

弯起钢筋可单独设置在支座两侧，作为受剪钢筋，这种弯起钢筋称为“鸭筋”，如图 6.24(a)所示，但锚固不可靠的“浮筋”不允许设置，如图 6.24(b)所示。

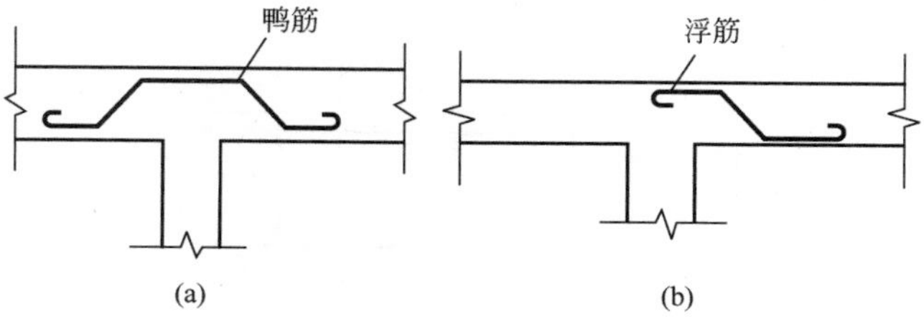

图 6.24 鸭筋、浮筋

(a)鸭筋；(b)浮筋(不允许使用)

3）箍筋

箍筋主要用来承担剪力，在构造上能固定受力钢筋的位置和间距，并与其他钢筋形成钢筋骨架，如图 6.20 中所示的④号钢筋。梁中的箍筋应按计算确定，除此之外，还应满足以下构造要求。

(1) 构造箍筋：若按计算不需要配箍筋时，当截面高度 $h>300$mm 时，应沿梁全长设置箍筋；当 $h=150\sim300$mm 时，可仅在构件端部各 1/4 跨度范围内设置箍筋；但当在构件中部 1/2 跨度范围内有集中荷载作用时，则应沿梁全长设置箍筋；当 $h<150$mm 时，可不设箍筋。

(2) 直径：箍筋的最小直径不应小于表 6－7 的规定。

(3) 间距：梁的箍筋从支座边缘 50mm 处(图 6.25)开始设置。梁中箍筋间距 s 除应符合计算要求外，最大间距 s_{max} 宜符合表 6－8 的规定。

表 6－7　箍筋的最小直径 (mm)

梁高 h	最小直径
$h\leqslant800$	6
$h>800$	8
配有受压钢筋的梁	$\geqslant d/4$(d 为受压钢筋中最大直径)

表 6－8　梁中箍筋的最大间距 s_{max} (mm)

梁高 h	$V>0.7f_tbh_0$	$V\leqslant0.7f_tbh_0$
$150<h\leqslant300$	150	200
$300<h\leqslant500$	200	300
$500<h\leqslant800$	250	350
$h>800$	300	400

当梁中配有按计算需要的纵向受压钢筋时，箍筋的间距不应大于 $15d$(d 为纵向受压钢筋的最小直径)，同时不应大于 400mm；当一层内的纵向受压钢筋多于 5 根且直径大于 18mm 时，箍筋的间距不应大于 $10d$；当梁的宽度大于 400mm 且一层内的纵向受压钢筋多于 3 根时，或当梁的宽度不大于 400mm 但一层内的纵向受压钢筋多于 4 根时，应设置复合箍筋。

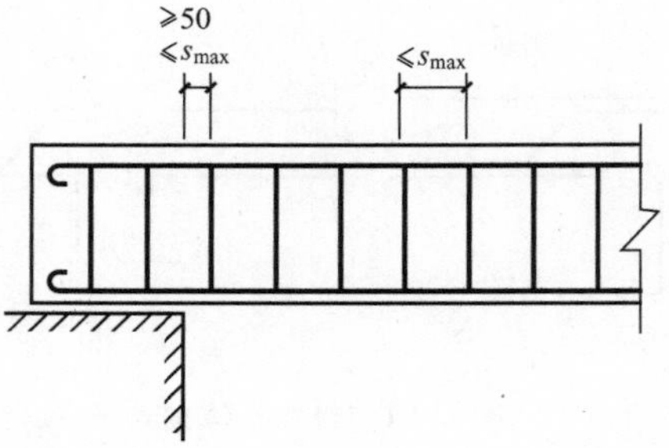

图 6.25　箍筋的间距

(4) 形式：箍筋的形式有开口和封闭两种[图 6.26(a)、(b)]。开口式只用于无振动荷载或开口处无受力钢筋的现浇 T 形梁的跨中部分。除上述情况外，箍筋应做成封闭式。

(5) 肢数：一个箍筋垂直部分的根数称为肢数。常用的有双肢箍[图 6.26(a)、(b)]、四肢箍[图 6.26(d)] 和单肢箍[图 6.26(c)]等几种形式。当梁宽小于 350mm 时，通常用双肢箍；梁宽为 350mm 及以上或纵向受拉钢筋在一排的根数多于 5 根时，应采用四肢箍；当梁配有受压钢筋时，应使受压钢筋至少每隔一根处于箍筋的转角处；只有当梁宽小于 150mm 或作为腰筋的拉结筋时，才允许使用单肢箍。

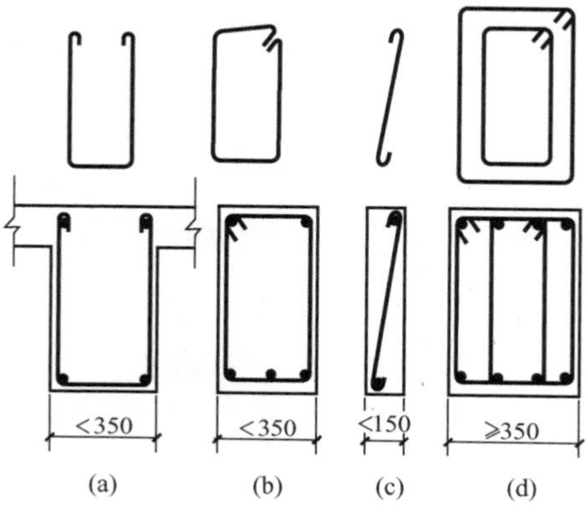

图 6.26 箍筋的形式和肢数

(a)开口式双肢箍；(b)封闭式双肢箍；(c)单肢箍；(d)四肢箍

4) 架立钢筋

为了将受力钢筋和箍筋连接成整体骨架，在施工中应保持正确的位置，在梁的上部平行于纵向受力钢筋的方向，一般应设置架立钢筋，如图 6.20 中所示的①号钢筋。

架立钢筋的直径：当梁的跨度小于 4m 时，不宜小于 8mm；跨度为 4～6m 时，不宜小于 10mm；跨度大于 6m 时，不宜小于 12mm。

架立钢筋与受力钢筋的搭接长度：当架立钢筋直径 $d \geqslant$12mm 时，为 150mm；当 $d <$ 12mm 时，为 100mm；当考虑架立筋受力时，则为 l_l。

5) 梁上部纵向构造钢筋

如果简支梁支座端上面有砖墙压住，阻止了梁端自由转动；或者梁端与另一梁或柱整体现浇，而未按固定端支座计算内力时，梁端将产生一定的负弯矩，这时需要设置构造钢筋(图 6.27)。

构造钢筋不应少于 2 根，其截面面积不少于跨中下部纵向受力钢筋面积的 1/4；由支座伸向跨内的长度不应小于 $0.2l_n$，l_n为梁净跨；构造钢筋伸入支座的锚固长度为 l_a。

构造钢筋可以利用架立钢筋[图 6.27(a)]，这时架立筋不宜少于 2Φ12；也可以采用另加的直钢筋[图 6.27(b)]。

6) 梁侧纵向构造钢筋及拉筋

当梁的腹板高度 $h_w \geqslant$450mm 时，为保证受力钢筋与箍筋构成的整体骨架的稳定，防止梁侧面中部产生竖向收缩裂缝，应在梁的两个侧面沿高度配置纵向构造钢筋。纵向构造钢筋间距 $a \leqslant$200mm，并用拉筋联系，建议拉筋紧靠纵筋并勾住箍筋，如图 6.28 所示。

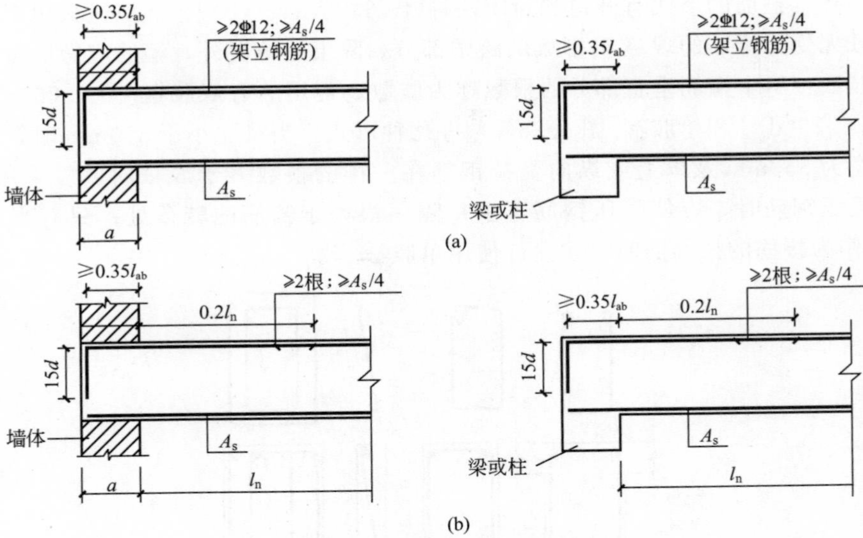

图 6.27 梁端构造钢筋

(a)架立钢筋充当构造钢筋；(b)另设直钢筋作为构造钢筋

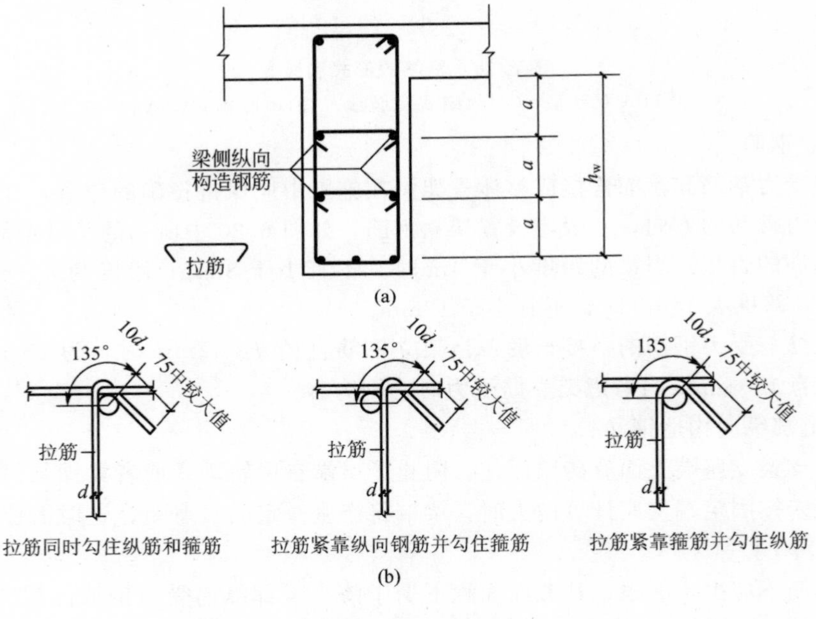

图 6.28 梁侧纵向构造钢筋和拉筋

特别提示

梁的腹板高度 h_w 的计算公式：

(1) 矩形截面取梁的有效高度 $h_w = h_0$；

(2) T 形截面取有效高度减去翼缘高度 $h_w = h_0 - h_f'$；

(3) I 形截面取腹板净高 $h_w = h - h_f - h_f'$。

应用案例 6－2

一些高度较大的钢筋混凝土梁由于梁侧纵向构造钢筋(俗称腰筋)配置过稀，在使用期间甚至在使用以前往往在梁的腹部发生竖向等间距裂缝。这种裂缝多发生在构件中部，中间宽、两头细，至梁的上下缘附近逐渐消失，如图 6.29 所示。

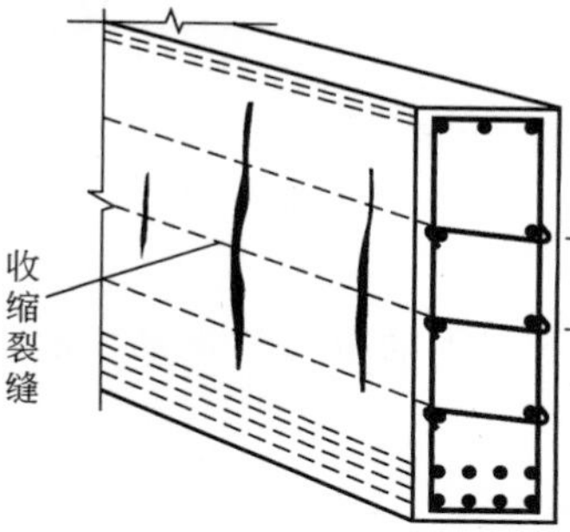

图 6.29　梁侧纵向构造钢筋不足产生的后果

【案例点评】

这种裂缝是由于混凝土收缩所致。两端固定在混凝土柱上的大梁，在凝结过程中因体积收缩而使梁在沿长度方向受拉。因梁的上下缘配有较多纵向受力钢筋，该拉力由纵向受力钢筋承受，混凝土开裂得很细，肉眼难以观察到；而大梁的中腹部，当腰筋配置过少、过稀时，不足以帮助混凝土承受这部分拉力，就会产生沿梁长均匀分布的竖向裂缝。

7）附加横向钢筋

附加横向钢筋设置在梁中有集中力(次梁)作用的位置两侧(图 6.30)，数量由计算确定。附加横向钢筋包括附加箍筋和吊筋，宜优先选用箍筋，也可采用吊筋加箍筋。

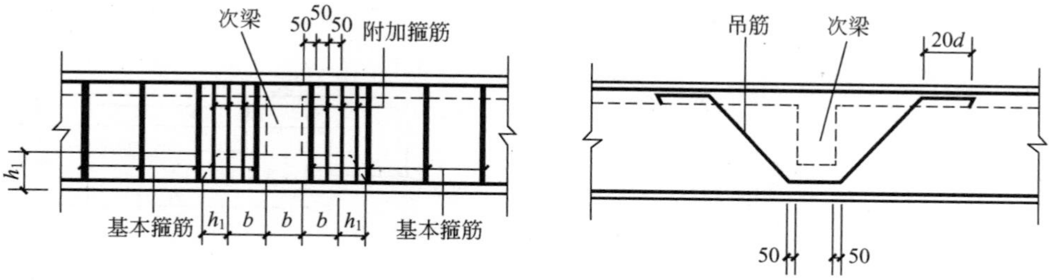

图 6.30　附加横向钢筋

6.2.3　板的构造规定

1. 截面形式与尺寸

钢筋混凝土板的常用截面有矩形、槽形和空心等形式，如图 6.31 所示。板的厚度 h 与其跨度 l 和所受荷载大小有关，一般宜满足跨厚比要求，钢筋混凝土单向板 $\frac{h}{l}\geqslant\frac{1}{30}$；双向板$\frac{h}{l}\geqslant\frac{1}{40}$；无梁支承的有柱帽板$\frac{h}{l}\geqslant\frac{1}{35}$；无梁支承的无柱帽板$\frac{h}{l}\geqslant\frac{1}{30}$。当板的荷载、跨度较大时，宜适当减少。

现浇钢筋混凝土板的厚度不应小于附录 D 表 D7 中规定的数值。

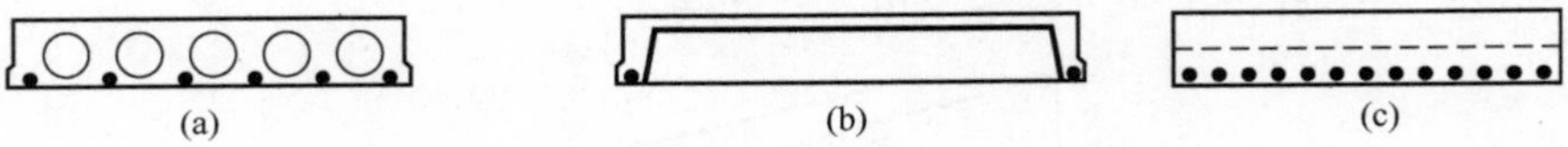

图 6.31　钢筋混凝土板截面形式

(a)空心板；(b)槽形板；(c)矩形板

2. 板的受力钢筋

板中受力钢筋指承受弯矩作用下产生的拉力的钢筋，沿板跨度方向放置，如图 6.32 所示。

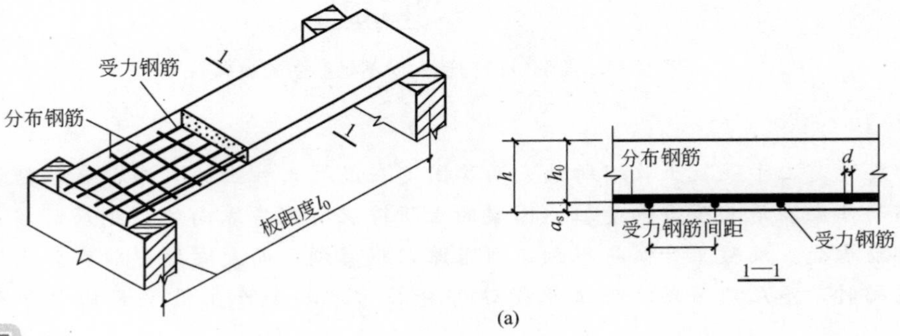

【板的配筋】

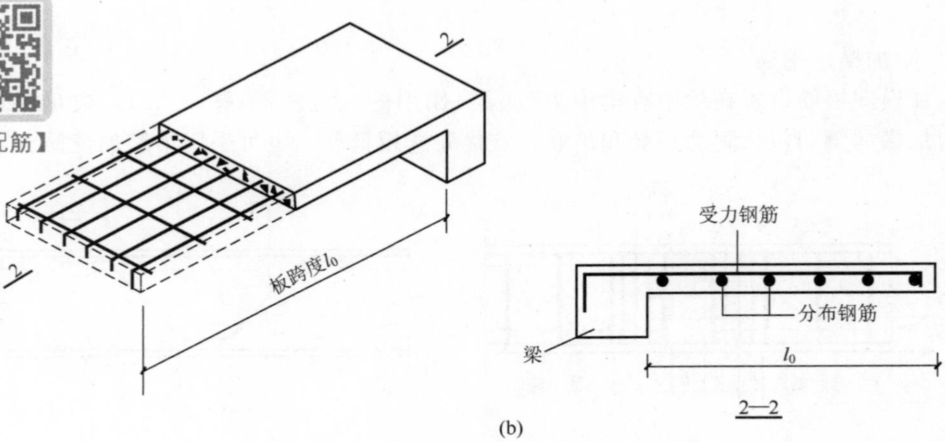

图 6.32　板配筋图

(a)简支板；(b)悬臂板

特别提示

悬臂板由于受负弯矩作用，截面上部纤维受拉。受力钢筋应放置在板受拉一侧，即板上部，施工中应尤其注意，以免放反，造成事故。

（1）直径：板中受力钢筋直径通常采用6mm、8mm、10mm、12mm。

（2）间距：为了使板受力均匀和混凝土浇筑密实，板中受力钢筋的间距不应小于70mm；当板厚$h \leqslant 150$mm时，不宜大于200mm；当板厚$h > 150$mm时，不宜大于$1.5h$，且不宜大于250mm。

（3）锚固长度：简支板或连续板下部纵向受力钢筋伸入支座的锚固长度不应小于$5d$，且宜伸至支座中心线。当连续板内温度、收缩应力较大时，伸入支座的长度宜适当增加。

3. 板的分布钢筋

分布钢筋的作用是更好地分散板面荷载到受力钢筋上，固定受力钢筋的位置，防止由于混凝土收缩及温度变化在垂直板跨方向产生的拉应力。分布钢筋应放置在板受力钢筋的内侧，如图6.32所示。

分布钢筋的数量：板的单位长度上分布钢筋的截面面积不宜小于板的单位宽度上受力钢筋截面面积的15%，且不宜小于该方向板截面面积的0.15%。同时，分布钢筋的间距不宜大于250mm，直径不宜小于6mm。

4. 附加构造钢筋

（1）嵌固在承重砌体墙内的现浇板，由于砖墙的约束作用，板在墙边将产生一定的负弯矩，使沿墙周边的板面上方产生裂缝。因此，对嵌固在承重砖墙内的现浇板，在板边上部应配置垂直于板边的附加构造钢筋（图6.33），其直径不宜小于8mm，间距不宜大于200mm，且单位宽度内的配筋面积不宜小于跨中相应方向板底钢筋截面面积的1/3。构造钢筋伸入板内的长度为$l_0/7$。其中l_0对单向板按受力方向考虑；双向板按短边考虑。

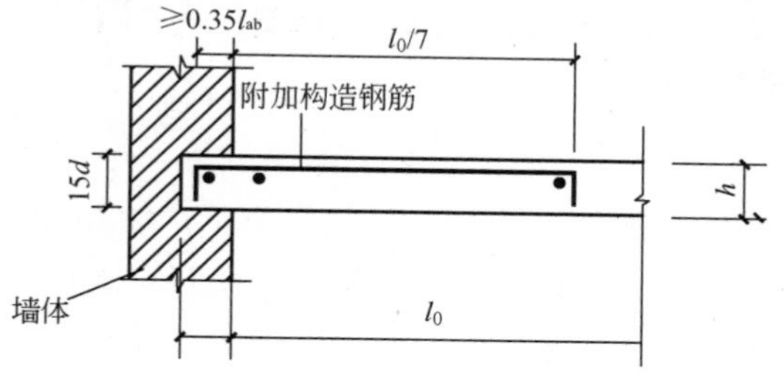

图6.33 嵌固在砌体墙内的板上部构造钢筋

（2）与混凝土梁、墙整体浇筑但按非受力边设计的现浇板，板边上部应配置垂直于板边的附加构造钢筋（图6.34），其直径不宜小于8mm，间距不宜大于200mm，且单位宽度内的配筋面积不宜小于受力方向板底钢筋截面面积的1/3，并按受拉钢筋锚固在梁、柱、墙内。构造钢筋伸入板内的长度为$l_0/4$。

（3）在柱角或墙阳角处的楼板凹角部位，钢筋伸入板内的长度应从柱边或墙边算起。

5. 板在端部支座的锚固构造

板在端部支座的锚固构造如图6.34所示。

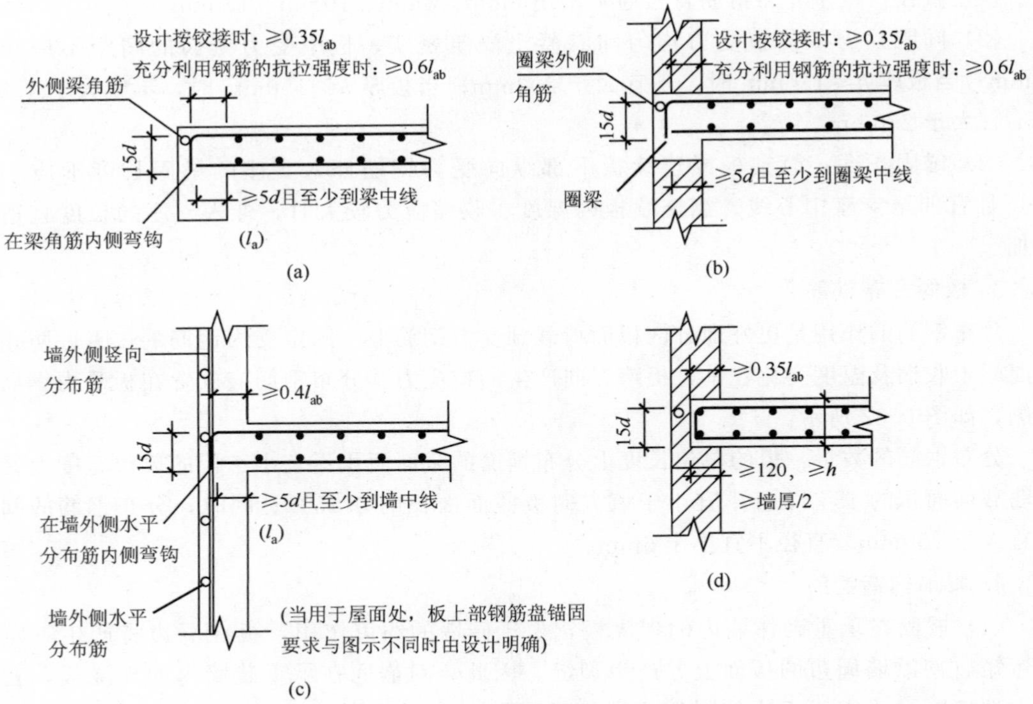

图 6.34　板在端部支座的锚固构造

(a)端部支座为梁；(b)端部支座为砌体墙的圈梁；(c)端部支座为剪力墙；(d)端部支座为砌体墙

注：括号内的锚固长度 l_a 用于梁板式转换层的板。

6.3　钢筋混凝土梁承载力计算　（选学）

钢筋混凝土梁属于典型的受弯构件，在荷载作用下产生内力与变形两大效应。其中，内力为弯矩和剪力；变形为挠度和裂缝宽度。为了保证其安全性，需进行承载能力极限状态计算，包括正截面受弯承载力计算和斜截面受剪承载力计算；为了保证其适用性，需进行正常使用极限状态验算，包括挠度和裂缝宽度验算。

6.3.1　梁的正截面受弯承载力计算

钢筋混凝土梁的计算理论是建立在试验基础上的，通过试验可以了解钢筋混凝土梁的受力及破坏过程，确定梁在破坏时的截面应力分布，以便建立正截面受弯承载力计算公式。

1. 梁正截面破坏工程试验

根据工程试验，钢筋混凝土梁的正截面破坏形态主要与纵向受拉钢筋的配筋多少(配筋率)有关，随着配筋率的不同，梁的正截面破坏特征也在发生本质的变化。配筋率是指纵向钢筋的截面面积 A_s 与构件截面的有效面积 bh_0 的比值，用 ρ 表示，即 $\rho=\dfrac{A_s}{bh_0}$；同时根据纵向受力钢筋的配筋率将梁分为适筋梁、超筋梁和少筋梁。下面将简述梁的三种破坏形态。

1）适筋梁（拉压破坏）

纵向受力钢筋的配筋率合适的梁称为适筋梁（图 6.35）。其破坏特征是：破坏开始时，受拉区的钢筋应力先达到屈服强度，之后钢筋应力进入屈服台阶，梁的挠度、裂缝随之增大，最终因受压区的混凝土达到其极限压应变被压碎而破坏。在这一阶段，梁的承载力基本保持不变而变形可以很大，在完全破坏以前具有很好的变形能力，破坏预兆明显，人们把这种破坏称为“延性破坏”。

【适筋梁受弯试验】

受弯构件的正截面承载力计算的基本公式就是根据适筋梁破坏时的平衡条件建立的。

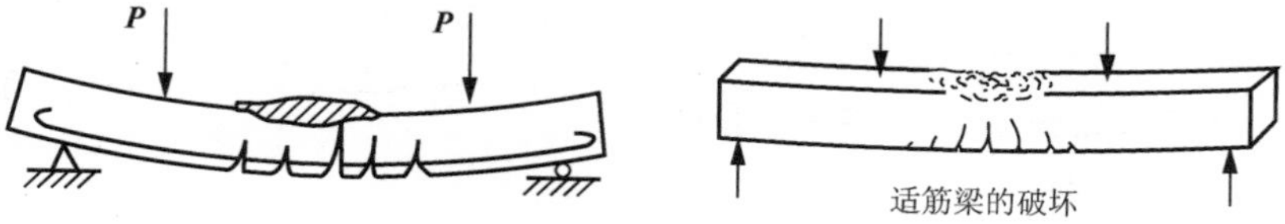

图 6.35　钢筋混凝土适筋梁的破坏形态

2）超筋梁（受压破坏）

纵向受力钢筋的配筋率过大的梁称为超筋梁（图 6.36）。由于其纵向受力钢筋过多，在钢筋没有达到屈服前，受压区混凝土就被压坏，表现为裂缝开展不宽、延伸不高，是没有明显预兆的混凝土受压脆性破坏的特征。

超筋梁虽配置过多的受拉钢筋，但破坏取决于混凝土的压碎情况，且钢筋受拉强度未得到充分发挥，破坏又没有明显的预兆，因此，在工程中应避免采用。

【超筋梁受弯试验】

在适筋梁和超筋梁的破坏之间存在一种“界限”破坏，其破坏特征是受拉纵筋屈服的同时，受压区混凝土被压碎，此时的配筋率称为最大配筋率 ρ_{max}，见表 6－9。

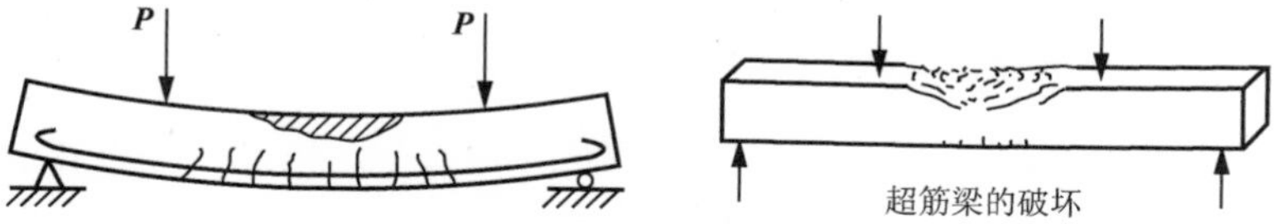

图 6.36　钢筋混凝土超筋梁的破坏形态

表 6－9　受弯构件的截面最大配筋率 ρ_{max}（%）

钢筋等级	混凝土强度等级			
	C20	C25	C30	C35
HPB300	2.048	2.539	3.051	3.563
HRB335	1.76	2.182	2.622	3.062
HRB400 HRBF400 RRB400	1.381	1.712	2.058	2.403
HRB500 HRBF500	1.064	1.319	1.585	1.850

【少筋梁受弯试验】

3）少筋梁(瞬时受拉破坏)

纵向受力钢筋的配筋率很小时称为少筋梁(图 6.37)。当梁配筋较少时，受拉纵筋有可能在受压区混凝土开裂的瞬间就进入强化阶段甚至被拉断，其破坏与素混凝土梁类似，属于脆性破坏。少筋梁的这种受拉脆性破坏比超筋梁受压脆性破坏更为突然，不安全，而且也不经济，因此在建筑结构设计中不允许采用。

在适筋和少筋破坏之间也存在一种“界限”破坏。其屈服弯矩与开裂弯矩相等，此时的配筋率称为最小配筋率 ρ_{min}，钢筋混凝土构件中纵向受力钢筋的最小配筋率见附录 D 表 D8。

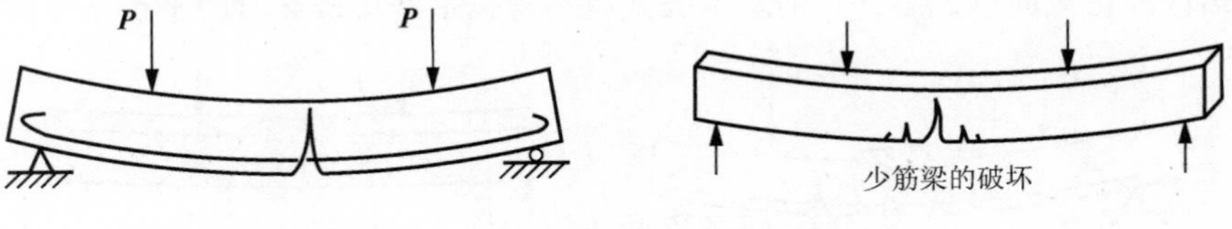

图 6.37 钢筋混凝土少筋梁的破坏形态

2. 单筋矩形截面梁正截面承载力计算

梁在弯矩作用下，一侧受拉，另一侧受压；受拉区拉力由纵筋承担，受压区压力由混凝土承担或由混凝土和纵筋共同承担。当只在受拉区配置受拉纵筋时，其截面被称为单筋截面，如图 6.38 所示；当在受拉区和受压区均配置纵筋时，其截面被称为双筋截面。下面将主要介绍单筋矩形截面适筋梁正截面承载力计算的基本公式、适用条件及应用。

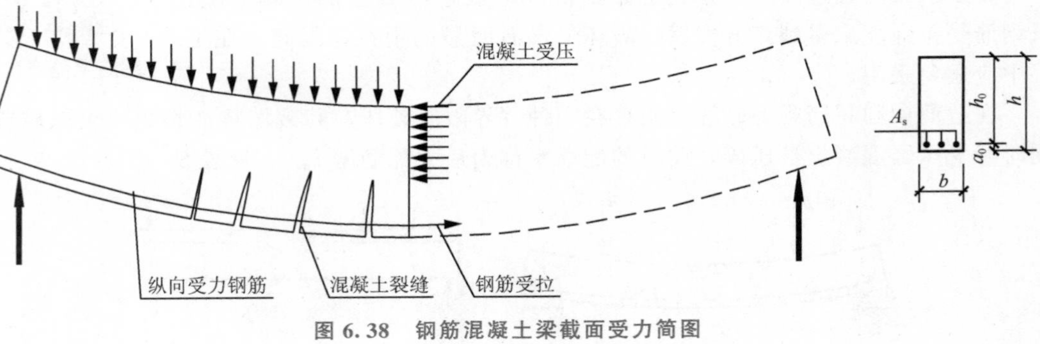

图 6.38 钢筋混凝土梁截面受力简图

1）基本公式

如图 6.39 所示，单筋矩形截面适筋梁在弯矩 M 作用下，其下部受拉，拉力由受拉纵筋承担；上部受压，压力由混凝土承担。

在截面即将破坏时其处于平衡状态，根据力的平衡可知，所有各力在水平轴方向的合力为零，即得式(6－8)；根据所有各力对截面上任何一点的合力矩为零，当对受拉区纵向受力钢筋的合力作用点取矩，即得式(6－9a)；当对受压区混凝土压应力的合力作用点取矩时，即得式(6－9b)。

$$\sum F_x = 0\ ,\ \alpha_1 f_c bx = f_y A_s \qquad (6-8)$$

$$\sum M_s = 0\ ,\ M \leqslant M_u = \alpha_1 f_c bx(h_0 - x/2) \qquad (6-9a)$$

$$\sum M_c = 0\ ,\ M \leqslant M_u = f_y A_s(h_0 - x/2) \qquad (6-9b)$$

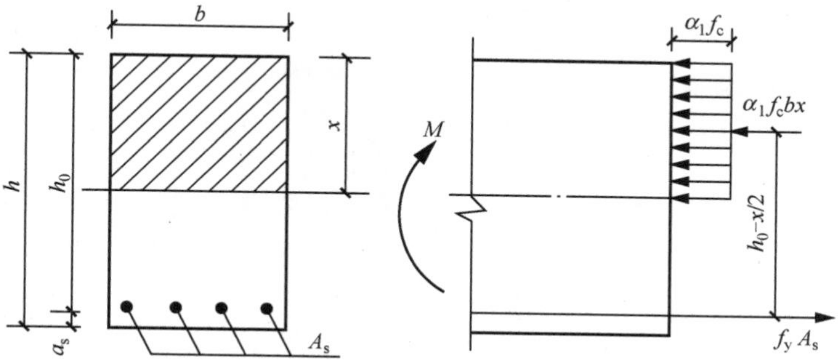

图 6.39　单筋矩形截面适筋梁计算简图

式中，b——矩形截面的宽度(mm)；

A_s——纵向受拉钢筋的截面面积(mm^2)；

M_u——梁截面极限受弯承载力设计值(kN·m)；

M——计算截面弯矩设计值(kN·m)；

α_1——受压混凝土的简化应力图形系数，取值见表 6-10；

f_c——混凝土轴心抗压强度设计值(N/mm^2)；

f_y——钢筋抗拉强度设计值(N/mm^2)；

x——混凝土等效受压区高度(mm)；

h_0——截面有效高度(mm)。

表 6-10　受压混凝土的简化应力图形系数 α_1

混凝土强度等级	≤C50	C55	C60	C65	C70	C75	C80
α_1 值	1.0	0.99	0.98	0.97	0.96	0.95	0.94

2）基本公式的适用条件

(1) 为了防止梁发生少筋破坏，要求构件的配筋率 ρ 不得低于最小配筋率 ρ_{min}，即

$$\rho \geqslant \rho_{min} \tag{6-10}$$

(2) 为了防止梁发生超筋破坏，要求构件的配筋率 ρ 不得高于最大配筋率 ρ_{max}，即

$$\rho \leqslant \rho_{max}；或 \xi \leqslant \xi_b；或 x \leqslant x_b = \xi_b h_0；或 \alpha_s \leqslant \alpha_{s,max} \tag{6-11}$$

3）相对受压区高度 ξ 及界限相对受压区高度 ξ_b

由式(6-8)等号左右两侧均除以 $f_y b h_0$ 可得

$$\frac{\alpha_1 f_c}{f_y} \cdot \frac{x}{h_0} = \frac{A_s}{bh_0} = \rho \tag{6-12a}$$

定义受压区高度 x 与截面有效高度 h_0 的比值为混凝土的相对受压区高度，用 ξ 表示，即 $\xi = x/h_0$。当配筋率为最大配筋率 ρ_{max} 时，相对受压区高度也达到最大值，用 ξ_b 表示，上式可表达为

$$\rho_{max} = \frac{A_{smax}}{bh_0} = \xi_b \frac{\alpha_1 f_c}{f_y} \tag{6-12b}$$

定义 ξ_b 为界限相对受压区高度，指梁正截面界限破坏时截面相对受压区高度，具体取值见附录 D 表 D11。故防止梁发生超筋破坏的条件也可以用 $\xi \leqslant \xi_b$ 或 $x \leqslant x_b = \xi_b h_0$ 来表示。

4）截面的抵抗矩系数 α_s 及内力臂系数 γ_s

把 $x=\xi h_0$ 代入式(6-9a)中，可得

$$M_u=\alpha_1 f_c bx\left(h_0-\frac{x}{2}\right)=\alpha_1 f_c b\xi h_0\left(h_0-\frac{\xi h_0}{2}\right)=\alpha_1 f_c bh_0^2\xi(1-0.5\xi)$$

令 $\alpha_s=\xi(1-0.5\xi)$，称 α_s 为截面的抵抗矩系数；此时，$\xi=1-\sqrt{1-2\alpha_s}$。当 $\xi=\xi_b$ 时，$\alpha_s=\alpha_{s,max}$，见附录 D 表 D11，所以防止梁发生超筋破坏的条件也可以写成：$\alpha_s\leqslant\alpha_{s,max}$。

把 $x=\xi h_0$ 代入式(6-9b)中，可得

$$M_u=A_s f_y\left(h_0-\frac{x}{2}\right)=A_s f_y h_0(1-0.5\xi)$$

令 $\gamma_s=1-0.5\xi$，称 γ_s 为内力臂系数，同时，$\gamma_s=0.5(1+\sqrt{1-2\alpha_s})$。

正截面承载力计算公式中涉及求解一元二次方程，所以实际工程中为方便计算通常采用查表法。相对受压区高度 ξ、截面的抵抗矩系数 α_s 及内力臂系数 γ_s 的相互换算关系也可查附录 D 表 D12。

5）应用

单筋矩形截面梁正截面承载力计算主要包括配置梁的纵向受拉钢筋和截面校核两个方面。配置梁的纵向受拉钢筋最终要确定纵筋的直径、根数等，不但要符合计算公式还要符合梁中纵筋的构造要求；截面校核是指在已知纵筋等截面信息时校核其正截面承载力是否符合要求，即安全性问题。

(1) 配置梁的纵向受拉钢筋。

已知：梁截面尺寸 $b\times h$；由荷载产生的弯矩设计值 M；混凝土强度等级；钢筋级别。求所需受拉钢筋截面面积 A_s。其配置受拉纵筋的计算步骤如下。

① 确定截面有效高度 $h_0=h-a_s$。

② 计算截面的抵抗矩系数 α_s，并进行超筋校核。

$$\alpha_s=\frac{M}{\alpha_1 f_c bh_0^2}\leqslant\alpha_{s,max} \tag{6-13}$$

③ 求内力臂系数 γ_s或相对受压区高度 ξ。

$$\gamma_s=0.5(1+\sqrt{1-2\alpha_s}) \tag{6-14a}$$

或

$$\xi=1-\sqrt{1-2\alpha_s} \tag{6-14b}$$

求 γ_s或 ξ 时，可根据上式计算，也可查表附录 D 表 D12 进行计算。

④ 求钢筋面积 A_s。

$$A_s=\frac{M}{\gamma_s f_y h_0} \tag{6-15a}$$

或

$$A_s=\xi bh_0\frac{\alpha_1 f_c}{f_y}=\frac{\alpha_1 f_c bx}{f_y} \tag{6-15b}$$

⑤ 配置纵向受拉钢筋。

根据计算所需的钢筋面积 A_s值，查表附录 D 表 D9(钢筋计算截面面积表)，确定梁中纵向受力钢筋的直径和根数，同时应符合相应的构造要求。

⑥ 验算最小配筋率。

受拉纵筋的配筋率应符合最小配筋率要求，即 $\rho \geqslant \rho_{min}$，此时计算配筋率应取用梁高 h 而不是梁的有效高度 h_0，即 $\rho = A_s/bh$。

⑦ 画配筋草图。

上述计算步骤也可用框图(图 6.40)表示。

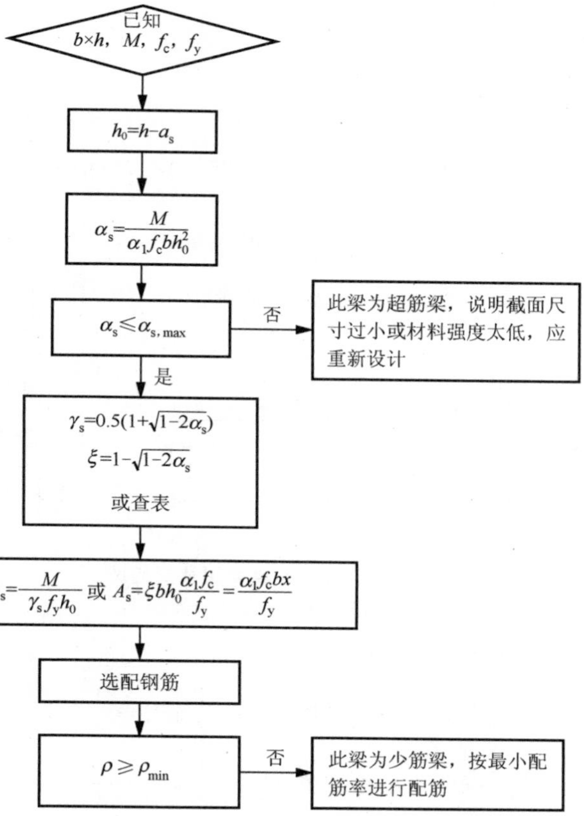

图 6.40　配置梁纵向受拉钢筋的计算框图

特别提示

钢筋配筋计算中，理论上实际配筋面积与计算钢筋面积的误差大约在±5%范围内。

在一定范围内，配筋率 ρ 大，说明截面钢筋数量多，构件的承载力会随之增大。但过多或过少的钢筋都会使构件发生脆性破坏，是设计应避免的。配筋率 ρ 在经济配筋率范围波动时，对总造价影响不大。板的经济配筋率为 0.3%～0.8%，单筋矩形梁的经济配筋率为 0.6%～1.5%，T 形截面梁的经济配筋率为 0.9%～1.8%。

应用案例 6 - 3

一钢筋混凝土矩形截面简支梁计算跨度 $l_0 = 6.0\text{m}$，截面尺寸 $b \times h = 250\text{mm} \times 600\text{mm}$，承受均布荷载标准值 $g_k = 15\text{kN/m}$(不含自重)，均布活荷载标准值 $q_k = 20\text{kN/m}$，环

境类别为一类，材料选择C30混凝土，HRB500钢筋保护层厚20mm。试确定该梁的纵向受拉钢筋(图6.41)。

解：(1) 确定计算参数。

C30级混凝土：查附录D表D3得 $f_c=14.3\text{N/mm}^2$，$f_t=1.43\text{N/mm}^2$

HRB500级钢筋：查附录D表D1得 $f_y=435\text{N/mm}^2$

查附录D表D11得 $\alpha_{s,\max}=0.366$

查表6-6得 $h_0=600-40=560(\text{mm})$

查表6-10得 $\alpha_1=1.0$

(2) 确定荷载标准值。

恒荷载标准值

$$g_k=15+0.25\times0.6\times25=18.75(\text{kN/m})$$

活荷载标准值

$$q_k=20\text{kN/m}$$

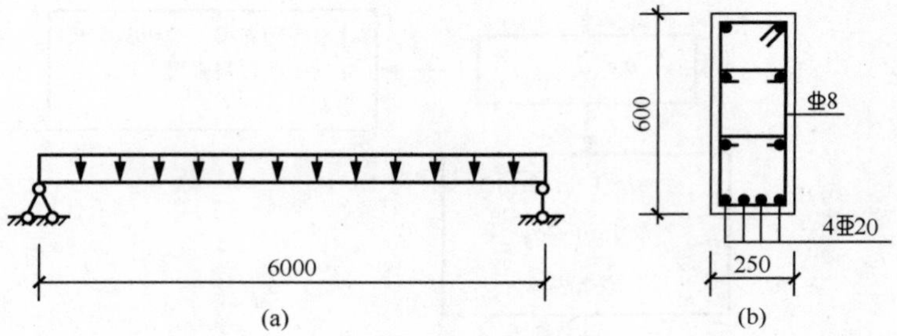

图6.41 计算简图及配筋图
(a)计算简图；(b)配筋图

(3) 确定梁跨中截面弯矩设计值。

恒荷载标准值引起的跨中弯矩标准值 $M_{gk}=\frac{1}{8}g_k l^2=\frac{1}{8}\times18.75\times6^2=84.375(\text{kN}\cdot\text{m})$

活荷载标准值引起的跨中弯矩标准值 $M_{qk}=\frac{1}{8}q_k l^2=\frac{1}{8}\times20\times6^2=90(\text{kN}\cdot\text{m})$

一般构件 $\gamma_0=1.0$

$$M=\gamma_0(\gamma_G M_{gk}+\gamma_Q M_{qk})=1.0\times(1.3\times84.375+1.5\times90)=244.688(\text{kN}\cdot\text{m})$$

(4) 确定计算系数 α_s 和 γ_s。

$$\alpha_s=\frac{M}{\alpha_1 f_c b h_0^2}=\frac{244.688\times10^6}{1.0\times14.3\times250\times560^2}=0.218\leqslant\alpha_{s,\max}=0.366\quad(\text{梁不会超筋破坏})$$

$$\gamma_s=0.5(1+\sqrt{1-2\alpha_s})=0.5(1+\sqrt{1-2\times0.218})=0.876$$

(5) 确定钢筋面积 A_s。

$$A_s=\frac{M}{f_y h_0 r_s}=\frac{244.688\times10^6}{435\times560\times0.876}=1147(\text{mm}^2)$$

查附录D表D9，选用4⌀20，$A_{s实}=1256\text{mm}^2$

钢筋净距：$s=\frac{250-2\times20-2\times8-4\times20}{3}=38(\text{mm})>25\text{mm}$，符合要求。

(6) 验算最小配筋率，查附录D表D8得

$$\rho_{min}=\max\left(0.2\%,\ 0.45\frac{f_t}{f_y}\right)=\max\left(0.2\%,\ 0.45\times\frac{1.43}{435}\right)=0.2\%$$

$$\rho=\frac{A_s}{bh_0}\times100\%=\frac{1256}{250\times600}\times100\%=0.837\%>0.2\%$$

梁不会发生少筋破坏，满足要求。

(7) 绘制配筋简图，见图6.41(b)。

(2) 截面校核。

截面校核是指在已知材料强度(f_c，f_y，α_1)、截面尺寸($b\times h$)、钢筋截面面积A_s的条件下，计算梁的受弯承载力设计值M_u或验算构件是否安全的问题，其计算步骤可用图6.42表示。

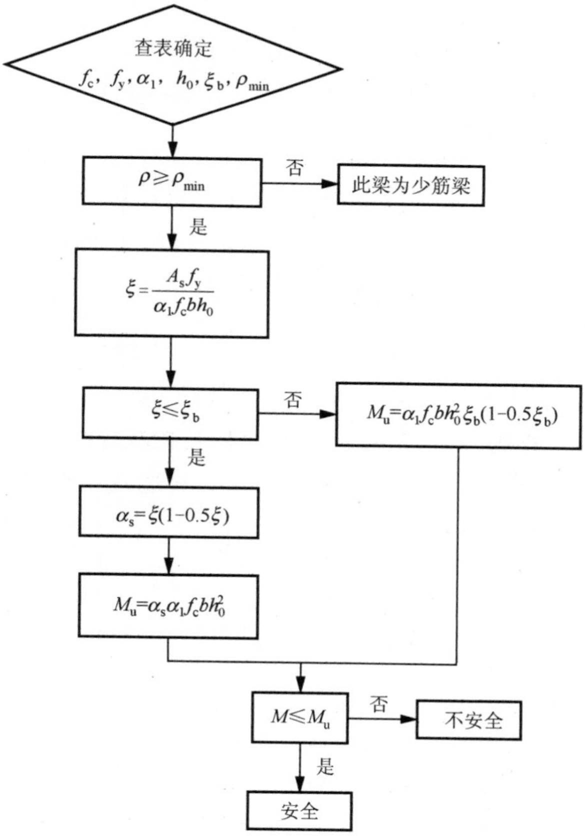

图6.42 梁正截面承载力校核的计算框图

应用案例6-4

某单筋矩形截面梁截面尺寸及配筋如图6.43所示，弯矩设计值$M=80\text{kN}\cdot\text{m}$，混凝土强度等级为C35，HRB400级钢筋，环境类别为一类。验算此梁正截面是否安全。

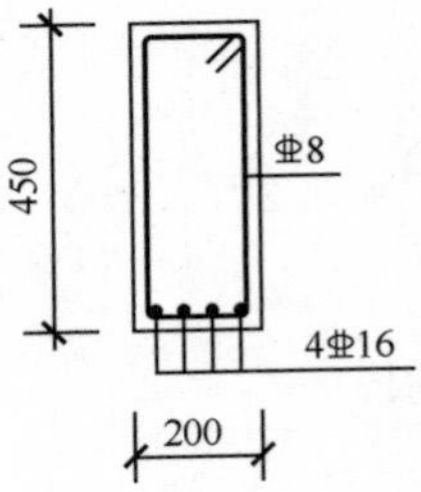

图 6.43　梁截面配筋图

解：(1) 确定计算参数。

C35 混凝土，查表得 $f_c=16.7\text{N/mm}^2$；$f_t=1.57\text{N/mm}^2$

HRB400 级钢筋，查表得 $f_y=360\text{N/mm}^2$；

4Φ16 的钢筋截面面积，查表得 $A_s=804\text{mm}^2$；

查表得 $\xi_b=0.518$；$h_0=450-40=410(\text{mm})$；$\alpha_1=1.0$。

(2) 验算最小配筋率。

$$\rho_{\min}=\max\left(0.2\%,\ 0.45\frac{f_t}{f_y}\right)=\max\left(0.2\%,\ 0.45\times\frac{1.57}{360}\right)=0.2\%,$$

满足要求。

$$\rho=\frac{A_s}{bh_0}\times100\%=\frac{804}{200\times450}\times100\%=0.893\%>0.2\%$$

(3) 确定截面受压区高度 ξ。

$$\xi=\frac{f_yA_s}{\alpha_1 f_c bh_0}=\frac{360\times804}{1.0\times16.7\times200\times410}=0.211$$

(4) 确定截面抵抗矩系数 α_s。

$$\alpha_s=\xi(1-0.5\xi)=0.211\times(1-0.5\times0.211)=0.189$$

(5) 确定截面极限弯矩设计值 M_u。

$$\xi=0.189<\xi_b=0.518,\ \text{不超筋}$$

(6) $M_u=\alpha_s\alpha_1 f_c bh_0{}^2=0.189\times1.0\times16.7\times200\times410^2=106.115\times10^6(\text{N}\cdot\text{mm})$

$=106.115\text{kN}\cdot\text{m}>M=80\text{kN}\cdot\text{m}$ (安全)

特别提示

如欲提高截面的抗弯能力 M_u，应优先考虑加大截面高度 h，其次是提高受拉钢筋的强度等级(f_y)或加大钢筋的数量(A_s)。而加大截面宽度 b 或提高混凝土的强度等级(f_c)效果不明显，一般不予采用。

知识链接

1. 双筋截面梁

双筋截面指的是在受压区配有受压钢筋，受拉区配有受拉钢筋的截面。压力由混凝土和受压钢筋共同承担，拉力由受拉钢筋承担。

受压钢筋可以提高构件截面的延性，并可减少构件在荷载作用下的变形，但用钢量较大，因此，一般情况下采用钢筋来承担压力是不经济的，但遇到下列情况之一时，可考虑采用双筋截面。

(1) 截面所承受的弯矩较大，且截面尺寸和材料品种等由于某种原因不能改变，此时，若采用单筋则会出现超筋现象。

(2) 同一截面在不同荷载组合下出现正、反弯矩。

(3) 构件的某些截面由于某种原因，在截面的受压区预先已经布置了一定数量的受力钢筋(如连续梁的某些支座截面)。

2. T 形截面梁

矩形截面梁具有构造简单和施工方便等优点，但由于梁受拉区混凝土开裂退出工作，实际上受拉区混凝土的作用并未能得到充分发挥。如挖去部分受拉区混凝土，并将钢筋集中放置，就形成了由梁肋和位于受压区的翼缘所组成的 T 形截面。梁的截面由矩形变成 T 形，并不会影响其受弯承载力的降低，却能达到节省混凝土、减轻结构自重、降低造价的目的。图 6.44 中，T 形截面的两侧伸出部分称为翼缘，其宽度为 b'_f，厚度为 h'_f；中间部分称为肋或腹板。

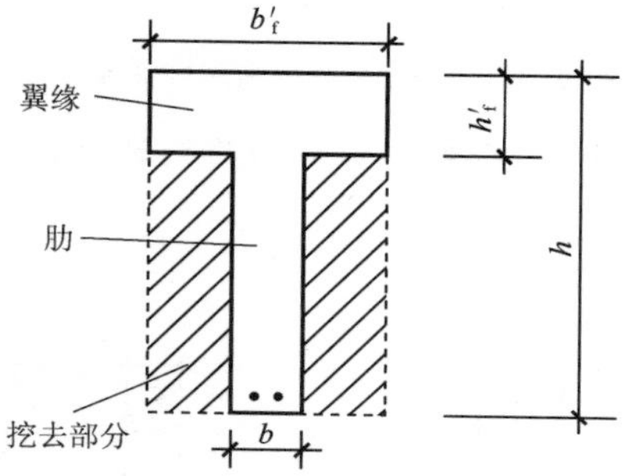

图 6.44 T 形截面

T 形截面梁在工程中的应用非常广泛，如 T 形截面吊车梁、箱形截面桥梁、大型屋面板、空心板，如图 6.45 所示。

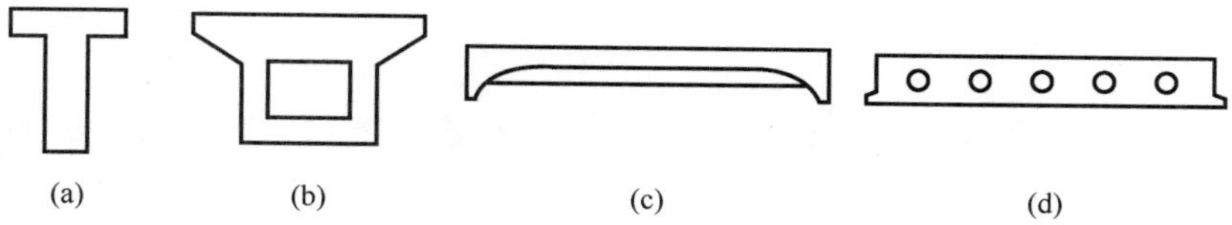

图 6.45 T 形截面独立梁

在现浇整体式肋梁楼盖中，梁和板是在一起整浇的，也形成 T 形截面梁，如图 6.46 所示。其跨中截面往往承受弯矩，下部受拉翼缘受压，可按 T 形截面计算。支座截面往往承受负弯矩，翼缘受拉开裂。此时不再考虑混凝土承担拉力，因此对支座截面应按肋宽为 b 的矩形截面计算，形状类似于倒 T 形截面梁。

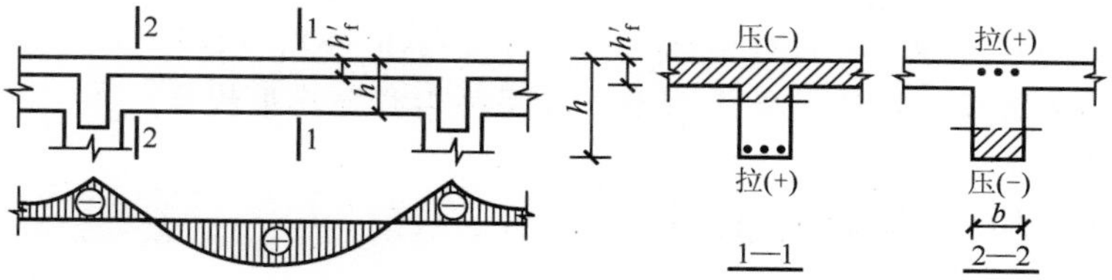

图 6.46 连续梁跨中与支座截面

1) T 形截面的分类及判别

(1) T 形截面的分类。T 形截面受弯构件，按受压区的高度不同，可分为下述两种类型。

第一类 T 形截面：中和轴在翼缘内，即 $x \leqslant h'_f$[图 6.47(a)]。

第二类 T 形截面：中和轴在梁肋部，即 $x > h'_f$[图 6.47(b)]。

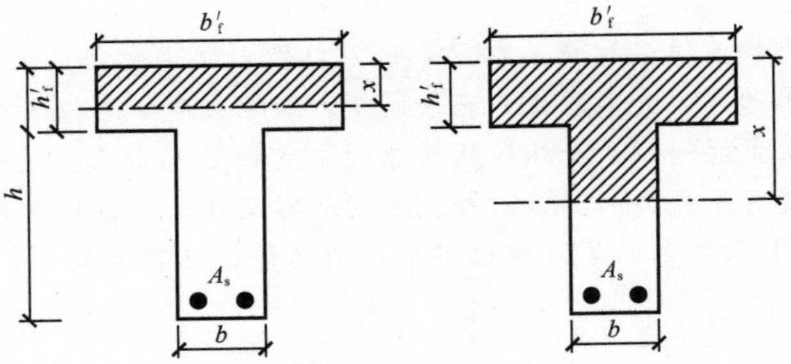

图 6.47　各类 T 形截面中和轴的位置

(2) T 形截面的判别。第一、二类 T 形截面的判别是以 $x = h'_f$ 时的界限状态对应的平衡状态作为依据的，如图 6.48 所示。

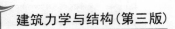

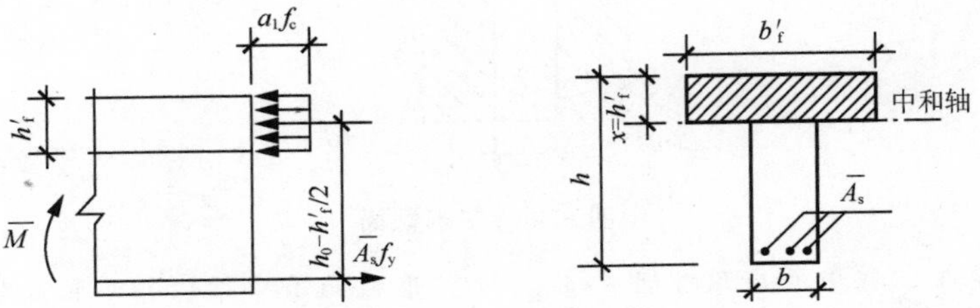

图 6.48　界限状态

判别条件分两种情况。

① 截面设计时：当 $M \leqslant \alpha_1 f_c b'_f h'_f \left(h_0 - \frac{h'_f}{2}\right)$ 时，为第一类 T 形截面；当 $M > \alpha_1 f_c b'_f h'_f \left(h_0 - \frac{h'_f}{2}\right)$ 时，为第二类 T 形截面。

② 截面校核时：当 $A_s f_y \leqslant \alpha_1 f_c b'_f h'_f$ 时，为第一类 T 形截面；当 $A_s f_y > \alpha_1 f_c b'_f h'_f$ 时，为第二类 T 形截面。

2) 第一类 T 形截面的计算

由于第一类 T 形截面梁的中性轴在翼缘内，在计算截面的正截面承载力时，不考虑受拉区混凝土参加受力，因此，第一类 T 形截面相当于宽度 $b = b'_f$ 的矩形截面，即用 b'_f 代替 b 按矩形截面的公式计算即可，换句话说：就是仍用式(6-8)、式(6-9a)、式(6-9b)计算，只需将公式中的 b 换成 b'_f，第一类 T 形截面在实际工程中应用较多。

6.3.2 斜截面受剪承载力计算

一般而言，梁在荷载作用下不仅会引起弯矩 **M**，同时还产生剪力 **V**。试验研究和工程实践表明，在钢筋混凝土梁某些区段常常产生斜裂缝，并可能沿斜截面发生破坏。斜截面破坏往往带有脆性破坏的性质，缺乏明显的预兆，所以，钢筋混凝土梁除应进行正截面承载力计算外，还需对弯矩和剪力共同作用的区段进行斜截面承载力计算。

梁的斜截面承载力包括斜截面受剪承载力和斜截面受弯承载力。在实际工程中，斜截面受剪承载力通过计算配置腹筋来保证，而斜截面受弯承载力则通过构造措施来保证。

特别提示

腹筋包括弯起钢筋和箍筋；由于弯起钢筋施工较麻烦，现在已较少采用，实际工程中多用箍筋。

1. 梁斜截面破坏工程实验

影响梁的斜截面破坏形态有很多因素，其中最主要的两项是剪跨比的大小和配置箍筋的多少。

1）剪跨比的定义

对于承受集中荷载的梁：第一个集中荷载作用点到支座边缘之距 a（剪跨跨长）与截面的有效高度 h_0 之比称为剪跨比 λ，即 $\lambda=a/h_0$，如图 6.49 所示。

广义剪跨比 $\lambda=M/Vh_0$（如果以 λ 表示剪跨比，集中荷载作用下的梁某一截面的剪跨比等于该截面的弯矩值与截面的剪力值和有效高度乘积之比）。

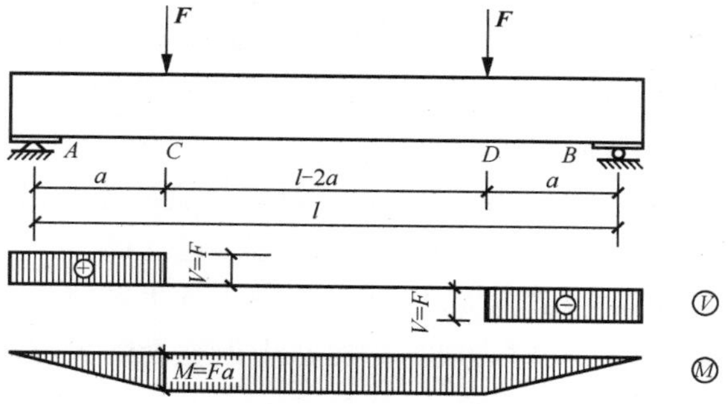

图 6.49 集中加载的钢筋混凝土简支梁

2）箍筋配箍率

箍筋配箍率是指箍筋截面面积与截面宽度和箍筋间距乘积的比值，计算公式为

$$\rho_{sv}=\frac{A_{sv}}{bs}=\frac{nA_{sv1}}{bs} \tag{6-16}$$

式中，A_{sv}——配置在同一截面（图 6.50）内箍筋各肢的全部截面面积（mm^2），$A_{sv}=nA_{sv1}$；

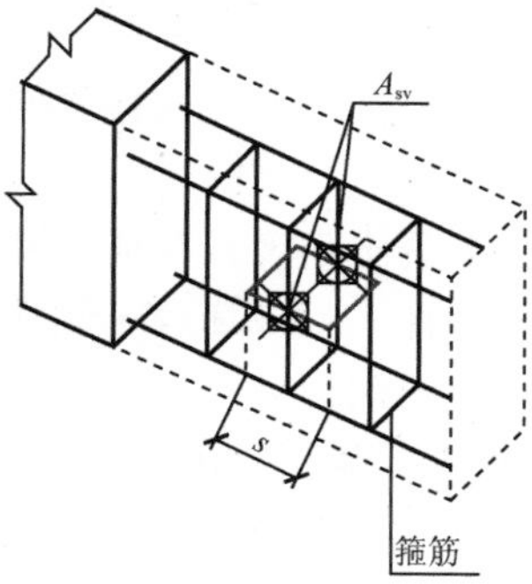

图 6.50 梁箍筋配筋示意图

n——同一截面内箍筋肢数；

A_{sv1}——单肢箍筋的截面面积(mm^2)；

b——矩形截面的宽度，T形、I形截面的腹板宽度(mm)；

s——箍筋间距(mm)。

3) 梁斜截面破坏的三种破坏形态

梁斜截面破坏随着剪跨比和配箍率的不同主要有三种破坏形态：剪压破坏、斜压破坏和斜拉破坏。

【剪压破坏】

(1) 剪压破坏(图6.51)：这种破坏多发生在截面尺寸合适、箍筋配置适当且中等剪跨比($1\leqslant\lambda\leqslant3$)时的破坏状态。

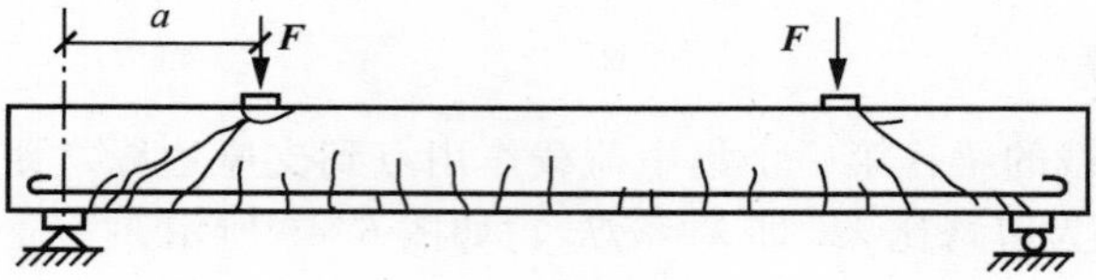

图6.51 梁的剪压破坏

剪压破坏的破坏过程：随着荷载的增加，截面出现多条斜裂缝，其中一条延伸长度较大，开展宽度较宽的斜裂缝，称为“临界斜裂缝”，破坏时，与临界斜裂缝相交的箍筋首先达到屈服强度。最后，由于斜裂缝顶端剪压区的混凝土在压应力、剪应力共同作用下达到剪压复合受力时的极限强度而破坏。

为防止梁发生剪压破坏，需在梁中配置与梁轴线垂直的箍筋以承受梁内剪力的作用。并且梁的斜截面承载力计算公式是在剪压破坏的基础上建立的。

【斜压破坏】

(2) 斜压破坏(图6.52)：这种破坏多发生在剪力大而弯矩小的区段，即剪跨比λ较小($\lambda<1$)时，或剪跨比适中但箍筋配置过多(配箍率ρ_{sv}较大)时，以及腹板宽度较窄的T形或I形截面。

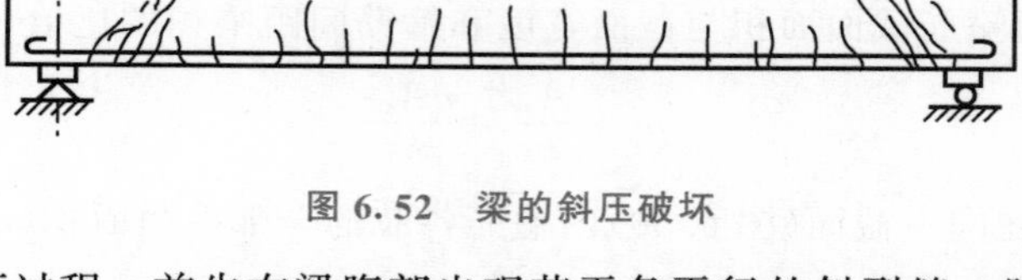

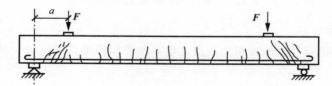

图6.52 梁的斜压破坏

斜压破坏的破坏过程：首先在梁腹部出现若干条平行的斜裂缝，随着荷载的增加，梁腹部被这些斜裂缝分割成若干个斜向短柱，最后这些斜向短柱由于混凝土达到其抗压强度而破坏。

这种破坏的承载力主要取决于混凝土强度及截面尺寸，而破坏时箍筋的应力往往达不到屈服强度，钢筋的强度不能充分发挥，且破坏属于脆性破坏，故在设计中应避免，因此通过验算梁的最小截面尺寸来防止斜压破坏。

(3) 斜拉破坏(图6.53)：这种破坏多发生在剪跨比λ较大($\lambda>3$)时，或箍筋配置过少(配箍率ρ_{sv}较小)时。

斜拉破坏的破坏过程：一旦梁腹部出现斜裂缝，很快就形成临界斜裂缝，与其相交的

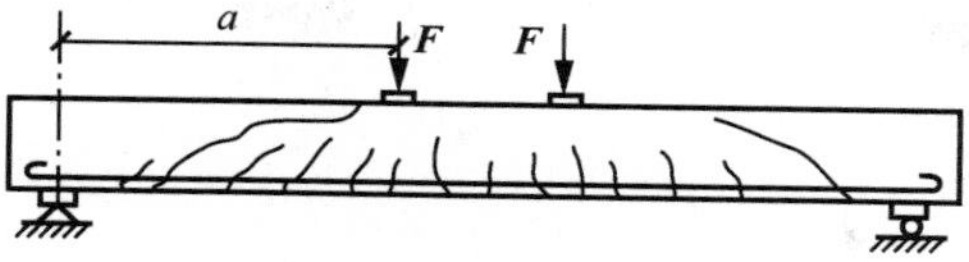

图 6.53 梁的斜拉破坏

【斜拉破坏】

梁腹筋随即屈服，箍筋对斜裂缝开展的限制已不起作用，导致斜裂缝迅速向梁上方受压区延伸，梁将沿斜裂缝裂成两部分而破坏。

因为斜拉破坏的承载力很低，并且一裂即坏，故属于脆性破坏。为了防止发生剪跨比较大时的斜拉破坏，箍筋的配置不应小于最小配箍率，即

$$\rho_{sv,min}=\left(\frac{A_{sv}}{bs}\right)_{min}=0.24\frac{f_t}{f_{yv}} \tag{6-17}$$

式中，f_t——混凝土的抗拉强度设计值(N/mm^2)；

f_{yv}——箍筋的抗拉强度设计值(N/mm^2)。

2. 基本公式(仅配箍筋)

对于矩形、T形、I形截面的一般受弯构件

$$V\leqslant V_{cs}=0.7f_tbh_0+f_{yv}\frac{A_{sv}}{s}h_0 \tag{6-18a}$$

对承受集中荷载作用为主的独立梁或对集中荷载作用下(包括作用有多种荷载，其中集中荷载对支座截面或节点边缘所产生的剪力值占总剪力的75%以上的情况)的独立梁

$$V\leqslant V_{cs}=\frac{1.75}{\lambda+1}f_tbh_0+f_{yv}\frac{A_{sv}}{s}h_0 \tag{6-18b}$$

式中，V——梁的剪力设计值(N/mm^2)；

λ——剪跨比（当$\lambda<1.5$时，取$\lambda=1.5$；当$\lambda>3$时，取$\lambda=3$）。

由式(6-18)可知，梁的斜截面承载力V_{cs}由两部分组成：$V_c=0.7f_tbh_0$ 或$\frac{1.75}{\lambda+1}f_tbh_0$，表示混凝土能够承担的剪力设计值；$V_s=f_{yv}\frac{A_{sv}}{s}h_0$，表示箍筋能够承担的剪力设计值。

知识链接

剪力设计值的计算截面

对于实际工程中的梁，截面尺寸可能发生变化(变截面梁)，又如箍筋直径、面积也可能发生变化，所以在进行斜截面承载力计算时，应如何选取危险截面呢？

一般来讲，支座边缘处的截面、箍筋截面面积或间距改变处以及截面尺寸改变处的截面均为剪力设计值的计算截面。

3. 适用条件

1）防止斜压破坏(验算梁的最小截面尺寸)

对于矩形、T形和I形截面的受弯构件，需符合下列条件。

当$\frac{h_w}{b}\leqslant4$时(即一般梁)

$$V \leqslant 0.25\beta_c f_c b h_0 \tag{6-19}$$

当$\frac{h_w}{b} \geqslant 6$时(即薄腹梁)

$$V \leqslant 0.2\beta_c f_c b h_0 \tag{6-20}$$

当$4 < \frac{h_w}{b} < 6$时

$$V \leqslant 0.025\left(14 - \frac{h_w}{b}\right)\beta_c f_c b h_0 \tag{6-21}$$

式中，β_c——混凝土强度影响系数，当混凝土强度等级≤C50时，$\beta_c = 1.0$；当混凝强度等级为C80时，$\beta_c = 0.8$；具体取值参照表6-11。

表6-11 混凝土强度影响系数 β_c

混凝土强度等级	≤C50	C55	C60	C65	C70	C75	C80
β_c	1.0	0.97	0.93	0.9	0.87	0.83	0.8

2) 防止斜拉破坏(验算梁的最小配箍率)

$$\rho_{sv} \geqslant \rho_{sv,min} \tag{6-22}$$

4. 梁斜截面承载力的计算

梁斜截面承载力的计算主要包括配置梁的箍筋和截面校核两个方面。配置梁的箍筋最终要确定箍筋的直径、根数、间距等，其不但要符合计算公式、适用条件，还要符合梁中箍筋的构造要求；截面校核是指在已知箍筋等截面信息时校核其斜截面承载力是否符合要求，即安全性问题。

1) 配置箍筋数量——计算题

已知：梁截面尺寸$b \times h$；由荷载产生的剪力设计值V；混凝土强度等级；箍筋级别。要求配置箍筋。配置箍筋的计算步骤如下。

(1) 验算截面尺寸，如果不满足式(6-19)，或式(6-20)，或式(6-21)，说明截面尺寸过小，应重新确定截面尺寸，或增大混凝土的强度等级。

(2) 是否需要按构造配置箍筋。当满足$V \leqslant V_c = 0.7 f_t b h_0$时，可按构造配置箍筋，即按箍筋最小配箍率$\rho_{sv,min}$配置箍筋，同时满足箍筋肢数、最小直径$d_{min}$及最大间距$s_{max}$的规定。

若不符合上述条件，则需要按计算配置箍筋。

(3) 按公式计算配置箍筋。

$$\frac{nA_{sv1}}{s} = \frac{A_{sv}}{s} \geqslant \frac{V - 0.7 f_t b h_0}{f_{yv} h_0} \tag{6-23a}$$

或

$$\frac{nA_{sv1}}{s} = \frac{A_{sv}}{s} \geqslant \frac{V - \frac{1.75}{\lambda + 1} f_t b h_0}{f_{yv} h_0} \tag{6-23b}$$

(4) 根据构造要求，先确定箍筋肢数(n)及箍筋直径(d)，代入式(6-23a)或式(6-23b)求出箍筋间距s，同时满足箍筋最大间距要求。

(5) 验算最小配箍率：$\rho_{sv} \geqslant \rho_{sv,min}$。

应用案例 6-5

在图 6.54 中所示的钢筋混凝土梁，承受均布荷载，荷载设计值 $q=50\text{kN/m}$（包括梁自重在内），截面尺寸 $b\times h=250\text{mm}\times500\text{mm}$，混凝土强度等级为 C30，纵筋为 HRB400 级钢筋，箍筋为 HPB300 级钢筋，$\gamma_0=1.0$，构件处于室内正常环境，计算梁的箍筋。

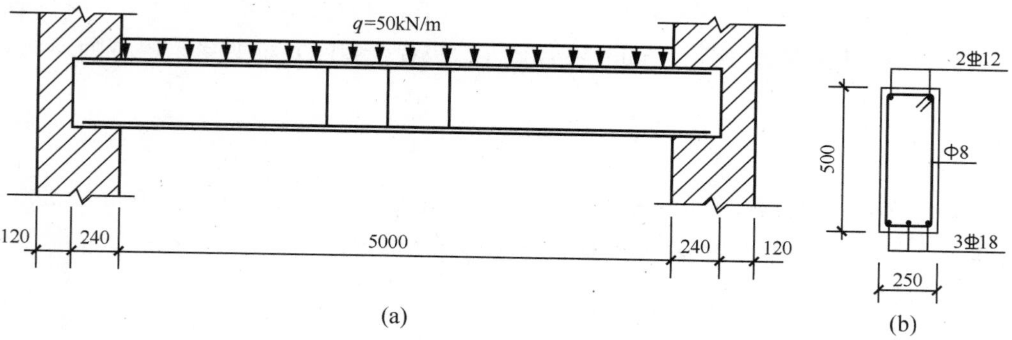

图 6.54 应用案例 6-5 图

(a)计算简图；(b)配筋图

解：(1) 确定计算参数。

C30 级混凝土，查表得 $f_c=14.3\text{N/mm}^2$，$f_t=1.43\text{N/mm}^2$

HPB300 级钢筋，查表得 $f_{yv}=270\text{N/mm}^2$

查表 6-8 得 $s_{max}=200\text{mm}$；查表 6-6 得 $a_s=40\text{mm}$，$h_0=500-40=460(\text{mm})$

(2) 确定剪力设计值。

$$V=\frac{1}{2}ql_n=\frac{1}{2}\times50\times5=125(\text{kN})$$

(3) 验算截面尺寸。

$$\frac{h_w}{b}=\frac{460}{250}=1.84<4$$

$0.25\beta_c f_c bh_0=0.25\times1.0\times14.3\times250\times460=411125(\text{N})>125000\text{N}$，截面尺寸满足要求。

(4) 验算是否需要按照计算配置箍筋。

$$0.7f_t bh_0=0.7\times1.43\times250\times460=115115(\text{N})<125000\text{N}$$

(5) 计算箍筋。

需要按照计算配置箍筋

$$\frac{nA_{sv1}}{s}=\frac{V-0.7f_t bh_0}{f_{yv}h_0}=\frac{125000-115115}{270\times460}=0.0796(\text{mm}^2/\text{mm})$$

按构造要求取箍筋肢数 $n=2$，直径 $d=8\text{mm}(A_{sv1}=50.3\text{mm}^2)$，则箍筋间距为 $s=\frac{2\times50.3}{0.0796}=1263.8(\text{mm})$，而 $s_{max}=200\text{mm}$，则取箍筋为Φ8@200。

(6) 验算最小配箍率。

$\rho_{sv}=\frac{nA_{sv1}}{bs}=\frac{2\times50.3}{250\times200}=0.2\%>\rho_{sv,min}=0.24\times\frac{f_t}{f_{yv}}=0.24\times\frac{1.43}{270}=0.13\%$，满足要求。

2）截面校核

已知：梁截面尺寸 $b\times h$、箍筋、混凝土强度等级等，求斜截面抗剪承载力 V_u；或已知荷载产生的剪力设计值 V，问该梁斜截面承载力是否满足要求(即安全性的问题)。截面校核的计算步骤如下：①根据式(6-19)[或式(6-20)，或式(6-21)]，计算 V_1；②验算最小配箍率，如果满足 $\rho_{sv}\geqslant\rho_{sv,min}$，说明该梁不会发生斜拉破坏，否则说明该梁会发生斜拉破坏；③按式(6-18)计算 V_{cs}；④$V_u=\min(V_1, V_{cs})$；⑤若 $V\leqslant V_u$，说明该梁斜截面安全，否则不安全。

应用案例 6-6

已知某承受均布荷载的矩形截面钢筋混凝土简支梁，截面尺寸为 300mm×500mm，混凝土强度等级为 C30，受拉纵筋一排，箍筋配置 ⌀10@200(2)($A_{sv1}=78.5\text{mm}^2$)，结构安全等级为二级。试计算斜截面受剪承载力。

解：(1) 查表知：$f_c=14.3\text{N/mm}^2$，$f_t=1.43\text{N/mm}^2$，$f_{yv}=360\text{N/mm}^2$，$h_w=h_0=500-40=460(\text{mm})$。

$$\frac{h_w}{b}=\frac{460}{300}=1.533<4$$

$$0.25\beta_c f_c bh_0=0.25\times1.0\times14.3\times300\times460\times10^{-3}=493.35(\text{kN})$$

(2) $$\rho_{sv}=\frac{nA_{sv1}}{bs}=\frac{2\times78.5}{300\times200}=0.262\%$$

$$\rho_{sv,min}=0.24\frac{f_t}{f_{yv}}=0.24\times\frac{1.43}{360}=0.095\%$$

$\rho_{sv}>\rho_{sv,min}$(不会发生斜拉破坏)

(3) $$V_{cs}=0.7f_t bh_0+f_{yv}h_0\frac{nA_{sv1}}{s}$$

$$=(0.7\times1.43\times300\times460+360\times460\times\frac{157}{200})\times10^{-3}$$

$$=268.1(\text{kN})$$

(4) $V_u=\min(V, 0.25\beta_c f_c bh_0)=268.1(\text{kN})$

6.3.3 挠度及裂缝验算

1. 梁的挠度验算

对建筑结构中的屋盖、楼盖及楼梯等受弯构件，由于使用上的要求并保证人们的感觉在可接受程度之内，需要对其挠度进行控制。对于吊车梁或门机轨道梁等构件，变形过大时会妨碍吊车或门机的正常行驶，也需要进行变形控制验算。

$$f_{max}\leqslant[f] \tag{6-24}$$

式中，f_{max}——荷载效应标准组合下，考虑荷载长期作用的影响后受弯构件的最大挠度；

$[f]$——受弯构件的挠度限值，按附录 D 表 D13 查用。

特别提示

若求出的构件挠度大于附录D表D13规定的挠度限值，则应采取措施减小挠度。减小挠度的实质就是提高构件的抗弯刚度，最有效的措施就是增大构件的截面高度，其次是增加钢筋的截面面积，其他措施如提高混凝土强度等级，选用合理的截面形状等，效果都不显著。此外，采用预应力混凝土构件也是提高受弯构件刚度的有效措施。

2. 梁的裂缝验算

由于混凝土的抗拉强度很低，在荷载不大时，混凝土构件受拉区就已经开裂。引起裂缝的原因是多方面的，最主要的当然是由于荷载产生的内力所引起的裂缝，此外，由于基础的不均匀沉降，混凝土收缩和温度作用而产生的变形受到钢筋或其他构件约束时，以及因钢筋锈蚀时而体积膨胀，都会在混凝土中产生拉应力，当拉应力超过混凝土的抗拉强度时即开裂。由此看来，截面受有拉应力的钢筋混凝土构件在正常使用阶段出现裂缝是难免的，对于一般的工业与民用建筑来说，也是允许带有裂缝工作的。

在进行结构构件设计时，应根据使用要求选用不同的裂缝控制等级；裂缝控制等级划分为三级。

(1) 一级：严格要求不出现裂缝的构件，按荷载效应的标准组合进行计算时，构件受拉区边缘的混凝土不应产生拉应力。

(2) 二级：一般要求不出现裂缝的构件，即按荷载效应标准组合进行计算时，构件受拉区边缘混凝土的拉应力不应大于混凝土轴心抗拉强度标准值；而按荷载效应准永久组合进行计算时，构件受拉区边缘的混凝土不宜产生拉应力，当有可靠经验时可适当放松。

(3) 三级：允许出现裂缝的构件，但荷载效应标准组合并考虑长期作用影响求得的最大裂缝宽度 ω_{max}，不应超过规范规定的最大裂缝宽度限值 ω_{lim}。ω_{lim} 为最大裂缝宽度的限值。

上述一、二级裂缝控制属于构件的抗裂能力控制，对于钢筋混凝土构件来说，混凝土在使用阶段一般都是带裂缝工作的，故按三级标准来控制裂缝宽度。

构件裂缝宽度过大不但影响美观，而且会给人以不安全感；在有腐蚀性的液体或气体的环境中，裂缝的发展可使构件中的钢筋过早并迅速腐蚀，甚至脆断，从而严重影响结构的安全性和耐久性。因此，对结构构件除必须进行承载力计算外，根据使用要求还需对某些构件进行变形和裂缝宽度的控制，即正常使用极限状态的验算。

$$\omega_{max} \leqslant [\omega_{lim}] \tag{6-25}$$

式中，ω_{max}——构件最大裂缝宽度(mm)；

$[\omega_{lim}]$——最大裂缝宽度限值(mm)，按附录D表D14查用。

特别提示

减小裂缝宽度采取的措施中优先选用变形钢筋，其次是选用直径较细的钢筋，最后考虑增加钢筋的用量，其他措施如改变截面形状和尺寸、提高混凝土强度等级等虽能减小裂缝宽度，但效果甚微，一般不宜采用。

6.4 钢筋混凝土板承载力计算（选学）

1. 钢筋混凝土板的计算规则

混凝土板按下列原则进行计算：①两对边支承的板应按单向板计算。②四边支承的板应按下列规定计算：当长边与短边之比不大于2.0时，应按双向板计算；当长边与短边长度之比大于2.0，但小于3.0时，宜按双向板计算；当长边与短边长度之比不小于3.0时，宜按沿短边方向受力的单向板计算，并应沿长边方向布置构造钢筋。

2. 钢筋混凝土单向板承载力计算

钢筋混凝土单向板与钢筋混凝土梁一样同属于受弯构件，其设计过程与梁基本一致，由于板内剪力较小，通常能够满足抗剪要求，所以一般无须进行斜截面承载力计算，只需进行正截面受弯承载力计算即可。

钢筋混凝土板单向板的正截面受弯承载力计算与6.3.1节中介绍的钢筋混凝土单筋矩形截面梁的正截面受弯承载力计算方法一致。需要注意的是在计算中取1m板宽为计算单元，即b=1000mm。其他不再赘述。

应用案例6-7

已知一单跨简支板，配筋如图6.55所示，计算跨度为l=2.20m，承受均布活荷载q_k=6.0kN/m²，混凝土强度等级为C30，采用HRB400级钢筋，环境类别为一类。板厚h=80mm，求纵向受拉钢筋截面面积A_s。

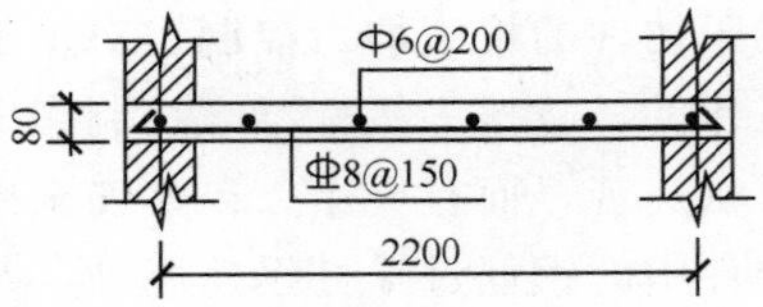

图6.55 配筋图

解：(1) 确定计算参数。

由环境类别为一类，C30级混凝土，查表得f_c=14.3N/mm²，f_t=1.43N/mm²

HRB400级钢筋，查表得f_y=360N/mm²

查表得$\alpha_{s,max}$=0.384；h_0=80−20=60(mm)；α_1=1.0。

(2) 确定板的跨中截面弯矩设计值。

取板宽b=1000mm的板带为计算单元，板厚80mm，则板自重

$$g_k=25\times0.08=2.0(\text{kN/m})$$

$$M_{gk}=\frac{1}{8}g_k l^2=\frac{1}{8}\times2.0\times2.2^2=1.21(\text{kN}\cdot\text{m})$$

$$M_{qk}=\frac{1}{8}q_k l^2=\frac{1}{8}\times6.0\times2.2^2=3.63(\text{kN}\cdot\text{m})$$

一般构件 $\gamma_0=1.0$。

$$M=\gamma_0(\gamma_G M_{gk}+\gamma_Q M_{qk})=1.0\times(1.3\times1.21+1.5\times3.63)=7.018(\text{kN}\cdot\text{m})$$

(3) 确定截面计算系数 α_s 和 γ_s。

$$\alpha_s=\frac{M}{\alpha_1 f_c bh_0^2}=\frac{7.018\times10^6}{1.0\times14.3\times1000\times60^2}=0.136\leqslant\alpha_{s,\max}=0.384，满足要求。$$

$$\gamma_s=0.5(1+\sqrt{1-2\alpha_s})=0.5(1+\sqrt{1-2\times0.136})=0.927$$

(4) 确定板的钢筋面积 A_s。

$$A_s=\frac{M}{f_y h_0 r_s}=\frac{7.018\times10^6}{360\times60\times0.927}=350.49(\text{mm}^2)$$

(5) 选择钢筋。

查附录 D 表 D10 得：选用 ⌀8@130，$A_s=387\text{mm}^2$。

(6) 验算最小配筋。

$$\rho_{\min}=\max\left(0.2\%，0.45\frac{f_t}{f_y}\right)=\max\left(0.2\%，0.45\times\frac{1.43}{360}\right)=0.2\%$$

$$\rho=\frac{A_s}{bh_0}\times100\%=\frac{387}{1000\times80}\times100\%=0.484\%>0.2\%$$

(7) 绘制配筋图，如图 6.55 所示。

知识链接

双向板

双向板在两个方向的配筋都应按计算确定。考虑短跨方向的弯矩比长跨方向的大，因此应将短跨方向的跨中受拉钢筋放在长跨方向的外侧，以得到较大的截面有效高度。截面有效高度 h_0 通常分别取值如下：短跨方向 $h_0=h-20(\text{mm})$，长跨方向 $h_0=h-30(\text{mm})$。

双向板受力钢筋沿纵横两个方向设置，此时应将短向的钢筋设置在外层，长向的钢筋设置在内层。

6.5 预应力混凝土构件

6.5.1 预应力混凝土的基本概念

普通钢筋混凝土结构或构件，由于混凝土的抗拉强度及极限拉应变都很低(其抗拉强度只有抗压强度的 1/18～1/10，极限拉应变为 $0.1\times10^{-3}\sim0.15\times10^{-3}$)，而钢筋达到屈服强度时的应变却要大得多(为 $0.5\times10^{-3}\sim1.5\times10^{-3}$)，在荷载作用下，混凝土构件一般均带裂缝工作。对使用上不允许开裂的构件，相应的受拉钢筋的应力只能达到 $20\sim30\text{N/mm}^2$，不能充分利用其强度；而对于使用上允许开裂的构件，当受拉钢筋应力达到 250N/mm² 时，裂缝宽度已达 0.2～0.3mm，构件耐久性有所降低。

由于混凝土的抗拉性能很差，使钢筋混凝土存在两个无法解决的问题：一是在使用荷载作用下，钢筋混凝土受拉、受弯等构件通常是带裂缝工作的，裂缝的存在，不仅使构件刚度大为降低，而且不能应用于不允许开裂的结构中；二是从保证结构耐久性出发，必须限制裂缝宽度。为了要满足变形和裂缝控制的要求，则需增大构件的截面尺寸和用钢量，这将导致自重过大，使钢筋混凝土结构用于大跨度或承受动力荷载的结构成为不可能或很不经济。从理论上讲，提高材料强度可以提高构件的承载力，从而达到节省材料和减轻构件自重的目的。但在普通钢筋混凝土构件中，提高钢筋强度却难以收到预期的效果。这是因为，对配置高强度钢筋的钢筋混凝土构件而言，承载力可能已不是控制条件，起控制作用的因素可能是裂缝宽度或构件的挠度。当钢筋应力达到 500～1000N/mm² 时，裂缝宽度将很大，无法满足使用要求。因此，钢筋混凝土结构中采用高强度钢筋是不能充分发挥其作用的。而提高混凝土强度等级对提高构件的抗裂性能和控制裂缝宽度的作用也极其有限。

为了避免钢筋混凝土结构的裂缝过早出现，充分利用高强度钢筋及高强度混凝土，可以设法在结构构件承受外荷载作用之前，预先对受拉区混凝土施加压力，以此产生的预压应力来减小或抵消外荷载引起的混凝土拉应力，这种在混凝土构件受荷载以前预先对构件使用时的混凝土受拉区施加压应力的结构称为“预应力混凝土结构”。

关于预应力的基本概念人们早已应用于生活实践中了，如图 6.56 所示。如木桶在制作过程中，预先用竹箍把木板箍紧，目的是使木板间产生环向预压力，装水或装汤后，由水产生环向拉力，在拉应力小于预压应力时，水桶就不会漏水。

【预应力混凝土实例】

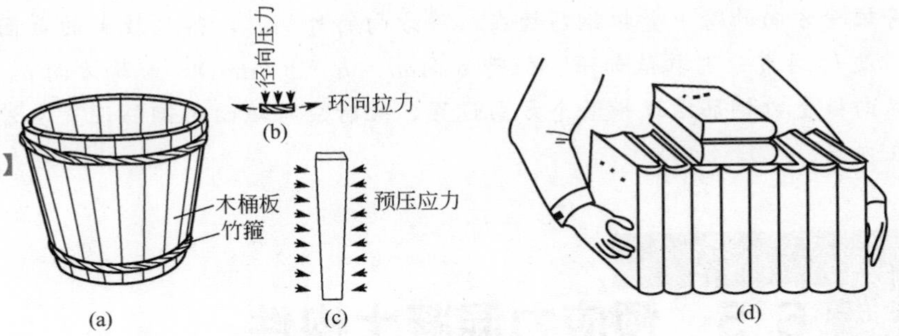

图 6.56　日常生活中的预应力应用案例

6.5.2 施加预应力的方法

根据张拉钢筋与浇筑混凝土的先后关系，施加预应力的方法可分为先张法和后张法两类。

1. 先张法

先张拉预应力钢筋，然后浇筑混凝土的施工方法称为先张法，先张法的张拉台座设备如图 6.57 所示。

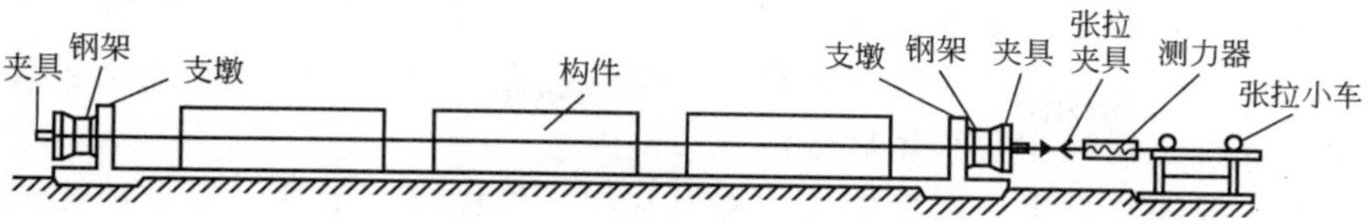

图 6.57 先张法的张拉台座设备

先张法的主要工艺过程是(图 6.58)：穿钢筋→张拉钢筋→浇筑混凝土并进行养护→切断钢筋。预应力钢筋回缩时挤压混凝土，从而使构件产生预压应力。由于预应力的传递主要靠钢筋和混凝土间的黏结力，因此，必须待混凝土强度达到规定值(达到强度设计值的 75%以上)时，方可切断预应力钢筋。

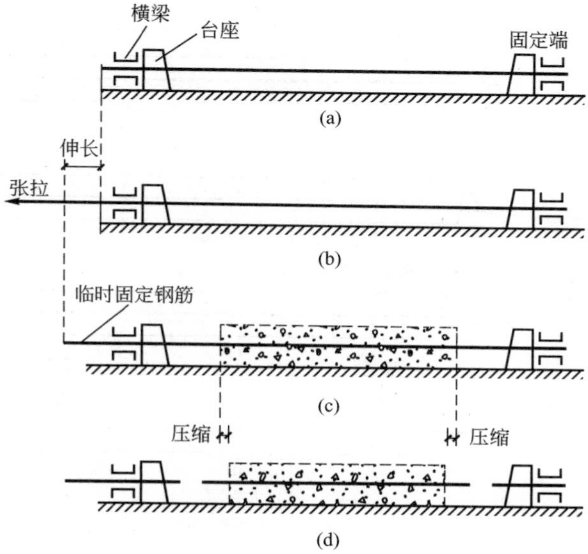

图 6.58 先张法工艺过程示意

(a)钢筋就位；(b)张拉钢筋；(c)临时固定钢筋，
浇筑混凝土并养护；(d)切断钢筋，钢筋回缩，混凝土受预压

先张法的优点主要是生产工艺简单、工序少、效率高、质量易于保证，同时由于省去了锚具和减少了预埋件，构件成本较低。先张法主要适用于工厂化大量生产，尤其适宜用于长线法生产中小型构件。

2. 后张法

先浇筑混凝土，待混凝土硬化后，在构件上直接张拉预应力钢筋，这种施工方法称为后张法。后张法的张拉台座设备如图 6.59 所示。

后张法的主要工艺过程是：浇筑混凝土构件(在构件中预留孔道)并进行养护→穿预应力钢筋→张拉钢筋并用锚具锚固→往孔道内压力灌浆。钢筋的回弹力通过锚具作用到构件，从而使混凝土产生预压应力(图 6.60)。后张法的预压应力主要通过工作锚传递。张拉钢筋时，混凝土的强度必须达到设计值的 75%以上。

后张法的优点是预应力钢筋直接在构件上张拉，不需要张拉台座，所以后张法构件既可以在预制厂生产，也可在施工现场生产。大型构件在现场生产可以避免长途搬运，故我国大型预应力混凝土构件主要采用后张法施工。

后张法的主要缺点是生产周期较长；需要利用工作锚锚固钢筋，钢材消耗较多，成本较高；工序多，操作较复杂，造价一般高于先张法。

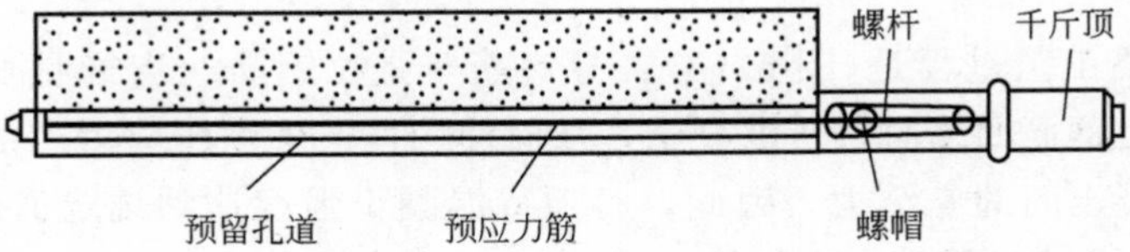

图 6.59　后张法的张拉设备

【先张法与后张法】

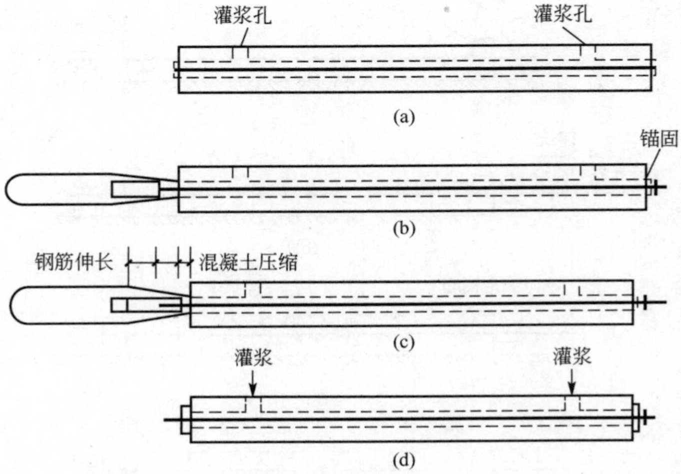

图 6.60　后张法工艺操作过程示意

(a)制作构件，预留孔道，穿入预应力钢筋；(b)安装千斤顶；

(c)张拉钢筋；(d)锚住钢筋，拆除千斤顶并孔道压力灌浆

特别提示

在后张法中，锚具是建立预应力值和保证结构安全的关键，要求锚具尺寸准确、强度高、变形小，还应做到取材容易、加工简单、成本低、使用方便等。

6.5.3　预应力混凝土的特点

与钢筋混凝土相比，预应力混凝土具有以下特点。

(1) 构件的抗裂性能较好。

(2) 构件的刚度较大。由于预应力混凝土能延迟裂缝的出现和开展，并且受弯构件要产生反拱，因而可以减小受弯构件在荷载作用下的挠度。

（3）构件的耐久性较好。由于预应力混凝土能使构件在使用过程中不出现裂缝或减小裂缝宽度，因而可以减少大气或侵蚀性介质对钢筋的侵蚀，从而延长构件的使用期限。

（4）由于预应力结构必须采用高强度材料，因此可以减小构件截面尺寸，节省材料，减轻自重，既可以达到经济的目的，又可以扩大钢筋混凝土结构的使用范围，如可以用于大跨度结构，以代替某些钢结构。

（5）工序较多，施工较复杂，且需要张拉设备和锚具等设施。

由于预应力混凝土具有以上特点，因而在工程结构中得到了广泛的应用。在工业与民用建筑中，屋面板、楼板、檩条、吊车梁、柱、墙板、基础等构配件，都可采用预应力混凝土。

特别提示

预应力混凝土不能提高构件的承载能力。也就是说，当截面和材料相同时，预应力混凝土与普通钢筋混凝土受弯构件的承载能力相同，与受拉区钢筋是否施加预应力无关。

6.5.4 预应力混凝土材料

1. 钢筋

1）性能要求

（1）强度高。混凝土预压应力的大小取决于预应力钢筋张拉应力的大小。预应力混凝土从制作到使用的各个阶段预应力钢筋一直处于高强受拉应力状态，若钢筋强度低，导致混凝土预压效果不明显，或者在使用阶段钢筋不能承担受荷任务突然脆断，因此需要采用较高的张拉应力，这就要求预应力钢筋具有较高的抗拉强度。

（2）较好的塑性、可焊性。高强度的钢筋塑性性能一般较低，为了保证结构在破坏之前有较大的变形，必须有足够的塑性性能。另外，钢筋常需要焊接或“镦粗”，这就需要经过加工后的钢筋不影响其原来的物理力学性能，所以对化学成分有一定的要求。

（3）良好的黏结性。对于先张法是通过黏结力传递预压应力，所以纵向受力钢筋宜选用直径较细的钢筋，高强度的钢丝表面要进行“刻痕”或“压波”处理。

（4）低松弛。预应力钢筋在长度不变的前提下，其应力随着时间的延长慢慢降低，不同的钢筋松弛不同，所以应选用松弛小的钢筋。

2）预应力钢筋的种类(附录 D 表 D2)

（1）预应力混凝土所用钢丝分为中强度预应力钢丝和消除应力钢丝两种。消除应用钢丝是用高碳镇静钢轧制成的盘圆，经过加温、淬火(铅浴)、酸洗、冷拔、回火矫直等处理工序来消除应力而成的碳素钢丝，可提高抗拉强度。

（2）钢绞线是以一根直径较粗的钢丝作为钢绞线的芯，并用边丝围绕其进行螺旋状绞捻而成。钢绞线的极限抗拉强度标准值可达 1960N/mm^2，在后张法预应力混凝土中采用较多。其优点是强度高、低松弛、伸直性好、比较柔软 、盘弯方便、黏结性好。

(3) 预应力螺纹钢筋也称精轧螺纹钢筋，是由热轧、轧后余热处理或热处理等工艺生产的用于预应力混凝土的螺纹钢筋。它具有连接、锚固简便，黏结力强等优点，而且节约钢筋，能减少构件面积和质量。

2. 混凝土

预应力混凝土结构构件所用的混凝土需满足下列要求。

(1) 高强度。预应力混凝土必须采用高强度的混凝土，高强度的混凝土对采用先张法的构件可提高钢筋和混凝土之间的黏结力，对采用后张法的构件可提高锚固端的局部受压承载力；另外采用高强度的混凝土可以有效减小构件截面尺寸，减轻构件自重。

(2) 收缩小、徐变小。由于混凝土收缩徐变的结果，使得混凝土得到的有效预压力减少，即预应力损失，所以在结构设计中应采取措施减少混凝土的收缩和徐变。

(3) 快硬、早强。可及早施加预应力，提高张拉设备的周转率，加快施工速度。

6.5.5 预应力混凝土构件的一般构造要求

1. 钢筋的净距及保护层要求(表 6-12)

表 6-12 预应力筋净距 (mm)

种类 要求	螺纹钢筋	预应力钢丝	钢绞线	
			1×3	1×7
钢筋净距	≥2.5d_{eq}(d_{eq}为预应力筋公称直径或并筋等效直径) ≥1.25d(d为混凝土粗骨料最大粒径)			
	—	≥15	≥20	≥25
备注	(1) 预应力筋保护层厚度同普通梁 (2) 预应力筋并筋的等效直径 d_{eq}：双并筋 $d_{eq}=1.4d$、三并筋 $d_{eq}=1.7d$ (d 为单根筋直径)			

2. 后张法(有黏结力预应力混凝土)孔道(表 6-13)

表 6-13 孔道

孔道间水平净距	孔道至构件边净距
≥50mm ≥1.25d(d为混凝土粗骨料最大粒径)	≥30mm 且≥孔径/2

在现浇混凝土梁中，预留孔道在竖直方向的净距不应小于孔道外径，水平方向的净距不宜小于 1.5 倍孔道外径，从孔道外壁至构件边缘的净间距，梁底不宜小于 50mm，梁侧不宜小于 40mm。

预留孔道的内径宜比预应力束外径及需穿过孔道的连接器外径大 6～15mm。

当有可靠经验并能保证混凝土浇筑质量时，预留孔道可水平并列贴紧布置，但并排的数量不应超过 2 束。

3. 先张法端部加强措施

由于先张法是在构件端部钢筋弹性回弹与混凝土产生相对滑动趋势(产生相对滑动趋势的长度称为传递长度)，通过在端部黏结力的积累阻止其回弹，为了尽快阻止其回弹，所以端部要采取加强措施。

(1) 对单根预应力钢筋，其端部宜设置螺旋筋[图 6.61(a)]。当有可靠经验时，亦可利用支座垫板上的插筋代替螺旋筋，但不少于 4 根，长度≥120mm[图 6.61(b)]。

(2) 对多根预应力钢筋，其端部 $10d$ 且不小于 100mm 长度范围内，应设置 3～5 片与预应力钢筋垂直的钢筋网[图 6.61(c)]。

(3) 采用钢丝配筋的薄板，在端部 100mm 范围内应适当加密横向钢筋[图 6.61(d)]。

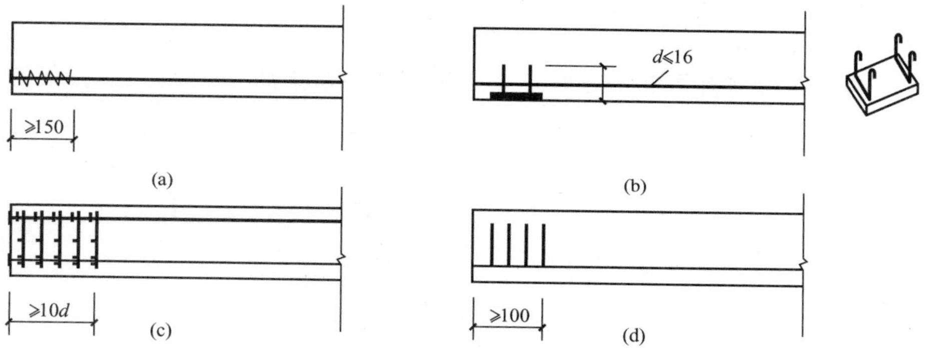

图 6.61 先张法端部加强构造图

4. 后张法端部加强措施

(1) 为了提高锚具下局部混凝土的抗压强度，防止局部混凝土压碎，应在端部预埋钢板(厚度≥10mm)，并应在垫板下设置附加横向钢筋网片[图 6.62(a)]或螺旋式钢筋[图 6.62(b)]等措施。

(2) 在局部受压间接钢筋配置区以外，在构件端部长度 l 不小于 $3e$(e 为截面重心线上部或下部预应力钢筋的合力点至邻近边缘的距离)但不大于 $1.2h$(h 为构件端部截面高度)、高度为 $2e$ 的附加配筋区范围内，应均匀配置附加箍筋或网片(图 6.63)。

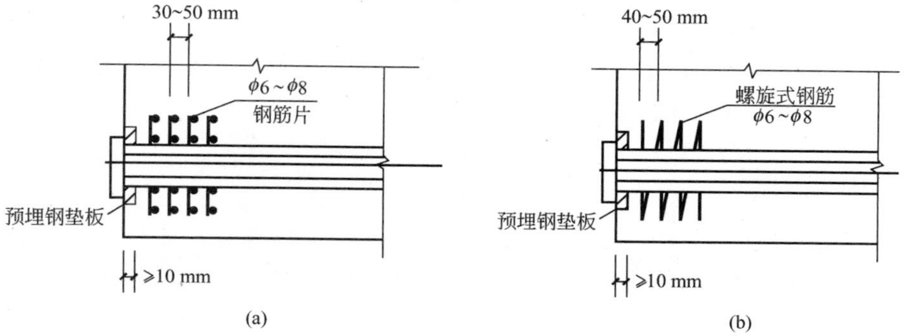

图 6.62 后张法端部加强构造图

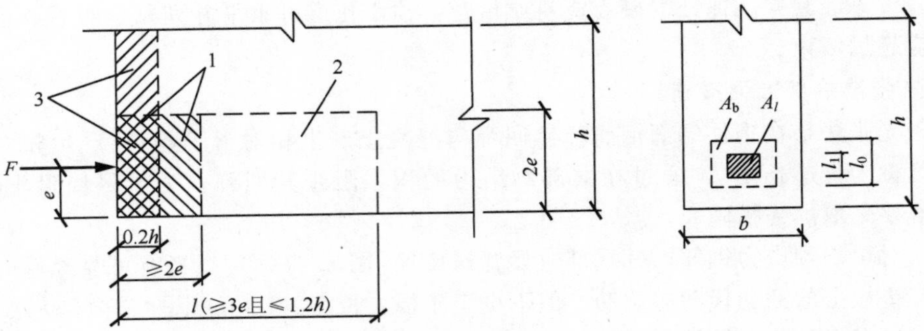

图 6.63 防止沿孔道劈裂的配筋范围

1—局部受压间接钢筋配置区；2—附加防劈裂配筋区；3—附加防端面裂缝配筋区

5. 其他构造措施

(1) 当构件在端部有局部凹进时，应增设折线构造钢筋(图 6.64)或其他有效的构造钢筋。

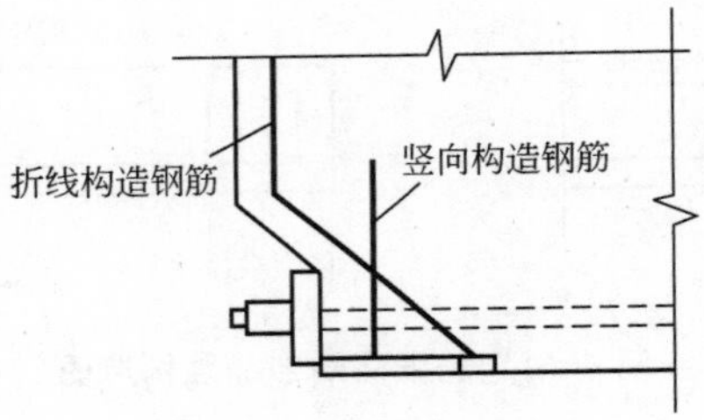

图 6.64 构件端部凹进处构造钢筋

(2) 长期外露的金属锚具应采取涂刷或砂浆封闭等防锈措施。

(3) 管道压浆要密实，不宜小于 M20 的水泥砂浆，水灰比为 0.4～0.45，为减少收缩，可掺入 0.1%水泥用量的铝粉。

(4) 凡制作时需要预先起拱的构件，预留孔道宜随构件同时起拱。

(5) 曲线预应力钢丝束、钢绞线束的曲率半径不宜小于 4m；对折线配筋的构件，在预应力钢筋弯折处的曲率半径可适当减小。

(6) 在预拉区和预压区中，应设置纵向非预应力构造钢筋，在预应力钢筋的弯折处，应加密箍筋或沿弯折处内侧设置钢筋网片。

特别提示

合理而有效的构造措施是保证设计意图的实现、方便施工和保证施工质量的重要条件。

小 结

本模块对钢筋混凝土梁、板构件的设计过程和内容进行了较为详细的阐述，包括混凝土结构所使用材料的力学性能、分类，简支板、简支梁和外伸梁的设计计算，以及混凝土构件的基本构造要求，还述及预应力构件的概念及其有关构造要求。

混凝土结构对钢筋性能的要求是：强度高，延性好，焊接性良好及与混凝土的黏结可靠。屈服强度、极限抗拉强度、延伸率和冷弯性能是衡量钢筋强度和延性的重要指标。钢筋混凝土结构中常用的钢筋 HRB400 和 HRB335 都是有明显屈服点的钢筋，其中 HRB400 级(新Ⅲ级)钢筋强度高，延性好，是目前我国钢筋混凝土结构的主力钢筋。对钢筋进行冷加工能提高强度，但延性有所降低。

混凝土的强度有立方体强度、轴心抗压强度和轴心抗拉强度。混凝土的徐变是在应力不变的情况下随时间而增长的变形。混凝土徐变会使钢筋混凝土构件的变形增加，也会造成预应力损失。混凝土的收缩是混凝土在空气中硬化体积缩小的现象。混凝土的收缩会产生裂缝，也会造成预应力损失。在设计和施工中应采取合理的措施，力求减少徐变和收缩。

设计钢筋混凝土结构时，应考虑承载能力极限状态和正常使用极限状态。

建筑结构的设计内容包括数值计算和构造措施两部分。混凝土结构设计的一般步骤是：选择材料、初定构件尺寸、确定构件计算简图、荷载计算、内力分析、截面设计、变形验算(必要时)、确定构造措施、按计算结果和构造要求绘制结构施工图。

对于混凝土结构梁、板的构造要求，应在理解的基础上学会应用。学习时可结合《混凝土结构设计规范》相关条文。

针对普通钢筋混凝土容易开裂的缺点，设法在混凝土结构或构件承受使用荷载前，预先对受拉区的混凝土施加压力后的混凝土就是预应力混凝土。预应力能够提高构件的抗裂性能和刚度。施加预应力的方法有先张法和后张法。

习 题

一、填空题

1. 混凝土结构中保护层厚度是指____________________________。

2. 在任何情况下，纵向受拉钢筋绑扎搭接接头的搭接长度均不应小于__________mm。

3. 板中分布钢筋应位于受力筋的__________，且应与受力筋__________。

4. 在主梁与次梁交接处设置的附加横向钢筋，包括__________和__________两种形式。

5. 钢筋和混凝土能够共同工作的主要原因是________________________________。

6. 钢筋混凝土结构的混凝土强度等级不应低于__________，预应力混凝土结构的混凝土强度等级不应低于__________。

7. 当梁的腹板高度不小于__________mm时，在梁的两侧应设置纵向构造钢筋和相应的拉筋。

8. 我国混凝土规范提倡用__________级钢筋作为钢筋混凝土结构的主力钢筋。

9. 钢筋混凝土梁以__________破坏形态为依据，建立正截面抗弯承载力计算公式。

10. 腹筋包括__________、__________。在钢筋混凝土梁中，宜优先采用__________作为受剪钢筋。

11. 斜截面抗剪计算的上限值是__________，这是为了保证梁不发生__________。

12. 箍筋的__________与__________应满足相应的构造要求。

13. 预应力混凝土构件按施工方法可分为__________和__________。

14. 预应力混凝土中钢筋宜采用__________。

二、选择题

1. 在混凝土各强度指标中，其设计值大小关系为(　　)。

A. $f_t>f_c>f_{cu}$　　B. $f_{cu}>f_c>f_t$　　C. $f_{cu}>f_t>f_c$　　D. $f_c>f_{cu}>f_t$

2. 钢材的伸长率δ用来反映材料的(　　)。

A. 承载能力　　B. 弹性变形能力

C. 延性性能　　D. 抗冲击荷载能力

3. 关于混凝土徐变，以下何项论述是正确的？(　　)

A. 水灰比越大徐变越小　　B. 水泥用量越大徐变越小

C. 骨料越坚硬徐变越小　　D. 养护环境湿度越大徐变越大

4. 梁中下部纵向受力钢筋的净距不应小于(　　)。

A. 25mm和1.5d　　B. 30mm和2d

C. 30mm和1.5d　　D. 25mm和d

5. 以下不属于减少混凝土收缩措施的项目是(　　)。

A. 控制水泥用量　　B. 提高混凝土强度等级

C. 提高混凝土的密实性　　D. 控制水灰比

6. 对构件施加预应力的主要目的是(　　)。

A. 提高构件承载力

B. 在构件使用阶段减少或避免裂缝出现，发挥高强度材料作用

C. 对构件进行性能检验

D. 提高构件延性

7. 下列措施中不能提高混凝土耐久性的一项是(　　)。

A. 掺用加气剂或减水剂　　B. 选用较好的砂、石集料

C. 适当控制混凝土的水灰比及水泥用量　　D. 增加混凝土密实性

8. 对于梁类、板类及墙类构件，位于同一连接区段内的受拉钢筋搭接接头面积百分率不宜大于(　　)。

A. 25%　　B. 50%　　C. 75%　　D. 100%

9. 在任何情况下，纵向受拉钢筋的搭接长度不应小于(　　)。

A. 200mm　　B. 300mm　　C. 400mm　　D. 500mm

10. 有抗震要求的箍筋末端应做成135°弯钩，弯钩端头平直段长度不应小于(　　)。

A. 箍筋直径的5倍，且不小于100mm　　B. 箍筋直径的10倍，且不小于70mm

C. 箍筋直径的10倍，且不小于50mm　　D. 箍筋直径的10倍，且不小于100mm

11. 钢筋混凝土适筋梁的破坏形态属于(　　)。

A. 延性破坏　　B. 脆性破坏　　C. A、B形式均有　　D. 界限破坏

12. 钢筋混凝土单筋矩形截面梁中的架立筋，计算时(　　)。

A. 考虑其承担剪力　　B. 考虑其协助混凝土承担压力

C. 不考虑其承担压力　　D. 考虑其承担拉力

13. 板中纵向受力钢筋根据(　　)配置。

A. 构造　　B. 正截面承载力计算

C. 斜截面承载力　　D. A+B

14. 箍筋对斜裂缝的出现(　　)。

A. 影响不大　　B. 不如纵筋大　　C. 无影响　　D. 影响很大

15. 抗剪公式适用的上限值，是为了保证(　　)。

A. 构件不发生斜压破坏　　B. 构件不发生剪压破坏

C. 构件不发生斜拉破坏　　D. A+B+C

三、判断题

1. 先张法是在浇筑混凝土之前张拉预应力钢筋。(　　)

2. 梁中箍筋的主要作用是承受弯矩。(　　)

3. 板中受力钢筋沿板跨度方向布置，且放置在构件下部。(　　)

4. 经过冷加工的钢筋可以提高强度，但塑性降低。(　　)

5. 架立钢筋主要作用是承担支座产生的负弯矩。(　　)

6. 少筋梁正截面受弯破坏时，破坏弯矩小于同截面适筋梁的开裂弯矩。(　　)

7. 配置了受拉钢筋的钢筋混凝土梁的极限承载力不可能小于同样截面、相同混凝土强度的素混凝土梁的承载力。(　　)

8. 受弯构件正截面的3种破坏形态均属脆性破坏。(　　)

9. 梁的抗剪计算公式的适用范围(即上、下限)是为了限制梁不出现斜压破坏和斜拉破坏。(　　)

10. 对于某一构件而言，混凝土强度等级越高，构件的混凝土最小保护层越厚。(　　)

四、计算题

1. 钢筋混凝土矩形截面梁，截面尺寸$b\times h=200\text{mm}\times500\text{mm}$，弯矩设计值$M=120\text{kN}\cdot\text{m}$，混凝土强度等级为C25，试计算纵向受力钢筋面积$A_s$：①当选用HPB300级钢筋时；②当选用HRB400级钢筋时；③弯矩M改为180kN·m纵筋采用HRB400。最后，对3种计算结果进行对比分析。

2. 矩形截面梁$b\times h=250\text{mm}\times500\text{mm}$，混凝土为C30，钢筋为HRB335级，受拉钢筋为4Φ18($A_s=1017\text{mm}^2$)，构件处于正常工作环境，弯矩设计值$M=100\text{kN}\cdot\text{m}$，构件安全等级为Ⅱ级。验算该梁的正截面承载力。

3. 一钢筋混凝土简支梁，截面尺寸 $b\times h=250\text{mm}\times 700\text{mm}$，配置了 HRB400 级钢筋 2⌀25，混凝土强度等级为 C35。试求：①这根梁能承担的最大弯矩设计值 M；②如果钢筋用量增加一倍，即 4⌀25，问这根梁能负担的弯矩是否也增加一倍?

4. 一根承受均布荷载的钢筋混凝土矩形截面梁，其截面尺寸 $b\times h=200\text{mm}\times 450\text{mm}$ ($h_0=405\text{mm}$)，某截面处的设计剪力 $V=86.5\text{kN}$，该梁混凝土强度等级为 C30，箍筋为 HRB400 级，试确定该截面处的箍筋数量。

5. 一钢筋混凝土简支矩形截面梁，两端搁置在厚度为 370mm 的砖墙上，已知梁的跨度(支座中到中)为 8m，截面尺寸为 $b\times h=200\text{mm}\times 600\text{mm}$，承受的均布荷载设计值 $q=18\text{kN/m}$(包括梁的自重)，混凝土强度等级为 C40，纵向受力钢筋为 HRB400 级，箍筋为 HRB400 级。试确定梁的纵筋及箍筋。

模块7 钢筋混凝土柱

教学目标

通过本模块的学习，掌握钢筋混凝土柱的设计方法及构造要求；能识读柱的结构施工图。

教学要求

能力目标	相关知识	权重
对钢筋混凝土柱进行设计、校核的能力	钢筋、混凝土材料的种类、强度	40%
在实际工程中理解和运用受压构件构造知识的能力	《混凝土结构设计规范(2015年版)》(GB 50010—2010)	40%
正确识读简单柱结构施工图的能力	《混凝土结构施工图平面整体表示方法制图规则和构造详图》(16G101—1)	20%

学习重点

钢筋混凝土轴心受压柱设计、校核；钢筋混凝土受压构件构造要求。

引例

1. 工程与事故概况

某公司职工宿舍楼，该工程为4层3跨框架建筑物，长60m、宽27.5m、高16.5m（底层高4.5m，其余各层4.0m），建筑面积6600m^2（图7.1），始建于1993年10月，按一层作为食堂使用的考虑建造，使用8个月后又于1995年6—11月在原一层食堂上加建3层宿舍。两次建设均严重违反建设程序，无报建、无招投标、无证设计、无勘察、无证施工、无质监。此楼投入使用后，于1996年雨季后，西排柱下沉130mm，西北墙同时下沉，墙体开裂、窗户变形。1997年3月8日，底层地面出现裂缝，且多在柱子周围。建设单位请包工头察看后认为没有问题，未做任何处理。3月25日裂缝急剧发展，当日下午4时再次请包工头察看，仍未做处理。当晚7时30分该楼整体倒塌，110人被砸，死亡31人。

倒塌现场的情况如下。

(1) 主梁全部断裂为两三段，次梁有的已经碎裂；从残迹看，构件尺寸、钢筋搭接长度均不符合要求。

(2) 柱子多数断裂成两三截，有的粉碎，箍筋、拉结筋也均不符合要求。

(3) 柱底单独基础发生锥形冲切破坏，柱的底端冲破底板伸入地基土层内有400mm之多。

(4) 梁、柱筋的锚固长度严重不足，梁的主筋伸入柱内只有70～80mm。

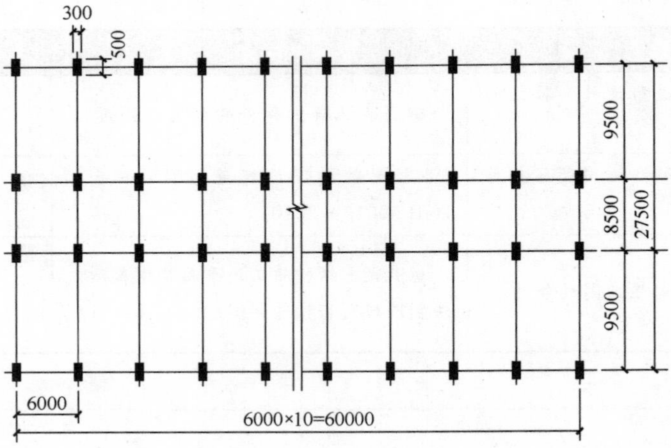

图7.1 某宿舍楼柱网平面图

2. 事故原因分析

(1) 实际基础底面土压力为天然地基承载力设计值的2.3～3.6倍，造成土体剪切破坏，柱基沉降差大大超过地基变形的允许值，因而在倒塌前已造成建筑物严重倾斜、柱列沉降量过大、沉降速率过快、墙体构件开裂、地面柱子周围出现裂缝等现象。在此情况下，单独柱基受力状态变得十分复杂，一部分柱基受力必然加大，而基础底板厚度又过小，造成柱下基础底板锥形冲切破坏，柱子沉入地基土400mm之多。这是一般框架结构事故中罕见的现象。

(2) 上部结构配筋过少。底层中柱纵、横向实际配筋只达到估算需要量的21.9%和13.1%；底层边柱只达到估算需要量的32.3%和20.4%；一、二、三层梁的边支座和中间支座处实际配筋也只有估算需要量的20.8%和58.9%。

(3) 上部结构的构造做法不符合要求。梁伸入柱的主筋的锚固长度太短；柱的箍筋设置过少等。

(4) 施工质量低劣。柱基础混凝土取芯2处，分别只有7.4MPa和12.2MPa；在倒塌现场，带灰黄色的低强度等级的混凝土遍地可见；采用大量改制钢材，多数钢筋力学性能不符合规范要求；钢筋的绑扎也不符合要求。

(5) 管理失控。本工程施工两年，除了几张做单层工程时的草图外没有任何技术资料；原材料水泥、钢筋没有合格证，也无试验报告单；混凝土不做试配，没留试块。技术上处于没有管理、随心所欲的完全失控状态。后期出现种种质量事故的征兆，不加处理，则更进一步加速建筑物的整体倒塌。

7.1 钢筋混凝土柱构造要求

【钢筋混凝土柱】

7.1.1 材料强度

一般柱中采用C25及以上等级的混凝土，对于高层建筑的底层柱可采用更高强度等级的混凝土。钢筋可采用HRB335、HRB400、HRB500级别的钢筋。

7.1.2 截面形式和尺寸

为使钢筋混凝土受压构件制作方便，通常采用方形或矩形截面。其中，从受力合理考虑，轴心受压构件和在两个方向偏心距大小接近的双向偏心受压构件宜采用正方形，而单向偏心和主要在一个方向偏心的双向偏心受压构件则宜采用矩形(较大弯矩方向通常为长边)。对于装配式单层厂房的预制柱，当截面尺寸较大时，为减轻自重，也通常采用工字形截面。

构件截面尺寸应能满足承载力、刚度、配筋率、建筑使用和经济等方面的要求，不能过小，也不宜过大，可根据每层构件的高度、两端支承情况和荷载的大小选用。对于现浇的钢筋混凝土柱，由于混凝土自上而下灌下，为避免造成灌注混凝土困难，截面最小尺寸不宜小于250mm。此外，考虑到模板的规格，柱截面尺寸宜取整数：在800mm以下时，取50mm的倍数；在800mm以上时，取100mm的倍数。

7.1.3 纵向钢筋

1. 受力纵筋的作用

对于轴心受压构件和偏心距较小、截面上不存在拉力的偏心受压构件，纵向受力钢筋主要用来帮助混凝土承压，以减小截面尺寸；同时，也可增加构件的延性及抵抗偶然因素所产生的拉力。对偏心较大、部分截面上产生拉力的偏心受压构件，截面受拉区的纵向受力钢筋则是用来承受拉力的。

2. 受力纵筋的配筋率

受压构件纵向受力钢筋的截面面积不能太小，也不宜过大。除满足计算要求外，还需满足最小配筋率要求。全部纵向钢筋的配筋率不宜大于5%，其最小配筋率见附录D表D8。从经济和施工方便(不使钢筋太密集)角度考虑，受压钢筋的配筋率一般不超过3%，通常为0.5%～2%。

特别提示

(1) 受压构件的全部纵向钢筋和一侧纵向钢筋的配筋率均应按构件的全截面面积计算。

(2) 当钢筋沿构件截面周边布置时，一侧纵向钢筋是指沿受力方向两个对边中的一边布置的纵向钢筋。

3. 受力纵筋的直径

纵向受力钢筋宜采用直径较大的钢筋，以增大钢筋骨架的刚度、减少施工时可能产生的纵向弯曲和受压时的局部屈曲。纵向受力钢筋的直径不宜小于12mm。

4. 受力纵筋的布置和间距

矩形截面钢筋根数不得少于4根，以便与箍筋形成刚性骨架。轴心受压构件中纵向受力钢筋应沿截面四周均匀配置，偏心受压构件中纵向受力钢筋应布置在离偏心压力作用平面垂直的两侧。圆形截面钢筋根数不宜少于8根，且不应少于6根，应沿截面四周均匀配置。纵向受力钢筋的净间距不应小于50mm。偏心受压构件垂直于弯矩作用平面的侧面和轴心受压构件各边的纵向受力钢筋，其间距不宜大于300mm(图7.2)。对于水平浇筑的预制柱，其净间距应可按梁的有关规定取用。

实例二中KZ3为500mm×500mm的矩形截面柱，所配纵筋为12Φ22；KZ6为直径600mm的圆柱，其纵向钢筋为12Φ20，均符合构造要求。

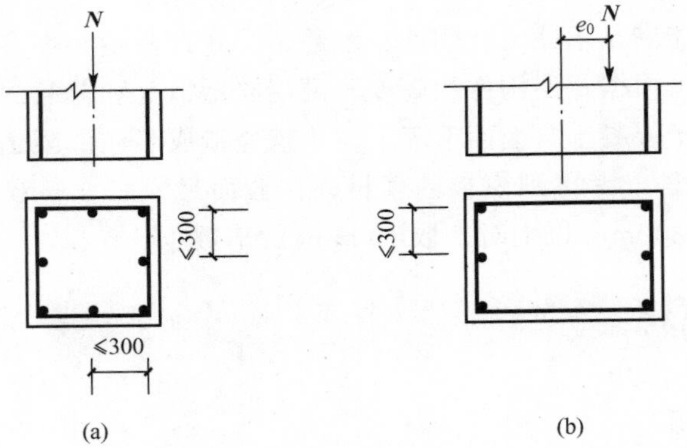

图7.2 柱受力纵筋的布置

(a) 轴心受压柱；(b) 偏心受压柱

7.1.4 箍筋

1. 箍筋的作用

在受压构件中配置箍筋的目的是约束受压纵筋，防止其受压后外凸；密排式钢筋可约束内部混凝土，提高其强度；同时箍筋与纵筋构成骨架；一些剪力较大的偏心受压构件也需要利用箍筋来抗剪。

2. 箍筋的形式

受压构件中的周边箍筋应做成封闭式。对于形状复杂的构件，不可采用具有内折角的箍筋(图 7.3)。其原因是内折角处受拉箍筋的合力向外，可能使该处混凝土保护层崩裂。

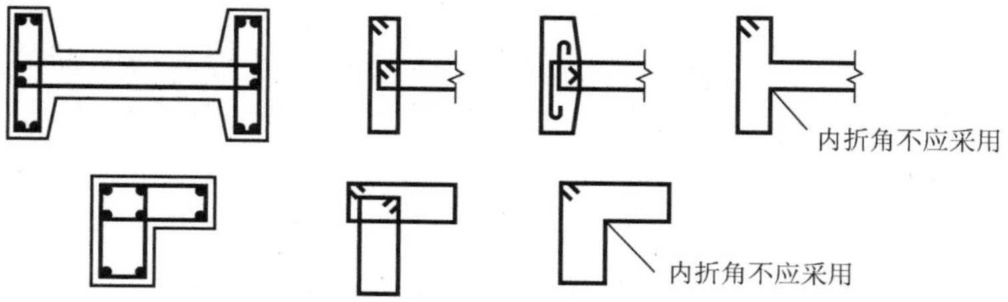

图 7.3　复杂截面的箍筋形式

当柱截面短边尺寸大于 400mm，且各边纵向钢筋多于 3 根时，或当柱截面短边不大于 400mm，但各边纵向钢筋多于 4 根时，应设置复合箍筋，其布置要求是使纵向钢筋至少每隔一根位于箍筋转角处(图 7.4、图 7.5)。

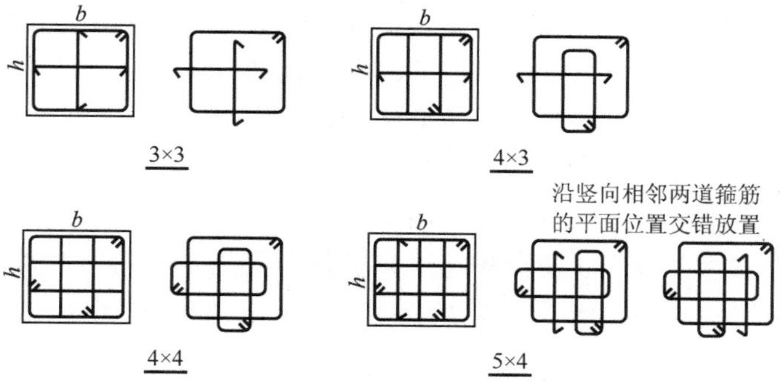

图 7.4　矩形复合箍筋形式

3. 箍筋的直径和间距

箍筋直径不应小于 $d/4$，且不应小于 6mm(d 为纵向钢筋的最大直径)。箍筋间距不应大于 400mm 及构件截面的短边尺寸，且不应大于 15d(d 为纵向钢筋的最小直径)；当柱中全部纵向受力钢筋的配筋率大于 3%时，箍筋直径不应小于 8mm，间距不应大于 10d 且不应大于 200mm，d 为纵向受力钢筋的最小直径；箍筋末端应做成 135°弯钩，且弯钩末端平直段长度不应小于 10d，d 为箍筋的直径。

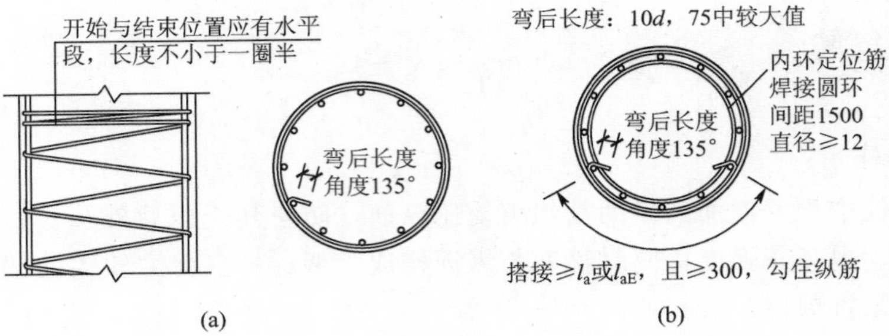

图 7.5 螺旋箍筋构造

(a) 螺旋箍筋端部构造；(b) 螺旋箍筋搭接构造

柱内纵向钢筋搭接长度范围内的箍筋间距应加密，其直径不应小于搭接钢筋较大直径的 25%，箍筋间距不应大于 $5d$，且不应大于 100mm，d 为纵向钢筋的最小直径。当受压钢筋直径 $d>25$mm 时，尚应在搭接接头两个端面外 100mm 范围内各设置两个箍筋。

7.2 钢筋混凝土柱设计实例

钢筋混凝土柱设计的具体步骤为：选择材料、确定构件尺寸、确定构件计算简图、荷载及内力计算、截面设计、确定构造措施、按计算结果和构造要求绘制结构施工图。

下面通过一根柱的设计实例来说明钢筋混凝土柱的设计方法和步骤，并通过该实例阐释有关受压构件的计算公式、图表及构造措施的具体应用。

实例二中所示教学楼为二层全现浇钢筋混凝土框架结构，层高 3.6m，平面尺寸为 45m×17.4m。建筑抗震设防烈度为 7 度。建筑平、立、剖面图见实例二建施-1、建施-2、建施-3、建施-4。该框架建筑抗震设防类别为乙类，采取二级抗震构造措施。

图 7.6 为框架结构的柱结构平法施工图(模块 2 已有介绍)，现针对 KZ3 柱设计计算过程进行说明。

特别提示

(1)《混凝土结构施工图平面整体表示法制图规则》(简称平法)是目前我国混凝土结构施工图的主要设计表示方法。

(2) 柱平法施工图系在柱平面布置图上采用列表注写方式或截面注写方式表达柱构件的截面形状、几何尺寸、配筋等设计内容。

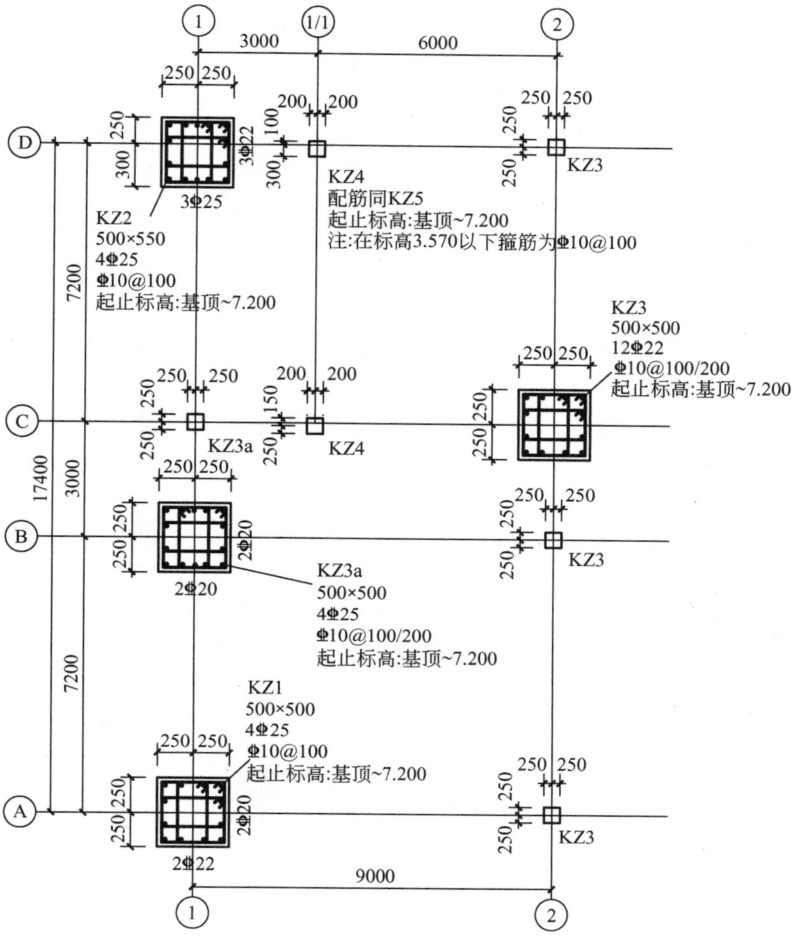

图 7.6　框架结构局部平面图

1. 材料选择

合理选用材料是结构设计的基础。此处根据本工程实际情况，选择 HRB400 级钢筋和 C30 混凝土。其强度指标可由附录 D 表 D1 查得 $f_y=360\text{N/mm}^2$，由附录 D 表 D3 查得 $f_c=14.3\text{N/mm}^2$，供设计时使用。

特别提示

计算现浇钢筋混凝土轴心受压柱及偏心受压构件时，如截面的长边或直径小于 300mm，则附录 D 表 D3 中混凝土的强度设计值应乘以系数 0.8；当构件质量(如混凝土成型、截面和轴线尺寸等)确有保证时，可不受此限制。

2. 确定构件形状和尺寸

钢筋混凝土受压构件截面一般采用正方形或矩形截面，有特殊要求时也采用圆形或多边形截面，装配式厂房柱则常用工字形截面。为了避免构件长细比过大，承载力降低过多，柱截面尺寸一般不宜小于 250mm×250mm，应控制在 $l_0/b\leqslant30$、$l_0/h\leqslant25$、$l_0/d\leqslant25$。此处，l_0为柱的计算长度，b 为柱的短边，h 为柱的长边，d 为圆形柱的直径。当柱截面的边长在 800mm 以下时，一般以 50mm 为模数；当边长在 800mm 以上时，以 100mm 为模数。

3. 计算简图

除装配式框架外，一般可将框架结构的梁、柱节点视为刚性节点，柱固结于基础顶面。

4. 荷载及内力计算

结构承受的作用包括竖向荷载、风荷载和地震作用，竖向荷载包括结构自重及楼(屋)面活荷载。多层建筑中的柱以轴力为主。

实例二中框架结构为超静定结构，C 轴的 KZ3 近似按轴心受压构件进行计算，其内力是由建筑结构计算软件计算得出的，柱底轴向力设计值 $N=1180\text{kN}$。

5. 截面设计

钢筋混凝土受压构件按纵向力与构件截面形心相互位置的不同，可分为轴心受压构件与偏心受压构件(单向偏心受压和双向偏心受压构件)，如图 7.7 所示。当纵向外力 **N** 的作用线与构件截面形心轴线重合时为轴心受压构件，当纵向外力 **N** 的作用线与构件截面形心轴线不重合时为偏心受压构件，偏心受压构件又可分为大偏心受压构件和小偏心受压构件。

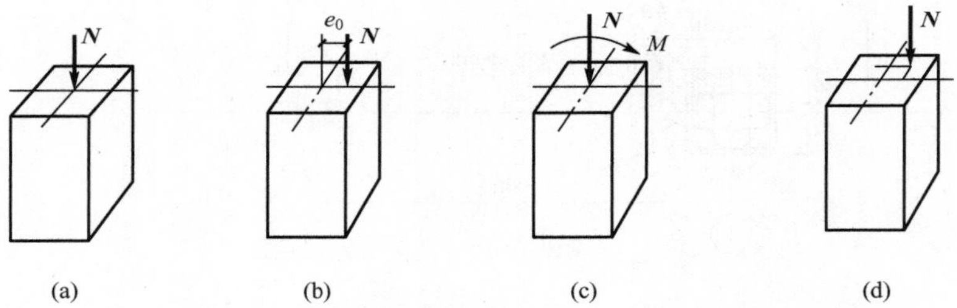

图 7.7　轴心受压和偏心受压

(a) 轴心受压；(b) 单向偏心受压；(c) 单向偏心受压；(d) 双向偏心受压

特别提示

框架柱属偏心受压构件，一般采用对称配筋，在中间轴线上的框架柱按单向偏心受压考虑，边柱按双向偏心受压考虑。

1）轴心受压构件

钢筋混凝土轴心受压柱的正截面承载力由混凝土承载力和钢筋承载力两部分组成，其计算步骤如下。

(1) 求稳定系数 φ。由于实际工作中初始偏心距的存在，且受压构件多为细长构件，破坏前将发生纵向弯曲，所以需要考虑纵向弯曲对构件截面承载力的影响。在轴心受压柱承载力的计算中，采用了稳定系数 φ 来表示承载力的降低程度。稳定系数主要和构件的长细比有关，长细比越大，φ 值越小（表 7－1）。构件的计算长度 l_0 与构件两端支承情况有关，一般多层房屋中梁柱为刚接的框架结构，各层柱的计算长度 l_0 可按表 7－2 确定。

本例为现浇框架，其底层柱 $l_0=1.0H=1\times4.6=4.6$(m)。

表 7－1　钢筋混凝土轴心受压构件的稳定系数 φ

l_0/b	≤8	10	12	14	16	18	20	22	24	26	28
l_0/d	≤7	8.5	10.5	12	14	15.5	17	19	21	22.5	24
l_0/i	≤28	35	42	48	55	62	69	76	83	90	97
φ	1.0	0.98	0.95	0.92	0.87	0.81	0.75	0.70	0.65	0.60	0.56
l_0/b	30	32	34	36	38	40	42	44	46	48	50
l_0/d	26	28	29.5	31	33	34.5	36.5	38	40	41.5	43
l_0/i	104	111	118	125	132	139	146	153	160	167	174
φ	0.52	0.48	0.44	0.40	0.36	0.32	0.29	0.26	0.23	0.21	0.19

注：表中 l_0 为构件计算长度；b 为矩形截面的短边尺寸；d 为圆形截面的直径；i 为截面最小回转半径。

特别提示

（1）当应用表 7－1 查 φ 值时，若为 l_0/b 为表格中没有列出的数值，可利用线性插入法来确定 φ 值。

（2）当 $l_0/b\leqslant8$ 时，$\varphi=1$。

表 7－2　框架结构各层柱的计算长度

楼盖类型	柱的类别	l_0
现浇楼盖	底层柱	$1.0H$
	其余各层柱	$1.25H$
装配式楼盖	底层柱	$1.25H$
	其余各层柱	$1.5H$

特别提示

对底层柱，H 为基础顶面到一层楼盖顶面之间的距离；对其余各层柱，H 为上、下两层楼盖顶面之间的距离。

(2) 求纵向钢筋截面面积 A_s'，即

$$N \leqslant 0.9\varphi(f_cA + f_y'A_s') \tag{7-1}$$

式中，N——轴向力设计值；

φ——钢筋混凝土轴心受压构件的稳定系数，按表 7-1 采用；

f_c——混凝土轴心抗压强度设计值；

f_y'——纵向钢筋的抗压强度设计值；

A——构件截面面积；

A_s'——全部纵向钢筋的截面面积，当纵向钢筋配筋率大于 3%时，式中 A 应改用 A_s'代替。

特别提示

当柱中全部纵向受力钢筋的配筋率大于 3%时，箍筋直径不应小于 8mm，间距不应大于纵向受力钢筋最小直径的 10 倍，且不应大于 200mm。箍筋末端应做成 135°弯钩，且弯钩末端平直段长度不应小于箍筋直径的 10 倍。

(3) 配置纵向钢筋。根据计算所需的 A_s'确定柱中纵向受力钢筋的直径和根数。选择钢筋根数时应考虑钢筋之间有足够的净距，以保证钢筋和混凝土之间的黏结力。

(4) 选择箍筋。柱中箍筋的作用是防止纵筋向外压屈，提高柱的受剪承载力，与纵筋形成骨架，且对核心部分的混凝土起到约束作用。

(5) 验算配筋率，即

$$\rho' = \frac{A_s'}{b \times h}$$

柱中全部纵向钢筋的配筋率不宜大于 5%，最小配筋率满足附录 D 表 D8 的要求。

(6) 画出配筋图。

应用案例

某现浇多层钢筋混凝土框架结构，底层中柱按轴心受压构件计算，柱高 $H=6.4$m，柱截面面积 $b\times h=400\text{mm}\times400\text{mm}$，承受轴向压力设计值 $N=2450$kN，采用 C30 级混凝土（$f_c=14.3\text{N/mm}^2$）、纵筋 HRB500 级钢筋（$f_y'=410\text{N/mm}^2$），箍筋 HPB300 级，求纵向钢筋面积，并配置纵向钢筋和箍筋。

解：(1) 求稳定系数。

柱计算长度：$l_0=1.0H=1.0\times6.4=6.4(\text{m})$

$$\frac{l_0}{b}=\frac{6400}{400}=16$$

查表 7-1，得 $\varphi=0.87$。

(2) 计算纵向钢筋面积 A_s'。由式(7-1)得

$$A_s'=\frac{\dfrac{N}{0.9\varphi}-f_cA}{f_y'}=\frac{\dfrac{2450\times10^3}{0.9\times0.87}-14.3\times400^2}{410}=2051(\text{mm}^2)$$

(3) 配筋：选用纵向钢筋 8Φ20($A_s'=2513\text{mm}^2$)。

箍筋：直径 d $\begin{cases}\geqslant \dfrac{d}{4}=\dfrac{20}{4}=5(\text{mm}) \\ \geqslant 6\text{mm}\end{cases}$ 取 $d=8\text{mm}$

间距 s $\begin{cases}\leqslant 400\text{mm} \\ \leqslant b=400\text{mm} \\ \leqslant 15d=15\times 20=300(\text{mm})\end{cases}$ 取 $s=200(\text{mm})$

所以，箍筋选用Φ8@200。

(4) 验算。

$$\rho=\frac{A_s'}{b\times h}=\frac{2513}{400\times 400}=0.0157=1.57\%$$

$\rho>0.5\%$，满足最小配筋率的要求。

$\rho<3\%$，不必用 $A-A_s'$ 代替 A。

(5) 画截面配筋图(图 7.8)。

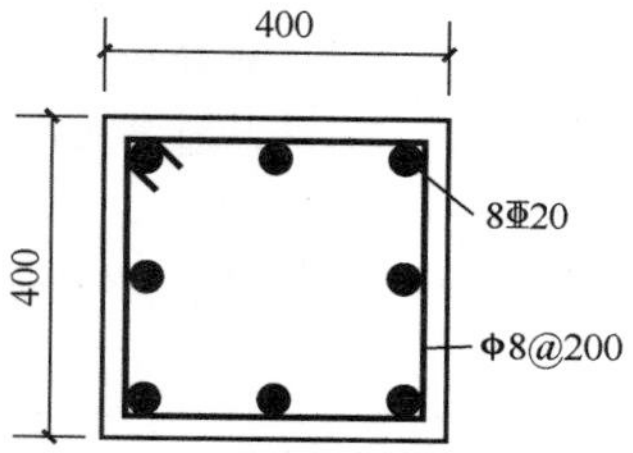

图 7.8 截面配筋图

2) 偏心受压构件

偏心受压构件是轴向压力 N 和弯矩 M 共同作用，或轴向压力 N 的作用线与重心线不重合的结果，截面出现部分受压和部分受拉或全截面不均匀受压的情况。

偏心受压构件的工程破坏试验。试验研究表明，偏心受压构件的破坏形态与轴向压力偏心距 e_0 的大小和构件的配筋情况有关，分为大偏心受压破坏和小偏心受压破坏两种(图 7.9)。大、小偏心破坏之间，有一个界限破坏，具体情况见表 7-3。

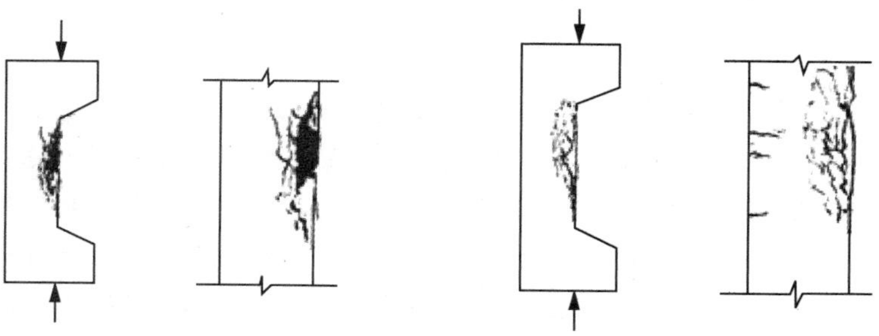

(a) 小偏心受压破坏

(b) 大偏心受压破坏

【钢筋混凝土柱的破坏】

图 7.9 偏心受压构件的破坏形态

表 7-3　偏心受压构件的破坏特征

破坏特征	条　件	特　征	破坏性质	判别标准
大偏心受压破坏(受拉破坏)	偏心距 e_0 较大，且受拉钢筋 A_s 配置不太多	离 N 较远一侧的截面受拉，另一侧截面受压；首先在受拉区出现横向裂缝，裂缝处拉力全部由钢筋承担。荷载继续加大，受拉钢筋首先达到屈服，并形成一条明显的主裂缝，随后主裂缝明显加宽并向受压一侧延伸，受压区高度迅速减小。最后，受压区边缘出现纵向裂缝，受压区混凝土被压碎而导致构件破坏[图 7.11(b)]	有明显预兆，属于延性破坏	$\xi=\frac{x}{h_0}\leqslant\xi_b$
小偏心受压破坏(受压破坏)	偏心距 e_0 较小，或偏心距 e_0 虽然较大但配置的受拉钢筋过多	整个截面全部受压或大部分受压，随着荷载 N 逐渐增加，靠近轴 N 混凝土达到极限应变 ε_{cu} 被压碎，受压钢筋 A'_s 的应力也达到 f'_y，远离 N 一侧的钢筋 A_s 可能受压，也可能受拉，但因本身截面应力太小或配筋过多，达不到屈服强度[图 7.11(a)]	无明显预兆，属脆性破坏	$\xi=\frac{x}{h_0}>\xi_b$

注：x——混凝土受压区高度；h_0——截面有效高度；ξ——相对受压区高度；ξ_b——界限相对受压区高度；A_s——离 N 较远一侧钢筋截面面积；A'_s——离 N 较近一侧钢筋截面面积。

特别提示

两种偏心受压破坏的界限条件是在破坏时纵向钢筋达到其屈服强度，同时混凝土达到极限压应变被压碎，称为界限破坏，此时其相对受压区高度称为界限相对受压区高度 ξ_b。

知识链接

1. 螺旋箍筋柱

螺旋箍筋柱中，由于螺旋筋或焊接环筋的套箍作用可约束核心混凝土(螺旋筋或焊接环筋所包围的混凝土)的横向变形，使得核心混凝土处于三向受压状态，从而间接地提高混凝土的纵向抗压强度。当混凝土纵向压缩产生横向膨胀时，将受到密排螺旋筋或焊接环筋的约束，在箍筋中产生拉力而在混凝土中产生侧向压力。当构件的压应变超过无约束混凝土的极限应变后，尽管箍筋以外的表层混凝土会开裂甚至剥落而退出工作，但核心混凝土尚能继续承担更大的压力，直至箍筋屈服。显然，混凝土抗压强度的提高程度与箍筋的约束力的大小有关。为了使箍筋对混凝土有足够大的约束力，箍筋应为圆形，当为圆环时应焊接。由于螺旋筋或焊接环筋间接地起到了纵向受压钢筋的作用，故又称其为间接钢筋。

需要说明的是，螺旋箍筋柱虽可提高构件承载力，但施工复杂、用钢量较大，一般仅用于轴力很大，截面尺寸又受限制，采用普通箍筋柱会使纵向钢筋配筋率过高，而混凝土强度等级又不宜再提高的情况。

2. 偏心受压构件斜截面受剪承载力计算

当偏心受压构件仅考虑竖向荷载作用时，剪力值相对较小，但对于承受较大水平力作用下的框架柱，可能作用有较大的剪力值，必须考虑其斜截面受剪承载力。

小　结

(1) 轴心受压构件的承载力由混凝土和纵向受力钢筋两部分抗压能力组成，同时要考虑纵向弯曲对构件截面承载力的影响。其计算公式为

$$N \leqslant 0.9\varphi(f_c A + f'_y A'_s)$$

(2) 高强度钢筋在受压构件中不能发挥作用，在受压构件中不宜采用高强度钢筋。

(3) 偏心受压构件按其破坏特征不同，分为大偏心受压构件和小偏心受压构件。

$\xi=\frac{x}{h_0}\leqslant\xi_b$ 为大偏心受压破坏；$\xi=\frac{x}{h_0}>\xi_b$ 为小偏心受压破坏。

习　题

一、填空题

1. 钢筋混凝土轴心受压构件的承载力由__________和__________两部分抗压能力组成。

2. 钢筋混凝土柱中箍筋的作用之一是约束纵筋，防止纵筋受压后__________。

3. 钢筋混凝土柱中纵向钢筋净距不应小于__________mm。

二、选择题

1. 纵向弯曲会使受压构件承载力降低，其降低程度随构件的(　　)增大而增大。

A. 混凝土强度　　B. 钢筋强度　　C. 长细比　　D. 配筋率

2. 受压构件全部受力纵筋的配筋率不宜大于(　　)。

A. 4%　　B. 5%　　C. 6%　　D. 4.5%

3. 某矩形截面轴心受压柱，截面尺寸为400mm×400mm，经承载力计算纵向受力钢筋面积$A_s=760\text{mm}^2$，对于实配钢筋以下哪项是正确的？(　　)

A. 3Φ18　　B. 4Φ16　　C. 2Φ22　　D. 5Φ14

4. 以下关于钢筋混凝土柱构造要求的叙述中，哪种是不正确的？(　　)

A. 纵向钢筋配置越多越好　　B. 纵向钢筋沿周边布置

C. 箍筋应形成封闭　　D. 纵向钢筋净距不小于50mm

5. 小偏心受压破坏的主要特征是(　　)。

A. 混凝土首先被压碎

B. 钢筋首先被拉屈服

C. 混凝土被压碎时钢筋同时被拉屈服

D. 钢筋先被拉屈服然后混凝土被压碎

三、判断题

1. 大偏心受压破坏的截面特征是：受压钢筋首先屈服，最终受压边缘的混凝土也因压应变达到极限值而破坏。 ( )

2. 一般柱中箍筋的加密区位于柱的中间部位。 ( )

四、计算题

某钢筋混凝土轴心受压柱，截面尺寸为350mm×350mm，计算长度 l_0=3.85m，混凝土强度等级为C30、纵筋为HRB500，承受轴心压力设计值 N=1800kN。试根据计算和构造选配纵筋。

模块8 钢筋混凝土框架结构构造

教学目标

通过本模块的学习，掌握钢筋混凝土框架结构的抗震构造。

教学要求

能力目标	相关知识	权重
理解钢筋混凝土梁柱连接设计基本理论，掌握钢筋混凝土框架结构构造	钢筋混凝土梁构造要求；钢筋混凝土柱构造要求；钢筋混凝土框架节点构造要求	100%

学习重点

抗震等级，现浇框架结构抗震构造。

引例

实例二中教学楼为两层全现浇钢筋混凝土框架结构，层高 3.6m，平面尺寸为 45m×17.4m。建筑抗震设防烈度为 7 度。建筑平、立、剖面图见实例二建施图，三维效果图如图 1.1(b)所示。

思考该框架结构梁、柱及节点处应如何处理。

框架结构只有通过连接才能形成整体。现浇框架的连接构造要求主要是梁与柱、柱与柱之间的配筋构造要求。这些要求的满足与否直接影响着节点的受力性能，关系到整个框架是否安全可靠、经济合理，施工是否方便，所以连接构造要求必须引起重视。

震害调查表明，钢筋混凝土框架的震害主要发生在梁端、柱端和梁柱节点处。框架梁由于梁端处的弯矩、剪力均较大，并且是反复受力，故破坏常发生在梁端。梁端可能会由于纵筋配筋不足、钢筋端部锚固不好、箍筋配置不足等原因而引起破坏。框架柱由于两端弯矩大，破坏一般发生在柱的两端。柱端可能由于柱内纵筋不足，箍筋较少，对混凝土约束差而引起破坏。梁柱节点多由于节点内未设箍筋或箍筋不足，以及核心区钢筋过密而影响混凝土浇筑质量引起破坏。

8.1 抗震等级

《建筑抗震设计规范》根据建筑物的重要性、设防烈度、结构类型和房屋高度等因素，将其抗震要求以抗震等级表示，抗震等级分为四级，现浇钢筋混凝土框架结构的抗震等级划分见表 8-1。一级抗震要求最高，四级抗震要求最低，对于不同抗震等级的建筑物采取不同的计算方法和构造要求，以利于做到经济合理的设计。

表 8-1　现浇钢筋混凝土框架结构的抗震等级

结构类型		设防烈度						
		6		7		8		9
框架结构	高度/m	≤24	＞24	≤24	＞24	≤24	＞24	≤24
	框架	四	三	三	二	二	一	一
	大跨度框架	三		二		一		一

注：(1) 建筑场地为Ⅰ类时，除 6 度外应允许按表内降低一度所对应的抗震等级采取抗震构造措施，但相应的计算要求不应降低。

(2) 接近或等于高度分界时，应允许结合房屋不规则程度及场地、地基条件确定抗震等级。

(3) 大跨度框架指跨度不小于 18m 的框架。

特别提示

查表知实例二现浇框架抗震等级为三级，但该项目为教学楼，属重点设防类建筑，应按高于本地区抗震设防烈度一度的要求加强其抗震措施，即该框架采取二级抗震构造措施。

8.2 框架梁构造要求

【框架梁的配筋】

1. 截面尺寸

梁的截面宽度不宜小于200mm，截面高宽比不宜大于4，净跨与截面高度之比不宜小于4。

2. 纵向钢筋

（1）梁端纵向受拉钢筋的配筋率不宜大于2.5%，纵向受拉钢筋的配筋率不应小于表8-2的规定。

（2）梁端截面的底面和顶面纵向钢筋配筋量的比值，除按计算确定外，一级不应小于0.5，二、三级不应小于0.3。

（3）沿梁全长顶面和底面的配筋，一、二级不应小于2Φ14，且分别不应小于梁两端顶面和底面纵向钢筋中较大截面面积的1/4，三、四级不应小于2Φ12。

（4）一、二、三级框架梁内贯通中柱的每根纵向钢筋直径，对矩形截面柱，不宜大于柱在该方向截面尺寸的1/20；对圆形截面柱，不宜大于纵向钢筋所在位置柱截面弦长的1/20。

实例二中KL3截面尺寸为250mm×600mm；梁端顶部所配钢筋为2Φ22+2Φ20，底部钢筋为3Φ20；沿梁全长顶面钢筋为2Φ22；KZ3截面尺寸为500mm×500mm，柱中的纵向钢筋直径为22mm；梁、柱截面和纵筋均符合构造要求。框架中的其余梁、柱也都符合相关构造要求。

表8-2 框架梁纵向受拉钢筋的最小配筋百分率(%)

抗震等级	梁中位置	
	支座	跨中
一级	0.40和$80f_t/f_y$的较大值	0.30和$65f_t/f_y$的较大值
二级	0.30和$65f_t/f_y$的较大值	0.25和$55f_t/f_y$的较大值
三、四级	0.25和$55f_t/f_y$的较大值	0.20和$45f_t/f_y$的较大值

3. 箍筋

梁端箍筋应加密，箍筋加密区的范围和构造要求应按表8-3采用，当梁端纵向受拉钢筋配筋率大于2%时，表中箍筋最小直径数值应增大2mm。梁端加密区的肢距，一级不宜大于 200mm 和 20d(d 为箍筋直径较大者)，二、三级不宜大于 250mm 和 20d，四级不宜大于 300mm。

表 8-3　梁端箍筋加密区的长度、箍筋的最大间距和最小直径

抗震等级	加密区长度/mm(采用较大值)	箍筋最大间距/mm(采用最小值)	箍筋最小直径/mm
一	$2h_b$，500	$h_b/4$，$6d$，100	10
二	$1.5h_b$，500	$h_b/4$，$8d$，100	8
三	$1.5h_b$，500	$h_b/4$，$8d$，150	8
四	$1.5h_b$，500	$h_b/4$，$8d$，150	6

注：d 为纵向钢筋直径，h_b 为梁截面高度。一、二级抗震等级框架梁，当箍筋直径大于 12mm 且根数不少于 4 根时，箍筋加密区最大间距应允许适当放松，但不应大于 150mm。

4. 抗震楼层框架梁和屋面框架梁钢筋构造（图 8.1）

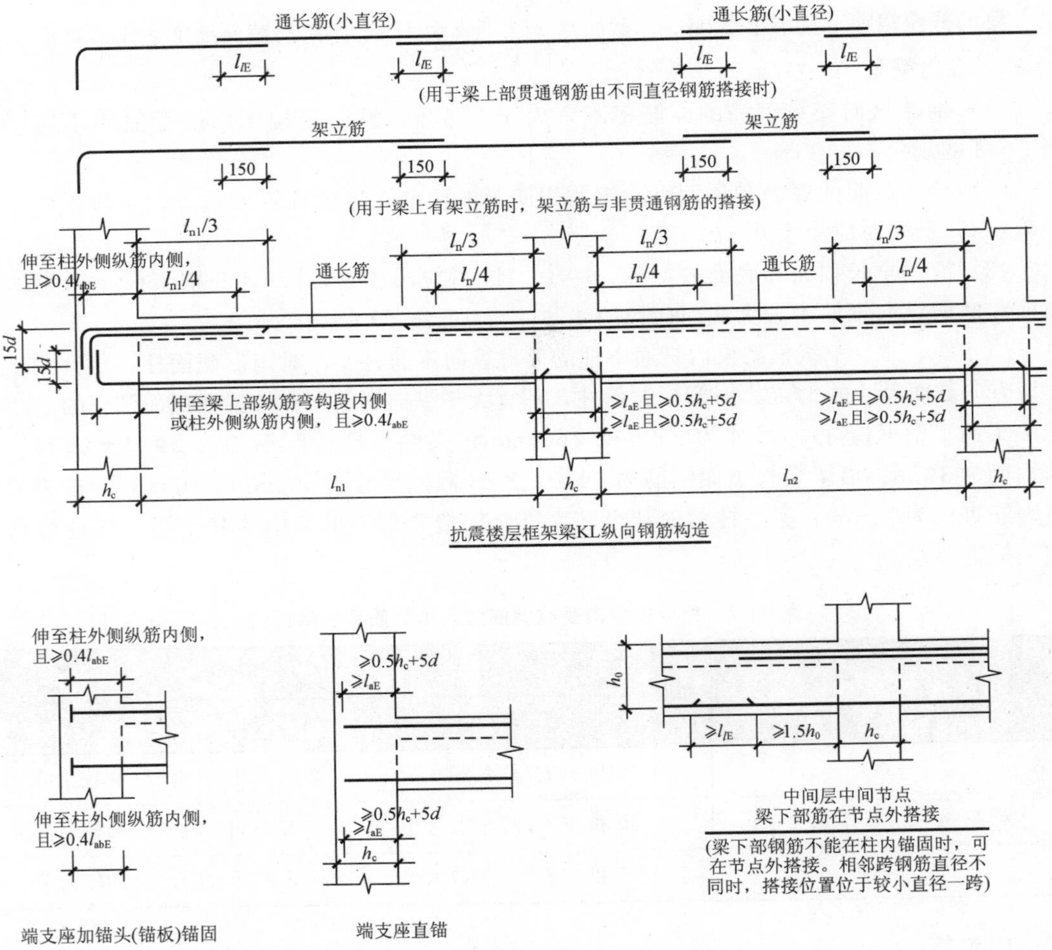

图 8.1　抗震楼层框架梁 KL 和屋面框架梁 WKL 钢筋构造

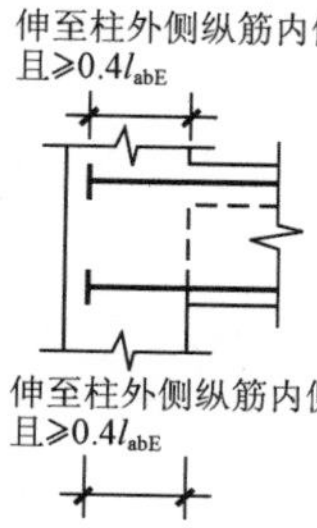

端支座加锚头(锚板)锚固

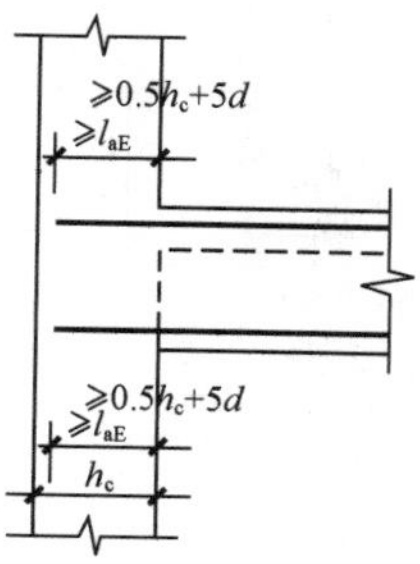

端支座直锚

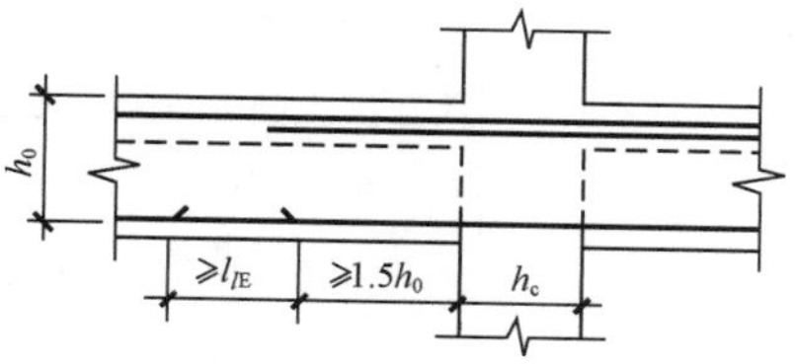

中间层中间节点
梁下部筋在节点外搭接

(梁下部钢筋不能在柱内锚固时，可在节点外搭接。相邻跨钢筋直径不同时，搭接位置位于较小直径一跨)

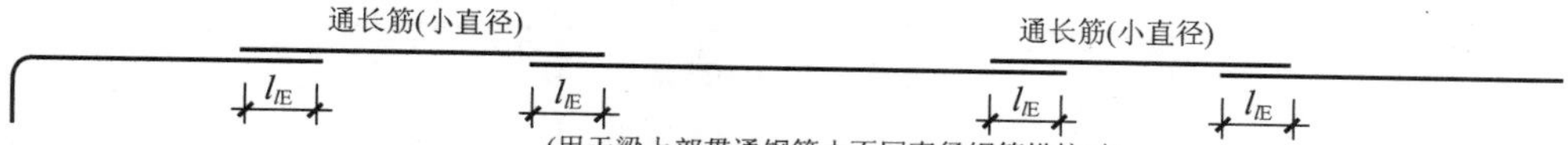

(用于梁上部贯通钢筋由不同直径钢筋搭接时)

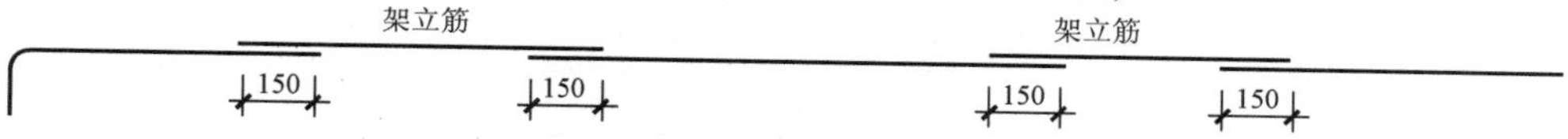

(用于梁上有架立筋时，架立筋与非贯通钢筋的搭接)

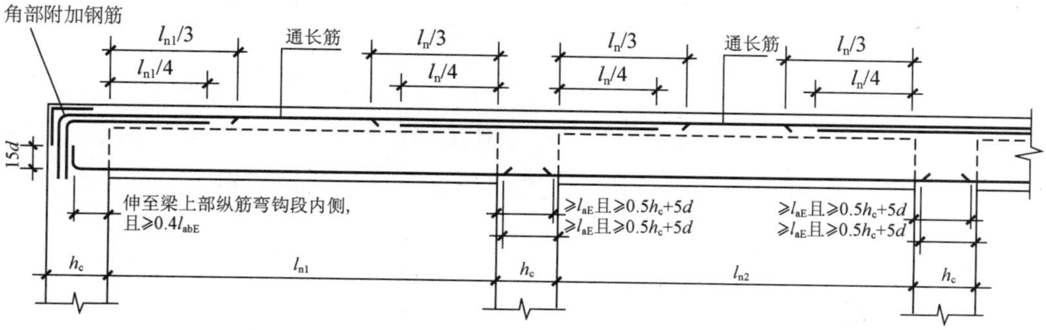

抗震屋面框架梁WKL纵向钢筋构造

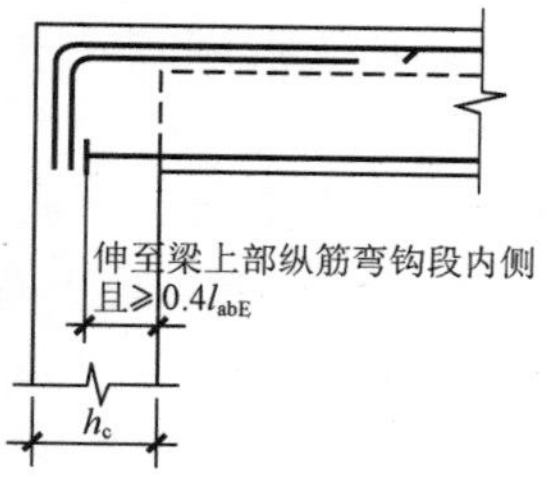

顶层端节点梁下部钢筋
端头加锚头(锚板)锚固

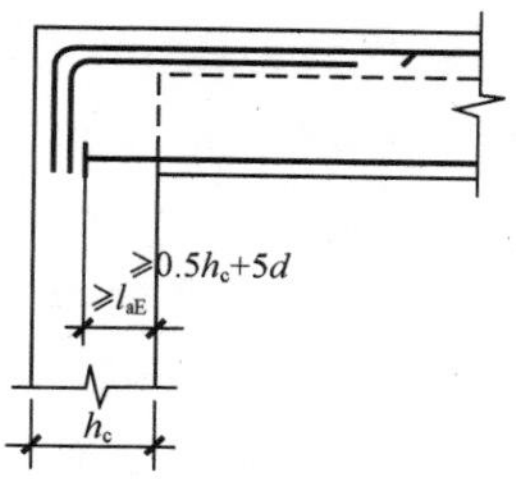

顶层端支座梁下部钢筋直锚

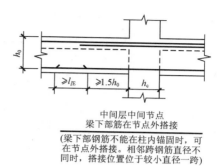

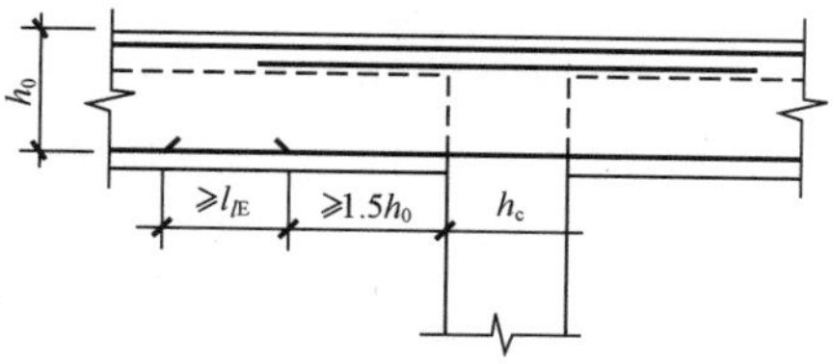

顶层中间节点梁下部筋在节点外搭接

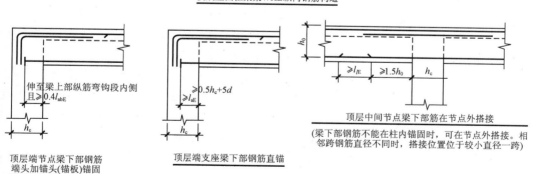

(梁下部钢筋不能在柱内锚固时，可在节点外搭接。相邻跨钢筋直径不同时，搭接位置位于较小直径一跨)

图 8.1 抗震楼层框架梁 KL 和屋面框架梁 WKL 钢筋构造(续)

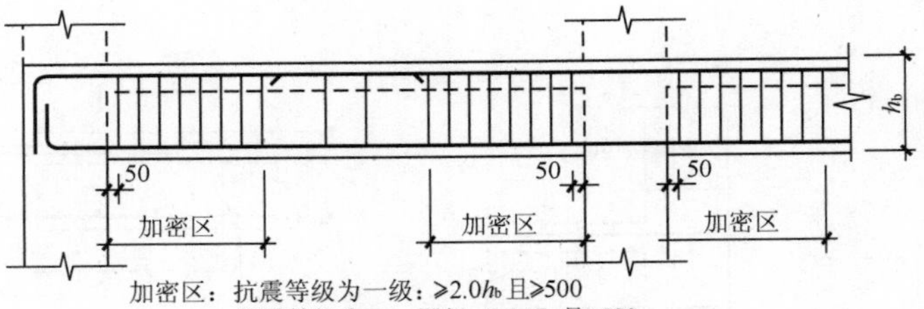

加密区：抗震等级为一级：≥2.0h_b且≥500
抗震等级为二～四级：≥1.5h_b且≥500

抗震框架梁KL、WKL箍筋加密区范围

(弧形梁沿梁中心线展开，箍筋间距沿凸面线量度。h_b为梁截面高度)

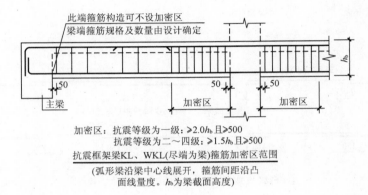

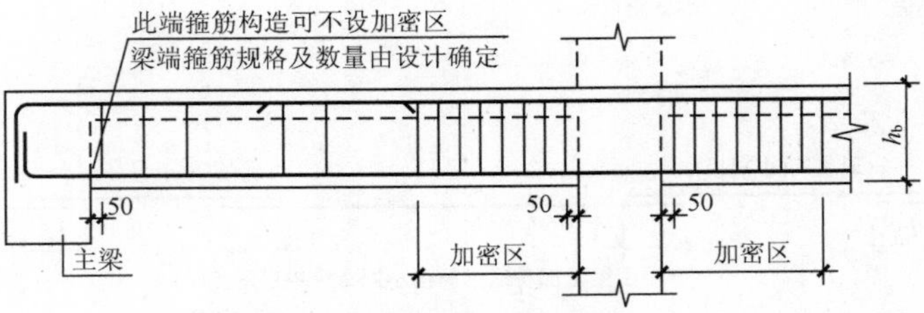

加密区：抗震等级为一级：≥2.0h_b且≥500
抗震等级为二～四级：≥1.5h_b且≥500

抗震框架梁KL、WKL(尽端为梁)箍筋加密区范围

(弧形梁沿梁中心线展开，箍筋间距沿凸面线量度。h_b为梁截面高度)

图 8.1 抗震楼层框架梁 KL 和屋面框架梁 WKL 钢筋构造(续)

应用案例 8-1

以实例二中 KL3 为例，该框架梁有 3 跨，两端跨截面尺寸为 250mm×600mm，中跨为 250mm×400mm，符合抗震框架梁截面尺寸不宜小于 200mm，高宽比不宜大于 4 的要求。

该梁上部，A 支座 2Φ22＋2Φ20，B 支座 2Φ22＋2Φ20，C 支座 2Φ22＋4Φ20(4/2)，D 支座 4Φ22，通长筋为③号钢筋 2Φ 22。梁下部第一跨纵筋 3Φ20，第二跨纵筋 3Φ18，下部第三跨纵筋 2Φ25＋2Φ22。符合二级框架应配置不少于 2Φ 14 通长纵向钢筋的要求。

KL3 支座上部钢筋为两排，第二排钢筋应在伸出支座后 $l_n/4$ 处切断，即 $l_n/4=6700/4=1675$(mm)，取 1700mm；第一排钢筋应在伸出支座后 $l_n/3$ 处切断，即 $l_n/3=6700/3=2233$(mm)，取 2250mm。l_n 为左跨 2500mm 和右跨 6700mm 两者中的较大值。

该梁左端跨箍筋为 Φ8@100/200(2)，中跨、右跨为 Φ8@100(2)。根据表 8-3 的规定，抗震等级为二级时，箍筋最小直径为 8mm，最大间距为 $h_b/4$、$8d$、100 中的较小值。$h_b/4=600/4=150$(mm)；$8d=8\times22=176$(mm)；100mm；采用 Φ8@100 符合要求。加密区长度应取 $1.5h_b=1.5\times600=900$(mm) 和 500mm 的较大值，即 900mm。

该梁两端跨截面尺寸为 250mm×600mm，截面腹板高度大于 450mm，在梁的两侧沿高度配置纵向构造钢筋 4Φ12，用于防止在梁的侧面产生垂直于梁轴线的收缩裂缝，同时也可增强钢筋骨架的刚度，并用拉筋 Φ8@400 连系纵向构造钢筋。

KL3 配筋图如图 8.2 所示。

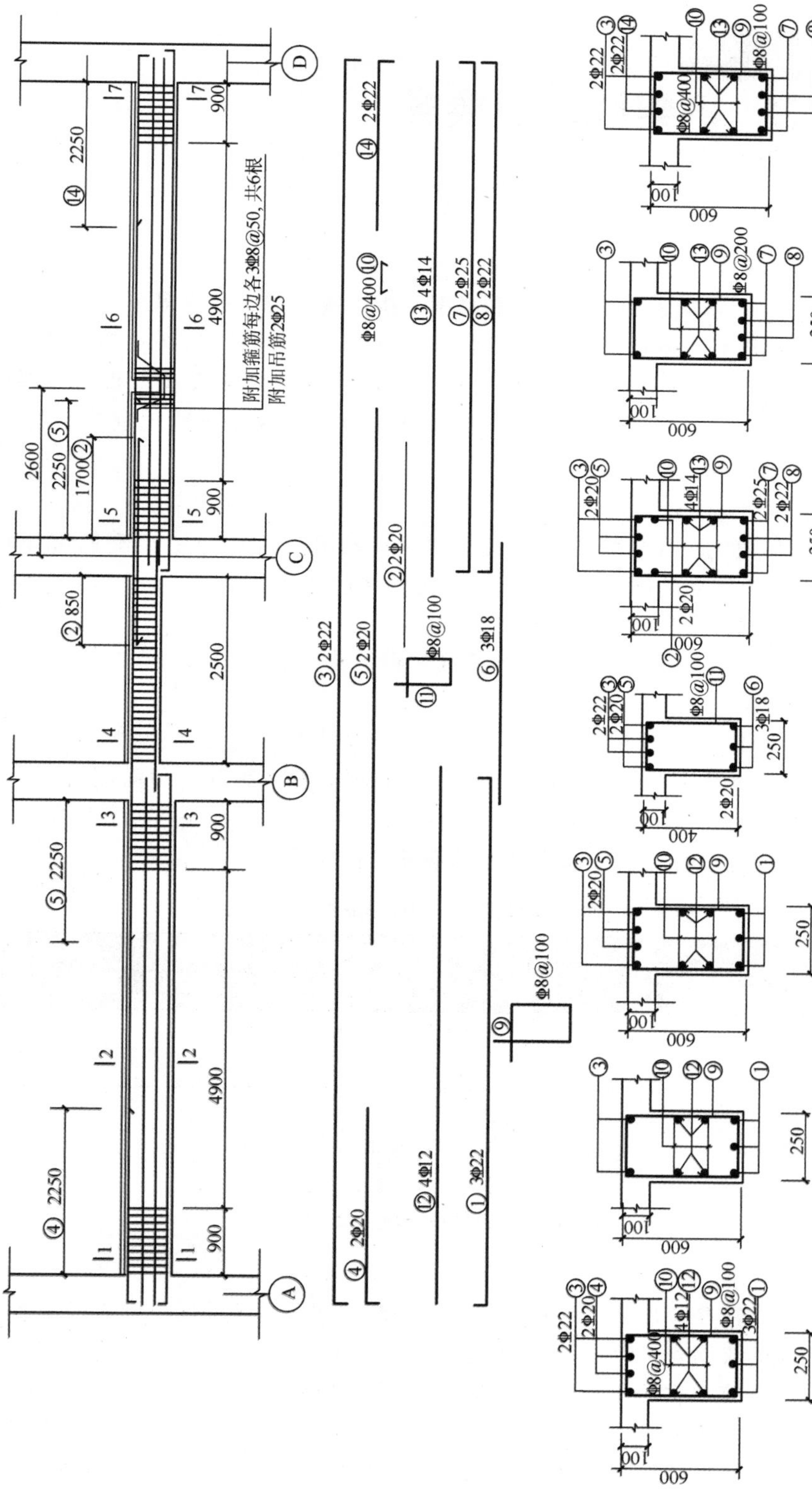

图 8.2 KL3 配筋图

8.3 框架柱构造要求

【框架柱钢筋】

1. 截面尺寸

框架柱截面的宽度和高度：矩形截面柱，抗震等级为四级或不超过2层时，其截面尺寸不宜小于300mm，一、二、三级且超过2层时不宜小于400mm；圆柱的截面直径，抗震等级为四级或不超过2层时不宜小于350mm，一、二、三级且超过2层时不宜小于450mm。柱的剪跨比宜大于2；柱截面长边与短边的边长比不宜大于3。

2. 纵向钢筋

(1) 柱纵向钢筋的最小总配筋率应按表8-4采用，同时每一侧配筋率不应小于0.2%；对Ⅳ类场地上较高的高层建筑，最小总配筋率应增加0.1%。

(2) 柱中纵筋宜对称配置。

(3) 截面尺寸大于400mm的柱，纵向钢筋间距不宜大于200mm。

(4) 柱总配筋率不应大于5%。

(5) 一级且剪跨比不大于2的柱，每侧纵向钢筋配筋率不宜大于1.2%。

(6) 边柱、角柱在地震作用组合产生小偏心受拉时，柱内纵筋总截面面积应比计算值增加25%。

(7) 柱纵向钢筋的绑扎接头应避开柱端的箍筋加密区。

表8-4 柱截面纵向钢筋的最小总配筋率(%)

类　别	抗震等级			
	一	二	三	四
中柱和边柱	0.9(1.0)	0.7(0.8)	0.6(0.7)	0.5(0.6)
角柱、框支柱	1.1	0.9	0.8	0.7

注：(1) 表中括号内的数值用于框架结构的柱。

(2) 钢筋强度标准值小于400MPa时，表中数值应增加0.1；钢筋强度标准值为400MPa时，表中数值应增加0.05。

(3) 混凝土强度等级高于C60时，上述数值应相应增加0.1。

3. 箍筋

框架柱的上下端箍筋应加密。一般情况下，柱端加密区的箍筋间距和直径应按表8-5采用；一级框架柱的箍筋直径大于12mm且箍筋肢距不大于150mm，二级框架柱的箍筋直径不小于10mm且箍筋肢距不大于200mm时，除柱根外最大间距应允许采用150mm；三级框架柱的截面尺寸不大于400mm时，箍筋最小直径应允许采用6mm；四级框架柱剪跨比不大于2时，箍筋直径不应小于8mm；框支柱和剪跨比不大于2的框架柱，箍筋间距不应大于100mm。

表 8-5 柱箍筋加密区箍筋最大间距和最小直径

抗震等级	箍筋最大间距/mm（采用较小值）	箍筋最小直径/mm
一	6d，100	10
二	8d，100	8
三	8d，100（柱根 100）	8
四	8d，100（柱根 100）	6（柱根 8）

注：d 为柱纵筋最小直径，柱根指框架底层柱的嵌固部位。

柱箍筋加密区箍筋肢距，一级不宜大于 200mm，二、三级不宜大于 250mm 和 20 倍箍筋直径的较大值，四级不宜大于 300mm。至少每隔一根纵向钢筋宜在两个方向有箍筋或拉筋约束；采用拉筋复合箍时，拉筋宜紧靠纵向钢筋并勾住箍筋。

4. 抗震框架柱纵向钢筋连接构造（图 8.3）

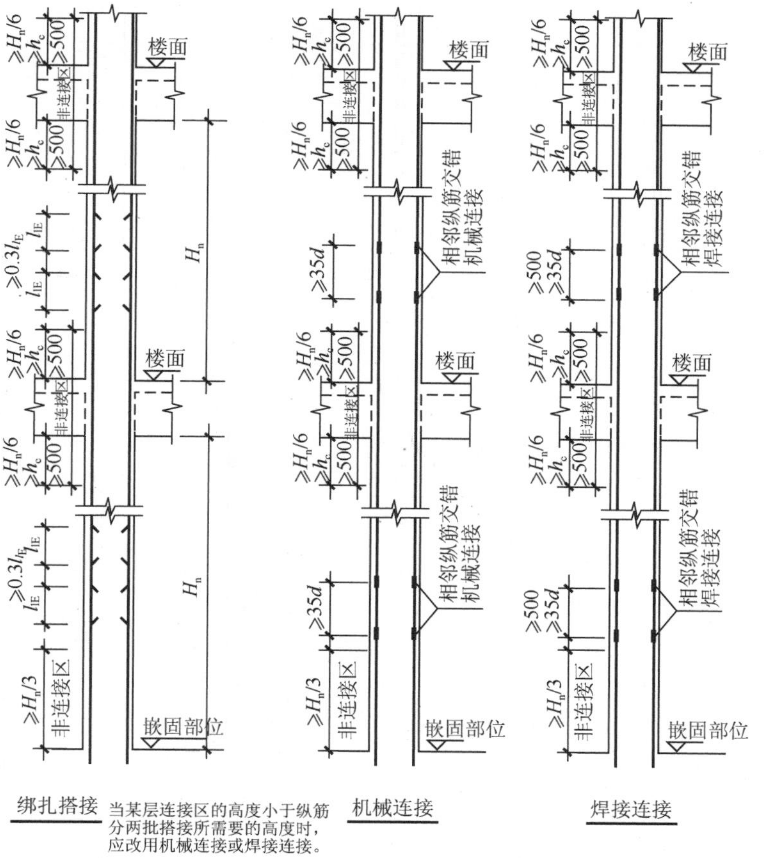

(a)

图 8.3 抗震框架柱钢筋连接构造

(a)抗震 KZ 纵向钢筋连接

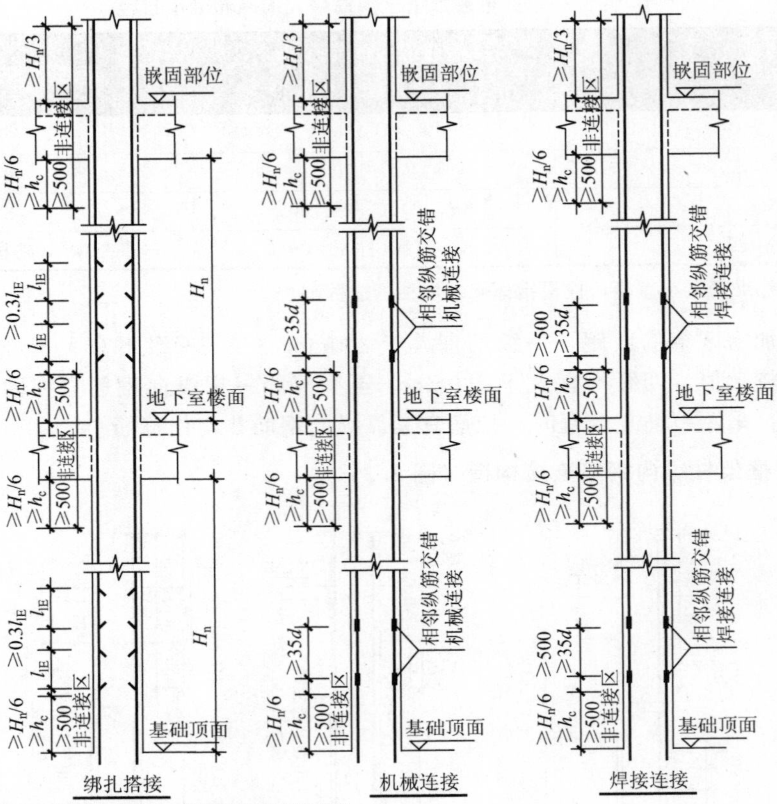

当某层连接区的高度小于纵筋分两批搭接所需要的高度时，应改用机械连接或焊接连接。

(b)

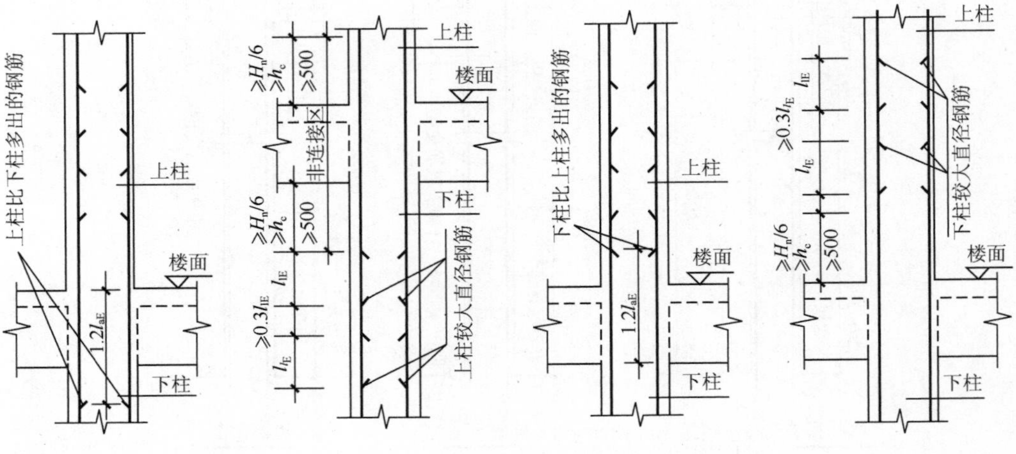

(c)

图 8.3　抗震框架柱钢筋连接构造（续）

(b)地下室 KZ 纵向钢筋连接；(c)抗震 KZ 上下柱纵筋直接或根数不同时纵筋连接构造

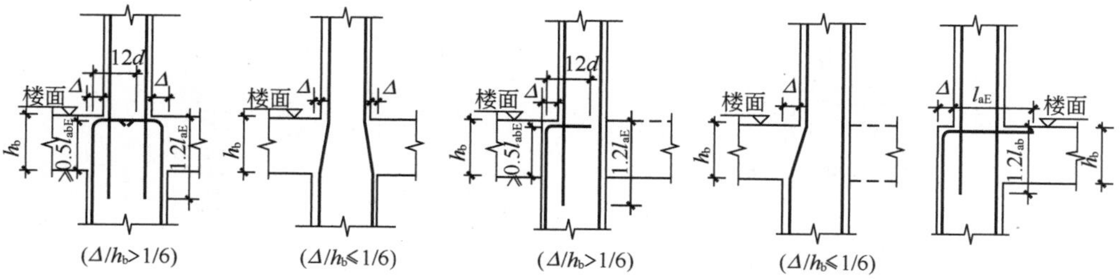

(d)

图 8.3　抗震框架柱钢筋连接构造（续）

(d)抗震框架柱变截面位置纵向钢筋构造

应用案例 8－2

实例二中框架柱 KZ3 截面尺寸为 500mm×500mm，柱中纵向受力钢筋 12⌀22，箍筋⌀10@100/200，柱高度自基顶到标高 7.200。

该框架柱采用对称配筋，沿柱边均匀布置有 12⌀22 钢筋，纵筋间距不大于 200mm。纵筋采用搭接连接，搭接位置在楼层梁顶标高以上 1000mm 范围内，且该范围箍筋加密间距为 100mm。顶层柱纵筋伸至柱顶并向外弯折锚固于梁内。

5. 框架节点的构造要求

(1) 框架节点核心区内应设置箍筋，直径和间距按加密区设置（图 8.4）。

(2) 框架梁纵向受力钢筋的构造要求。

在中间层边节点处，上部钢筋和下部钢筋均应进行锚固；顶层及中间层中间节点处，梁上部钢筋应贯穿，下部钢筋可进行锚固也可在节点处搭接；顶层边节点处，梁上部钢筋与柱外侧纵筋进行搭接，下部钢筋应进行锚固。详见图 8.1。

【框架节点钢筋】

(3) 框架柱纵向受力钢筋的构造要求。

中间层边节点及中间节点处，柱纵筋宜贯穿，如出现特殊情况可锚固；顶层中间节点处，柱纵筋应锚固；顶层边节点处，柱外侧纵筋与梁上部纵筋应搭接，柱内侧纵筋应锚固，详见图 8.5 及图 8.6。

应用案例 8－3

实例二 KZ3 配筋图中，顶层中间节点柱内纵向钢筋③2⌀25 和④2⌀25 伸入柱顶向外弯入框架梁内进行锚固，锚固长度不小于 12d。顶层端节点柱内侧钢筋的锚固要求同顶层中间节点的纵向钢筋，外侧纵筋与梁上部纵筋在节点内搭接连接。

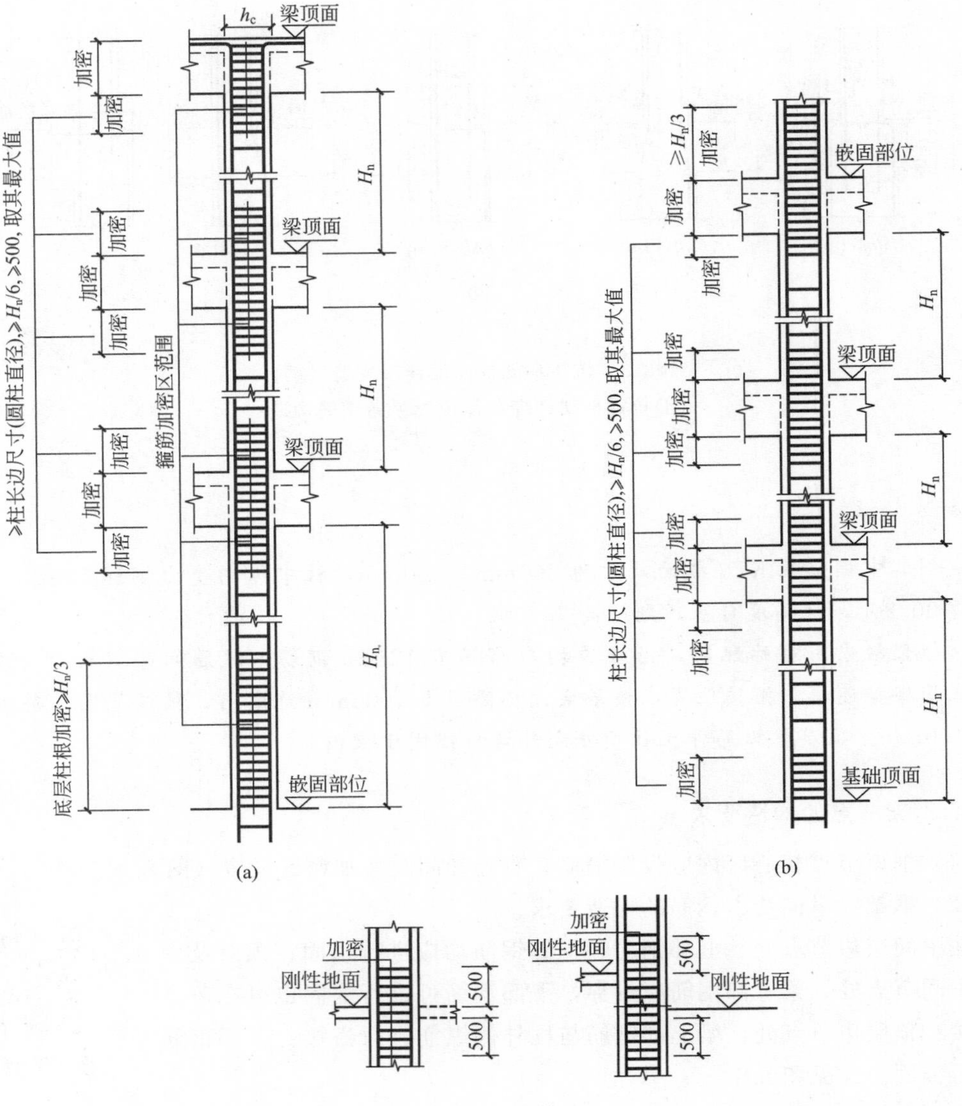

注:

(1) 除具体工程设计注有全高加密箍筋的柱之外，一至四级抗震等级的柱箍筋按本图所示加密区范围加密。

(2) 当柱纵筋采用搭接连接时，应在柱纵筋搭接长度范围内均按≤5d(d为搭接钢筋较小直径)及≤100mm的间距加密箍筋。

(3) 本图所包含的柱箍筋加密区范围及构造适用于抗震框架柱、剪力墙上柱和梁上柱。图中梁顶标高亦为剪力墙上柱根部位的墙顶标高。

(4) H_n为所在楼层的柱净高。

图 8.4　抗震框架柱箍筋加密区范围

(a)KZ、QZ、LZ 箍筋加密区范围；(b)箍筋加密区范围；(c)底层刚性地面上下各加密 500

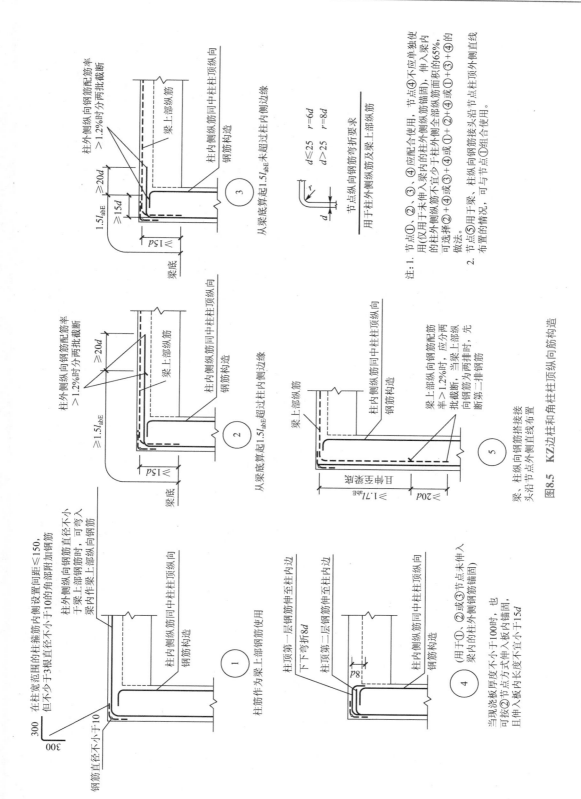

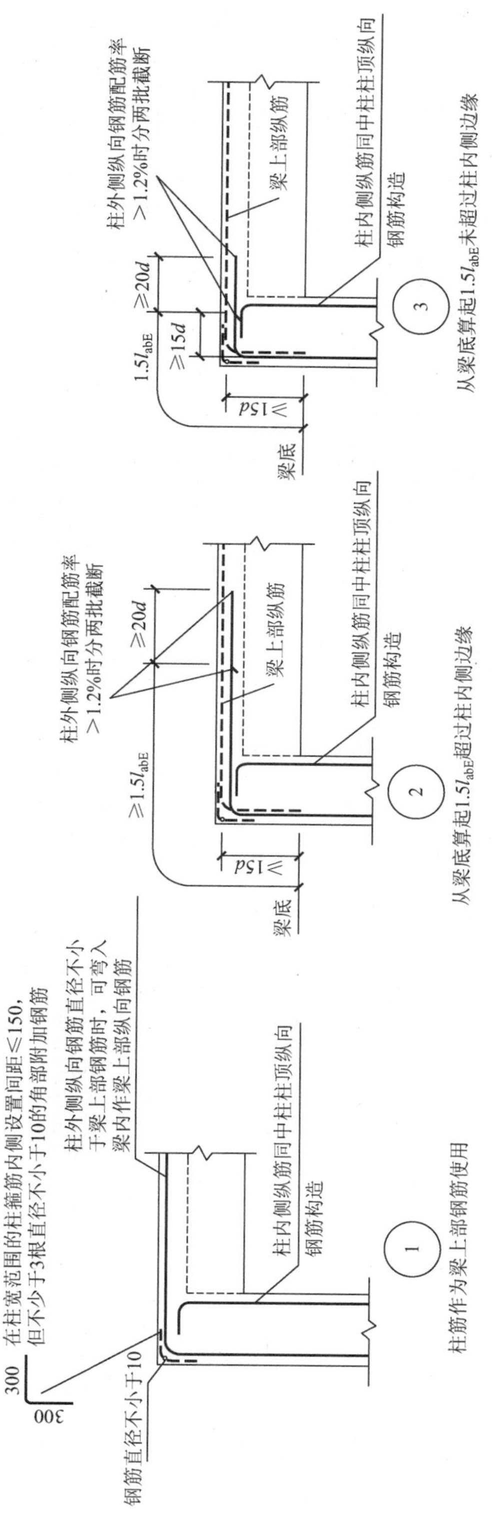

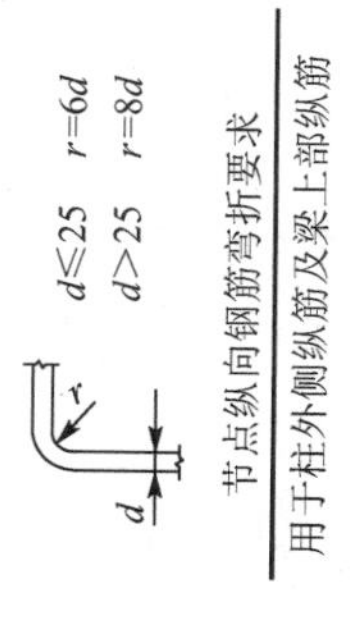

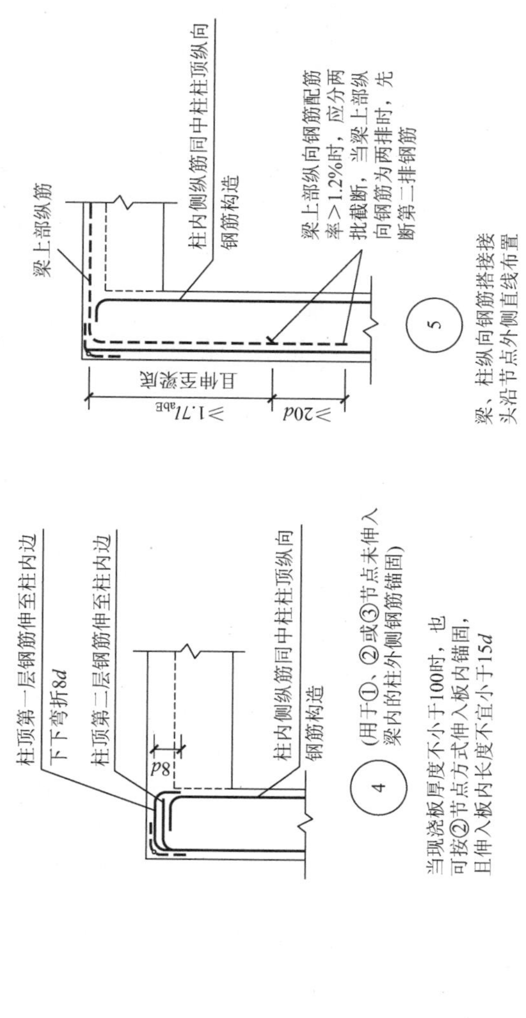

注：1. 节点①、②、③、④应配合使用，节点④不应单独使用(仅用于未伸入梁内的柱外侧纵筋锚固)，伸入梁内的柱外侧纵筋不宜少于柱外侧全部纵筋面积的65%，可选择②+④或③+④或①+②+④或①+③+④的做法。
2. 节点⑤用于梁、柱纵向钢筋接头沿节点柱顶外侧直线布置的情况，可与节点①组合使用。

图8.5 KZ边柱和角柱柱顶纵向筋构造

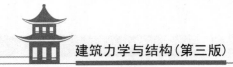

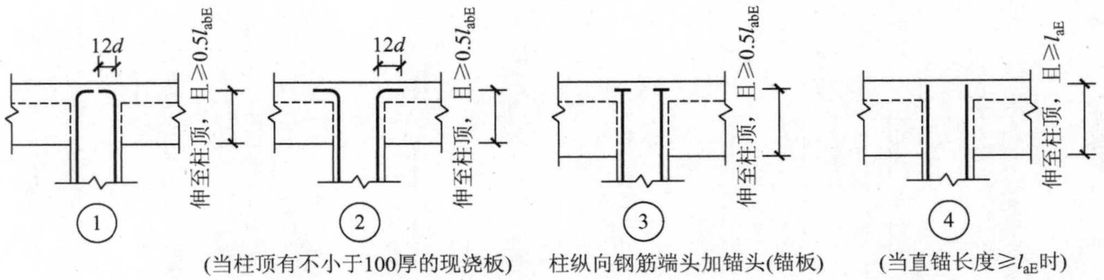

图 8.6　KZ 中柱柱顶纵向构造

小　结

现浇框架的连接构造要求主要是梁与柱、柱与柱之间的配筋构造要求。梁、柱节点构造是保证框架结构整体空间性能的重要措施。

习　题

一、填空题

1. 框架的抗震等级分为__________级。

2. 考虑抗震要求，框架柱截面的宽度和高度不宜小于__________mm。

二、判断题

1. 框架梁下部纵向受力钢筋一般在跨中进行连接。（　　）

2. 框架柱纵向钢筋的接头可采用绑扎搭接、机械连接或焊接连接等方式，宜优先采用绑扎搭接。（　　）

模块9 钢筋混凝土楼盖、楼梯及雨篷

教学目标

通过本模块的学习，了解钢筋混凝土楼盖的分类和构造特点，理解单向板和双向板的划分方法；掌握钢筋混凝土单向板的结构平面布置及构造规定；掌握钢筋混凝土板式楼梯的配筋构造；了解雨篷的组成、受力特点，掌握雨篷的构造规定。

教学要求

能力目标	相关知识	权重
根据不同的建筑要求和使用条件选择合适的楼盖结构类型	楼盖的分类	10%
掌握单向板肋梁楼盖的配筋构造	现浇单向板肋梁楼盖	50%
掌握楼梯的配筋形式	钢筋混凝土楼梯的形成及构造	30%
掌握雨篷的构造要求	雨篷的受力特点及构造要求	10%

学习重点

现浇单向板楼盖及楼梯的构造要求。

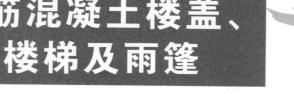

引例

钢筋混凝土梁板结构是土木工程中应用最为广泛的一种结构，楼盖是建筑结构中的重要组成部分，在混合结构房屋中，楼盖的造价占房屋总造价的30%～40%，因此，楼盖结构选型和布置的合理性，以及结构计算和构造的正确性，对建筑物的安全使用和技术经济指标有着非常重要的意义。实例一的楼盖为钢筋混凝土装配式楼盖，如图9.1(a)所示，开间3.3m，在楼盖里有钢筋混凝土梁L1、L2等。实例二的楼盖为钢筋混凝土现浇楼盖，如图9.1(b)所示，柱距9m，梁间距3m。

两个楼盖各有何优缺点？楼盖为什么这么布置？梁、板内的钢筋如何放置？

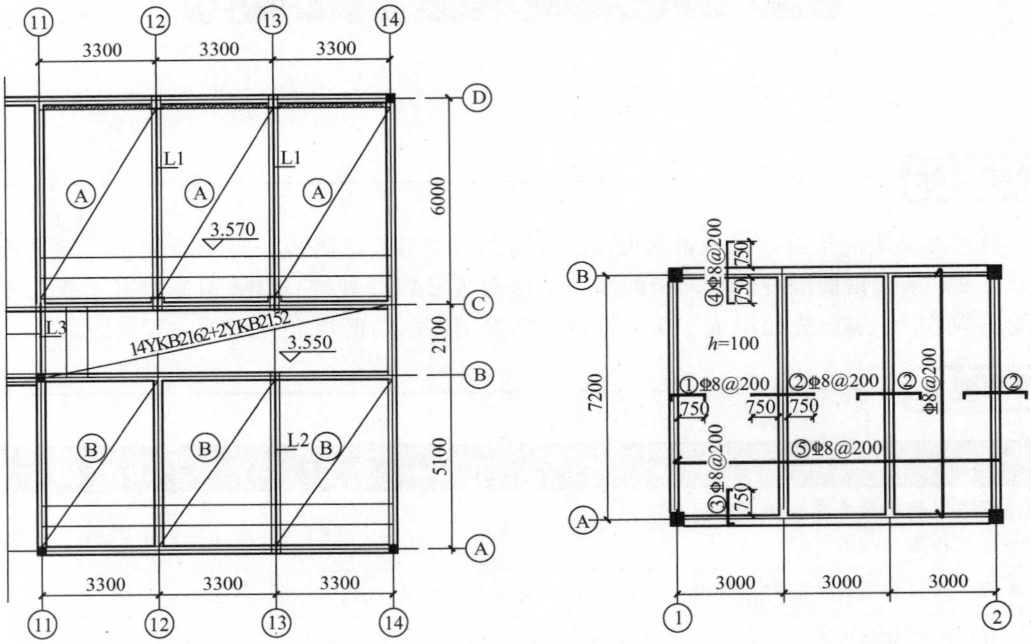

(a) (b)

图9.1 钢筋混凝土楼盖

(a) 实例一的钢筋混凝土装配式楼盖；(b) 实例二的钢筋混凝土现浇楼盖

9.1 钢筋混凝土楼盖的分类

钢筋混凝土楼盖按施工方法可分为现浇式、装配式和装配整体式三种形式。

现浇式楼盖整体性好、刚度大、防水性好和抗震性强，并能适应房间的平面形状、设备管道、荷载或施工条件比较特殊的情况。其缺点是费工、费模板、工期长、施工受季节的限制。整体现浇式楼盖结构按楼板受力和支承条件的不同，又分为肋梁楼盖、井式楼盖、密肋楼盖和无梁楼盖(图 9.2)。

装配式楼盖、楼板采用混凝土预制构件，便于工业化生产，在多层民用建筑和多层工业厂房中得到了广泛应用。但是，这种楼面由于整体性、防水性和抗震性较差，不便于开设孔洞，故对于高层建筑、有抗震设防要求以及使用上要求防水和开设孔洞的楼面，均不宜采用。

装配整体式楼盖整体性较装配式的好，又较现浇式的节省模板和支承。但这种楼盖需要进行混凝土的二次浇筑，有时还需增加焊接工作量，故对施工进度和造价都带来一些不利影响。因此，这种楼盖仅适用于荷载较大的多层工业厂房、高层民用建筑及有抗震设防要求的建筑。

在具体的实际工程中究竟采用何种楼盖形式，应根据房屋的性质、用途、平面尺寸、荷载大小、采光以及技术经济等因素进行综合考虑。本模块主要介绍现浇肋梁楼盖的结构布置与构造要求。

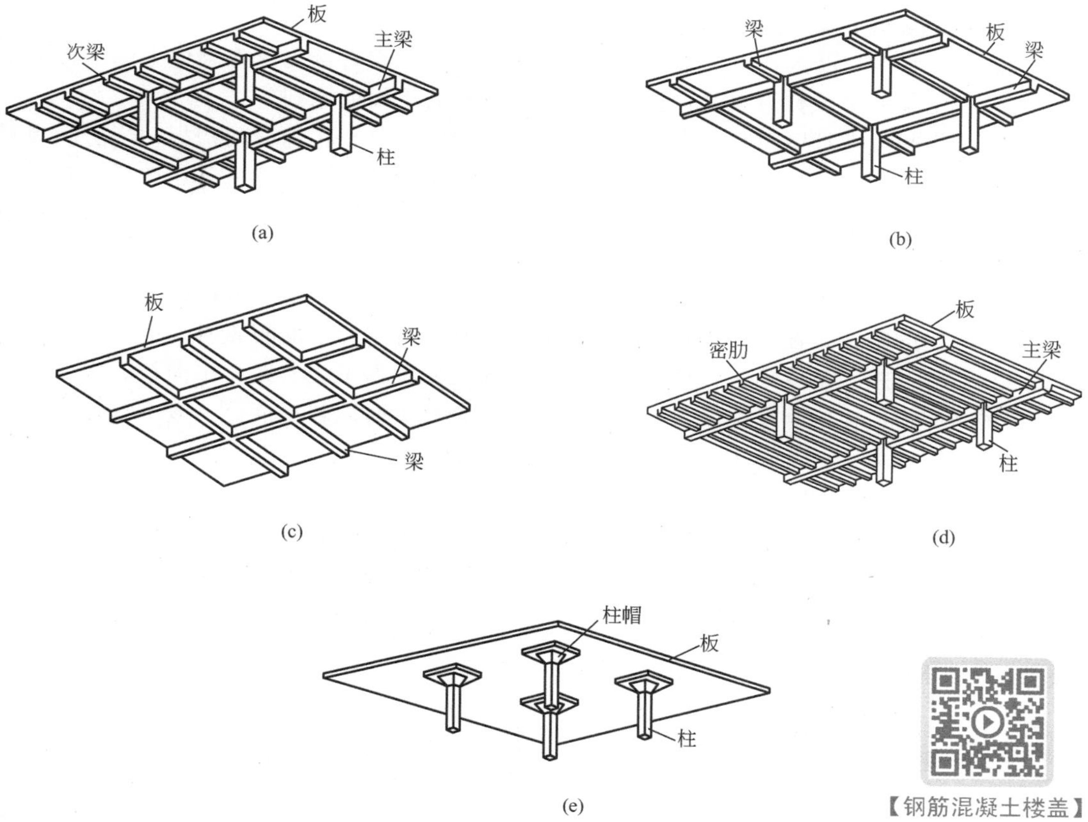

【钢筋混凝土楼盖】

图 9.2 楼盖的结构形式

(a)单向板肋梁楼盖；(b)双向板肋梁楼盖；(c)井式楼盖；(d)密肋楼盖；(e)无梁楼盖

9.2 现浇单向板肋梁楼盖

肋梁楼盖由板、次梁和主梁组成。其中板被梁划分成许多区格，每一区格的板一般是四边支承在梁或墙上。当板为单向板时，称为单向板肋梁楼盖；当板为双向板时，称为双向板肋梁楼盖。本节只介绍单向板肋梁楼盖。

9.2.1 结构平面布置

实际工程中的楼盖多采用现浇楼盖，并且视建筑、结构等方面来选择现浇楼盖的形式。现浇楼盖中以肋梁楼盖最常见。下面就以实例一砖混结构和实例二钢筋混凝土框架结构中的楼盖为例介绍肋梁楼盖中梁、板的布置。

1. 砖混结构中的肋梁楼盖

在砖混结构中，肋梁楼盖中板的支座为梁或墙体，两端直接支承在墙体上的梁称为主梁，支承在主梁的梁被称为次梁，主、次梁布置应符合下面的原则。

(1) 当房间规则且墙间距较小(开间或进深较小)时，可直接铺设现浇板；当房间规则但墙间距较大(开间或进深较大)时，应先根据建筑和结构的要求设置主梁、次梁，将平面划分成较小区格，然后再铺设现浇板；当房间不规则时，也应先设置主、次梁，将平面划分规则后再铺设现浇板。

(2) 如果肋梁楼盖选择单向板肋梁楼盖，那么次梁的间距决定了板的跨度，主梁的间距决定了次梁的跨度，柱距则决定了主梁的跨度。在进行结构平面布置时，应综合考虑建筑功能、造价及施工条件等，合理确定梁的平面布置。根据工程实践，单向板、次梁和主梁的常用跨度为：板的跨度一般为1.7～2.7m，荷载较大时取较小值，一般不宜超过3m；次梁的跨度一般为4～7m；主梁的跨度一般为5～8m。

2. 框架结构的肋梁楼盖

框架结构中，先沿定位轴线设置框架梁，然后再根据柱网尺寸、建筑功能、框架梁间距沿纵向或横向布置次梁(非框架梁)，布置次梁时要注意板的跨度，尽量使板、次梁和主梁在常用跨度范围内。

特别提示

框架-剪力墙结构、剪力墙结构等结构的楼盖布置可参考框架结构。

9.2.2 现浇单向板肋梁楼盖计算

现浇肋梁楼盖中的板、次梁与主梁大多是多跨连续板和多跨连续梁，下面就以单向板肋梁楼盖为例做简单介绍。

1. 计算简图

在现浇单向板肋梁楼盖中，板、次梁和主梁的计算模型一般为多跨连续板或连续梁。其中，板一般可视为以次梁和边墙(或梁)为铰支承的多跨连续板；次梁一般可视为以主梁和边墙(或梁)为铰支承的多跨连续梁；对于支承在混凝土柱上的主梁，其计算模型应根据梁柱线刚度比而定，当主梁与柱的线刚度比大于或等于3时，主梁可视为以柱和边墙(或梁)为铰支承的多跨连续梁，否则应按梁、柱刚接的框架模型(框架梁)计算主梁。

1）受荷范围

当楼面承受均布荷载时，板所承受的荷载即为板带($b=1$m)自重(包括面层及顶棚抹灰等)及板带上的均布活荷载。在确定板传递给次梁的荷载和次梁传递给主梁的荷载时，一般均忽略结构的连续性而按简支进行计算。所以对于次梁，取相邻跨中线所分割出来的面积作为它的受荷面积，次梁所承受的荷载为次梁自重及其受荷面积上板传来的荷载。对于主梁，则承受主梁自重及由次梁传来的集中荷载，但由于主梁自重与次梁传来的荷载相比往往较小，故为了简化计算，一般可将主梁均布自重简化为若干集中荷载，加上次梁传来的集中荷载合并计算。楼面受荷范围如图9.3所示。

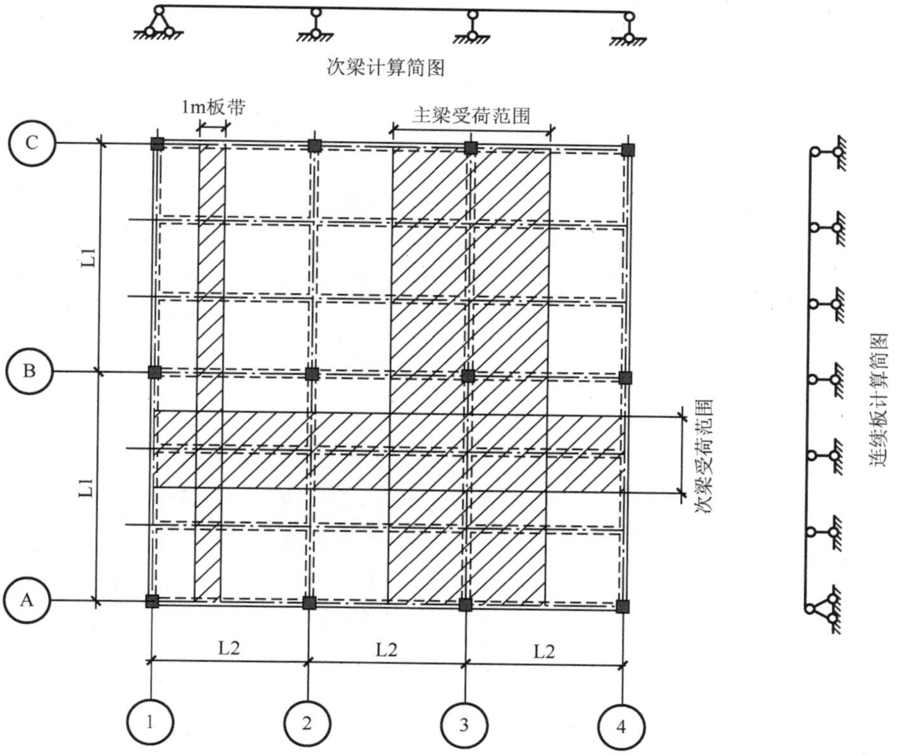

图9.3 楼面受荷范围

2）跨数与计算跨度

当连续板、梁的某跨受到荷载作用时，它的相邻各跨也会受到影响，并产生变形和内力，但这种影响距该跨越远就越小，当超过两跨以上时，影响已很小。因此，对于多跨连续板、梁(跨度相等或相差不超过 10%)，若跨数超过 5 跨，可按 5 跨来计算。此时，除连续板、梁两边的第一和第二跨外，其余的中间跨度和中间支座的内力值均按 5 跨连续板、梁的中间跨度和中间支座采用。如果跨数未超过 5 跨，则计算时应按实际跨数考虑，如图 9.4 所示。

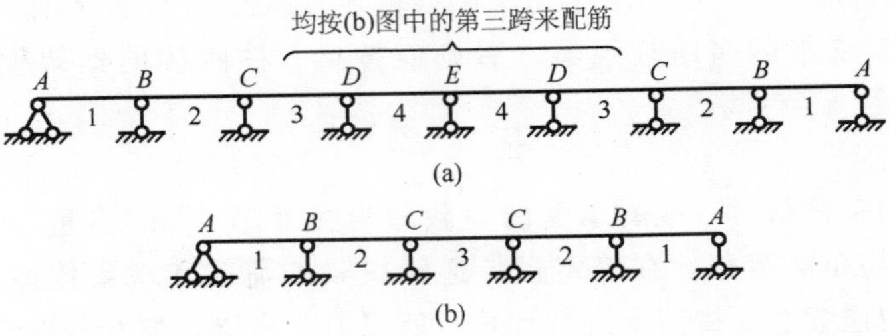

图 9.4 连续梁、板的计算简图

(a)实际计算简图；(b)简化后计算简图

2. 计算等跨连续梁、板的内力

钢筋混凝土连续梁、板的内力计算方法有弹性计算方法和按塑性内力重分布计算方法。

按弹性计算方法，计算连续板、梁的内力时，将钢筋混凝土梁、板视为理想弹性体，以结构力学的一般方法来进行结构的内力计算。用弹性方法计算的结果，支座配筋量大，施工困难。

按塑性内力重分布来计算梁的内力时，是考虑钢筋混凝土材料实际上是一种弹塑性材料，在钢筋屈服后其塑性有较为明显的体现，此时连续梁的内力与荷载不再是线性关系，而是非线性的，连续梁的内力发生了重分布。考虑塑性内力重分布，可调整支座配筋，方便施工，同时，可发挥结构的潜力，有强度储备可利用，能提高结构的极限承载力，具有经济效益。

特别提示

从钢筋屈服到混凝土被压碎，构件截面不断绕中和轴转动，类似于一个铰，并且由于此铰是在截面发生明显的塑性形变后形成的，故称其为塑性铰。

(1) 塑性铰的存在条件是因截面上的弯矩达到塑性极限弯矩，并由此产生转动；当该截面上的弯矩小于塑性极限弯矩时，则不允许转动。因此，塑性铰可以传递一定的弯矩。

(2) 塑性铰的转动方向必须与塑性弯矩的方向一致，不允许向与塑性铰极限弯矩相反的方向转动，否则出现卸载使塑性铰消失，所以塑性铰为单向铰。

3. 板的配筋构造

1) 受力钢筋的配筋方式

由于板通常在跨中承受正弯矩而在支座处承受负弯矩，因此在板跨中需配底部受力钢筋，而在支座处往往配板面负筋，从而有两种配筋方式。

(1) 分离式配筋：跨中正弯矩钢筋宜全部伸入支座锚固；而在支座处另配负弯矩钢筋，其范围应能覆盖负弯矩区域并满足锚固要求，如图 9.5 所示。由于施工方便，分离式配筋已成为工程中主要采用的配筋方式，如图 9.6 中所示实例二中连续单向板配筋图。

(2) 弯起式配筋：将一部分跨中正弯矩钢筋在适当的位置(反弯点附近)弯起，并伸过支座后做负弯矩钢筋使用，由于施工比较麻烦，目前已很少应用。

2) 支座负筋的截断

对承受均布荷载的等跨连续单向板或双向板，受力钢筋的弯起和截断的位置一般可按图 9.5 直接确定。

支座处的负弯矩钢筋，可在距支座边不小于 a 的距离处截断，其取值如下：

$$当\ q/g\leqslant 3\ 时，a=l_n/4；当\ q/g>3\ 时，a=l_n/3$$

式中，g、q——恒荷载及活荷载设计值；

l_n——板的净跨度。

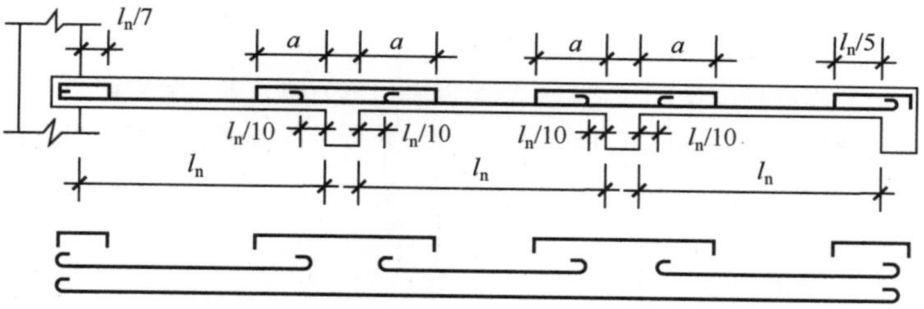

图 9.5 板中受力钢筋的布置

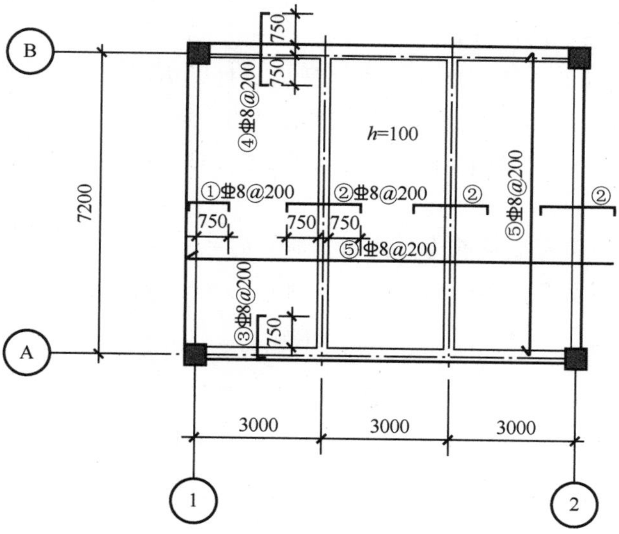

图 9.6 实例二中连续单向板的分离式配筋图

3) 板的钢筋构造

肋梁楼盖中，板的钢筋构造应符合图 9.7 的要求。

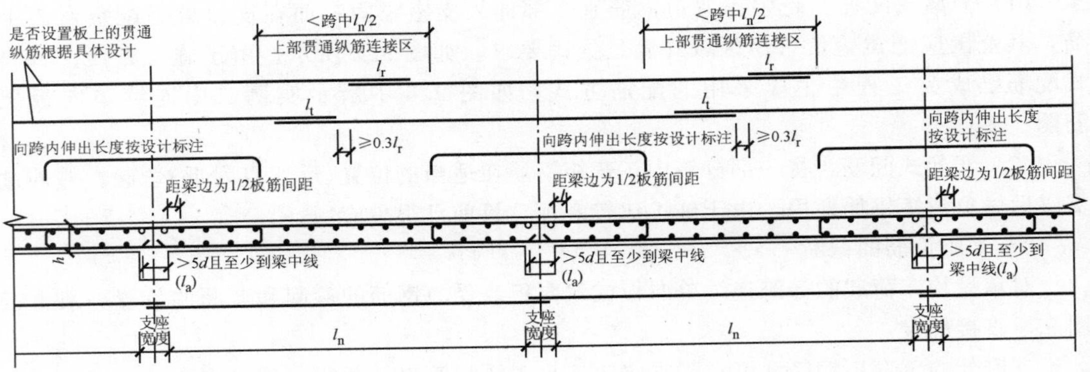

图 9.7 楼面板 LB 和屋面板 WB 钢筋构造

(括号内的锚固长度 l_a 用于梁板式转换层的板)

注：(1) 当相邻等跨或不等跨的上部贯通纵筋配置不同时，应将配置较大者越过其标注的跨数终点或起点伸出至相邻跨的跨中连接区域连接。

(2) 除本图所示搭接连接外，板纵筋可采用机械连接或焊接连接。接头位置：上部钢筋见本图所示连接区，下部钢筋宜在距支座 1/4 净跨内。

(3) 图中板的中间支座均按梁绘制，当支座为混凝土剪力墙、砌体墙或圈梁时，其构造相同。

(4) 纵筋在端支座应伸至支座(梁、圈梁或剪力墙)外侧纵筋内侧后弯折，当直段长度≥ l_a 时可不弯折。

4. 非框架梁计算中的注意事项

(1) 次梁的内力计算一般按塑性方法计算，主梁的内力计算一般按弹性方法计算。

(2) 梁按正截面受弯承载力确定纵向受拉钢筋时，通常跨中按 T 形截面计算，支座因翼缘位于受拉区，按矩形截面计算。

(3) 主梁支座截面的有效高度 h_0：在主梁支座处，由于板、次梁和主梁截面的上部纵向钢筋相互交叉重叠，如图 9.8 所示，且主梁负筋位于板和次梁的负筋之下，因此主梁支座截面的有效高度减小。在计算主梁支座截面纵筋时，截面有效高度 h_0 可按如下方法取值。

当负弯矩钢筋为一排布置时：$h_0=h-(50\sim60)\text{mm}$

当负弯矩钢筋为两排布置时：$h_0=h-(70\sim80)\text{mm}$

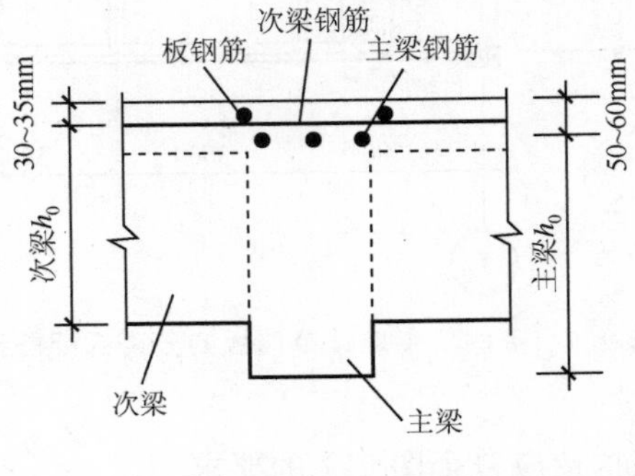

图 9.8 主梁支座处截面的有效高度

(4) 主梁附加横向钢筋：主梁和次梁相交处在主梁高度范围内受到次梁传来的集中荷载的作用，其腹部可能出现斜裂缝[图 9.9(a)]。因此，应在集中荷载影响区 s 范围内加设附加横向钢筋(箍筋、吊筋) 以防止斜裂缝出现而引起局部破坏。位于梁下部或梁截面高度范围内的集中荷载，应全部由附加横向钢筋承担，并应布置在长度为 $s=2h_1+3b$ 的范围内。附加横向钢筋宜优先采用箍筋[图 9.9(b)]。当采用吊筋时，其弯起段应伸至梁上边缘，且末端水平段长度在受拉区不应小于 $20d$，在受压区不应小于 $10d$(d 为吊筋的直径)。

附加箍筋和吊筋的总截面面积按式(9-1)计算。

$$F \leqslant 2f_y A_{sb}\sin\alpha + mnf_{yv}A_{sv1} \tag{9-1}$$

式中，F——由次梁传递的集中力设计值；

f_y——附加吊筋的抗拉强度设计值；

f_{yv}——附加箍筋的抗拉强度设计值；

A_{sb}——附加吊筋的截面面积；

A_{sv1}——附加单肢箍筋的截面面积；

n——在同一截面内附加箍筋的根数；

m——附加箍筋的排数；

α——附加吊筋与梁轴线间的夹角，一般为 45°，当梁高 h>800mm 时，采用 60°。

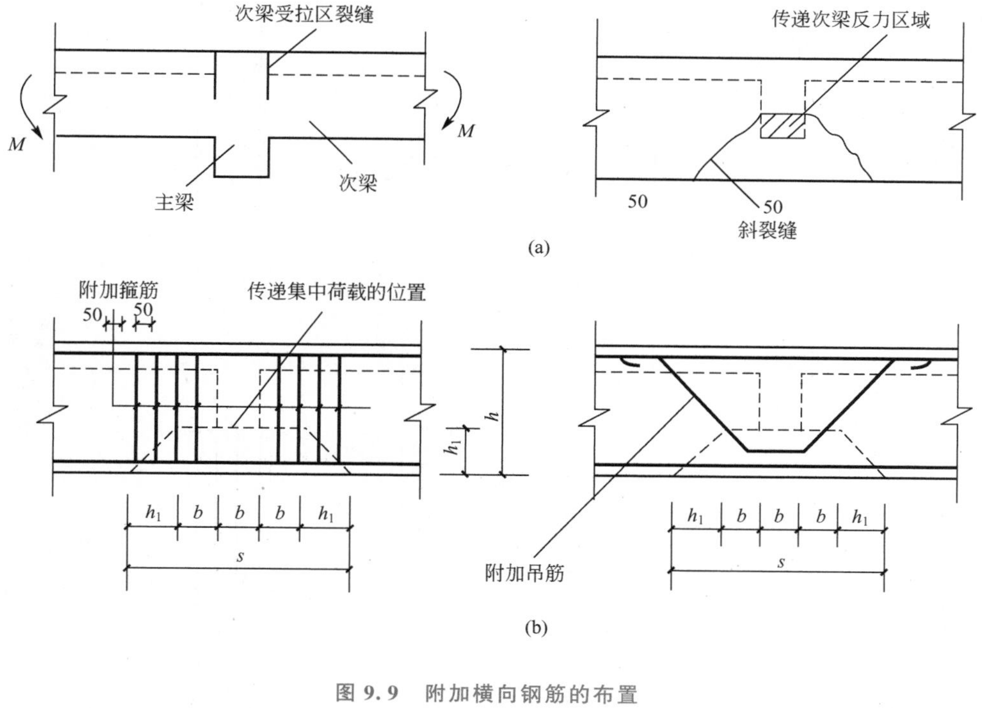

图 9.9 附加横向钢筋的布置

(a) 次梁和主梁相交处的裂缝情况；(b) 承受集中荷载处附加横向钢筋的布置

(5) 非框架梁 L 配筋构造(图 9.10)。

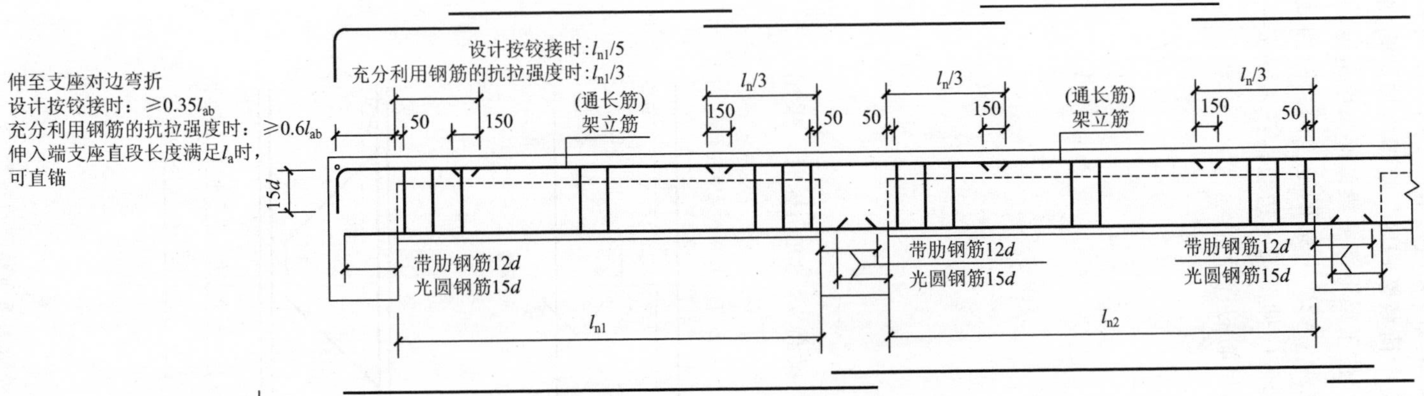

非框架梁配筋构造

(梁上部通长筋连接要求见注2)

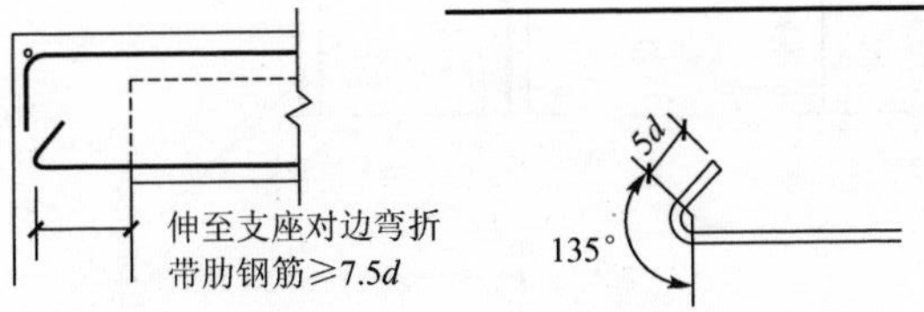

端支座非框架梁下部纵筋弯锚构造

用于下部纵筋伸入边支座长度不满足直锚12d(15d)要求时

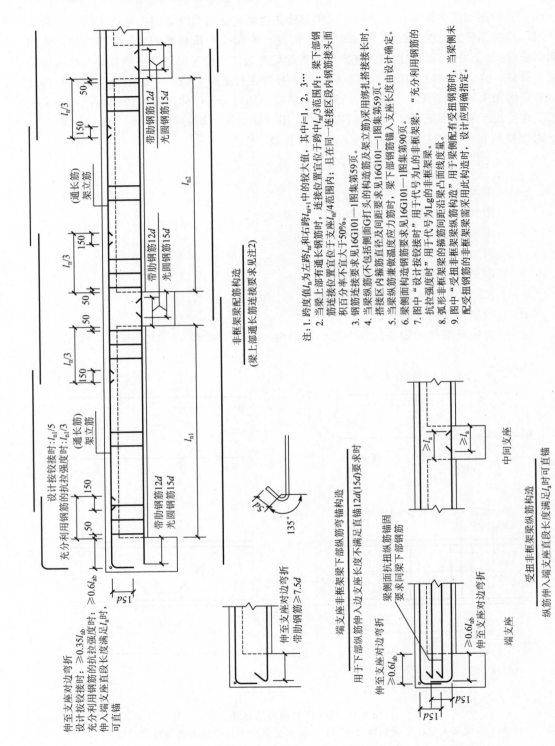

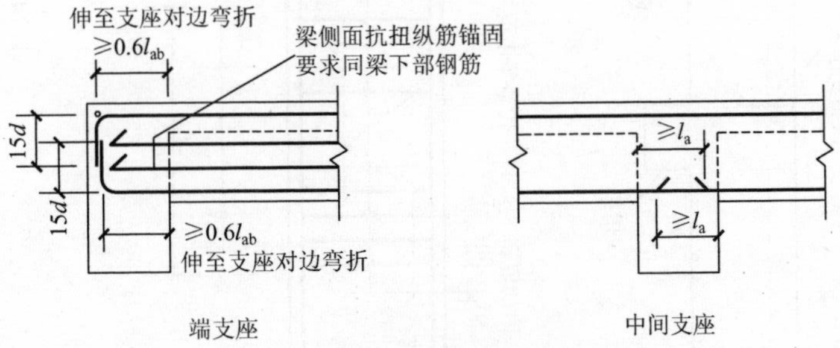

受扭非框架梁纵筋构造

纵筋伸入端支座直段长度满足l_a时可直锚

注：1. 跨度值l_n为左跨l_{ni}和右跨l_{ni+1}中的较大值，其中i=1，2，3…

2. 当梁上部有通长钢筋时，连接位置宜位于跨中l_{ni}/3范围内；梁下部钢筋连接位置宜位于支座l_{ni}/4范围内；且在同一连接区段内钢筋接头面积百分率不宜大于50%。
3. 钢筋连接要求见16G101—1图集第59页。
4. 当梁纵筋(不包括侧面G打头的构造筋及架立筋)采用绑扎搭接接长时，搭接区内箍筋直径及间距要求见16G101—1图集第59页。
5. 当梁纵筋兼做温度应力筋时，梁下部钢筋锚入支座长度由设计确定。
6. 梁侧面构造钢筋要求见16G101—1图集第90页。
7. 图中“设计按铰接时”用于代号为L的非框架梁，“充分利用钢筋的抗拉强度时”用于代号为Lg的非框架梁。
8. 弧形非框架梁的箍筋间距沿梁凸面线度量。
9. 图中“受扭非框架梁纵筋构造”用于梁侧配有受扭钢筋时，当梁侧未配受扭钢筋的非框架梁需采用此构造时，设计应明确指定。

图9.10　非框架梁L、Lg配筋构造

9.3 现浇双向板肋梁楼盖

引例

1. 工程与事故概况

某教学楼屋顶为井字梁楼盖，平面尺寸为10.8m×14.4m，梁断面尺寸为25cm×70cm，受力钢筋为3Φ22。浇灌完混凝土拆模后，发现离支座2.5m的部位出现了大量的裂缝，如图9.11所示。

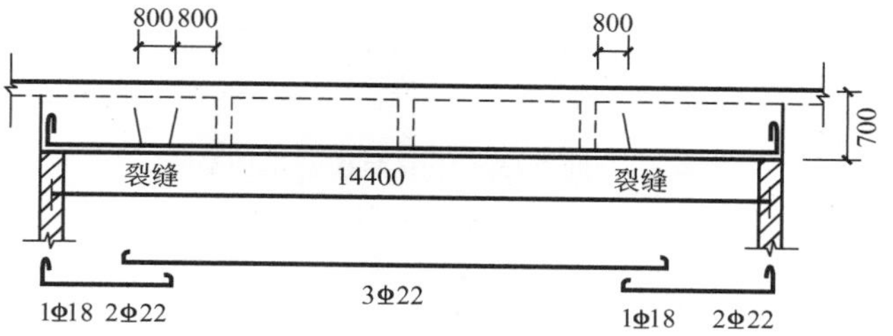

图9.11 井字梁楼盖裂缝

2. 原因分析

事故发生后，经过调查分析得知，事故是钢筋绑扎不当造成的。从设计图上看，受力钢筋为3Φ22的钢筋。施工中，由于Φ22钢筋没有长于10m的料，在离支座两端2.5m处，将受力钢筋在同一截面切断，并搭接焊上1Φ18、2Φ22，致使该焊接截面同时有6Φ18～Φ22的钢筋，钢筋间基本没有空隙。浇灌混凝土时无法保证钢筋周围的混凝土保护层，钢筋与混凝土间失去黏着力，钢筋的搭接失去作用，致使拆模后该梁在搭接部位严重开裂。

9.3.1 双向板的受力分析和试验研究

板在荷载作用下，沿两个正交方向受力且都不可忽略，则称其为双向板。双向板可以为四边支承、三边支承或两邻边支承板，但在肋梁楼盖中，其每一区格板的四边一般都有梁或墙支承，是四边支承板，板上的荷载主要通过板的受弯作用传到四边支承的构件上。

四边简支的钢筋混凝土双向板(方板和矩形板)在均布荷载作用下的试验表明：在裂缝出现之前，板基本上处于弹性工作阶段。双向板在弹性工作阶段，板的四角有翘起的趋势，若周边没有可靠固定，将产生如图9.12所示的犹如碗形的变形，板传给支座的压力沿边长不是均匀分布的，而是在每边的中心处达到最大值。因此，在双向板肋形楼盖中，板顶面实际会受墙或支承梁约束，破坏时就会出现如图9.13所示的板底面及板顶面裂缝。

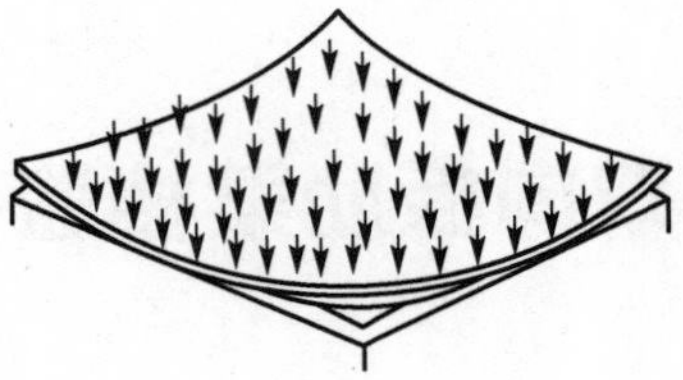

图 9.12　双向板的变形

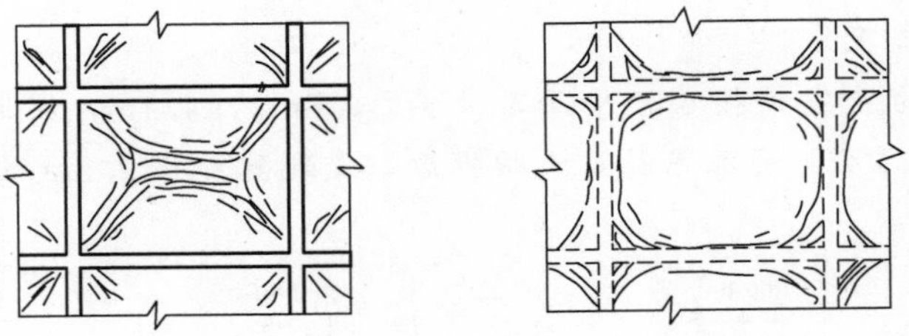

(a)　　(b)

图 9.13　肋形楼盖中双向板的裂缝分布

(a) 板底面裂缝分布；(b) 板顶面裂缝分布

9.3.2　双向板的截面设计与构造要求

双向板在两个方向的配筋都应按计算确定。考虑短跨方向的弯矩比长跨方向的大，因此应将短跨方向的跨中受拉钢筋放在长跨方向的外侧，以得到较大的截面有效高度。截面有效高度 h_0 通常分别取值为：短跨方向，$h_0=h-20\text{mm}$；长跨方向，$h_0=h-30\text{mm}$。

双向板的构造要求如下。

(1) 双向板的厚度。一般不宜小于 80mm，也不大于 160mm。为了保证板的刚度，板的厚度 h 还应符合：简支板，$h>l_x/45$；连续板，$h>l_x/50$，l_x 是较小跨度。

(2) 钢筋的配置。受力钢筋沿纵横两个方向设置，此时应将弯矩较大方向的钢筋设置在外层，另一方向的钢筋设置在内层。

受力钢筋的直径、间距、截断点的位置等均可参照单向板配筋的有关规定。

应用案例 9-1

实例一中卫生间楼面现浇板短边尺寸为 3300mm，长边尺寸为 6000mm，长边与短边之比为 $1.82\leqslant 2$，且四边支承在墙上，故为单跨双向板。屋面卫生间与楼梯间一起现浇，为双跨双向板。板下部两个方向的钢筋都是受力钢筋，短向钢筋①放在长向钢筋②的外侧。板上部沿墙体设置的钢筋是构造钢筋，长度是 $l_x/4$(l_x 为较小跨度)$=3300\text{mm}/4$，取 800mm(图 9.14)。

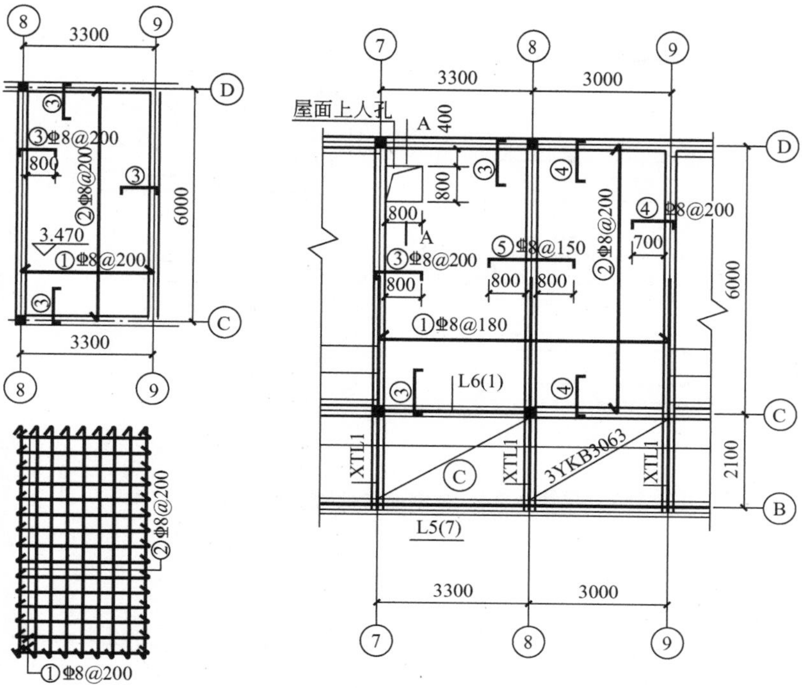

(a)　　　　　　　　(b)

图 9.14　双向板楼盖

(a) 单跨双向板楼盖(楼面)；(b) 双跨双向板楼盖(屋面)

9.4　装配式混凝土楼盖

装配式混凝土楼盖主要由搁置在承重墙或梁上的预制混凝土铺板组成，故又称为装配式铺板楼盖。设计装配式楼盖时，一方面应注意合理地进行楼盖结构布置和预制构件选型，另一方面要处理好预制构件间的连接以及预制构件和墙(柱)的连接。

常用的预制铺板有实心板、空心板、槽形板、T 形板等，其中以空心板的应用最为广泛。我国各地区或省一般均有自编的标准图，其他铺板大多数也编有标准图。随着建筑业的发展，预制的大型楼板(平板式或双向肋形板)也日益增多。

1. 实心板

实心板[图 9.15(a)]上下表面平整、制作简单，但材料用量较多，适用于荷载及跨度较小的走道板、管沟盖板、楼梯平台板等。

常用板长 $l=1.8\sim2.4$m，板厚 $h\geqslant l/30$，常用厚度为 50～100mm；板宽 $B=500\sim1000$mm。

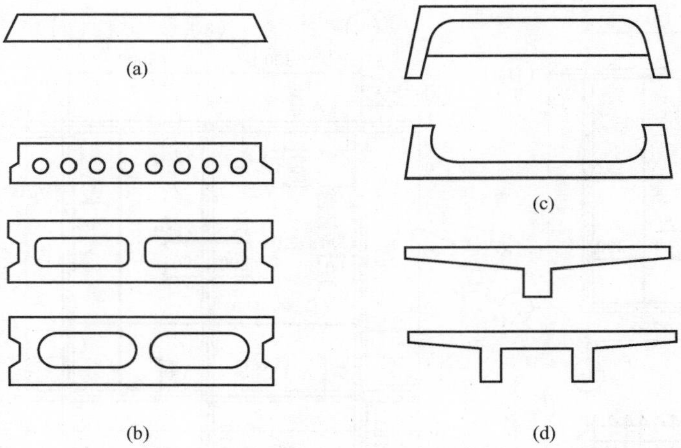

图 9.15 预制铺板的截面形式

(a)实心板；(b)空心板；(c)槽形板；(d)T形板

2. 空心板

空心板自重比实心板轻，可取截面高度较实心板大，故其刚度较大，隔声、隔热效果亦较好，其顶棚或楼面均较槽形板易于处理，因而在装配式楼盖中应用甚为广泛。空心板的缺点是板面不能任意开洞，自重也较槽形板大。

空心板截面的孔型有圆形、方形、矩形或长圆形[图 9.15(b)]，视截面尺寸及抽芯设备而定；孔数视板宽而定。扩大和增加孔洞对节约混凝土、减轻自重和隔声有利，但若孔洞过大，其板面需按计算配筋时反而不经济，此外，大孔洞板在抽芯时易造成尚未结硬的混凝土坍落。为避免空心板端部压坏，在板端应塞混凝土堵头。

空心板截面高度可取为跨度的1/25～1/20(普通钢筋混凝土)或1/35～1/30(预应力混凝土)，其取值宜符合砖的模数，通常有120mm、180mm、240mm几种。空心板的宽度主要根据当地制作、运输和吊装设备的具体条件而定，常用500mm、600mm、900mm、1200mm等。

3. 槽形板

槽形板有肋向下(正槽板)和肋向上(倒槽板)两种[图 9.15(c)]。正槽板可以较充分地利用板面混凝土抗压，但不能直接形成平整的天棚，倒槽板则反之。槽形板较空心板轻，但隔声、隔热性能较差。

槽形板由于开洞较自由、承载能力较大，故在工业建筑中采用较多。此外，也可用在对天花板要求不高的民用建筑屋盖和楼面结构中。

4. T形板

T形板有单T板和双T板两种[图 9.15(d)]。这类板受力性能良好、布置灵活，能跨越较大的空间，且开洞也较自由，但整体刚度不如其他类型的板。双T板比单T板有较好的整体刚度，但自重较大，对吊装能力要求较高。T形板适用于板跨在12m以内的楼面和屋盖结构。T形板的翼缘宽度为1500～2100mm，截面高度为300～500mm，视其跨度大小而定。

应用案例 9－2

图 9.16 是实例一楼面预应力空心板布置示例，在Ⓒ～Ⓓ轴间铺设 10YKB3352，表明板的跨度是 3300mm，房间进深 6000mm，减去Ⓓ轴、Ⓒ轴墙厚各 240mm、壁柱各 130mm，净尺寸还有 5260mm，故选择 10 块 500mm 宽的空心板，总尺寸 5000mm ＜5260mm。

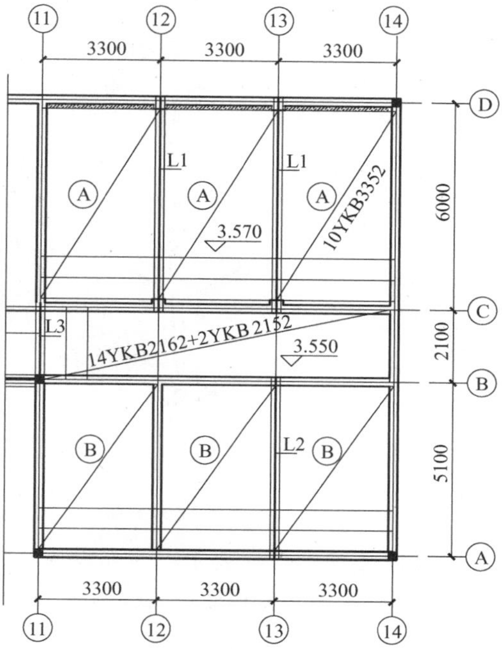

图 9.16 楼面预应力空心板布置

思考：如何对Ⓐ～Ⓑ轴、Ⓑ～Ⓒ轴预应力空心板的布置进行选取？

9.5 钢筋混凝土楼梯的结构形式及构造

9.5.1 楼梯的类型

【楼梯的类型】

楼梯是多层、高层房屋的竖向通道，由梯段和休息平台组成。为了满足承重和防火要求，通常采用钢筋混凝土楼梯，在地震作用时楼梯还是重要的抗侧力构件和人员疏散通道。楼梯的形式，按照平面布置形式可分为单跑式、双跑式、三跑式楼梯；按施工方法可分为整体式和装配式楼梯；按结构形式可分为梁式[图 9.17(a)]、板式[图 9.17(b)]、螺旋式[图 9.17(c)]、剪刀式楼梯[图 9.17(d)]。

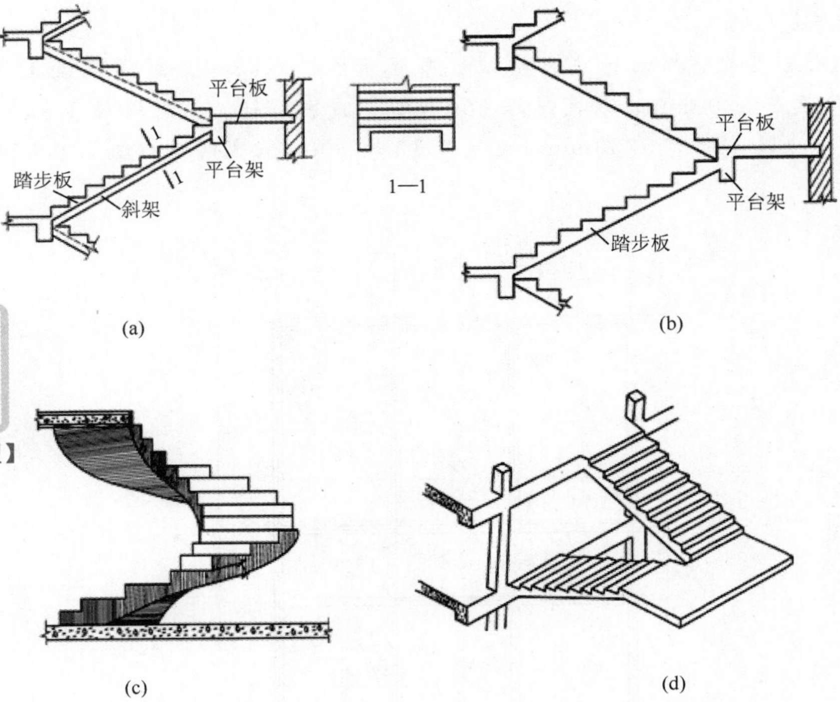

【楼梯的类型】

图 9.17　各种形式楼梯示意

楼梯结构形式的选择，应考虑楼梯的使用要求、材料供应、施工方法等因素，本着安全、适用、经济、美观的原则确定。一般当楼梯使用荷载不大，且水平投影长度小于 3m 时，采用板式楼梯；当使用荷载较大，且水平投影长度大于 3m 时，采用梁式楼梯较为经济。

楼梯的结构设计包括以下内容。

(1) 根据建筑要求和施工条件，确定楼梯的结构形式和结构布置。

(2) 确定计算荷载，楼梯荷载包括恒荷载(自重)和活荷载。楼梯活荷载可根据建筑类别，查附录 C 表 C2 确定其标准值。

(3) 进行楼梯各部件的内力计算和截面设计。

(4) 绘制施工图，特别应注意处理好连接部位的配筋构造。

9.5.2 现浇钢筋混凝土板式楼梯

板式楼梯由梯段板、平台板和平台梁组成[图 9.17(b)]。梯段是斜放的齿形板，支承在平台梁上和楼层梁上，底层下端一般支承在地垄墙上。板式楼梯的优点是下表面平整，施工支模较方便，外观比较轻巧。其缺点是梯段斜板较厚，为梯段板斜长的 1/30～1/25，其混凝土用量和钢材用量都较多。

板式楼梯的包括梯段斜板、平台板、平台梁等构件。

1. 梯段斜板

为保证梯段板具有一定的刚度，梯段板的厚度常取 80～120mm。

梯段板支承在平台梁及楼层梁上(底层下端支承在地垄墙上)，一般取 1m 宽板带为计算单元，在进行内力计算时，可简化为两端简支的斜板进行计算。当斜板支承在平台梁和砖墙上时，嵌固作用差，可按$\frac{1}{8}(g+q)l_0^2$近似计算跨中弯矩；当考虑平台梁及楼层梁对斜板的部分嵌固作用时，跨中弯矩可按$\frac{1}{10}(g+q)l_0^2$近似计算。

斜板的受力钢筋沿斜向布置，支座处板的上部应设置负钢筋，配筋常用分离式，分布钢筋与受力钢筋相垂直，且每个踏步范围内必须有一根，且直径≥8mm，如图 9.18 所示。

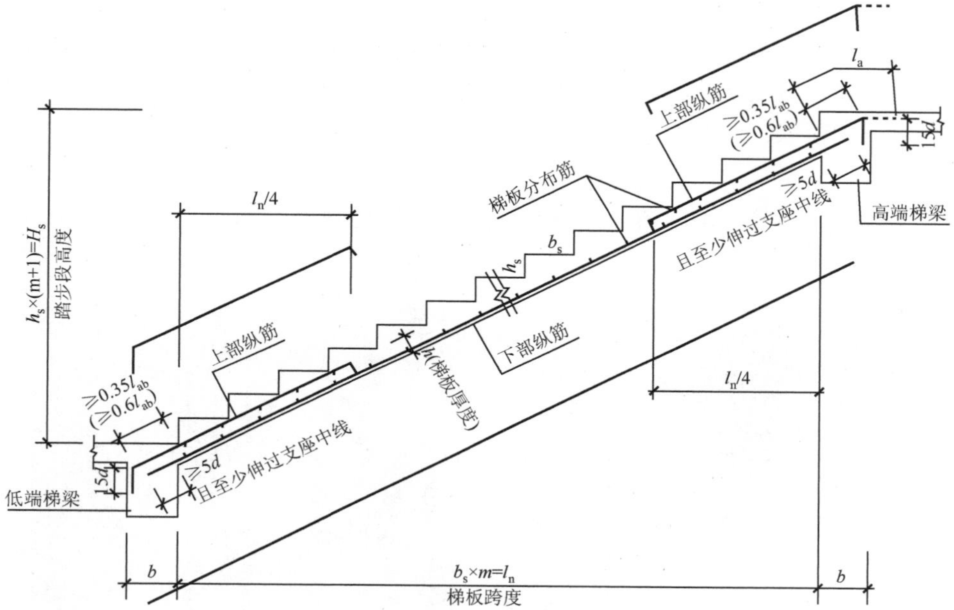

图 9.18 AT 型板式楼梯板的配筋

2. 平台板

平台板的厚度 $h=l_0/35$（l_0为平台板的计算跨度），常取为 60～100mm；平台板一般均取 1m 宽板带作为计算单元。

平台板与平台梁或过梁相交处，考虑到支座处有负弯矩作用，应配置承受负弯矩的钢筋，如图 9.19 所示。当平台板的跨度远比梯段板的水平跨度小时，平台板中可能出现负弯矩的情况，此时板中负弯矩钢筋应通跨布置。

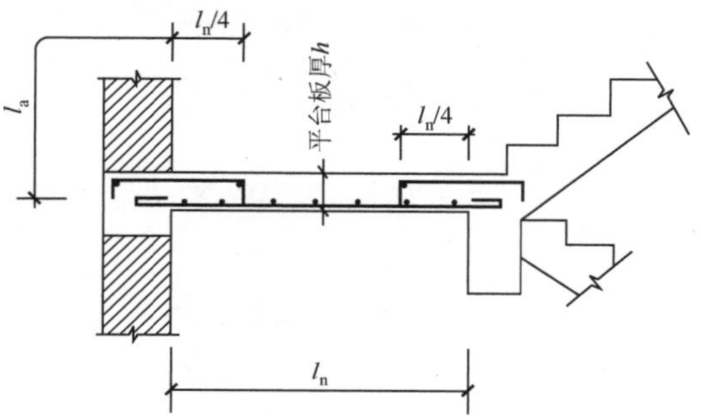

图 9.19 平台板支承与配筋

特别提示

图集 16G101—2 中对部分类型的板式楼梯梯段板的上部纵筋实现了贯通设置，并在有条件时可直接伸入平台板内锚固，从支座内边算起总锚固长度不小于 l_a。

3. 平台梁

板式楼梯的平台梁，承受本身自重、平台板传来的均布荷载和斜板的均布荷载，当上下梯段等长，又忽略上下梯段斜板之间的空隙时，可按荷载满布于全跨的简支承梁计算。考虑平台梁两侧荷载不一致将引起扭矩，宜适当增加梁内的箍筋用量。

【工程实例】

某砖混结构二层住宅中使用了现浇钢筋混凝土板式楼梯，如图 9.20 所示为其楼梯各部位的钢筋施工现场。

图 9.20 板式楼梯的工程实例

9.5.3 梁式楼梯

梁式楼梯由踏步板、斜梁、平台板和平台梁组成(图 9.21)。

1. 踏步板

踏步板按两端简支在斜梁上的单向板考虑，计算时一般取一个踏步作为计算单元，踏步板为梯形截面，板的计算高度可近似取平均高度 $h=(h_1+h_2)/2$(图 9.22)，板厚一般不

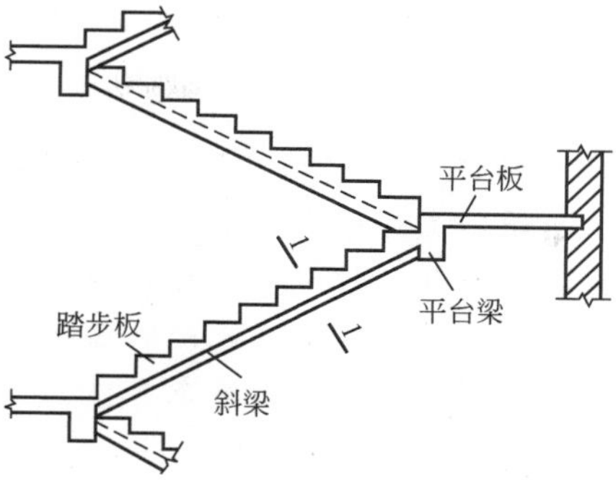

图 9.21 梁式楼梯的组成

小于 30～40mm，每一踏步一般需配置不少于 2Φ6 的受力钢筋，沿斜向布置间距不大于 300mm 的Φ6 分布钢筋。

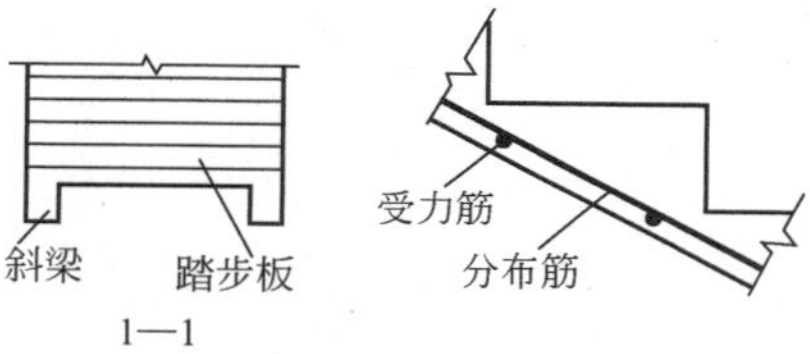

图 9.22 踏步板

2. 斜梁

斜梁的内力计算特点与梯段斜板相同。踏步板可能位于斜梁截面高度的上部，也可能位于下部，计算时可近似取为矩形截面。图 9.23 所示为斜梁的配筋构造图。

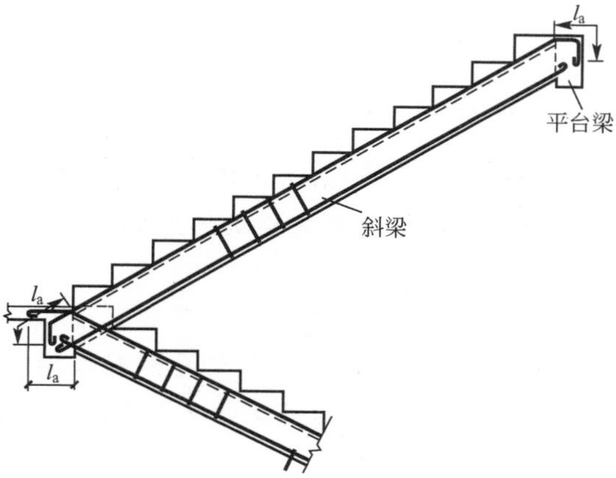

图 9.23 斜梁的配筋

3. 平台梁

平台梁主要承受斜边梁传来的集中荷载(由上、下楼梯斜梁传来)和平台板传来的均布荷载，一般按简支梁计算。

特别提示

当楼梯下净高不够时，可将楼层梁向内移动，这样板式楼梯的梯段就成为折线形。对此设计中应注意两个问题：①梯段中的水平段，其板厚应与梯段相同，不能处理成和平台板同厚；②折角处的下部受拉纵筋不允许沿板底弯折[图 9.24(a)]，以免产生向外的合力，将该处的混凝土崩脱，应将此处纵筋断开，各自延伸至上面再行锚固。若板的弯折位置靠近楼层梁，板内可能出现负弯矩，则板上面还应配置承担负弯矩的短钢筋[图 9.24(b)]。

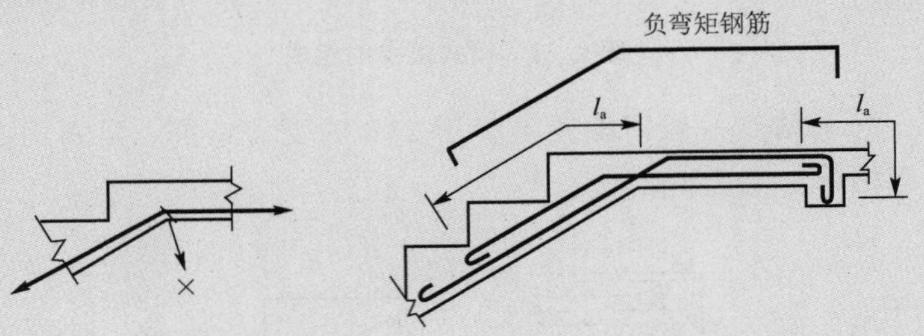

(a) (b)

图 9.24 板内折角时的配筋

9.6 雨篷

引例

某百货大楼一层橱窗上设置有挑出 1200mm 的通长现浇钢筋混凝土雨篷，如图 9.25(a) 所示。待到达混凝土设计强度拆模时，突然发生从雨篷根部折断的质量事故，呈门帘状，如图 9.25(b)所示。

事故是由受力筋放错了位置(离模板只有 20mm)所致。原本受力筋按设计布置，钢筋工绑扎好后就离开了。打混凝土前，一些“好心人”看到雨篷钢筋浮搁在过梁箍筋上，受力筋又放在雨篷顶部(传统的概念总以为受力筋就放在构件底面)，就将受力筋临时改放到过梁的箍筋里面，并贴着模板。打混凝土时，现场人员没有对受力筋位置进行检查，于是发生了上述事故。

雨篷、外阳台、挑檐是建筑工程中常见的悬挑构件，它们除设计与一般梁板结构相似外，还存在倾覆翻倒的危险，因此应进行抗倾覆验算。

板式雨篷一般由雨篷板和雨篷梁两部分组成(图 9.26)。雨篷梁既是雨篷板的支承，又兼有过梁的作用。

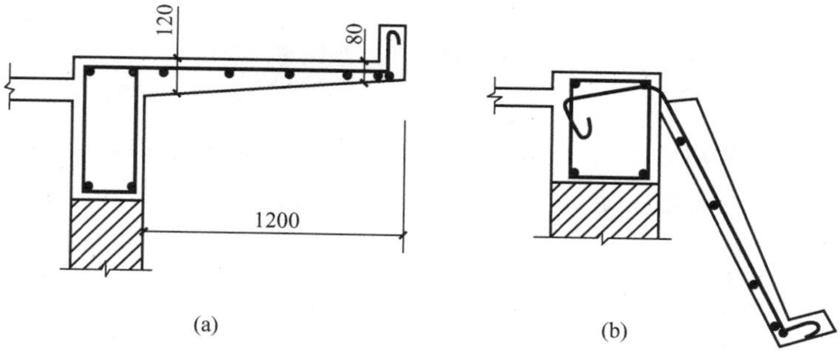

图 9.25 悬臂板的错误配筋

(a)设计图；(b)事故图

一般雨篷板的挑出长度为 0.6～1.2m 或更大，视建筑要求而定。现浇雨篷板多数做成变厚度的，一般取根部板厚为 1/12 挑出长度，但不小于 70mm，板端不小于 50mm。雨篷板周围往往设置凸沿以便能有组织地排泄雨水。雨篷梁的宽度一般取与墙厚相同，梁的高度应按承载能力要求确定。梁两端伸进砌体的长度应考虑雨篷抗倾覆的因素确定。雨篷计算包括三方面内容：①雨篷板的正截面承载力计算；②雨篷梁在弯矩、剪力、扭矩共同作用下的承载力计算；③雨篷抗倾覆验算。

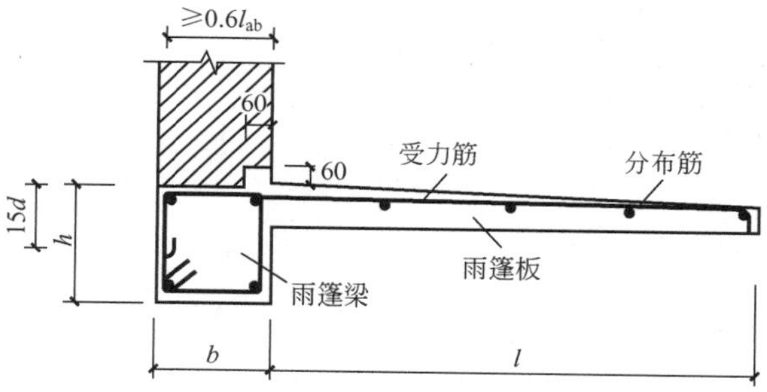

图 9.26 板式雨篷

【雨篷】

小　结

(1) 楼盖结构包括现浇单向板肋形楼盖、双向板肋形楼盖、井式楼盖、无梁楼盖、装配式楼盖等，应根据不同的建筑要求和使用条件选择合适的结构类型。

(2) 楼面、屋盖、楼梯等梁板结构设计的步骤是：①结构选型、结构布置及构件截面尺寸确定；②结构计算[包括确定计算简图(计算跨度和支承简图)、计算荷载、内力分析、内力组合及截面配筋计算等]；③绘制结构施工图(包括结构布置及配筋图)。上述步骤不仅适用于梁板结构，也适用于其他结构设计。

(3) 在现浇肋形楼盖中，当板长边与短边之比大于 3 时，弹性弯曲变形和内力主要发生在短跨方向；而长跨方向的内力很小，故不必另行计算，按构造要求配置钢筋即可。当板的长边与短边之比小于或等于 2 时，板在荷载作用下，沿两个方向正交受力且都不可忽略，则称其为双向板。双向板需分别按计算确定长边与短边方向的内力及配筋。

(4) 装配式混凝土楼盖主要由搁置在承重墙或梁上的预制混凝土铺板组成，故又称为装配式铺板楼盖。装配式楼盖主要有铺板式、密肋式和无梁式等，其中铺板式应用最广。铺板式楼盖的主要构件是预制板和预制梁。

(5) 现浇钢筋混凝土楼梯按受力方式的不同分为梁式楼梯和板式楼梯等。梁式楼梯和板式楼梯的主要区别在于楼梯梯段是采用梁承重还是板承重。前者受力较合理，用材较省，但施工较烦琐且欠美观，宜用于梯段较长的楼梯；后者反之。

习 题

简答题

1. 钢筋混凝土楼盖结构有哪几种主要类型？分别说出它们各自的优缺点和适用范围。
2. 单向板和双向板的受力特点如何？
3. 现浇单向板肋形楼盖中的板、次梁和主梁，当按塑性理论计算时，其计算简图如何确定？
4. 现浇单向板肋形楼盖板、次梁和主梁的配筋计算和构造有哪些？
5. 现浇钢筋混凝土楼梯按受力分为哪两种形式？比较其受力特点的异同。
6. 雨篷的受力特点是什么？

模块 10 砌体结构墙、柱

教学目标

通过本模块的学习，掌握砌体的材料及种类；了解砌体结构房屋的静力计算方案；掌握砌体结构墙、柱设计及构造要求。

教学要求

能力目标	相关知识	权重
掌握砌体的材料及种类	砌体材料、砌体的种类及力学性能	20%
能正确理解平面布置及计算方案	结构布置方案，结构的静力计算方案	15%
在实际工程中理解和运用受压构件承载力计算的能力	受压承载力，局部受压	20%
墙、柱高厚比验算的能力	墙、柱高厚比验算	15%
正确理解砌体房屋构造要求的能力	墙、柱的一般构造要求	30%

学习重点

砌体的材料、砌体的种类；多层砌体房屋的抗震要求。

引例

1. 工程与事故概况

某市居民搬迁的安置房，总建筑面积近 2.5 万平方米，将安置 300 多户居民。主体工程于 2011 年 3 月动工，到 5 月底 8 栋楼房全部封顶。而此时，业主们发现，安置房的墙体砖块严重起皮、爆裂。用手一摸墙体，砖块就大量碎裂、脱落；拿起砖，轻轻一掰就断为两半，用脚一踢，便成了一堆碎煤渣。

【引例】

检测结果表明：该楼二至五层墙体所用的煤矸石烧结多孔砖出现大面积爆裂，墙体砖爆裂深度大，部分砖已失去强度，存在严重安全隐患；二、三、四层墙体爆裂面积达到 90%以上，并严重影响工程的主体结构安全。

问题处理：8 栋安置房全部拆除。

2. 事故原因分析

本工程调查结果显示，该事故主要是材料本身的质量问题。主要原因是使用了不合格的煤矸石烧结多孔砖，这批煤矸石多孔砖中氧化钙含量超标。

10.1 砌体材料

10.1.1 块材

【常见砌体材料】

1. 砖

砌体结构常用的砖有烧结砖、蒸压砖和混凝土砖。

(1) 烧结砖又分为：烧结普通砖，是指实心砖或孔洞率小于 15%的砖；烧结多孔砖，是指孔洞率不小于 15%的砖。

(2) 蒸压砖有蒸压灰砂砖和蒸压粉煤灰砖。

普通砖和蒸压砖具有全国统一的规格，其尺寸为 240mm×115mm×53mm。多孔砖的主要规格有 190mm×190mm×90mm、240mm×115mm×90mm、240mm×180mm×115mm 等。各种砖的主要规格如图 10.1 所示。

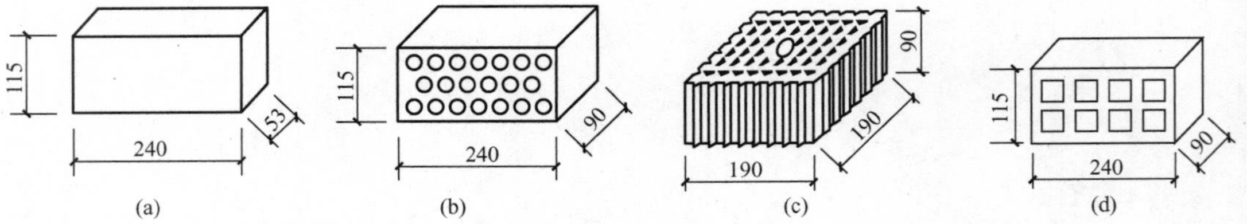

图 10.1 砖的规格

(a)烧结普通砖；(b)P 型多孔砖；(c)M 型多孔砖；(d)混凝土多孔砖

烧结普通砖和烧结多孔砖的强度等级划分为 MU30、MU25、MU20、MU15 和 MU10 五级，其中 MU 表示砌体中的块体，其后数字表示块体的抗压强度值，单位为 MPa。蒸压砖的强度等级有 MU25、MU20 和 MU15 三级。

(3) 混凝土砖有混凝土普通砖和多孔砖。其强度等级有 MU30、MU25、MU20、MU15 四个等级。

2. 砌块

砌块一般指混凝土空心砌块、加气混凝土砌块及硅酸盐实心砌块。此外，还有以黏土、煤矸石等为原料，经焙烧而制成的烧结空心砌块。砌块按尺寸大小可分为小型、中型和大型三种，我国通常把砌块高度为 180～390mm 的称为小型砌块，高度为 390～900mm 的称为中型砌块，高度大于 900mm 的称为大型砌块。几种砌块材料如图 10.2 所示。

混凝土小型空心砌块的强度等级为 MU20、MU15、MU10、MU7.5 和 MU5 五个等级。

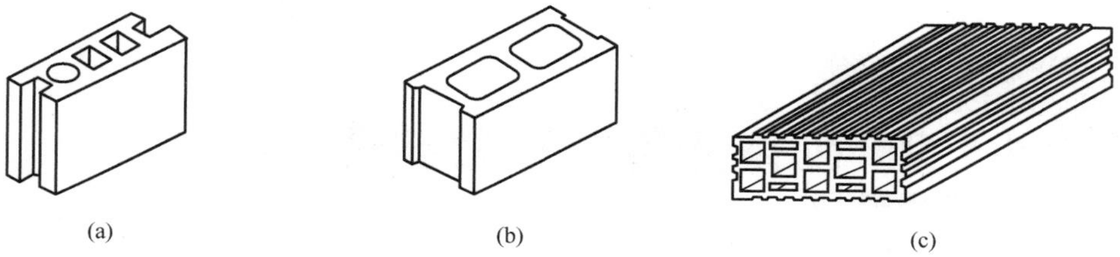

图 10.2 砌块材料

(a)混凝土中型空心砌块；(b)混凝土小型空心砌块；(c)烧结空心砌块

3. 石材

石材主要来源于重质岩石和轻质岩石。天然石材分为料石和毛石两种。料石按其加工后外形的规则程度又分为细料石、半细料石、粗料石和毛料石。石材的强度等级分为 MU100、MU80、MU60、MU50、MU40、MU30 和 MU20 七级。

10.1.2 砌筑砂浆

砂浆是由胶凝材料(石灰、水泥)和细骨料(砂)加水搅拌而成的混合材料。

砂浆的作用是将砌体中的单个块体连成整体，并抹平块体表面，从而促使其表面均匀受力，同时填满块体间的缝隙，减少砌体的透气性，提高砌体的保温性能和抗冻性能。

1. 砂浆的分类

砂浆有水泥砂浆、混合砂浆、非水泥砂浆和混凝土砖与砌块专用砌筑砖浆四种类型。

(1) 水泥砂浆。水泥砂浆是由水泥、砂子和水搅拌而成，其强度高，耐久性好，但和易性差，一般用于对强度有较高要求的砌体中。

(2) 混合砂浆。混合砂浆是在水泥砂浆中掺入适量的塑化剂，如水泥石灰砂浆、水泥黏土砂浆等。这种砂浆具有一定的强度和耐久性，且和易性和保水性较好，是一般墙体中常用的砂浆类型。

(3) 非水泥砂浆。非水泥砂浆有石灰砂浆、黏土砂浆和石膏砂浆。这类砂浆强度不高，有些耐久性也不够好，故只能用在受力小的砌体或简易建筑、临时性建筑中。

(4) 混凝土砖与砌块专用砌筑砂浆。

2. 砂浆的强度等级

砂浆的强度等级是由边长为70.7mm的立方体标准试块的抗压强度确定的。砌筑砂浆的强度等级分为M15、M10、M7.5、M5和M2.5。其中M表示砂浆，其后数字表示砂浆的强度大小(单位为MPa)。混凝土砖与小型空心砌块专用砌筑砂浆的强度等级用Mb标记，以区别于其他砌筑砂浆，其强度等级有Mb20、Mb15、Mb10、Mb7.5和Mb5。蒸压砖采用的专用砂浆其等级分为Ms15、Ms10、Ms7.5和Ms5。

3. 砂浆的性能要求

为满足工程质量和施工要求，砂浆除应具有足够的强度外，还应有较好的和易性和保水性。和易性好，则便于砌筑、保证砌筑质量和提高施工工效；保水性好，则不致在存放、运输过程中出现明显的泌水、分层和离析，以保证砌筑质量。水泥砂浆的和易性和保水性不如混合砂浆好，在砌筑墙体、柱时，除有防水要求外，一般采用混合砂浆。

10.2 砌体的种类及力学性能

10.2.1 砌体的种类

砌体按照所用材料不同可分为砖砌体、砌块砌体及石砌体；按砌体中有无配筋可分为无筋砌体与配筋砌体；按实心与否可分为实心砌体与空斗砌体；按在结构中所起的作用不同可分为承重砌体与自承重砌体等。

【砖墙及砖柱的砌筑】

1. 砖砌体

由砖和砂浆砌筑而成的整体材料称为砖砌体。在房屋建筑中，砖砌体常用作一般单层和多层工业与民用建筑的内外墙、柱、基础等承重结构，以及多高层建筑的围护墙与隔墙等自承重结构等。标准砌筑的实心墙体厚度常为240mm(一砖)、370mm(一砖半)、490mm(二砖)、620mm(二砖半)、740mm(三砖)等。有时为节省材料，墙厚可不按半砖长而按1/4砖长的倍数设计，即砌筑成所需的180mm、300mm、420mm等厚度的墙体。

2. 砌块砌体

由砌块和砂浆砌筑而成的整体材料称为砌块砌体。目前国内外常用的砌块砌体以混凝土空心砌块砌体为主，其中包括以普通混凝土为块体材料的普通混凝土空心砌块砌体和以轻骨料混凝土为块体材料的轻骨料混凝土空心砌块砌体。

3. 石砌体

由天然石材和砂浆砌筑而成的整体材料称为石砌体。

4. 配筋砌体

为提高砌体强度、减少其截面尺寸、增加砌体结构(或构件)的整体性，可在砌体中配置钢筋或钢筋混凝土，即采用配筋砌体。配筋砌体可分为配筋砖砌体和配筋砌块砌体。

10.2.2 砌体的力学性能

1. 砌体的受压性能

砌体的受压破坏特征试验研究表明，砌体轴心受压从加载直到破坏，按照裂缝的出现、发展和最终破坏，大致经历以下三个阶段。

第一阶段：从砌体受压开始，当压力增大至50%～70%的破坏荷载时，砌体内出现第一条(批)裂缝。对于砖砌体，在此阶段，单块砖内产生细小裂缝，且多数情况下裂缝约有数条，但一般均不穿过砂浆层，如果不再增加压力，单块砖内的裂缝也不继续发展，如图 10.3(a)所示。对于混凝土小型空心砌块，在此阶段，砌体内通常只产生一条细小裂缝，但裂缝往往在单个块体的高度内贯通。

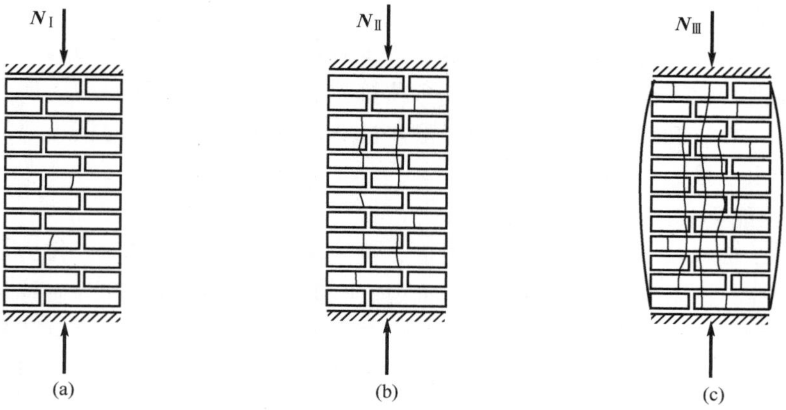

【无筋砖砌体受压构件破坏】

图 10.3 砖砌体的受压破坏

(a)第一阶段；(b)第二阶段；(c) 第三阶段

第二阶段：随着荷载的增加，当压力增大至80%～90%的破坏荷载时，单个块体内的裂缝将不断发展，裂缝沿着竖向灰缝通过若干皮砖或砌块，并逐渐在砌体内连接成一段段较连续的裂缝。此时荷载即使不再增加，裂缝仍会继续发展，砌体已临近破坏，在工程实践中可视为处于十分危险的状态，如图 10.3(b)所示。

第三阶段：随着荷载的继续增加，则砌体中的裂缝迅速延伸、宽度扩展，连续的竖向贯通裂缝把砌体分割形成小柱体，砌体个别块体材料可能被压碎或小柱体失稳，从而导致整个砌体的破坏，如图 10.3(c)所示。

2. 影响砌体抗压强度的因素

1) 块体与砂浆的强度等级

一般来说，强度等级高的块体的抗弯、抗拉强度也较高，因而相应砌体的抗压强度也高，但并不与块体强度等级的提高成正比；而砂浆的强度等级越高，砂浆的横向变形越小，砌体的抗压强度也有所提高。

2) 块体的尺寸与形状

高度大的块体，其抗弯、抗剪及抗拉能力增大；块体长度较大时，块体在砌体中引起的弯、剪应力也较大。因此砌体强度随块体厚度的增大而加大，随块体长度的增大而降低；而块体的形状越规则，表面越平整，砌体的抗压强度越高。

3）砂浆的流动性、保水性及弹性模量的影响

砂浆的流动性大与保水性好时，容易铺成厚度和密实性较均匀的灰缝，因而可减少单块砖内的弯、剪应力而提高砌体强度。纯水泥砂浆的流动性较差，所以同一强度等级的混合砂浆砌筑的砌体强度要比相应纯水泥砂浆砌体高；砂浆的弹性模量越大，相应砌体的抗压强度越高。

4）砌筑质量

砌筑质量是指砌体的砌筑方式、灰缝砂浆的饱满度、砂浆层的铺砌厚度等。砌筑质量与工人的技术水平有关，砌筑质量不同，砌体强度则不同。水平灰缝饱满度应不低于85%，水平灰缝厚度一般为8～12mm。

3. 砌体的受拉、受弯和受剪性能

在实际工程中，因砌体具有良好的抗压性能，故多将砌体用作承受压力的墙、柱等构件。与砌体的抗压强度相比，砌体的轴心抗拉、弯曲抗拉及抗剪强度都低很多。但有时也用它来承受轴心拉力、弯矩和剪力，如砖砌的圆形水池、承受土壤侧压力的挡土墙以及拱或砖过梁支座处承受水平推力的砌体等。

1）砌体的受拉性能

砌体轴心受拉时，依据拉力作用于砌体的方向，有三种破坏形态。当轴心拉力与砌体水平灰缝平行时，砌体可能沿灰缝Ⅰ－Ⅰ齿状截面(或阶梯形截面)破坏，即为砌体沿齿状灰缝截面的轴心受拉破坏，如图10.4(a)所示。在同样的拉力作用下，砌体也可能沿块体和竖向灰缝Ⅱ－Ⅱ较为整齐的截面破坏，即为砌体沿块体(及灰缝)截面的轴心受拉破坏，如图10.4(a)所示。当轴心拉力与砌体的水平灰缝垂直时，砌体可能沿Ⅲ－Ⅲ通缝截面破坏，即为砌体沿水平通缝截面的轴心受拉破坏，如图10.4(b)所示。

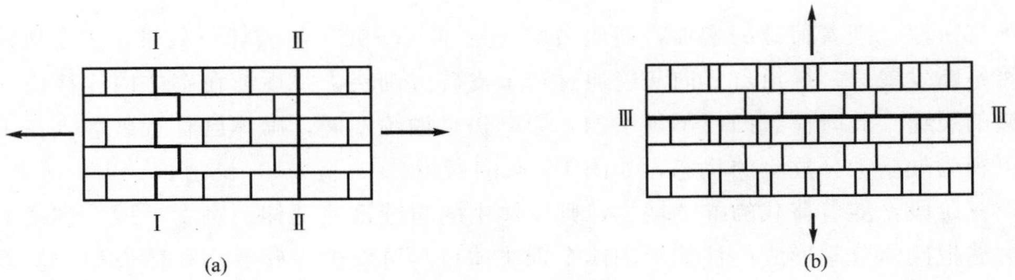

图10.4　砌体轴心受拉破坏形态

砌体的抗拉强度主要取决于块材与砂浆连接面的黏结强度。由于块材和砂浆的黏结强度主要取决于砂浆强度等级，所以砌体的轴心抗拉强度可由砂浆的强度等级来确定。

2）砌体的受弯性能

砌体结构弯曲受拉时，按其弯曲拉应力使砌体截面破坏的特征，同样存在三种破坏形态，即可分为沿齿缝截面受弯破坏、沿块体与竖向灰缝截面受弯破坏及沿通缝截面受弯破坏三种形态。沿齿缝和通缝截面的受弯破坏与砂浆的强度有关。

3）砌体的受剪性能

砌体在剪力作用下的破坏均为沿灰缝的破坏，故单纯受剪时砌体的抗剪强度主要取决于水平灰缝中砂浆及砂浆与块体的黏结强度。

10.3 砌体结构墙、柱概述

引例

1. 工程与事故概况

某学校的教学楼，为二层砖混结构，工程已接近完工，在室内进行抹灰粉刷时突然倒塌，造成多人死亡。

教学楼基础为水泥砂浆砌筑的毛石基础，墙厚180mm，端部大教室中间深梁为现浇钢筋混凝土梁。3个月后拆除大梁底部支承及模板，开始装修时发现墙体有较大变形，工人用锤子将凸出的墙体打了回去，继续施工。第3天发现大教室的窗墙在窗台下约100mm处有一条很宽的水平裂缝，宽约20mm，导致整个房屋全部倒塌，两层楼板叠压在一起。未及时撤离的工人全部死亡。

2. 事故原因分析

本工程并无正式设计图纸，只是由使用单位直接委托某施工单位建造。根据现场情况，参照一般砖混结构画了几张草图就进行施工。施工队伍由乡村瓦木匠组成，没有技术管理体制。事故发生后测定，砖的等级为MU0.5，砂浆强度只有M0.4，在拆模的第2天发现险情后还不采取应急措施，才导致重大事故的发生。

10.3.1 混合结构房屋的结构布置方案

多层混合结构房屋的主要承重结构为屋盖、楼盖、墙体(柱)和基础，其中墙体的布置是整个房屋结构布置的重要环节。墙体的布置与房屋的使用功能和房间的面积有关，而且影响建筑物的整体刚度。房屋的结构布置可分为三种方案，如图10.5所示。

1. 横墙承重体系

屋面板及楼板沿房屋的纵向放置在横墙上，形成了纵墙起围护作用、横墙起承重作用的结构方案。由于横墙的数量较多且间距小，同时横墙与纵墙间有可靠的拉结，因此，房屋的整体性好，空间刚度大，对抵抗作用在房屋上的风荷载及地震作用等水平荷载十分有利。

横墙承重体系竖向荷载主要传递路线是：板→横墙→基础→地基。

横墙承重体系由于横墙间距小，房间大小固定，故适用于宿舍、住宅等居住建筑。

2. 纵墙承重体系

纵墙承重体系竖向荷载主要传递路线是：板→纵墙→基础→地基或板→梁→纵墙→基础→地基。

纵墙承重体系适用于使用上要求有较大室内空间的房屋，或室内隔断墙位置有灵活变动要求的房屋，如教学楼、办公楼、图书馆、实验楼、食堂、中小型工业厂房等。

3. 纵横墙承重体系

当建筑物的功能要求房间的大小变化较多时，为了结构布置的合理性，通常采用纵横墙布置方案。纵横墙承重方案既可保证有灵活布置的房间，又具有较大的空间刚度和整体性，纵、横两个方向的空间刚度均比较好，便于施工，所以适用于教学楼、办公楼、多层住宅等建筑。

此类房屋的荷载传递路线为楼(屋)面板→$\left\{\begin{array}{l}\text{梁}\to\text{纵墙}\\ \text{横墙}\end{array}\right\}$→基础→地基。

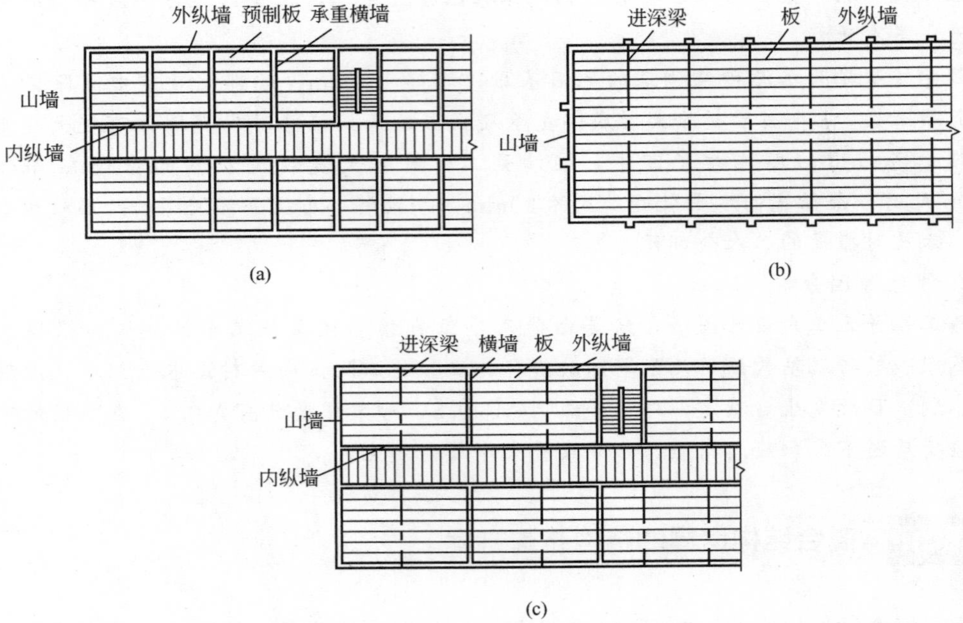

图 10.5 混合结构房屋结构布置方案

(a) 横墙承重体系；(b) 纵墙承重体系；(c) 纵横墙承重体系

应用案例 10-1

如图 10.6 所示，Ⓐ～Ⓑ轴线间楼板沿纵向布置，楼面荷载传给横墙和梁 L2，L2 又将荷载传给纵墙；Ⓑ～Ⓒ轴线间楼板沿横向布置，楼面荷载传给内纵墙；Ⓒ～Ⓓ轴线间楼板沿纵向布置，楼面荷载传给横墙和 L1，L1 又将荷载传给纵墙。因此，该办公楼为纵横墙承重体系。

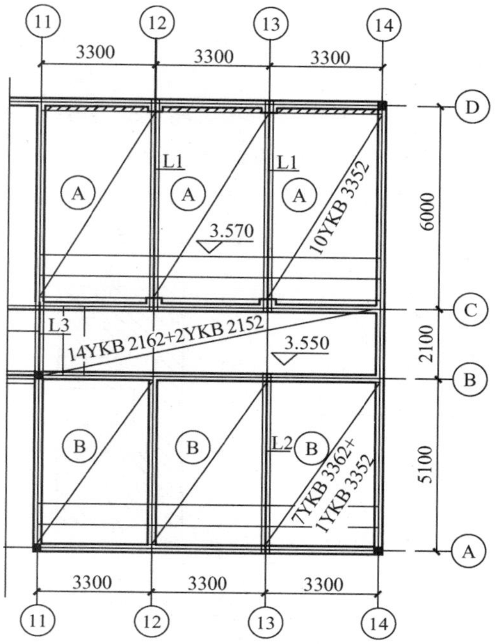

图 10.6 纵横墙承重体系

10.3.2 受压构件承载力计算

砌体构件的整体性较差，因此砌体构件在受压时，纵向弯曲对砌体构件承载力的影响较其他整体构件显著；同时又因为荷载作用位置的偏差、砌体材料的不均匀性以及施工误差，使轴心受压构件产生附加弯矩和侧向挠曲变形。砌体结构采用以概率理论为基础的极限状态设计方法，采用分项系数的设计表达式进行计算。《砌体结构设计规范》规定，把轴向力的偏心距和构件的高厚比对受压构件承载力的影响采用同一系数 φ 来考虑，对无筋砌体轴心受压构件、偏心受压承载力均按下式计算。

$$N \leqslant \varphi f A \tag{10-1}$$

式中，N——轴向力设计值；

f——砌体的抗压强度设计值；

A——截面面积，按毛面积计算；

φ——构件的高厚比 β 和轴向力的偏心距 e 对受压构件承载力的影响系数。

10.3.3 无筋砌体局部受压承载力计算

局部受压是工程中常见的情况，其特点是压力仅仅作用在砌体的局部受压面上，梁端支承处的砌体属于局部受压的情况。若砌体局部受压面积上压应力呈均匀分布，则称为局部均匀受压。无论是局部均匀受压，还是不均匀受压，其承载力必须通过计算来保证，具体计算公式可参考《砌体结构设计规范》相关内容，此处不再讲述。

特别提示

(1) 当梁端局部受压承载力不足时，可在梁端下设置垫块(图 10.7)。设置刚性垫块不但增大了局部承压面积，而且还可以使梁端压应力比较均匀地传递到垫块下的砌体截面上，从而改善了砌体的受力状态。刚性垫块分为预制刚性垫块和现浇刚性垫块。

(2) 除了增设垫块外，也可在梁端设置钢筋混凝土垫梁。

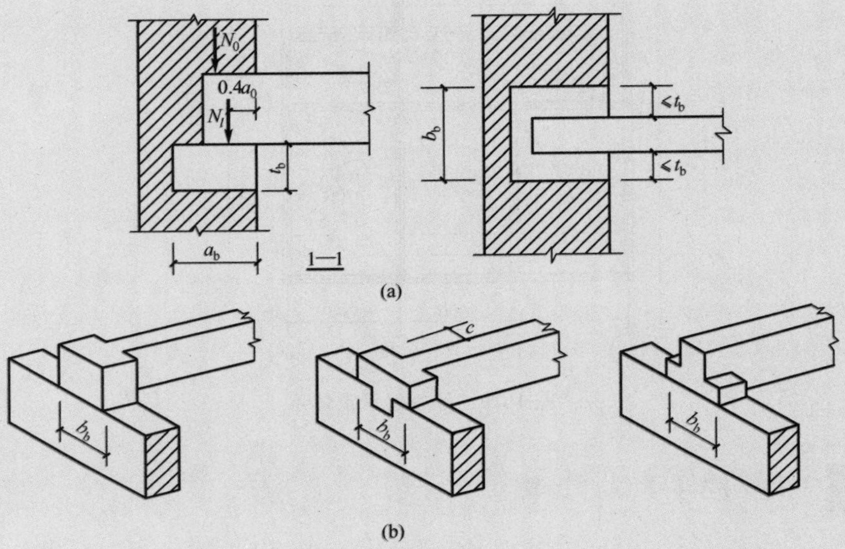

图 10.7 梁端下设预制垫块时局部受压

(a)预制垫块；(b)现浇垫块

10.3.4 墙、柱的高厚比

砌体结构房屋中，作为受压构件的墙、柱除了要满足承载力要求之外，还必须满足高厚比的要求。墙、柱的高厚比验算是保证砌体房屋施工阶段和使用阶段稳定性与刚度的一项重要构造措施。

10.3.5 墙、柱的一般构造要求

为了保证砌体房屋的耐久性和整体性，砌体结构和结构构件在设计使用年限内和正常维护下，必须满足砌体结构正常使用极限状态的要求，一般可由相应的构造措施来保证。

1. 材料的最低强度等级

地面以下或防潮层以下的砌体、潮湿房间的墙，应符合表 10－1 的要求。

表 10-1 地面以下或防潮层以下的砌体、潮湿房间的墙所用材料的最低强度等级

潮湿程度	烧结普通砖	混凝土普通砖、蒸压普通砖	混凝土砌块	石材	水泥砂浆
稍潮湿的	MU15	MU20	MU7.5	MU30	M5
很潮湿的	MU20	MU20	MU10	MU30	M7.5
含水饱和的	MU20	MU25	MU15	MU40	M10

2. 墙、柱的最小截面尺寸

对于承重的独立砖柱，截面尺寸不应小于 240mm×370mm。毛石墙的厚度不宜小于 350mm；毛料石柱较小边长不宜小于 400mm。承受振动荷载时，墙、柱不宜采用毛石砌体。

3. 房屋整体性的构造要求

(1) 跨度大于 6m 的屋架和跨度大于下列数值的梁，应在支承处设置混凝土和钢筋混凝土垫块；当墙中设有圈梁时，垫块与圈梁宜浇成整体：砖砌体为 4.8m；砌块和料石砌体为 4.2m；毛石砌体为 3.9m。

(2) 当梁跨度大于或等于下列数值时，其支承处宜加设壁柱：240mm 厚砖墙为 6m；180mm 厚砖墙为 4.8m；砌块、料石墙为 4.8m。

(3) 预制钢筋混凝土板的支承长度，在墙上不应小于 100mm；在钢筋混凝土圈梁上不应小于 80mm，板端应有伸出钢筋相互有效连接，并用不低于 C25 的混凝土浇成板带。

(4) 支承在墙、柱上的吊车梁、屋架及跨度大于或等于下列数值的预制梁，其端部应采用锚固件与墙、柱上的垫块锚固：砖砌体为 9m；砌块和料石砌体为 7.2m。

(5) 填充墙、隔墙应采取措施与周边构件可靠连接。如在钢筋混凝土骨架中预埋拉结钢筋，砌砖时将拉结筋嵌入墙体的水平缝内。

(6) 山墙处的壁柱宜砌至山墙顶部，屋面构件应与山墙有可靠拉结。

(7) 砌块砌体应分皮错缝搭砌，上下皮搭砌长度不应小于 90mm。当搭砌长度不满足上述要求时，应在水平灰缝内设置不少于 2ϕ4 的焊接钢筋网片(横向钢筋的间距不应大于 200mm，网片每端应伸出该垂直缝不小于 300mm)。

(8) 砌块墙与后砌隔墙交接处，应沿墙高每 400mm 在水平灰缝内设置不少于 2ϕ4、横筋间距不应大于 200mm 的焊接钢筋网片(图 10.8)。

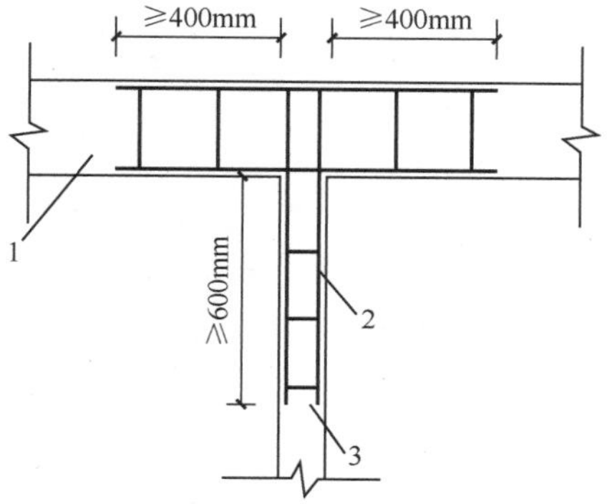

图 10.8 砌体墙与后砌隔墙交接处钢筋网片

1—砌块墙；2—焊接钢筋网片；3—后砌隔墙

(9) 混凝土砌体房屋，宜将纵横墙交接处，距墙中心线每边不小于 300mm 范围内的孔洞，采用强度等级不低于 Cb20 的混凝土沿全墙高灌实。

10.4 过梁、挑梁

10.4.1 过梁

设置在门窗洞口上的梁称为过梁。它用以支承门窗上面部分墙砌体的自重，以及距洞口上边缘高度不太大的梁板传下来的荷载，并将这些荷载传递到两边窗间墙上，以免压坏门窗。过梁的种类主要有砖砌过梁(图 10.9)和钢筋混凝土过梁(图 10.10)两大类。

【过梁】

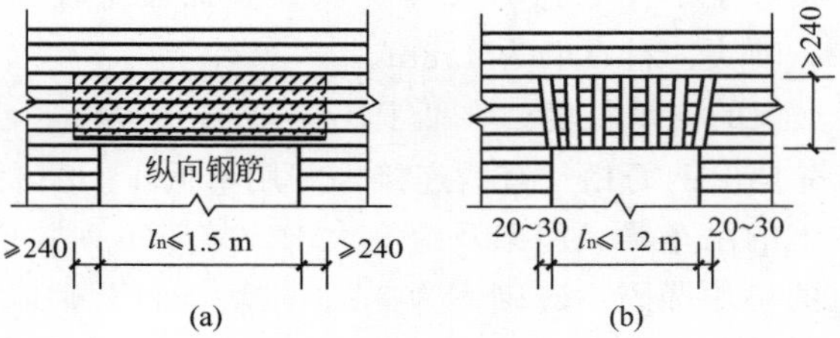

图 10.9　砖砌过梁

(a) 钢筋砖过梁；(b) 砖砌平拱过梁

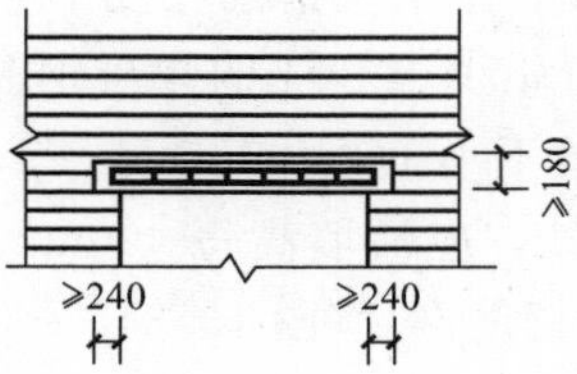

图 10.10　钢筋混凝土过梁

1. 砖砌过梁

1) 钢筋砖过梁

一般来讲，钢筋砖过梁的跨度不宜超过 1.5m，砂浆强度等级不宜低于 M5。钢筋砖过梁的施工方法是：在过梁下皮设置支承和模板，然后在模板上铺一层厚度不小于 30mm 的水泥砂浆层，在砂浆层里埋入钢筋，钢筋直径不应小于 5mm，间距不宜大于 120mm。钢筋每边伸入砌体支座内的长度不宜小于 240mm。

2) 砖砌平拱过梁

砖砌平拱过梁的跨度不宜超过 1.2m，砂浆的强度等级不宜低于 M5。

3）砖砌弧拱过梁

砖砌弧拱过梁竖砖砌筑的高度不应小于115mm(半砖)。弧拱的最大跨度一般为2.5～4m。砖砌弧拱由于施工较为复杂，目前较少采用。

2. 钢筋混凝土过梁(代号是GL)

对于有较大振动或可能产生不均匀沉降的房屋，或门窗宽度较大时，应采用钢筋混凝土过梁。钢筋混凝土过梁按受弯构件设计，其截面高度一般不小于180mm，截面宽度与墙体厚度相同，端部支承长度不应小于240mm。目前砌体结构已大量采用钢筋混凝土过梁，各地市均已编有相应标准图集供设计时选用。

特别提示

过梁上的荷载有两类：一类是过梁上部墙体的质量；另一类是过梁上梁板传来的荷载。

10.4.2 挑梁

楼面及屋面结构中用来支承阳台板、外伸走廊板、檐口板的构件即为挑梁(代号是TL，图10.11)。挑梁是一种悬挑构件，它除了要进行抗倾覆验算外，还应按钢筋混凝土受弯、受剪构件分别计算挑梁的纵筋和箍筋。此外，还要满足下列要求。

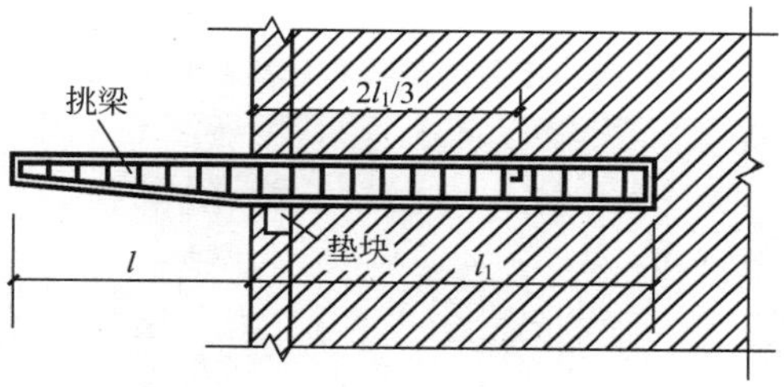

【悬挑梁】

图10.11 挑梁

(1) 挑梁埋入墙体内的长度 l_1 与挑出长度 l 之比宜大于1.2；当挑梁上无砌体时，l_1 与 l 之比宜大于2。

(2) 挑梁中的纵向受力钢筋配置在梁的上部，至少应有一半伸入梁尾端，且不少于2Φ12，其余钢筋伸入墙体的长度不应小于$\frac{2l_1}{3}$。

(3) 挑梁下的墙砌体受到较大的局部压力，应进行挑梁下局部受压承载力验算。

特别提示

(1) 挑梁属于受弯构件，根部弯矩和剪力最大。纵向受拉钢筋配在上部。

(2) 挑梁一般做成变截面梁。

(3) 挑梁的抗倾覆计算公式和倾覆点位置 x_0 的计算公式同模块9中雨篷的相关公式。

10.5 砌体结构抗震要求

10.5.1 一般规定

1. 房屋高度的限制

一般情况下，砌体房屋层数越高，其震害程度和破坏率也越大。我国《建筑抗震设计规范》规定了多层砌体房屋的层数和总高度限值(表 10-2)。

(1) 房屋的总高度指室外地面到主要屋面板板顶或檐口的高度，半地下室从地下室室内地面算起，全地下室和嵌固条件好的半地下室应允许从室外地面算起；对带阁楼的坡屋面应算到山尖墙的 1/2 高度处。

(2) 横墙较少的多层砌体房屋，总高度应比表 10-2 的规定降低 3m，层数相应减少一层；各层横墙很少的房屋，还应再减少一层。横墙较少是指同一楼层内开间大于 4.2m 的房间占该层总面积的 40%以上；其中开间不大于 4.2m 的房间占该层总面积不到 20%且开间大于 4.8m 的房间占该层总面积的 50%以上为横墙很少。

表 10-2 房屋的层数和总高度限值(m)

房屋类别		最小墙厚度/mm	烈度和设计基本地震加速度											
			6 度		7 度				8 度				9 度	
			0.05g		0.10g		0.15g		0.20g		0.30g		0.40g	
			高度	层数	高度	层数	高度	层数	高度	层数	高度	层数	高度	层数
多层砌体房屋	普通砖	240	21	7	21	7	21	7	18	6	15	5	12	4
	多孔砖	240	21	7	21	7	18	6	18	6	15	5	9	3
	多孔砖	190	21	7	18	6	15	5	15	5	12	4	—	—
	混凝土砌块	190	21	7	21	7	18	6	18	6	15	5	9	3
底部框架-抗震墙砌体房屋	普通砖 多孔砖	240	22	7	22	7	19	6	16	5	—	—	—	—
	多孔砖	190	22	7	19	6	16	5	13	4	—	—	—	—
	混凝土砌块	190	22	7	22	7	19	6	16	5	—	—	—	—

注：(1) 室内外高差大于 0.6m 时，房屋总高度应允许比表中数据适当增加，但增量应小于 1m。

(2) 乙类的多层砌体房屋仍按本地区设防烈度查表，但层数应减少一层且总高度应降低 3m；不应采用底部框架-抗震墙砌体房屋。

(3) 6、7 度时，横墙较少的丙类多层砌体房屋，当按规定采取加强措施并满足抗震承载力要求时，其高度和层数应允许仍按表 10-2 的规定采用。

（4）多层砌体承重房屋的层高不应超过3.6m。底部框架-抗震墙砌体房屋的底部，层高不应超过4.5m。

2. 房屋最大高宽比的限制

在地震作用下，房屋的高宽比越大(即高而窄的房屋)，越容易失稳倒塌。因此为保证砌体房屋的整体性，其总高度与总宽度的最大比值，宜符合表10－3的要求。

表10－3 房屋最大高宽比

烈度	6度	7度	8度	9度
最大高宽比	2.5	2.5	2.0	1.5

注：(1) 单面走廊房屋的总宽度不包括走廊宽度。

(2) 建筑平面接近正方形时，其高宽比宜适当减小。

3. 抗震横墙的间距

多层砌体房屋抗震横墙的间距不应超过表10－4的要求。

表10－4 房屋抗震横墙的间距(m)

<table>
<tr><th colspan="2" rowspan="2">房屋类别</th><th colspan="4">烈度</th></tr>
<tr><th>6度</th><th>7度</th><th>8度</th><th>9度</th></tr>
<tr><td rowspan="3">多层砌体房屋</td><td>现浇或装配整体式钢筋混凝土楼、屋盖</td><td>15</td><td>15</td><td>11</td><td>7</td></tr>
<tr><td>装配式钢筋混凝土楼、屋盖</td><td>11</td><td>11</td><td>9</td><td>4</td></tr>
<tr><td>木屋盖</td><td>9</td><td>9</td><td>4</td><td>—</td></tr>
<tr><td rowspan="2">底部框架-抗震墙砌体房屋</td><td>上部各层</td><td colspan="3">同多层砌体房屋</td><td>—</td></tr>
<tr><td>底层或底部两层</td><td>18</td><td>15</td><td>11</td><td>—</td></tr>
</table>

注：(1) 多层砌体房屋的顶层，除木屋盖外的最大横墙间距应允许适当放宽，但应采取相应加强措施。

(2) 多孔砖抗震横墙厚度为190mm时，最大横墙间距应比表中数值减少3m。

4. 房屋局部尺寸的限制

多层砌体房屋的薄弱部位是窗间墙、尽端墙段、女儿墙等。对这些部位的尺寸应加以限制(表10－5)。

表10－5 房屋局部尺寸的限制(m)

部位	烈度			
	6度	7度	8度	9度
承重窗间墙最小宽度	1.0	1.0	1.2	1.5
承重外墙尽端至门窗洞边的最小距离	1.0	1.0	1.2	1.5
非承重外墙尽端至门窗洞边的最小距离	1.0	1.0	1.0	1.0
内墙阳角至门窗洞边的最小距离	1.0	1.0	1.5	2.0
无锚固女儿墙(非出入口处)的最大高度	0.5	0.5	0.5	0.0

注：出入口处的女儿墙应有锚固。

应用案例 10-2

验算实例一中的房屋高度、房屋最大高宽比、抗震横墙间距、房屋局部尺寸是否满足《建筑抗震设计规范》规定。

解：(1) 验算房屋高度的限制。房屋总高度=7.2m(两层层高)+0.45m(室内外高差)=7.65m，墙厚240mm，蒸压粉煤灰砖，7度抗震设防，由于该办公楼横墙较少，查表10-2知，《建筑抗震设计规范》规定的高度为21-3=18(m)，层数为7-1=6(层)。该楼房屋总高度7.65m<18m，层数2层<6层，层高3.6m满足规定，故满足要求。

(2) 验算房屋最大高宽比的限制。房屋总高度为7.65m，宽度为6m，高宽比为$\frac{7.65}{6}=1.275$，查表10-3知，规定的最大高宽比为2.5，1.275<2.5，故满足要求。

(3) 验算抗震横墙最大间距的限制。最大横墙间距为9.9m，装配式钢筋混凝土楼、屋盖，查表10-4知，规范规定的抗震横墙最大间距为15m，9.9m<15m，故满足要求。

(4) 由实例一建筑平面图验算房屋局部尺寸。

承重窗间墙最小宽度：承重窗间墙最小宽度(在②轴与Ⓑ轴相交处)是1080mm=1.08m，大于1m，满足要求。

承重外墙尽端至门窗洞边的最小距离：承重外墙尽端至门窗洞边的最小距离(在Ⓐ轴、Ⓓ轴与①轴相交处)750+120=870(mm)=0.87m，小于1m，不满足，故在该位置均设置了构造柱GZ1。

非承重外墙尽端至门窗洞边的最小距离：非承重外墙尽端至门窗洞边的最小距离(在Ⓐ轴与④轴相交处)亦为0.87m，小于1m，不满足，故在该位置也设置了构造柱GZ1。

内墙阳角至门窗洞边的最小距离：内墙阳角至门窗洞边的距离(在Ⓒ轴与⑦、⑧轴相交处楼梯间)370+120=490(mm)=0.49m，小于1m，不满足，故在该位置也设置了构造柱GZ1。

无锚固女儿墙(非出入口处)的最大高度：出屋面的女儿墙高度为1m，此女儿墙属于有锚固的女儿墙(有构造柱和压顶锚固)，故高度不受0.5m的限制。

5. 其他规定

(1) 应优先采用横墙承重或纵横墙共同承重的结构体系，不应采用砌体墙和混凝土墙混合承重的结构体系。

(2) 纵横向砌体抗震墙的布置宜均匀对称，沿平面内宜对齐，沿竖向应上下连续；且纵横向墙体的数量不宜相差过大。同一轴线上的窗间墙宽度宜均匀。

(3) 房屋有下列情况之一时宜设置防震缝，缝两侧均应设置墙体，缝宽应根据烈度和房屋高度确定，可采用70～100mm：①房屋立面高差在6m以上；②房屋有错层且楼板高差大于层高的1/4；③各部分结构刚度、质量截然不同。

(4) 楼梯间不宜设置在房屋的尽端和转角处。

(5) 不应在房屋转角处设置转角墙。

(6) 横墙较少、跨度较大的房屋，宜采用现浇钢筋混凝土楼、屋盖。

应用案例 10-3

验算实例一中的二层砌体房屋的结构体系是否满足《建筑抗震设计规范》的规定。

(1) 实例一采用的是纵横墙共同承重的结构体系，符合要求。

(2) 纵横墙的布置均匀对称，沿平面内对齐，沿竖向上下连续；同一轴线上的窗间墙宽度均匀，符合要求。

(3) 房屋无高差、无错层，各部分结构刚度、质量相同，没有设置防震缝。

(4) 楼梯间设置在房屋的中部，没有在尽端和转角处，符合要求。

(5) 房屋无烟道、风道、垃圾道等。

(6) 该楼是办公楼，不属于教学楼、医院等，故采用的是装配式钢筋混凝土楼、屋盖。

(7) 房屋无钢筋混凝土预制挑檐。

综上所述，该房屋的结构体系满足《建筑抗震设计规范》的规定。

10.5.2 多层砖砌体房屋抗震构造措施

震害分析表明，在多层砖砌体房屋中的适当部位设置钢筋混凝土构造柱，并与圈梁连接使之共同工作，可以增加房屋的延性，提高房屋抗倒塌能力，防止或延缓房屋在地震作用下突然倒塌，或者减轻房屋的损坏程度。

1. 构造柱的设置

1）构造柱设置部位

(1) 构造柱设置部位，一般情况下应符合表10－6的要求。

(2) 外廊式和单面走廊式的多层房屋，应根据房屋增加一层的层数，按表10－6的要求设置构造柱，且单面走廊两侧的纵墙均应按外墙处理。

【构造柱】

(3) 横墙较少的房屋，应根据房屋增加一层的层数，按表10－6的要求设置构造柱。当横墙较少的房屋为外廊式或单面走廊式时，应按第(2)条要求设置构造柱；但6度不超过四层、7度不超过三层和8度不超过两层时应按增加两层的层数对待。

(4) 各层横墙很少的房屋，应按增加两层的层数设置构造柱。

表10－6 砖房构造柱设置要求

<table>
<tr><th colspan="4">房屋层数</th><th colspan="2" rowspan="2">设置部位</th></tr>
<tr><th>6度</th><th>7度</th><th>8度</th><th>9度</th></tr>
<tr><td>四、五</td><td>三、四</td><td>二、三</td><td></td><td rowspan="3">楼（电）梯间四角，楼梯斜段上下端对应的墙体处；
外墙四角和对应转角；
错层部位横墙与外纵墙交接处；
大房间内外墙交接处；
较大洞口两侧</td><td>隔12m或单元横墙与纵墙交接处；
楼梯间对应的另一侧内横墙与外纵墙交接处</td></tr>
<tr><td>六</td><td>五</td><td>四</td><td>二</td><td>隔开间横墙（轴线）与外墙交接处；山墙与内纵墙交接处</td></tr>
<tr><td>七</td><td>≥六</td><td>≥五</td><td>≥三</td><td>内墙（轴线）与外墙交接处；内墙的局部较小墙垛处；内纵墙与横墙（轴线）交接处</td></tr>
</table>

注：较大洞口，内墙指不小于2.1m的洞口；外墙在内外墙交接处已设置构造柱时允许适当放宽，但洞侧墙体应加强。

2）构造柱的截面尺寸及配筋

（1）构造柱最小截面可采用180mm×240mm(墙厚190mm时为180mm×190mm)，纵向钢筋宜采用4Φ12，箍筋间距不宜大于250mm，且在柱上下端应适当加密；6、7度时超过六层，8度时超过五层和9度时，构造柱纵向钢筋宜采用4Φ14，箍筋间距不应大于200mm；房屋四角的构造柱应适当加大截面及配筋。

（2）构造柱与墙连接处应砌成马牙槎(图10.12)，沿墙高每隔500mm设2Φ6水平钢筋和Φ4分布短筋平面内点焊组成的拉结网片或Φ4点焊钢筋网片，每边伸入墙内不宜小于1m(图10.13)。6、7度时底部1/3楼层，8度时底部1/2楼层，9度时全部楼层，上述拉结钢筋网片应沿墙体水平通长设置。

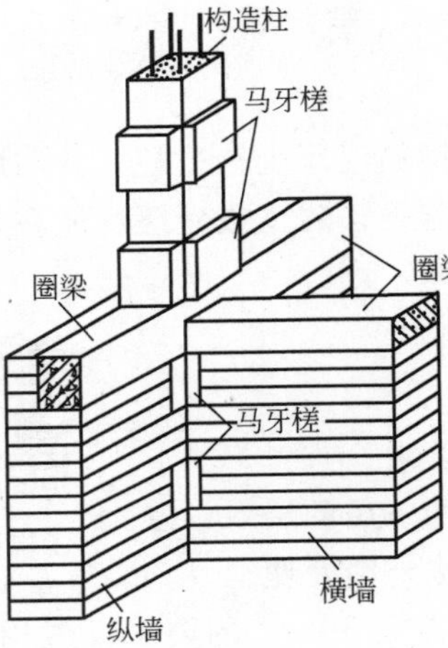

图10.12 马牙槎

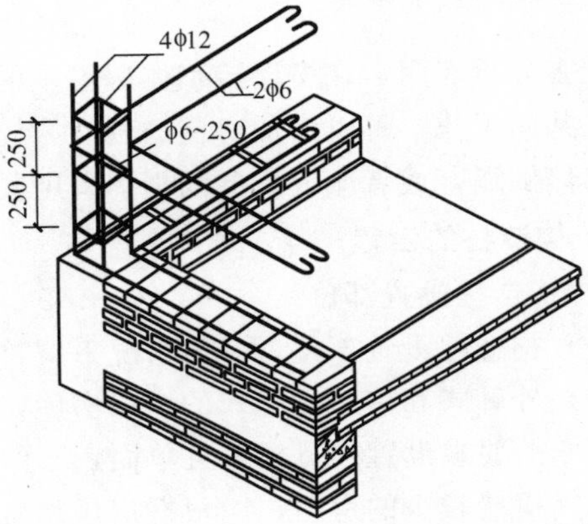

图10.13 构造柱配筋

（3）构造柱与圈梁连接处，构造柱的纵筋应在圈梁纵筋内侧穿过，保证构造柱纵筋上下贯通(图10.14)。

（4）构造柱可不单独设置基础，但应伸入室外地面下500mm，或与埋深小于500mm的基础圈梁相连。

（5）房屋高度和层数接近表10-6的限值时，纵、横墙内构造柱间距尚应符合下列要求。

① 横墙内的构造柱间距不宜大于层高的两倍；下部1/3楼层的构造柱间距适当减小。

② 当外纵墙开间大于3.9m时，应另设加强措施。内纵墙的构造柱间距不宜大于4.2m。

应用案例10-4

验算实例一中的构造柱设置是否满足《建筑抗震设计规范》的要求。

（1）构造柱的设置部位。实例一属于单面走廊式的多层房屋，应根据二层房屋增加一层的层数即按三层设置构造柱，7度设防。构造柱设置在：楼梯间四角，楼梯段上下端对应的墙体处；外墙四角和对应转角，单元横墙与纵墙交接处。见实例一结施-2、结施-3。

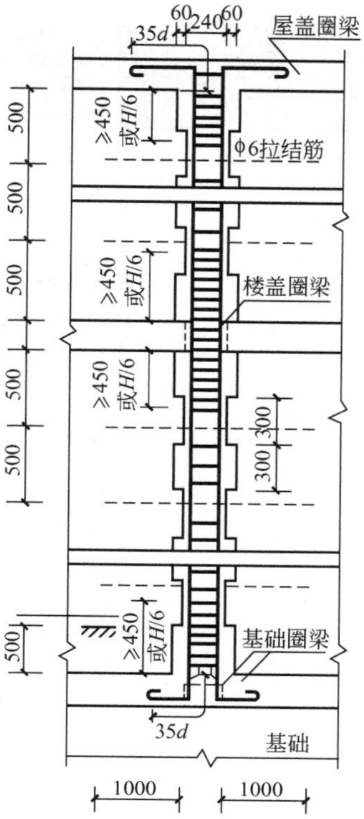

图 10.14　构造柱与墙体之间的拉结筋

(2) 构造柱的截面尺寸及配筋。截面采用 240mm×240mm，混凝土等级为 C25，纵向钢筋采用 4 Φ12，箍筋间距 200mm，在柱上下端与圈梁交接处加密至 100mm。

经验算，实例一中的构造柱设置满足《建筑抗震设计规范》的要求。

特别提示

框架柱与构造柱的区别：框架柱是承重构件，而构造柱不承重；框架柱中的钢筋需计算配置，而构造柱中的钢筋无须计算，仅按上述构造规定配置即可；框架柱下有基础，而构造柱不需设基础；框架柱施工时是先浇混凝土柱，后砌填充墙，而构造柱施工时是先砌墙后浇柱。

2. 圈梁的设置

设置钢筋混凝土圈梁是加强墙体的连接，提高楼(屋)盖刚度，抵抗地基不均匀沉降，限制墙体裂缝开展，保证房屋整体性，提高房屋抗震能力的有效构造措施。

【圈梁】

1) 圈梁的设置部位

(1) 装配式钢筋混凝土楼(屋)盖的砖房，应按表 10 - 7 的要求设置圈梁；纵墙承重时，抗震横墙上的圈梁间距应比表内要求适当加密。

表 10－7　砖房现浇钢筋混凝土圈梁设置要求

墙　类	烈　度		
	6、7 度	8 度	9 度
外墙和内纵墙	屋盖处及每层楼盖处	屋盖处及每层楼盖处	屋盖处及每层楼盖处
内横墙	同上； 屋盖处间距不应大于 4.5m； 楼盖处间距不应大于 7.2m； 构造柱对应部位	同上； 各层所有横墙，且间距不应大于 4.5m； 构造柱对应部位	同上； 各层所有横墙

(2) 现浇或装配整体式钢筋混凝土楼、屋盖与墙体有可靠连接的房屋，应允许不另设圈梁，但楼板沿墙体周边应加强配筋并应与相应的构造柱钢筋可靠连接。

2) 圈梁的截面尺寸及配筋

圈梁(图 10.15)的截面高度不应小于 120mm，配筋应符合表 10－8 的要求。但在软弱黏性土层、液化土、新近填土或严重不均匀土层上的基础圈梁，截面高度不应小于 180mm，配筋不应少于 4 Φ12(图 10.16)。

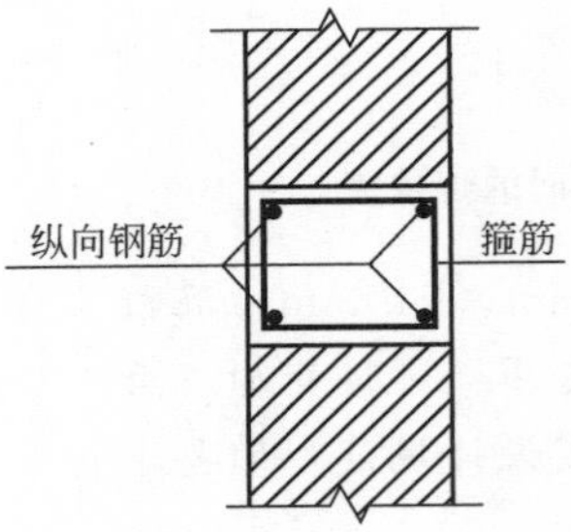

图 10.15　圈梁

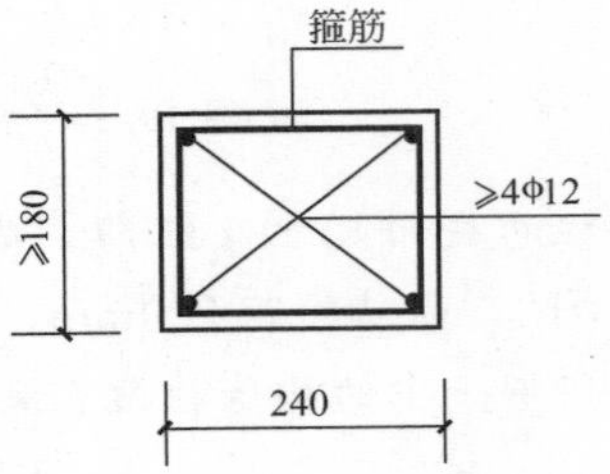

图 10.16　地圈梁

表 10－8　圈梁配筋要求

配　筋	烈　度		
	6、7 度	8 度	9 度
最小纵筋	4 Φ10	4 Φ12	4 Φ14
最大箍筋间距	250	200	150

应用案例 10－5

验算实例一中的圈梁设置是否满足《建筑抗震设计规范》的要求。

(1) 圈梁的设置部位。每层均设置了圈梁，且沿所有墙体均设。满足关于“外墙、内纵墙、内横墙在屋盖处及每层楼盖处”圈梁设置的要求。内横墙圈梁间距 3.3m(大梁也兼圈梁的作用)满足“屋盖处间距不应大于 7m，楼盖处间距不应大于 15m，构造柱对应部位”的要求。

(2) 圈梁的截面尺寸及配筋。圈梁的截面高度 240mm＞120mm，基础圈梁截面高度 240mm＞180mm，配筋 4Φ12＞4Φ10，箍筋 Φ6@100/200，间距 200mm＜最大箍筋间距 250mm。

经验算，实例一中的圈梁设置满足《建筑抗震设计规范》的要求。

3) 圈梁的构造

圈梁应闭合，遇有洞口圈梁应设附加圈梁(图 10.17)。圈梁宜与预制板设在同一标高处或紧靠板底(图 10.18)。若表 10－7 要求的间距内无横墙时，应利用梁或板缝中配筋替代圈梁(图 10.19)。

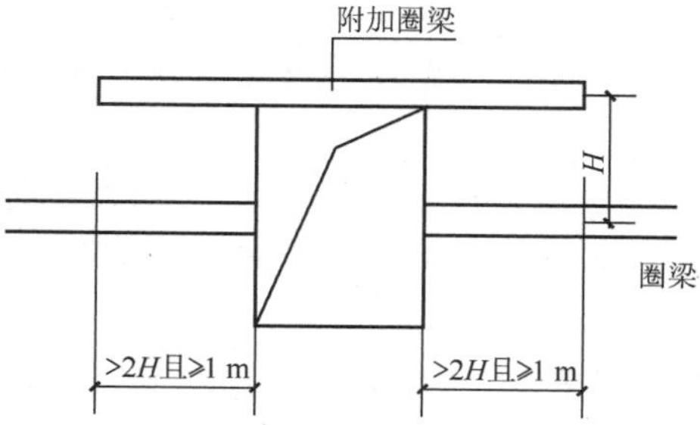

图 10.17 附加圈梁

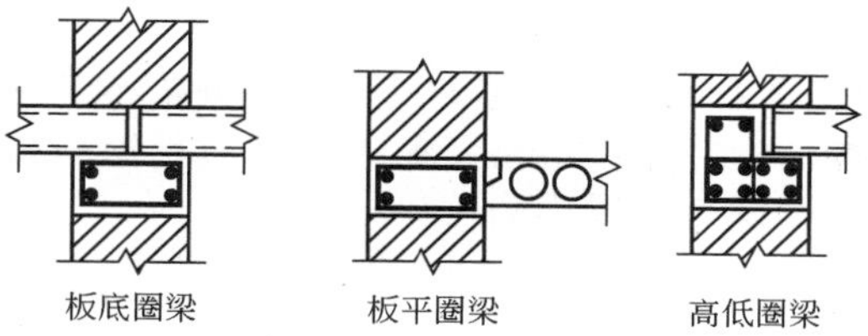

图 10.18 圈梁与楼板的关系

3. 楼(屋)盖与墙体的连接

(1) 现浇钢筋混凝土楼板或屋面板伸进纵、横墙内的长度，均不应小于 120mm。

(2) 装配式钢筋混凝土楼板或屋面板，当圈梁未设在板的同一标高时，板端伸进外墙的长度不应小于 120mm，伸进内墙的长度不应小于 100mm 或采用硬架支模连接，在梁上不应小于 80mm 或采用硬架支模连接。

(3) 当板的跨度大于 4.8m 并与外墙平行时，靠外墙的预制板侧边应与墙或圈梁拉结(图 10.20)。

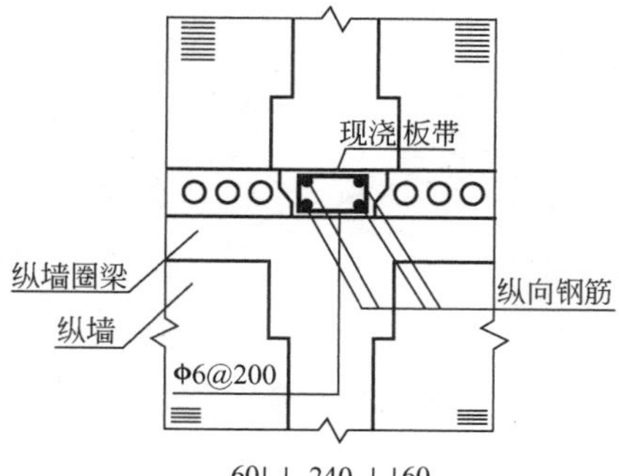

图 10.19 板缝配筋示意

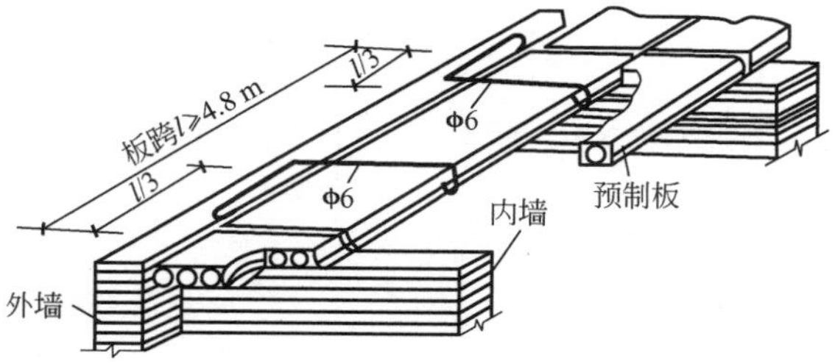

图 10.20 墙与预制板的拉结

(4) 房屋端部大房间的楼盖，6 度时房屋的屋盖和 7～9 度时房屋的楼、屋盖，当圈梁设在板底时，钢筋混凝土预制板应相互拉结，并应与梁、墙或圈梁拉结(图 10.21)。

(5) 楼、屋盖的钢筋混凝土梁或屋架，应与墙、柱(包括构造柱)或圈梁可靠连接；不

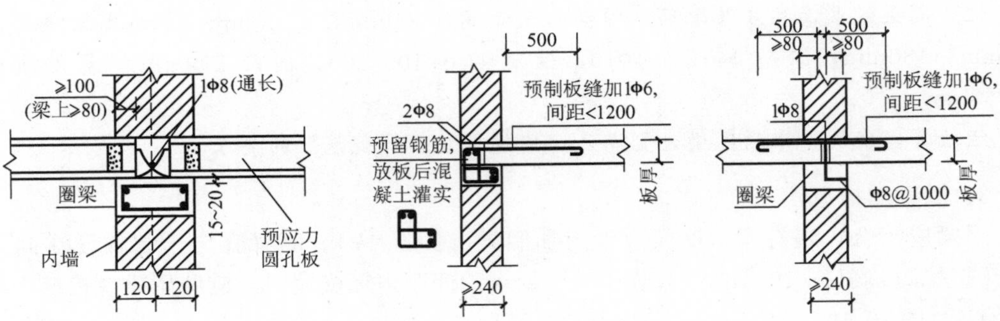

图 10.21　预制板板缝间、预制板与圈梁的拉结

得采用独立砖柱。跨度不小于 6m 的大梁的支承构件应采用组合砌体等加强措施，并满足承载力要求。

(6) 6、7 度时长度大于 7.2m 的大房间，以及 8、9 度时外墙转角及内外墙交接处，应沿墙高每隔 500mm 配置 2Φ6 通长钢筋和Φ4 分布短筋平面内点焊组成的拉结网片或Φ4 点焊网片(图 10.22)。

(7) 预制阳台，6、7 度时应与圈梁和楼板的现浇板带可靠连接，8、9 度时不应采用预制阳台。

(8) 门窗洞处不应采用砖过梁，过梁支承长度，6～8 度时不应小于 240mm，9 度时不应小于 360mm。

(9) 后砌的非承重隔墙应沿墙高每 500mm 配置 2Φ6 钢筋与承重墙或柱拉结，且每边伸入墙内不应小于 500mm(图 10.23)。8 度和 9 度时，长度大于 5m 的后砌隔墙，墙顶应与楼板或梁拉结。

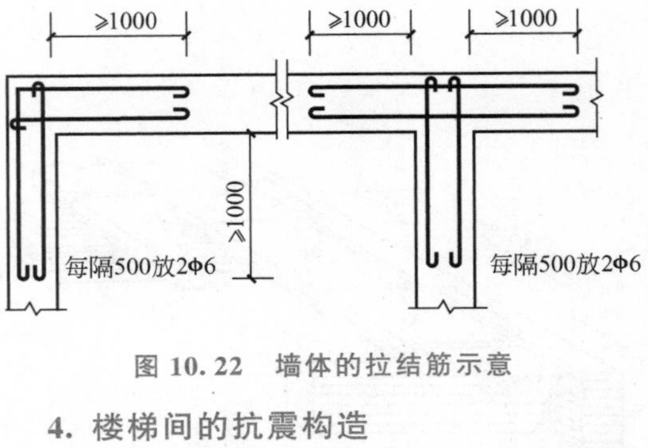

图 10.22　墙体的拉结筋示意

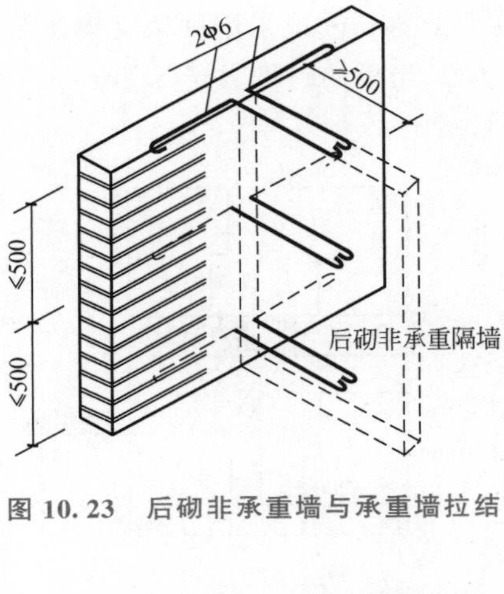

图 10.23　后砌非承重墙与承重墙拉结

4. 楼梯间的抗震构造

(1) 顶层楼梯间墙体应沿墙高每隔 500mm 设置 2Φ6 通长钢筋和Φ4 分布短筋平面内点焊组成的拉结网片或Φ4 点焊网片；7～9 度时其他各层楼梯间墙体应在休息平台或楼层半高处设置 60mm 厚、纵向钢筋不应少于 2Φ10 的钢筋混凝土带或配筋砖带，配筋砖带不少于 3 皮，每皮的配筋不少于 2Φ6，砂浆强度等级不应低于 M7.5 且不低于同层墙体的砂浆强度等级。

(2) 楼梯间及门厅内墙阳角处的大梁支承长度不应小于500mm，并应与圈梁连接。

(3) 装配式楼梯段应与平台板的梁可靠连接；8、9度时不应采用装配式楼梯段；不应采用墙中悬挑式踏步或踏步竖肋插入墙体的楼梯，不应采用无筋砖砌栏板。

(4) 突出屋顶的楼、电梯间，构造柱应伸到顶部，并与顶部圈梁连接，所有墙体应沿墙高每隔500mm设2Φ6通长拉结钢筋和Φ4分布短筋平面内点焊组成的拉结网片或Φ4点焊网片。

5. 基础

同一结构单元的基础(或桩承台)宜采用同一类型的基础，底面宜埋置在同一标高上，否则应增设基础圈梁并应按1∶2的台阶逐步放坡。

10.5.3 框架填充墙

(1) 框架填充墙墙体除应满足稳定要求外，尚应考虑水平风荷载及地震作用的影响。地震作用可按现行国家标准《建筑抗震设计规范》(GB 50011—2010)中非结构构件的规定计算。

(2) 填充墙的构造设计，应符合下列规定。

① 填充墙宜选用轻质块体材料。

② 填充墙砌筑砂浆的强度等级不宜低于M5(Mb5、Ms5)。

③ 填充墙墙体墙厚不应小于90mm。

④ 用于填充墙的夹心复合砌块，其两肢块体之间应有拉结。

(3) 填充墙与框架的连接，可根据设计要求采用脱开或不脱开的方法。有抗震设防要求时宜采用填充墙与框架脱开的方法。

① 当填充墙与框架采用脱开的方法时，宜符合下列规定。

填充墙两端与框架柱，填充墙顶面与框架梁之间留出不小于20mm的间隙。

填充墙端部应设置构造柱，柱间距宜不大于20倍墙厚且不大于4000mm，柱宽度不小于100mm。柱竖向钢筋不宜小于10mm，箍筋宜为5mm，竖向间距不宜大于400mm。竖向钢筋与框架梁或其挑出部分的预埋件或预留钢筋连接，绑扎接头时不小于$30d$，焊接时(单面焊)不小于$10d$(d为钢筋直径)。柱顶与框架梁(板)应预留不小于15mm的缝隙，用硅酮胶或其他弹性密封材料封缝。当填充墙有宽度大于2100mm的洞口时，洞口两侧应加设宽度不小于50mm的单筋混凝土柱。

填充墙两端宜卡入设在梁、板底及柱侧的卡口铁件内，墙侧卡口板的竖向间距不宜大于500mm，墙顶卡口板的水平间距不宜大于1500mm。

墙体高度超过4m时宜在墙高中部设置与柱连通的水平系梁。水平系梁的截面高度不小于60mm。填充墙高不宜大于6m。

填充墙与框架柱、梁的缝隙可采用聚苯乙烯泡沫塑料板条或聚氨酯发泡材料充填，并用硅酮胶或其他弹性密封材料封缝。

所有连接用钢筋、金属配件、铁件、预埋件等均应做防腐防锈处理，并应符合《建筑抗震设计规范》第4.3节的规定。嵌缝材料应能满足变形和防护要求。

② 当填充墙与框架采用不脱开的方法时，宜符合下列规定。

沿柱高每隔500mm配置2根直径6mm(墙厚大于240mm时配置3根直径6mm)的拉结钢筋，钢筋伸入填充墙长度不宜小于700mm，且拉结钢筋应错开截断，相距不宜小于200mm。填充墙墙顶应与框架梁紧密结合。顶面与上部结构接触处宜用一皮砖或配砖斜砌楔紧。

当填充墙有洞口时，宜在窗洞口的上端或下端、门洞口的上端设置钢筋混凝土带，钢筋混凝土带应与过梁的混凝土同时浇筑，其过梁的断面及配筋由设计确定。钢筋混凝土带的混凝土强度等级不小于C20。当有洞口的填充墙尽端至门窗洞口边距离小于240mm时，宜采用钢筋混凝土门窗框。

填充墙长度超过5m或墙长大于2倍层高时，墙顶与梁宜有拉接措施，墙体中部应加设构造柱；墙高度超过4m时宜在墙高中部设置与柱连接的水平系梁；墙高度超过6m时，宜沿墙高每2m设置与柱连接的水平系梁，梁的截面高度不小于60mm。

小　　结

砌体结构的一般构造要求包括：砌体材料的最低强度、墙柱的最小尺寸要求、房屋整体性的构造要求、砌块砌体的构造要求，还包括防止或减轻墙体开裂的主要措施。

墙、柱的高厚比验算是保证砌体房屋施工阶段和使用阶段稳定性与刚度的一项重要构造措施。

过梁的种类包括砖砌过梁和钢筋混凝土过梁两大类，砖砌过梁又分为钢筋砖过梁、砖砌平拱过梁。目前砌体结构大量采用钢筋混凝土过梁。

挑梁是一种悬挑构件，它除了要按钢筋混凝土受弯构件分别计算挑梁的纵筋和箍筋外，还应进行抗倾覆验算及挑梁下局部受压承载力验算。

多层砌体房屋的破坏主要发生在墙体、墙体转角处、楼梯间墙体、内外墙连接处、预制楼盖处，以及突出屋面的屋顶结构(如电梯机房、水箱间、女儿墙)等部位。

多层砌体房屋的抗震一般规定有：房屋高度的限制、房屋最大高宽比的限制、抗震横墙间距的限制、房屋局部尺寸的限制。

多层砖房的抗震构造措施主要有：适当部位设置钢筋混凝土构造柱，适当部位设置钢筋混凝土圈梁，墙体之间的可靠连接，构件要具有足够的搭接长度和可靠连接，加强楼梯间的整体性。

填充墙与框架的连接，可根据设计要求采用脱开或不脱开的方法。有抗震设防要求时宜采用填充墙与框架脱开的方法。

习　　题

一、选择题

1. 砌体受压后的变形由三部分组成，其中(　　)的压缩变形是主要部分。

A. 空隙　　　　B. 砂浆层　　　　C. 块体

2. 混合结构房屋的空间刚度与(　　)有关。

A. 屋盖(楼盖)类别、横墙间距　　B. 横墙间距、有无山墙

C. 有无山墙、施工质量　　D. 屋盖(楼盖)类别、施工质量

二、简答题

1. 砌体结构中块体与砂浆的作用是什么？对砌体所用块体与砂浆的基本要求有哪些？

2. 砌体的种类有哪些？

3. 轴心受压砌体的破坏特征有哪些？

4. 影响砌体抗压强度的因素有哪些？

5. 砌体房屋限制高厚比的目的是什么？

6. 砌体房屋中，设置构造柱与圈梁的作用是什么？

模块 11 多高层房屋结构简介

教学目标

通过本模块的学习，掌握剪力墙结构、框架-剪力墙结构及筒体结构的抗震构造措施；能够识读简单剪力墙结构施工图，了解高层建筑结构总体布置原则。

教学要求

能力目标	相关知识	权重
了解多高层建筑结构总体布置原则	多高层建筑结构总体布置原则	15%
掌握常见结构体系抗震构造措施	常见结构体系配筋构造规定	45%
能够识读剪力墙结构施工图	剪力墙结构平法制图规则	40%

学习重点

剪力墙结构、框架-剪力墙结构及筒体结构的配筋构造规定。剪力墙结构平法制图规则及识读。

引例

台北的101大厦楼高508m、101层，有世界最大且最重的“风阻尼器”。101层塔楼的结构体系以井字形的巨型构架为主，巨型构架在每8层楼设置一或两层楼高的巨型桁架梁，并与巨型外柱及核心斜撑构架组成近似11层楼高的巨型结构。柱位规划可简单归纳为内柱与外柱，服务核心内共有16支箱形内柱，箱形内柱由4片钢板经电焊组合而成，中低层部分以内灌混凝土增加劲度和强度；外柱则随着楼层高度而又不同的配置，在26层以下均为与帷幕平行的斜柱，其两侧各配置2支巨柱及2支次巨柱，其中巨柱及次巨柱皆为内灌混凝土的长方形钢柱，另外每层配置4支两斜角柱，角柱为内灌混凝土的方形钢柱。

大家知道的知名的多高层建筑有哪些？它们有什么建筑特色？各采用什么样的结构体系？

11.1 多高层房屋结构的类型

随着社会生产力和现代科学技术的发展，在一定条件下社会出现了高层建筑。从20世纪90年代到21世纪初，我国高层建筑有了很大的发展，一批现代高层建筑以全新的面貌呈现在人们面前。由于高层建筑具有占地面积小、节约市政工程费用、节省拆迁费、改变城市面貌等优点，为了改善城市居民的居住条件，在大城市和某些中等城市中，多高层住宅发展十分迅速，主要用于住宅、旅馆以及办公楼等建筑。

关于多层与高层建筑的界限，各国有不同的标准。我国对高层建筑的规定如下：《高层建筑混凝土结构技术规程》(JGJ 3—2010)(以下简称《高规》)、《民用建筑设计通则》(GB 50352—2005)和《高层民用建筑设计防火规范(2005年版)》(GB 50045—1995)均以10层及10层以上或房屋高度大于28m的住宅建筑，以及高度大于24m的其他民用房屋为高层建筑。目前，多层房屋多采用混合结构和钢筋混凝土结构，高层房屋常采用钢筋混凝土结构、钢结构、钢-混凝土混合结构。

多高层建筑是随着社会生产的发展和人们生活的需要而发展起来的，是商业化、工业化和城市化的结果。位于马来西亚吉隆坡市中心区的佩重纳斯大厦，俗称“双子塔”，楼高452m，共88层，在第40层和41层之间有一座天桥，方便楼与楼之间来往，这幢外形独特的银色尖塔式建筑号称世界最高的双峰塔；位于美国伊利诺伊州芝加哥的西尔斯大厦楼高443m，共110层，一度是世界上最高的办公楼；位于我国上海浦东陆家嘴金融贸易区的金茂大厦，工程占地面积2.3万平方米，建筑总面积约29万平方米，由塔楼、裙房和地下室3部分组成，其中地下室3层(最深19.6m)，塔楼地上88层，总高度为420.5m；位于我国台北的101大楼楼高508m，101层，以上所述各高层建筑如图11.1所示。

(a) (b) (c) (d)

图 11.1 世界著名高层建筑

(a)马来西亚佩重纳斯大厦；(b)美国西尔斯大厦；

(c)中国上海金茂大厦；(d)中国台北 101 大厦

【超级工程】

11.1.1 多高层建筑结构类型

在多高层建筑结构中，风荷载和水平地震作用所产生的侧向力成为其主要控制作用，因此多高层建筑结构设计的关键问题就是应设置合理形式的抗侧力构件及有效的抗侧力结构体系，使结构具有相应的刚度来抵抗侧向力。多高层建筑结构中基本的抗侧力单元是框架、剪力墙、井筒、框筒及支承。

在确定高层建筑结构体系时应遵守以下原则。

(1) 应具有明确的计算简图和合理的水平地震作用传递途径。

(2) 应具有多道抗震防线，避免因部分结构或构件破坏而导致整个结构体系丧失抗震能力。

（3）应具有必要的强度和刚度、良好的变形能力和能量吸收能力，结构体系的抗震能力表现为强度、刚度和延性恰当地匹配。

（4）具有合理的刚度和强度分布，避免因局部削弱或突变形成薄弱部位，产生过大的应力集中或塑性变形集中。

（5）宜选用有利于抗风作用的高层建筑体型，即选用风压较小的建筑体型。

（6）高层建筑的开间、进深尺寸和选用的构件类型应减少规格，符合建筑模数。高层建筑的建筑平面宜选用风压较小的形状，并考虑邻近建筑对其风压分布的影响。

（7）高层建筑结构的平面布置宜简单、规则、对称，减少偏心；平面长度 L 及结构平面外伸部分长度 l 均不宜过长；竖向体型应力求规则、均匀，避免有过大的外挑和内收使竖向刚度突变，以致在一些楼层形成变形集中而最终导致严重的震害。

11.1.2 多高层建筑常见的结构类型及发展趋势

多高层建筑常见的结构类型如模块1所述的混合结构、框架结构、剪力墙结构、框架-剪力墙结构、筒体结构等。

随着高层建筑的迅速发展，层数越来越高，结构体系越来越新颖，建筑造型越来越丰富多样，因此有限的结构体系已经不能适应新的要求。为了满足当今高层建筑的要求，要求设计者必须在材料和结构体系上不断地创新。

1. 建筑结构“轻型化”

目前我国高层建筑采用的普通钢筋混凝土材料总的来讲自重偏大，因此减轻建筑物的自重是非常有必要的。减轻自重有利于减小构件截面、节约建筑材料；有利于减小基础投资；有利于改善结构抗震性能等。除了可以通过选用合理的楼盖形式、尽量减轻墙体的重量等措施外，还可以对承重构件采用轻质高强的结构材料，如钢材、轻骨料混凝土及高强混凝土等。

2. 柱网、开间扩大化

为了使高层建筑能充分利用建筑空间、降低造价，应从建筑和结构两个方面着手扩大空间利用率，不但从建筑上布置大柱网，而且从结构功能出发，尽量满足大空间的要求。当然，柱网、开间的尺寸并不是越大越好，而是以满足建筑使用功能为度，并同时以满足结构承载力与侧移控制为原则。

3. 结构转换层

集吃、住、办公、娱乐、购物、停车等为一体的多功能综合性高层建筑，已经成为现代高层建筑的一大趋势。其结构特点是下层部分是大柱网，而较小柱网多设于中、上层部分。由于不同建筑使用功能要求不同的空间划分布置，相应地，要求不同的结构形式之间通过合理地转换过渡，沿竖向组合在一起，就成为多功能综合性高层建筑结构体系的关键技术。这对高层建筑结构设计提出了新的问题，需要设置一种称为“转换层”的结构形式，来完成上下不同柱网、不同开间、不同结构形式的转换，这种转换层广泛应用于剪力墙结构及框架-剪力墙等结构体系中。

4. 结构体系巨型化

当前无论国内还是国外，高层建筑的高度都在大幅度增长，其趋势是越来越高。面对这种情况，一般传统的三种结构体系框架、剪力墙、框架-剪力墙结构体系已经难以满足要求，需要能适应超高、更加经济有效的抗风、抗震结构体系。近年来，为适应发展需要，一些超高层建筑工程实践中已成功应用了一些新型的结构体系，如巨型框架结构体系、巨型支撑结构体系等，根据其主要特点，可归结为“结构巨型化”。

5. 型钢混凝土的应用

型钢混凝土结构又称钢骨混凝土结构。它是指梁、柱、墙等杆件和构件以型钢为骨架，外包钢筋混凝土所形成的组合结构。在这种结构体系中，钢筋混凝土与型钢形成整体共同受力；而包裹在型钢外面的钢筋混凝土不仅在刚度和强度上发挥作用，且可以取代型钢外涂的防锈和防火材料，使材料更耐久，如图 11.2 所示。随着我国钢产量迅速增加，高层建筑层数增多，高度加大，要求更为复杂，加之型钢混凝土截面小、质量轻、抗震性能好，因而钢已从局部应用发展到在多个楼层，甚至整座建筑的主要结构均采用型钢混凝土。对于型钢混凝土结构，可供选择的结构体系更加广泛。凡是适用于全钢结构和混凝土与钢的混合结构的各种结构体系，均可采用型钢混凝土结构。

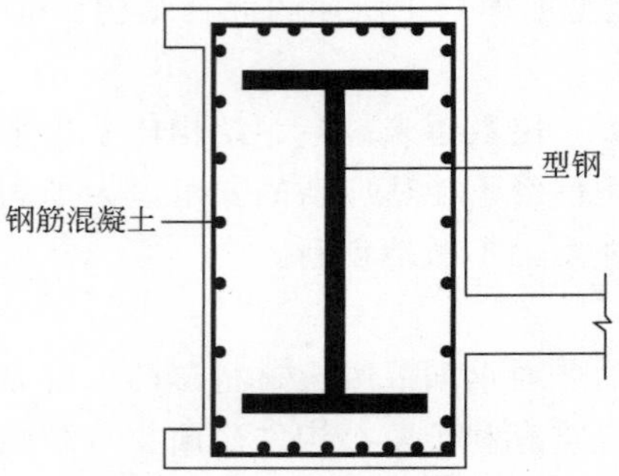

图 11.2 型钢混凝土梁断面图

11.2 多高层建筑结构体系的总体布置原则

所谓规则结构，一般指体型(平面和立面)规则，结构平面布置均匀、对称并具有较好的抗扭刚度；结构竖向布置均匀，结构的刚度、承载力和质量分布均匀，无突变的结构。

高层建筑的结构体系应符合下列要求。

(1) 结构的竖向和水平布置宜具有合理的刚度和承载力分布，避免因局部突变和扭转效应而形成薄弱部位。

(2) 宜具有多道抗震防线。

除此之外，高层建筑结构体系还应注意以下几方面。

1. 结构平面形状

平面布置简单、规则、对齐、对称，宜采用方形、矩形、圆形、Y 形等有利于抵抗水平荷载的建筑平面。尤其对于有抗震要求的结构，其平面应力求简单，对于复杂、不规则、不对称的结构会难于计算和处理，在拐角处往往是应力比较集中的部位。因此平面布置不宜采用角部重叠的平面图形或腰形平面图形，且平面长度不宜过长，突出部分长度不宜过大，如图 11.3 所示，其值应满足表 11－1 的要求。

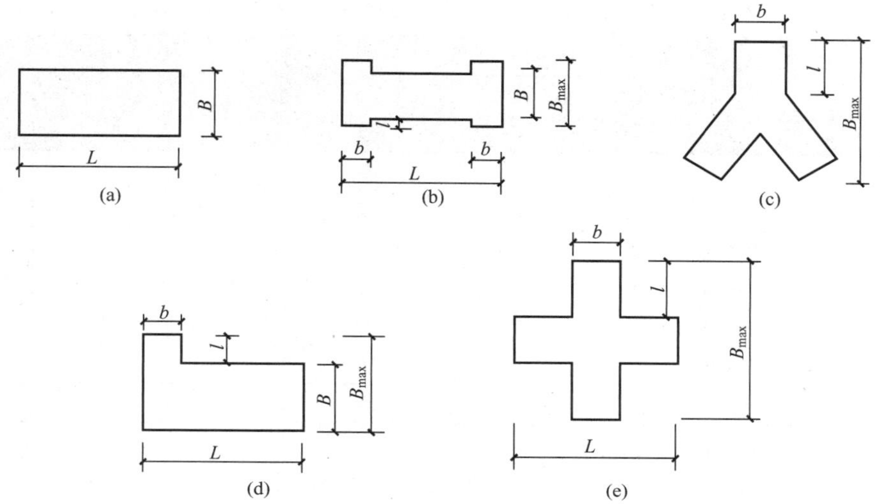

图 11.3　建筑平面

表 11－1　L、l 的限值

设防烈度	L/B	l/B_{max}	l/b
6、7 度	≤6.0	≤0.35	≤2.0
8、9 度	≤5.0	≤0.30	≤1.5

综上所述，无论是哪一种平面，都应尽量用规则、简单、对称的形状，尽量减少复杂受力和扭转受力。

2. 结构竖向布置

沿结构竖向布置时应注意结构的刚度和质量分布均匀，不要发生过大的突变，尽量避免夹层、错层和抽柱(墙)等现象，否则对结构的受力极为不利。对有抗震设防要求的高层建筑，竖向体型应力求规则、均匀，避免有过大的外挑和内收，结构的侧向刚度宜下大上小，变化均匀。无论采用何种结构体系，结构的平面和竖向布置都应使结构具有合理的刚度和承载力分布，避免因局部突变和扭转效应而形成薄弱部位；对可能出现的薄弱部位，在设计中应采取有效措施，增强其抗震能力；宜具有多道防线，避免因部分结构或构件的破坏而导致整个结构丧失承受水平风荷载、地震作用和重力荷载的能力。

3. 控制结构的适用高度和高宽比

钢筋混凝土高层建筑结构的最大适用高度应区分为 A 级和 B 级。A 级高度钢筋混凝土高层建筑指符合表 11－2(a)最大适用高度的建筑，也是目前数量最多，应用最广泛的建筑。当框架-剪力墙、剪力墙及筒体结构的高度超出表 11－2(a)的最大适用高度时，列入 B 级高度高层建筑，但其房屋高度不应超过表 11－2(b)规定的最大适用高度，并应遵守本规程规定的更严格的计算和构造措施。

A 级高度钢筋混凝土乙类和丙类高层建筑的最大适用高度应符合表 11－2 的规定，B 级高度钢筋混凝土乙类和丙类高层建筑的最大适用高度应符合表 11－3 的规定。

平面和竖向均不规则的高层建筑结构，其最大适用高度应适当降低。

表 11－2　A 级高度钢筋混凝土高层建筑的最大适用高度(m)

结构体系		抗震设防烈度				
		6 度	7 度	8 度		9 度
				0.20g	0.30g	
框架		60	50	40	35	24
框架-剪力墙		130	120	100	80	50
剪力墙	全部落地剪力墙	140	120	100	80	60
	部分框支剪力墙	120	100	80	50	不应采用
筒体	框架-核心筒	150	130	100	90	70
	筒中筒	180	150	120	100	80
板柱-剪力墙		80	70	55	40	不应采用

注：(1) 表中框架不含异形柱框架。

(2) 部分框支剪力墙结构指地面以上有部分框支剪力墙的剪力墙结构。

(3) 甲类建筑，6、7、8 度时宜按本地区抗震设防烈度提高 1 度后符合本表的要求，9 度时应专门研究。

(4) 框架结构、板柱-剪力墙结构以及 9 度抗震设防的表列其他结构，当房屋高度超过表中数值时，结构设计应有可靠依据，并采取有效的加强措施。

表 11－3　B 级高度钢筋混凝土高层建筑的最大适用高度(m)

结构体系		抗震设防烈度			
		6 度	7 度	8 度	
				0.20g	0.30g
框架-剪力墙		160	140	120	100
剪力墙	全部落地剪力墙	170	150	130	110
	部分框支剪力墙	140	120	100	80
筒体	框架-核心筒	210	180	140	120
	筒中筒	280	230	170	150

注：(1) 部分框支剪力墙结构指地面以上有部分框支剪力墙的剪力墙结构。

(2) 甲类建筑在 6、7 度时，宜按本地区设防烈度提高 1 度后符合本表的要求，8 度时应专门研究。

(3) 当房屋高度超过表中数值时，结构设计应有可靠依据，并采取有效措施。

特别提示

为保证 B 级高度高层建筑的设计质量，抗震设计的 B 级高度的高层建筑，按有关规定应进行超限高层建筑工程抗震设防专项审查复核。

高层建筑的高宽比(H/B)不宜超过表 11-4 的限值，其中 H 指建筑物地面到檐口的高度，B 为建筑物平面的短方向总宽。控制高宽比的目的是控制结构刚度及侧向位移。

表 11-4 钢筋混凝土高层建筑结构适用的高宽比

结构体系	抗震设防烈度		
	6 度、7 度	8 度	9 度
框架	4	3	—
板柱-剪力墙	5	4	—
框架-剪力墙、剪力墙	6	5	4
框架-核心筒	7	6	4
筒中筒	8	7	5

4. 减少偏心

结构的刚心、质心应尽可能地和水平外力合力的作用点重合，减少偏心，否则应考虑其扭转不利的影响，有时因此要付出很高的代价。

5. 变形缝的合理设置及构造

对于一般的多层结构，考虑到沉降、温度收缩和体型复杂对房屋结构的不利影响，常采用沉降缝、伸缩缝和防震缝将房屋分成若干独立的部分。

对于高层建筑结构，应尽量不设或少设缝，目前的趋势是避免设缝，从总体布置上或构造上采取一些相应的措施来减少沉降、温度收缩和体型复杂引起的问题。如优先采用平面布置简单、长度不大的结构；体型复杂时，可以采取加强结构整体性的措施(加强连接板处楼板配筋，避免在连接部位的楼板内开洞等)。

当建筑物平面形状复杂而又无法调整其平面形状和结构布置使之成为较规则的结构时，宜设置防震缝将其划分为较简单的几个结构单元。为以下情况时宜设防震缝，如图 11.4 所示。

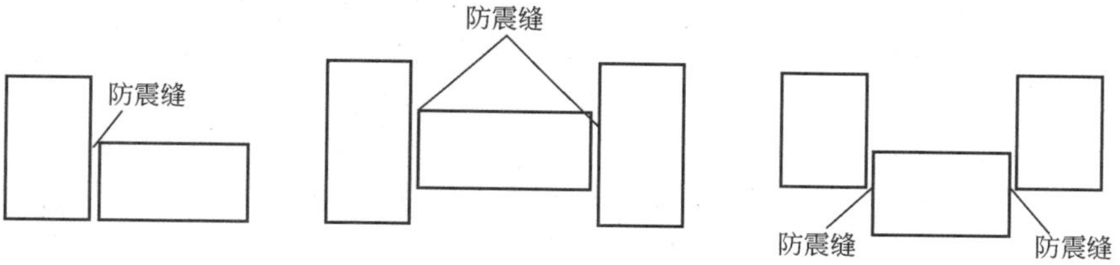

图 11.4 防震缝

(1) 平面各项尺寸超过表 11-1 的限值而无加强措施者。

(2) 房屋有较大错层者，且楼面高差较大处。

(3) 房屋各部分结构的刚度、高度或荷载相差悬殊而又未采取有效措施者。

(4) 当必须设缝时，其伸缩缝、沉降缝均应符合防震缝宽度的要求。《高规》规定，高层建筑混凝土结构，当必须设置防震缝时，其最小宽度应符合下列要求。

① 框架结构房屋高度不超过 15m 时不应小于 100mm；超过 15m 时，6 度、7 度、8 度和 9 度，分别每增加 5m、4m、3m 和 2m 的高度，宜加宽 20mm。

② 框架-剪力墙结构房屋不应小于第①项规定数值的 70%，剪力墙结构房屋不小于第①项规定数值的 50%，且两者均不宜小于 100mm。

③ 防震缝两侧结构体系不同时，防震缝宽度应按不利的结构类型确定；防震缝两侧的房屋高度不同时，防震缝宽度可按较低的房屋高度确定。

④ 8、9 度框架结构房屋防震缝两侧结构层高相差较大时，防震缝两侧框架柱的箍筋应沿房屋全高加密，并可根据需要在缝两侧沿房屋全高各设置不少于两道垂直于防震缝的抗撞墙。

⑤ 当相邻结构的基础存在较大沉降差时，宜增大防震缝的宽度。

⑥ 防震缝宜沿房屋全高设置；地下室、基础可不设防震缝，但在与上部防震缝对应处应加强构造和连接。

⑦ 结构单元之间或主楼与裙房之间如无可靠措施，不应采用牛腿托梁的做法设置防震缝。

(5) 抗震设计时，伸缩缝、沉降缝的宽度均应符合《高规》关于防震缝宽度的要求。高层建筑结构伸缩缝的最大间距宜符合表 11-5 的规定。

表 11-5　伸缩缝的最大间距

结构体系	施工方法	最大间距/m
框架结构	现浇	55
剪力墙结构	现浇	45

注：(1) 框架-剪力墙的伸缩缝间距可根据结构的具体布置情况取表中框架结构与剪力墙结构之间的数值。

(2) 当屋面无保温或隔热措施、混凝土的收缩较大或室内结构因施工外露时间较长时，伸缩缝的间距应适当减小。

(3) 位于气候干燥地区、夏季炎热且暴雨频繁地区的结构，伸缩缝的间距宜适当减小。

当采用有效的构造措施和施工措施减少温度和混凝土收缩对结构的影响时，可适当放宽伸缩缝的间距。这些措施包括但不限于下列方面。

① 顶层、底层、山墙和纵墙端开间等温度变化影响较大的部位提高配筋率。

② 顶层加强保温隔热措施，外墙设置外保温层。

③ 每 30～40m 间距留出施工后浇带，带宽 800～1000mm，钢筋采用搭接接头，后浇带混凝土宜在两个月后浇灌。

④ 采用收缩小的水泥，减少水泥用量，在混凝土中加入适宜的外加剂。

⑤ 提高每层楼板的构造配筋率或采用部分预应力结构。

11.3　剪力墙结构

引例

随着房屋高度的增加，结构荷载也在增大，结构形式随之发生改变，高层建筑中通常采用框架-剪力墙结构或剪力墙结构。图 11.5 为某框架-剪力墙结构平面示意；图 11.6 为某高层住宅标准层平面建筑施工图的局部，其结构形式采用剪力墙结构，平面图中墙体涂黑部分为剪力墙；图 11.7 为与之配套的剪力墙结构施工图。本模块将简单介绍剪力墙结构及框架-剪力墙结构的构造要求及其施工图的识读。

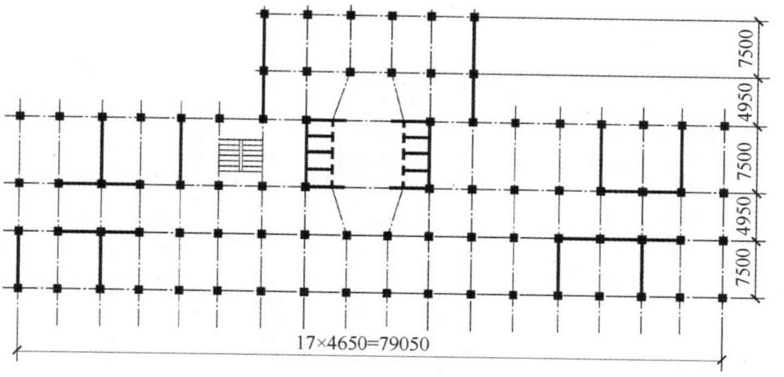

图 11.5 某框架-剪力墙结构平面示意

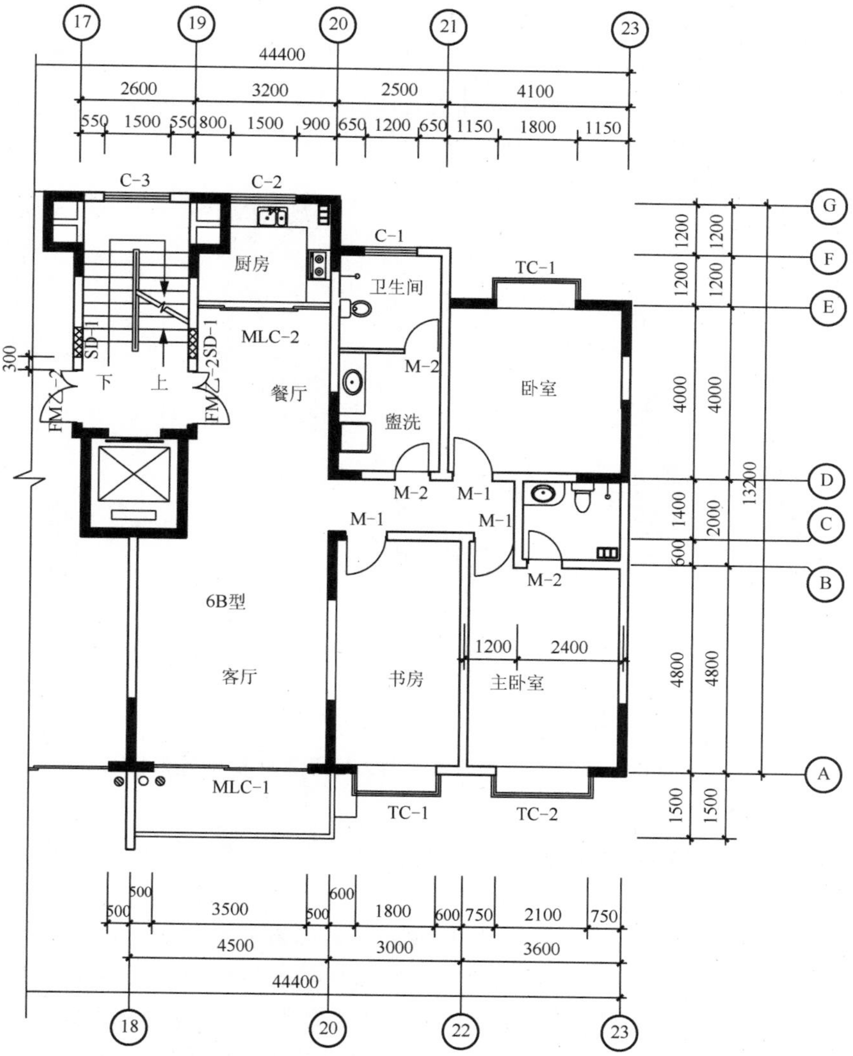

图 11.6 某高层住宅标准层建筑平面图(局部)

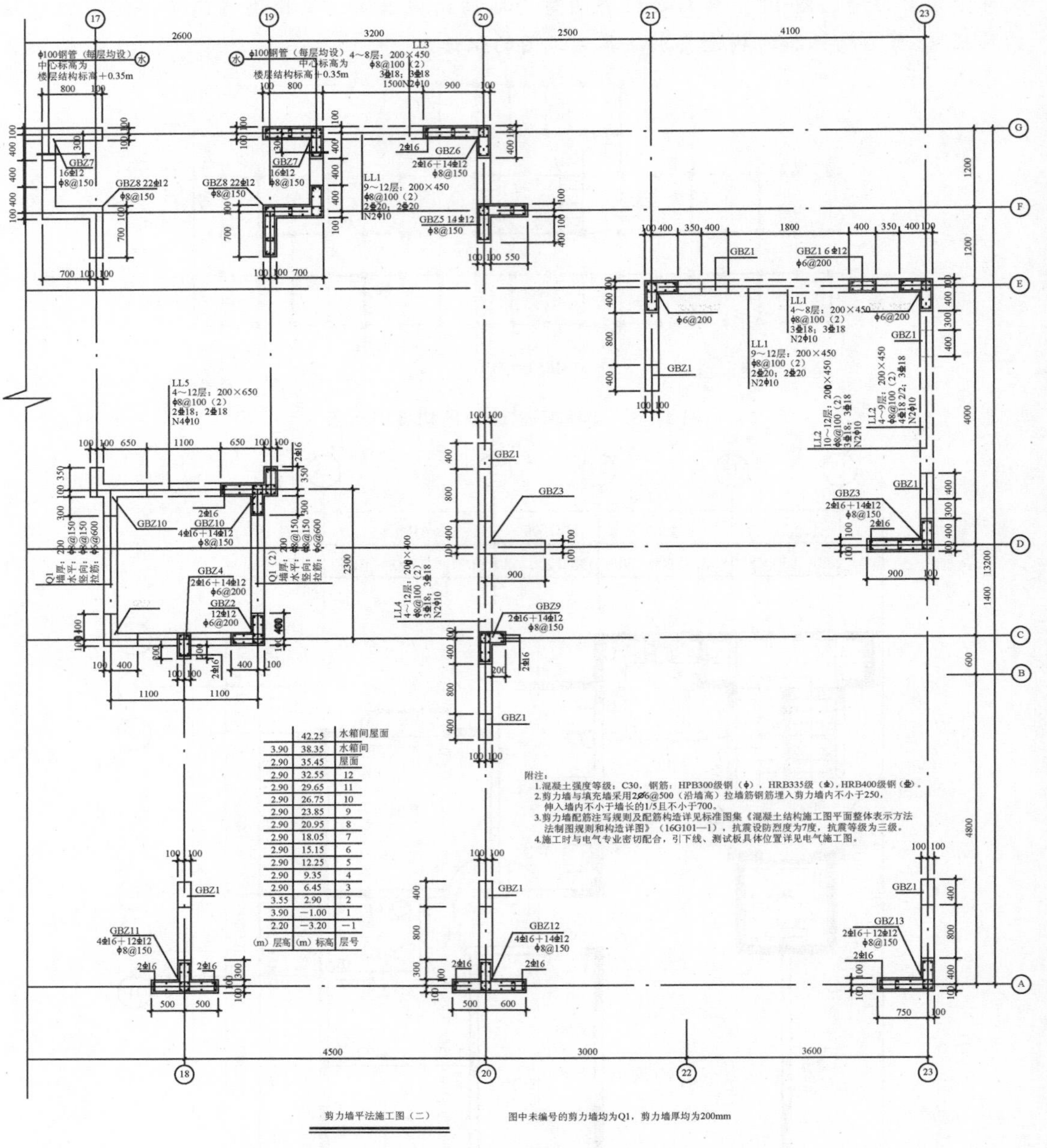

图 11.7　某高层住宅标准层剪力墙平法施工图(局部)

11.3.1　剪力墙抗震构造措施

【剪力墙支模构造】

由钢筋混凝土墙体构成的承重体系称为剪力墙结构。剪力墙又称抗风墙、抗震墙或结构墙，是房屋中主要承受风荷载或地震作用引起的水平荷载的墙体，用以提高结构的抗侧力性能，防止结构发生剪切破坏。

在剪力墙内部，由于受力和配筋构造的不同，为方便表达，将剪力墙分为剪力墙身、剪力墙梁和剪力墙柱三部分。剪力墙身主要配置竖向和水平分布钢筋。剪力墙梁主要配置上部纵筋、下部纵筋和箍筋。剪力墙柱主要配置纵向钢筋和箍筋。

在整个高层剪力墙结构的底部，为保证出现塑性铰时有足够的延性，达到耗能的目的，剪力墙底部应设置加强区。从原则上来说，出现塑性铰的范围就是剪力墙的加强范围。

1. 现浇钢筋混凝土抗震墙房屋的最大适用高度及抗震等级

(1) 现浇钢筋混凝土抗震墙房屋的最大适用高度应符合表11-6的要求。

表11-6 现浇钢筋混凝土抗震墙房屋的最大适用高度(m)

结构类型	设防烈度				
	6	7	8(0.2g)	8(0.3g)	9
剪力墙结构	140	120	100	80	60

(2) 钢筋混凝土房屋应根据设防类别、烈度、结构类型和房屋高度采用不同的抗震等级，并应符合相应的计算和构造措施要求。丙类抗震墙房屋的抗震等级应按表11-7确定。

表11-7 现浇钢筋混凝土抗震墙房屋的抗震等级

结构类型		设防烈度									
		6		7			8			9	
剪力墙结构	高度/m	≤80	>80	≤24	25~80	>80	≤24	25~80	>80	≤24	25~60
	剪力墙	四	三	四	三	二	三	二	一	二	一

2. 剪力墙的厚度

(1) 剪力墙的厚度，当结构抗震等级为一、二级时不应小于160mm且不宜小于层高或无支长度(图11.8)的1/20，三、四级不应小于140mm且不宜小于层高或无支长度的1/25；无端柱或翼墙时，一、二级不宜小于层高或无支长度的1/16，三、四级不宜小于层高或无支长度的1/20。

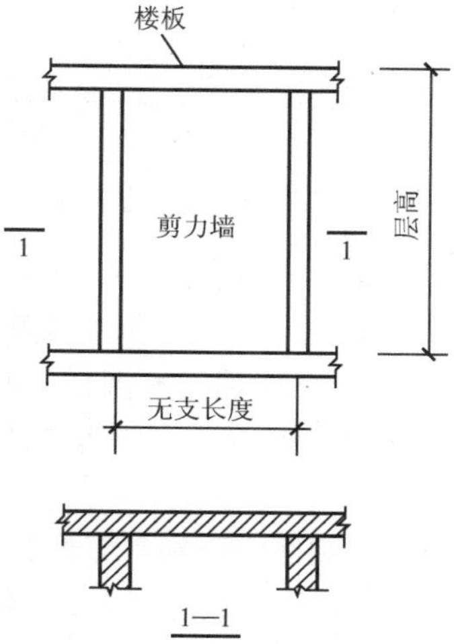

图11.8 剪力墙的层高与无支长度示意

底部加强部位的墙厚，一、二级不应小于 200mm 且不宜小于层高或无支长度的 1/16，三、四级不应小于 160mm 且不宜小于层高或无支长度的 1/20；无端柱或翼墙时，一、二级不宜小于层高或无支长度的 1/12，三、四级不宜小于层高或无支长度的 1/16。

(2) 剪力墙厚度大于 140mm 时，竖向和水平分布钢筋应双排布置；双排分布钢筋间拉筋的间距不应大于 600mm，直径不应小于 6mm；在底部加强部位，边缘构件以外的拉筋间距应适当加密。

3. 剪力墙钢筋的锚固和连接

(1) 剪力墙钢筋的锚固。非抗震设计时，剪力墙纵向钢筋最小锚固长度应取 l_a；抗震设计时，剪力墙纵向钢筋最小锚固长度应取 l_{aE}。l_a、l_{aE} 的取值见模块 2。

(2) 剪力墙钢筋的连接。

① 墙竖向分布钢筋可在同一高度搭接，搭接长度不应小于 $1.2l_a$。

② 墙水平分布钢筋的搭接长度不应小于 $1.2l_a$。同排水平分布钢筋的搭接接头之间以及上、下相邻水平分布钢筋的搭接接头之间，沿水平方向的净距不宜小于 500mm(图 11.9)。

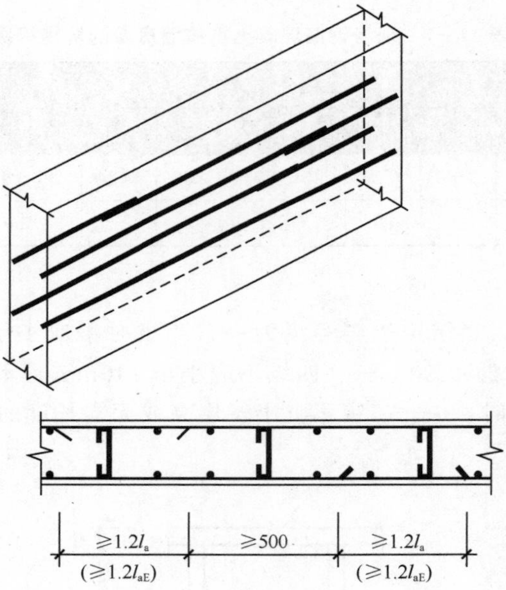

图 11.9 剪力墙内水平分布钢筋的连接

③ 墙中水平分布钢筋应伸至墙端，并向内水平弯折 $10d$ (d 为钢筋直径)。

④ 当剪力墙端部有翼墙[图 11.11(c)、图 11.12(c)]或转角墙[图 11.11(d)、图 11.12(d)]时，内墙两侧和外墙内侧的水平分布钢筋应伸至翼墙或转角墙外边，并分别向两侧水平弯折 $15d$。在转角墙处，外墙外侧的水平分布钢筋应在墙端外角处弯入翼墙，并与翼墙外侧的水平分布钢筋搭接。

⑤ 带边框的墙，水平和竖向分布钢筋宜分别贯穿柱、梁或锚固在柱、梁内。

⑥ 暗柱[图 11.11(a)、图 11.12(a)]、端柱[图 11.11(b)、图 11.12(b)]等剪力墙边缘构件内纵向钢筋连接和锚固要求宜与框架柱相同。

⑦ 连梁内纵向钢筋连接和锚固要求宜与框架梁相同。

⑧ 抗震设计时，墙水平及竖向分布钢筋搭接长度应取 $1.2l_{aE}$。一级、二级抗震等级剪力墙的加强部位，接头位置应错开，每次连接的钢筋数量不宜超过总数量的 50%，错开的净距离不宜小于 500mm。

知识链接

钢筋的连接

高层建筑施工应优先采用钢筋机械连接和焊接，钢筋绑扎连接质量不可靠且浪费钢筋，应限制使用。

4. 剪力墙身构造

(1) 一、二、三级抗震等级剪力墙的竖向和水平分布钢筋最小配筋率均不应小于 0.25%，四级抗震等级剪力墙不应小于 0.20%。

(2) 部分框支剪力墙结构的落地剪力墙底部加强部位，竖向及水平分布钢筋配筋率均不应小于 0.3%，钢筋间距不宜大于 200mm。

(3) 剪力墙钢筋最大间距不宜大于 300mm；竖向和水平分布钢筋的直径，均不宜大于墙厚的 1/10 且不应小于 8mm；竖向钢筋直径不宜小于 10mm。

5. 剪力墙柱构造

(1) 剪力墙柱的设置。剪力墙柱也称边缘构件，边缘构件包括暗柱、端柱、翼墙和转角墙。其实质是剪力墙两端及洞口两侧等边缘的集中配筋加强部位。剪力墙边缘构件分为约束边缘构件和构造边缘构件，按结构抗震等级划分。剪力墙两端及洞口两侧应设置边缘构件，边缘构件设置宜符合下列要求。

① 一、二、三级抗震等级的剪力墙，在重力荷载代表值作用下，当墙肢底截面轴压比大于表 11－8 的规定时，其底部加强部位及其以上一层墙肢应按规定设置约束边缘构件；当墙肢轴压比不大于表 11－8 规定时，可按规定设置构造边缘构件。

表 11－8 剪力墙设置构造边缘构件的最大轴压比

抗震等级或设防烈度	一级(9 度)	一级(7、8 度)	二、三级
轴压比	0.1	0.2	0.3

知识链接

(1) 轴压比：轴压比 $N/(f_cA)$是指墙（柱)的轴向压力设计值与墙（柱)的全截面面积和混凝土轴心抗压强度设计值乘积的比值。它反映了墙（柱)的受压情况，轴压比越大，构件的延性越差，在地震作用下呈破坏脆性。限制墙（柱)轴压比主要是为了控制墙（柱)的延性。

(2) 剪力墙墙肢：剪力墙在水平荷载作用下的工作特点主要取决于墙体上所开洞口的大小。墙面上不开洞或洞口极小(洞口面积不超过墙面总表面积 15%)的墙，可视为嵌固于基础顶面的悬臂深梁；当墙面上开有整齐规则的洞口且洞口大小适中时，由洞口分开的左、右剪力墙便形成了两个墙肢，洞口上、下间墙体称为连梁，通过它把左、右墙肢联系起来，如图 11.10 所示。

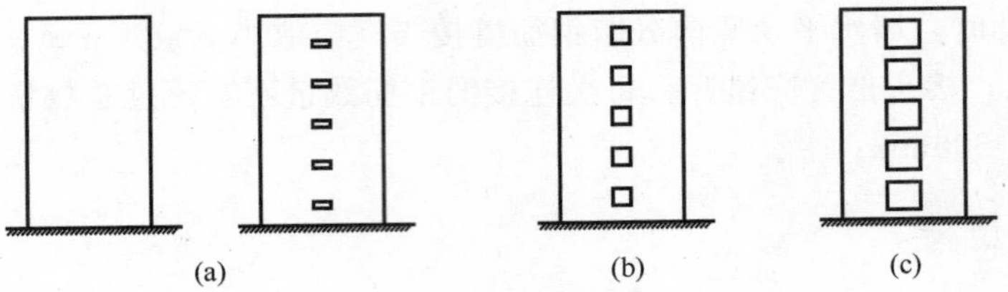

图 11.10　剪力墙分类

(a)整体墙；(b)组合整体墙；(c)联肢墙

② 部分框支剪力墙结构中，一、二、三级抗震等级落地剪力墙的底部加强部位及以上一层的墙肢两端，宜设置翼墙或端柱，并应按规定设置约束边缘构件；不落地的剪力墙，应在底部加强部位及相邻的上一层剪力墙的墙肢两端设置约束边缘构件。

③ 一、二、三级抗震等级的剪力墙的一般部位剪力墙以及四级抗震等级剪力墙，应按规定设置构造边缘构件。

(2) 剪力墙端部约束边缘构件(墙柱)的构造规定。约束边缘构件沿墙肢的长度和配箍特征值应符合表 11－9 的要求。一、二、三级抗震等级的剪力墙约束边缘构件的纵向钢筋的截面面积，对图 11.11 所示的暗柱、端柱、翼墙与转角墙，分别不应小于图中阴影部分面积的 1.2%、1.0%和 1.0%。

约束边缘构件的箍筋或拉筋沿竖向的间距，对一级抗震等级不宜大于 100mm，对二、三级抗震等级不宜大于 150mm；箍筋、拉筋沿水平方向的肢距不宜大于 300mm，不应大于竖向钢筋间距的 2 倍。

【约束边缘构件】

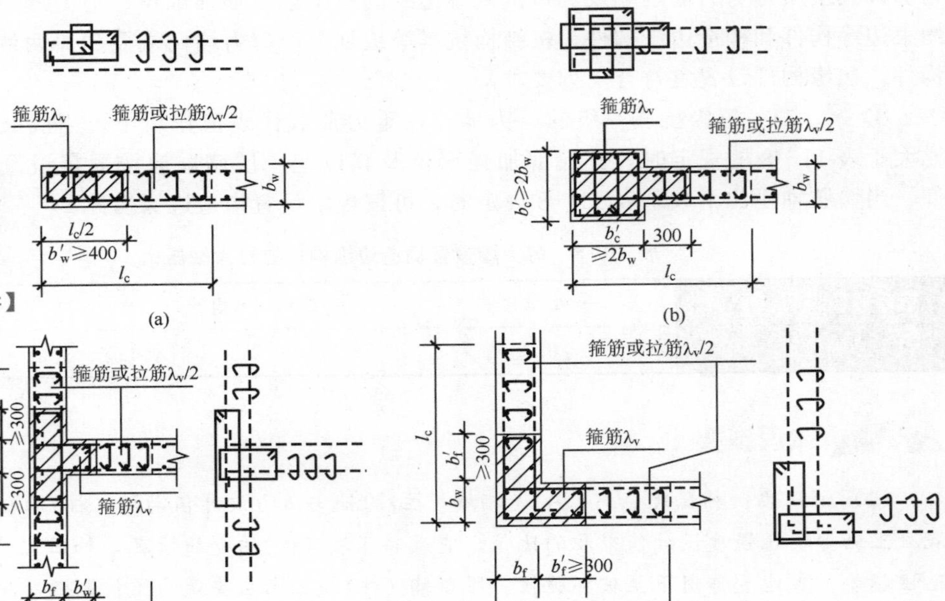

图 11.11　剪力墙约束边缘构件

(a)暗柱；(b)端柱；(c)翼墙；(d)转角墙

表 11-9　约束边缘构件沿墙肢的长度 l_c 和配箍特征值 λ_v

抗震等级(设防烈度)		一级(9 度)		一级(7、8 度)		二级、三级	
轴压比		≤0.2	>0.2	≤0.3	>0.3	≤0.4	>0.3
λ_v		0.12	0.20	0.12	0.20	0.12	0.20
l_c	暗柱	$0.20h_w$	$0.25h_w$	$0.15h_w$	$0.20h_w$	$0.15h_w$	$0.20h_w$
	端柱、翼墙或转角墙	$0.15h_w$	$0.20h_w$	$0.10h_w$	$0.15h_w$	$0.10h_w$	$0.15h_w$

注：表中 h_w 为剪力墙墙肢截面高度。

(3) 剪力墙端部构造边缘构件(墙柱)的构造规定。剪力墙端部构造边缘构件的设置范围，应按图 11.12 采用。构造边缘构件包括暗柱、端柱、翼墙和转角墙。构造边缘构件的配筋应满足受弯承载力要求，并应符合表 11-10 的要求。箍筋的无支长度不应大于 300mm，拉筋的水平间距不应大于竖向钢筋间距的 2 倍。当剪力墙端部为端柱时，端柱中纵向钢筋及箍筋宜按框架柱的构造要求配置。

【构造边缘构件】

非抗震设计的剪力墙，墙肢端部应配置不少于 4Φ12 的纵向钢筋，箍筋直径不应小于 6mm、间距不宜大于 250mm。

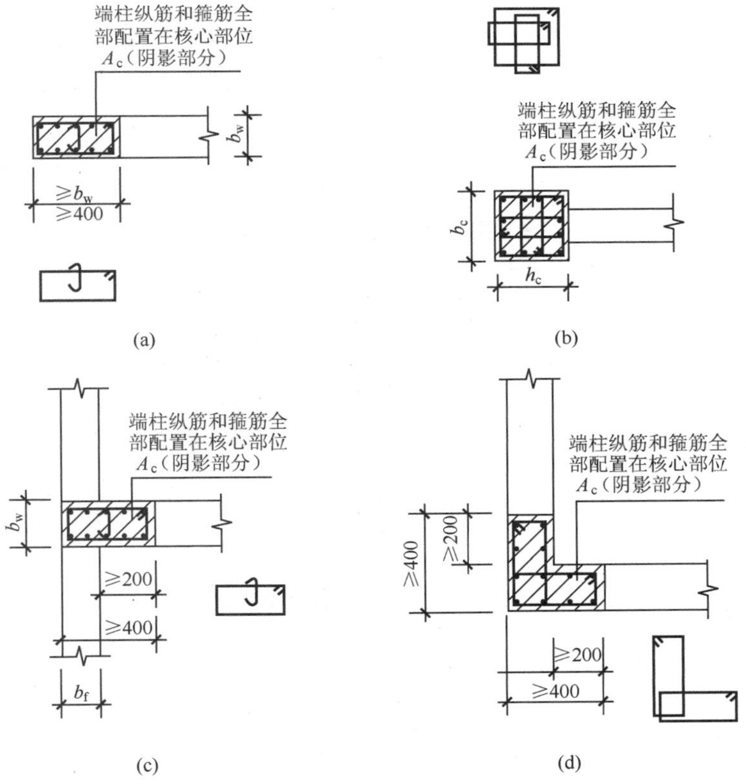

图 11.12　剪力墙构造边缘构件

(a)暗柱；(b)端柱；(c)翼墙；(d)转角墙

表 11-10　构造边缘构件的构造配筋要求

抗震等级	底部加强部位			其他部位		
	纵向钢筋最小配筋量(取较大值)	箍筋		纵向钢筋最小配筋量(取较大值)	拉筋	
		最小直径/mm	沿竖向最大间距/mm		最小直径/mm	沿竖向最大间距/mm
一	$0.010A_c$，6 Φ16	8	100	$0.008A_C$，6 Φ14	8	150
二	$0.008A_c$，6 Φ14	8	150	$0.006A_C$，6 Φ12	8	200
三	$0.006A_c$，6 Φ12	6	150	$0.005A_C$，4 Φ12	6	200
四	$0.005A_c$，4 Φ12	6	200	$0.004A_C$，4 Φ12	6	250

注：(1) 表中 A_c为图 11.12 中所示的阴影面积。

(2) 对其他部位，拉筋的水平间距不应大于纵向钢筋间距的 2 倍，转角处宜设置箍筋。

(3) 当端柱承受集中荷载时，应满足框架柱的配筋要求。

6. 剪力墙梁构造

剪力墙梁包括连梁、暗梁、边框梁。其中连梁的作用是将两侧的剪力墙肢连接在一起，共同抵抗地震作用，受力原理与一般的梁有很大区别；而暗梁和边框梁则不属于受弯构件，它们实质上是剪力墙在楼层位置的水平加强带。

1) 连梁的配筋形式

连梁内的钢筋包括上部纵向钢筋、下部纵向钢筋、箍筋、斜筋。连梁中配置斜筋的主要作用是，当连梁跨高比较小(即为短连梁)时，改善连梁的延性，提高其抗剪承载力。斜筋在连梁中的配筋形式有：交叉斜筋配筋连梁(图 11.13)、集中对角斜筋配筋连梁(图 11.14)、对角暗撑配筋连梁(图 11.15)。

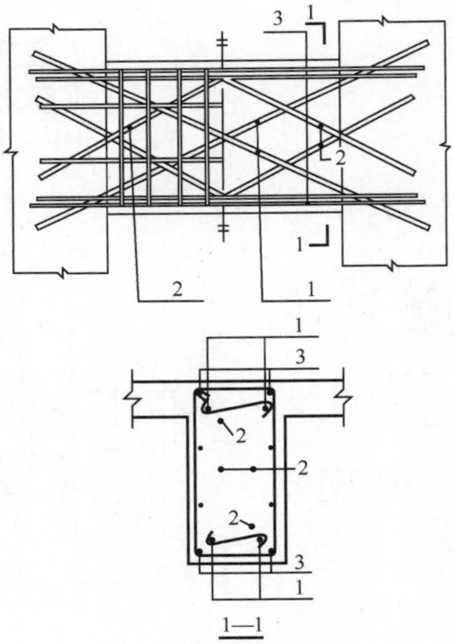

图 11.13　交叉斜筋配筋连梁

1—对角斜筋；2—折线筋；3—纵向钢筋

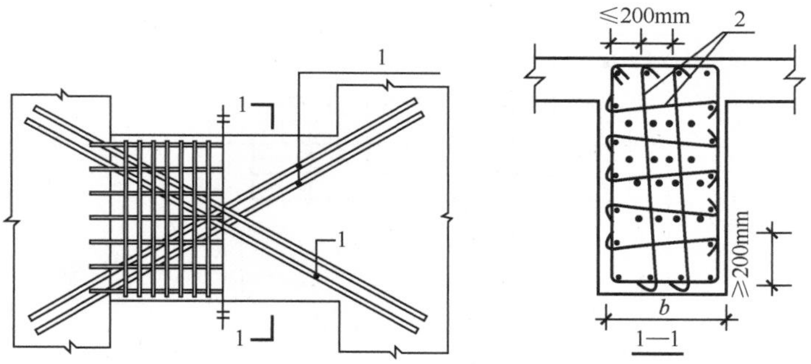

图 11.14　集中对角斜筋配筋连梁

1—对角斜筋；2—拉筋

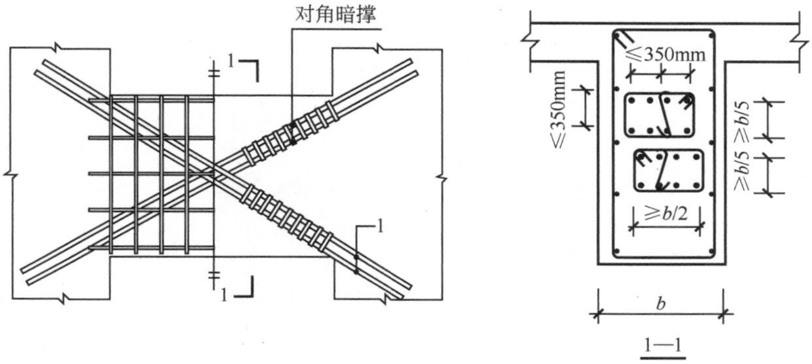

图 11.15　对角暗撑配筋连梁

2）连梁的配筋构造应满足的要求

（1）连梁上、下部单侧纵筋的最小配筋率不应小于 0.15%，且配筋不宜少于 2Φ12；交叉斜筋配筋连梁单项对角斜筋不宜少于 2Φ12，单组折线筋的截面面积可取为单项对角斜筋截面面积的一半，且直径不宜小于 12mm；集中对角斜筋配筋连梁和对角暗撑连梁中每组对角斜筋应至少由 4 根直径不小于 14mm 的钢筋组成。

（2）交叉斜筋配筋连梁的对角斜筋在梁端部位应设置不少于 3 根拉筋，拉筋的间距不应大于连梁宽度和 200mm 的较小值，直径不应小于 6mm；集中对角斜筋配筋连梁应在梁截面内沿水平方向及竖直方向设置双向拉筋，拉筋应勾住外侧纵向钢筋，间距不应大于 200mm，直径不应小于 8mm；对角暗撑配筋连梁中暗撑箍筋的外缘沿梁截面宽度方向不宜小于梁宽的一半，另一方向不宜小于梁宽的 1/5；对角暗撑约束箍筋的间距不宜大于暗撑钢筋直径的 6 倍，当计算间距小于 100mm 时可取 100mm，箍筋肢距不应大于 350mm。

除集中对角斜筋配筋连梁以外，其余连梁的水平钢筋及箍筋形成的钢筋网之间应采用拉筋拉结，拉筋直径不宜小于 6mm，间距不宜大于 400mm。

（3）连梁纵向受力钢筋、交叉斜筋伸入墙内的锚固长度不应小于 l_{aE}(非抗震时为 l_a)，且不应小于 600mm；顶层连梁纵向钢筋伸入墙体的长度范围内，应配置间距不大于 150mm 的构造箍筋，箍筋直径应与该连梁的箍筋直径相同(图 11.16)。

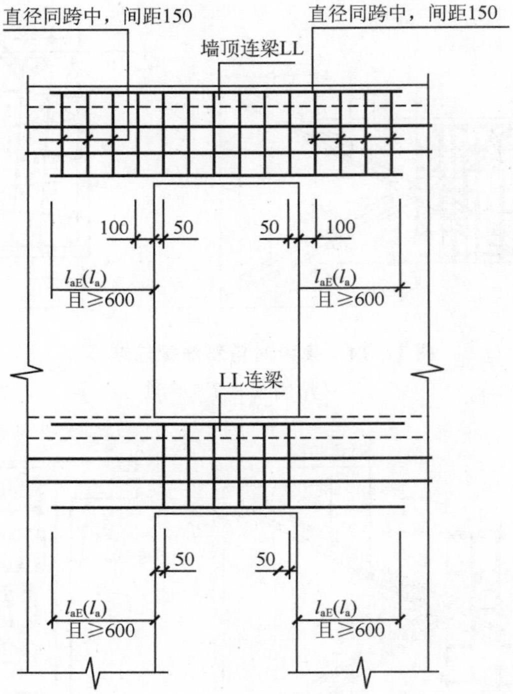

图 11.16　连梁纵筋配筋构造

(4) 剪力墙的水平分布钢筋可作为连梁的纵向构造钢筋在连梁范围内贯通。当梁的腹板高度 h_w不小于 450mm 时，其两侧面沿梁高范围设置的纵向构造钢筋的直径不应小于 10mm，间距不应大于 200mm；对跨高比不大于 2.5 的连梁，梁两侧的纵向构造钢筋(腰筋)的面积配筋率尚不应小于 0.3%。

(5) 抗震设计时，沿连梁全长箍筋的构造应按框架梁抗震设计时梁端加密区箍筋的构造要求采用；对角暗撑配筋连梁沿连梁全长箍筋的间距按抗震框架梁加密箍筋间距的 2 倍取用。非抗震设计时，沿连梁全长的箍筋直径不应小于 6mm，间距不应大于 150mm。

(6) 根据连梁不同的截面宽度，连梁拉筋直径和间距的规定：当连梁截面宽度≤350mm 时，拉筋直径为 6mm；当连梁截面宽度>350mm 时，拉筋直径为 8mm；拉筋水平间距为两倍连梁箍筋间距(隔一拉一)，拉筋竖向间距为两倍连梁侧面水平构造钢筋间距(隔一拉一)。

7. 剪力墙墙面开洞和连梁开洞构造规定

剪力墙墙面开洞和连梁开洞时，应符合下列要求。

(1) 当剪力墙墙面开有非连续小洞口(其各边长度不大于 800mm)，且在整体计算中不考虑其影响时，应将洞口处被截断的分布筋量分别集中配置在洞口上、下侧和左、右两边[图 11.17(a)]，按每边 2 根钢筋直径不应小于 12mm，且不小于同向被切断纵向钢筋总面积的 50%补强。纵向钢筋自洞边伸入墙内的长度不应小于受拉钢筋的锚固长度。

(2) 穿过连梁的管道宜预埋套管，洞口上、下的有效高度不宜小于梁高的 1/3，且不宜小于 200mm，被洞口削弱的截面应进行承载力验算，洞口处应配置补强纵向钢筋和箍筋[图 11.17(b)]，补强纵向钢筋的直径不应小于 12mm。

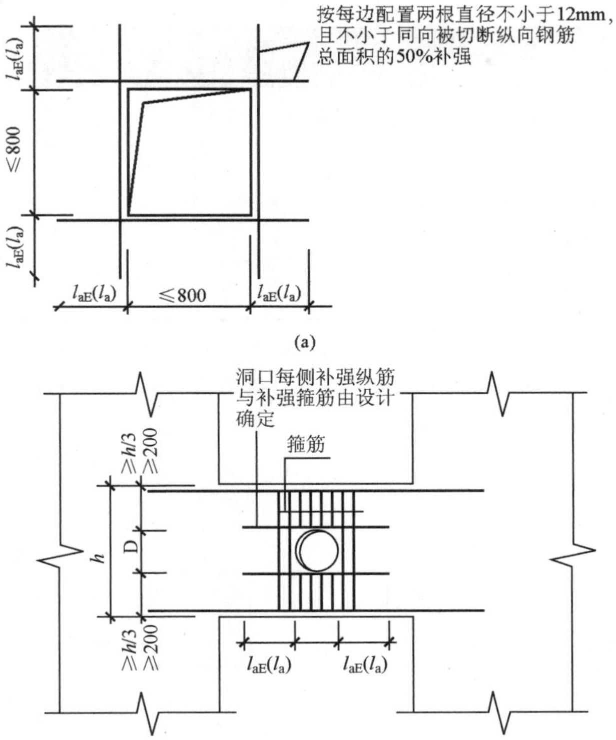

(a)

(b)

图 11.17 洞口补强配筋示意图

(a)剪力墙洞口补强；(b)连梁洞口补强

【剪力墙洞口配筋】

11.3.2 剪力墙结构施工图

剪力墙平法施工图的表达方式有两种，即截面注写方式和列表注写方式。本例采用截面注写方式表达。截面注写方法是一种综合表达方式，其中剪力墙的墙柱是在结构平面布置图墙柱的原位置处绘制截面形状、尺寸及配筋，属于完全截面注写，但剪力墙的墙身和墙梁不需要绘制配筋，所以采用了平面注写的方式。

剪力墙的定位，沿水平方向，平面图中应标出剪力墙截面尺寸与定位轴线的位置关系；沿高度方向，平面图中要加注各结构层的楼面标高及相应的结构层号，通常以列表形式表达。

下面分述剪力墙各组成部分墙柱、墙身、墙梁的平法施工图截面注写表达方式。

1. 剪力墙柱

1）墙柱的编号

由墙柱类型代号和序号组成，表达形式应符合表 11－11 的规定。

表 11－11　墙柱编号

墙柱类型	代　　号	序　　号
约束边缘构件	YBZ	××
构造边缘构件	GBZ	××
非边缘暗柱	AZ	××
扶壁柱	FBZ	××

注：约束边缘构件包括约束边缘暗柱、约束边缘端柱、约束边缘翼墙、约束边缘转角墙四种(图 11.18)。构造边缘构件包括构造边缘暗柱、构造边缘端柱、构造边缘翼墙、构造边缘转角墙四种(图 11.19)。

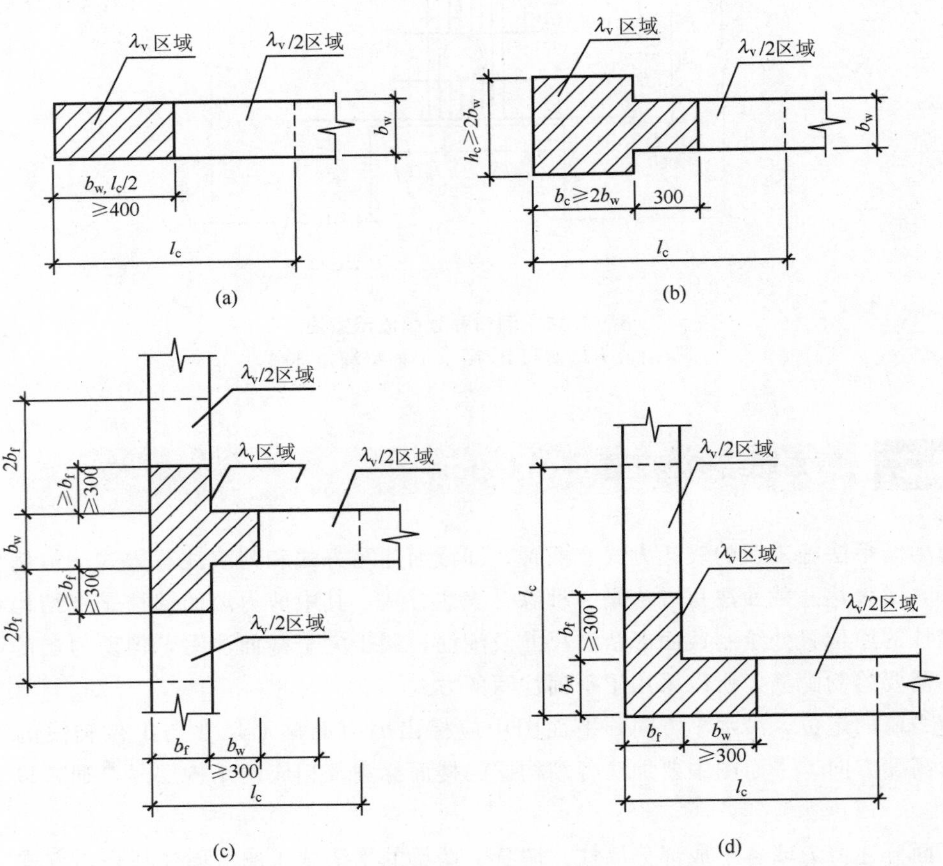

图 11.18　约束边缘构件

(a)约束边缘暗柱；(b)约束边缘端柱；(c)约束边缘翼墙；(d)约束边缘转角墙

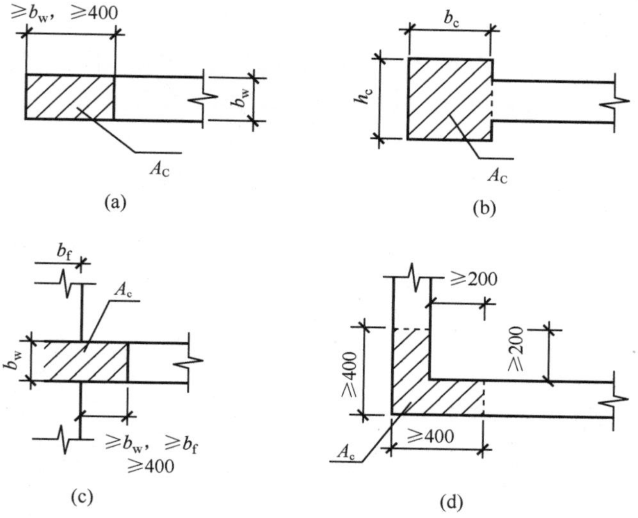

图 11.19 构造边缘构件

(a)构造边缘暗柱；(b)构造边缘端柱；(c)构造边缘翼墙；(d)构造边缘转角墙

2）截面注写方式内容

从相同编号的墙柱中选择一个截面，在原位选用适当比例放大绘制墙柱截面图，注明几何尺寸，标注全部纵筋及箍筋的具体数值。具体注写如下。

(1) 墙柱编号：见表 11-11。

(2) 墙柱竖向配筋：$n\phi d$(n 为根数，d 为直径)。

(3) 墙柱阴影区箍筋/墙柱非阴影区拉筋：ϕ××@×××/ϕ××。

3）识图举例

引例图中的墙柱 GBZ13(图 11.20)，根据集中标注的内容可以看出，该墙柱属于构造边缘转角墙，序号为 13；纵向钢筋为 2Φ16+12Φ12，其中 2Φ16 钢筋的位置已标出；沿柱高的箍筋为ϕ8@150，图中的单肢箍直径和间距与封闭的矩形箍筋一致。从图 11.7 的楼层标高和层高表中加粗的部分可以看出，GBZ13 沿高度方向的定位在第 3 层到第 11 层，标高从 6.45m 到 32.55m。

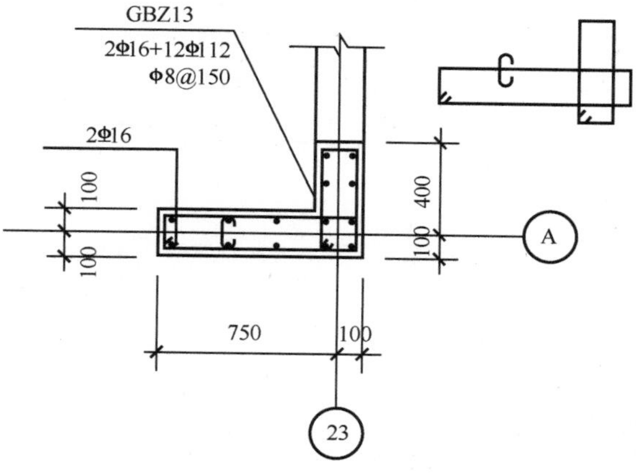

图 11.20 墙柱 GBZ13 截面注写配筋图

2. 剪力墙身

墙身编号，由墙身代号、序号及墙身所配置的水平与竖向分布钢筋的排数组成，其中排数注写在括号内。表达形式为：Q1(2 排)，其中 1 为编号，括号中的 2 代表钢筋排数。

识图举例：引例图中的墙身 Q1(图 11.21)，采用的是平面注写方式，为表达清楚，将 Q1 配筋图绘出，如图 11.22、图 11.23 所示，以便对照识读。

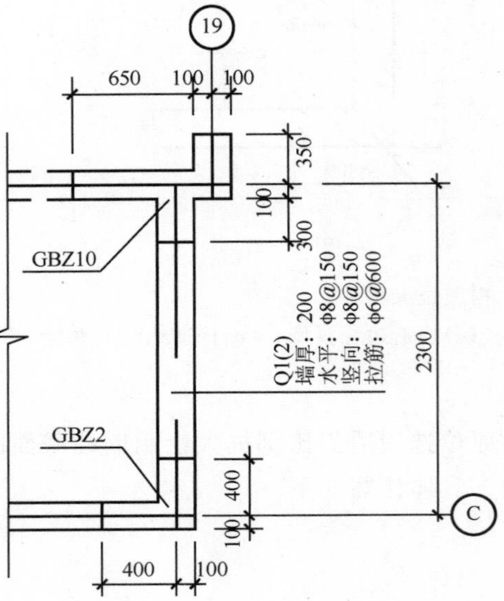

图 11.21 墙身 Q1 截面注写示例

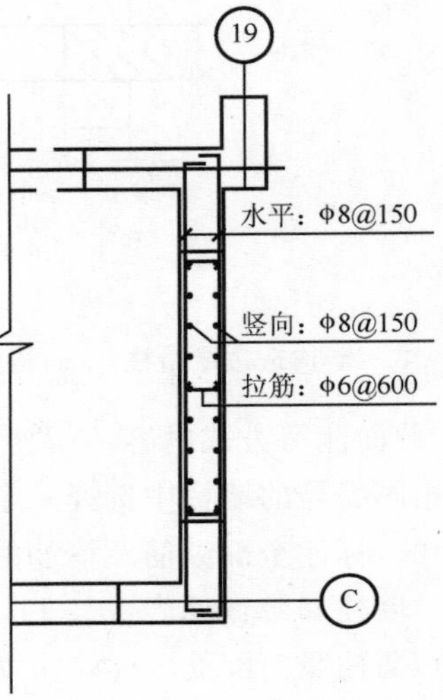

图 11.22 Q1 截面配筋图

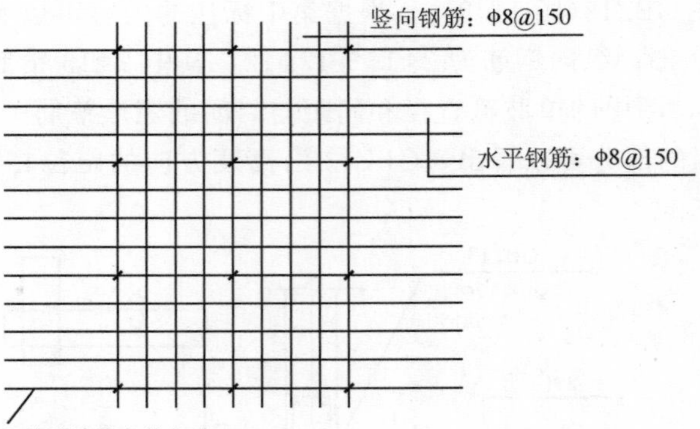

图 11.23 剪力墙 Q1 墙身拉筋分布示意

3. 剪力墙梁

1）墙梁集中注写内容

在选定进行标注的墙梁上依次集中注写以下各项。

(1) 墙梁编号，由墙梁类型代号和序号组成，见表 11－12。

表 11-12 剪力墙梁编号

墙梁类型	代号	序号
连梁	LL	××
连梁(对角暗撑配筋)	LL(JC)	××
连梁(交叉斜筋配筋)	LL(JX)	××
连梁(集中对角斜筋配筋)	LL(DX)	
连梁(跨高比不小于5)	LLK	××
暗梁	AL	××
边框梁	BKL	××

(2) 墙梁所在楼层号/(墙梁顶面相对标高高差)：××层至××层/(±×.×××)；墙梁顶面标高高差，系指相对于墙梁所在结构层楼面标高的高差值。高于者为正值，低于者为负值，当无高差时不注。

(3) 墙梁截面尺寸 $b \times h$/箍筋(肢数)：$b \times h$/Φ 直径@间距(肢数)。

(4) 上部纵筋；下部纵筋；侧面纵筋：根数Φ 直径；根数Φ 直径；根数Φ 直径。

(5) 当不同的梁截面尺寸不同，但梁顶面相对标高高差相同时，可将梁顶面标高高差注写在该项：(±×.×××)。

2) 识图举例

引例图中的墙梁LL1(图11.24)，截面尺寸200mm×450mm，梁顶面标高与楼面结构层标高相同，故此处没有标高差。箍筋Φ8@100(HPB300级钢筋)，双肢箍。梁腰两侧共有2Φ10(HPB300级钢筋)抗扭纵筋。4～8层梁上部纵筋3Φ18(HRB400级钢筋)，下部纵筋3Φ18；9～12层梁上部纵筋2Φ20(HRB400级钢筋)，下部纵筋2Φ20。

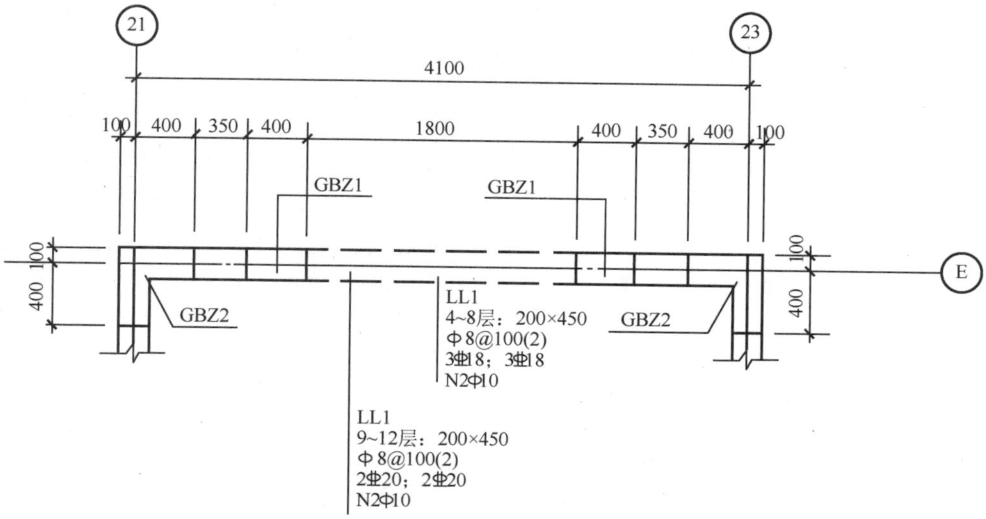

图 11.24 剪力墙梁LL1截面注写

为直观表达，将连梁LL1截面配筋详图绘出，见图11.25，以便对照识读。图11.25中LL1纵向钢筋伸入剪力墙的锚固长度按构造要求为 l_{aE}；按构造要求，当梁宽≤350mm时，梁侧面拉筋直径为6mm，间距为两倍箍筋间距，故选Φ6@200。

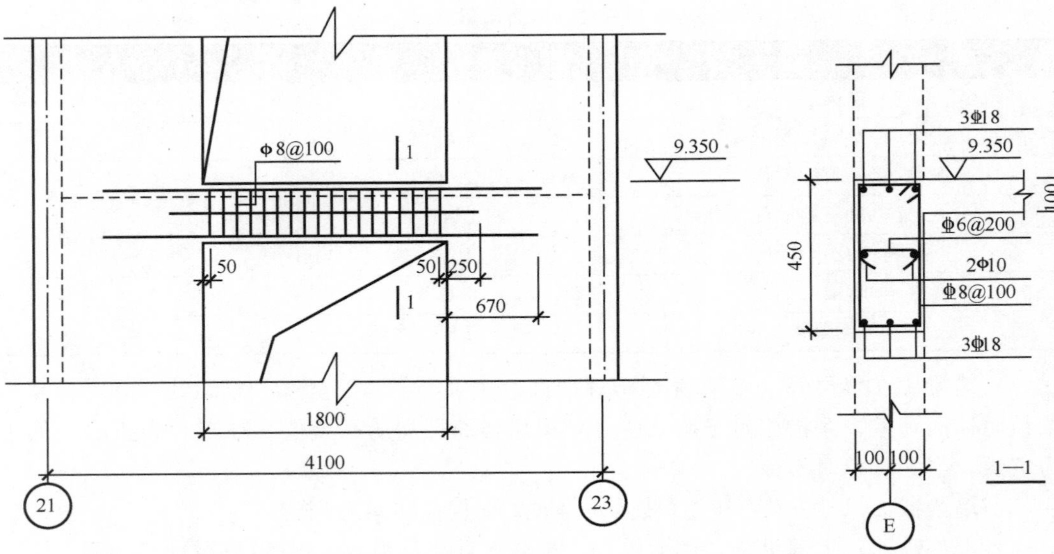

图 11.25　剪力墙梁 LL1 截面配筋详图

11.4　框架-剪力墙结构及筒体结构

11.4.1　框架-剪力墙结构特点

框架结构侧向刚度差，抵抗水平荷载能力较低，地震作用下变形大，但它具有平面灵活、有较大空间、立面处理易于变化等优点。而剪力墙结构则相反，抗侧力刚度、强度大，但限制了使用空间。把两者结合起来，取长补短，在框架中设置一些剪力墙，就成了框架-剪力墙结构。框架-剪力墙结构适用于需要灵活大空间的建筑，可应用于 10～20 层的高层建筑，如办公楼、商业大厦、饭店、旅馆、教学楼、实验楼、电信大楼、图书馆、多层工业厂房及仓库、车库等。

11.4.2　框架-剪力墙结构的构造要求

1. 现浇钢筋混凝土框架-剪力墙结构的最大适用高度（表 11-13）

表 11-13　现浇钢筋混凝土框架-剪力墙结构的最大适用高度(m)

结构类型	设防烈度				
	6	7	8(0.2g)	8(0.3g)	9
框架-剪力墙结构	130	120	100	80	50

2. 现浇钢筋混凝土框架-剪力墙结构的抗震等级（表11－14）

表11－14 现浇钢筋混凝土框架-剪力墙结构的抗震等级

结构类型		设防烈度									
		6		7			8			9	
框架-剪力墙结构	高度/m	≤60	>60	≤24	25～60	>60	≤24	25～60	>60	≤24	25～50
	框架	四	三	四	三	二	三	二	一	二	一
	剪力墙	三		三	二		二	一		一	

3. 构造要求

框架-剪力墙结构，除应满足一般框架、剪力墙的有关要求外，还应符合下列要求。

1）剪力墙的配筋构造要求

框架-剪力墙（板柱-剪力墙）结构中，剪力墙竖向和水平分布钢筋的配筋率，非抗震设计时配筋率均不宜小于0.20%，钢筋直径不宜小于8mm，间距不宜大于300mm，当墙厚度大于160mm时应配置双排分布钢筋网；抗震设计时配筋率均不应小于0.25%，钢筋直径不宜小于10mm，间距不宜大于300mm，并应双排布置。各排分布钢筋之间应设置拉筋，拉筋直径不宜小于6mm，间距不宜大于600mm。

2）带边框剪力墙的构造应符合的要求

（1）带边框剪力墙的截面厚度应符合下列规定：剪力墙的厚度不应小于160mm，且不宜小于层高或无支长度的1/20，底部加强部位的剪力墙厚度不应小于200mm，且不宜小于层高或无支长度的1/16。

（2）剪力墙的水平钢筋应全部锚入边框柱内，锚固长度不应小于l_a（非抗震设计）或l_{aE}（抗震设计）。

（3）带边框剪力墙的混凝土强度等级宜与边框柱相同。

（4）与剪力墙重合的框架梁可保留，亦可做成宽度与墙厚相同的暗梁，暗梁截面高度可取墙厚的2倍或与该片框架梁截面等高，暗梁的配筋可按构造配置且应符合一般框架梁相应抗震等级的最小配筋要求。

（5）剪力墙截面宜按工字形设计，其端部的纵向受力钢筋应配置在边框柱截面内。

（6）边框柱截面宜与该榀框架其他柱的截面相同，边框柱应符合模块8有关框架柱构造配筋的规定；剪力墙底部加强部位边框柱的箍筋宜沿全高加密；当带边框剪力墙上的洞口紧邻边框柱时，边框柱的箍筋宜沿全高加密。

特别提示

框架-剪力墙结构施工图的识读参阅框架结构和剪力墙结构施工图的识读方法和规则。

11.4.3 筒体结构抗震构造要求

框架-核心筒结构的抗震构造应符合下列要求。

(1) 核心筒宜贯通建筑物全高。核心筒的宽度不宜小于筒体总高的1/12，当筒体结构设置角筒、剪力墙或增强结构整体刚度的构件时，核心筒的宽度可适当减小。

(2) 核心筒应具有良好的整体性，并满足下列要求。

① 墙肢宜均匀、对称布置。

② 筒体角部附近不宜开洞，当不可避免时，筒角内壁至洞口的距离不应小于500mm和开洞墙的截面厚度。

③ 筒体墙应按《高规》附录D验算墙体稳定，且外墙厚度不应小于200mm，内墙厚度不应小于160mm，必要时可设置扶壁柱或扶壁墙。

④ 筒体墙的水平、竖向配筋不应少于两排。抗震设计时，核心筒主要墙体的底部加强部位水平和竖向分布钢筋的配筋率均不宜小于0.30%。

⑤ 进行抗震设计时，核心筒的连梁宜通过配置对角斜向钢筋或交叉暗撑、设水平缝或减小梁截面的高宽比等措施来提高连梁的延性。

(3) 框架-核心筒结构的周边柱间必须设置框架梁。

(4) 当内筒偏置、长宽比大于2时，宜采用框架-双筒结构。

(5) 当框架-双筒结构的双筒间楼板开洞时，其有效楼板宽度不宜小于楼板典型宽度的50%，洞口附近楼板应加厚，采用双层双向配筋，且每层单向配筋率不应小于0.25%；双筒间楼板应按弹性板进行细化分析。

(6) 在施工程序及连接构造上，应采取措施减小结构竖向温度变形及轴向压缩对加强层的影响。

小　结

(1) 在我国，10层及10层以上或高度大于28m的住宅建筑以及高度大于24m的其他民用房屋称为高层建筑，否则称为多层建筑。

(2) 多层与高层房屋常用的结构类型有混合结构、框架结构、剪力墙结构、框架-剪力墙结构和筒体结构等。

(3) 多高层建筑承受的竖向荷载较大，同时还承受控制作用水平力。结构布置的合理性对多高层结构的经济性及施工的合理性影响较大，所以多高层建筑设计应该注重概念设计，重视结构选型与建筑平面、立面布置的规律性，选择最佳结构体系，加强构造措施以保证建筑结构的整体性，使整个结构具有必要的强度、刚度和变形能力。

(4) 利用建筑物的墙体作为竖向承重和抵抗侧力的结构称为剪力墙结构。剪力墙实质上是固结于基础的钢筋混凝土墙片，具有很高的抗侧移能力。因其既承担竖向荷载，又承担水平荷载——剪力，故称为剪力墙。由于受力和配筋构造不同，将剪力墙划分为剪力墙身、剪力墙梁和剪力墙柱三部分。剪力墙的构造因此也细分为墙身、墙柱和墙梁的构造。在理解剪力墙身、墙柱和墙梁的构造要求时，可以对应参考钢筋混凝土板、梁和柱的构造要求。但是，归入剪力墙柱的端柱、暗柱等并不是普通概念上的柱，实质上是剪力墙边缘的集中配筋加强带；同样归入墙梁中的暗梁、边框梁实质上是剪力墙在楼层位置的水平加强带。

(5) 在框架结构中的适当部位增设一定数量的钢筋混凝土剪力墙，形成的框架和剪力墙结合在一起共同承受竖向和水平力的体系称为框架-剪力墙体系，简称框-剪体系。在水平荷载作用下，平面内刚度很大的楼盖将框架与剪力墙连接在一起。组成框架-剪力墙结构，两者协同一起工作，框架-剪力墙结构变形属于弯剪型。

(6) 剪力墙平法施工图的表达方式有两种：截面注写方式、列表注写方式。

习　题

一、填空题

1. __________是用不同的材料做成的构件组成的房屋。

2. 利用建筑物的墙体作为竖向承重和抵抗侧力的结构称为__________。

3. 根据开孔的多少，筒体有__________和__________之分。

4. __________是将预制梁、柱和板在现场安装就位后，再在构件连接处现浇混凝土使之成为整体而形成框架。

5. 变形缝有__________、__________、__________3 种。

二、选择题

1. 剪力墙的加强区位于剪力墙的(　　)。

A. 突出部位　　B. 上部　　C. 中部　　D. 底部

2. 剪力墙结构可视为由(　　)三类构件构成。

A. 约束边缘构件、构造边缘构件、底部加强区

B. 墙柱、墙身、墙梁

C. 暗柱、端柱、翼柱

D. 暗梁、边框梁、连梁

3. 抗震设计时，剪力墙纵向钢筋最小锚固长度应取为(　　)。

A. 基本锚固长度 l_{ab}　　B. 锚固长度 l_a

C. 抗震锚固长度 l_{aE}　　D. 搭接长度 l_{lE}

4. 抗震设计时剪力墙水平和分布钢筋间距不宜大于(　　)。

A. 200mm　　B. 300mm　　C. 250mm　　D. 600mm

5. 抗震设计时剪力墙竖向和水平分布钢筋双排布置的条件是(　　)。

A. 剪力墙厚度大于 160mm　　B. 剪力墙底部加强部位

C. 剪力墙厚度大于140mm　　D. 一、二、三级抗震等级的剪力墙

6. 暗柱及端柱内纵向钢筋连接和锚固要求宜与(　　)相同。

A. 受弯构件　　B. 受压构件　　C. 框架柱　　D. 框架梁

7. 剪力墙竖向及水平分布钢筋的搭接长度，抗震设计时不应小于(　　)。

A. $1.2l_{a}$　　B. $1.2l_{aE}$　　C. l_{l}　　D. l_{lE}

8. 在剪力墙(　　)的部位，应设置符合规定的边缘构件。

A. 剪力墙两端及洞口两侧　　B. 底部加强部位及相邻的上一层墙肢

C. 剪力墙顶部　　D. 剪力墙突出部位

三、简答题

1. 剪力墙上设置的约束边缘构件与构造边缘构件在配筋构造上有哪些区别？为什么？
2. 在连梁中设置斜筋的主要作用是什么？
3. 剪力墙墙面开洞和连梁开洞时应采取的构造措施是什么？
4. 框架-剪力墙结构与剪力墙结构相比，有哪些特点？

模块12 装配式混凝土结构简介

教学目标

通过本模块的学习，使学生掌握装配式结构的基本概念，并能够认识常见的预制混凝土构件。

教学要求

能力目标	相关知识	权重
掌握装配式结构的概念及装配式混凝土结构的分类	装配式结构的概念；装配式混凝土结构的分类	35%
掌握常见的预制混凝土构件	常见的预制混凝土构件	65%

学习重点

装配式混凝土结构；预制混凝土构件。

引例

2016年2月6日，中共中央国务院发布的《关于进一步加强城市规划建设管理工作的若干意见》指出：积极适应和引领经济发展新常态，把城市规划好、建设好、管理好，对促进以人为核心的新型城镇化发展，建设美丽中国，实现“两个一百年”奋斗目标和中华民族伟大复兴的中国梦具有重要的现实意义和深远的历史意义。为进一步加强和改进城市规划建设管理工作，解决制约城市科学发展的突出矛盾和深层次问题，开创城市现代化建设新局面，现提出以下意见。

为全面推进装配式建筑发展，2016年9月，国务院发布了《国务院办公厅关于大力发展装配式建筑的指导意见》(国办发〔2016〕71号)；2017年3月，住房和城乡建设部发布了《“十三五”装配式建筑行动方案》《装配式建筑示范城市管理办法》《装配式建筑产业基地管理办法》。

《国务院办公厅关于大力发展装配式建筑的指导意见》指出：装配式建筑是用预制部品部件在工地装配而成的建筑。发展装配式建筑是建造方式的重大变革，是推进供给侧结构性改革和新型城镇化发展的重要举措，有利于节约资源能源、减少施工污染、提升劳动生产效率和质量安全水平，有利于促进建筑业与信息化工业化深度融合、培育新产业新动能、推动化解过剩产能。近年来，我国积极探索发展装配式建筑，但建造方式大多仍以现场浇筑为主，装配式建筑比例和规模化程度较低，与发展绿色建筑的有关要求以及先进建造方式相比还有很大差距。

《“十三五”装配式建筑行动方案》进一步明确了阶段性工作目标，即到2020年，全国装配式建筑占新建建筑的比例达到15%以上，其中重点推进地区达到20%以上，积极推进地区达到15%以上，鼓励推进地区达到10%以上。鼓励各地制定更高的发展目标。建立健全装配式建筑政策体系、规划体系、标准体系、技术体系、产品体系和监管体系，形成一批装配式建筑设计、施工、部品部件规模化生产企业和工程总承包企业，形成装配式建筑专业化队伍，全面提升装配式建筑质量、效益和品质，实现装配式建筑全面发展。根据《行动方案》，到2020年，培育50个以上装配式建筑示范城市，200个以上装配式建筑产业基地，500个以上装配式建筑示范工程，建设30个以上装配式建筑科技创新基地，充分发挥示范引领和带动作用。

《装配式建筑示范城市管理办法》明确了示范城市的申请、评审、认定、发布和监督管理的各项要求。根据该办法，示范城市是指在装配式建筑发展过程中，具有较好的产业基础，并在装配式建筑发展目标、支持政策、技术标准、项目实施、发展机制等方面能够发挥示范引领作用的城市。

【住宅产业化简介】

《装配式建筑产业基地管理办法》明确，产业基地是指具有明确的发展目标、较好的产业基础、技术先进成熟、研发创新能力强、产业关联度大、注重装配式建筑相关人才培养培训、能够发挥示范引领和带动作用的装配式建筑相关企业，主要包括装配式建筑设计、部品部件生产、施工、装备制造、科技研发等企业。

【住宅产业化施工】

12.1 装配式混凝土结构概述

12.1.1 装配式结构的概念

装配式结构是由预制混凝土构件通过可靠的连接方式装配而成的混凝土结构，包括装配式混凝土结构、全装配混凝土结构等。装配式混凝土结构是指由预制混凝土构件通过各种可靠的连接方式进行连接并与现场后浇混凝土、水泥基灌浆料形成整体的混凝土结构，简称装配整体式结构。

【装配式结构】

12.1.2 装配式混凝土结构的分类

1. 装配式混凝土框架结构

装配式混凝土框架结构，即全部或部分框架梁、柱采用预制构件构建而成的装配式混凝土结构，简称装配式框架结构，如图 12.1 所示。

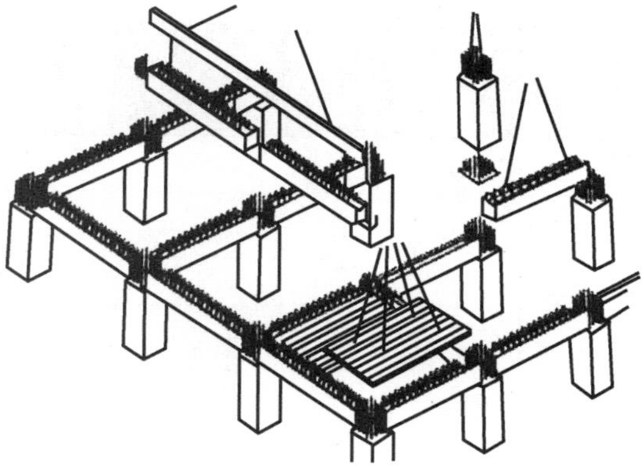

图 12.1 装配式混凝土框架结构

2. 装配式混凝土剪力墙结构

装配式混凝土剪力墙结构，即全部或部分剪力墙采用预制墙板构建而成的装配式混凝土结构，简称装配式剪力墙结构，如图 12.2 所示。

3. 装配式混凝土框架-现浇剪力墙结构

装配式混凝土框架-现浇剪力墙结构由装配整体式框架结构和现浇剪力墙（现浇核心筒）两部分组成。这种结构形式中的框架部分采用与预制装配整体式框架结构相同的预制装配技术，使预制装配框架技术在高层及超高层建筑中得以应用。鉴于对该种结构形式的整体受力的研究不够充分，目前，装配式混凝土框架-现浇剪力墙结构中的剪力墙只能采用现浇。

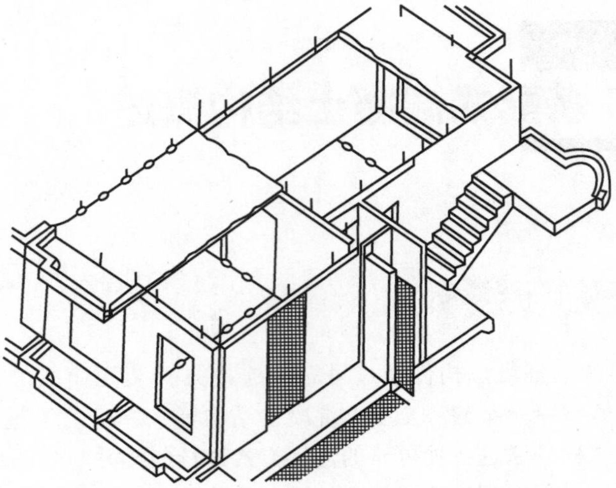

图 12.2 装配式混凝土剪力墙结构

12.1.3 装配式混凝土结构的适用范围

根据《装配式混凝土结构技术规程》(JGJ 1—2014)的规定，装配整体式结构房屋的最大适用高度见表 12-1，最大高宽比见表 12-2。

表 12-1 装配整体式结构房屋的最大适用高度(m)

结构类型	抗震设防烈度			
	6 度	7 度	8 度 (0.2g)	8 度 (0.3g)
装配式混凝土框架结构	60	50	40	30
装配式整体式框架-现浇剪力墙结构	130	120	100	80
装配式整体式剪力墙结构	130	110	90	70
装配式整体式部分框支剪力墙结构	110	90	70	40

表 12-2 装配整体式结构房屋的最大高宽比

结构类型	抗震设防烈度	
	6、7 度	8 度
装配式混凝土框架结构	4	3
装配整体式框架-现浇剪力墙结构	6	5
装配式整体式剪力墙结构	6	5

12.2 预制混凝土构件概述

【装配化构件】

【装配式构件产品介绍】

12.2.1 预制混凝土（受力）构件简介

装配式混凝土结构常用的预制构件有预制混凝土框架柱、预制混凝土叠合梁、预制混凝土剪力墙外墙板、预制混凝土剪力墙内墙板、预制混凝土钢筋桁架叠合楼板、预制带肋底板混凝土叠合楼板、预制混凝土楼梯板、预制混凝土阳台板、预制混凝土空调板、预制混凝土女儿墙、预制混凝土外墙挂板等。这些主要受力构件通常在工厂预制加工完成待强度符合规定要求后，再进行现场装配施工。

1. 预制混凝土框架柱

预制混凝土框架柱（图 12.3）是建筑物的主要竖向结构受力构件，一般采用矩形截面。

2. 预制混凝土叠合梁

预制混凝土叠合梁是由预制混凝土底梁（或既有混凝土底梁）和后浇混凝土组成，分两阶段成型的整体受力水平结构构件（图 12.4），其下半部分在工厂预制，上半部分在工地叠合浇筑混凝土。

图 12.3 预制混凝土框架柱

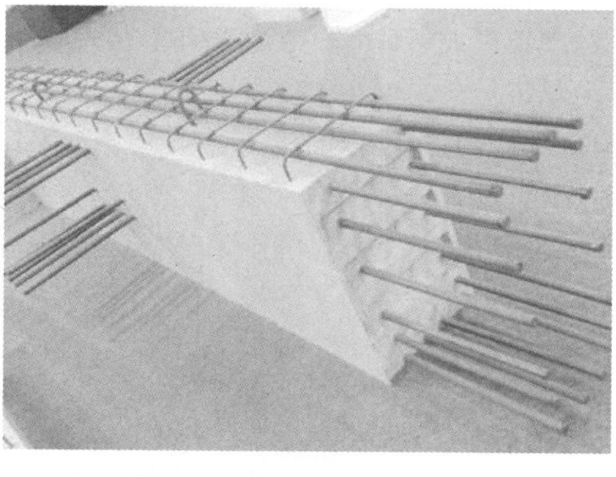
图 12.4 预制混凝土叠合梁

3. 预制混凝土剪力墙墙板

1）预制混凝土剪力墙外墙板

预制混凝土剪力墙外墙板（图 12.5）是指在工厂预制而成的，内叶板为预制混凝土剪力墙、中间夹有保温层、外叶板为钢筋混凝土保护层的预制混凝土夹心保温剪力墙墙板，简称预制混凝土剪力墙外墙板。内叶板侧面在施工现场通过预留钢筋与现浇剪力墙边缘构件连接，底部通过钢筋灌浆套筒与下层预制剪力墙预留钢筋相连。

2) 预制混凝土剪力墙内墙板

预制混凝土剪力墙内墙板(图12.6)是指在工厂预制成的混凝土剪力墙构件。预制混凝土剪力墙内墙板侧面在施工现场通过预留钢筋与现浇剪力墙边缘构件连接,底部通过钢筋灌浆套筒与下层预制剪力墙预留钢筋相连。

图12.5 预制混凝土剪力墙外墙板

图12.6 预制混凝土剪力墙内墙板

4. 预制混凝土叠合楼板

预制混凝土叠合楼板最常见的主要有两种:一种是预制混凝土钢筋桁架叠合板;另一种是预制带肋底板混凝土叠合楼板。

1) 预制混凝土钢筋桁架叠合板(图12.7)

预制混凝土钢筋桁架叠合板属于半预制构件,下部为预制混凝土板,外露部分为桁架钢筋。预制混凝土叠合板的预制部分最小厚度为3~6cm。叠合楼板在工地安装到位后应进行二次浇筑,从而成为整体实心楼板。钢筋桁架的主要作用是将后浇筑台混凝土层与预制底板形成整体,并在制作和安装过程中提供刚度。

图12.7 预制混凝土钢筋桁架叠合板

2) 预制带肋底板混凝土叠合楼板(图12.8)

5. 预制混凝土楼梯板

预制混凝土楼梯板(图12.9)受力明确、外形美观,避免了现场支模,安装后可作为施工通道,节约了施工工期。

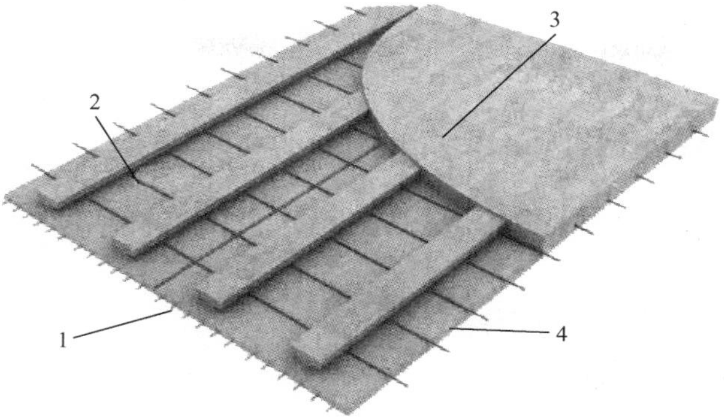

图 12.8 预制带肋底板混凝土叠合楼板

1—纵向预应力钢筋；2—横向穿孔钢筋；3—后浇层；4—PK 叠合板的预制底板

图 12.9 预制混凝土楼梯板

6. 预制混凝土阳台板、预制混凝土空调板、预制混凝土女儿墙

1）预制混凝土阳台板

预制混凝土阳台板（图 12.10）能够克服现浇阳台支模复杂，现场高空作业费时、费力，以及高空作业时的施工安全问题。

图 12.10 预制混凝土阳台板

2）预制混凝土空调板

预制混凝土空调板通常采用预制实心混凝土板，板顶预留钢筋通常与预制叠合板现浇层相连。

3）预制混凝土女儿墙

预制混凝土女儿墙处于屋顶处外墙的延伸部位，通常有立面造型，采用预制混凝土女儿墙的优势是安装快速，节省工期。

12.2.2 常用非承重预制混凝土构件

围护构件是指围合、构成建筑空间，抵御环境不利影响的构件，外围护墙用来抵御风雨、温度变化、太阳辐射等，应具有保温、隔热、隔声、防水、防潮、耐火、耐久等性能。预制内隔墙起分隔室内空间的作用，应具有隔声、阻隔视线以及满足某些特殊要求的性能。

1. PC外围护墙板

PC外围护墙板是指预制商品混凝土外墙构件，包括预制混凝土叠合（夹心）墙板、预制混凝土夹心保温外墙板和预制混凝土外墙挂板等。外围护墙板除应具有隔声与防火的功能外，还应具有隔热、保温、抗渗、抗冻融、防碳化等作用和满足建筑艺术装饰的要求。外围护墙板可采用轻集料单一材料制成，也可采用复合材料（结构层、保温隔热层和饰面层）制成。

PC外围护墙板采用工厂化生产，现场进行安装的施工方法，具有施工周期短、质量可靠（对防止裂缝、渗漏等质量通病十分有效）、节能环保（耗材少、减少扬尘和噪声等）、工业化程度高及劳动力投入量少等优点，在国内外的住宅建筑上得到了广泛运用。

PC外围护墙板生产中使用了高精密度的钢模板，模板的一次性摊销成本较高，如果施工建筑物外形变化不大，且外墙板生产数量大，模具通过多次循环使用后成本可以降低。

根据制作结构不同，预制外墙结构可分为预制混凝土夹心保温外墙板和预制混凝土非保温外墙挂板。

1）预制混凝土夹心保温外墙板

预制混凝土夹心保温外墙板是集承重、围护、保温、防水、防火等功能于一体的重要装配式预制构件，由内叶墙板、保温材料、外叶墙板三部分组成（图12.11）。

预制混凝土夹心保温外墙板宜采用平模工艺生产，生产时，一般先浇筑外叶墙板混凝土层，再安装保温材料和拉结件，最后浇筑内叶墙板混凝土，这可以使保温材料与结构同寿命。当采用立模工艺生产时，应同步浇筑内、外叶墙板混凝土层，并应采取保证保温材料及拉结件位置准确的措施。

2）预制混凝土非保温外墙挂板

预制混凝土非保温外墙挂板是在预制车间加工并运输到施工现场吊装的钢筋混凝土外墙板的板底设置预埋铁件，通过与楼板上的预埋螺栓连接达到底部固定，再通过连接件达到顶部与楼板的固定（图12.12）。其在工厂采用工业化生产，具有施工速度快、质量好、维修费用低的特点。其根据工程需要可以设计成集外装饰、保温、墙体围护于一体的复合保温外墙挂板，也可以作为复合墙体的外装饰挂板。

图 12.11　预制混凝土夹心保温外墙板构造图

图 12.12　预制混凝土非保温外墙挂板

预制混凝土非保温外墙挂板可充分体现大型公共建筑外墙独特的表现力。预制混凝土非保温外墙挂板必须具有防火、耐久性好等基本性能，同时，还要求造型美观、施工简便、环保节能等。

2. 预制内隔墙板

预制内隔墙板按成型方式可分为挤压成型墙板和立模（平模）浇筑成型墙板两种。

1）挤压成型墙板

挤压成型墙板，也称预制条形墙板，是在预制工厂将搅拌均匀的轻质材料料浆，使用挤压成型机通过模板（模腔）成型的墙板（图 12.13）。按断面不同，其可分为空心板、实心板两类。在保证墙板承载和抗剪的前提下，将墙体断面做成空心，可以有效降低墙体的自重，并利用墙体空心处空气的特性提高隔断房间内的保温、隔声效果。门边板端部为实心板，实心宽度不得小于100mm。对于没有门洞的墙体，应从墙体一端开始沿墙长方向顺序排板；对于有门洞的墙体，应从门洞口开始分别向两边排板。当墙体端部的墙板不足一块板宽时，应设计补板。

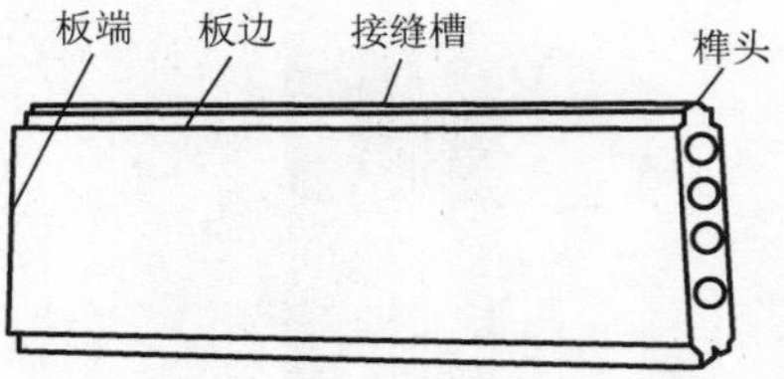

图 12.13 挤压成型空心墙板

2）立模（平模）浇筑成型墙板

立模（平模）浇筑成型墙板，也称预制混凝土整体内墙板，是在预制车间按照所需的样式使用钢模具拼接成型，浇筑或摊铺混凝土制成的墙体。

根据受力不同，内墙板可使用单种材料或者多种材料加工而成。将聚苯乙烯泡沫板材、聚氨酯、无机墙体保温隔热材料等轻质材料填充到墙体中，可以减少混凝土用量，绿色环保，减少室内热量与外界的交换，增强墙体的隔声效果，并通过墙体自重的减轻来降低运输和吊装的成本。

小　结

（1）装配式结构是由预制混凝土构件通过可靠的连接方式装配而成的混凝土结构，包括装配式混凝土结构、全装配混凝土结构等。

（2）装配式混凝土结构是指由预制混凝土构件通过各种可靠的连接方式进行连接并与现场后浇混凝土、水泥基灌浆料形成整体的混凝土结构，简称装配整体式结构。

（3）装配式混凝土框架结构，即全部或部分框架梁、柱采用预制构件构建而成的装配式混凝土结构，简称装配式框架结构。

（4）装配式混凝土剪力墙结构，即全部或部分剪力墙采用预制墙板构建而成的装配式混凝土结构，简称装配式剪力墙结构。

（5）装配式混凝土框架-现浇剪力墙结构由装配整体式框架结构和现浇剪力墙（现浇核心筒）两部分组成。

（6）装配式混凝土结构常用的预制构件有预制混凝土框架柱、预制混凝土叠合梁、预制混凝土剪力墙外墙板、预制混凝土剪力墙内墙板、预制混凝土钢筋桁架叠合楼板、预制带肋底板混凝土叠合楼板、预制混凝土楼梯板、预制混凝土阳台板、预制混凝土空调板、预制混凝土女儿墙、预制混凝土外墙挂板等。

（7）常用非承重预制混凝土构件主要有：PC外围护墙板，包括预制混凝土叠合（夹心）墙板、预制混凝土夹心保温外墙板和预制混凝土外墙挂板；预制内隔墙板，按成型方式可分为挤压成型墙板和立模（平模）浇筑成型墙板两种。

习　题

一、判断题

(1) 装配式混凝土结构是指由预制混凝土构件通过各种可靠的方式进行连接并与现场后浇混凝土、水泥基灌浆料形成整体的装配式混凝土结构，简称装配式结构。 (　　)

(2) 装配式框架结构是指全都或部分框架梁、柱采用预制构件构建而成的装配式混凝土结构。 (　　)

(3) 预制混凝土叠合楼板最常见的有两种：一种是预制混凝土钢筋桁架叠合板；另一种是预制带肋底板混凝土叠合楼板。 (　　)

二、简答题

装配式混凝土结构常用的预制构件有哪些？

模块 13 地基与基础

教学目标

通过本模块的学习，了解土的组成及基本性能、土的工程特性指标、地基承载力；了解基础的类型与选用；了解浅基础类型、浅基础设计的一般要求、设计步骤和方法；重点掌握柱下独立基础设计和墙下条形基础的构造与设计。

教学要求

能力目标	相关知识	权重
了解土的组成及基本性能、土的工程特性指标	土的组成及基本性能、土的工程特性指标	20%
了解基础的类型与选用	基础的类型与选用	20%
了解浅基础类型、浅基础设计的一般要求、设计步骤和方法	浅基础类型、浅基础设计的一般要求、设计步骤和方法	25%
掌握柱下独立基础设计和墙下条形基础设计	柱下独立基础及墙下条形基础的设计	35%

学习重点

柱下独立基础和墙下条形基础的构造与设计。

引例

图 13.1(a)所示为墙下钢筋混凝土条形基础，图 13.1(b)所示为柱下钢筋混凝土独立基础。试问：除以上两种基础外，还有哪些基础类型？

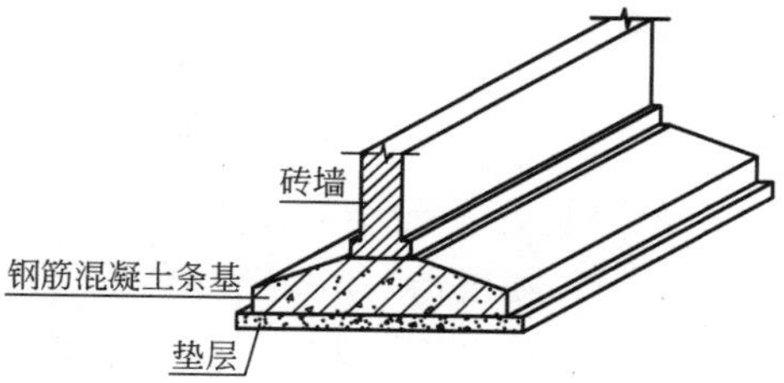

(a)

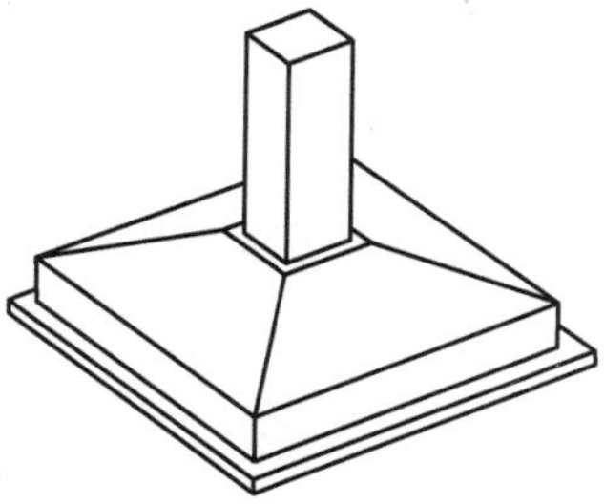

(b)

图 13.1 基础
(a)墙下条形基础；(b)柱下独立基础

13.1 土的工程性质及分类

建筑结构都是由埋在地面以下一定深度的基础和支承于其上的上部结构组成的，基础又坐落在称为地基的地层(土或岩石)上，如图 13.2 所示。

作为地基的地层无论是土或是岩石，均是自然界的产物。由于自然环境和条件的复杂性，决定了天然地层在成分、性质、分布和构造上的多样性。除了一般的土类和构造形态之外，还有许多特殊的土类和不良地质现象。在建筑物设计之前，必须进行工程地质勘察和评价，充分了解地层的成因和构造，分析岩土的工程特性，提供设计计算参数。这是搞好地基基础工程设计与施工工作的前提。

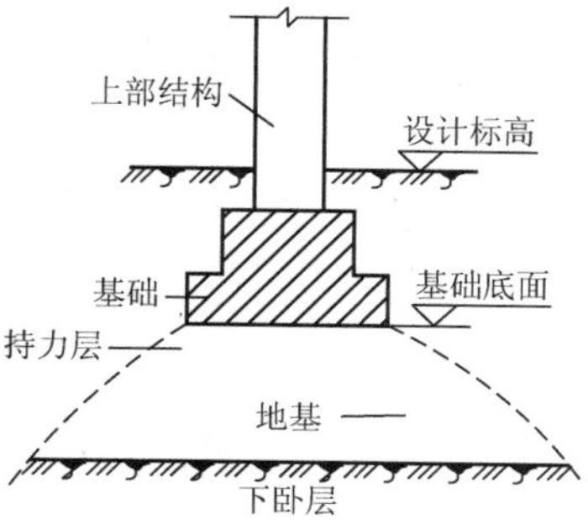

图 13.2 地基与基础示意

基础是建筑结构的重要受力构件，上部结构所承受的荷载都要通过基础传至地基。地基与基础对建筑结构的重要性是显而易见的，它们埋在地下，一旦发生质量事故，不光开始难以察觉，而且其修补工作也要比上部结构困难得多，事故后果又往往是灾难性的，实际上建筑结构的事故绝大多数是由地基和基础引起的。基础是建筑结构的一部分，和上部结构相同，基础应有足够的强度、刚度和耐久性。基础虽然有很多种形式，但可概括分为两大类，即浅基础和深基础。深基础和浅基础没有一个明确的分界线，一般将埋置深度不大，只需开挖基坑及排水等普通施工工艺建造的基础称为浅基础；反之，埋置深度较大，需借助于特殊的施工方法建造的基础称为深基础。前面各模块研究的是建筑结构的上部结构，本模块研究与建筑结构的地基基础设计有关的主要问题，包括土的工程性质及地基计算、常用基础的类型与选用、浅基础设计等基本内容。

13.1.1 土的工程性质及分类概述

1. 土的组成

土的物质成分包括有作为土骨架的固态矿物颗粒，孔隙中的水及其溶解物质以及气体，如图 13.3 所示。因此，土是由颗粒(固相)、水(液相)和气体(气相)所组成的三相体系。各种土的颗粒大小和矿物成分差别很大，土的三相间的数量比例也不尽相同，而且土粒与其周围的水又发生了复杂的物理化学作用。所以，要研究土的性质就必须了解土的三相组成以及在天然状态下土的结构和构造等特征。

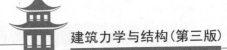

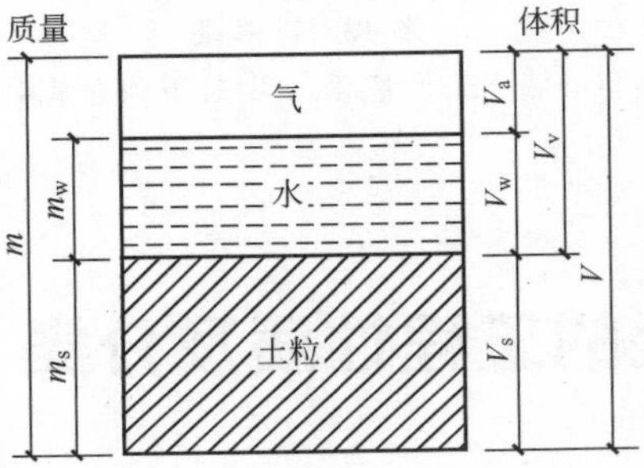

图 13.3 土的三相组成示意图

2. 土的物理性质指标

土的三相组成、物质的性质、相对含量以及土的结构构造等各种因素，必然在土的轻重、松密、干湿、软硬等一系列物理性质和状态上有不同的反映。土的物理性质又在一定程度上决定了它的力学性质，所以物理性质是土的最基本的工程特性。

图 13.3 中符号的意义如下。

m_s——土粒质量；

m_w——土中水质量；

m——土的总质量，$m=m_s+m_w$；

V_s——土粒体积；

V_w——土中水体积；

V_a——土中气体积；

V_v——土中孔隙体积，$V_v=V_w+V_a$；

V——土的总体积，$V=V_s+V_w+V_a$。

1) 土的密度

(1) 天然密度 ρ。天然状态下，土单位体积的质量称为其天然密度，单位为 g/cm^3 或 t/m^3，即

$$\rho=\frac{m}{V} \tag{13-1}$$

天然密度变化范围较大。一般黏性土 $\rho=1.8\sim2.0\text{g/cm}^3$；砂土 $\rho=1.6\sim2.0\text{g/cm}^3$；腐殖土 $\rho=1.5\sim1.7\text{g/cm}^3$。

土的密度一般用环刀法测定，用一环刀(刀刃向下)放在削平的原状土样面上，徐徐削去环刀外围的土，边削边压，使保持天然状态的土样压满环刀内，称得环刀内土样质量，求得它与环刀容积的比值，即为其密度。

(2) 土粒比重(土粒相对密度)。土粒质量与同体积的4℃时纯水的质量之比称为土粒比重(无量纲)，即

$$d_s=\frac{\rho_s}{\rho_w}=\frac{m_s}{V_s\rho_w} \tag{13-2}$$

式中，ρ_s——土粒密度(g/cm^3)；

ρ_w——纯水在4℃时的密度(单位体积的质量)，等于 1g/cm^3 或 1t/m^3。

土粒比重可在实验室内用比重瓶测定。将置于比重瓶内的土样在105～110℃下烘干后冷却至室温，用精密天平测其质量，用排水法测得土粒体积，并求得同体积4℃纯水的质量，土粒质量与其的比值就是土粒比重。

由于比重变化的幅度不大，通常可按经验数值选用。

(3) 土的干密度。土单位体积中固体颗粒部分的质量称为土的干密度，单位为 g/cm^3 或 t/m^3，即

$$\rho_d=\frac{m_s}{V} \tag{13-3}$$

在工程上常把干密度作为评定土体紧密程度的标准，以控制填土工程的施工质量。

(4) 土的饱和密度 ρ_{sat}。土孔隙中充满水时，单位体积的质量即为土的饱和密度，单位为 g/cm^3 或 t/m^3，即

$$\rho_{sat}=\frac{m_s+V_v\rho_w}{V} \tag{13-4}$$

式中，ρ_w——水的密度，近似等于 1g/cm^3。

(5) 土的浮密度 ρ'。在地下水位以下，土体中土粒的质量扣除浮力后，即为单位体积中土粒的有效质量，即

$$\rho'=\frac{m_s-V_s\rho_w}{V=\rho_{sat}-\rho_w}=\rho_{sat}-\rho_w \tag{13-5}$$

2) 土的重度

在实际应用中，经常采用土的容重，即土的重力密度，其数值上等于相应土密度与重力加速度的乘积，一般分为天然容重 γ、干容重 γ_d、饱和容重 γ_{sat}、有效容重 γ'。分别按下列公式计算：$\gamma=\rho g$；$\gamma_d=\rho_d g$；$\gamma_{sat}=\rho_{sat}g$；$\gamma'=\rho' g$。式中 g 为重力加速度，各指标的单位为 kN/m^3。

3) 土的含水率 ω

土中含水的质量与土粒质量之比称为土的含水率，以百分数计，即

$$\omega=\frac{m_w}{m_s}\times100\% \tag{13-6}$$

含水率 ω 是标志土的湿度的一个重要物理指标。天然状态下土层的含水量称天然含水量，其变化范围很大，它与土的种类、埋藏条件及其所处的自然地理环境等有关。一般干

的粗砂土，其值接近于零，而饱和砂土可达40%；坚硬的黏性土的含水率约小于30%，而饱和状态的软黏性土(如淤泥)，则可达60%或更大。一般来说，同一类土，当其含水率增大时，其强度就降低。

土的含水率一般用“烘干法”测定。先称小块原状土样的湿土质量，然后置于烘箱内维持100～105℃烘至恒重，再称干土质量，湿、干土质量之差与干土质量的比值，就是土的含水率。

4）土的孔隙比 e 和孔隙率 n

(1) 土的孔隙比 e。土中孔隙体积与土体积之比，孔隙比用小数表示，即

$$e=\frac{V_v}{V_s} \tag{13-7}$$

天然状态下土的孔隙比称为天然孔隙比，它是一个重要的物理性指标，可以用来评价天然土层的密实程度。一般 $e<0.6$ 的土是密实的低压缩性土，$e>1.0$ 的土是疏松的高压缩性土。

(2) 土的孔隙率 n。土中孔隙所占体积与总体积之比，用以百分数表示，即

$$n=\frac{V_v}{V}\times 100\% \tag{13-8}$$

一般黏性土的孔隙率为30%～60%，无黏性土为25%～45%。

5）土的饱和度 S_γ

土中被水充满的孔隙体积与孔隙总体积之比称为土的饱和度，以百分率计，即

$$S_\gamma=\frac{V_w}{V_v}\times 100\% \tag{13-9}$$

6）黏性土的物理性质

对于黏性土，还有塑限 ω_P、液限 ω_L、塑性指数 I_P 及液性指数 I_L 等物理性质指标。

(1) 黏性土由固体状态变化到可塑状态的界限含水量称为塑限 ω_P。一般用“搓条法”测定。

(2) 黏性土由可塑状态变化到流动状态的界限含水量称为液限 ω_L。一般用锥式液限仪测定。

(3) 液限与塑限的差值称为塑性指数 I_P，即 $I_P=\omega_L-\omega_P$。塑性指数习惯上用不带“%”的百分数表示。由定义知，I_P 正好是土处于可塑状态的上限和下限含水量。I_P 越大表明土的颗粒越细，比表面积越大，土的黏性或亲水矿物(如蒙脱石)含量越高，土处在可塑状态的含水量变化范围就越大。塑性指数能综合反映黏土的矿物亲水性成分和颗粒大小等影响黏性土特征的各种重要因素的影响，常作为工程上对黏性土分类的重要指标。黏性土的分类见表13-1所示。

表13-1　黏性土的分类

塑性指数 I_P	土的名称
$I_P>17$	黏土
$10<I_P\leqslant 17$	粉质黏土

注：塑性指数由相应于76g圆锥体沉入土样中深度为10mm时测定的液限计算而得。

（4）液性指数：是指黏性土的天然含水量和塑限的差值与塑性指数之比，用符号 I_L 表示，即

$$I_L=\frac{\omega-\omega_P}{\omega_L-\omega_P}=\frac{\omega-\omega_P}{I_P} \tag{13-10}$$

从式(13－10)中可知，当土的天然含水量 ω 小于 ω_P 时，I_L 小于0，天然土处于坚硬状态；当 ω 大于 ω_L 时，I_L 大于1，天然土处于流动状态；当 ω 在 ω_P 与 ω_L 之间时，即 I_L 在0与1之间时，则天然土处于可塑状态。

因此可以利用液性指数 I_L 来表示黏性土所处的软硬状态。I_L 值越大，土质越软，反之，土质越硬。《建筑地基基础设计规范》(GB 50007—2011)，以下简称《规范》，根据 I_L 的大小将黏性土的软硬状态分为五类，见表13－2。

表13－2　黏性土的状态

液性指数 I_L	状态	液性指数 I_L	状态
$I_L \leqslant 0$	坚硬	$0.75 < I_L \leqslant 1$	软塑
$0 < I_L < 0.25$	硬塑	$I_L > 1$	流塑
$0.25 < I_L \leqslant 0.75$	可塑	—	—

注：当用静力触探探头或标准贯入试验锤击数判定黏性土的状态时，可根据当地经验确定。

以上介绍了一般土最基本的物理性质指标，依据它们可对地基土有一个初步了解，并进行简单评价。如通过天然土的密度和重度可知它的轻重；通过孔隙比可判断土的压缩程度；通过饱和度可判断地基土的潮湿程度；通过塑性指数和液性指数所处的范围能判定黏性土的属性和坚硬程度。仅了解以上的地基土的简单情况还很不够，还要综合分析地基土更多的各种工程特性指标，研究其分类的方法，才能确定地基土的承载能力和沉降情况，以此作为基础设计的重要依据。

13.1.2 地基土（岩）的工程分类

地基土(岩)分类的方法很多。建筑结构中，土作为地基承受上部结构通过基础传来的荷载。从工程的角度，即着眼于土的工程性质(特别是各种强度和变形特性)及其与地基土的地质成因之间的关系来分类是合理而必要的。地基土分类的主要依据是三相的组成、粒径级配、土粒的形状和矿物成分等。我国现行规范将地基(岩)分为岩石、碎石土、砂土、粉土、黏性土、人工填土等。

（1）岩石。岩石应为颗粒间牢固联结，呈整体或具有节理裂隙的岩体。作为建筑结构的地基除应确定岩石的地质名称外，还应分别按表13－3、表13－4划分其坚硬程度和完整程度。岩石的坚硬程度应根据岩块的饱和单轴抗压强度 f_{rk} 分为坚硬岩、较硬岩、较软岩、软岩和极软岩。当缺乏饱和单轴抗压强度资料或不能进行该项试验时，可在现场通过观察定性划分，划分标准可按《规范》执行。岩石的风化程度可分为未风化、微风化、中风化、强风化和全风化。

表 13-3　岩石坚硬程度的划分

坚硬程度类别	坚硬岩	较硬岩	较软岩	软岩	极软岩
饱和单轴抗压强度标准值 f_{rk}/MPa	$f_{rk}>60$	$60\geqslant f_{rk}>30$	$30\geqslant f_{rk}>15$	$15\geqslant f_{rk}>5$	$f_{rk}\leqslant 5$

注：岩体完整程度应按表 13-4 划分为完整、较完整、较破碎、破碎和极破碎。

表 13-4　岩石完整程度的划分

完整程度等级	完整	较完整	较破碎	破碎	极破碎
完整性指数	>0.75	0.75～0.55	0.55～0.35	0.35～0.15	<0.15

注：完整性指数为岩体纵波波速与岩块纵波波速之比的平方，选定岩体、岩块测定波速时应有代表性。

(2) 碎石土。碎石土为粒径大于 2mm 的颗粒含量超过全重 50%的土。碎石土可按粒组含量和颗粒形状分为漂石、块石、卵石、碎石、圆砾和角砾，见表 13-5。

表 13-5　碎石土的分类

土的名称	颗粒形状	粒组含量
漂石	圆形及亚圆形为主	粒径大于 200 mm 的颗粒含量超过全重的 50%
块石	棱角形为主	
卵石	圆形及亚圆形为主	粒径大于 20 mm 的颗粒含量超过全重的 50%
碎石	棱角形为主	
圆砾	圆形及亚圆形为主	粒径大于 2 mm 的颗粒含量超过全重的 50%
角砾	棱角形为主	

注：分类时应根据粒组含量栏从上到下以最先符合者确定。

碎石土的密实度，可分为松散、稍密、中密、密实。碎石土的密实度按表 13-6 确定。

表 13-6　碎石土的密实度

重型圆锥动力触探锤击 $N_{63.5}$	密实度	重型圆锥动力触探锤击数 $N_{63.5}$	密实度
$N_{63.5}\leqslant 5$	松散	$10<N_{63.5}\leqslant 20$	中密
$5<N_{63.5}\leqslant 10$	稍密	$N_{63.5}>20$	密实

注：本表适用于平均粒径小于或等于 50mm 且最大粒径不超过 100mm 的卵石、碎石、圆砾、角砾。对于平均粒径大于 50mm 或最大粒径大于 100mm 的碎石土，可按《规范》附录 B 鉴别其密实度；表内 $N_{63.5}$ 为经综合修正后的平均值。

(3) 砂土。砂土为粒径大于 2mm 的颗粒含量不超过全重的 50%、粒径大于 0.075mm 的颗粒超过全重的 50%的土。砂土可分为砾砂、粗砂、中砂、细砂和粉砂。砂土按表 13-7 所示分类。

表 13－7　砂土的分类

土的名称	粒组含量
砾砂	粒径大于 2 mm 的颗粒含量占全重的 25%～50%
粗砂	粒径大于 0.5 mm 的颗粒含量超过全重的 50%
中砂	粒径大于 0.25 mm 的颗粒含量超过全重的 50%
细砂	粒径大于 0.075 mm 的颗粒含量超过全重的 85%
粉砂	粒径大于 0.075 mm 的颗粒含量超过全重的 50%

注：分类时应根据粒组含量栏从上到下以最先符合者确定。

砂土的密实度可分为松散、稍密、中密、密实。砂土的密实度按表 13－8 所示确定。

表 13－8　砂土的密实度

标准贯入试验锤击数 N	密实度
$N \leqslant 10$	松散
$10 < N \leqslant 15$	稍密
$15 < N \leqslant 30$	中密
$N > 30$	密实

注：当用静力触探探头阻力判定砂土的密实度时，可根据当地经验确定。

(4) 粉土。粉土为塑性指数 $I_P \leqslant 10$ 且粒径大于 0.075mm 的颗粒含量不超过全重的 50%的土，它介于砂土与黏性土之间。

(5) 黏性土。黏性土是塑性指数 I_P 大于 10 的土，可按表 13－1 分为黏土、粉质黏土。黏性土的状态可按表 13－2 分为坚硬、硬塑、可塑、软塑和流塑。工程实践表明，土的沉积年代对土的工程性质影响很大，按土的沉积年代将黏性土分为老黏性土、一般黏性土和新沉积的黏性土。

(6) 人工填土。人工填土是指由于人类活动堆积的土。其物质成分杂乱且均匀性较差，堆积时间也各不相同，故用作地基时应特别慎重。人工填土根据其组成和成因可分为素填土、压实填土、杂填土和冲填土。素填土为由碎石、砂土、黏性土、粉土等组成的填土；经分层压实者统称为压实填土；杂填土为含有建筑垃圾、工业废物、生活垃圾等杂物的填土；冲填土为由水力冲填泥砂形成的填土。

(7) 特殊土。特殊土指具有一定分布区域或工程意义上具有特殊成分、状态和结构特征的土。大体可分为软土、红黏土、黄土、膨胀土、多年冻土、湿陷性土、盐渍土、淤泥土、淤泥质土、泥炭土、泥炭质土等。

13.1.3 土的工程特性指标

1. 土的工程特性指标及其代表值

土的工程特性指标应包括强度指标、压缩性指标及静力触探探头阻力、标准贯入试验锤击数、载荷试验承载力等和其他特性指标。地基土工程特性指标的代表值应分别为标准值、平均值及特征值。其中，抗剪强度指标应取标准值；压缩性指标应取平均值；载荷试验承载力应取特征值。

2. 土的抗剪强度指标

(1) 土的抗剪强度。土的抗剪强度是指土体抵抗剪切破坏的极限能力。当土体内某点的剪应力达到土体的抗剪强度时，该点即发生剪切破坏。土的抗剪强度是土最重要的工程特性指标之一，在计算挡土墙及地下结构的土压力、确定建筑物地基的承载力和各类边坡的稳定分析中，均由土的抗剪强度控制。

(2) 测定土的抗剪强度。土的抗剪强度可用室内原状土直接剪切试验、无侧限抗压强度试验、三轴压缩试验、现场原位测试、十字板剪切试验等方法测定。采用室内剪切试验时，应选择三轴压缩试验中的不固结不排水试验。已经预压固结的地基可采用固结不排水试验，每层土的试样数量不能少于6组。验算土坡体的稳定性时，对于已有剪切破裂面或其他软弱结构面的土的抗剪强度，应进行野外大型剪切试验。

(3) 土的抗剪强度指标。土的抗剪强度有两种表达方法，相应有两种强度指标：土的 c 和 φ 统称为土的总应力强度指标；土的 c' 和 φ' 统称为土的有效应力强度指标。其中 c、φ 分别为土的黏聚力和内摩擦角；c'、φ' 分别为土的有效黏聚力和有效内摩擦角。工程中往往选用最接近实际条件的试验方法取得土的总应力强度指标。

3. 土的压缩性指标

土的压缩性指标是建筑物沉降计算的依据。

(1) 土的压缩系数 a 和压缩模量 E_s。土的压缩系数 a 和压缩模量 E_s 是评价土体压缩性能的指标，分别用下式计算

$$a=\frac{e_1-e_2}{p_2-p_1} \tag{13-11}$$

$$E_s=\frac{1+e_1}{a} \tag{13-12}$$

式中，a——土的压缩系数(MPa^{-1})；

E_s——土的压缩模量(MPa)；

p_1、p_2——土的固结应力(kPa 或 MPa)；

e_1、e_2——对应于 p_1、p_2 时的孔隙比。

地基土的压缩性可按 p_1 为100kPa、p_2 为200kPa时相对应的压缩系数 a_{1-2} 划分，一般按以下标准评价。

① 当 $a_{1-2}<0.1MPa^{-1}$时，为低压缩性土。

② 当 $0.1MPa^{-1}\leqslant a_{1-2}<0.5MPa^{-1}$时，为中压缩性土。

③ 当 $a_{1-2}\geqslant 0.5MPa^{-1}$时，为高压缩性土。

压缩模量 E_s 与土的压缩系数 a 成反比，故也能评价土的压缩性的高低。一般认为，$E_s<4MPa$ 时为高压缩性土；$E_s=4\sim15MPa$ 时为中压缩性土；$E_s>15MPa$ 时为低压缩性土。

(2) 土的压缩性指标可采用室内原状土压缩试验、原位浅层或深层平板载荷试验、旁压试验、触探试验确定。

4. 标准贯入试验锤击数

标准贯入试验锤击数 N 值，可对砂土、粉土、黏性土的物理状态，土的强度、变形参数、地基承载力、单桩承载力，砂土和粉土的液化，成桩的可能性等做出评价。

5. 载荷试验承载力

载荷试验是确定岩土承载力的主要方法，包括浅层平板载荷试验和深层平板载荷试验。浅层平板载荷试验适用于浅层地基；深层平板载荷试验适用于深层地基。

13.2 地基承载力

地基承载力是指在保证地基强度和稳定的条件下，建筑物不产生过大沉降和不均匀沉降而安全承受荷载的能力。地基承载力的确定在地基基础设计中是一个非常重要而又十分复杂的问题，它不仅与土的物理力学性质有关，而且还与建筑类型、结构特点、基础形式、基础的底面尺寸、基础埋深、施工速度等因素有关。确定地基承载力的基础是确定地基承载力特征值。

地基承载力特征值 f_{ak} 可由野外鉴别、载荷试验或其他原位测试、土样试验与公式计算，并结合工程实践经验等方法综合确定。

当基础宽度大于 3m 或埋置深度大于 0.5m 时，从载荷试验或其他原位测试、经验值等方法确定的地基承载力特征值，尚应修正，称为修正后的地基承载力特征值，用 f_a 表示。

特别提示

计算时，也可近似取 $f_a=1.1f_{ak}$。

13.3 天然地基上浅基础设计

13.3.1 地基基础设计的基本规定

基础按埋置深度的不同可分为浅基础和深基础两类。一般在天然地基上修筑浅基础，其施工简单，造价低，而人工地基及深基础往往施工复杂，造价较高。因此在保证建筑物安全和正常使用的条件下，应首先选用天然地基上浅基础的方案。

地基基础设计必须根据建筑物的用途和安全等级、建筑布置和结构类型，充分考虑建筑场地和地基岩土条件，结合施工条件以及工期、造价等各方面的要求，合理选择地基基础方案，因地制宜、精心设计，以保证建筑物的安全和正常使用。

1. 地基基础设计和计算的基本原则

地基基础的设计和计算应该满足下列三项基本原则。

(1) 对防止地基土体剪切破坏和丧失稳定性方面，应具有足够的安全度。

(2) 应控制地基变形量，使之不超过建筑物的地基变形允许值，以免引起基础不利截面和上部结构的损坏，或影响建筑物的使用功能和外观。

(3) 基础的形式、构造和尺寸，除应能适应上部结构、符合使用需要，满足地基承载力(稳定性)和变形要求外，还应满足对基础结构的强度、刚度和耐久性的要求。

2. 设计浅基础要处理的问题

设计浅基础一般要妥善处理下列几方面问题。

(1) 充分掌握拟建场地的工程地质条件和地基勘察资料。

(2) 了解当地的建筑经验、施工条件和就地取材的可能性，并结合实际考虑采用先进的施工技术和经济、可行的地基处理方法。

(3) 选择基础类型和平面布置方案，并确定地基持力层和基础埋置深度。

(4) 按地基承载力确定基础底面尺寸，进行必要的地基稳定性和变形验算。

(5) 以简化的或考虑相互作用的计算方法进行基础结构的内力分析和截面设计。

基础设计前，必须对场地的地基情况进行勘察调查，确定地基承载力及有关物理、力学性质指标，根据上部结构资料计算作用在基础上的荷载，按要求确定基础埋深，并按地基承载力初步确定基础底面尺寸，有必要时进行地基变形及稳定性的验算，最后根据作用在基础底面上的地基反力和材料强度等级确定基础的构造尺寸和配筋计算。

3. 地基基础设计的一般要求

地基基础设计的一般要求如下。

(1) 地基与基础设计的内容和要求与建筑物的安全等级有关。根据地基损坏造成建筑物破坏后果(危及人的生命、造成经济损失、造成社会影响及修复的可能性)的严重性，将建筑物地基基础设计等级分为 3 个等级，见表 13－9。

表 13－9　地基基础设计等级

设计等级	建筑和地基类型
甲级	重要的工业与民用建筑物 30 层以上的高层建筑 体形复杂、层数相关超过 10 层的高、低层连成一体的建筑物 大面积的多层地下建筑物(如地下车库、商场、运动场等) 对地基变形有特殊要求的建筑物 复杂地质条件下的坡上建筑物(包括高边坡) 对原有工程影响较大的新建建筑物 场地和地基条件复杂的一般建筑物 位于复杂地质条件及软土地区的二层及二层以上地下室的基坑工程 开挖深度大于 15m 的基坑工程周边环境条件复杂、环境保护要求高的基坑工程
乙级	除甲级、丙级以外的工业与民用建筑物
丙级	场地和地基条件简单、荷载分布均匀的 7 层及 7 层以下民用建筑及一般工业建筑物，次要的轻型建筑物，非软土地区且场地地质条件简单、基坑周边环境条件简单、环境保护要求不高且开挖深度小于 5.0m 的基坑工程

(2) 为了保证建筑物的安全与正常使用，根据建筑物的等级和长期荷载作用下地基变形对上部结构的影响程度，地基基础设计应按下列要求进行。

① 所有基础设计均应进行地基承载力计算。

② 设计等级为甲级、乙级的建筑物还应进行地基变形计算。

③ 表 13 - 9 所列范围内设计等级为丙级的建筑物可不做地基变形验算，如有下列情况之一时则应做地基变形验算。地基承载力特征值小于 130kPa 且体型复杂的建筑；在基础上及附近有地面堆载或相邻基础荷载相差较大、可能引起地基产生过大的不均匀沉降时；软弱地基上的建筑物存在偏心荷载时；邻近建筑相距太近可能发生倾斜时；地基内有厚度较大或厚薄不匀的填土自重固结未完成时。

④ 对经常受水平荷载作用的高层建筑和高耸结构、挡土墙，以及建造在斜坡上或边坡附近的建筑物和构筑物，尚应验算其稳定性。

⑤ 基坑工程应进行稳定性验算。

⑥ 当地下水埋藏较浅，建筑地下室或地下构筑物存在上浮问题时，尚应进行抗浮验算。

13.3.2 浅基础的类型

【基础】

1. 按基础埋置深度分类

基础埋置深度简称埋深，指室外底面标高到基础底面的垂直距离。

(1) 浅基础。将埋置深度不大，只需开挖基坑及排水等普通施工工艺建造的基础称为浅基础，一般基础埋深 $d \leqslant 5\text{m}$。

(2) 深基础。将埋置深度较大，需借助于特殊的施工方法建造的基础称为深基础。一般基础埋深 $d \geqslant 5\text{m}$。

2. 按材料分类

基础按使用的材料分为无筋扩展基础（砖基础、毛石基础、灰土基础、三合土基础、毛石混凝土基础、混凝土基础）和扩展基础（钢筋混凝土基础）。

(1) 砖基础。砖基础取材容易、施工简便、价格低廉，广泛应用于 6 层及 6 层以下的民用房屋中。砖基础具有一定的抗压强度但抗拉和抗剪强度较低，抗冻性能也较差。砖基础的剖面呈阶梯状，这个阶梯称为大放脚。大放脚从垫层上开始砌筑，为保证其刚度应为两皮砖一收，具体构造要求如图 13.4 所示。

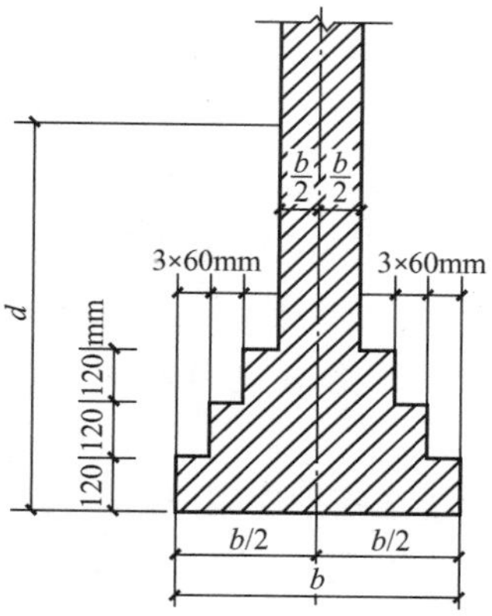

图 13.4　砖基础

(2) 毛石基础。毛石基础用于石料取材容易、价格相对便宜的地方。毛石基础用强度较高又未风化的毛石砌筑。毛石是指未经加工整理的石料，毛石基础的宽度和每阶台阶高度不宜小于 400mm；为保证锁结力，每一阶梯宜用两排或 3 排块石砌筑，且每个台阶外伸宽度不宜大于 200mm，具体构造要求如图 13.5 所示。基础应竖砌、错缝、缝内砂浆饱满。

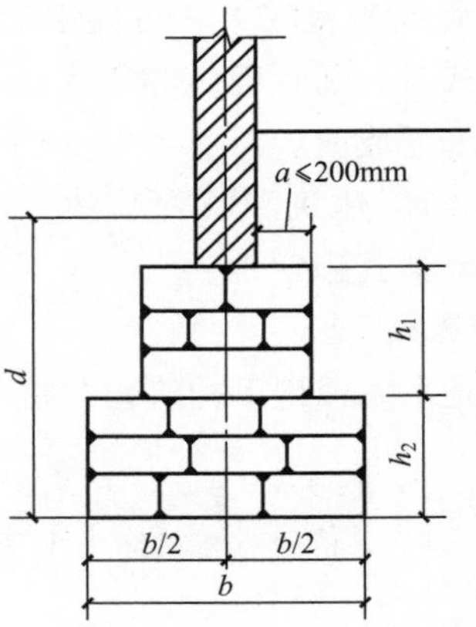

图 13.5　毛石基础

(3) 灰土基础。灰土基础适用于 5 层和 5 层以下，地下水位较低的民用混合结构房屋和用墙承重的轻型厂房。灰土是用经过熟化后的石灰粉和黏性土(以粉质黏土为宜)按一定比例加适量的水拌和分层夯实而成的，其配合比为 3∶7 或 2∶8。一般多采用三步灰土，即分三步夯实，夯实后总厚度为 450mm。

(4) 三合土基础。三合土基础在我国南方地区应用较为广泛，它的优点是施工简单，造价低廉；但其强度较低，故这种基础只适宜用于地下水位较低、不超过 4 层的民用混合结构房屋。三合土基础是用石灰、砂与骨料(碎石、碎砖、矿渣)加入适当的水经充分拌和后，均匀铺入基槽内，并分层夯实而成(虚铺 220mm，夯至 150mm 为一步)，然后在它上面砌砖大放脚。石灰、砂及碎砖三合土的体积配合比为 1∶2∶4 或 1∶3∶6。三合土的强度和骨料种类有关：矿渣由于有水硬性最好、碎砖次之、碎石因不易夯打而质量较差。

(5) 混凝土和毛石混凝土基础。当荷载较大时，常用混凝土基础。混凝土基础的强度、耐久性、抗冻性都较好，但因水泥用量较大，造价比砖、毛石基础高。为节约水泥用量，可在混凝土内掺入 25%～30%体积的毛石(毛石尺寸大小不宜超过 300mm)即为毛石混凝土基础。

以上五种类型基础有个共同的弱点，就是没有配置钢筋，其组成材料的抗拉、抗弯强度都较低。在地基反力作用下，基础下部的扩大部分像悬臂梁一样要向上弯曲，如果悬臂过长，则易产生弯曲裂缝。因此，需要限制台阶宽高比的容许值以保证基础的强度安全。悬臂长度只要符合宽高比的规定，就不会发生弯曲破坏，这类基础统称为刚性基础，又称无筋扩展基础。

(6) 钢筋混凝土基础。钢筋混凝土基础应用广泛，常用于上部结构荷载大或地基条件不好的建筑结构和各种高层结构的各种基础中。钢筋混凝土基础具有良好的抗弯抗剪性能，强度大，故在相同宽度的情况下高度远小于刚性基础；此外，还有抗冻防潮、适用面广的优点，但其造价较高。相对于刚性基础而言，钢筋混凝土基础又称为柔性基础或弹性基础。

3. 按结构分类

1）单独基础

（1）柱下单独基础。柱基础的主要类型之一是单独基础。若柱的材料是钢筋混凝土或钢；则基础材料多为混凝土或钢筋混凝土。荷载不大时，可用砖石材料基础。柱下现浇钢筋混凝土单独基础的竖截面可做成阶梯形或锥形，如图 13.6(a)、(b)所示；预制的柱下单独基础一般做成杯形，如图 13.6(c)所示。

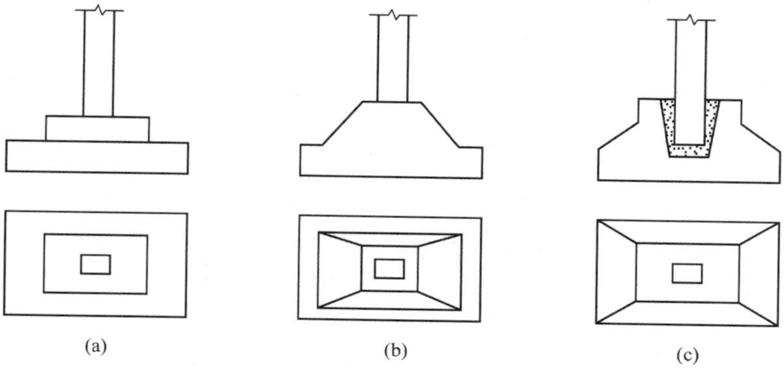

图 13.6 柱下单独基础

(a)阶梯形基础；(b)锥形基础 ；(c)杯形基础

（2）墙下单独基础。上部结构荷载不大但基础需要跨越障碍或深埋时，采用墙下单独基础，基础顶面应架设钢筋混凝土过梁，其跨度一般为 4～5m。

2）条形基础

（1）墙下条形基础。条形基础是墙基础的主要类型，常用砖石材料建造，必要时可用钢筋混凝土制成，后者又分为有肋式和无肋式两种，如图 13.7 所示。

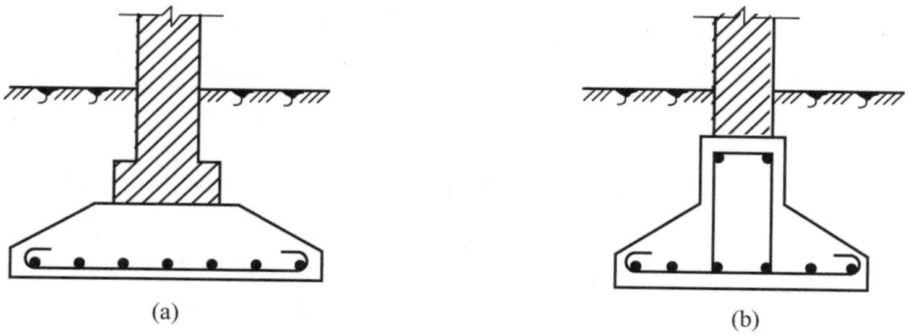

图 13.7 墙下钢筋混凝土条形基础

(a)无肋式；(b)有肋式

（2）柱下条形基础。当荷载较大而地基软弱时，采用柱下单独基础会使基底面积过大，这时可将同一排(条)柱的基础连通做成钢筋混凝土条形基础，如图 13.8 所示。

（3）柱下十字交叉基础。当荷载更大而地基相对更软弱时，可在柱网的纵、横两个方向都设置钢筋混凝土条形基础连成柱下十字交叉基础，以提高基础的承载力、刚度和整体性，减少基础的不均匀沉降，如图 13.9 所示。

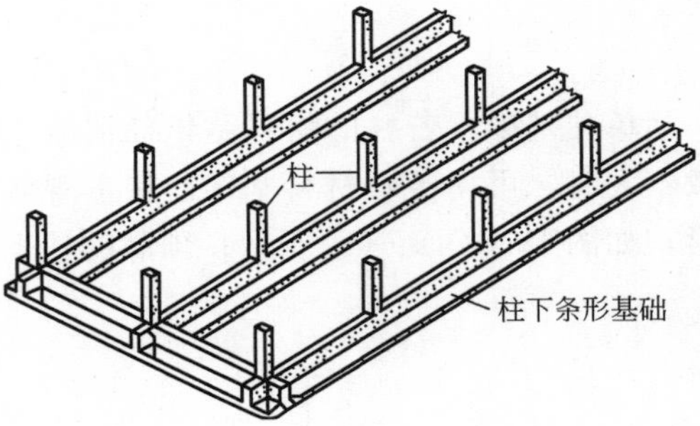

图 13.8　柱下钢筋混凝土条形基础

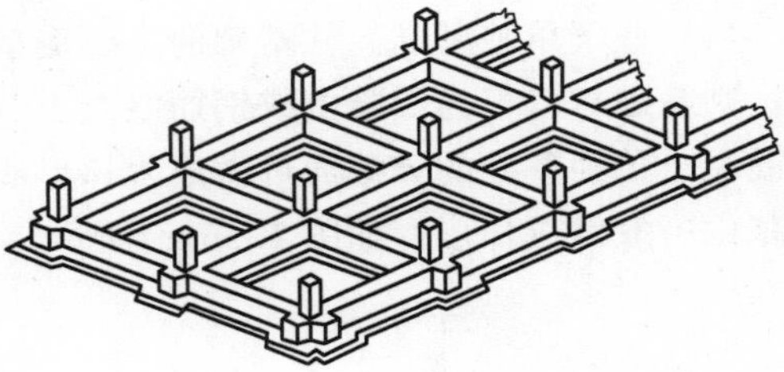

图 13.9　柱下十字形基础

3) 筏形基础

若地基特别软弱荷载又很大，用十字交叉基础也不能满足要求时，可采用筏形基础。筏形基础以整个房屋下大面积的筏片与地基接触，因而可以传递较大的上部荷载，筏形基础的整体性较好，能调整各部分的不均匀沉降。它可以做成倒置的肋形楼盖的形式，如图 13.10 所示；也可以做成倒置的无梁楼盖的形式。后者板厚较大，用料多，刚度较前者差，但施工方便；前者折算厚度小，用料省，刚度好，但施工麻烦且费模板。国外以厚平板式筏形基础应用居多，厚度常达 2～3m，它有利于降低整个房屋重心和提高抗倾覆能力，但也将较多地增加地基的负担，尤其是对软弱地基不利。当房屋层数较少时宜采用倒置无梁楼盖式筏形基础，我国采用此种基础较多。

4) 箱形基础

箱形基础是由钢筋混凝土整片底板、顶板和钢筋混凝土纵横墙组成的空间盒子，它是筏形基础的进一步发展，具有比上述各种基础形式大得多的刚度和整体性。如图 13.11 所示，由于其刚度相当大，能为上下部结构协同工作提供强有力的基础保证。它的整体抗弯能力也很大，由于挖去了很多土，减少了基础底面的附加压力，箱形基础特别适用于地基软弱、土层较厚、房屋底面积不大而荷载又很大或要求设有地下室的高层建筑和重要建筑。箱形基础的空心部分正好可作为地下室，满足各种功能和设施的要求。箱形基础用作高层建筑的基础，无论在国外还是在国内都是相当普遍的。

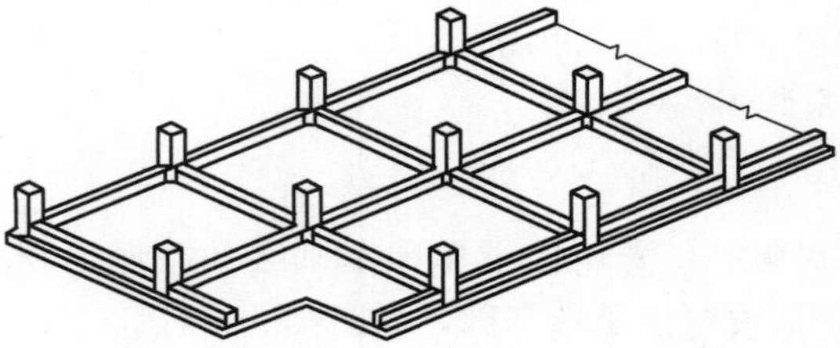

图 13.10　筏形基础

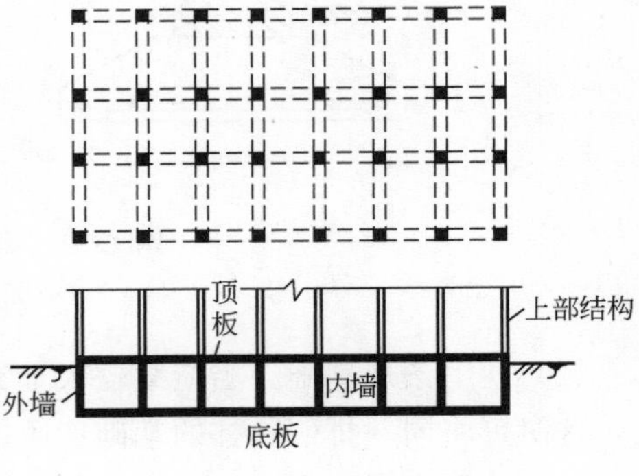

图 13.11　箱形基础

5) 桩基础

当上部结构荷载太大且浅层地基软弱又不宜采用地基处理，或坚实土层距基础底面较深、采用其他基础形式可能导致沉降过大而不能满足地基变形与强度要求时，必须利用地基下部深层较坚硬的土层作为持力层而设计成桩基。桩基础由承台和桩身两部分组成，桩基础的作用是将上部结构的荷载通过桩身与桩尖传至深层较坚硬的地层中，故桩基础能承受较大的荷载，能减少建筑物不均匀沉降，而且对地基土有挤密作用。桩基础是一种最常用的深基础，它承载力高、稳定性好、沉降量小而均匀、抗震和抗震性能好、便于机械化施工、适应性强，在高层建筑、动力设备基础、桥梁及港口工程中应用极为广泛。它是一种发展迅速的深基础。

6）其他基础

其他的基础有壳体基础、岩层锚杆基础、沉井基础、地下连续墙、墩基础、沉箱基础等。沉井和沉箱基础多用于工业建筑、桥梁和地下构筑物；与大开挖相比，它具有挖土量少、施工方便、占地少和对邻近建筑物影响较小等优点。沉箱是将压缩空气压入一个特殊的沉箱室内以排除地下水，工作人员在沉箱内操作，比较容易排除障碍物，使沉箱顺利下沉。目前可达地下水位以下35～40m的深度。地下连续墙是近代发展起来的一种新的基础形式，具有无噪声、无振动、对周围建筑物影响小的特点，并有节约土方量、缩短工期、安全等优点。

13.3.3 基础埋置深度的选择

【基础施工】

基础的埋置深度是指室外设计地面至基础底面的竖向距离。基础埋置深度对建筑物的安全及正常使用、施工工期和造价有很大影响，合理确定基础的埋置深度是很重要的问题，应综合考虑以下几个方面的因素。

1. 建筑物的用途

建筑物的各种用途、有无地下室、设备基础和地下设施，基础的形式和构造对基础埋深影响很大。如有地下管道和设备基础要求时，还应满足建筑物使用功能上提出的埋深要求，将基础局部或整体加深。

2. 作用在地基上的荷载大小和性质

不同的荷载的大小对基础埋深的要求不同；承受动力或较大水平荷载的建筑物与一般以承受竖向荷载为主的建筑物对基础埋深的要求也不同。高层建筑筏形和箱形基础的埋置深度应满足地基承载力、变形和稳定性要求。在抗震设防区，除岩石地基外，天然地基上的箱形和筏形基础其埋置深度不宜小于建筑物高度的1/15；桩箱或桩筏基础的埋置深度(不计桩长)不宜小于建筑物高度的1/20～1/18。位于岩石地基上的高层建筑，其基础埋深应满足抗滑要求。注意可能承受上拔力的建筑物基础，如输电塔和大跨度悬索桥的锚碇会要求较大或很大的埋深。

3. 工程地质和水文地质条件

在满足地基承载力、稳定和变形要求的前提下，基础应尽量浅埋；当上层地基土的承载力大于下层土时，宜利用上层土做持力层。如果承载力比较高的土层在地基土的下部时，则持力层宜进行地基处理后才能浅埋。基础浅埋的深度，除岩石地基外，不宜小于0.5m，为保护基础，基础顶面低于室外地面不小于0.1m。基础宜埋置在地下水位以上，以避免施工时排水带来的困难，并可减轻地基上的冻害。当必须埋在地下水位以下时，应采取地基土在施工时不受扰动的措施。若基础埋置在易风化的岩层上，施工时应在基坑开挖后立即铺筑垫层。当地下水有侵蚀性时，还应对基础采取防护措施。

4. 相邻建筑物基础的影响

新建筑物靠近原有建筑物时，其基础埋置深度不宜大于原有建筑物基础。如新基础埋深大于原有建筑基础时，为保证相邻建筑物的安全和正常使用，两基础间应保持一定净距，其数值应视原有建筑荷载大小、基础形式和土质情况而定。当上述要求不能满足时，施工时应采取措施，如分段施工、设临时加固支承、打板桩、构筑地下连续墙或加固原有建筑物的地基。

5. 地基土冻胀和融陷的影响

土中水分冻结后体积变大形成冰晶，使土中孔隙体积增大、使土变得疏松的现象称为冻胀；冻土融化后使土变软、含水量增大、强度降低产生的附加沉陷称为融陷。季节性冻土在冻融过程中，反复地产生冻胀和融陷会使土的强度降低，沉陷增大会对建筑物产生不良影响，可能引起开裂甚至破坏。土的冻胀性大小与土粒大小、含水量和地下水位高低有密切关系。根据土的类别、含水量、地下水位和平均冻胀率，将地基土分为不冻胀土、弱冻胀土、冻胀土、强冻胀土和特强冻胀土五类。对埋置于不冻胀土中的基础，其埋深可不考虑冻胀的影响；对埋置于冻胀土中的基础，其最小埋深要考虑冻胀的影响，一般按公式确定。

13.3.4 基础底面尺寸的选择

选择基础类型和埋深后，可根据修正后的地基承载力特征值计算基础底面尺寸。基础底面积的大小应保证作用在基础底面上的平均应力小于或等于地基承载力的设计值。基础按受力情况分为轴心受压基础和偏心受压基础。

1. 轴心荷载作用下的基础

如图13.12所示，基础底面的压力，可按下列公式确定。

$$p_k = \frac{F_k + G_k}{A} \tag{13-13}$$

式中，p_k——相应于荷载效应标准组合时，基础底面处的平均压力值(kPa)；

F_k——相应于荷载效应标准组合时，上部结构传至基础顶面的竖向力值(kN)；

G_k——基础和回填土的自重($G_k=\gamma_G Ad$，γ_G 一般取 20kN/m^3，d 为基础埋深)；

A——基础底面面积(m^2)。

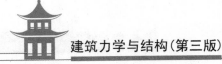

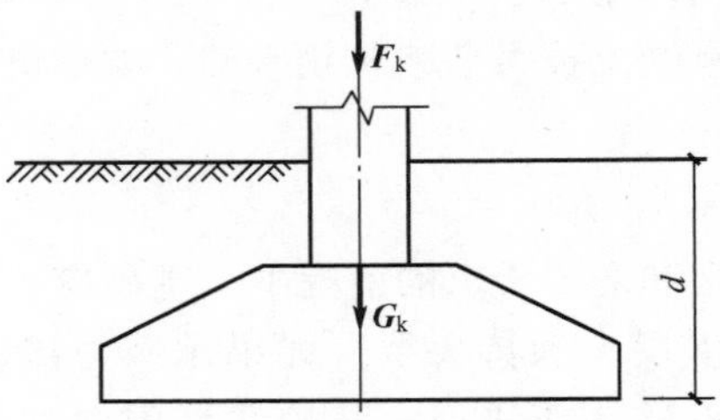

图 13.12　中心荷载作用下的基础

基础底面的压力应符合下式要求，即地基不发生强度破坏

$$p_k \leqslant f_a \tag{13-14}$$

式中，p_k——相应于荷载效应标准组合时，基础底面处的平均压力值(kPa)；

f_a——修正后的地基承载力特征值(kPa)。

由式(13-13)、式(13-14)及$G_k=\gamma_G Ad$可得下列公式。

(1) 对于矩形基础，有

$$A=bl \geqslant \frac{F_k}{f_a-\gamma_G d} \tag{13-15}$$

(2) 对于方形基础，有

$$b=l \geqslant \sqrt{\frac{F_k}{f_a-\gamma_G d}} \tag{13-16}$$

(3) 对于条形基础，沿长度方向取1m作为计算单元，即$l=1.0$m，有

$$b \geqslant \frac{F_k}{f_a-\gamma_G d} \tag{13-17}$$

2. 偏心荷载作用下的基础

如图13.13所示，基础底面边缘的最大和最小压力可由下式确定。

$$p_{kmax}=\frac{F_k+G_k}{A}+\frac{M_k}{W} \tag{13-18}$$

$$p_{kmin}=\frac{F_k+G_k}{A}-\frac{M_k}{W} \tag{13-19}$$

式中，M_k——相应于荷载效应标准组合时，作用于基础底面的力矩值(kN·m)；

W——基础底面的抵抗矩(m^3)；

p_{kmax}、p_{kmin}——相应于荷载效应标准组合时，基础底面边缘的最大、最小压力值(kPa)。

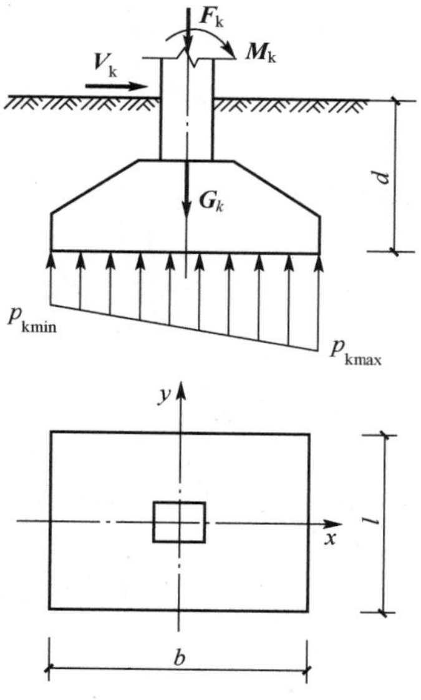

图13.13 单向偏心荷载

当偏心距 $e>\frac{b}{6}$时，部分基础底面与地基之间是脱离的，这时，p_{kmax}应按下式计算。

$$p_{kmax}=\frac{2(F_k+G_k)}{3al} \tag{13-20}$$

式中，l——力矩作用方向的基础底面边长(m)；

a——合力作用点至基础底面最大压力 P_{kmax}作用边缘的距离(m)，$a=\frac{l}{2}-e_k$；

e_k——偏心距(m)，$e_k=\frac{M_k}{F_k+G_k}$。

偏心荷载作用时，基础底面的压力尚应符合下列要求。

$$p_k=\frac{(p_{kmax}+p_{kmin})}{2}\leqslant f_a \tag{13-21}$$

$$p_{kmax}\leqslant 1.2f_a \tag{13-22}$$

式中，p_{kmax}——相应于荷载效应标准组合时，基础底面边缘的最大压力值(kPa)。

式(13-22)中将地基承载力设计值提高 20%的原因，是因为 p_{kmax}只是在基础边缘的局部范围内出现，而且 p_{kmax}中的大部分是由活荷载而不是恒荷载产生的。

确定偏心受压基础底面尺寸一般采用试算法：先按轴心受压基础所需的底面面积增大10%～40%，初步选定长短边尺寸；然后验算是否满足式(13-21)、式(13-22)的要求。如不符合，则需另行假定基底尺寸和重算，直至满足要求。

13.3.5 确定基础高度

如基础的高度(或阶梯高度)不足时，则沿着柱周边(或变阶处周边)产生冲切破坏，形成 45°斜裂面的角锥体。因此，冲切破坏锥体以外地基反力产生的冲切力应小于混凝土基础在冲切面处的抗冲切力，故对矩形截面柱的矩形基础，应验算柱与基础交接处以及基础变阶处的受冲切承载力。

13.3.6 基础底板配筋计算

基础底板的配筋应按钢筋混凝土抗弯计算确定。验算基础高度和底板配筋时，应用扣除基础自重及其上土重后相应于荷载效应基本组合时的地基土单位面积净反力来计算，对偏心受压基础可取基础边缘处最大地基土单位。

构造要求如下。

(1) 基础的边缘高度。锥形基础的边缘高度不宜小于 200mm，且两个方向的坡度不宜大于 1∶3；阶梯形基础每阶的高度宜为 300～500mm。

(2) 基底垫层。通常在底板下面浇筑一层素混凝土垫层，其厚度不宜小于 70mm，垫层混凝土强度等级应为 C10。通常采用 100mm 厚的 C10 素混凝土垫层，两边各伸出基础 100mm。

(3) 钢筋底板受力钢筋最小配筋率不应小于 0.15%，且直径不应小于 10mm，间距不大于 200mm，也不宜小于 100mm；当柱下钢筋混凝土独立基础的边长大于或等于 2.5m

时，钢筋长度可减短 10%并宜均匀交错布置。底板钢筋的保护层，当有垫层时不小于 40mm；当无垫层时不小于 70mm。

（4）基础混凝土强度等级不应低于 C20。

另外，当扩展基础的混凝土强度等级小于柱的混凝土强度等级时，尚应验算柱下扩展基础顶面的局部受压承载力。

应用案例 13-1

实例二：钢筋混凝土柱基础 JC-2 的计算。柱截面为 500mm×500mm，作用在基础顶面处的相应于荷载效应标准组合上部结构传来的轴心荷载为 900kN，弯矩值为 92kN·m，水平荷载为 15kN，如图 13.14 所示。地基承载力特征值 $f_{ak}=200$kPa，试计算基础底面尺寸。

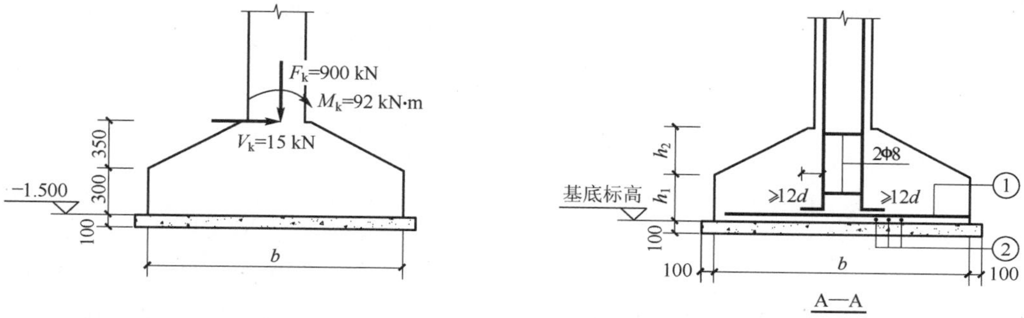

图 13.14 实例二基础图

解：（1）修正后的地基土承载力特征值。近似按 $f_a=1.1f_{ak}$ 计算为

$$f_a=1.1f_{ak}=1.1\times200=220(\text{kPa})$$

（2）先按轴心受压估算基础底面积。计算基础和回填土重时的埋深

$$d=1.5\text{m}$$

$$A'\geqslant\frac{Fk}{f_a-\gamma_G d}=\frac{900}{220-20\times1.5}=4.737(\text{m}^2)$$

（3）考虑偏心，将基础底面增大 10%。

$$A=1.1A'=1.1\times4.737=5.21(\text{m}^2)$$

取矩形基础底板长短边之比 $l/b=1$，故有 $b=l=\sqrt{A}=2.28$(m)

取 $b=2.5$m。

（4）验算持力层地基土承载力。对于基础底面基础和回填土重为

$$G_k=\gamma_G Ad=20\times2.5\times2.5\times1.5=187.5(\text{kN})$$

$$F_k+G_k=900+187.5=1087.5(\text{kN})$$

$$M_k=92+15\times0.65=101.75(\text{kN}\cdot\text{m})$$

偏心距为 $$e=\frac{M_k}{F_k+G_k}=\frac{101.75}{1087.5}=0.094<\frac{l}{6}=\frac{2.5}{6}=0.417(\text{m})$$

基底最大最小土压力：

$$p_{k\min}^{k\max}=\frac{F_k+G_k}{A}\left(1\pm\frac{6e}{l}\right)=\frac{1087.5}{2.5\times2.5}\left(1\pm\frac{6\times0.094}{2.5}\right)$$

$$p_{kmax}=213\text{kPa}<1.2f_a=1.2\times220=264(\text{kPa})$$

$$p_{kmin}=135\text{kPa}>0$$

$$p_k=\frac{p_{kmax}+p_{kmin}}{2}=174\text{kPa}<f_a=220\text{kPa}$$

故基础底面尺寸取 $l=2.5\text{m}$，$b=2.5\text{m}$，符合设计要求。

应用案例 13－2

实例一：横墙厚240mm，墙体采用蒸压粉煤灰砖MU15、混合砂浆Ms10砌筑，底层墙体高度为4.6m(至基顶)，如图13.15所示。模块11已算出：楼面板面荷载标准值 $g_{k1}=2.99\text{kN/m}^2$，楼面可变荷载标准值为 $q_{k1}=2\ \text{kN/m}^2$，屋面板面荷载标准值 $g_{k2}=5.34\text{kN/m}^2$，屋面可变荷载标准值为 $q_{k2}=0.7\text{kN/m}^2$，以上荷载的作用范围是3.3m。墙体240mm双面抹灰，其恒载标准值为 $5.24\ \text{kN/m}^2$，墙体高度为7.2m。试计算横墙基础(1—1剖面)尺寸及外墙自承重墙(2—2剖面)基础。

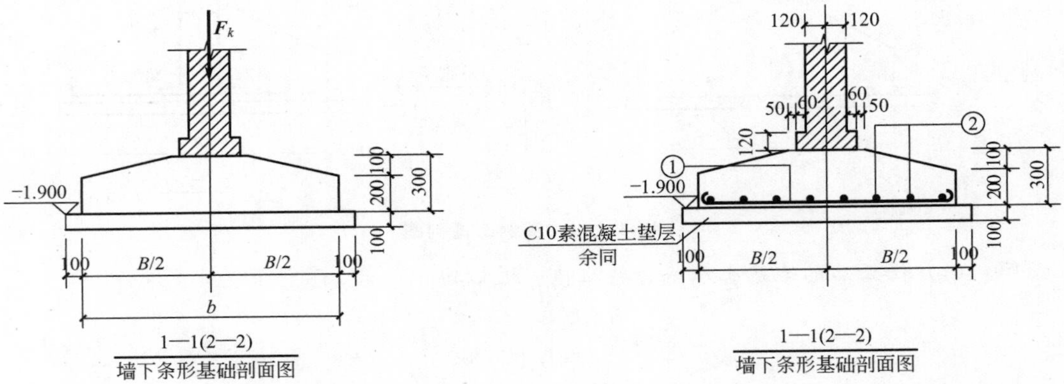

图 13.15　实例一墙下条形基础

解：(1) 1—1剖面基础尺寸的确定。

中心荷载作用，沿墙长方向取 $l=1\text{m}$，底层墙体每米长的荷载标准值为

$$\begin{aligned}F_k&=(g_{k1}+g_{k2})\times3.3+g_{k3}\times7.2+(q_{k1}+q_{k2})\times3.3\\&=(2.99+5.34)\times3.3+5.24\times7.2+(2+0.7)\times3.3\\&=74.127(\text{kN})\end{aligned}$$

持力层承载力验算。

地基承载力设计值为 $f=1.1f_k=1.1\times145=159.5(\text{kPa})$

确定基底尺寸为

$$b\geqslant\frac{F_k}{f-\gamma_G d}\quad(\gamma_G=20\text{kN/m}^3,\ d=1.9\text{m})$$

$$=\frac{74.127}{159.5-20\times1.9}=0.61(\text{m})，取\ b=0.8\text{m}$$

基底平均压力设计值为

$$p=\frac{F_k+\gamma_G d}{b}=\frac{74.127+20\times1.9}{0.8}=140.159(\text{kPa})<159.5\text{kPa}$$

故1—1剖面基础底宽度为800mm。

(2) 2—2 剖面基础尺寸的确定。

中心荷载作用，沿墙长方向取 $l=1\text{m}$，墙体高度 7.2m 加上女儿墙高 1m，总高 8.2m。底层墙体每米长的恒荷载标准值为

$$F_k = g_{k3} \times 8.2 = 5.24 \times 8.2 = 42.968(\text{kN})$$

持力层承载力验算：

确定基底尺寸为

$$b \geqslant \frac{F_k}{f-\gamma_G d}$$
$$= \frac{42.968}{159.5-20\times1.9} = 0.354(\text{m})\text{，取 } b=0.6\text{m}$$

基底平均压力设计值为

$$p = \frac{F_k + \gamma_G d}{b} = \frac{42.968+20\times1.9}{0.6} = 134.947(\text{kPa}) < 159.5\text{kPa}$$

故 2—2 剖面基础底宽度为 600mm。

13.4 减轻建筑物不均匀沉降的措施

一般来说，建筑物出现沉降是难以避免的，但是，过大的地基变形将使建筑物损坏或影响它的使用功能。如何防止和减轻基础不均匀沉降引起的损害是建筑设计中必须考虑的问题。人们可以从地基、基础和上部结构相互作用的观点出发，综合选择合理的建筑、结构设计及施工方案和采取相应的措施，以减轻不均匀沉降对建筑物的危害。

1. 建筑措施

(1) 建筑体形力求简单、高差不宜过大。建筑平面简单、高度一致的建筑物，基底应力较均匀，整体刚度好，即使沉降较大，建筑物也不易产生裂缝和损坏。例如，平面呈“一”字形的建筑物整体性好；而体型(平面及剖面)复杂的建筑物，其整体刚度往往会被削弱。此外，建筑物立面体形变化也不要太大。

(2) 控制建筑物的长高比及合理布置纵横墙。砖石承重的建筑物，当其长度与高度之比较小时，建筑物的刚度好。即使沉降较大，也不至于引起建筑物开裂。相反，长高比大的建筑物其整体刚度小，纵墙很容易因挠曲变形过大而开裂。根据建筑实践经验，当基础计算沉降量大于 120mm 时，建筑物的长高比不宜大于 2.5；对于平面简单，内、外墙贯通，横墙间隔较小的房屋，长高比可适当放宽，但一般不宜大于 3.0。

合理布置纵横墙是增强建筑物刚度的重要措施之一，因为纵横墙构成了建筑物的空间刚度，所以适当加密横墙的间距，就可增强建筑物的整体刚度，纵横墙转折会削弱建筑物的整体性，所以建造在软弱地基上的建筑物，纵横墙最好不转折或少转折。

(3) 设置沉降缝。当地基很不均匀且建筑物体形复杂又不可避免时，用沉降缝将建筑物从屋面到基础分割为若干个独立的单元，使建筑平面变得简单，可有效地减轻地基不均

匀沉降。沉降缝通常设置在如下部位：平面形状复杂的建筑物转折处；建筑物高差或荷载差别很大处；长高比过大的建筑物的适当部位；地基土压缩性有显著变化处；建筑物结构或基础类型不同处；分期建筑的交接处。

沉降缝应留有足够的宽度，缝内一般不填塞材料，以保证沉降缝上端不致因相邻单元内倾而顶住。沉降缝的宽度与建筑物的层数有关，见表 13－10。

表 13－10　沉降缝的宽度

房屋层数	沉降缝的宽度/mm
2～3	50～80
4～5	80～120
5层以上	不小于 120

(4) 控制建筑物基础间距。相邻建筑物太近，由于地基应力扩散作用，会互相影响，引起相邻建筑物产生附加沉降，见表 13－11。建造在软弱地基上的建筑物，应将高低悬殊部分(或新老建筑物)离开一定距离。如离开距离后的两个单元之间需要连接时，应设置能自由沉降的独立连接体或采用简支、悬臂结构。

表 13－11　相邻建筑物基础间的净距(m)

影响建筑的预估平均沉降量 s/mm	被影响的建筑长高比	
	$2.0 \leqslant \frac{L}{H_f} < 3.0$	$3.0 \leqslant \frac{L}{H_f} < 5.0$
70～150	2～3	3～6
160～250	3～6	6～9
260～400	6～9	9～12
≥400	9～12	≥12

注：(1) 表中 L 为建筑物长度或沉降缝分割的单元长度(m)；H_f 为自基础底面标高算起的建筑物高度(m)。

(2) 当被影响建筑的长高比为 $1.5 < \frac{L}{H_f} < 2.0$ 时，其间净距可适当缩小。

2. 结构措施

(1) 减轻建筑物自重。基底压力中，建筑物自重所占比例很大。采用高强轻型砌体材料、选用轻型结构、减少基础和回填土质量，能大大减少建筑物沉降量。

(2) 设置圈梁。不均匀沉降会引起砌体房屋墙体开裂，圈梁的设置可增大建筑物的整体性、刚度和承载力。

(3) 减少和调整基底附加压力。改变基础形式及基底尺寸、增设地下室等架空层，可减少和调整基底附加压力。

(4) 将上部结构做成静定体系。当发生不均匀沉降时采用静定结构体系不致引起很大的附加应力，故在软弱地基上建造的公共建筑、单层工业厂房、仓库等，可考虑采用静定结构体系，以适应不均匀沉降的要求。

3. 施工措施

合理安排施工顺序和注意选用施工方法可减少或调整不均匀沉降。当建筑物存在高低或轻重不同部分时，应先施工高层及重的部分，后建轻的及低层部分。如果在高低层之间使用连接体时，应最后修建连接体，以调整高低层之间部分沉降差异。不要扰动基底土的原来结构，通常在坑底保留约200mm厚的土层，如发现坑底土已被扰动，应将已扰动土挖去，再用砂、碎石等回填夯实。在软弱地基土上、已建和在建房屋外围应避免大量、长时间堆放，以免引起新老房屋的附加沉降。

小 结

建筑结构都是由埋在地面以下一定深度的基础和支承于其上的上部结构组成的，基础又坐落在称为地基的地层(土或岩石)上。基础是建筑结构的重要受力构件，上部结构所承受的荷载都要通过基础传至地基。

土的物质成分包括有作为土骨架的固态矿物颗粒，孔隙中的水及其溶解物质及气体，土的三相组成、物质的性质、相对含量，以及土的结构构造等各种因素，必然在土的轻重、松密、干湿、软硬等一系列物理性质和状态上有不同的反映。土的物理性质又在一定程度上决定了它的力学性质，所以物理性质是土的最基本的工程特性。密度ρ、土粒相对密度d_s、含水量ω可通过土工试验测定，称为基本指标，由它们可导出其他各项指标。

我国现行规范将地基(岩)分为岩石、碎石土、砂土、粉土、黏性土、人工填土等。

土的工程特性指标应包括强度指标、压缩性指标及静力触探探头阻力、标准贯入试验锤击数、载荷试验承载力等和其他特性指标。地基土工程特性指标的代表值应分别为标准值、平均值及特征值。其中，抗剪强度指标应取标准值；压缩性指标应取平均值；载荷试验承载力应取特征值。

地基的沉降必须要从土的应力与应变的基本关系出发来研究。对于地基土的应力一般要考虑基底附加应力、地基自重应力和地基附加应力。地基的变形是由地基的附加应力导致的，变形都有一个由开始到稳定的过程。我们把地基稳定后的累计变形量称为最终沉降量。

地基承载力特征值可由野外鉴别、载荷试验或其他原位测试、土样试验与公式计算，并结合工程实践经验等方法综合确定。

基础按埋置深度的不同可分为浅基础和深基础两类。一般在天然地基上修筑浅基础，其施工简单，造价低，而人工地基及深基础往往施工复杂，造价较高。因此在保证建筑物安全和正常使用的条件下，应首先选用天然地基上修筑浅基础的方案。

习 题

一、填空题

1. ________是建筑结构的重要受力构件，上部结构所承受的荷载都要通过基础传至________。

2. 土是由________、________和________所组成的三相体系。

3. ＿＿＿＿＿、＿＿＿＿＿、＿＿＿＿＿可通过土工试验测定，称为基本指标。

4. 液限与塑限的差值称为＿＿＿＿＿。

5. 我国现行规范将地基(岩)分为＿＿＿＿＿、＿＿＿＿＿、＿＿＿＿＿、粉土、黏性土、人工填土等。

6. ＿＿＿＿＿是指土体抵抗剪切破坏的极限能力。

二、选择题

1. 地下水位升高会引起自重应力(　　)。

A. 增加　　B. 减少　　C. 不变　　D. 不确定

2. 当土体内某点的剪应力达到土体的(　　)时，该点即发生剪切破坏。

A. 抗剪强度　　B. 抗压强度　　C. 法向应力　　D. 承载力

3. 载荷试验是确定岩土承载力的主要方法，包括(　　)。

A. 浅层平板载荷试验　　B. 深层平板载荷试验

C. 标准贯入锤击数　　D. 坍落度试验

4. 为解决新建建筑物与已有的相邻建筑物距离过近，且基础埋深又深于相邻建筑物基础埋深的问题，可以采取下列哪项措施？(　　)

A. 增大建筑物之间的距离　　B. 增大新建建筑物的基础埋深

C. 在基坑开挖时采取可靠的支护措施　　D. 及时回填土

三、判断题

1. 黏性土的天然含水量和塑限的差值与塑性指数之比称为塑性指数。(　　)

2. 一般说来，同一类土，当其含水量增大时，则其强度就降低。(　　)

3. 可以利用液性指数 I_L 来表示黏性土所处的软硬状态。I_L 值越大，土质越硬；反之，土质越软。(　　)

4. 当含水量发生变化时，随之变化的指标是塑限。(　　)

四、计算题

1. 某地基土试验中，测得土的干重度为 11.2kN/m^3，含水量为 31.2%，土粒比重为 2.70，求土的孔隙比、孔隙度、饱和度和饱和重度。

2. 某承重墙厚 370mm，传来轴力设计值 $F=280$kN/m，基础埋深 $d=0.8$m，地基资料如图 13.16 所示，试确定基底尺寸。

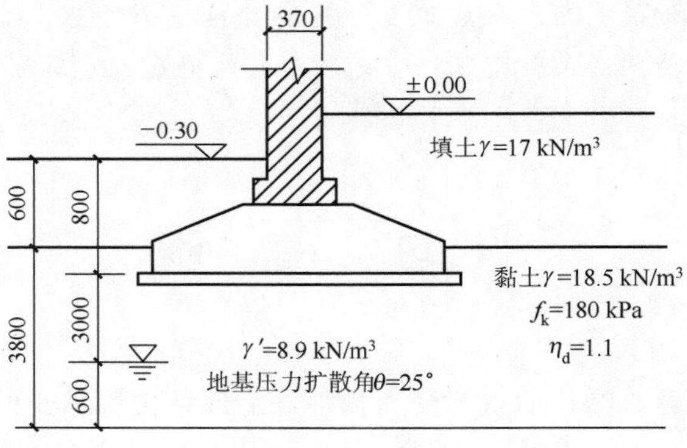

图 13.16　计算题 2 图

模块 14 钢结构

教学目标

通过本模块的学习，了解钢结构的组成、特点及应用范围；熟悉钢结构用钢材的品种、规格和选用原则；掌握钢结构的材料性能；掌握钢结构的连接方式；熟悉钢结构轴心受力构件、受弯构件的截面形式及稳定性。

教学要求

能力目标	相关知识	权重
掌握钢材的主要机械性能；了解钢材的两种破坏形式；掌握影响材料性能的主要因素	强度、塑性、冷弯性能、冲击韧性、可焊性，延性破坏、脆性破坏；化学成分等对其的影响	10%
了解钢材的种类、规格及其选用原则	各种规格的钢材，表示方法，选用原则	25%
了解钢结构连接的种类和特点；了解焊接方法；掌握焊缝连接形式及其计算；了解焊缝连接的缺陷、质量检验和焊缝质量级别；了解普通螺栓的排列和要求；熟悉高强度螺栓连接的分类	焊接连接的形式及其构造要求，螺栓连接的形式及其构造要求	35%
了解轴心受力构件的分类；熟悉轴心受力构件在工程中的应用；了解强度和刚度的计算；掌握整体稳定性、局部稳定性的概念	轴心受力构件的类型：实腹式和格构式，轴心受力强度、刚度和稳定性的计算	15%
了解受弯构件的分类；熟悉受弯构件在工程中的应用；掌握稳定性的概念	梁的分类和稳定性	15%

学习重点

钢结构的材料性能；钢结构的连接方式；钢结构轴心受力构件的截面形式及稳定性；受弯构件的截面形式及稳定性。

引例

“鸟巢”是2008年北京奥运会主体育场。“鸟巢”外形结构主要由巨大的门式钢架组成，共有24根桁架柱。国家体育场建筑顶面呈鞍形，长轴为332.3m，短轴为296.4m，最高点高度为68.5m，最低点高度为42.8m。大跨度屋盖支撑在24根桁架柱之上，柱距为37.96m。主桁架围绕屋盖中间的开口放射形布置，有22榀主桁架直通或接近直通。为了避免出现过于复杂的节点，少量主桁架在内环附近截断。钢结构大量采用由钢板焊接而成的箱形构件，交叉布置的主桁架与屋面及立面的次结构一起形成了“鸟巢”的特殊建筑造型。

大家知道的知名的钢结构建筑物有哪些？它们有什么建筑特色？

14.1 钢结构的特点及应用范围

钢结构是将钢板、圆钢、钢管、钢索、各种型钢等钢材经过加工、连接、安装而组成的工程结构。钢结构是具有足够可靠性和良好社会经济效益的工程结构物和构筑物。在我国发展前景广阔。

14.1.1 钢结构的特点

(1) 钢材强度高而自重轻(轻质高强)。钢的容重大，但强度高，结构需要的构件截面小，因此结构自重轻。与其他材料相比，钢的容重与屈服点的比值最小。在承受同样荷载和约束的条件下，采用钢材时结构的自重比其他结构轻。例如，当跨度和荷载均相同时，钢屋架的自重仅为钢筋混凝土屋架的1/4～1/3，冷弯薄壁型钢屋架甚至接近1/10。由于钢结构自重较轻，便于运输和安装，因此特别适用于跨度大、高度高、荷载大的结构。

(2) 材质均匀，且塑性、韧性好。与砖石和混凝土相比，钢材属单一材料，组织构造比较均匀，且接近各向同性，在正常使用情况下具有良好的塑性，一般情况下钢结构不会由于偶然超载而突然断裂，给人以安全保证；韧性好，说明钢材具有良好的动力工作性能，使得钢结构具有优越的抗震性能。

(3) 良好的焊接性能。进行工地拼接和吊装时，既可保证工程质量，又可缩短施工周期。

(4) 钢结构制作简便、施工方便，具有良好的装配性。钢结构由各种型材采用机械加工在专业化的金属结构厂制作而成，制作简便且成品的精确度高，制成的构件在现场可直接拼接，因其构件质量较轻、施工方便，建成的钢结构也易于拆卸、加固或改建，应用十分广泛。另外，采用工厂制造、工地安装的施工方法，可缩短工期、降低造价、提高经济效益。

(5) 钢材的可重复使用性。钢结构加工制造过程中产生的余料和碎屑，以及废弃或破坏了的钢结构或构件，均可回炉重新冶炼成钢材重复使用。因此钢材被称为绿色建筑材料或可持续发展材料。

(6) 钢材的不渗漏适用于密闭容器。钢材本身因组织非常致密，采用焊接连接的钢板结构具有较好的水密性和气密性，可用来制作压力容器、管道，甚至载人太空船结构。

(7) 钢材耐热但不耐火。钢材长期经受100℃辐射热时，性能变化不大，具有一定的耐热性能。但当温度超过200℃时，会出现蓝脆现象；当温度达600℃时，钢材进入热塑性状态，将丧失承载能力。因此，在有防火要求的建筑中采用钢结构时，必须采用耐火材料加以保护。

(8) 耐腐蚀性差。钢材耐锈蚀的性能较差，因此必须对钢结构采取防护措施。不过在没有侵蚀性介质的一般厂房中，钢构件经过彻底除锈并涂上合格的油漆后，锈蚀问题并不严重。对处于湿度大、有侵蚀性介质环境中的结构，可采用耐候钢或不锈钢提高其抗锈蚀性能。

(9) 钢结构的低温冷脆倾向。由厚钢板焊接而成的承受拉力和弯矩的构件及其连接节点，在低温下有脆性破坏的倾向，应引起足够的重视。

14.1.2 钢结构的应用范围

随着我国国民经济的不断发展和科学技术的进步，钢结构在我国的应用范围也在不断扩大。目前钢结构应用范围大致如下。

1. 大跨结构

结构跨度越大，自重在荷载中所占的比例就越大。由于钢材具有强度高、自重轻的优点，故其被广泛应用于大跨度结构，如国家体育场、武汉长江大桥等。

2. 工业厂房

吊车起重量较大或者其工作较繁重的车间的主要承重骨架多采用钢结构，鞍钢、武钢、宝钢等结构著名的冶金车间都采用了不同规模的钢结构厂房。

近年来，随着压型钢板等轻型屋面材料的采用，轻钢结构工业厂房得到了迅速的发展。其结构形式主要为实腹式变截面门式刚架，如图14.1所示。

【钢结构建筑】

图 14.1 门式刚架

3. 多层和高层建筑

由于钢结构的综合效益指标优良，近年来在多高层民用建筑中也得到了广泛的应用。其结构形式主要有多层框架、框架-支撑结构、框筒、悬挂、巨型框架等。

4. 高耸结构

高耸结构包括塔架和桅杆结构，如高压输电线路的塔架，广播、通信和电视信号发射用的塔架和桅杆，火箭(卫星)发射塔架等。

5. 容器和其他构筑物

冶金、石油、化工企业中大量采用钢板做成的容器结构，包括油罐、煤气罐、高炉、热风炉等。此外，经常使用的钢构筑物还有皮带通廊栈桥、管道支架、锅炉支架等，海上采油平台也大都采用钢结构。

6. 钢和混凝土的组合结构

钢构件和板件受压时必须满足稳定性要求，往往不能充分发挥它的强度高的作用，而混凝土则最宜于受压不适于受拉。将钢材和混凝土并用，使两种材料都充分发挥它的长处，形成一种很合理的结构。近年来这种结构广泛应用于高层建筑(如深圳的赛格广场)、大跨桥梁、工业厂房和地铁站台柱等，主要构件形式有钢与混凝土组合梁和钢管混凝土柱等。

14.2 钢结构材料

【钢结构材料】

引例

2001 年 9 月 11 日，恐怖分子劫持了 4 架民航客机撞击美国纽约世界贸易中心，世贸中心的两幢 110 层摩天大楼遭到攻击，仅仅半小时后两幢大楼相继坍塌。

思考：采用钢结构的两幢大楼为什么在飞机撞击后半小时内完全破坏？是由于飞机的撞击力量过大引起的破坏，还是其他原因引起的破坏？

钢是以铁和碳为主要成分的合金，其中铁是最基本的元素，碳和其他元素所占比例很少，但却左右着钢材的物理和化学性能。为了确保质量和安全，这些钢材应具有较高的强度、塑性和韧性，以及良好的加工性能。《钢结构设计标准》推荐碳素结构钢中的 Q235 和低合金高强度结构钢中的 Q345、Q390、Q420、Q460 和 Q345GT 等牌号的钢材作为承重结构用钢。

14.2.1 建筑钢材的破坏形式

钢材的破坏形式分为塑性(延性)破坏和脆性破坏。

(1) 塑性破坏的特征是钢材在断裂破坏时产生很大的塑性变形，又称延性破坏，其断口呈纤维状，色泽发暗，有时能看到滑移的痕迹。钢材的塑性破坏可通过一种标准圆棒试件进行拉伸破坏试验加以验证。钢材在发生塑性破坏时变形特征明显，很容易被发现并及时采取补救措施，因而不致引起严重后果，而且适度的塑性变形能起到调整结构内力分布的作用，使原先结构应力不均匀的部分趋于均匀，从而提高结构的承载能力。

(2) 脆性破坏的特征是钢材在断裂破坏时没有明显的变形征兆，其断口平齐，呈有光泽的晶粒状。由于脆性破坏无显著变形，破坏突然发生、无法预测，故其造成的危害和损失往往比延性破坏大得多，在钢结构工程设计、施工与安装中应采取适当措施尽力避免。

14.2.2 建筑钢材的力学性能

钢材的主要力学性能包括强度、塑性、韧性和冷弯性能，它们是钢结构设计的重要依据，这些性能指标主要靠试验来测定。

1. 拉伸试验

建筑钢材的强度和塑性一般由常温静载下单向拉伸试验曲线表明。钢材的单向拉伸试验所得的屈服强度 f_y、抗拉强度 f_u 和伸长率 δ，是钢材力学性能要求的三项重要指标。

1）强度

钢结构设计中，将钢材达到屈服强度 f_y 作为承载能力极限状态的标志。钢材的抗拉强度 f_u 是钢材抗破坏能力的极限。

钢材的屈服点与抗拉强度之比，f_y/f_u 称为屈强比，它是表明设计强度储备的一项重要指标，f_y/f_u 越大，强度储备越小，结构越不安全；反之，f_y/f_u 越小，强度储备越大，结构越安全，强度利用率低且不经济。因此，在设计中要选用合适的屈强比。

2）塑性

钢材的伸长率 δ 是反映钢材塑性的指标之一。其值越大，钢材破坏吸收的应变能越多，塑性越好。建筑用钢材不仅要求强度高，还要求塑性好，能够调整局部高应力，提高结构抗脆断能力。

2. 冷弯性能

冷弯性能又称弯曲试验，它是将钢材按原有厚度做成标准试件，放在如图 14.2 所示的冷弯试验机上，用具有一定弯心直径 d 的冲头，在常温下对标准试件中部施加荷载，使之弯曲达 180°，然后检查试件表面，如果不出现裂纹和起层，则认为试件材料冷弯试验合格。冲头的弯心直径 d 根据试件厚度和钢种确定，一般厚度愈大，d 也愈大。

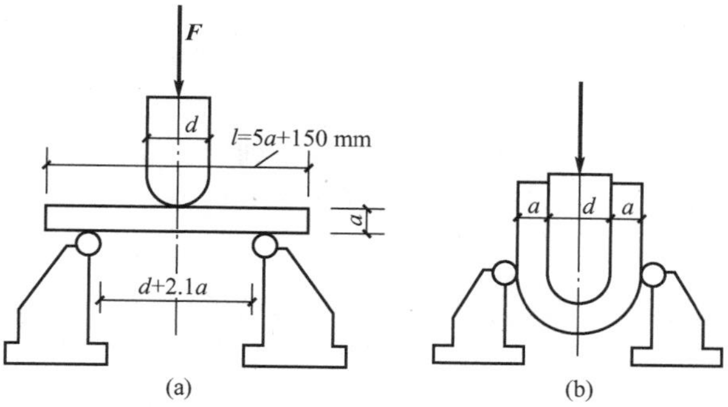

图 14.2 冷弯试验

（a）试验前；（b）试验后

3. 韧性

实际的钢结构常常会承受冲击或振动荷载，如厂房中的吊车梁、桥梁结构等。韧性是指钢材抵抗冲击或振动荷载的能力，其衡量指标称为冲击韧性。冲击韧性值由冲击试验求得，如图 14.3 所示。试件破坏时吸收的能量愈多，抵抗脆性破坏的能力愈强，韧性愈好。冲击韧性值是衡量钢材强度、塑性及材质的一项综合指标。

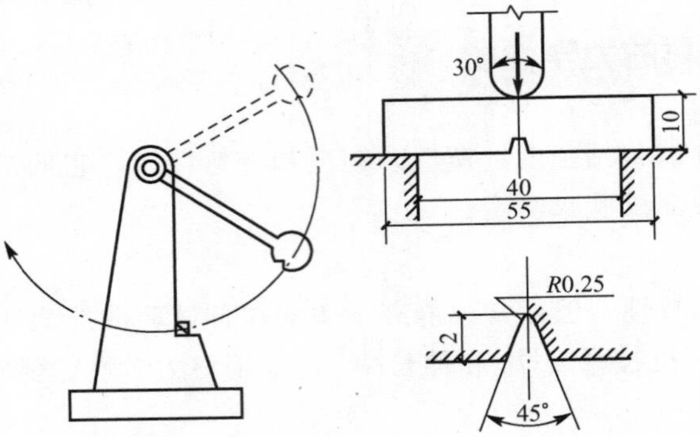

图 14.3　冲击韧性试验

14.2.3　影响钢材性能的主要因素

1. 化学成分的影响

钢结构主要采用碳素结构钢和低合金结构钢。钢的主要成分是铁(Fe)。碳素结构钢中铁含量占 99%以上，其余是碳(C)、硅(Si)、锰(Mn)及硫(S)、磷(P)、氧(O)、氮(N)等冶炼过程中留在钢中的杂质元素。在低合金高强度结构钢中，冶炼时人们还特意加入少量合金元素，如钒(V)、铜(Cu)、铬(Cr)、钼(Mo)等。这些合金元素通过冶炼工艺以一定的结晶形态存在于钢中，可以改善钢材的性能。

1）碳(C)

碳是各种钢中的重要元素之一，在碳素结构钢中是除铁以外的最主要元素。碳是形成钢材强度的主要成分，随着含碳量的提高，钢的强度逐渐增高，而塑性和韧性下降，冷弯性能、焊接性能和抗锈蚀性能等也变差。钢按碳的含量区分，小于 0.25%的为低碳钢，大于 0.25%而小于 0.6%的为中碳钢，大于 0.6%的为高碳钢。

2）硫(S)

硫是有害元素，属于杂质。硫会降低钢材的冲击韧性、疲劳强度、抗锈蚀性能和焊接性能等。硫的含量必须严格控制，一般不得超过 0.05%。

3）磷(P)

磷可以提高钢的强度和抗锈蚀性，但却严重地降低了钢的塑性、韧性、冷弯性能和焊接性能，特别是在温度较低时促使钢材变脆，称为钢材的“冷脆”。

4）锰(Mn)

锰是有益的元素，它能显著提高钢材的强度，同时又不显著降低塑性和冲击韧性。我国低合金钢中锰的含量一般为 0.1%～1.8%。

5）硅(Si)

硅也是有益元素，有更强的脱氧作用，是强氧化剂。硅在镇静钢中的含量一般为0.12%～0.30%，在低合金钢中的含量一般为 0.2%～0.55%。

6）氧(O)、氮(N)

氧和氮也是有害元素，氧能使钢热脆，氮能使钢冷脆。

2. 钢材的焊接性能

钢材的焊接性能是指在一定的焊接工艺条件下获得性能良好的焊接接头。

知识链接

评定可焊性好的标志如下。

(1) 在一定的焊接工艺条件下，焊缝和近缝区均不产生裂纹(施工上的可焊性)。

(2) 焊接接头和焊缝的冲击韧性及近缝区塑性不低于母材性能（使用性能上的可焊性)。

3. 冶炼与轧制

根据冶炼过程中脱氧程度不同，钢材可分为镇静钢、半镇静钢、特殊镇静钢和沸腾钢，脱氧程度越高，钢材性能越好。钢材的轧制是在1200～1300℃高温下进行的。轧制能使金属晶粒变细，消除气泡和裂纹等。

4. 温度影响

温度升高时，钢材的强度和弹性模量变化的总趋势是降低的。当温度低于常温时，随着温度的降低，钢材的强度提高，而塑性和韧性降低，逐渐变脆，称为钢材的低温冷脆。

5. 构造缺陷——应力集中现象

钢结构的构件中不可避免地存在着孔洞、槽口、凹角、裂纹、厚度变化、形状变化及内部缺陷等，统称为构造缺陷。由于构造缺陷，钢材中的应力不再保持均匀分布，而是在构造缺陷区域的某些点产生局部高峰应力，而其他一些点的应力则降低，这种现象称为应力集中。应力集中是构成构件脆性破坏的主要原因之一。

14.2.4 钢结构用钢材的种类、规格与选用

1. 建筑钢材的种类

建筑结构用钢的钢种主要是碳素结构钢和低合金钢两种。在碳素结构钢中，建筑钢材只使用低碳钢(含碳量不大于0.25%)。低合金钢是在冶炼碳素结构钢时添加一些合金元素炼成的钢，目的是提高钢材的强度、冲击韧性、耐腐蚀性等，而不致过多降低其塑性。

1）碳素结构钢

国家标准《碳素结构钢》(GB/T 700—2006)将碳素结构钢按屈服点数值分为五个牌号：Q195、Q215、Q235、Q255及Q275。《钢结构设计标准》中所推荐的碳素结构钢是Q235钢，含碳量在0.22%以下，属于低碳钢，钢材的强度适中，塑性、韧性均较好。该牌号钢材又根据化学成分和冲击韧性的不同划分为A、B、C、D共四个质量等级，表示质量等级由低到高。

《碳素结构钢》标准中钢材牌号表示方法由字母Q、屈服点数值(单位N/mm^2)、质量等级代号(A、B、C、D)及脱氧方法代号(F、B、Z、TZ)4个部分组成。Q是“屈”字汉语拼音的首位字母，质量等级中以A级为最差、D级为最优，F、B、Z、TZ则分别是“沸”“半”“镇”及

“特、镇”汉语拼音的首位字母，分别代表沸腾钢、半镇静钢、镇静钢及特殊镇静钢，其中代号Z、TZ可以省略。Q235中A、B级有沸腾钢、半镇静钢及镇静钢，C级全部为镇静钢，D级全部为特殊镇静钢。例如，Q235BZ代表屈服强度为235、单位为N/mm^2的B级镇静钢。

2）低合金高强度结构钢

《低合金高强度结构钢》(GB/T 1591—2008)将低合金高强度结构钢按屈服点数值分为八个牌号：Q345、Q390、Q420、Q460、Q500、Q550、Q620及Q690，所推荐的低合金高强度结构钢是Q345、Q390、Q420、Q460和Q345GT钢。

《低合金高强度结构钢》中的钢材牌号就只由Q、屈服点数值及质量等级三个部分组成，其中质量等级有A、B、C、D、E共五个级别，字母顺序越靠后的钢材质量越高。A、B级为镇静钢，C、D、E为特殊镇静钢，故可不加脱氧方法的符号。

3）优质碳素结构钢

优质碳素结构钢与碳素结构钢的主要区别在于钢中含杂质较少，磷、硫等有害元素的含量均不大于0.035%，其他缺陷的限制也较严格，具有较好的综合性能。优质碳素钢结构由于价格较高，在钢结构中使用较少，仅用经热处理的优质碳素结构钢冷拔高强度钢丝或制作高强螺栓、自攻螺钉等。

2. 钢材的规格

钢结构采用的钢材品种主要为热轧钢板和型钢以及冷弯薄壁型钢和压型板。

1）钢板

钢板分厚钢板、薄钢板和扁钢，其规格用符号“—”和宽度×厚度×长度的毫米数表示。如—300×10×3000表示宽度为300mm、厚度为10mm、长度为3000mm的钢板。

2）热轧型钢

常用的热轧型钢有角钢、工字钢、H型钢、T型钢、槽钢和钢管(图14.4)。

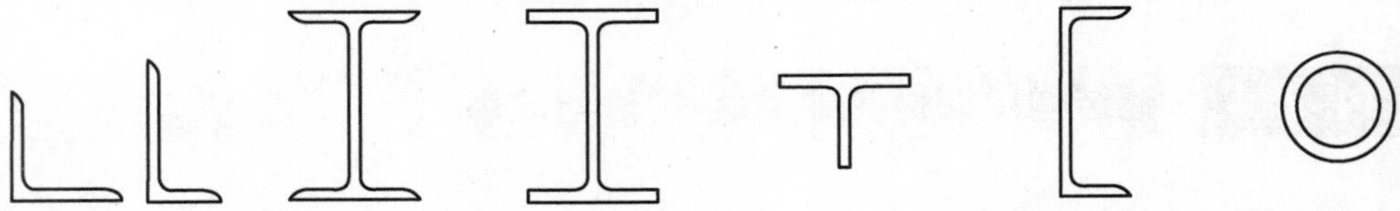

(a) (b) (c) (d) (e) (f)

图14.4 热轧型钢

【钢结构材料】

角钢分等边角钢和不等边角钢两种，等边角钢的型号用符号“∟”和肢宽×肢厚的毫米数表示，如∟100×10为肢宽100mm、肢厚10mm的等边角钢。不等边角钢的型号用符号“∟”和长肢宽×短肢宽×肢厚的毫米数表示，如∟100×80×8为长肢宽100mm、短肢宽80mm、肢厚8mm的不等边角钢。我国目前生产的最大等边角钢的肢宽为200mm，最大不等边角钢的肢宽为200mm×125mm。角钢的长度一般为3～19m。

工字钢型号用符号“工”后加截面高度的厘米数表示。20号和32号以上的普通工字钢，同一高度的工字钢又按腹板厚度不同分a、b和a、b、c类型。同类的普通工字钢宜尽量选用腹板厚度最薄的a类，因为其质量轻，而截面惯性矩相对较大。我国生产的最大普通工字钢为63号，长度为5～19m。工字钢一般宜用于单向受弯构件。

H 型钢和 T 型钢均分为宽、中、窄三种类别，其代号分别为 HW、HM、HN 和 TW、TM、TN。宽翼缘 H 型钢的翼缘宽度 b 与其截面高度 h 一般相等，中翼缘的 $b \approx \left(\frac{1}{2} \sim \frac{2}{3}\right)h$，窄翼缘的 $b \approx \left(\frac{1}{3} \sim \frac{1}{2}\right)h$。H 型钢和 T 型钢的规格标记均采用截面高度 $h\times$ 翼缘宽度 $b\times$ 腹板厚度 $t_1 \times$ 翼缘厚度 t_2，如 HW400×400×13×21。

槽钢有普通槽钢和轻型槽钢两种，适于做檩条等双向受弯的构件。槽钢型号用符号“[”加截面高度的厘米数。14 号和 25 号以上的普通槽钢，又按腹板厚度不同分为 a、b 和 a、b、c 类型，如[32a 指截面高度为 320mm，腹板较薄的槽钢。我国生产的最大槽钢为 40 号，长度为 5～19m。

钢管分无缝钢管和焊接钢管两种，型号用“D”和外径×壁厚的毫米数表示，如 D180×8 为外径180mm、壁厚 8mm 的钢管。

3）冷弯型钢和压型钢板

建筑中使用的冷弯型钢常用厚度为 1.5～5mm 的薄钢板或钢带经冷轧(弯)或模压而成，故也称冷弯薄壁型钢(图 14.5)。另外，还有用厚钢板(大于 6mm)冷弯成的方管、矩形管、圆管等，称为冷弯厚壁型钢。压型钢板是冷弯型钢的另一种形式，它是用厚度为 0.3～2mm 的镀锌或镀铝锌钢板、彩色涂层钢板经冷轧(压)成的各种类型的波形板，图 14.6 所示为其中数种。冷弯薄壁型钢和压型钢板分别适用于轻钢结构的承重构件和屋面、墙面构件。冷弯薄壁型钢和压型钢板都属于高效经济截面，由于壁薄，截面几何形状开展，截面惯性矩大、刚度好，故能高效地发挥材料的作用，节约钢材。

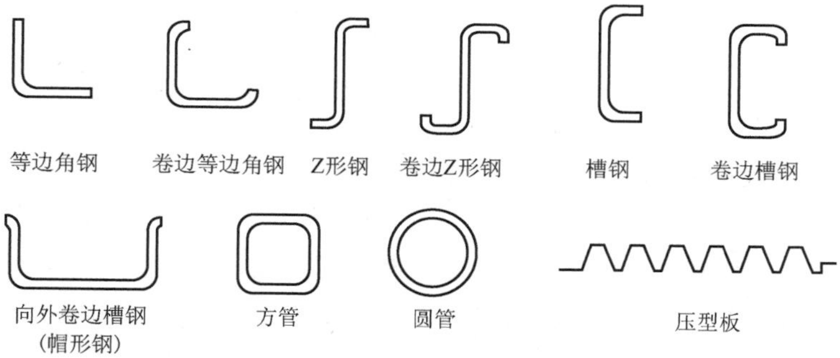

图 14.5 冷弯薄壁型钢

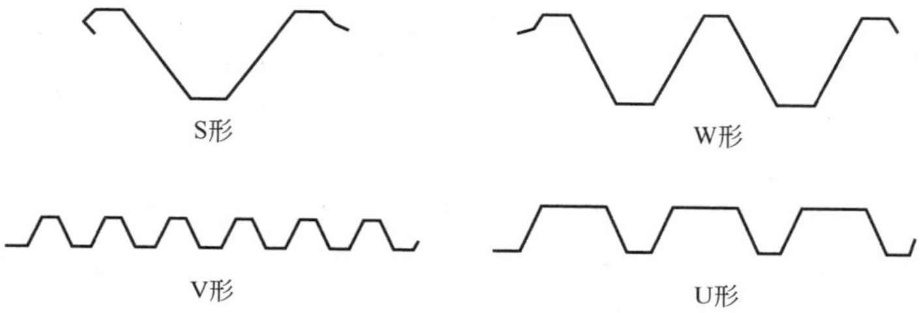

图 14.6 压型钢板

3. 钢材的选用

钢材的选用原则是保证结构安全可靠，同时要经济合理、节约钢材。考虑的因素有以下几个。

1）结构的重要性

首先应判明建筑物及其构件的分类(重要、一般还是次要)及安全等级(一级、二级还是三级)。

2）荷载情况

要考虑结构所受荷载的特性，如是静荷载还是动荷载，是直接动荷载还是间接动荷载。

3）连接方法

需考虑钢材的采用焊接连接还是非焊接连接形式，以便选择符合实际要求的钢材。

4）结构的工作温度

需考虑结构的工作温度及周围环境中是否有腐蚀性介质。

5）钢材厚度

对需要选用厚度较大的钢材，应考虑厚度方向撕裂性能的因素，而决定是否选择Z向钢。

6）环境条件

需考虑结构的工作温度及周围环境是否有腐蚀介质。

14.3 钢结构连接

14.3.1 钢结构的连接方法和特点

钢结构的连接方法有焊缝连接、螺栓连接和铆钉连接三种(图14.7)。

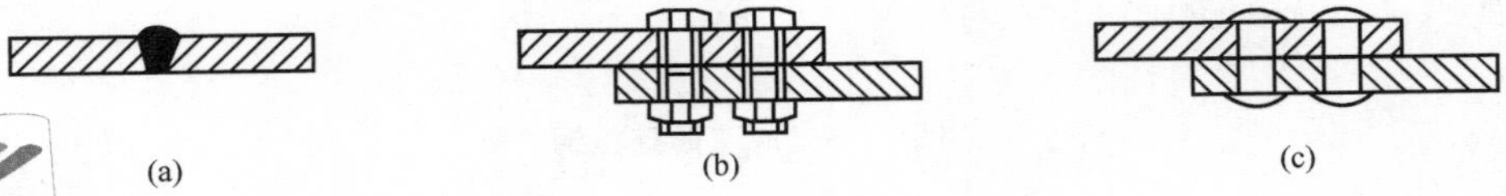

图14.7 钢结构的连接方法

(a)焊缝连接；(b)螺栓连接；(c)铆钉连接

1. 焊缝连接

焊缝连接是通过电弧产生的热量使焊条和焊件局部熔化，经冷却凝结成焊缝，从而将焊件连接成为一体，是现代钢结构连接中最常用的方法。其优点是构造简单，制造省工；不削弱截面，经济；连接刚度大，密闭性能好；易采用自动化作业，生产效率高。其缺点是焊缝附近有热影响区，该处材质变脆；焊接结构对裂纹很敏感，裂缝易扩展，尤其在低温下易发生脆断。

【焊接、螺栓连接】

2. 螺栓连接

螺栓连接可以分为普通螺栓连接和高强度螺栓连接两种。普通螺栓通常采用Q235钢材制成，安装时用普通扳手拧紧；高强度螺栓则用高强度钢材经热处理制成，用能控制螺栓杆的扭矩或拉力的特制扳手，拧紧到规定的预拉应力值，将被连接件高度夹紧。所以，螺栓连接是通过螺栓这种紧固件将被连接件连接成为一体的。

螺栓连接的优点是施工工艺简单、安装方便，特别适用于工地安装连接，工程进度和质量易得到保证。其缺点是因开孔对构件截面有一定的削弱，有时在构造上还需增设辅助连接件，故用料增加，构造较繁。此外，螺栓连接需制孔，拼装和安装时需对孔，工作量增加，且对制造的精度要求较高，但它仍是钢结构连接的重要方式之一。

1）普通螺栓连接

普通螺栓分A、B、C共三级。其中A级和B级为精制螺栓，其螺栓材料性能等级为5.6级和8.8级，小数点前的数字表示螺栓成品的抗拉强度分别不小于500N/mm^{2}和800N/mm^2，小数点及小数点后的数字表示屈强比(屈服强度与抗拉强度的比值)分别为0.6和0.8。精制螺栓要求配Ⅰ类孔，Ⅰ类孔孔壁光滑，对孔准确；但其制作和安装复杂、价格较高，已很少在钢结构中采用。

C级螺栓材料性能等级为4.6级或4.8级。抗拉强度不小于400N/mm^2，其屈强比(屈服强度与抗拉强度的比值)为0.6或0.8。C级螺栓由未加工的圆钢压制而成。由于螺栓表面粗糙，一般采用在单个零件上一次冲成或不用钻模钻成的孔(Ⅱ类孔)。螺栓孔的直径比螺栓杆的直径大1.5～2mm。其安装方便，且能有效地传递拉力，故一般可用于沿螺栓杆轴受拉的连接中，以及次要结构的抗剪连接或安装时的临时固定。

2）高强度螺栓连接

高强度螺栓材料性能等级分别为8.8级和10.9级，抗拉强度应分别不低于800N/mm^{2}和1000N/mm^2，屈强比分别为0.8和0.9，一般采用45号钢、40B钢和20MnTiB钢加工制作，经热处理后制成。

高强度螺栓分为大六角头型和扭剪型。安装时通过特别的扳手，以较大的扭矩拧紧螺帽，使螺栓杆产生很大的预拉力。高强螺栓连接有摩擦型连接和承压型连接两种类型。高强度螺栓预拉力将被连接的部件加紧，使部件的接触面间产生很大的摩擦力，外力通过摩擦力来传递，这种连接称为高强度螺栓摩擦型连接，摩擦型连接的孔径比螺杆的公称直径d大1.5～2.0mm。另一种是允许接触面滑移，依靠螺栓杆和螺栓孔之间的承压来传力，这种连接称为高强度螺栓承压型连接，承压型连接的孔径比螺杆的公称直径d大1.0～1.5mm。

3. 铆钉连接

铆钉连接由于构造复杂、费钢费工，现已很少采用。但是铆钉连接的塑性和韧性较好、传力可靠、质量易于检查，在一些重型和直接承受动力荷载的结构中仍然采用。

14.3.2 焊缝连接

1. 焊缝方法

常用的焊缝方法是电弧焊，包括手工电弧焊、自动或半自动埋弧焊及气体保护焊等。

1）手工电弧焊

图 14.8 是手工电弧焊示意图。它是由焊条、焊钳、焊件、电焊机和导线等组成的电路，通电引弧后，在涂有焊药的焊条端和焊件间的间隙中产生电弧，使焊条熔化，熔滴滴入被电弧吹成的焊件熔池中，同时焊药燃烧，在熔池周围形成保护气体，稍冷后在焊缝熔化金属的表面又形成熔渣。

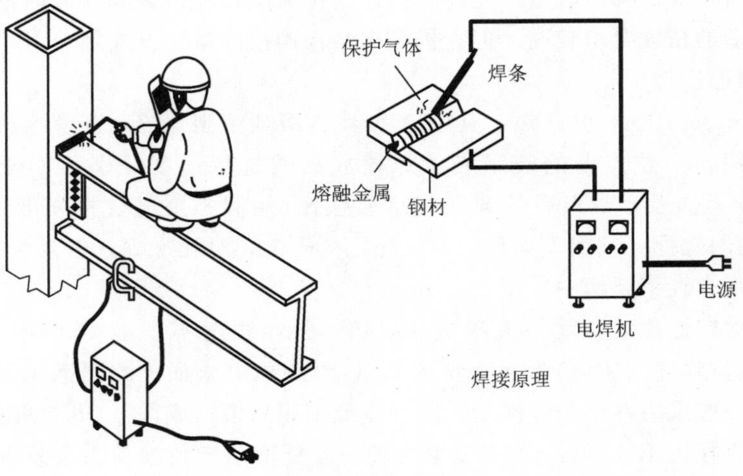

图 14.8　手工电弧焊

手工焊常用的焊条有碳钢焊条和低合金钢焊条，其牌号有 E43 型、E50 型和 E55 型等。其中 E 表示焊条，两位数字表示焊条熔敷金属抗拉强度的最小值(单位为 N/mm^2)。手工焊接采用的焊条应符合国家标准的规定。在选用焊条时，其应与主体金属相匹配。一般情况下，对 Q235 钢采用 E43 型焊条，对 Q345、Q390 钢采用 E50、E55 型焊条，对 Q420 钢采用 E55、E60 型焊条。当不同强度的两种钢材进行连接时，宜采用与低强度钢材相适应的焊条。

2）自动或半自动埋弧焊

自动或半自动埋弧焊的原理如图 14.9 所示。其特点是焊丝成卷装置在焊丝转盘上，焊丝外表裸露不涂焊剂(焊药)。焊剂呈散状颗粒装置在焊剂漏斗中，通电引弧后，当电弧下的焊丝和附近焊件金属熔化时，焊剂也不断从漏斗流下，将熔融的焊缝金属覆盖，其中部分焊剂将熔成焊渣浮在熔融的焊缝金属表面。由于有覆盖层，焊接时看不见强烈的电弧光，故称为埋弧焊。当将埋弧焊的全部装备固定在小车上，由小车按规定速度沿轨道前进进行焊接时，称为自动埋弧焊。如果焊机的移动是由人工操作的，则称为半自动埋弧焊。

3）气体保护焊

气体保护焊的原理是在焊接时用喷枪喷出的惰性气体将电弧、熔池与大气隔离，从而保持焊接过程的稳定。由于焊接时没有熔渣，故气体保护焊便于观察焊缝的成型过程，但操作时则须在室内避风处，若在工地施焊则须搭设防风棚，如图 14.10 所示。

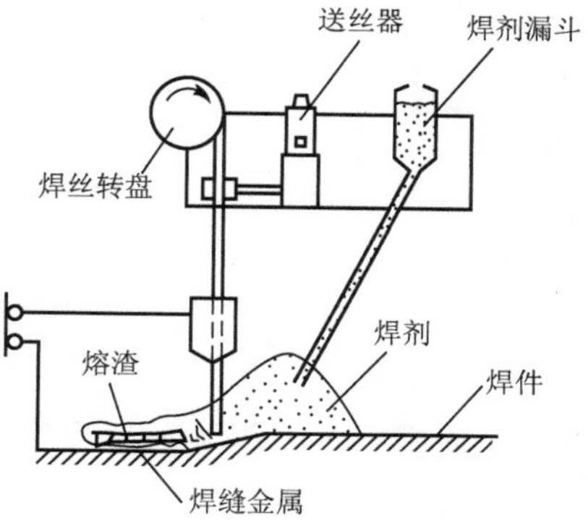

图 14.9 自动电弧焊

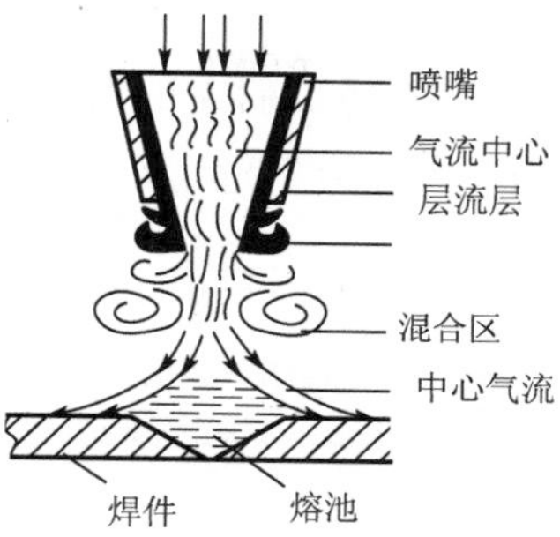

图 14.10 气体保护焊

2. 焊缝连接形式及焊缝形式

(1) 焊缝连接形式按所连接构件相对位置可分为对接、搭接、T形连接、角部连接四种类型(图14.11)。这些连接所用的焊缝有对接焊缝和角焊缝两种基本形式。

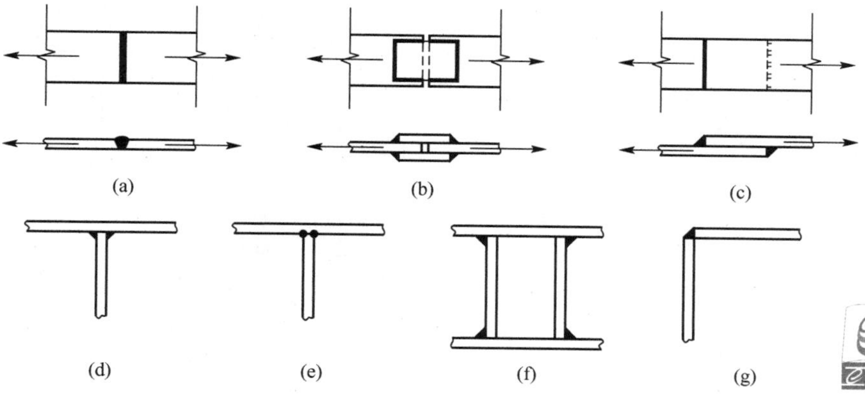

图 14.11 焊缝连接的形式

(a)对接连接;(b)用拼接盖板的对接连接;(c)搭接连接;

(d)、(e)T形连接;(f)、(g)角部连接

(2) 焊缝形式:焊缝包括对接焊缝和角焊缝,每一种又有多种分类形式,形式各不相同。

对接焊缝按受力的方向分为正对接焊缝、斜对接焊缝。与作用力方向正交的对接焊缝称为正对接焊缝[图14.12(a)];与作用力方向斜交的对接焊缝称为斜对接焊缝[图14.12(b)]。

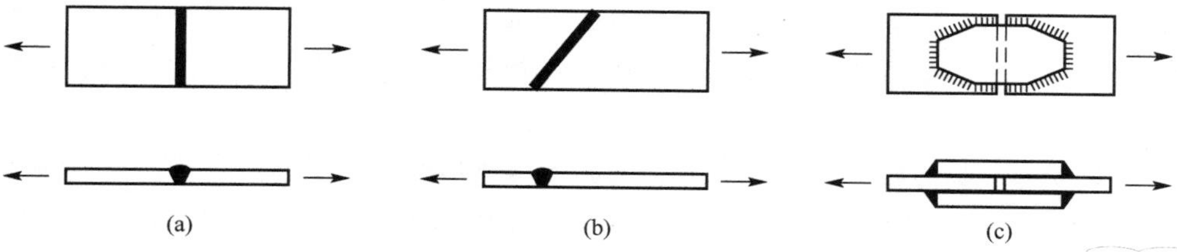

图 14.12 焊缝形式

(a)正对接连接;(b)斜对接焊缝;(c)角焊缝

角焊缝[图 14.12(c)]按所受力的方向分为正面角焊缝、侧面角焊缝和斜角焊缝。轴线与力作用方向垂直的角焊缝称为正面角焊缝；轴线与力作用方向平行的角焊缝称为侧面角焊缝；轴线与力作用方向斜交的角焊缝称为斜角焊缝。

角焊缝按沿长度方向的布置分为连续角焊缝、间断角焊缝(图 14.13)。

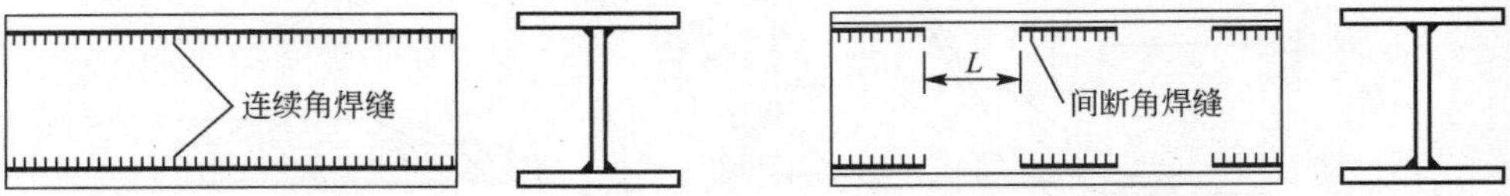

图 14.13　连接角焊缝和间断角焊缝

间断角焊缝间断距离 L 不宜过长，以免连接不紧密潮气侵入，引起构件腐蚀。一般在受压构件中 $L \leqslant 15t$，在受拉构件中 $L \leqslant 30t$(t 为较薄焊件的厚度)。

焊缝按施焊位置分为平焊、横焊、立焊及仰焊(图 14.14)。

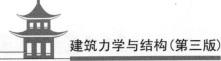

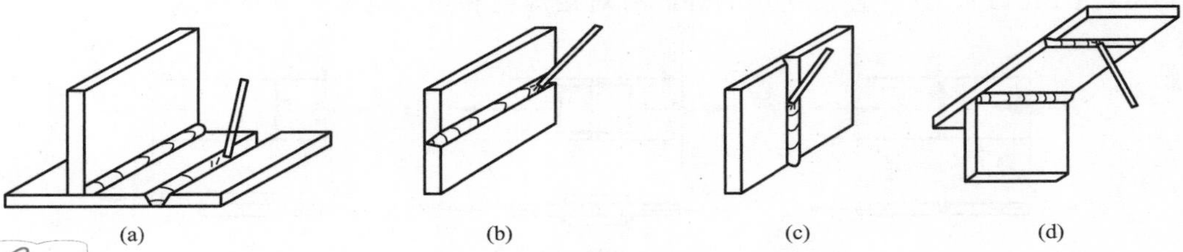

图 14.14　焊缝施焊位置

(a)平焊；(b)横焊；(c)立焊；(d)仰焊

特别提示

平焊施焊方便；横焊和立焊对焊工的操作水平要求较高；仰焊的操作条件最差，焊缝质量不易保证，在焊接中应尽量避免。

3. 焊缝连接的缺陷、质量检验和焊缝质量级别

焊缝连接的缺陷是指在焊接过程中，产生于焊缝金属或附近热影响区钢材表面或内部的缺陷。最常见的缺陷有裂纹、焊瘤、烧穿、弧坑、气孔、夹渣、咬边、未熔合、未焊透(规定部分焊透者除外)及焊缝外形尺寸不符合要求等(图 14.15)。它们将直接影响焊缝质量和连接强度，使焊缝受力面积削弱，且在缺陷处引起应力集中，导致产生裂纹，并引起断裂。

焊缝的质量检验方法一般可用外观检查和内部无损检验。焊缝质量按《钢结构工程施工质量验收规范》(GB 50205—2001)分为三级，其中三级焊缝只要求对全部焊缝做外观检查；二级焊缝除要求对全部焊缝做外观检查外，还须对部分焊缝做超声波等无损探伤检查；一级焊缝要求对全部焊缝做外观检查及无损探伤检查。

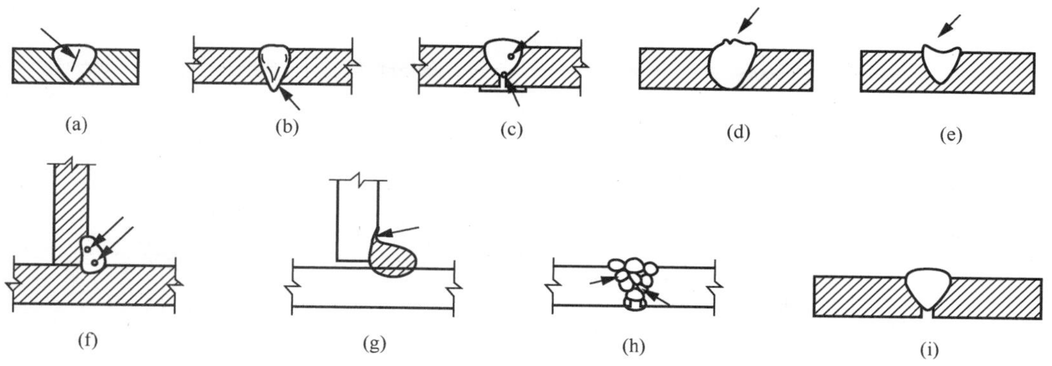

图 14.15 焊缝缺陷

(a)裂纹；(b)烧穿；(c)气孔；(d)焊瘤；(e)弧坑；(f)夹渣；(g)咬边；(h)未熔合；(i)未焊透

知识链接

焊接质量控制

(1) 焊工资质：持证上岗，合格焊位。

(2) 焊接工艺：焊接材料烘干、防潮，清理焊面，焊件定位；焊前焊后进行热处理，保证焊接环境温度、湿度、防风避雨；控制焊接过程温度。

(3) 焊接质量检验：焊接表面质量，无损探伤检验。

14.3.3 对接焊缝的构造要求

对接焊缝包括焊头对接焊缝和部分焊头对接焊缝。为了保证焊缝质量，对接焊件常做成坡口。坡口的形式大多与焊件的厚度有关。当焊件厚度很小(手工焊 6mm、埋弧焊 10mm)时，可采用直边缝。对于一般厚度的焊件，可采用具有斜坡口的单边 V 形或 V 形焊缝。斜坡口和根部间隙共同组成一个焊条能够运转的施焊空间，使焊缝易于焊透；钝边有托住熔化金属的作用。对于较厚的焊件(t>20mm)，则采用 U 形、K 形、X 形坡口，如图 14.16 所示。

其中 V 形焊缝和 U 形焊缝为单面施焊，但在焊缝根部还需要补焊。没有条件补焊时，要事先在根部加垫块，如图 14.17 所示。当焊件可随意翻转施焊时，使用 K 形缝和 X 形缝较好。

在对接焊缝的拼接处，当焊件的宽度不同或厚度相差 4mm 以上时，应分别在宽度方向或厚度方向从一侧或两侧做成坡度不大于 1/4(对承受动荷载的结构)或 1/2.5(对承受静荷载的结构)，以使截面过渡缓和，减小应力集中，如图 14.18 所示。

在焊缝的起弧灭弧处，常会出现弧坑等缺陷，这些缺陷对承载力影响极大，故焊接时一般应设置引弧板或引出板，焊后割除，如图 14.19 所示。

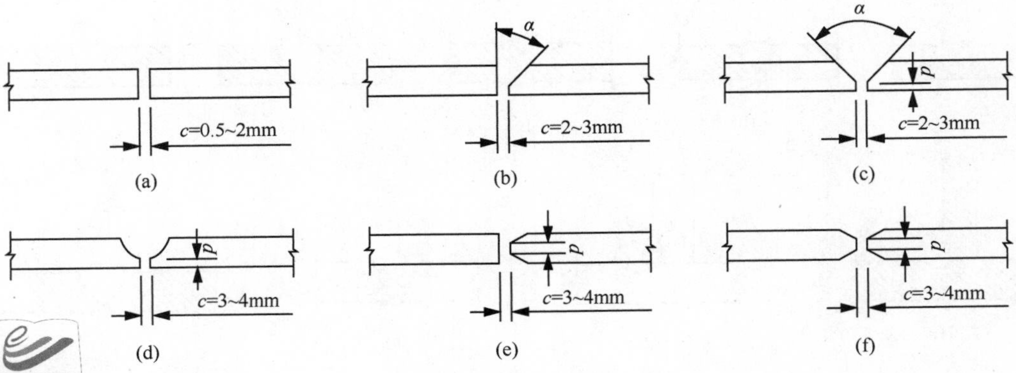

图 14.16　对接焊缝的坡口形式

(a)直边缘；(b)单边 V 形坡口；(c)V 形坡口

(d)U 形坡口；(e)K 形坡口；(f)X 形坡口

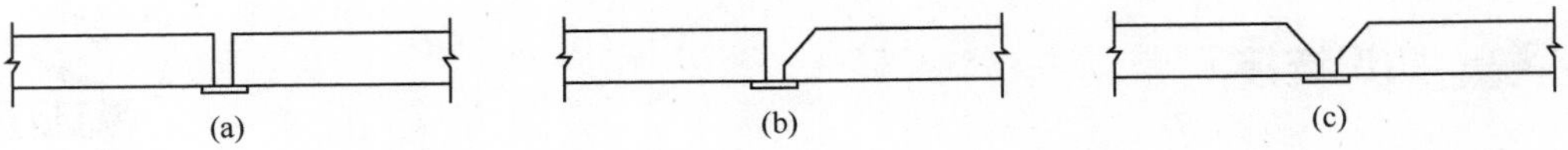

图 14.17　根部加垫块

(a)直边缝；(b)单边 V 形坡口；(c)双边 V 形坡口

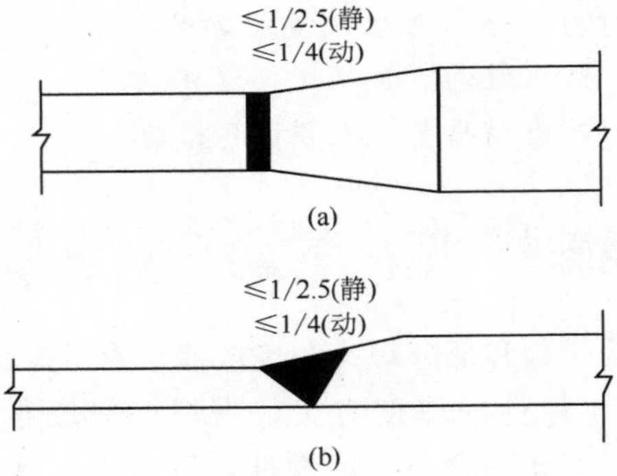

图 14.18　改变拼接处的宽度或厚度

(a)改变宽度；(b)改变厚度

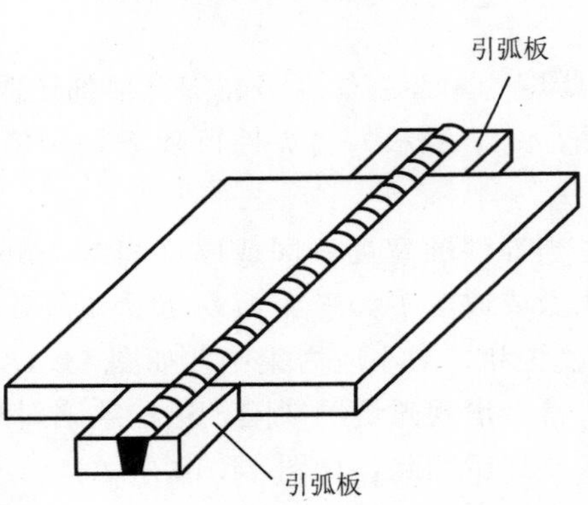

图 14.19　用引弧板焊接

特别提示

(1) 在一般加引弧板的情况下，所有受压、受剪的对接焊缝，以及受拉的一、二级焊缝均与母材强度相等，不用进行强度计算，只有受拉的三级焊缝才需要进行强度计算。

(2) 当斜焊缝倾角 $\theta \leqslant 56°$，即 $\tan\theta \leqslant 1.5$ 时，可认为焊缝与母材等强，不用计算。

14.3.4 角焊缝的构造要求

角焊缝是最常见的焊缝。角焊缝按其与作用力的关系分为正面角焊缝、侧面角焊缝及斜焊缝。焊缝按其截面形式分为直角角焊缝(图 14.20)、斜角角焊缝(图 14.21)。图中 h_f 为焊脚尺寸。

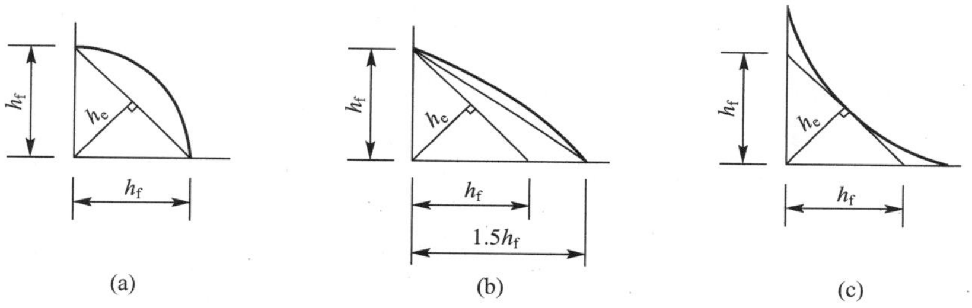

图 14.20 直角角焊缝

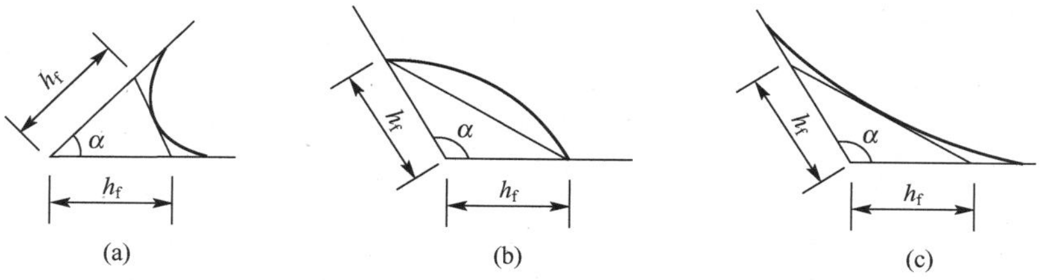

图 14.21 斜角角焊缝

当角焊缝的两焊脚边夹角为90°时，称为直角角焊缝，如图 14.20 所示。图 14.20(a)为表面微凸的等腰直角三角形，施焊方便，是最常见的一种角焊缝形式，但是不能用于直接承受动力荷载的结构中，在直接承受动力荷载的结构中，正面角焊缝宜采用图 14.20(b)所示的平坦型，且长边沿内力方向；侧面角焊缝则采用图 14.20(c)所示的凹面式直角角焊缝。

两焊脚边的夹角 $\alpha>90°$或 $\alpha<90°$的焊缝称为斜角角焊缝，图 14.21 所示的斜角角焊缝常用于钢漏斗和钢管结构中。对于夹角 $\alpha>135°$或 $\alpha<60°$的斜角角焊缝，除钢管结构外，不宜用作受力焊缝。

(1) 最小焊脚尺寸 h_{fmin}。角焊缝的焊脚尺寸 h_f 不能过小，否则焊缝会因输入能量过小而焊件厚度较大，以致施焊时冷却速度过快，产生淬硬组织，导致母材开裂。《钢结构工

程施工质量验收规范》规定，当采用手工焊时，有

$$h_{fmin} \geqslant 1.5\sqrt{t_2}$$

式中，t_2——较厚焊件厚度(mm)。

焊脚尺寸取整毫米数，小数点以后都进为 1。自动焊熔深较大，故所取最小焊脚尺寸可减小 1mm；对 T 形连接的单面角焊缝，应增加 1mm；当焊件厚 $t \leqslant 4$mm 时，取$h_{fmin}=t$。

(2) 最大焊脚尺寸 h_{fmax}。为了避免较薄焊件烧穿，减小焊接残余应力和残余变形，角焊缝的焊脚尺寸不宜过大。《钢结构工程质量验收规范》规定，除钢管结构外，角焊缝的焊脚尺寸 h_f 不宜大于较薄焊件厚度的 1.2 倍，如图 14.22(a)所示，即

$$h_{fmax} \leqslant 1.2t_1$$

式中，t_1——较薄焊件厚度(mm)。

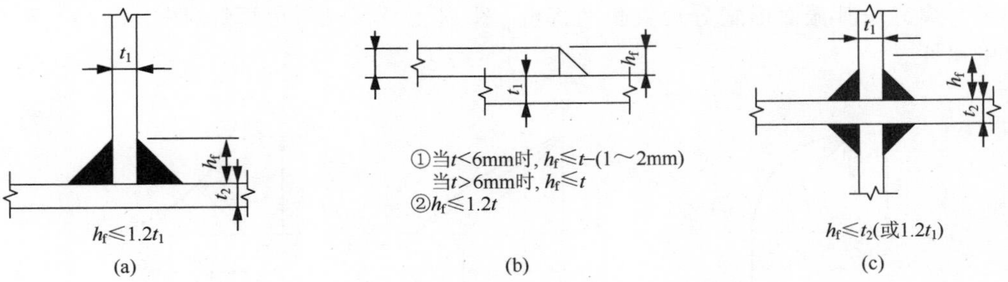

图 14.22 最大焊脚尺寸

(a)T 形连接；(b)搭接；(c)十字连接

对板边厚度为 t 的边缘角焊缝施焊，如图 14.22(b)所示，为防止咬边，h_{fmax}尚应满足下列要求。

① 当板件厚度 $t \leqslant 6$mm 时，$h_{fmax} \leqslant t$。

② 当板件厚度 $t > 6$mm 时，$h_{fmax} = t-(1\sim2)$mm。

如果另一焊件厚度 $t' < t$ 时，还应满足 $h_f \leqslant 1.2\,t'$的要求。

(3) 侧面角焊缝的计算长度不宜大于 $60h_f$，即 $l_w \leqslant 60h_f$。当计算长度大于上述限值时，其超过部分在计算中不予考虑。

(4) 角焊缝的最小计算长度 l_{wmin}。若 l_w 过小，则焊件局部受热严重，且起灭弧弧坑太近对焊缝强度影响较为敏感，会降低焊缝可靠性。因此，《钢结构设计规范》规定，侧面角焊缝或正面角焊缝的计算长度均不得小于 $8h_f$及 40mm。考虑焊缝两端的缺陷，其最小实际焊接长度还应加大 $2h_f$。即计算长度 $l_w \geqslant 8h_f$及 40mm，实际长度 $l=l_w+2h_f$。

(5) 当板件端部仅有两条侧面角焊缝连接时(图 14.23)，每条侧面角焊缝长度 l_w 不宜小于两侧面角焊缝之间的距离 b，即 $b/l_w \leqslant 1$；且 $b \leqslant 16t$(当 $t > 12$mm 时)或 190mm(当 $t \leqslant 12$mm时)，t 为较薄焊件的厚度。

(6) 杆件与节点板的连接焊接宜采用两面侧焊，也可用三面围焊，对角钢杆件可采用 L 形围焊，所有围焊的转角处必须连续施焊；对于非围焊情况，当角焊缝的端部在构件转角处时，可连续地做长度为 $2h_f$ 的绕角焊(图 14.23)。

(7) 在搭接连接中，搭接长度$\geqslant 5t_{min}$且$\geqslant$25mm(图 14.24)。

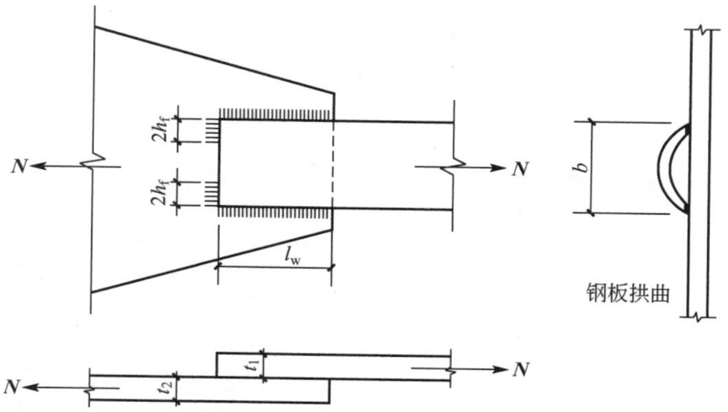

图 14.23　焊缝长度及两侧焊缝间距

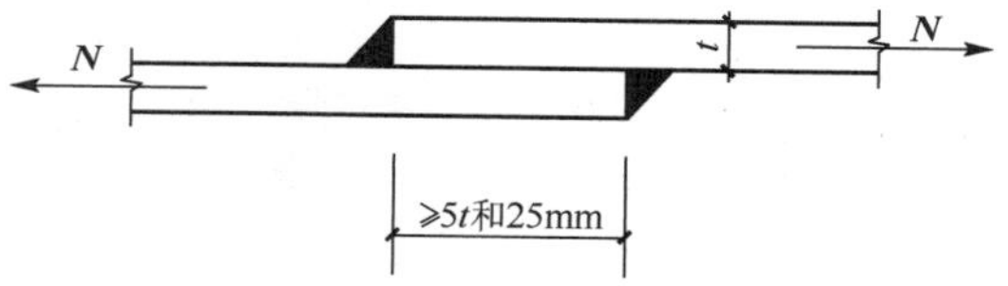

图 14.24　搭接连接

14.3.5 焊缝符号表示法

《焊缝符号表示法》规定：焊缝代号由引出线、图形符号和辅助符号三部分组成。引出线由横线和带箭头的斜线组成。箭头指到图形上的相应焊缝处，横线的上面和下面用来标注图形符号和焊缝尺寸。当引出线的箭头指向焊缝所在的一面时，应将图形符号和焊缝尺寸等标注在水平横线的上面；当引出线的箭头指向焊缝所在的另一面时，则应将图形符号和焊缝尺寸等标注在水平横线的下面。必要时可在水平线的末端加一尾部作为其他说明之用。图形符号表示焊缝的基本形式，如用◣表示角焊缝，用 V 表示 V 形坡口的对接焊缝等。辅助符号表示辅助要求，如用▶表示现场安装焊缝等。

1. 对接焊缝的符号

对接焊缝的符号如图 14.25 所示。

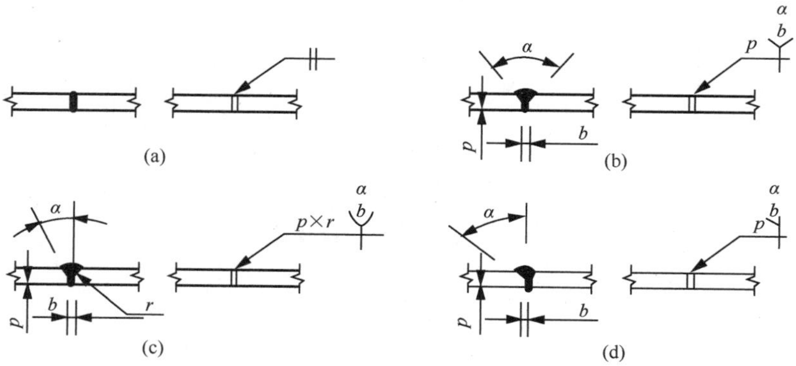

图 14.25　对接焊缝符号

(a)直焊缝；(b)V 形对接焊缝；(c)U 形对接焊缝；(d)单边 V 形对接焊缝

2. 角焊缝的符号

角焊缝的符号如图 14.26 所示。

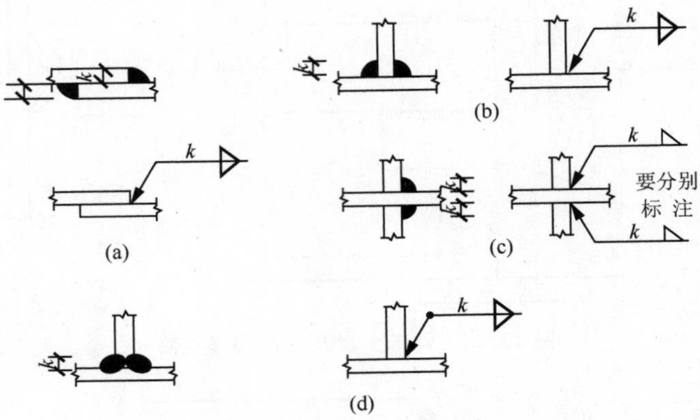

图 14.26 角焊缝符号

(a)搭接连接；(b)T 形连接；(c)十字连接；(d)熔透角焊缝

3. 不规则焊缝的标注

不规则焊缝的标注如图 14.27 所示。

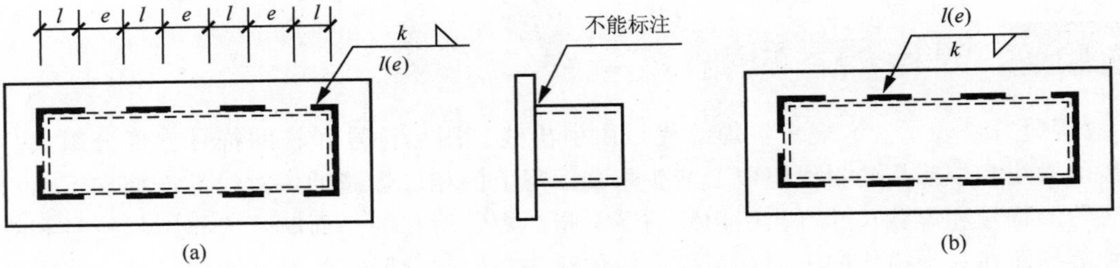

图 14.27 不规则焊缝的标注

(a)可见焊缝；(b)不可见焊缝

4. 相同焊缝符号

在同一张图上，当焊缝的形式、断面尺寸和辅助要求均相同时，可只选择一处标注焊缝的符号和尺寸，并加注“相同焊缝符号”，相同焊缝符号为 3/4 圆弧，绘在引出线的转折处，如图 14.28 所示。

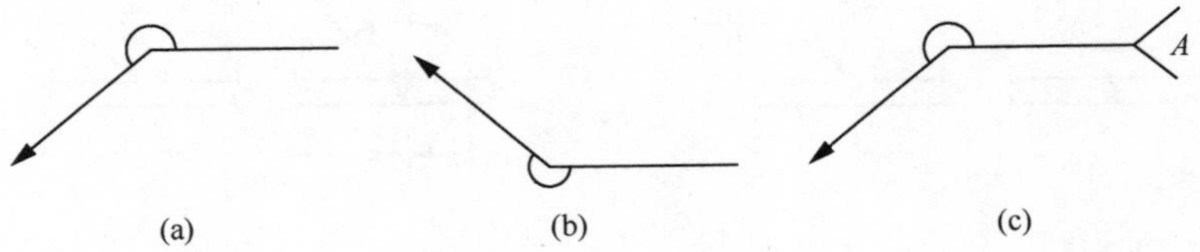

图 14.28 相同焊缝符号

5. 现场安装焊缝的表示

现场安装焊缝的表示如图 14.29 所示。

6. 较长角焊缝的标注

对较长的角焊缝，可直接在角焊缝旁标注焊缝尺寸 k，如图 14.30 所示。

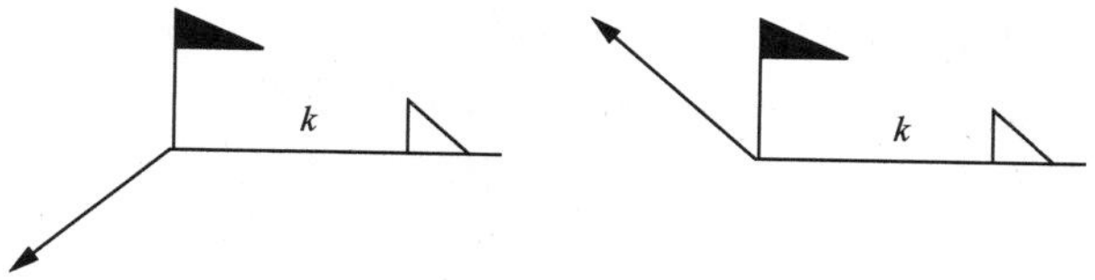

图 14.29 现场安装焊缝的表示

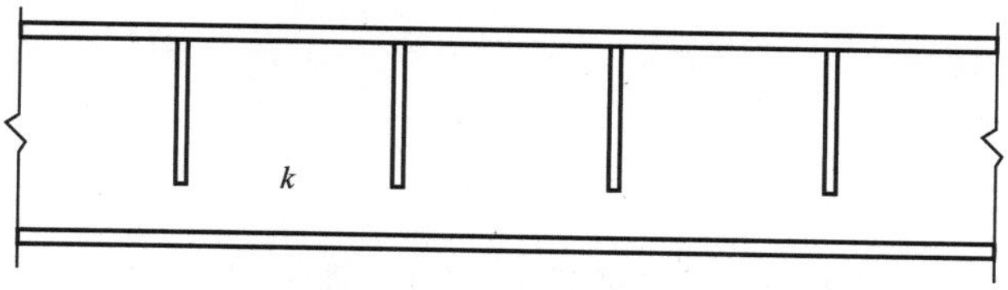

图 14.30 较长角焊缝的标注

7. 局部焊缝的标注

局部焊缝的标注如图 14.31 所示。

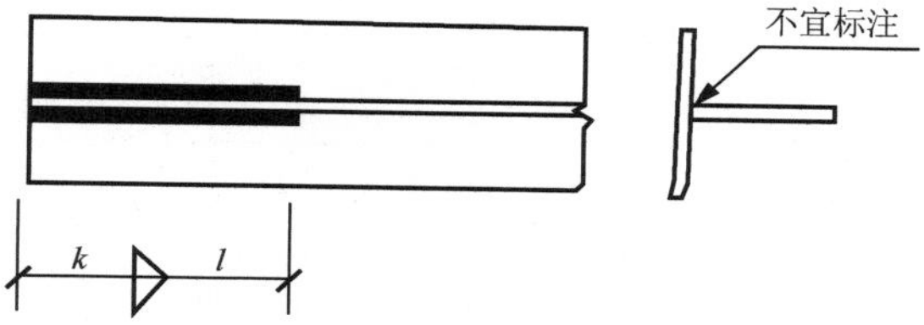

图 14.31 局部焊缝的标注

14.3.6 普通螺栓的排列和要求

1. 螺栓的规格

钢结构采用的普通螺栓形式为大六角头型，其代号用字母 M 与公称直径的毫米数表示，常用的有 M16、M20、M24。

2. 螺栓的排列

螺栓的排列通常分为并列、错列两种形式(图 14.32)。

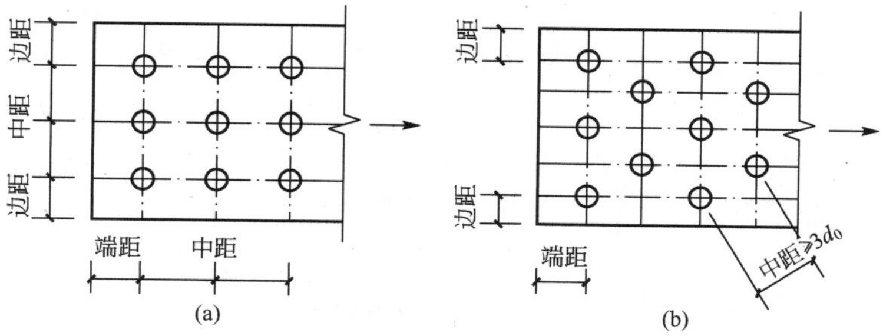

图 14.32 钢板的螺栓(铆钉)排列

(a)并列；(b)错列

螺栓在构件上的排列要满足以下三方面的要求。

(1) 受力要求。在受力方向螺栓的端距过小时，钢材有剪断或撕裂的可能。各排螺栓距和线距太小时，构件有沿折线或直线破坏的可能。对受压构件，当沿作用力方向螺栓栓距过大时，被连接板件间易发生鼓曲和张口现象。

(2) 构造要求。螺栓中距及边距不宜太大，否则钢板间不能紧密贴合，潮气易侵入缝隙使钢材锈蚀。

(3) 施工要求。螺栓间距不能太近，要保证有一定的空间，便于转动螺栓扳手拧紧螺帽。

螺栓排列的最大、最小容许距离见表 14－1。

表 14－1　螺栓或铆钉的最大、最小容许距离

<table>
<tr><th>名称</th><th colspan="3">位置和方向</th><th>最大容许距离
(取两者较少者)</th><th>最少容许距离</th></tr>
<tr><td rowspan="5">中心间距</td><td colspan="3">外排(垂直内力方向或顺内力方向)</td><td>$8d_0$ 或 $12t$</td><td rowspan="5">$3d_0$</td></tr>
<tr><td rowspan="3">中间排</td><td colspan="2">垂直内力方向</td><td>$16d_0$ 或 $24t$</td></tr>
<tr><td rowspan="2">顺内力方向</td><td>构件受压力</td><td>$12d_0$ 或 $18t$</td></tr>
<tr><td>构件受拉力</td><td>$16d_0$ 或 $24t$</td></tr>
<tr><td colspan="3">沿对角线方向</td><td>—</td></tr>
<tr><td rowspan="4">中心至构件边缘距离</td><td colspan="3">顺内力方向</td><td rowspan="4">$4d_0$ 或 $8t$</td><td>$2d_0$</td></tr>
<tr><td rowspan="3">垂直内力方向</td><td colspan="2">剪切边或手工气割边</td><td rowspan="2">$1.5d_0$</td></tr>
<tr><td rowspan="2">轧制边自动精密气割或锯割边</td><td>高强度螺栓</td></tr>
<tr><td>其他螺栓或铆钉</td><td>$1.2d_0$</td></tr>
</table>

3. 螺栓连接的构造要求

(1) 为了使连接可靠，每一杆件在节点上以及拼接接头的一端，永久性螺栓数不宜少于两个。

(2) 对于直接承受动力荷载的普通螺栓连接，应采用双螺帽或其他防止螺帽松动的有效措施。例如，采用弹簧垫圈，或将螺帽或螺杆焊死等方法。

(3) C 级螺栓与孔壁有较大间隙，只宜用于沿其杆轴方向受拉的连接。承受静力荷载结构的次要连接、可拆卸结构的连接和临时固定构件用的安装连接中，也可用 C 级螺栓承受剪力。但在重要的连接中，如制动梁或吊车梁上翼缘与柱的连接，由于传递制动梁水平支承反力，同时受到反复动力荷载作用，不得采用 C 级螺栓。柱间支承与柱的连接，以及在柱间支撑处吊车梁下翼缘的连接，因承受着反复的水平制动力和卡轨力，应优先采用高强度螺栓。

(4) 当采用高强螺栓连接时，拼接件不能采用型钢，只能采用钢板(型钢抗弯刚度大，不能保证摩擦面紧密结合)。

(5) 沿杆轴方向受拉的螺栓连接中的端板(法兰板)，应适当增强其刚度(如加设加劲肋)，以减少撬力对螺栓抗拉承载力的不利影响。

14.3.7 高强度螺栓连接

高强度螺栓连接分为摩擦型连接和承压型连接两种类型，螺栓由高强度钢经热处理做成，安装时施加强大的预拉力，使构件接触面间产生与预拉力相同的紧压力。摩擦型高强度螺栓就只利用接触面间的摩擦阻力传递剪力，其整体性能好、抗疲劳能力强，适用于承受动力荷载和重要的连接。承压型高强度螺栓连接允许外力超过构件接触面间的摩擦力，利用螺栓杆与孔壁直接接触传递剪力，承载能力比摩擦型提高较多。承压型高强度螺栓可用于不直接承受动力荷载的情况。因此，螺栓的预拉力 P(即板件间的法向压紧力)、摩擦面间的抗滑移系数和钢材种类等，都直接影响到高强度螺栓摩擦型连接的承载力。

高强度螺栓分大六角头型和扭剪型两种，如图 14.33 所示。这两种型号的螺栓都是通过拧紧螺帽，使螺杆受到拉伸作用产生预拉力，而被连接板件间产生压紧力。

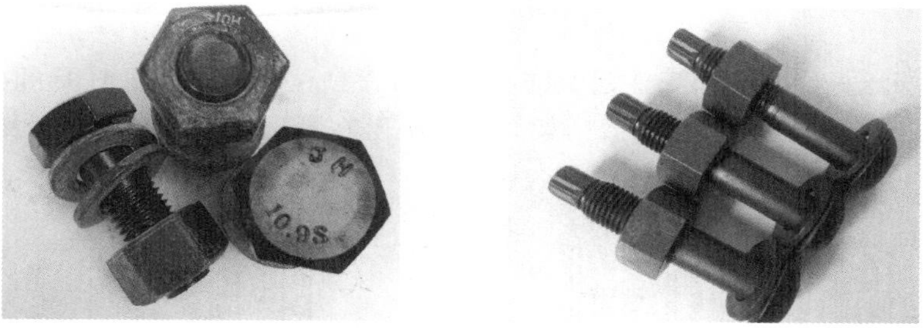

(a)

(b)

图 14.33 高强度螺栓

(a) 大六角头型；(b) 扭剪型

特别提示

在钢结构构件连接时，可单独采用焊接连接或螺栓连接，也可同时采用焊接和螺栓连接。一般情况下，翼缘采用焊缝连接，腹板采用螺栓连接。

14.4 轴心受力构件

14.4.1 轴心受力构件的应用

对平面桁架、塔架和网架、网壳等杆件体系，通常假设其节点为铰接连接。当杆件上无节间荷载时，则杆件内力只是轴向拉力或压力，这类杆件称为轴心受拉构件和轴心受压构件，统称轴心受力构件。轴心受力构件在工程中应用的一些实例如图 14.34 所示。

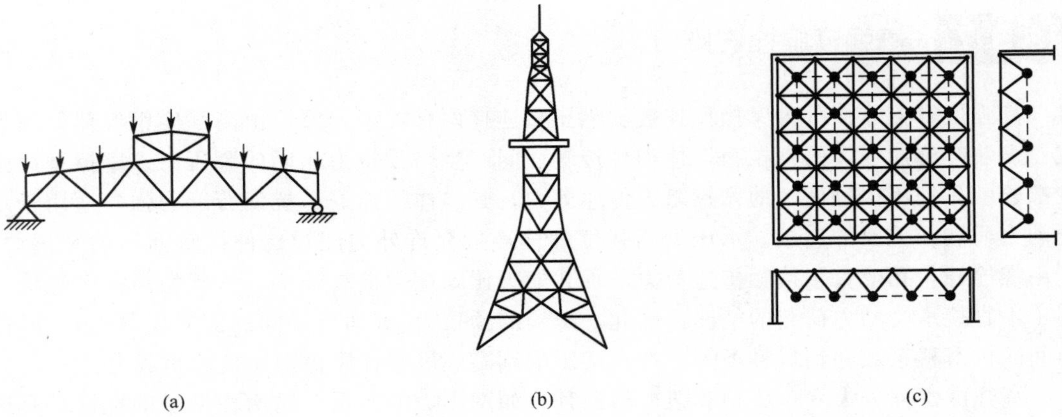

图 14.34 轴心受力构件在工程中的应用

(a)桁架；(b)塔架；(c)网架

例如，轴心压杆经常用作工业建筑的工作平台支柱。柱由柱头、柱身和柱脚三部分组成(图 14.35)。柱头用来支承平台或桁架，柱脚坐落在基础上将轴心压力传给基础。

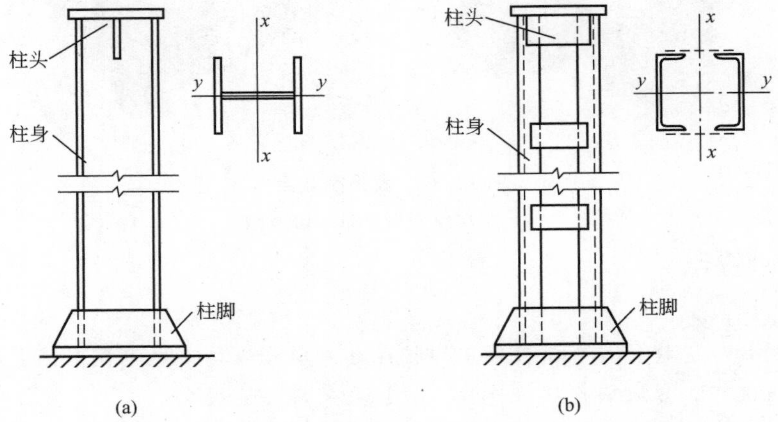

图 14.35 柱的组成

轴心受力构件的常用截面形式可分为实腹式和格构式两大类。

实腹式构件制作简单，与其他构件连接也比较方便。其常用形式有：单个型钢截面，如圆钢、钢管、角钢、T 型钢、槽钢、工字钢、H 型钢等；组合截面，由型钢或钢板组合而成的截面；一般桁架结构中的弦杆和腹杆，除 T 型钢外，常采用热轧角钢组合成 T 形的或十字形的双角钢组合截面；在轻型钢结构中则可采用冷弯薄壁型钢截面，如图 14.36 所示。

格构式构件容易实现压杆两主轴方向的等稳定性，刚度大，抗扭性能也好，用料较省。其截面一般由两个或多个型钢肢件组成(图 14.37)，肢件间通过缀条[图 14.38(a)]或缀板[图 14.38(b)]进行连接而成为整体，缀板和缀条统称为缀材。

轴心受力构件设计应同时满足承载能力极限状态和正常使用极限状态的要求。对于承

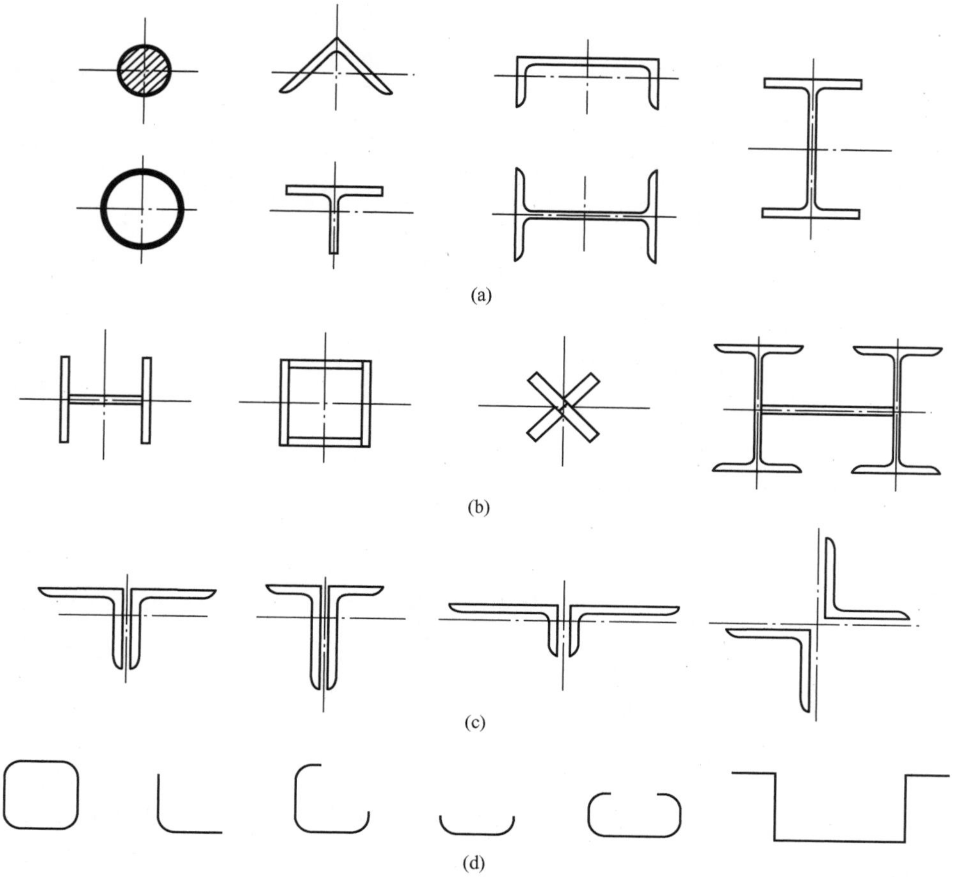

图 14.36　轴心受力实腹式的截面形式

(a)型钢；(b)组合截面；(c)双角钢；(d)冷弯薄壁型钢

载能力极限状态，受拉构件一般是强度条件控制，而受压构件则需同时满足强度和稳定的要求。对于正常使用极限状态，是通过保证构件的刚度，即限制其长细比来控制的。因此，轴心受拉构件设计则需分别进行强度和刚度的验算，而轴心受压构件设计则需分别进行强度、刚度和稳定性的验算。

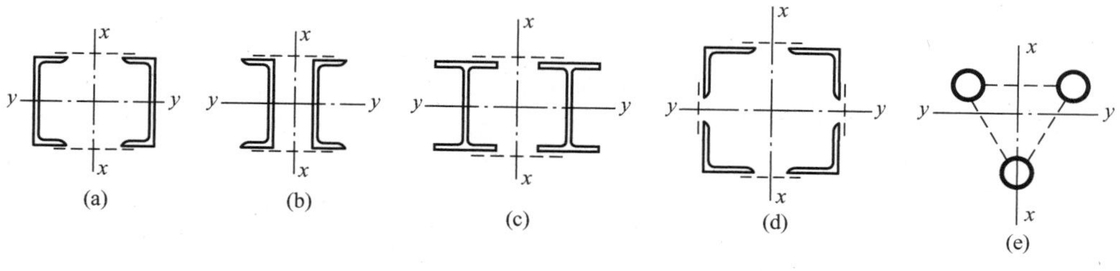

图 14.37　格构式构件的常用截面形式

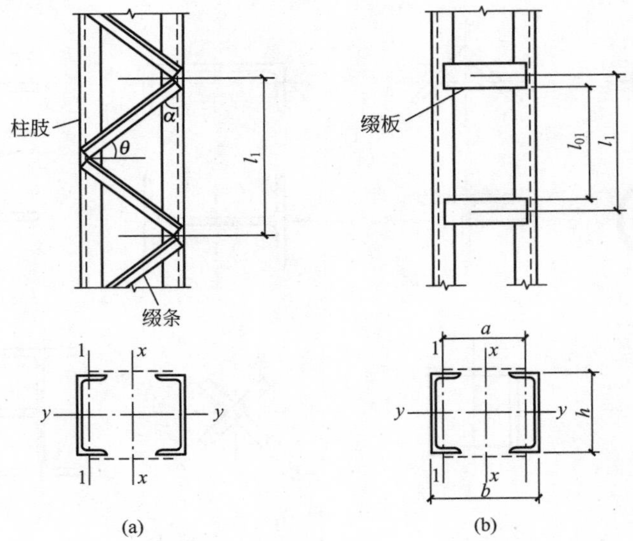

图 14.38 格构式构件的缀材布置

(a)桁架；(b)塔架

14.4.2 轴心受力构件的强度及刚度

1. 强度

轴心受力构件的强度，除高强度螺栓摩擦型连接除外，应按式(14-1)计算

毛截面屈服
$$\sigma=\frac{N}{A}\leqslant f \tag{14-1-1}$$

净截面断裂
$$\sigma=\frac{N}{A_n}\leqslant 0.7fu \tag{14-1-2}$$

式中，N——构件的轴心拉力或压力设计值；

f——钢材的抗拉强度设计值；

A——构件的毛截面面积；

fu——钢材的抗拉强度最大值；

A_n——构件的净截面面积。

高强度螺栓摩擦型连接处的强度应按式(14-2)计算

$$\sigma=\left(1-0.5\frac{n_1}{n}\right)\frac{N}{A_n}\leqslant 0.7fu \text{ 且 } \sigma=\frac{N}{A}\leqslant f \tag{14-2}$$

式中，A——构件的全截面面积。

2. 刚度

轴心受力构件的刚度要求轴心受力构件的长细比不超过规定的容许长细比，即

$$\lambda=\frac{l_0}{i}\leqslant[\lambda] \tag{14-3}$$

式中，λ——构件的最大长细比；

l_0——构件的计算长度；

i——截面的回转半径；

$[\lambda]$——构件的容许长细比，见表14－2和表14－3。

表14－2 受拉构件的容许长细比$[\lambda]$

项次	构件名称	承受静力荷载或间接承受动力荷载的结构			直接承受动力荷载的结构
		一般建筑结构	对腹杆提供平面外支点的弦杆	有重级工作制吊车的厂房	
1	桁架的杆件	350	250	250	250
2	吊车梁或吊车桁架以下的柱间支撑	300	—	200	—
3	其他拉杆、支撑、系杆(张紧的圆钢除外)	400	—	350	—

注：(1) 承受静力荷载的结构中，可仅计算受拉构件在竖向平面内的长细比。
(2) 对于直接或间接承受动力荷载的结构，计算单角钢受拉构件的长细比时，应采用角钢的最小回转半径；但在计算交叉杆件平面外的长细比时，应采用与角钢肢边平行轴的回转半径。
(3) 中、重级工作制吊车桁架的下弦杆长细比不宜超过200。
(4) 在设有夹钳吊车或刚性料耙吊车的厂房中，支撑(表中第2项除外)的长细比不宜超过300。
(5) 受拉构件在永久荷载与风荷载组合作用下受压时，其长细比不宜超过250。
(6) 跨度等于或大于60m的桁架，其受拉弦杆和腹杆的长细比不宜超过300(承受静力荷载)或250(承受动力荷载)。
(7) 柱间支撑按拉杆设计时，竖向荷载作用下柱子的轴力应按无支撑时考虑。

表14－3 受压构件的容许长细比

项次	构件名称	容许长细比
1	轴心受压柱、桁架和天窗架构件	150
	柱的缀条、吊车梁或吊车桁架以下的柱间支撑	
2	支撑(吊车梁或吊车桁架以下的柱间支撑除外)	200
	用以减小受压构件计算长度的杆件	

注：(1) 桁架(包括空间桁架)的受压腹杆，当其内力小于或等于承载能力的50%时，容许长细比值可取为200。
(2) 计算单角钢受压构件的长细比时，应采用角钢的最小回转半径；但在计算交叉杆件平面外的长细比时，应采用与角钢肢边平行轴的回转半径。
(3) 跨度大于或等于60m的桁架，其受压弦杆和端压杆和直接承受动力荷载的受压腹杆的长细比不宜大于120。
(4) 验算容许长细比时，可不考虑扭转效应。

应用案例

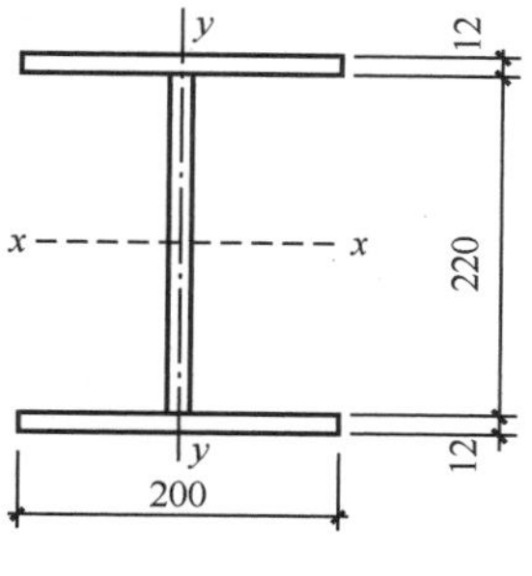

图14.39 桁架轴心受拉杆件

如图14.39所示为一桁架轴心受拉杆件，其截面为双轴对称焊接工字钢，翼缘$b=200$，$t=12\text{mm}$，$h_0=220\text{mm}$，$t_w=10\text{mm}$，翼缘为火焰切割边，钢材为Q235，该柱对两个主轴的计算长度分别为$l_{0x}=6\text{m}$，$l_{0y}=3\text{m}$，验算轴心受拉杆件。

解：截面特征：

$$A=220\times10+2\times200\times12=7000(\text{mm}^2)=70\text{cm}^2$$

$$I_x=1\times22^3/12+2\times20\times1.2\times11.6^2=7346(\text{cm}^4)$$

$$I_y = 2 \times 1.2 \times 20^3 / 12 = 1600(\text{cm}^4)$$

$$i_x = \sqrt{\frac{I_x}{A}} = \sqrt{\frac{7346}{70}} = 10.24(\text{cm})$$

$$i_y = \sqrt{\frac{I_y}{A}} = \sqrt{\frac{1600}{70}} = 4.78(\text{cm})$$

杆件的强度：

$$\frac{N}{A} = \frac{1000 \times 10^3}{7000} = 142.86(\text{N/mm}^2) < f = 215\text{N/mm}^2$$

杆件的刚度：

$$\lambda_x = \frac{l_{0x}}{i_x} = \frac{600}{10.24} = 58.6 < [\lambda] = 350,\ \lambda_y = \frac{l_{0y}}{i_y} = \frac{300}{4.78} = 62.8 < [\lambda] = 350$$

14.4.3 轴心受压构件的整体稳定性

钢结构及其构件除应满足强度及刚度条件外，还应满足稳定条件。所谓稳定，是指结构或构件受荷变形后，所处平衡状态的属性。

当结构处于不稳定平衡时，轻微扰动将使结构整体或其组成构件产生很大的变形而最后丧失承载能力，这种现象称为失去稳定性。在钢结构工程事故中，因失稳导致破坏者较为常见。因此，钢结构的稳定问题必须加以足够的重视。

1. 理想轴心受压构件的屈曲形式

所谓理想轴心受压杆件，就是杆件为等截面理想杆件，压力作用线与杆件形心轴重合，材料均质、各向同性、无限弹性且符合虎克定律，没有初始应力的轴心受压杆件。此种杆发生失稳现象，也可以称为屈曲。理想轴心受压构件的屈曲形式可分为弯曲屈曲、扭转屈曲和弯扭屈曲，如图 14.40 所示。

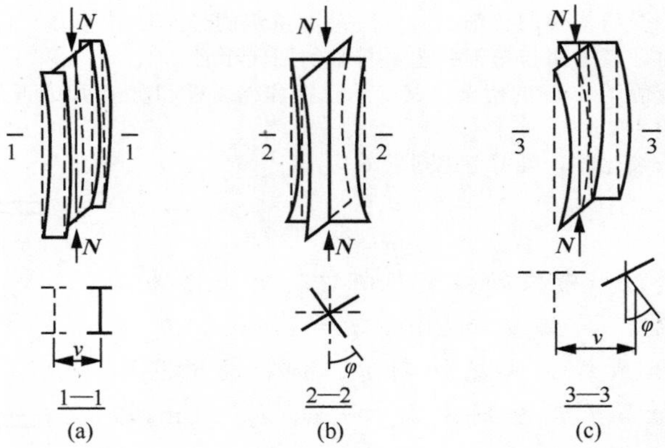

图 14.40　理想轴心受压构件的屈曲形式

(a)弯曲屈曲；(b)扭曲屈曲；(c)弯扭屈曲

特别提示

（1）受压构件不宜采用无任何对称轴的截面。

（2）理想轴心受压构件在实际工程中是不存在的，在设计时应考虑截面残余应力、构件初弯曲和受力初偏心的影响。

2. 轴心受压构件的整体稳定计算

实际工程中，理想轴心压杆并不存在，实际构件都具有一些初始缺陷和残余应力，它们使得压杆稳定承载力下降。除可考虑屈服后强度的实腹式构件外，对轴心受压构件的整体稳定计算采用式(14－4)。

$$\frac{N}{\varphi A f} \leqslant 1.0 \tag{14-4}$$

式中，N——轴心压力设计值；

A——构件的毛截面面积；

f——钢材抗压强度设计值；

φ——轴心受压构件的稳定系数。

3. 轴心受压构件的局部稳定

实腹式轴心受压构件在轴向压力作用下，在丧失整体稳定之前，其腹板和翼缘都有可能达到极限承载力而丧失稳定，此种现象称为局部失稳。图 14.41 所示为在轴心压力作用下，腹板和翼缘发生侧向鼓曲和翘曲的失稳现象。当轴心受压构件丧失局部稳定后，由于部分板件屈曲而退出工作，使构件有效截面减小，降低了构件的刚度，从而加速了构件的整体失稳。

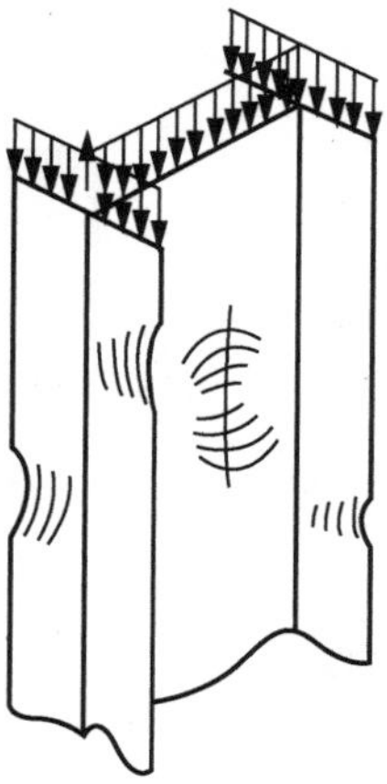

图 14.41　局部失稳

特别提示

轴心受压构件的计算包括三个方面：强度、刚度和稳定性。大多数情况是由稳定性起控制作用。因此，在钢结构的设计和施工中，均应保证构件的稳定性。

14.5 受弯构件

承受横向荷载的构件称为受弯构件，其形式有实腹式和格构式两个系列，在实际工程中受弯构件一般指前一类。

14.5.1 受弯构件梁的分类

钢梁分为型钢梁和组合梁两大类。

型钢梁的截面有热轧工字钢[图 14.42(a)]、热轧 H 型钢[图 14.42(b)]和槽钢[图 14.42(c)]3 种，其中以 H 型钢的截面分布最为合理，翼缘内外边缘平行，与其他构件连接较方便，应予优先采用。某些受弯构件(如檩条)采用冷弯薄壁型钢[图 14.42(d)～(f)]较经济，但防腐要求较高。

组合梁一般采用三块钢板焊接而成的工字形截面[图 14.42(g)]，或由 T 型钢(H 型钢剖分而成)中间加板的焊接截面[图 14.42(h)]。当焊接组合梁翼缘需要很厚时，可采用两层翼缘板的截面[图 14.42(i)]。受动力荷载的梁如钢材质量不能满足焊接结构的要求时，可采用高强度螺栓或铆钉连接而成的工字形截面[图 14.42(j)]。荷载很大而高度受到限制或梁的抗扭要求较高时，可采用箱形截面[图 14.42(k)]。组合梁的截面组成比较灵活，可使材料在截面上的分布更为合理，节省钢材。

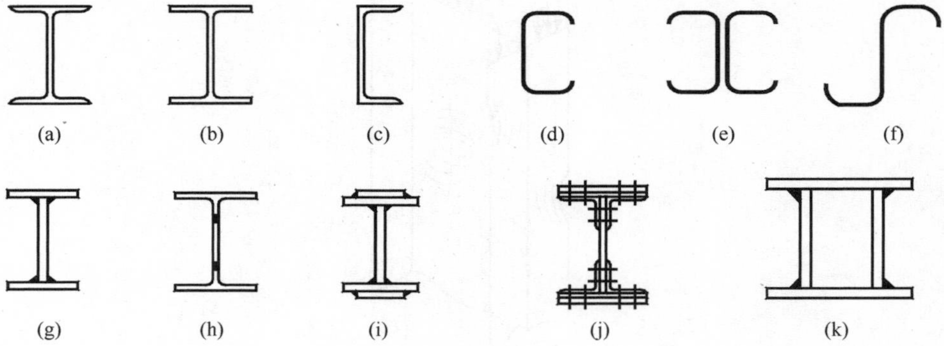

图 14.42 梁的截面类型

在土木工程中，梁格通常由若干梁平行或交叉排列而成，图 14.43 即为工作平台梁格布置示例。

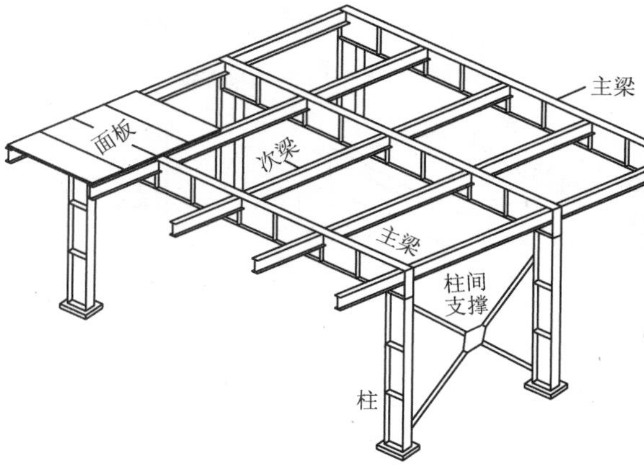

图 14.43 工作平台梁格布置示例

14.5.2 受弯构件的整体稳定

1. 整体稳定的概念

梁在竖向荷载作用下，当荷载较小时，梁开始弯曲并产生变形，此时梁的弯曲平衡是稳定的，当弯矩增大到某一数值时，钢梁会在偶然的很小的侧向干扰力下，突然向侧面发生较大的弯曲，同时发生扭转，如图 14.44 所示。这时即使除去侧向干扰力，侧向弯扭变形也不再消失，如果弯矩再稍微增大，则弯扭变形迅速增大，从而使梁失去承载力。这种因弯矩超过临界限值而使钢梁从稳定平衡状态转变为不稳定平衡状态并发生侧向弯扭屈曲的现象，称为钢梁弯曲扭转屈曲或钢梁丧失稳定性。使梁丧失整体稳定的弯矩或荷载称为临界弯矩或临界荷载。

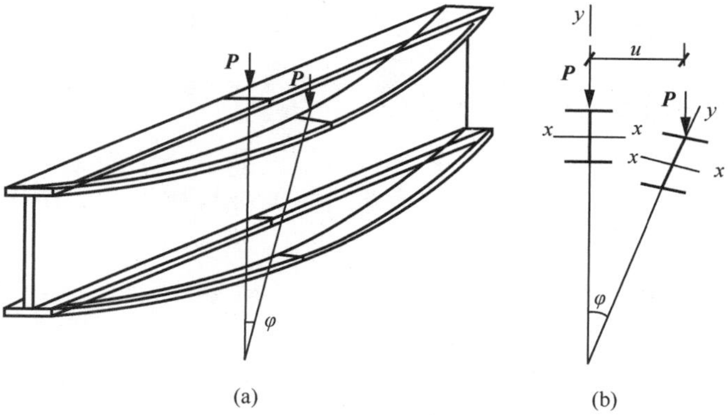

图 14.44 梁整体失稳

2. 增强梁整体稳定的措施

一般可采用下列方法增强梁的整体稳定性。

（1）增大梁截面尺寸，其中增大受压翼缘的宽度是最有效的。

（2）增加侧向支承体系，减小构件侧向支承点的距离，侧向支承应设在受压翼缘处，如图 14.45 所示。

(3) 当跨内无法增设侧向支承时，宜采用闭合箱形截面。

(4) 增加梁两端的约束，提高其整体稳定性。

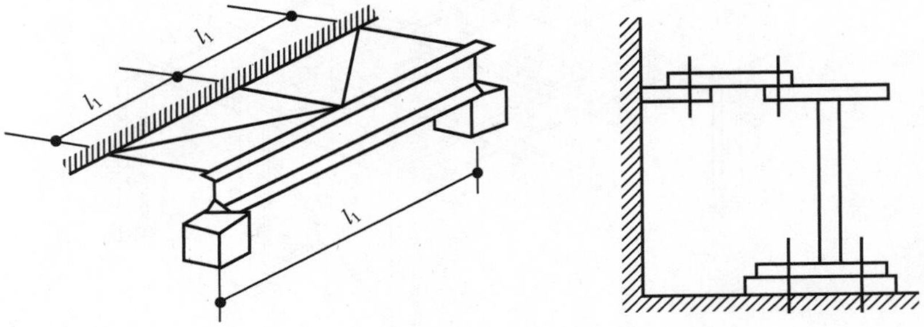

图 14.45 梁侧向支承体系

小 结

(1) 本模块对钢结构做了全面的讲述，包括钢结构的组成、特点及应用范围，钢结构的材料性能，钢结构的连接，钢结构轴心受力构件强度、刚度和稳定性的概念及计算，受弯构件的稳定性。

(2) 钢结构是由钢板、圆钢、钢管、钢索、各种型钢等钢材，经过加工、连接、安装组成。

(3) 钢结构的特点：轻质高强，塑性、韧性好，有良好的焊接性能，制作简便、施工方便，可重复使用，耐热不耐火，耐腐蚀性差，呈现低温冷脆性。

(4) 钢材的机械性能包括：屈服强度，抗拉强度，塑性，韧性，可焊性。影响钢材性能的主要因素有：化学成分的影响，焊接性能，冶炼与轧制，温度的影响，应力集中现象。

(5) 钢结构的连接包括焊接、螺栓连接和铆接。

(6) 对接焊缝和角焊缝的表示方法。

(7) 轴心受力包括轴心受拉和轴心受压。轴心受拉杆件需进行强度和刚度验算，轴心受压杆件应进行强度、刚度和稳定性的验算。

(8) 受弯构件的截面类型，受弯构件的整体稳定性的概念。

习 题

一、选择题

1. 大跨度结构常采用钢结构的主要原因是钢结构(　　)。

A. 密封性好　　B. 自重轻　　C. 制造工厂化　　D. 便于拆装

2. 钢材的设计强度是根据(　　)确定的。

A. 比例极限　　B. 弹性极限　　C. 屈服强度　　D. 极限强度

3. Q235 钢按照质量等级分为 A、B、C、D 共 4 级，由 A 到 D 表示质量由低到高，其分类依据是(　　)。

A. 冲击韧性　　B. 冷弯试验　　C. 化学成分　　D. 伸长率

4. 钢号 Q345A 中的 345 表示钢材的(　　)。

A. f_p值　　B. f_u值　　C. f_y值　　D. f_{vy}值

5. 钢材所含化学成分中，需严格控制含量的有害元素为(　　)。

A. 碳、锰　　B. 钒、锰　　C. 硫、氮、氧　　D. 铁、硅

6. 对于普通螺栓连接，限制端距 $e \geqslant 2d_0$ 的目的是避免(　　)。

A. 螺栓杆受剪破坏　　B. 螺栓杆受弯破坏

C. 板件受挤压破坏　　D. 板件端部冲剪破坏

7. Q235 与 Q345 两种不同强度的钢材进行手工焊接时，焊条应采用(　　)。

A. E55 型　　B. E50 型　　C. E43 型　　D. H10MnSi

8. 在搭接连接中，为了减小焊接残余应力，其搭接长度不得小于较薄焊件厚度的(　　)。

A. 5 倍　　B. 10 倍　　C. 15 倍　　D. 20 倍

9. 承压型高强度螺栓连接比摩擦型高强度螺栓连接(　　)。

A. 承载力低，变形大　　B. 承载力高，变形大

C. 承载力低，变形小　　D. 承载力高，变形小

10. 对于直接承受动力荷载的结构，宜采用(　　)。

A. 焊接连接　　B. 普通螺栓连接

C. 摩擦型高强度螺栓连接　　D. 承压型高强度螺栓连接

二、简答题

1. 钢结构对钢材的性能有哪些要求？这些要求用哪些指标来衡量？
2. 钢材受力有哪两种破坏形式？它们对结构安全有何影响？
3. 钢结构的连接方法有哪些？
4. 焊缝的形式主要有几类？
5. 角焊缝的尺寸有哪些构造要求？
6. 普通螺栓连接和高强度螺栓连接有哪些相同点和不同点？
7. 怎样计算轴心受力构件的强度和刚度？
8. 什么是轴心受压的整体稳定性？
9. 什么是受弯的整体稳定性？保证梁整体稳定的措施有哪些？

附录A

实例一： 混合结构办公楼建筑施工图及结构施工图

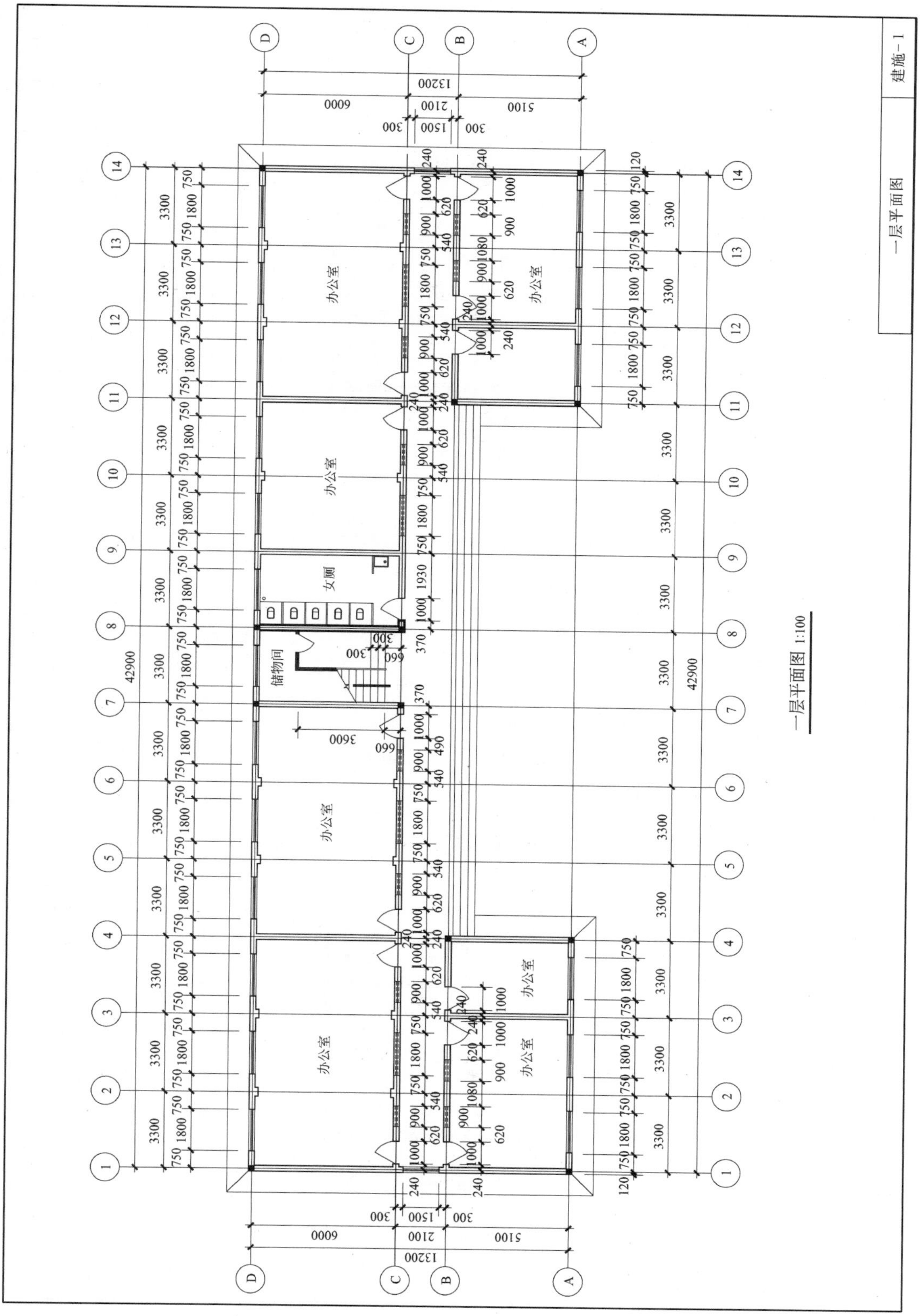
建施-1
一层平面图
办公室
女厕
储物间
一层平面图 1:100

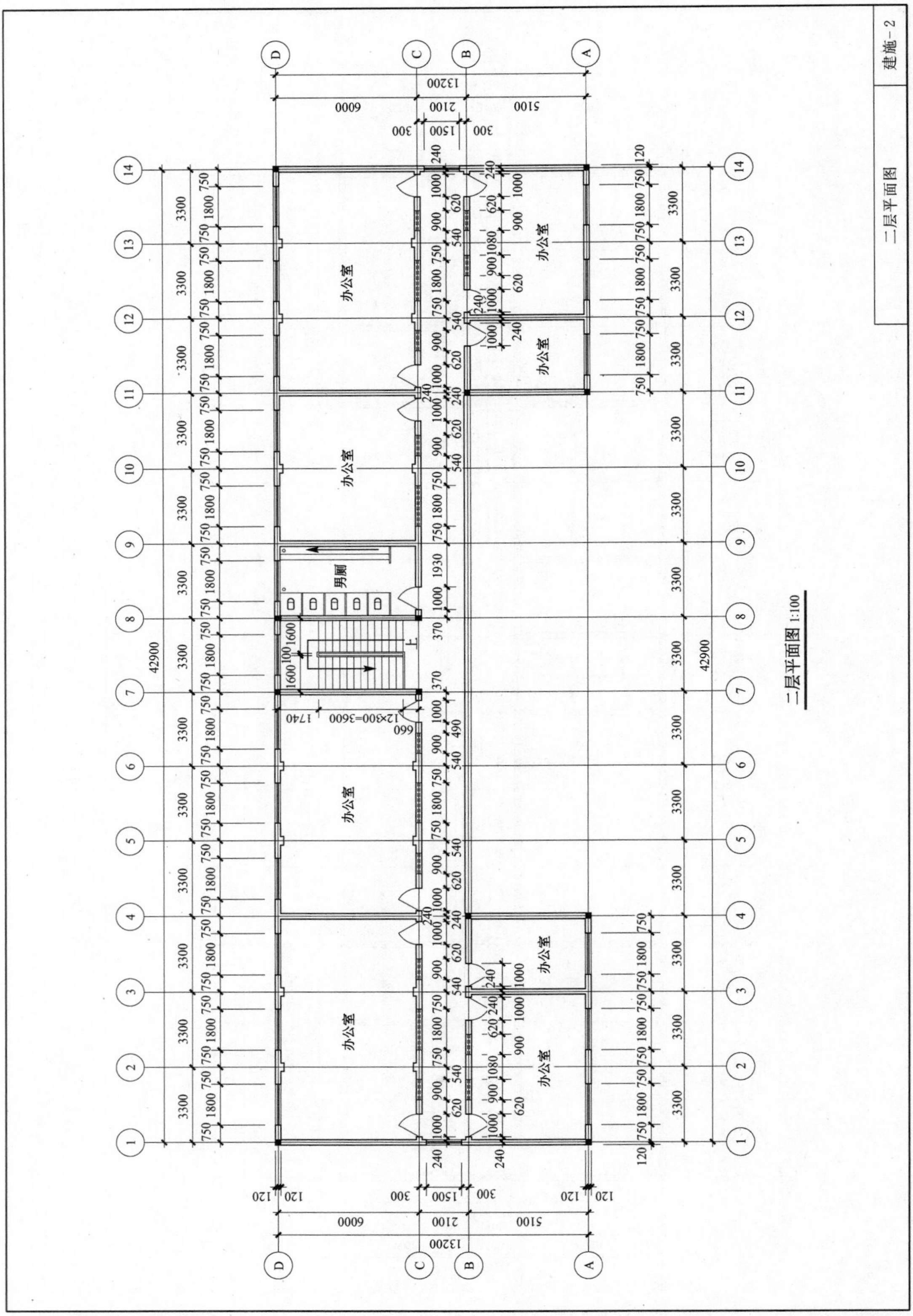
建施－2
二层平面图
二层平面图 1:100
办公室
男厕

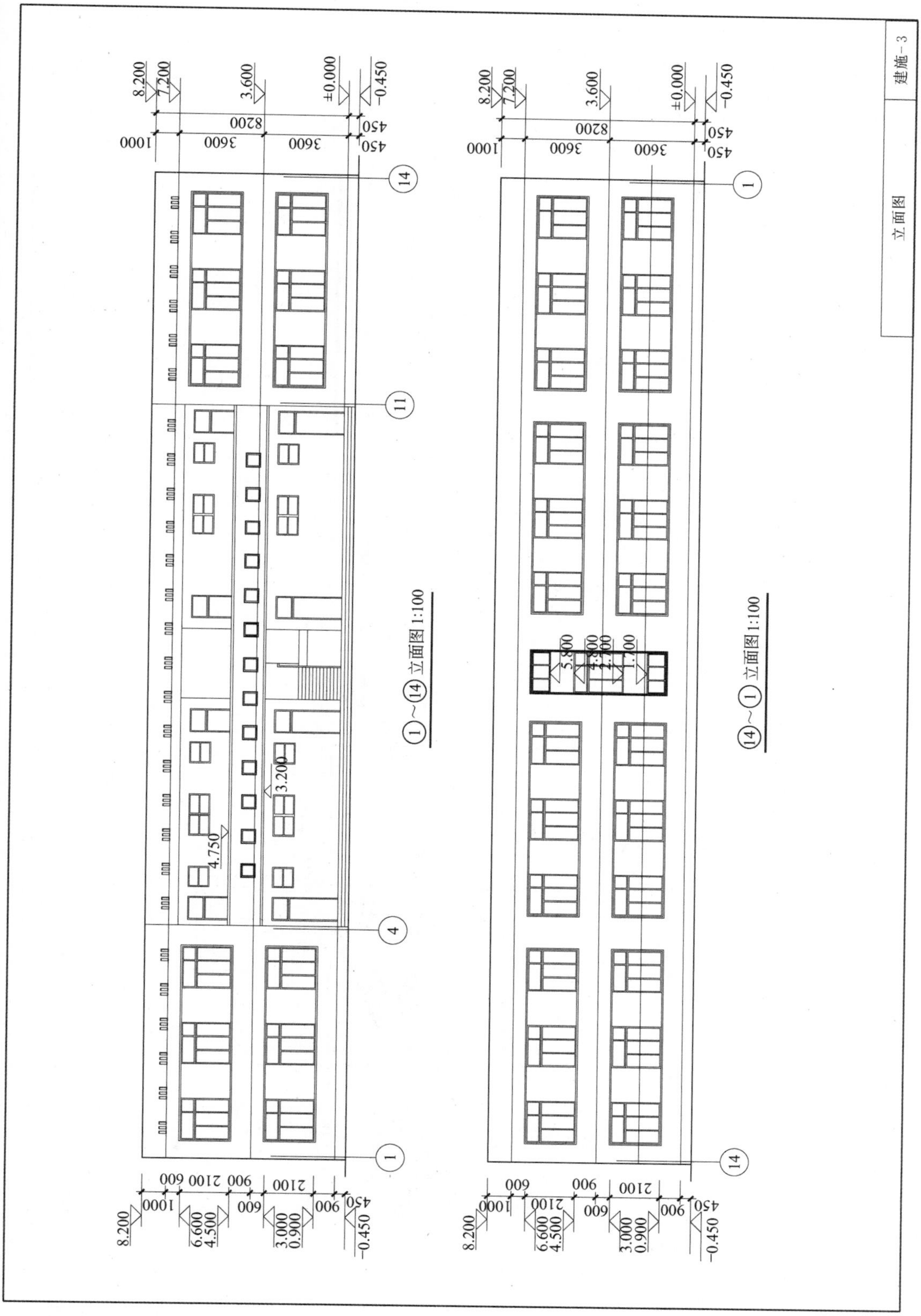
①~⑭立面图 1:100
⑭~①立面图 1:100
建施-3
立面图

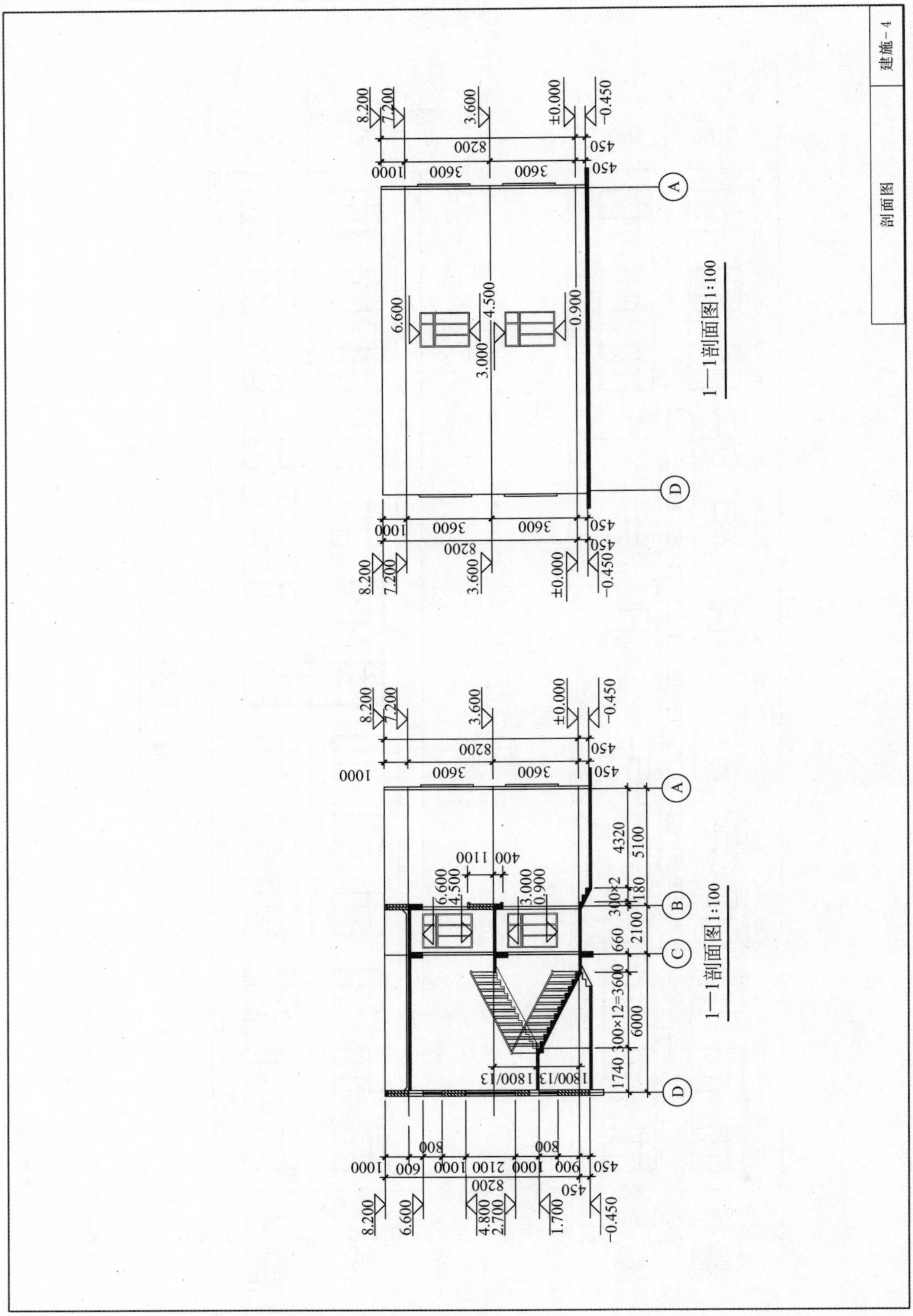
1—1剖面图 1:100
1—1剖面图 1:100
剖面图
建施-4

结构设计总说明

一、工程概况

本工程为××学校办公楼砖混结构，结构安全等级为二级，场地类别为Ⅲ类，丙类建筑，地基基础设计等级为丙级；砌体砌筑质量等级为B级。

设计合理使用年限为50年，±0.000相对黄海高程为98.500m。

二、设计依据

1. 建筑结构制图标准 (GB/T 50105—2001)
2. 建筑结构荷载规范 (GB 50009—2001)
3. 混凝土结构设计规范 (GB 50010—2002)
4. 建筑抗震设计规范（2008年版） (GB 50011—2001)
5. 建筑地基基础设计规范 (GB 50007—2002)
6. 建筑地基处理技术规范 (JGJ 79—2002/J220—2002)
7. 砌体结构设计规范 (GB 50001—2001)
8. 建筑结构可靠度设计统一标准 (GB 50068—2001)
9. 混凝土结构施工图平面整体表示方法制图规则和构造详图 (03G101—1、04G101—3)
10. 住宅工程质量通病防治技术规程 (DBJ 41/070—2005)
11. 河南省02系列结构标准设计图集 (DBJT 19—01—2002)

三、场地及基础

1. 基础设计依据××勘察院(2008年03月)提供的××办公楼《岩土工程勘察报告》进行设计，基础持力层选择第1层粉土层上，地基承载力特征值 $f_{ak}=145$ kPa；建设场地地貌单一，无湿陷、膨胀、液化等不良地质情况。
2. 开挖基槽时，不应扰动土的原状结构，如经扰动，应挖除扰动部分，根据土的压缩性选用级配砂石进行回填处理，压实系数应大于0.95。
3. 基础施工前应进行验槽，如发现土质与地质报告不符合时，需会同勘察、施工、设计、建设、监理单位共同协商研究处理。
4. 机械挖土时应按有关规范要求进行，坑底应保留200 mm厚的土层用人工开挖。基槽开挖中如发现地基有异常情况，应及时通知设计人员。验槽合格后方可继续施工。

四、结构荷载(kN/m²)

1. 办公室，卫生间	2.0	4. 走廊	2.5
2. 非上人屋面	0.5	5. 基本风压	0.45
3. 楼梯	2.0	6. 基本雪压	0.40

注：未经技术鉴定或设计许可，不得改变结构用途和使用环境。

五、主要结构材料

1. 混凝土强度等级
   基础垫层：C15；基础C30；其余现浇混凝土均用C25。
2. 钢筋采用：HPB300级(Φ)；HRB400级(Φ)；钢板采用Q235钢。
   钢筋设计强度：HPB300：$f_y=f_y'=210$ N/mm²；HRB400：$f_y=f_y'=360$ N/mm²。
3. 当钢筋采用焊接时，HPB300钢筋用E43××焊条，HRB400钢筋用E60××焊条，按《钢筋焊接及验收规程》(JGJ 18—2003)施工。
4. 砌体材料：墙体采用MU10蒸压粉煤灰砖，±0.000以下采用M10水泥砂浆。
   ±0.000以上采用M10混合砂浆。蒸压粉煤灰砖墙应采用黏结性砂浆砌筑。

六、工程抗震

1. 本工程抗震设防烈度7度，设计基本地震加速度值为0.15g，设计地震分组为第一组，计算风荷载时，地面粗糙度取B类。
2. 钢筋直径≥22mm时，应采用焊接头或机械接头(机械接头系指镦粗直螺纹钢筋接头或冷挤压接头)；直径<22mm时可采用绑扎接头；条件允许时尽量采用焊接接头。钢筋采用焊接或机械连接必须符合规范和经过检验。图中未注明的钢筋搭接长度及锚固长度按国家标准16G101—1第34页的有关规定执行。
3. 本工程所有的柱及梁，其箍筋及拉筋的末端均应做成不小于135°的弯钩，弯钩端头平直段长度不应小于10d(d为箍筋或拉筋的直径)。
4. 构造柱、圈梁说明及抗震构造详图详见02YG001—1第4～15页，防止或减轻墙体裂缝的加强构造大样详见02YG001—1第44～48。

七、通用性构造说明

1. 雨篷及挑檐等完全外露构件及±0.000以下构件与土接触的面均为二b类环境，卫生间为二a类环境，其余为一类环境。
2. 图纸中未注明的钢筋保护层厚度不应小于钢筋的公称直径，且应符合下表规定：

环境类别		基础	梁		柱		板	
			≥20	C25～C45	≥20	C25～C45	≥20	C25～C45
一		40	30	25	30	30	20	15
二	a		—	30	—	30	—	20
	b		—	35	—	35	—	25

埋在土中的混凝土柱竖向纵筋与一层纵筋上下对齐。

在任何情况下受力钢筋的锚固长度不应小于300 mm。

3. 本工程所有后砌120厚墙均采用M5混合砂浆砌筑，施工时应注意在承重墙与后砌墙对应部位预留锚拉筋，墙顶用斜砖塞紧，保持墙体顶部与梁紧密结合。
4. 本工程构造柱设置位置以楼层平面图为准，构造柱除注明外纵筋下端均锚入墙下基础内，构造柱纵筋上端伸至屋面或女儿墙顶。构造柱施工时，应先砌墙后浇柱构造柱构造详02YG001—1第8～11页，构造柱纵筋的锚固和搭接详见02YG001—1第12～17页，与构造柱相邻的砖垛小于240mm时，此砖垛改用和构造柱同级别的素混凝土与构造柱整浇在一起，女儿墙构造柱间距不大于4 m，构造做法详见02YG001—1第23～26页。
5. 本工程于每层楼(屋)面所有承重墙体均设置圈梁，配筋见单项设计要求。
6. 本工程所有门窗洞口上方过梁均选用02YG301中对应跨度之3级矩形现浇过梁即K(S)GLA24××2(××—梁跨)。承重横墙设置施工洞及其他专业墙体留洞宽度大于300mm时，应设置3级过梁。所有门窗过梁应配合建筑图做好门窗套及线脚。当门窗洞顶与圈梁之间的间距小于过梁高时，洞顶过梁和按照图一要求合并现浇。
7. 圈梁与圈梁、圈梁与现浇梁之间均应按照相关规定进行连接。
9. 预制空心楼板端部与圈梁的连接构造详见02YG201第91～96页。
10. 砖墙上现浇梁端部除与构造柱连接或特别注明外均自墙边伸入墙体不小于120 mm。
11. 双向板的底部钢筋短跨钢筋置下排。
12. 板内分布钢筋包括楼梯跑板，除注明者外，按照如下要求：

受力钢筋直径/mm	分布钢筋直径间距
6～10	Φ6@250
12～14	Φ8@250

13. 沿外墙于各层窗台下方的第一和第二道水平灰缝内设置2Φ6通长钢筋。
14. 本工程屋面上人孔周边构造加强钢筋设置要求详见图二。

八、相关专业说明

1. 建筑门窗和屋面女儿墙、楼梯、栏板等的预埋件，必须配合建筑图纸和其总说明有关部分要求施工。楼梯间分开施工时，应注意在相邻的梁处预留钢筋。
2. 电气专业(详见电施相关图纸)有避雷接地要求的构造柱，该柱内应有两根钢筋上下焊通，作为引下线，施工中应将这两根钢筋做好标记，以利施工。防雷引下线下端与基础内钢筋焊牢，上端伸出对应屋面之女儿墙顶面200mm与屋面防雷网相焊。

九、其他

1. 图中长度单位为毫米(mm)，结构标高单位为米(m)。
2. 本工程土建施工单位应对各专业的留洞留槽及预埋件等需现场配合的各工种图纸进行核对，且与安装单位密切配合施工，正确预留图中所注明的留洞留槽及预埋件。
3. 本工程开工前应组织参建各方进行图纸会审工作，弄清设计意图，对图纸上的错漏及时提出，复核无误后方可施工。
4. 本图纸说明未尽之处，按相关施工及验收规范、规程要求认真施工。
5. 图纸说明中凡与本说明不符者，均以单项设计说明为准。

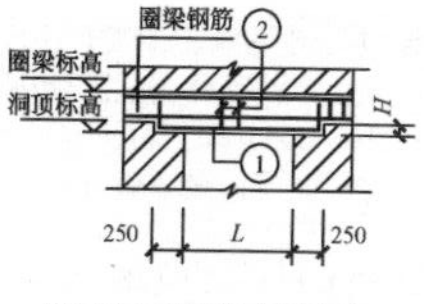

洞口处圈梁过梁合并示意

图一

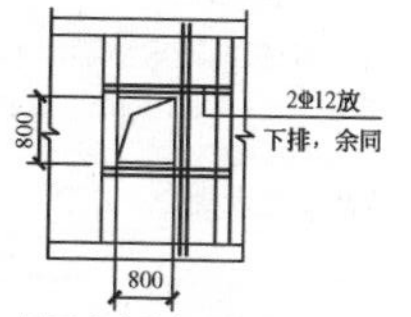

屋面上人孔加强构造

图二

洞口宽度 L/m	≤1.2	1.5>L>1.2	1.8>L≥1.5	L≥1.8
①号钢筋	2Φ12	2Φ14	2Φ16	2Φ18
②号钢筋	Φ6@150	Φ6@150	Φ6@100	Φ6@100

图纸目录

图纸编号		图纸名称	张数	图幅	附注
新图	标、通、统、重用图				
01		结构设计总说明图纸目录	1	A2	结施-1
02		基础平面布置图和详图	1	A2	结施-2
03		二层楼面结构布置图	1	A2	结施-3
04		屋面结构布置图	1	A2	结施-4
05		梁配筋图	1	A2	结施-5
06		楼梯详图	1	A2	结施-6
	02YG001-1	砌体结构构造详图(豫省标)			
	02YG201	预应力混凝土空心板(豫省标)			
	02YG301	钢筋混凝土过梁(豫省标)			

结构设计总说明及图纸目录	结施-1

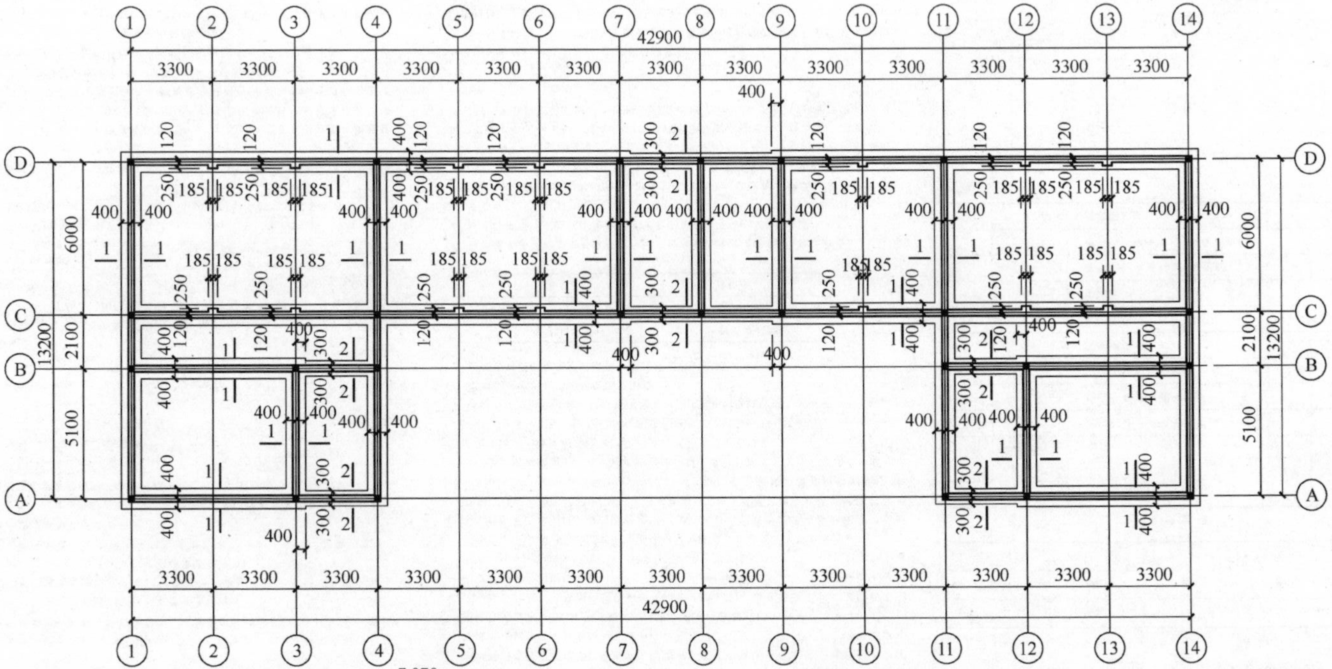

基础平面布置图

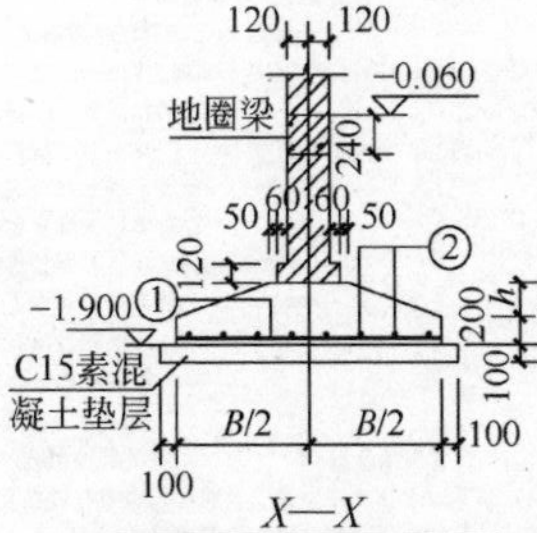

X—X

墙下条形基础断面图

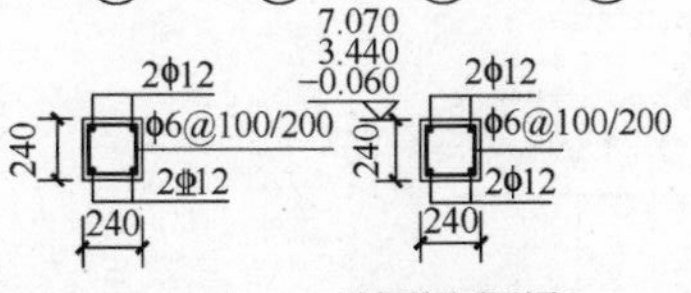

GZ1

地圈梁(圈梁)
沿墙体均设

墙下条形基础表

剖面号	基础宽度 B/mm	基础高度 h/mm	总高度 H/mm	钢筋规格	
				①钢筋	②钢筋
1—1	800	100	300	ϕ12@180	ϕ8@200
2—2	600	100	300	ϕ12@200	ϕ8@200

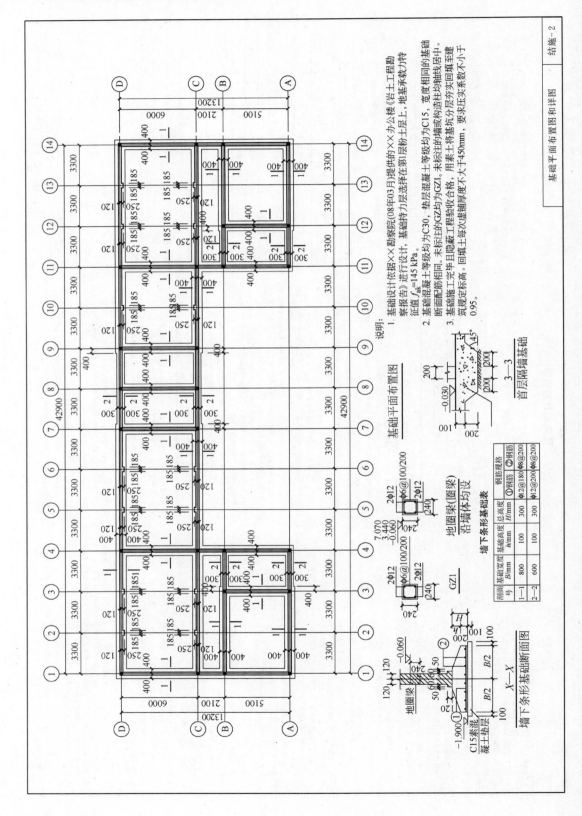

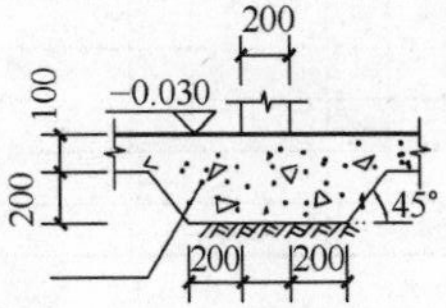

3—3

首层隔墙基础

说明:

1. 基础设计依据××勘察院(08年03月)提供的××办公楼《岩土工程勘察报告》进行设计，基础持力层选择在第1层粉土层上，地基承载力特征值 f_{ak}=145 kPa。
2. 基础混凝土等级均为C30，垫层混凝土等级均为C15，宽度相同的基础断面配筋相同。未标注的GZ均为GZ1。未标注的墙或构造柱均轴线居中。
3. 基础施工完毕且隐蔽工程验收合格，用素土将基坑分层夯实回填至建筑规定标高。回填土每次虚铺厚度不大于450mm，要求压实系数不小于0.95。

基础平面布置图和详图	结施-2

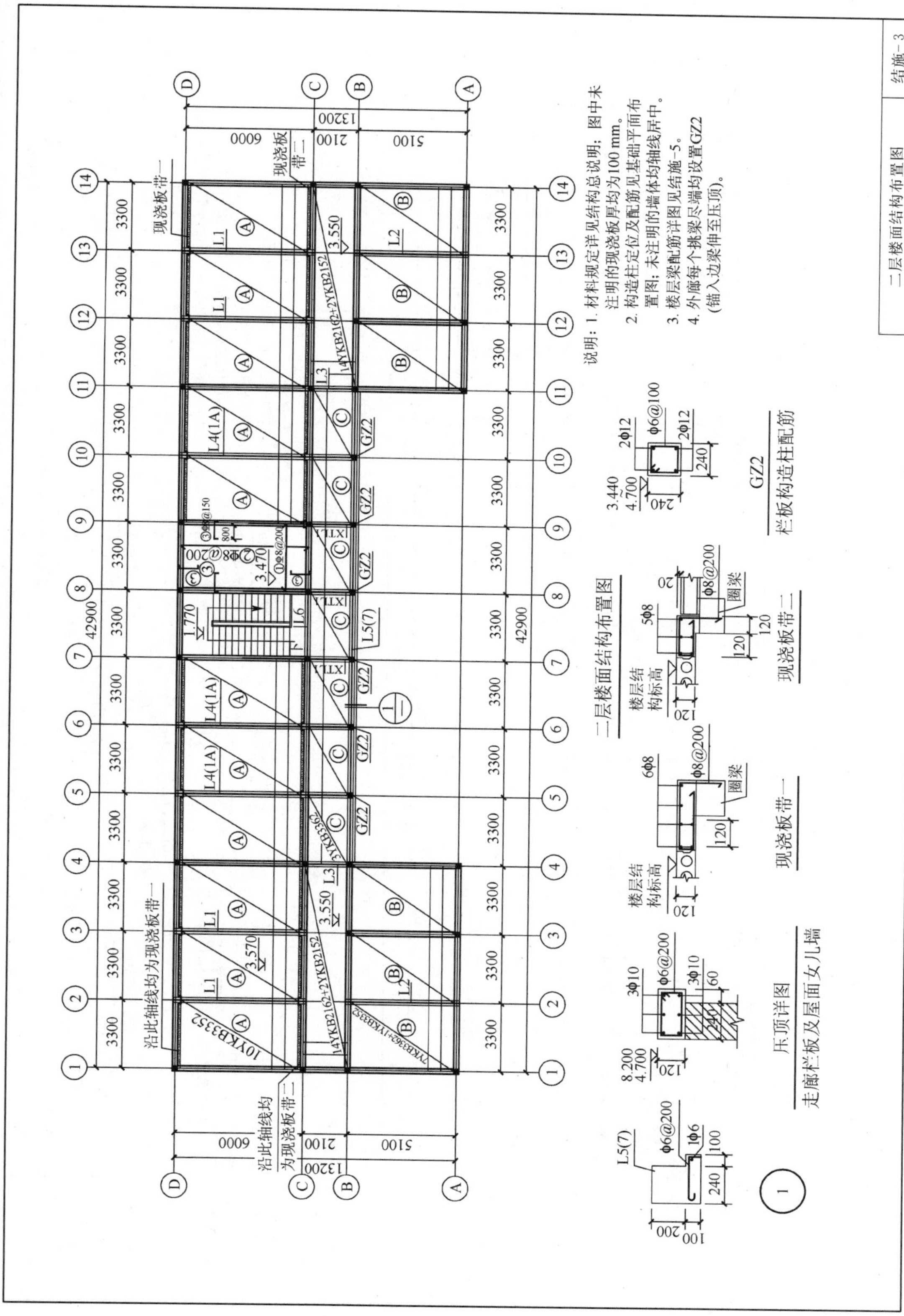
结施-3
二层楼面结构布置图
说明：1. 材料规定详见结构总说明；图中未注明的现浇板厚均为100 mm。
2. 构造柱定位及配筋见基础平面布置图；未注明的墙体均轴线居中。
3. 楼层梁配筋详图见结施-5。
4. 外廊每个挑梁尽端均设置GZ2（锚入边梁伸至压顶）。
二层楼面结构布置图
现浇板带一
现浇板带二
GZ2
栏板构造柱配筋
压顶详图
走廊栏板及屋面女儿墙
沿此轴线均为现浇板带一
沿此轴线均为现浇板带二
42900
13200

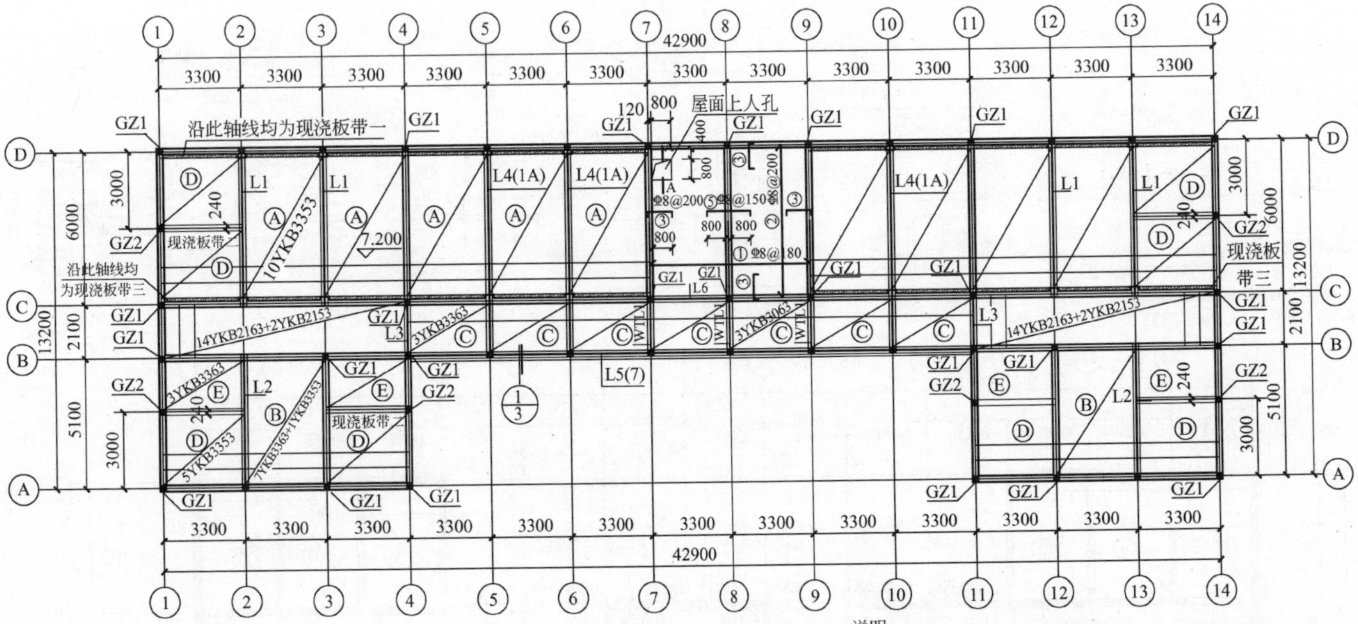

屋面结构布置图

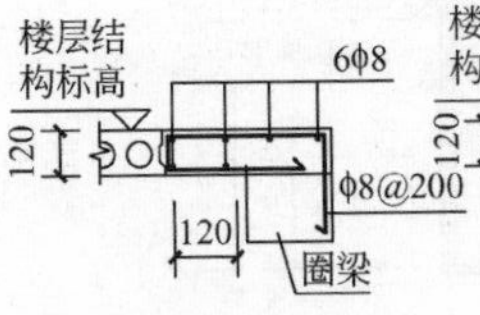

现浇板带一

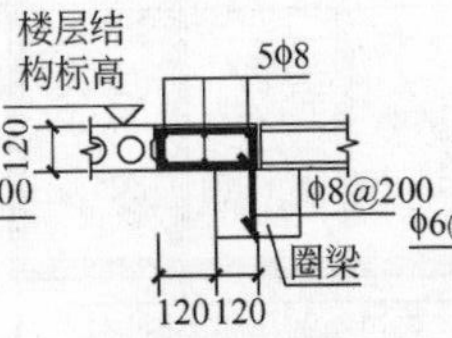

现浇板带三

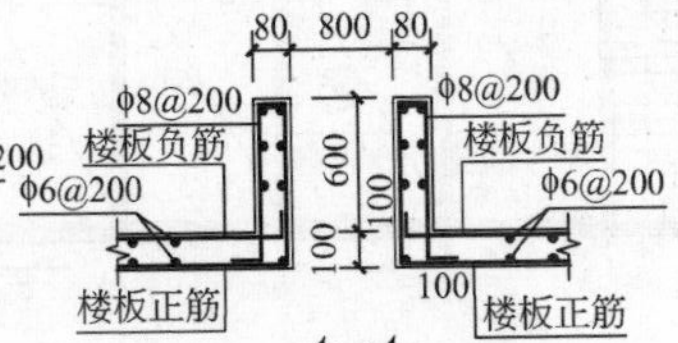

A—A

屋面上人孔详图

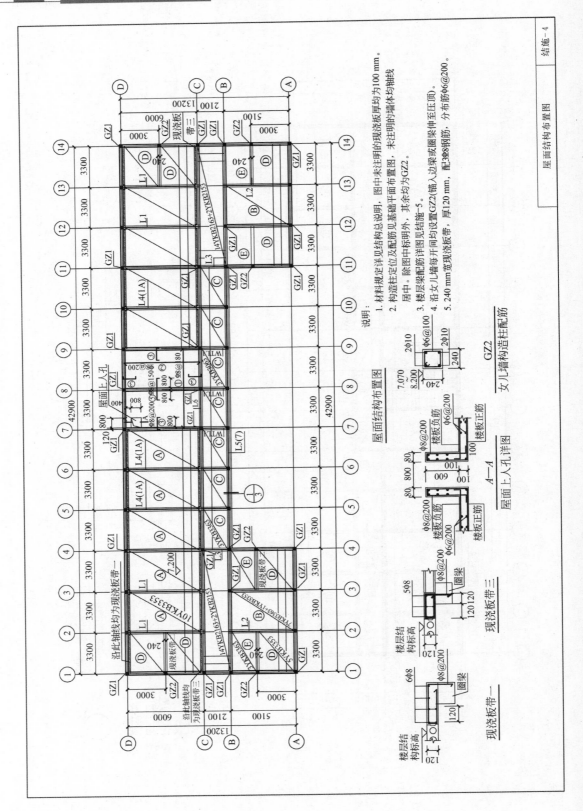

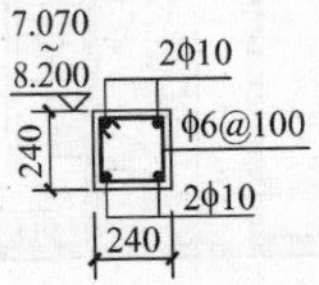

GZ2

女儿墙构造柱配筋

说明：

1. 材料规定详见结构总说明，图中未注明的现浇板厚均为100 mm。
2. 构造柱定位及配筋见基础平面布置图，未注明的墙体均轴线居中。除图中标明外，其余均为GZ2。
3. 楼层梁配筋详图见结施-5。
4. 沿女儿墙每开间均设置GZ2(锚入边梁或圈梁伸至压顶)。
5. 240 mm宽现浇板带，厚120 mm，配3Φ8钢筋，分布筋φ6@200。

屋面结构布置图	结施-4

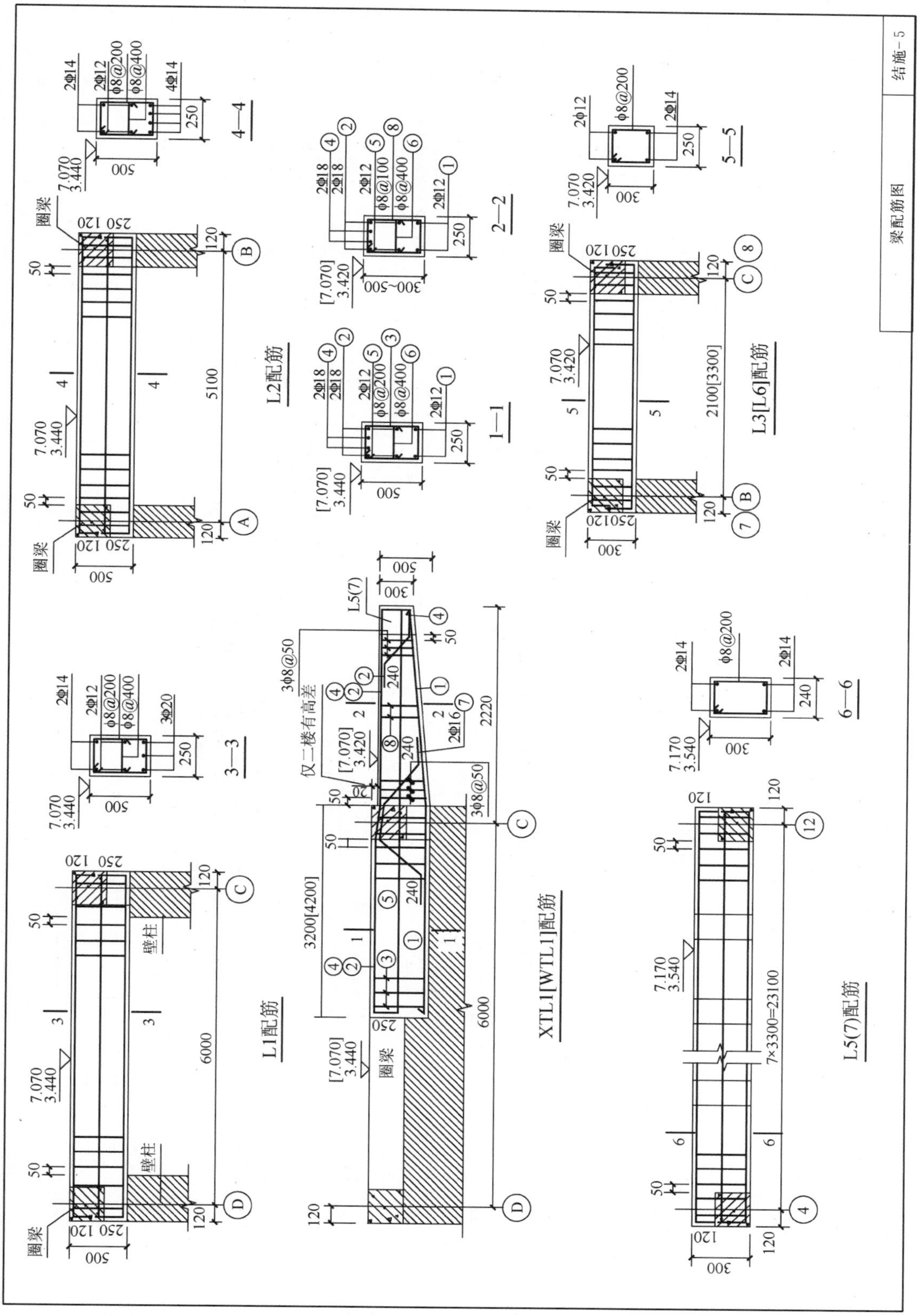

结施-5
梁配筋图
L2配筋
1—1
2—2
4—4
L3[L6]配筋
5—5
L1配筋
3—3
XTL1[WTL1]配筋
仅二楼有高差
6—6
L5(7)配筋

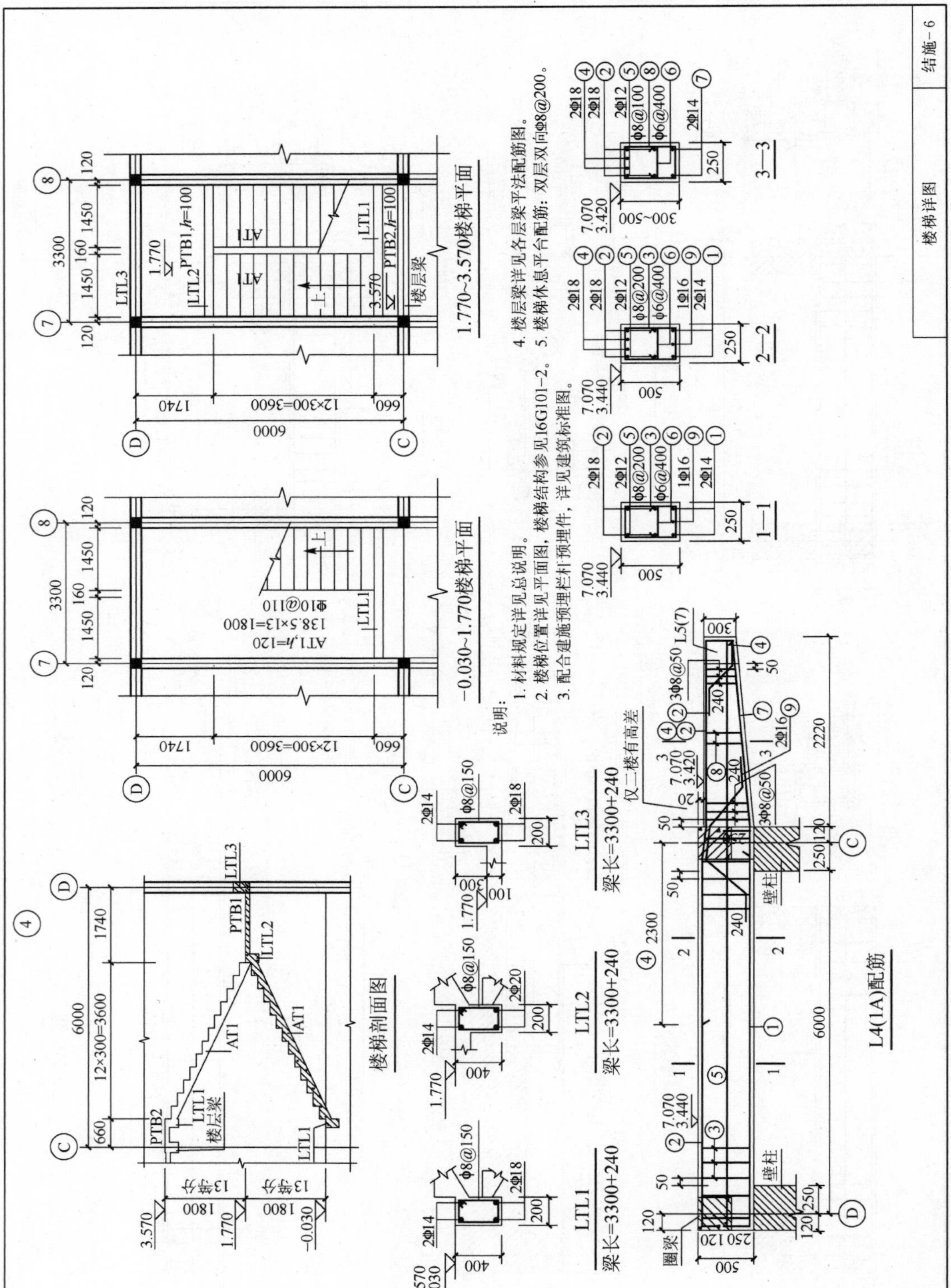
楼梯剖面图
−0.030~1.770楼梯平面
1.770~3.570楼梯平面
AT1,h=120
138.5×13=1800
φ10@110
PTB1,h=100
PTB2,h=100
LTL1
LTL2
LTL3
楼层梁
12×300=3600
6000
3300
LTL1 梁长=3300+240
LTL2 梁长=3300+240
LTL3 梁长=3300+240
1—1
2—2
3—3
L4(1A)配筋
仅二楼有高差
壁柱
圈梁
说明：
1. 材料规定详见总说明。
2. 楼梯位置详见平面图，楼梯结构参见16G101-2。
3. 配合建施预埋栏杆预埋件，详见建筑标准图。
4. 楼层梁详见各层梁平法配筋图。
5. 楼梯休息平台配筋：双层双向φ8@200。
结施-6
楼梯详图

附录 B

实例二：框架结构教学楼建筑施工图及结构施工图

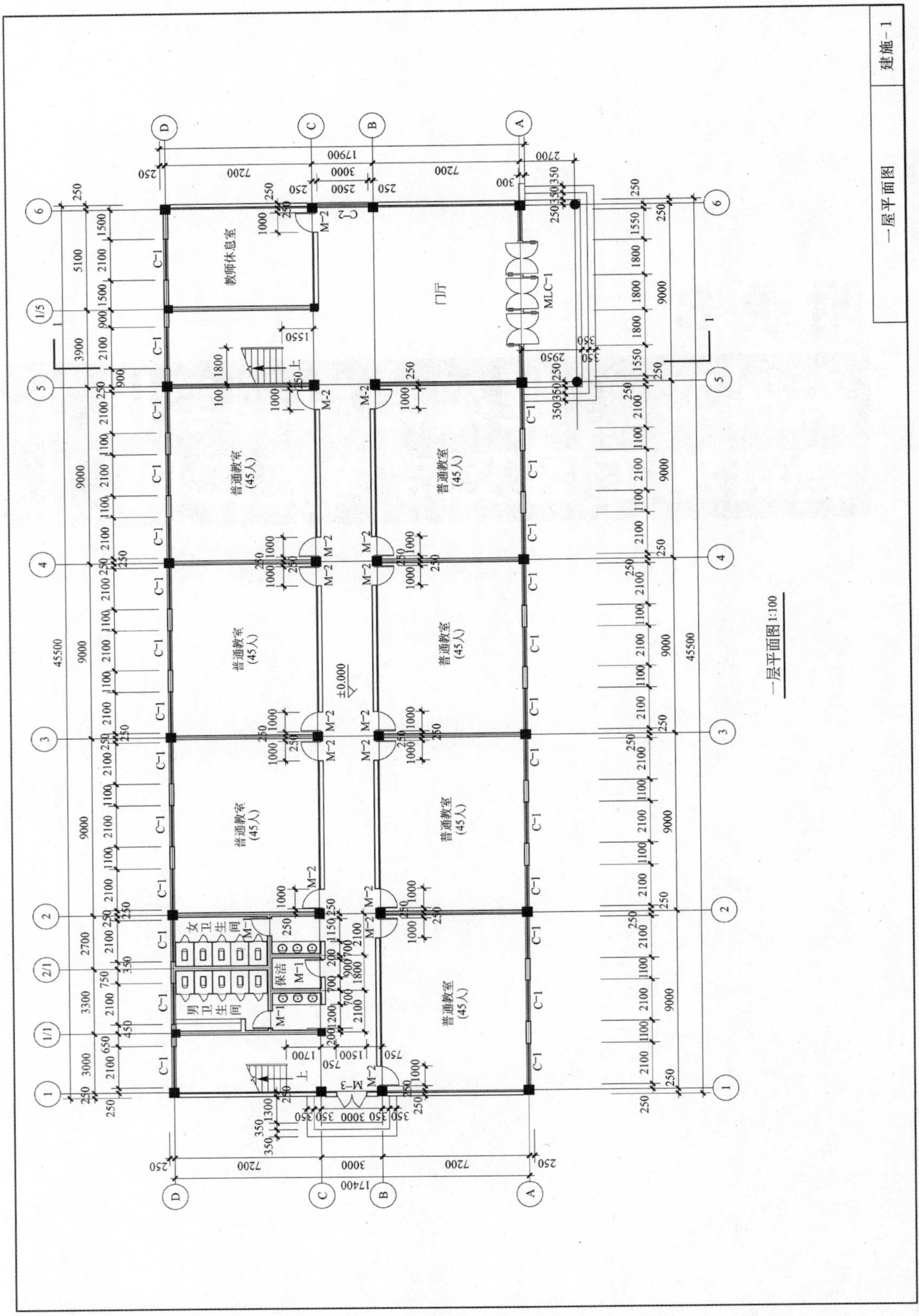
建施-1
一层平面图
一层平面图 1:100
教师休息室
门厅
MLC-1
普通教室
(45人)
男卫生间
女卫生间
保洁
±0.000
45500
17900
17400

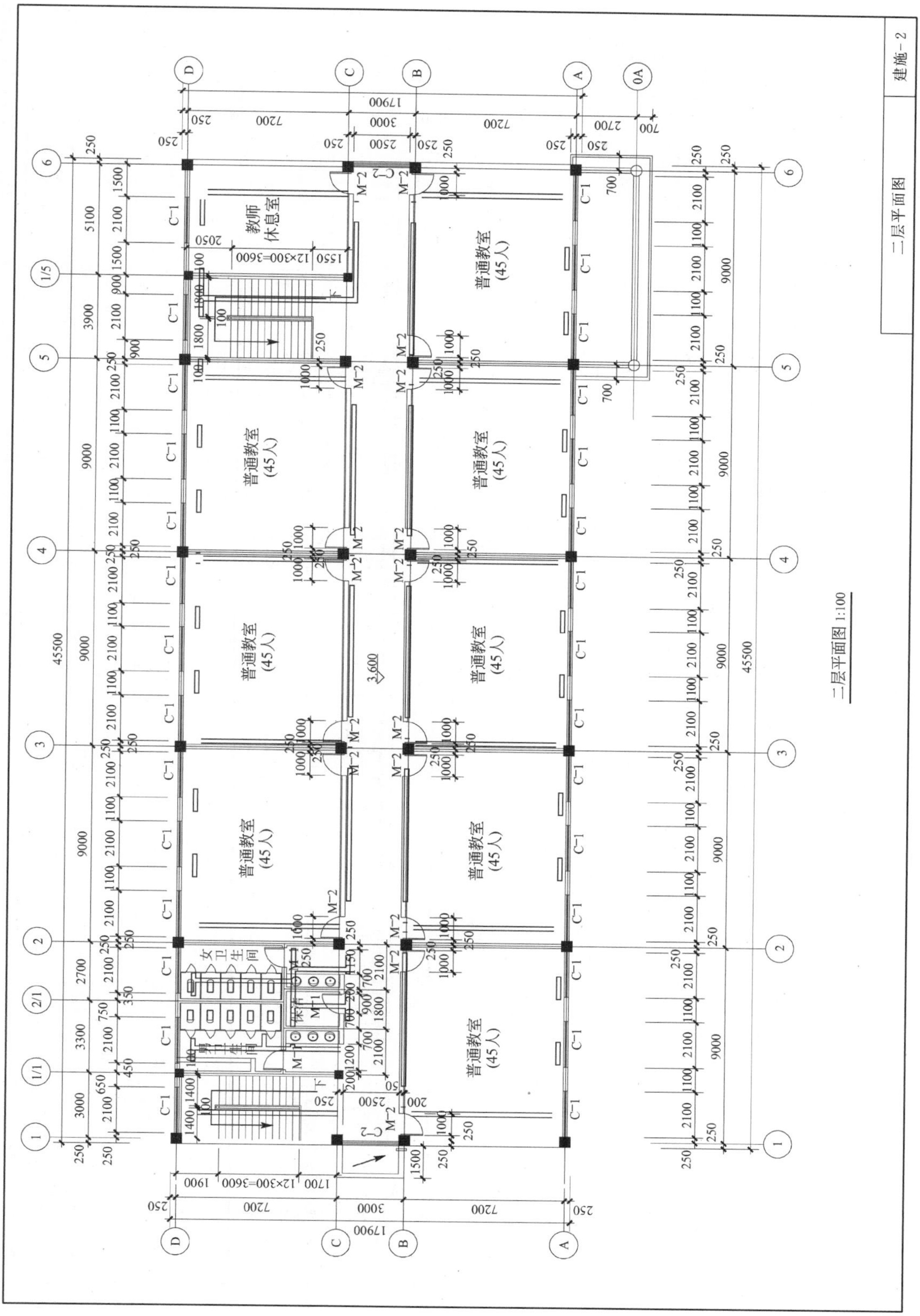

二层平面图 1:100

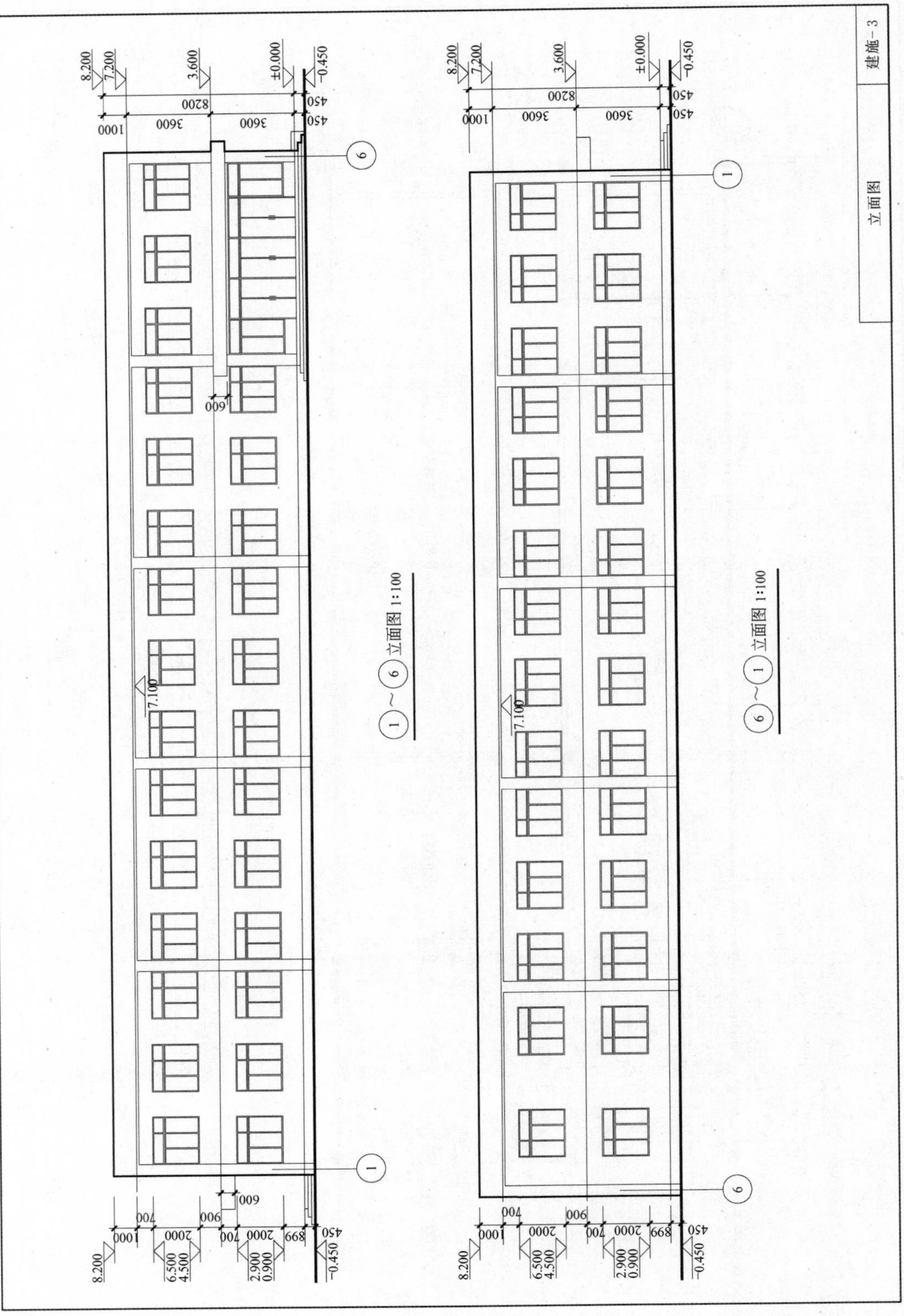
建施－3
立面图
①～⑥立面图 1:100
⑥～①立面图 1:100
8.200
7.200
3.600
±0.000
−0.450
6.500
4.500
2.900
0.900
7.100

结构设计总说明

1. **工程概况**

本工程为××学校教学楼，位于××市××路。主体地上2层，室内外高差0.450m，建筑高度7.560 m。本工程设计±0.000标高对应黄海高程为98.500 m。结构体系为全现浇钢筋混凝土框架结构。采用天然地基，柱下独立基础。

2. **建筑结构安全等级及设计使用年限**

2.1 建筑结构安全等级：二级

2.2 设计使用年限：50年

2.3 建筑抗震设防类别：重点设防类乙类

2.4 地基基础设计等级：丙级

2.5 抗震等级：现浇框架抗震等级为三级，该项目为重点设防类建筑，按高于本地区抗震设防烈度一度的要求加强其抗震措施，即框架采取二级抗震构造措施。

3. **自然条件**

3.1 基本风压：$W_0=0.45\ kN/m^2$ （50年重现期）

地面粗糙度类别：B类

3.2 场地地震基本烈度：7度

抗震设防烈度：7度(0.15g) （设计地震分组第一组）

建筑场地类别为：Ⅱ类

4. **场地的工程地质条件**

4.1 本工程基础设计依据××勘测院2008年10月20日提供的××学校教学楼《岩土工程勘察报告》(详勘)进行设计，拟建场地自上而下各土层的工程地质特征如下：

(1) 粉土1层，层底埋深2.1～2.60 m　　(3) 粉土3层，层底埋深6.80～7.50 m

(2) 粉土2层，层底埋深3.80～4.20 m　　(4) 粉土4层，层底埋深未揭穿

4.2 地下水条件

场地地下水对混凝土无腐蚀性，对混凝土中钢筋具弱腐蚀性，历史最高水位为自然地坪下3.00 m

4.3 场地土分析评价

拟建场地无液化及湿陷地质情况，未发现影响工程安全的地下埋藏物，属于可进行建设的一般场地。

4.4 基础方案及结论

根据地质报告建议采用天然地基，独立基础，选择第1层作为持力层。

5. **本工程设计遵循的标准、规范、规程**

《建筑抗震设防分类标准》 (GB 50223—2008)

《建筑结构荷载规范》(2006年版) (GB 50009—2001)

《建筑抗震设计规范》(2008局修) (GB 50011—2001)

《混凝土结构设计规范》 (GB 50010—2002)

《建筑地基基础规范》 (GB 50007—2002)

《混凝土结构工程施工质量验收规范》 (GB 50204—2002)

《建筑结构可靠度设计统一标准》 (GB 50068—2001)

本工程按现行国家设计标准进行设计，施工时除应遵守本说明及各设计图纸说明外，尚应严格执行国家及工程所在地区的有关规范或规程。

6. **设计计算程序**

本工程采用中国建筑科学研究院《多层及高层建筑结构空间有限元分析与设计软件(SATWE)》(2008年08月网络版)进行结构整体分析，采用《基础CAD设计软件(JCCAD)》(2007年08月网络版)进行基础设计。

7. **设计采用的荷载标准值**(kN/m^2)

7.1 设计采用的均布活荷载标准值

教师休息室、普通教室、卫生间　2.5

走廊、门厅　3.5

楼梯　3.5

不上人屋面　0.5

7.2 楼梯、屋面等栏杆顶部水平活荷载　0.5

7.3 未经设计许可或技术鉴定，不得改变结构用途和使用环境。

8. **地基基础**

8.1 开挖基槽时，不应扰动土的原状结构，机械挖土时应按有关规范要求进行，坑底应保留200 mm厚的土层用人工开挖。开挖基槽后，应及时组织验槽。施工中如发现实际情况与地质报告不符或不良地质情况，应及时联系设计、勘察等有关单位协商处理。

8.2 本工程基坑施工时应注意确保道路、现有管线、现有建筑物的安全和施工的顺利进行。非自然放坡开挖时，边坡支护应由有相应设计施工资质的单位承担。

9. **主要结构材料：**

9.1 混凝土强度等级要求。

基础为C30，基础垫层为C15；现浇框架柱、梁、楼板及楼梯均采用C30混凝土；构造柱、过梁等非承重构件为C20。

9.2 钢筋及钢材。

(1) 钢筋采用 HPB300级(Φ)；HRB400级(Φ)。

钢筋设计强度 HRB400：$f_y=f'_y=360\ N/mm^2$，HPB300：$f_y=f'_y=210\ N/mm^2$；

纵向受力钢筋的抗拉强度实测值与屈服强度实测值的比值不应小于1.25；钢筋的屈服强度实测值与强度标准值的比值不应大于1.3；且钢筋在最大拉力下的总伸长率实测值不应小于9%。

(2) 钢板采用Q235-B钢。

9.3 焊条：HPB300钢筋采用E43系列焊条。HRB400钢筋采用E60系列焊条，钢筋焊接依据《钢筋焊接及验收规程》(JGJ 18—2003)。

9.4 油漆：凡外露钢铁件必须在除锈后涂防腐漆，面漆两道，并经常注意维护。

9.5 填充墙。

(1) 砌块：±0.000以下墙体采用MU10非黏土类实心砖；以上填充墙体均为加气混凝土砌块(体积密度级别为B06，强度级别为A3.5，砌筑等级为B级)，卫生间地/楼面以上300mm高范围内用C20素混凝土。

(2) 砂浆：±0.000以内采用M7.5水泥砂浆，其他部位均为M5混合砂浆。

10. **结构构造**

10.1 本工程采用国家标准图《混凝土结构施工图平面整体表示方法制图规则和构造详图》(03G101—1.04G101—3)的表示方法。施工图中未注明的构造要求应按照标准图的有关要求执行。

10.2 主筋的混凝土保护层厚度如下表所示。基础钢筋混凝土保护层厚度为40 mm。

环境类别	板	梁	柱	环境类别	板	梁	柱
一	15	25	30	二b	25	35	35
二a	20	30	30				

注：各部分主筋混凝土保护层厚度同时应满足不小于钢筋直径的要求。各构件中可以采用不低于相应混凝土构件强度等级的素混凝土垫块来控制主筋的保护层厚度。

10.3 结构混凝土环境类别及耐久性的基本要求：

±0.000以下结构。上部雨篷女儿墙为二b类；卫生间为二a类；其他为一类。耐久性基本要求见下表。

环境类别	最大水灰比	最小水泥用量/(kg/m³)	最大氯离子含量/%	最大碱含量/(kg/m³)
一	0.65	225	1.0	不限制
二a	0.60	250	0.3	3.0
二b	0.55	275	0.2	3.0

10.4 钢筋锚固及连接：受拉钢筋的锚固长度及搭接长度均详16G101-1第33、34页。当有些部位的锚固长度不能满足$0.4l_{aE}+15d$时，应采用机械锚固，其形式及构造要求详见16G101-1第35页。钢筋焊接应按《钢筋焊接及验收规程》(JGJ 18—2003)的有关规定执行。钢筋机械连接应按《钢筋机械连接通用技术规程》(GJ 107—2003)的有关规定执行。

10.5 钢筋接头：框架柱的纵筋应采用Ⅱ级机械连接或焊接，其构造大样详见16G101-1第36、49页。其他各类构件接头位置及连接构造详见02YG002。

10.6 楼板、屋面板的构造要求。

(1) 双向板的底部钢筋，长跨钢筋置上排，短跨钢筋置下排。跨度大于3.6 m的板施工时应按规范要求起拱。

(2) 板的底部钢筋伸入支座≥10d且至少伸至梁的中心线。

(3) 板内分布钢筋包括楼梯跑板，除注明者外均为Φ8@200。

(4) 当板与梁底平时，板底筋伸入梁内须置于梁下部纵筋之上。

(5) 梁的腰筋按锚固要求伸入混凝土框架柱内，长度满足钢筋锚固长度。

(6) 板上孔洞应预留，一般结构平面图中只表示出洞口尺寸≥300 mm的孔洞，施工时各工种必须根据各专业图纸配合土建预留全部孔洞，不得后凿。当孔洞尺寸≤300 mm时，洞边不再另加钢筋，板内外钢筋由洞边绕过，不得截断(图一)。当洞口尺>300 mm时，应设洞边加筋，按平面图示出的要求施工。当平面图未交代时，一般按图二要求。

(7) 混凝土现浇板内需预埋管道时，其管道应位于板厚度中部1/3范围内，以防止因埋管造成的混凝土现浇板裂缝。当板内埋管处板面没有钢筋时，应沿埋管方向增设400宽Φ6@200钢筋网片。

11. **填充墙构造要求**

11.1 加气混凝土砌块墙体应在主体结构施工完成后逐层砌筑，每层砌块砌至板底或梁底附近时，应待砌块沉实后(一般7天)，再用斜砖塞紧砌实。

11.2 砌体填充墙其洞口过梁可按河南省省标02YG301选用矩形断面即A型，荷载级别为2级，支承长度不小于250 mm，过梁可采用预制或现浇。过梁紧邻框架柱时，注意预留过梁插筋和门洞埋件。

11.3 填充墙的砌筑构造见《蒸压加气混凝土砌块建筑构造》(03J104)图集的具体要求。

12. **构造柱的设置要求及框架柱、构造柱与填充墙体的拉结要求**

12.1 本工程所有楼面的内外填充墙交接外，较小的(<100mm)外墙墙垛，填充墙上较大洞口两侧(≥2100mm)均应设置钢筋混凝土构造柱、墙长大于或等于5 m时应增设构造柱；构造柱断面200×墙厚，配筋4Φ12；Φ6@100/200。构造柱的设置方案参考图三。

12.2 本工程所有填充墙与混凝土抗震墙和构造柱之间都必须采取以下拉结措施。

沿填充墙高每隔500 mm(砖墙)或二皮砌块。在墙宽范围留出2Φ6拉结钢筋拉结钢筋锚入框架柱或构造住内30 d，伸入填充墙内长度≥700 mm且≥1/5墙长或伸至较小墙垛边两端加弯钩，填充墙顶应用斜砖塞紧。

13. **防雷接地结构措施**

对于电气专业(详见电施相关图纸)有避雷或接地要求的混凝土柱内应有四根钢筋上下焊通作为引下线，施工中应将这两根钢筋做好标记以利施工防雷引下线下端与基础内钢筋焊牢。

上端伸出对应屋面飘板挑沿面与屋面防雷网相焊。

14. **凡图中未做说明，遇下述情况时做如下处理**

14.1 梁边与柱边相齐时，梁的钢筋从柱钢筋内侧绕过。

14.2 楼梯踏步上的预埋件，请参照建施选定的相关图集要求预留。楼梯间分开施工时，应注意在相邻的梁处预留钢筋。

14.3 本工程为现浇混凝土结构，土建施工单位对各专业的留洞留槽及预埋件现场需配合各工种图纸进行核对，且与安装单位密切配合施工，正确预留图中所注明的留洞留槽及预埋件。

14.4 建筑门窗和屋面女儿墙、楼梯、栏板等的预埋件，必须配合建筑图纸和其总说明有关部分要求施工。

14.5 本工程开工前应由建设单位、施工、设计三方进行图纸会审工作，弄清设计意图，对图纸上的错漏及时提出复核无误后方可施工。

14.6 结构总说明与单项设计不一致时，以单项设计规定为准。

14.7 本图纸说明未尽之外，按相关施工及验收规范、规程要求认真施工。

14.8 本图纸未详尽之构造做法均按16G101—1执行。

14.9 悬挑构件需待混凝土设计强度达到100%方可拆除底模。

14.10 当梁与柱斜交时，梁的纵向钢筋应放样下料，满足钢筋锚固长度的要求。

14.11 本套结构施工图纸中标高均为m，尺寸为mm。

图纸目录

图纸编号		图纸名称	图纸规格
新图	标、通、统、重用图		
1	结-01	结构设计总说明和图纸目录	A2
2	结-02	基础平面图和基础详图	A2
3	结-03	柱平法施工图	A2
4	结-04	楼面板模板配筋图	A2
5	结-05	楼面梁平法篤工图	A2
6	结-06	屋面板模板配筋图	A2
7	结-07	屋面梁平法施工图	A2
8	结-08	楼梯结构详图	A2
	03J104	蒸压加气混凝土砌块建筑构造	
	02YG002	钢筋混凝土结构抗震构造详图	
	02YG301	钢筋混凝土过梁	

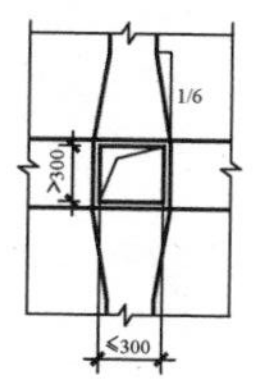

图一

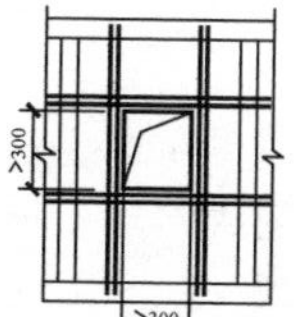

图二

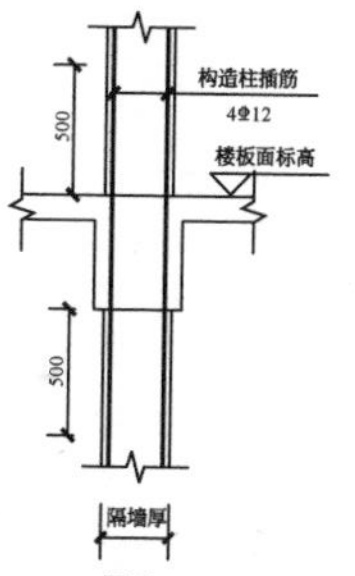

图三

构造柱锚固预埋钢筋方案

结构设计总说明及图纸目录　　结施-1

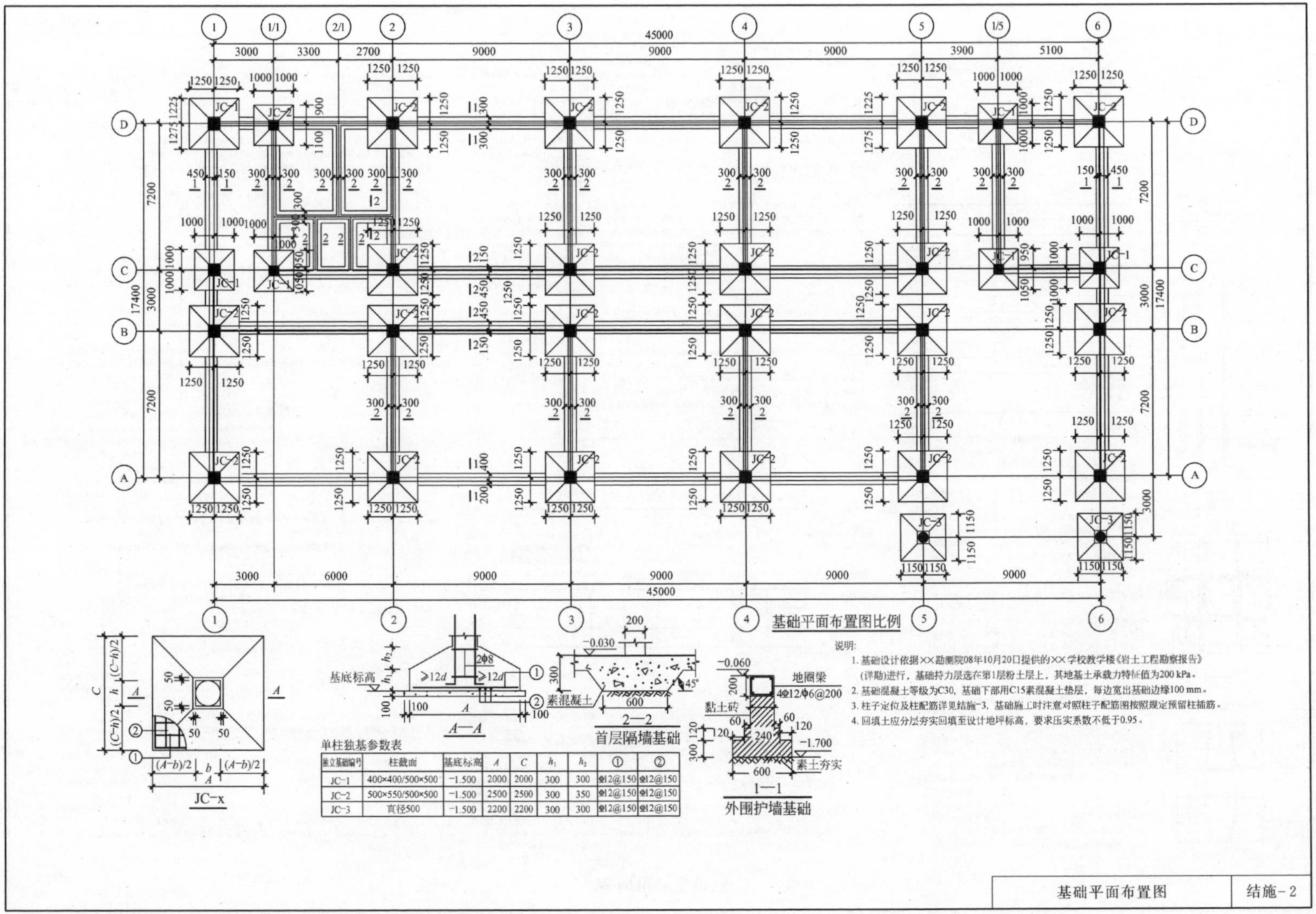

单柱独基参数表

独立基础编号	柱截面	基底标高	A	C	h_1	h_2	①	②
JC-1	400×400/500×500	−1.500	2000	2000	300	300	Φ12@150	Φ12@150
JC-2	500×550/500×500	−1.500	2500	2500	300	350	Φ12@150	Φ12@150
JC-3	直径500	−1.500	2200	2200	300	300	Φ12@150	Φ12@150

说明:

1. 基础设计依据××勘测院08年10月20日提供的××学校教学楼《岩土工程勘察报告》(详勘)进行，基础持力层选在第1层粉土层上，其地基土承载力特征值为200 kPa。
2. 基础混凝土等级为C30，基础下部用C15素混凝土垫层，每边宽出基础边缘100 mm。
3. 柱子定位及柱配筋详见结施-3，基础施工时注意对照柱子配筋图按照规定预留柱插筋。
4. 回填土应分层夯实回填至设计地坪标高，要求压实系数不低于0.95。

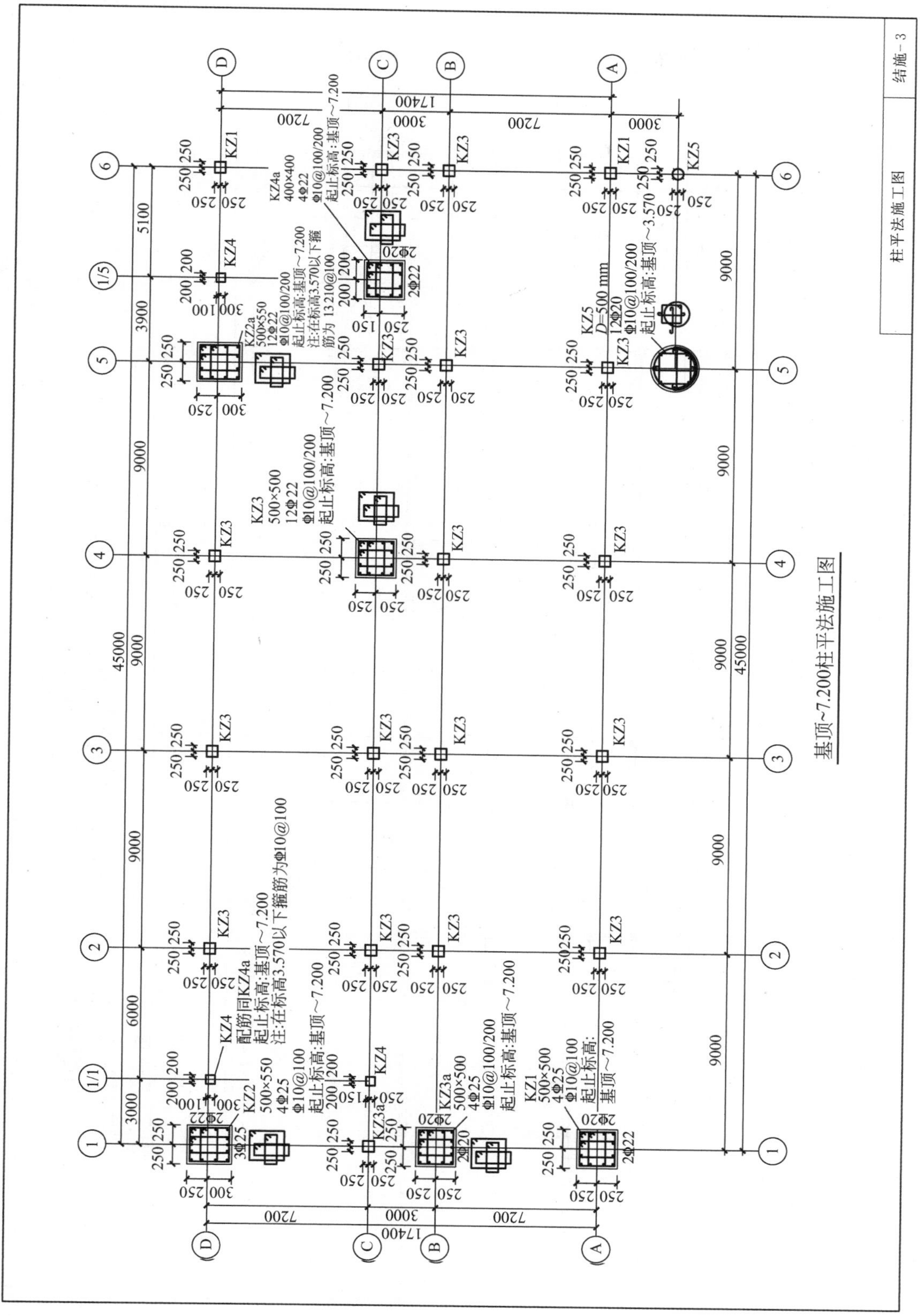
结施－3
柱平法施工图
基顶~7.200柱平法施工图

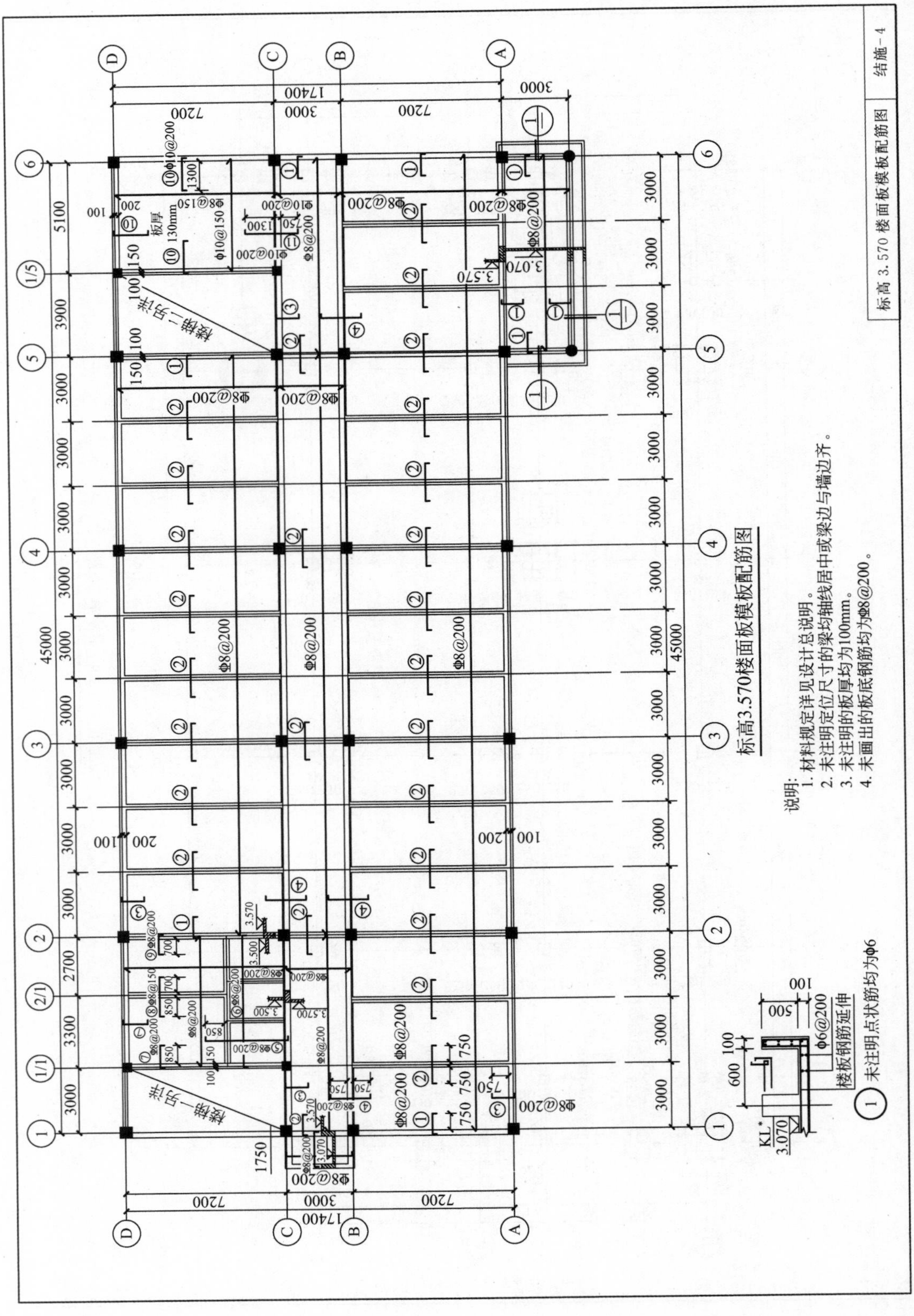
标高3.570楼面板模板配筋图
说明:
1. 材料规定详见设计总说明。
2. 未注明定位尺寸的梁均轴线居中或梁边与墙边齐。
3. 未注明的板厚均为100mm。
4. 未画出的板底钢筋均为Φ8@200。
未注明点状筋均为Φ6
楼板钢筋延伸
标高 3.570 楼面板模板配筋图
结施-4

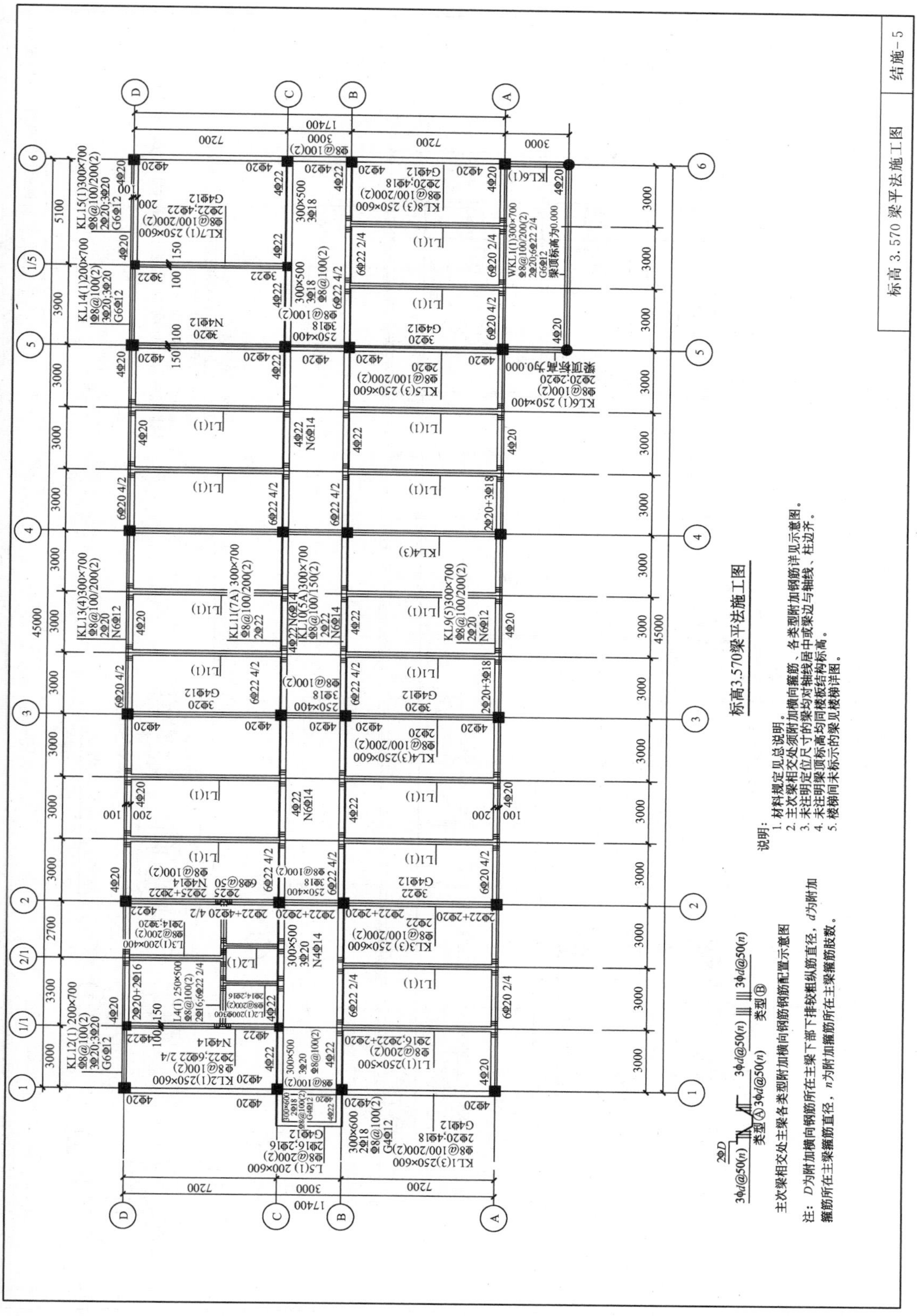
标高3.570梁平法施工图
说明：
1. 材料规定见总说明。
2. 主次梁相交处须附加横向箍筋，各类型附加钢筋详见示意图。
3. 未注明定位尺寸的梁均对轴线居中或梁边与轴线、柱边齐。
4. 未注明梁顶标高均同楼板结构标高。
5. 楼梯间未标示的梁见楼梯详图。
主次梁相交处主梁各类型附加横向钢筋配置示意图
注：D为附加横向钢筋所在主梁下部下排较粗纵筋直径，d为附加箍筋所在主梁箍筋直径，n为附加箍筋所在主梁箍筋肢数。
标高 3.570 梁平法施工图
结施－5

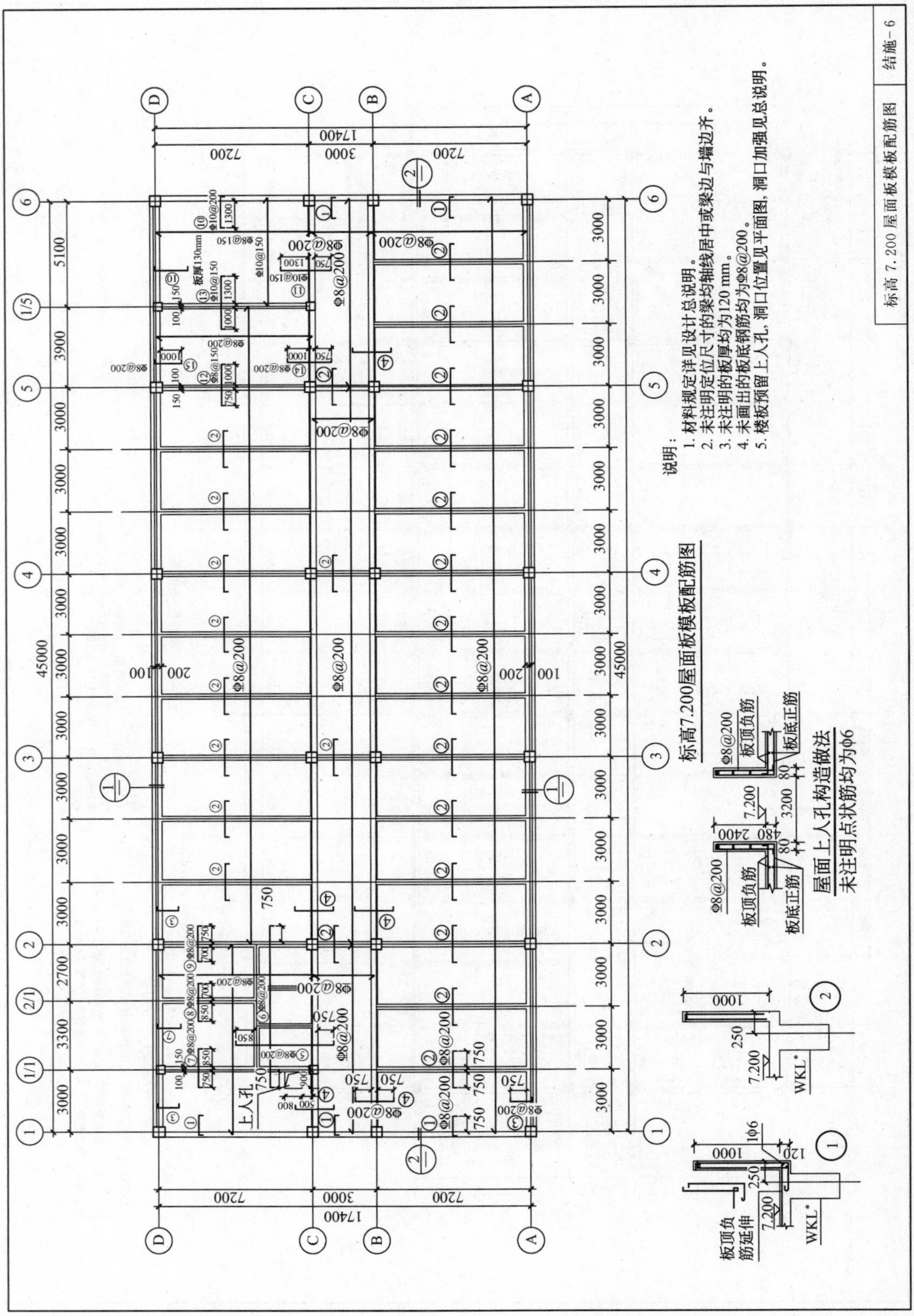
结施－6
标高 7.200 屋面板模板配筋图
说明：
1. 材料规定详见设计总说明。
2. 未注明定位尺寸的梁均轴线居中或梁边与墙边齐。
3. 未注明的板厚均为120 mm。
4. 未画出的板底钢筋均为Φ8@200。
5. 楼板预留上人孔，洞口位置见平面图，洞口加强见总说明。
标高7.200屋面板模板配筋图
屋面上人孔构造做法
未注明点状筋均为φ6
上人孔
板厚130mm
板顶负筋
板底正筋
板顶负筋延伸
WKL*
17400
45000

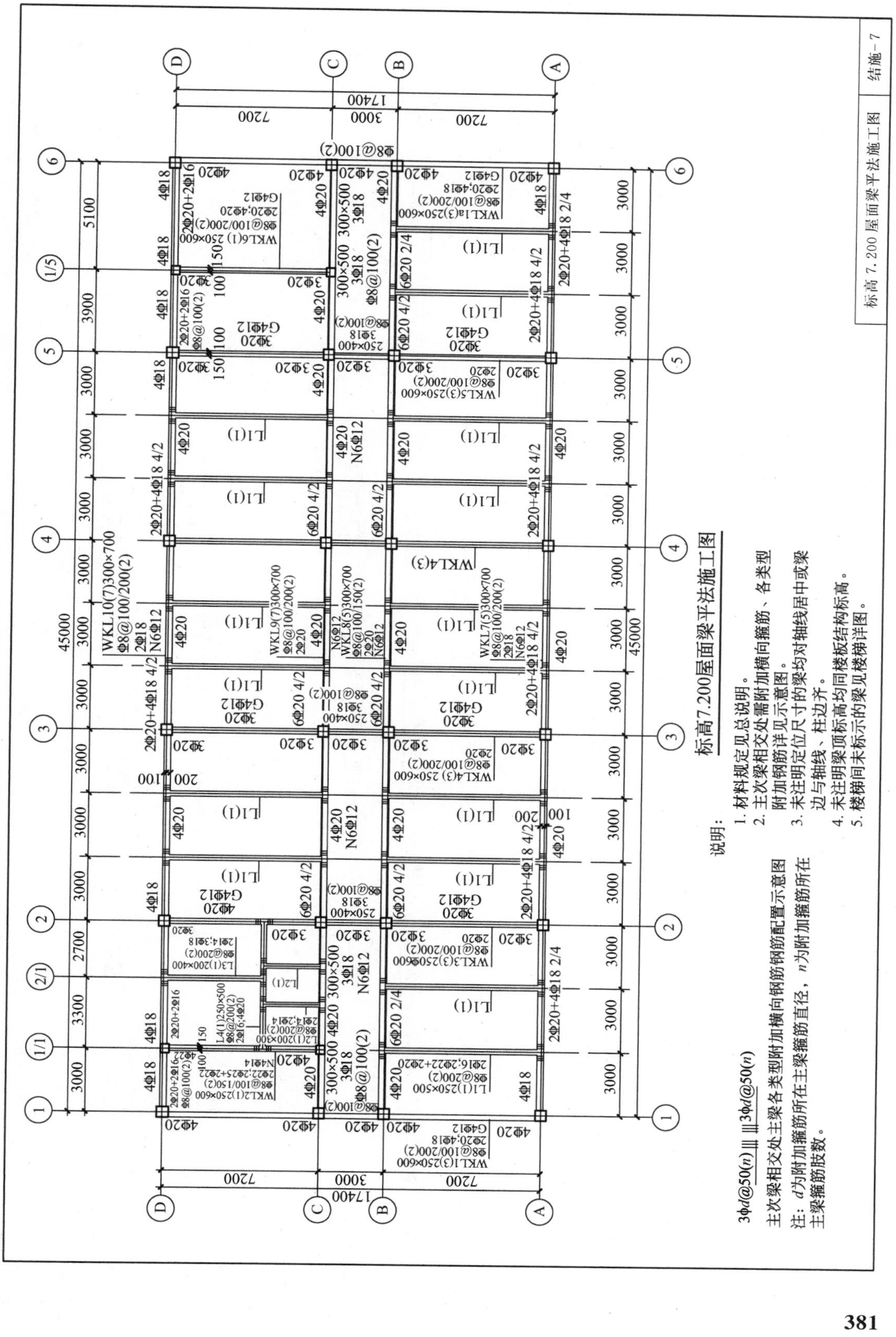
标高7.200层面梁平法施工图
说明：
1. 材料规定见总说明。
2. 主次梁相交处需附加横向箍筋、各类型附加钢筋详见示意图。
3. 未注明定位尺寸的梁均对轴线居中或梁边与轴线、柱边齐。
4. 未注明梁顶标高均同楼板结构标高。
5. 楼梯间未标示的梁见楼梯详图。
主次梁相交处主梁各类型附加横向钢筋钢筋配置示意图
注：d为附加箍筋所在主梁箍筋直径，n为附加箍筋所在主梁箍筋肢数。
标高7.200层面梁平法施工图
结施-7

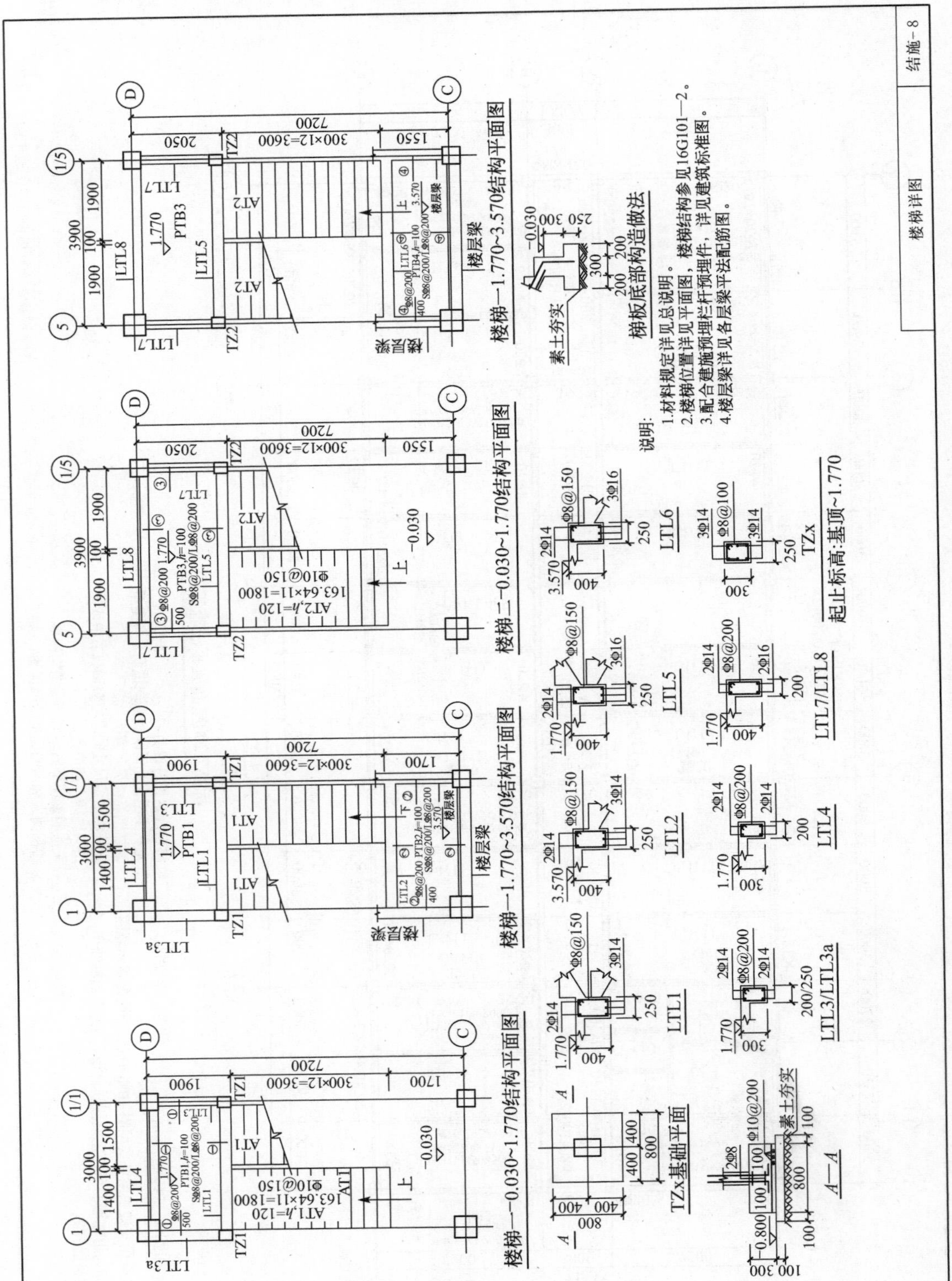
楼梯一—0.030~1.770结构平面图
楼梯一1.770~3.570结构平面图
楼梯二—0.030~1.770结构平面图
楼梯一1.770~3.570结构平面图
TZx基础平面
A—A
LTL1
LTL2
LTL5
LTL6
LTL3/LTL3a
LTL4
LTL7/LTL8
TZx
起止标高:基顶~1.770
梯板底部构造做法
说明:
1.材料规定详见总说明。
2.楼梯位置详见平面图，楼梯结构参见16G101—2。
3.配合建施预埋栏杆预埋件，详见建筑标准图。
4.楼层梁详见各层梁平法配筋图。
楼梯详图
结施-8

附录 C

常用荷载表

表 C1 常用材料自重表

名　　称	自重/(kN/m^3)	备　　注
铸铁	72.5	
钢	78.5	
铝合金	28	
耐火砖	19～22	230mm×110mm×65mm(609 块/m^3)
灰砂砖	18	砂：白灰＝92：8
煤渣砖	17～18.5	
蒸压粉煤灰砖	14.0～16.0	干重度
蒸压粉煤灰加气混凝土砌块	5.5	
混凝土空心小砌块	11.8	390mm×190mm×190mm
石灰砂浆、混合砂浆	17	
水泥石灰焦渣砂浆	14	
石灰炉渣	10～12	
水泥炉渣	12～14	
石灰焦渣砂浆	13	
灰土	17.5	石灰：土＝3：7，夯实
纸筋石灰	16	
石灰三合土	17.5	石灰、砂子、卵石
水泥砂浆	20	
水泥蛭石砂浆	5～8	
素混凝土	22～24	振捣或不振捣
泡沫混凝土	4～6	
加气混凝土	5.5～7.5	单块
钢筋混凝土	24～25	
普通玻璃	25.6	
浆砌机砖	19	
浆砌耐火砖	22	
浆砌焦渣砖	12.5～14	
水磨石地面	0.65kN/m^2	10mm 面层，20mm 水泥砂浆打底
硬木地板	0.2kN/m^2	
木块地面	0.7kN/m^2	
钢屋架	0.12＋0.011$l$$kN/m^2$	无天窗，包括支撑，按屋面水平投影面积计算，跨度 l 以 m 计
钢框玻璃窗	0.4～0.45kN/m^2	

（续）

名称	自重/(kN/m³)	备注
木门	0.1～0.2kN/m²	
钢铁门	0.4～0.45kN/m²	
石棉板瓦	0.18kN/m²	仅瓦自重
波形石棉瓦	0.2kN/m²	1820mm×725mm×8mm
镀锌薄钢板	0.05kN/m²	24 号
油毡防水屋(包括改性沥青防水卷材)	0.05kN/m²	一层油毡刷油两遍
	0.25～0.3kN/m²	四层做法，一毡二油上铺小石子
	0.3～0.35kN/m²	六层做法，二毡三油上铺小石子
	0.35～0.4kN/m²	八层做法，三毡四油上铺小石子

表 C2 民用建筑楼面均布活荷载标准值及其组合值、频遇值和准永久值系数

项次	类别	标准值/(kN/m²)	组合值系数 ψ_c	频遇值系数 ψ_f	准永久值系数 ψ_q
1	(1) 住宅、宿舍、旅馆、办公楼、医院病房、托儿所、幼儿园 (2) 实验室、阅览室、会议室、医院门诊室	2.0	0.7	0.5 0.6	0.4 0.5
2	教室、食堂、餐厅、一般资料档案室	2.5	0.7	0.6	0.5
3	(1) 礼堂、剧场、影院、有固定座位的看台 (2) 公共洗衣房	3.0 3.0	0.7 0.7	0.5 0.6	0.3 0.5
4	(1) 商店、展览厅、车站、港口、机场大厅及旅客等候室 (2) 无固定座位的看台	3.5 3.5	0.7 0.7	0.6 0.5	0.5 0.3
5	(1) 健身房、演出舞台 (2) 舞厅、运动场	4.0 4.0	0.7 0.7	0.6 0.6	0.5 0.3
6	(1) 书库、档案库、储藏室 (2) 密集柜书库	5.0 12.0	0.9	0.9	0.8
7	通风机房、电梯机房	7.0	0.9	0.9	0.8
8	汽车通道及客车停车库： (1) 单向板楼盖(板跨不小于 2 m)和双向板楼盖(板跨不小于 3m×3m) 客车 消防车 (2) 双向板楼盖(板跨不小于 6m×6m)和无梁楼盖(柱网尺寸不小于 6m×6m) 客车 消防车	 4.0 35.0 2.5 20.0	 0.7 0.7 0.7 0.7	 0.7 0.5 0.7 0.5	 0.6 0.0 0.6 0.0

(续)

项次	类　别	标准值/(kN/m²)	组合值系数 ψ_c	频遇值系数 ψ_f	准永久值系数 ψ_q
9	厨房： (1) 其他 (2) 餐厅	2.0 4.0	0.7 0.7	0.6 0.7	0.5 0.7
10	浴室、卫生间、盥洗室	2.5	0.7	0.6	0.5
11	走廊、门厅： (1) 宿舍、旅馆、医院病房、托儿所、幼儿园、住宅 (2) 办公楼、餐厅、医院门诊部 (3) 教学楼及其他可能出现人员密集情况	2.0 2.5 3.5	0.7 0.7 0.7	0.5 0.6 0.5	0.4 0.5 0.3
12	楼梯： (1) 多层住宅 (2) 其他	2.0 3.5	0.7 0.7	0.5 0.5	0.4 0.3
13	阳台： (1) 一般情况 (2) 当人群有可能密集时	2.5 3.5	0.7 0.7	0.6 0.6	0.5 0.5

注：(1) 本表所给各项活荷载适用于一般使用条件，当使用荷载较大或情况特殊时，应按实际情况采用。

(2) 第 6 项书库活荷载当书架高度大于 2 m 时，书库活荷载尚应按每米书架高度不小于 2.5 kN/m² 确定。

(3) 第 8 项中的客车活荷载只适用于停放载人数少于 9 人的客车；消防车活荷载是适用于满载总重为 300 kN 时的大型车辆；当不符合本表的要求时，应将车轮的局部荷载按结构效应的等效原则，换算为等效均布荷载。

(4) 第 12 项楼梯活荷载，对预制楼梯踏步平板，尚应按 1.5 kN 集中荷载验算。

(5) 本表各项荷载不包括隔墙自重和二次装修荷载。对固定隔墙的自重应按恒荷载考虑，当隔墙位置可灵活自由布置时，非固定隔墙的自重应取每延米长墙重(kN/m)的 1/3 作为楼面活荷载的附加值(kN/m²)计入，附加值不小于 1.0 kN/m²。

(6) 第 8 项消防车活荷载，当双向板跨度介于(3m×3m)～(6m×6m)时，线性内插。

表 C3　屋面均布活荷载

项次	类　别	标准值/(kN/m²)	组合值系数 ψ_c	频遇值系数 ψ_f	准永久值系数 ψ_q
1	不上人的屋面	0.5	0.7	0.5	0
2	上人的屋面	2.0	0.7	0.5	0.4
3	屋顶花园	3.0	0.7	0.6	0.5
4	屋顶运动场地	3.0	0.7	0.6	0.4

注：(1) 不上人的屋面，当施工或维修荷载较大时，应按实际情况采用；对不同结构应按有关设计规范的规定，将标准值作 0.2 kN/m² 的增减。

(2) 上人的屋面，当兼作其他用途时，应按相应楼面活荷载采用。

(3) 对于因屋面排水不畅、堵塞等引起的积水荷载，应采取构造措施加以防止；必要时，应按积水的可能深度确定屋面活荷载。

(4) 屋顶花园活荷载不包括花圃土石等材料自重。

附录 D

钢筋混凝土用表

表 D1　普通钢筋强度标准值、普通钢筋强度设计值、钢筋弹性模量

牌号	符号	公称直径 d/mm	屈服强度标准值 $f_{yk}/(\mathrm{N/mm^2})$	极限强度标准值 $f_{stk}/(\mathrm{N/mm^2})$	抗拉强度设计值 $f_y/(\mathrm{N/mm^2})$	抗压强度设计值 $f'_y/(\mathrm{N/mm^2})$	钢筋弹性模量 E_s $/(\times 10^5\mathrm{N/mm^2})$
HPB300	Φ	6～14	300	420	270	270	2.10
HRB335	Φ	6～14	335	455	300	300	2.00
HRB400	Φ	6～50	400	540	360	360	2.00
HRBF400	$Φ^F$						
RRB400	$Φ^R$						
HRB500	Φ	6～50	500	630	435	410	2.00
HRBF500	$Φ^F$						

注：当构件中配有不同种类的钢筋时，每种钢筋应采用各自的强度设计值。横向钢筋的抗拉强度设计值 f_{yv}应按表中 f_y 的数值采用；但用作受剪、受扭、受冲切承载力计算时，其数值大于 360N/mm^{2}时应取 360N/mm^2。对轴心受压构件，当采用 HRB500、HRBF500 钢筋时，钢筋的抗压强度设计值 f'_y应取 400N/mm^2。

表 D2　预应力钢筋强度标准值、预应力钢筋强度设计值、预应力钢筋弹性模量

种类		符号	公称直径 d/mm	屈服强度标准值 $f_{ptk}/(\mathrm{N/mm^2})$	极限强度标准值 $f_{pyk}/(\mathrm{N/mm^2})$	抗拉强度设计值 $f_{py}/(\mathrm{N/mm^2})$	抗压强度设计值 $f'_{py}/(\mathrm{N/mm^2})$	弹性模量 E_s $/(\times 10^5\mathrm{N/mm^2})$
中强度预应力钢丝	光面 螺旋肋	$Φ^{PM}$ $Φ^{HM}$	5、7、9	620	800	510	410	2.05
				780	970	650		
				980	1270	810		
预应力螺纹钢筋	螺纹		18、25、32、40、50	785	980	650	410	2.00
				930	1080	770		
				1080	1230	900		
消除应力钢丝	光面 螺旋肋	$Φ^P$ $Φ^H$	5	1380	1570	1110	410	2.05
				1640	1860	1320		
			7	1380	1570	1110		
			9	1290	1470	1040		
				1380	1570	1110		
钢绞线	1×3（三股）	$Φ^S$	8.6、10.8、12.9	1410	1570	1110	390	1.95
				1670	1860	1320		
				1760	1960	1390		

（续）

种类		符号	公称直径 d/mm	屈服强度标准值 f_{ptk}/(N/mm²)	极限强度标准值 f_{pyk}/(N/mm²)	抗拉强度设计值 f_{py}/(N/mm²)	抗压强度设计值 f'_{py}/(N/mm²)	弹性模量 E_s/(×10⁵ N/mm²)
钢绞线	1×7（七股）	Φ^S	9.5、12.7、15.2、17.8	1540	1720	1220	390	1.95
				1670	1860	1320		
				1760	1960	1390		
			21.6	1590	1770	—		
				1670	1860	1320		

注：当预应力筋的强度标准值不符合表中规定时，其强度设计值应进行相应的比例换算。

表 D3　混凝土强度标准值、混凝土强度设计值和混凝土弹性模量

强度种类		轴心抗压强度/(N/mm²)		轴心抗拉强度/(N/mm²)		弹性模量/(×10⁴)
符　号		标准值 f_{ck}	设计值 f_c	标准值 f_{tk}	设计值 f_t	E_c
混凝土强度等级	C15	10.0	7.2	1.27	0.91	2.20
	C20	13.4	9.6	1.54	1.10	2.55
	C25	16.7	11.9	1.78	1.27	2.80
	C30	20.1	14.3	2.01	1.43	3.00
	C35	23.4	16.7	2.20	1.57	3.15
	C40	26.8	19.1	2.39	1.71	3.25
	C45	29.6	21.1	2.51	1.80	3.35
	C50	32.4	23.1	2.64	1.89	3.45
	C55	35.5	25.3	2.74	1.96	3.55
	C60	38.5	27.5	2.85	2.04	3.60
	C65	41.5	29.7	2.93	2.09	3.65
	C70	44.5	31.8	2.99	2.14	3.70
	C75	47.4	33.8	3.05	2.18	3.75
	C80	50.2	35.9	3.11	2.22	3.80

表 D4　混凝土结构的环境类别

环境类别	条　件
一	室内干燥环境； 无侵蚀性水浸没环境
二 a	室内潮湿环境； 非严寒和非寒冷地区的露天环境； 非严寒和非寒冷地区与无侵蚀性的水或土壤直接接触的环境； 严寒和寒冷地区冰冻线以下与无侵蚀性的水或土壤直接接触的环境

(续)

环境类别	条 件
二 b	干湿交替环境； 水位频繁变动环境； 严寒和寒冷地区的露天环境； 严寒和寒冷地区冰冻线以上与无侵蚀性的水或土壤直接接触的环境
三 a	严寒和寒冷地区冬季水位变动区环境； 受冰盐影响环境； 海风环境
三 b	盐渍土环境； 受除冰盐作用环境； 海岸环境
四	海水环境
五	受人为或自然的侵蚀性物质影响的环境

注：(1) 室内潮湿环境是指构件表面经常处于结露或湿润状态的环境。

(2) 严寒和寒冷地区的划分应符合国家现行标准《民用建筑热工设计规范》(GB 50176—2016)的有关规定。

(3) 海岸环境和海风环境宜根据当地情况，考虑主导风向及结构所处迎风、背风部位等因素的影响，由调查研究和工程经验确定。

(4) 受除冰盐影响环境为受到除冰盐盐雾影响的环境；受除冰盐作用环境指被除冰盐溶液溅射的环境以及使用除冰盐地区的洗车房、停车楼等建筑。

(5) 暴露的环境是指混凝土结构表面所处的环境。

表 D5 结构混凝土材料的耐久性基本要求

环境类别	最大水胶比	最低强度等级	最大氯离子含量/%	最大碱含量/(kg/m^3)
一	0.60	C20	0.3	不限制
二 a	0.55	C25	0.2	3.0
二 b	0.50(0.55)	C30(C25)	0.15	
三 a	0.45(0.50)	C35(C30)	0.15	
三 b	0.40	C40	0.10	

注：(1) 氯离子含量系指其占胶凝材料总量的百分比。

(2) 预应力构件混凝土中的最大氯离子含量为 0.05%；最低混凝土强度等级应按表中规定提高两个等级。

(3) 素混凝土构件的水胶比及最低强度等级的要求可适当放松。

(4) 当有可靠工程经验时，二类环境中的最低混凝土强度等级可降低一个等级。

(5) 处于严寒和寒冷地区二 b、三 a 类环境中的混凝土应使用引气剂，并可采用括号中的有关参数。

(6) 当使用非碱活性骨料时，对混凝土中的碱含量可不做限制。

表 D6 混凝土保护层的最小厚度 c(mm)

环境等级	板、墙、壳	梁、柱
一	15	20
二 a	20	25

（续）

环境等级	板、墙、壳	梁、柱
二 b	25	35
三 a	30	40
三 b	40	50

注：(1) 混凝土强度等级不大于 C25 时，表中保护层厚度数值应增加 5mm。

(2) 钢筋混凝土基础宜设置混凝土垫层，其受力钢筋的混凝土保护层厚度应从垫层顶面算起，且不应小于 40mm。

表 D7　现浇钢筋混凝土板的最小厚度(mm)

板的类别		最小厚度
单向板	屋面板	60
	民用建筑楼板	60
	工业建筑楼板	70
	行车道下的楼板	80
双向板		80
密肋楼盖	面板	50
	肋高	250
悬臂板(固定端)	悬臂长度不大于 500mm	60
	悬臂长度 1200mm	100
无梁楼盖		150
现浇空心楼板		200

注：当采取有效措施时，预制板面板的最小厚度可取 40mm。

表 D8　钢筋混凝土构件中纵向受力钢筋的最小配筋百分率 ρ_{min}

受力类型			最小配筋百分率/%
受压构件	全部纵向钢筋	强度级别 500N/mm^2	0.50
		强度级别 400N/mm^2	0.55
		强度级别 300N/mm^2、335N/mm^2	0.60
	一侧纵向钢筋		0.20
受弯构件、偏心受拉、轴心受拉构件一侧的受拉钢筋			0.20 和 45 $\frac{f_t}{f_y}$ 中的较大值

注：(1) 受压构件全部纵向钢筋最小配筋百分率，当采用当 C60 及以上强度等级的混凝土时，应按表中规定增加 0.10。

(2) 板类受弯构件的受拉钢筋，当采用强度级别 400N/mm^2、500N/mm^2 的钢筋时，其最小配筋百分率应允许采用 0.15 和 $45f_t/f_y$ 中的较大值。

(3) 偏心受拉构件中的受压钢筋，应按受压构件一侧纵向钢筋考虑。

(4) 受压构件的全部纵向钢筋和一侧纵向钢筋的配筋率，以及轴心受拉构件和小偏心受拉构件一侧受拉钢筋的配筋率，应按构件的全截面面积计算。

(5) 受弯构件、大偏心受拉构件一侧受拉钢筋的配筋率，应按全截面面积扣除受压翼缘面积 $(b_f'-b)h_f'$ 后的截面面积计算。

(6) 当钢筋沿构件截面周边布置时，“一侧纵向钢筋”系指沿受力方向两个对边中一边布置的纵向钢筋。

表 D9　钢筋的公称直径、公称截面面积及理论质量表

公称直径 d/mm	不同根数钢筋的计算截面面积/mm²									单根钢筋理论质量/(kg/m)
	1	2	3	4	5	6	7	8	9	
6	28.3	57	85	113	142	170	198	226	255	0.222
6.5	33.2	66	100	133	166	199	232	265	299	0.260
8	50.3	101	151	201	252	302	352	402	453	0.395
8.2	52.8	106	158	211	264	317	370	423	475	0.432
10	78.5	157	236	314	393	471	550	628	707	0.617
12	113.1	226	339	452	565	678	791	904	1017	0.888
14	153.9	308	461	615	769	923	1077	1231	1385	1.21
16	201.1	402	603	804	1005	1206	1407	1608	1809	1.58
18	254.5	509	763	1017	1272	1527	1781	2036	2290	2.00(2.11)
20	314.2	628	942	1256	1570	1884	2199	2513	2827	2.47
22	380.1	760	1140	1520	1900	2281	2661	3041	3421	2.98
25	490.9	982	1473	1964	2454	2945	3436	3927	4418	3.85(4.10)
28	615.8	1232	1847	2463	3079	3695	4310	4926	5542	4.83
32	804.2	1609	2413	3217	4021	4826	5630	6434	7238	6.31(6.65)
36	1017.9	2036	3054	4072	5089	6107	7125	8143	9161	7.99
40	1256.6	2513	3770	5027	6283	7540	8796	10053	11310	9.87(10.34)
50	1963.5	3928	5892	7856	9820	11784	13748	15712	17676	15.42(16.28)

注：括号内为预应力螺纹钢筋的数值。

表 D10　各种钢筋按一定间距排列时每米板宽内的钢筋截面面积表

钢筋间距/mm	当钢筋直径(mm)为下列数值时的钢筋截面面积/mm²													
	3	4	5	6	6/8	8	8/10	10	10/12	12	12/14	14	14/16	16
70	101.0	179	281	404	561	719	920	1121	1369	1616	1908	2199	2536	2872
75	94.3	167	262	377	524	671	859	1047	1277	1508	1780	2053	2367	2681
80	88.4	157	245	354	491	629	805	981	1198	1414	1669	1924	2218	2513
85	83.2	148	231	333	462	592	758	924	1127	1331	1571	1811	2088	2365
90	78.5	140	218	314	437	559	716	872	1064	1257	1484	1710	1972	2234
95	74.5	132	207	298	414	529	678	826	1008	1190	1405	1620	1868	2116
100	70.6	126	196	283	393	503	644	785	958	1131	1335	1539	1775	2011
110	64.2	114.0	178	257	357	457	585	714	871	1028	1214	1399	1614	1828
120	58.9	105.0	163	236	327	419	537	654	798	942	1112	1283	1480	1676
125	56.5	100.6	157	226	314	402	515	628	766	905	1068	1232	1420	1608
130	54.4	96.6	151	218	302	387	495	604	737	870	1027	1184	1366	1547
140	50.5	89.7	140	202	281	359	460	561	684	808	954	1100	1268	1436
150	47.1	83.8	131	189	262	335	429	523	639	754	890	1026	1183	1340
160	44.1	78.5	123	177	246	314	403	491	599	707	834	962	1110	1257
170	41.5	73.9	115	166	231	296	379	462	564	665	786	906	1044	1183
180	39.2	69.8	109	157	218	279	358	436	532	628	742	855	985	1117
190	37.2	66.1	103	149	207	265	339	413	504	595	702	810	934	1058
200	35.3	62.8	98.2	141	196	251	322	393	479	565	668	770	888	1005
220	32.1	57.1	89.3	129	178	228	292	357	436	514	607	700	807	914
240	29.4	52.4	81.9	118	164	209	268	327	399	471	556	641	740	838

（续）

钢筋间距/mm	当钢筋直径(mm)为下列数值时的钢筋截面面积/mm²													
	3	4	5	6	6/8	8	8/10	10	10/12	12	12/14	14	14/16	16
250	28.3	50.2	78.5	113	157	201	258	314	383	452	534	616	710	804
260	27.2	48.3	75.5	109	151	193	248	302	368	435	514	592	682	773
280	25.2	44.9	70.1	101	140	180	230	281	342	404	477	550	634	718
300	23.6	41.9	65.5	94	131	168	215	262	320	377	445	513	592	670
320	22.1	39.2	61.4	88	123	157	201	245	299	353	417	481	554	628

表 D11 相对混凝土受压区高度与截面抵抗矩系数界限值(ξ_b 和 $\alpha_{s,max}$)

混凝土强度等级		≤C50	C60	C70	C80
HPB300 钢筋	ξ_b	0.576	0.556	0.537	0.518
	$\alpha_{s,max}$	0.410	0.402	0.393	0.384
HRB335 钢筋 HRBF335 钢筋	ξ_b	0.550	0.531	0.512	0.493
	$\alpha_{s,max}$	0.399	0.390	0.381	0.372
HRB400 钢筋 HRBF400 钢筋 RRB400 钢筋	ξ_b	0.518	0.499	0.481	0.463
	$\alpha_{s,max}$	0.384	0.375	0.365	0.356
HRB500 钢筋 HRBF500 钢筋	ξ_b	0.482	0.464	0.447	0.429
	$\alpha_{s,max}$	0.366	0.357	0.347	0.337

表 D12 矩形和 T 形截面受弯构件正截面强度计算表

ξ	γ_s	α_s	ξ	γ_s	α_s
0.01	0.995	0.010	0.31	0.845	0.262
0.02	0.990	0.020	0.32	0.840	0.269
0.03	0.985	0.030	0.33	0.835	0.276
0.04	0.980	0.039	0.34	0.830	0.282
0.05	0.975	0.049	0.35	0.825	0.289
0.06	0.970	0.058	0.36	0.820	0.295
0.07	0.965	0.068	0.37	0.815	0.302
0.08	0.960	0.077	0.38	0.810	0.308
0.09	0.955	0.086	0.39	0.805	0.314
0.10	0.950	0.095	0.40	0.800	0.320
0.11	0.945	0.104	0.41	0.795	0.326
0.12	0.940	0.113	0.42	0.790	0.332
0.13	0.935	0.122	0.43	0.785	0.338

（续）

ξ	γ_s	α_s	ξ	γ_s	α_s
0.14	0.930	0.130	0.44	0.780	0.343
0.15	0.925	0.139	0.45	0.775	0.349
0.16	0.920	0.147	0.46	0.770	0.354
0.17	0.915	0.156	0.47	0.765	0.360
0.18	0.910	0.164	0.48	0.760	0.365
0.19	0.905	0.172	0.49	0.755	0.370
0.20	0.900	0.180	0.50	0.750	0.375
0.21	0.895	0.188	0.51	0.745	0.380
0.22	0.890	0.196	0.52	0.740	0.385
0.23	0.885	0.204	0.53	0.735	0.390
0.24	0.880	0.211	0.54	0.730	0.394
0.25	0.875	0.219	0.55	0.725	0.399
0.26	0.870	0.226	0.56	0.720	0.403
0.27	0.865	0.234	0.57	0.715	0.408
0.28	0.860	0.241	0.58	0.710	0.412
0.29	0.855	0.248	0.59	0.705	0.416
0.30	0.850	0.255	0.60	0.700	0.420

注：$M=\alpha_s \alpha f_c b h_0^2$；$\xi=x/h_0=f_y A_s/\alpha f_c b h_0$；$A_s=M/\gamma_s h_0 f_y$ 或 $A_s=\xi b h_0 f_c/f_y$。

表 D13　受弯构件挠度限值

构件类型		挠度限值
吊车梁	手动吊车	$l_0/500$
	电动吊车	$l_0/600$
屋盖、楼盖及楼梯构件	当 $l_0<7$m 时	$l_0/200(l_0/250)$
	当 7m$\leqslant l_0 \leqslant$9m 时	$l_0/250(l_0/300)$
	当 $l_0>9$m 时	$l_0/300(l_0/400)$

注：(1) 表中 l_0 为构件的计算跨度；计算悬臂构件的挠度限值时，其计算跨度 l_0 按实际悬臂长度的2倍取用。

(2) 表中括号内数值适用于使用上对挠度有较高要求的构件。

(3) 如果构件制作时预先起拱，且使用上也允许，则在验算挠度时，可将计算所得的挠度值减去起拱值；对预应力混凝土构件，尚可减去预加力所产生的反拱值。

(4) 构件制作时的起拱值和预加力所产生的反拱值，不宜超过构件在相应荷载组合作用下的计算挠度值。

表 D14　结构构件的裂缝控制等级及最大裂缝宽度限值(mm)

环境类别	钢筋混凝土结构		预应力混凝土结构	
	裂缝控制等级	ω_{lim}	裂缝控制等级	ω_{lim}
一	三级	0.30(0.40)	三级	0.20
二 a		0.20		0.10
二 a			二级	—
三 a、三 b			一级	—

注：(1) 对处于年平均相对湿度小于60%的地区一类环境下的受弯构件，其最大裂缝宽度限值可采用括号内的数值。

(2) 在一类环境下，对钢筋混凝土屋架、托架及需做疲劳验算的吊车梁，其最大裂缝宽度限值应取为0.20mm；对钢筋混凝土屋面梁和托架，其最大裂缝宽度限值应取为0.30mm。

(3) 在一类环境下，对预应力混凝土屋架、托架及双向板体系，应按二级裂缝控制等级进行验算。对一类环境下的预应力混凝土屋面梁、托梁、单向板，按表中二a级环境的要求进行验算；在一类和二类环境下的需做疲劳验算的预应力混凝土吊车梁，应按一级裂缝等级进行验算。

(4) 表中规定的预应力混凝土构件的裂缝控制等级和最大裂缝宽度限值仅适用于正截面验算；预应力混凝土构件的斜截面裂缝控制验算应符合本书模块7的要求。

(5) 对于烟囱、筒仓和处于液体压力下的结构构件，其裂缝控制要求应符合专门标准的有关规定。

(6) 对于处于四、五类环境下的结构构件，其裂缝控制要求应符合专门标准的有关规定。

(7) 表中的最大裂缝宽度限值为用于验算荷载作用引起的最大裂缝宽。

表 D15　受拉钢筋基本锚固长度 l_{ab}

钢筋种类	混凝土强度等级								
	C20	C25	C30	C35	C40	C45	C50	C55	≥C60
HPB300	$39d$	$34d$	$30d$	$28d$	$25d$	$24d$	$23d$	$22d$	$21d$
HRB335、HRBF335	$38d$	$33d$	$29d$	$27d$	$25d$	$23d$	$22d$	$21d$	$21d$
HRB400、HRBF400、HRB400	—	$40d$	$35d$	$32d$	$29d$	$28d$	$27d$	$26d$	$25d$
HRB500、HRBF500	—	$48d$	$43d$	$39d$	$36d$	$34d$	$32d$	$31d$	$30d$

表 D16　抗震设计时受拉钢筋基本锚固长度 l_{abE}

钢筋种类		混凝土强度等级								
		C20	C25	C30	C35	C40	C45	C50	C55	≥C60
HPB300	一、二级	$45d$	$39d$	$35d$	$32d$	$29d$	$28d$	$26d$	$25d$	$24d$
	三级	$41d$	$36d$	$32d$	$29d$	$26d$	$25d$	$24d$	$23d$	$22d$
HRB335、HRBF335	一、二级	$44d$	$38d$	$33d$	$31d$	$29d$	$26d$	$25d$	$24d$	$24d$
	三级	$40d$	$35d$	$31d$	$28d$	$26d$	$24d$	$23d$	$22d$	$22d$
HRB400、HRBF400	一、二级	—	$46d$	$40d$	$37d$	$33d$	$32d$	$31d$	$30d$	$29d$
	三级	—	$42d$	$37d$	$34d$	$30d$	$29d$	$28d$	$27d$	$26d$
HRB500、HRBF500	一、二级	—	$55d$	$49d$	$45d$	$41d$	$39d$	$37d$	$36d$	$35d$
	三级	—	$50d$	$45d$	$41d$	$38d$	$36d$	$34d$	$33d$	$32d$

注：(1) 四级抗震时，$l_{abE}=l_{ab}$。

(2) 当锚固钢筋的保护层厚度不大于$5d$时，锚固钢筋长度范围内应设置横向构造钢筋，其直径不应小于$d/4$（d为锚固钢筋的最大直径）；对梁、柱等构件间距不应大于$5d$，对板、墙等构件间距不应大于$10d$，且均不应大于100（d为锚固钢筋的最小直径）。

表 D17 受拉钢筋锚固长度 l_a

钢筋种类	混凝土强度等级																
	C20	C25		C30		C35		C40		C45		C50		C55		≥C60	
	$d \leqslant 25$	$d \leqslant 25$	$d>25$	$d \leqslant 25$	$d>25$	$d \leqslant 25$	$d>25$	$d \leqslant 25$	$d>25$	$d \leqslant 25$	$d>25$	$d \leqslant 25$	$d>25$	$d \leqslant 25$	$d>25$	$d \leqslant 25$	$d>25$
HPB300	39d	34d	—	30d	—	28d	—	25d	—	24d	—	23d	—	22d	—	21d	—
HRB335、HRBF335	38d	33d	—	29d	—	27d	—	25d	—	23d	—	22d	—	21d	—	21d	—
HRB400、HRBF400、HRB400	—	40d	44d	35d	39d	32d	35d	29d	32d	28d	31d	27d	30d	26d	29d	25d	28d
HRB500、HRBF500	—	48d	53d	43d	47d	39d	43d	36d	40d	34d	37d	32d	35d	31d	34d	30d	33d

表 D18 受拉钢筋抗震锚固长度 l_{aE}

钢筋种类及抗震等级		混凝土强度等级																
		C20	C25		C30		C35		C40		C45		C50		C55		≥C60	
		$d \leqslant 25$	$d \leqslant 25$	$d>25$	$d \leqslant 25$	$d>25$	$d \leqslant 25$	$d>25$	$d \leqslant 25$	$d>25$	$d \leqslant 25$	$d>25$	$d \leqslant 25$	$d>25$	$d \leqslant 25$	$d>25$	$d \leqslant 25$	$d>25$
HPB300	一、二级	45d	39d	—	35d	—	32d	—	29d	—	28d	—	26d	—	25d	—	24d	—
	三级	41d	36d	—	32d	—	29d	—	26d	—	25d	—	24d	—	23d	—	22d	—
HRB335、HRBE335	一、二级	44d	38d	—	33d	—	31d	—	29d	—	26d	—	25d	—	24d	—	24d	—
	三级	40d	35d	—	30d	—	28d	—	26d	—	24d	—	23d	—	22d	—	22d	—
HRB400、HRBF400	一、二级	—	46d	51d	40d	45d	37d	40d	33d	37d	32d	36d	31d	35d	30d	33d	29d	32d
	三级	—	42d	46d	37d	41d	34d	37d	30d	34d	29d	33d	28d	32d	27d	30d	26d	29d
HRB500、HRBF500	一、二级	—	55d	61d	49d	54d	45d	49d	41d	46d	39d	43d	37d	40d	36d	39d	35d	38d
	三级	—	50d	56d	45d	49d	41d	45d	38d	42d	36d	39d	34d	37d	33d	36d	32d	35d

注：(1) 当为环氧树脂涂层带肋钢筋时，表中数据尚应乘以 1.25。

(2) 当纵向受拉钢筋施工过程中易受扰动时，表中数据尚应乘以 1.1。

(3) 当锚固长度范围内纵向受力钢筋周边保护层厚度为 3d、5d（d 为锚固钢筋的直径）时，表中数据可分别乘以 0.8、0.7；中间时按内插值。

(4) 当纵向受拉普通钢筋锚固长度修正系数［注(1)～注(3)］多于一项时，可按连乘计算。

(5) 受拉钢筋的锚固长度 l_a、l_{aE} 的计算值不应小于 200mm。

(6) 四级抗震时，$l_{aE}=l_a$。

(7) 当锚固钢筋的保护层厚度不大于 5d 时，锚固钢筋长度范围内应设置横向构造钢筋，其直径不应小于 $d/4$（d 为锚固钢筋的最大直径）；对梁、柱等构件间距不应大于 5d，对板、墙等构件间距不应大于 10d，且均不应大于 100mm（d 为锚固钢筋的最小直径）。

表 D19 纵向受拉钢筋搭接长度 l_l

钢筋种类及同一区段内搭接钢筋面积百分率		混凝土强度等级																
		C20	C25		C30		C35		C40		C45		C50		C55		≥C60	
		d≤25	d≤25	d>25	d≤25	d>25	d≤25	d>25	d≤25	d>25	d≤25	d>25	d≤25	d>25	d≤25	d>25	d≤25	d>25
HPB300	≤25%	47d	41d	—	36d	—	34d	—	30d	—	29d	—	28d	—	26d	—	25d	—
	50%	55d	48d	—	42d	—	39d	—	35d	—	34d	—	32d	—	31d	—	29d	—
	100%	62d	54d	—	48d	—	45d	—	40d	—	38d	—	37d	—	35d	—	34d	—
HRB335 HRBF335	≤25%	45d	40d	—	35d	—	32d	—	30d	—	28d	—	26d	—	25d	—	25d	—
	50%	53d	46d	—	41d	—	38d	—	35d	—	32d	—	31d	—	29d	—	29d	—
	100%	61d	53d	—	46d	—	43d	—	40d	—	37d	—	35d	—	34d	—	34d	—
HRB400 HRBF400 RRB400	≤25%	—	48d	53d	42d	47d	38d	42d	35d	38d	34d	37d	32d	36d	31d	35d	30d	34d
	50%	—	56d	62d	49d	55d	45d	49d	41d	45d	39d	43d	38d	42d	36d	41d	35d	39d
	100%	—	64d	70d	56d	62d	51d	56d	46d	51d	45d	50d	43d	48d	42d	46d	40d	45d
HRB500 HRBF500	≤25%	—	58d	64d	52d	56d	47d	52d	43d	48d	41d	44d	38d	42d	37d	41d	36d	40d
	50%	—	67d	74d	60d	66d	55d	60d	50d	56d	48d	52d	45d	49d	43d	48d	42d	46d
	100%	—	77d	85d	69d	75d	62d	69d	58d	64d	54d	59d	51d	56d	50d	54d	48d	53d

注：(1) 表中数值为纵向受拉钢筋绑扎搭接接头的搭接长度。

(2) 两根不同直径钢筋搭接时，表中 d 取较细钢筋的直径。

(3) 当为环氧树脂涂层带肋钢筋时，表中数据尚应乘以 1.25。

(4) 当纵向受拉钢筋在施工过程中易受扰动时，表中数据尚应乘以 1.1。

(5) 当搭接长度范围内纵向受力钢筋周边保护层厚度为 $3d$、$5d$（d 为搭接钢筋的直径）时，表中数据尚可分别乘以 0.8、0.7；中间时按内插值。

(6) 当上述修正系数 [注(1)～注(5)]多于一项时，可按连乘计算。

(7) 任何情况下，搭接长度不应小于 300mm。

表 D20　纵向受拉钢筋抗震搭接长度 l_{lE}

钢筋种类及同一区段内搭接钢筋面积百分率			C20	C25		C30		C35		C40		C45		C50		C55		≥C60	
			$d\leqslant25$	$d\leqslant25$	$d>25$	$d\leqslant25$	$d>25$	$d\leqslant25$	$d>25$	$d\leqslant25$	$d>25$	$d\leqslant25$	$d>25$	$d\leqslant25$	$d>25$	$d\leqslant25$	$d>25$	$d\leqslant25$	$d>25$
一、二级抗震等级	HPB300	≤25%	54*d*	47*d*	—	42*d*	—	38*d*	—	35*d*	—	34*d*	—	31*d*	—	30*d*	—	29*d*	—
		50%	63*d*	55*d*	—	49*d*	—	45*d*	—	41*d*	—	39*d*	—	36*d*	—	35*d*	—	34*d*	—
	HRB335 HRBF335	≤25%	53*d*	46*d*	—	40*d*	—	37*d*	—	35*d*	—	31*d*	—	30*d*	—	29*d*	—	29*d*	—
		50%	62*d*	53*d*	—	46*d*	—	43*d*	—	41*d*	—	36*d*	—	35*d*	—	34*d*	—	34*d*	—
	HRB400 HRBF400	≤25%	—	55*d*	61*d*	48*d*	54*d*	44*d*	48*d*	40*d*	44*d*	38*d*	43*d*	37*d*	42*d*	36*d*	40*d*	35*d*	38*d*
		50%	—	64*d*	71*d*	56*d*	63*d*	52*d*	56*d*	46*d*	52*d*	45*d*	50*d*	43*d*	49*d*	42*d*	46*d*	41*d*	45*d*
	HRB500 HRBF500	≤25%	—	66*d*	73*d*	59*d*	65*d*	54*d*	59*d*	49*d*	55*d*	47*d*	52*d*	44*d*	48*d*	43*d*	47*d*	42*d*	46*d*
		50%	—	77*d*	85*d*	69*d*	76*d*	63*d*	69*d*	57*d*	64*d*	55*d*	60*d*	52*d*	56*d*	50*d*	55*d*	49*d*	53*d*
三级抗震等级	HPB300	≤25%	49*d*	43*d*	—	38*d*	—	35*d*	—	31*d*	—	30*d*	—	29*d*	—	28*d*	—	26*d*	—
		50%	57*d*	50*d*	—	45*d*	—	41*d*	—	36*d*	—	35*d*	—	34*d*	—	32*d*	—	31*d*	—
	HRB335 HRBF335	≤25%	48*d*	42*d*	—	36*d*	—	34*d*	—	31*d*	—	29*d*	—	28*d*	—	26*d*	—	26*d*	—
		50%	56*d*	49*d*	—	42*d*	—	39*d*	—	36*d*	—	34*d*	—	32*d*	—	31*d*	—	31*d*	—
	HRB400 HRBF400	≤25%	—	50*d*	55*d*	44*d*	49*d*	41*d*	44*d*	36*d*	41*d*	35*d*	40*d*	34*d*	38*d*	32*d*	36*d*	31*d*	35*d*
		50%	—	59*d*	64*d*	52*d*	57*d*	48*d*	52*d*	42*d*	48*d*	41*d*	46*d*	39*d*	45*d*	38*d*	42*d*	36*d*	41*d*
	HRB500 HRBF500	≤25%	—	60*d*	67*d*	54*d*	59*d*	49*d*	54*d*	46*d*	50*d*	43*d*	47*d*	41*d*	44*d*	40*d*	43*d*	38*d*	42*d*
		50%	—	70*d*	78*d*	63*d*	69*d*	57*d*	63*d*	53*d*	59*d*	50*d*	55*d*	48*d*	52*d*	46*d*	50*d*	45*d*	49*d*

注：(1) 表中数值为纵向受拉钢筋绑扎搭接接头的搭接长度。
(2) 两根不同直径钢筋搭接时，表中 d 取较细钢筋直径。
(3) 当为环氧树脂涂层带肋钢筋时，表中数据尚应乘以 1.25。
(4) 当纵向受拉钢筋在施工过程中易受扰动时，表中数据尚应乘以 1.1。
(5) 当搭接长度范围内纵向受力钢筋周边保护层厚度为 $3d$、$5d$（d 为搭接钢筋的直径）时，表中数据尚可分别乘以 0.8、0.7；中间时按内插值。
(6) 当上述修正系数［注(3)～注(5)］多于一项时，可按连乘计算。
(7) 任何情况下，搭接长度不应小于 300mm。
(8) 四级抗震等级时，$l_{lE}=l_l$，详见 16G101—1 图集第 60 页。

参 考 文 献

[1] 丁梧秀．地基与基础[M]. 郑州：郑州大学出版社，2006.

[2] 周绥平．钢结构[M]. 武汉：武汉理工大学出版社，2003.

[3] 杜绍堂．钢结构施工[M]. 北京：高等教育出版社，2005.

[4] 罗向荣．钢筋混凝土结构[M]. 北京：高等教育出版社，2004.

[5] 侯治国，周绥平．混凝土结构[M]. 武汉：武汉理工大学出版社，2002.

[6] 王振武，张伟．混凝土结构[M]. 北京：科学技术出版社，2005.

[7] 叶列平．混凝土结构[M]. 北京：清华大学出版社，2005.

[8] 蓝宗建．混凝土结构设计原理[M]. 南京：东南大学出版社，2002.

[9] 罗福午，方鄂华，叶知满．混凝土结构与砌体结构[M]. 北京：中国建筑工业出版社，2003.

[10] 王祖华．混凝土与砌体结构[M]. 广州：华南理工大学出版社，2005.

[11] 侯治国，周绥平．建筑结构[M]. 武汉：武汉理工大学出版社，2003.

[12] 邵秀英．建筑结构[M]. 北京：机械工业出版社，2009.

[13] 吴承霞．建筑结构与识图[M]. 北京：高等教育出版社，2012.

[14] 熊丹安．建筑结构[M]. 广州：华南理工大学出版社，2006.

[15] 杨鼎久．建筑结构[M]. 北京：机械工业出版社，2008.

[16] 张学宏．建筑结构[M]. 北京：中国建筑工业出版社，2004.

[17] 杨太生．建筑结构基础与识图[M]. 北京：中国建筑工业出版社，2008.

[18] 张小云．建筑抗震[M]. 北京：高等教育出版社，2008.

[19] 刘丽华，王晓天．建筑力学[M]. 北京：中国电力出版社，2004.

[20] 石立安．建筑力学[M]. 武汉：华中科技大学出版社，2006.

[21] 胡兴福．建筑力学与结构[M]. 武汉：武汉理工大学出版社，2007.

[22] 李春亭，张庆霞．建筑力学与结构[M]. 北京：人民交通出版社，2007.

[23] 周道君，田海风．建筑力学与结构[M]. 北京：中国电力出版社，2005.

[24] 岑欣华．建筑力学与结构基础[M]. 北京：中国建筑工业出版社，2004.

[25] 陈安生．建筑力学与结构基础[M]. 北京：中国建筑工业出版社，2003.

[26] 张小平．建筑识图与房屋构造[M]. 武汉：武汉工业大学出版社，2008.

[27] 白丽红．建筑制图与识图[M]. 北京：北京大学出版社，2009.

[28] 陆叔华．建筑制图与识图[M]. 北京：高等教育出版社，2007.

[29] 李思丽．建筑制图与阴影透视[M]. 北京：机械工业出版社，2007.

[30] 唐岱新．砌体结构[M]. 北京：高等教育出版社，2010.

[31] 林贤根．土木工程力学(少学时)[M]. 北京：机械工业出版社，2006.

[32] 江见鲸，等．建筑工程事故分析与处理[M]. 北京：中国建筑工业出版社，2006.

[33] 吴承霞．混凝土与砌体结构[M]. 北京：中国建筑工业出版社，2012.

[34] 刘立新．混凝土结构原理[M]. 武汉：武汉理工大学出版社，2011.

[35] 胡兴福．建筑结构[M]. 2 版．北京：中国建筑工业出版社，2012.

[36] 刘立新．砌体结构[M]. 3 版．武汉：武汉理工大学出版社，2011.

[37]《钢结构设计规范》(GB 50017—2003).

[38]《高层民用建筑设计防火规范(2005 年版)》(GB 50045—1995).

[39]《混凝土结构设计规范（2015 年版）》(GB 50010—2010).
[40]《混凝土结构施工图平面整体表示方法制图规则和构造详图》(16G101).
[41]《建筑地基基础设计规范》(GB 50007—2011).
[42]《建筑工程抗震设防分类标准》(GB 50223—2008).
[43]《建筑结构荷载规范》(GB 50009—2012).
[44]《建筑结构可靠性设计统一标准》(GB 50068—2018).
[45]《建筑结构制图标准》(GB/T 50105—2010).
[46]《建筑抗震设计规范(2016 年版)》(GB 50011—2010).
[47]《民用建筑设计通则》(GB 50352—2005).
[48]《砌体结构设计规范》(GB 50003—2011).
[49]《岩土工程勘察规范》(GB 50021—2001).
[50]《高层建筑混凝土结构技术规程》(JGJ 3—2010).

北京大学出版社高职高专土建系列教材书目

序号	书　名	书　号	编著者	定价	出版时间	配套情况
	"互联网+"创新规划教材					
1	建筑工程概论(修订版)	978-7-301-25934-4	申淑荣等	41.00	2019.8	PPT/二维码
2	建筑构造(第二版)(修订版)	978-7-301-26480-5	肖　芳	46.00	2019.8	APP/PPT/二维码
3	建筑三维平法结构图集(第二版)	978-7-301-29049-1	傅华夏	68.00	2018.1	APP
4	建筑三维平法结构识图教程(第二版)(修订版)	978-7-301-29121-4	傅华夏	69.50	2019.8	APP/PPT
5	建筑构造与识图	978-7-301-27838-3	孙　伟	40.00	2017.1	APP/二维码
6	建筑识图与构造	978-7-301-28876-4	林秋怡等	46.00	2017.11	PPT/二维码
7	建筑结构基础与识图	978-7-301-27215-2	周　晖	58.00	2016.9	APP/二维码
8	建筑工程制图与识图(第三版)	978-7-301-30618-5	白丽红等	42.00	2019.10	APP/二维码
9	建筑制图习题集(第三版)	978-7-301-30425-9	白丽红等	28.00	2019.5	APP/答案
10	建筑制图(第三版)	978-7-301-28411-7	高丽荣	39.00	2017.7	APP/PPT/二维码
11	建筑制图习题集(第三版)	978-7-301-27897-0	高丽荣	36.00	2017.7	APP
12	AutoCAD 建筑制图教程(第三版)	978-7-301-29036-1	郭　慧	49.00	2018.4	PPT/素材/二维码
13	建筑装饰构造(第二版)	978-7-301-26572-7	赵志文等	42.00	2016.1	PPT/二维码
14	建筑工程施工技术(第三版)	978-7-301-27675-4	钟汉华等	66.00	2016.11	APP/二维码
15	建筑施工技术(第三版)	978-7-301-28575-6	陈雄辉	54.00	2018.1	PPT/二维码
16	建筑施工技术	978-7-301-28756-9	陆艳侠	58.00	2018.1	PPT/二维码
17	建筑施工技术	978-7-301-29854-1	徐　淳	59.50	2018.9	APP/PPT/二维码
18	高层建筑施工	978-7-301-28232-8	吴俊臣	65.00	2017.4	PPT/答案
19	建筑力学(第三版)	978-7-301-28600-5	刘明晖	55.00	2017.8	PPT/二维码
20	建筑力学与结构(少学时版)(第二版)	978-7-301-29022-4	吴承霞等	46.00	2017.12	PPT/答案
21	建筑力学与结构(第三版)	978-7-301-29209-9	吴承霞等	59.50	2018.5	APP/PPT/二维码
22	工程地质与土力学（第三版）	978-7-301-30230-9	杨仲元	50.00	2019.3	PPT/二维码
23	建筑施工机械(第二版)	978-7-301-28247-2	吴志强等	35.00	2017.5	PPT/答案
24	建筑设备基础知识与识图(第二版)(修订版)	978-7-301-24586-6	靳慧征等	59.50	2019.7	二维码
25	建筑供配电与照明工程	978-7-301-29227-3	羊　梅	38.00	2018.2	PPT/答案/二维码
26	建筑工程测量(第二版)	978-7-301-28296-0	石　东等	51.00	2017.5	PPT/二维码
27	建筑工程测量(第三版)	978-7-301-29113-9	张敬伟等	49.00	2018.1	PPT/答案/二维码
28	建筑工程测量实验与实训指导(第三版)	978-7-301-29112-2	张敬伟等	29.00	2018.1	答案/二维码
29	建筑工程资料管理(第二版)	978-7-301-29210-5	孙　刚等	47.00	2018.3	PPT/二维码
30	建筑工程质量与安全管理(第二版)	978-7-301-27219-0	郑　伟	55.00	2016.8	PPT/二维码
31	建筑工程质量事故分析(第三版)	978-7-301-29305-8	郑文新等	39.00	2018.8	PPT/二维码
32	建设工程监理概论（第三版）	978-7-301-28832-0	徐锡权等	48.00	2018.2	PPT/答案/二维码
33	工程建设监理案例分析教程(第二版)	978-7-301-27864-2	刘志麟等	50.00	2017.1	PPT/二维码
34	工程项目招投标与合同管理(第三版)	978-7-301-28439-1	周艳冬	44.00	2017.7	PPT/二维码
35	工程项目招投标与合同管理(第三版)	978-7-301-29692-9	李洪军等	47.00	2018.8	PPT/二维码
36	建设工程项目管理（第三版）	978-7-301-30314-6	王　辉	40.00	2019.6	PPT/二维码
37	建设工程法规(第三版)	978-7-301-29221-1	皇甫婧琪	45.00	2018.4	PPT/二维码
38	建筑工程经济(第三版)	978-7-301-28723-1	张宁宁等	38.00	2017.9	PPT/答案/二维码
39	建筑施工企业会计（第三版）	978-7-301-30273-6	辛艳红	44.00	2019.3	PPT/二维码
40	建筑工程施工组织设计(第二版)	978-7-301-29103-0	鄢维峰等	37.00	2018.1	PPT/答案/二维码
41	建筑工程施工组织实训(第二版)	978-7-301-30176-0	鄢维峰等	41.00	2019.1	PPT/二维码
42	建筑施工组织设计	978-7-301-30236-1	徐运明等	43.00	2019.1	PPT/二维码
43	建设工程造价控制与管理（修订版）	978-7-301-24273-5	胡芳珍等	46.00	2019.8	PPT/答案/二维码
44	建筑工程计量与计价——透过案例学造价(第二版)	978-7-301-23852-3	张　强	59.00	2017.1	PPT/二维码
45	建筑工程计量与计价	978-7-301-27866-6	吴育萍等	49.00	2017.1	PPT/二维码
46	安装工程计量与计价(第四版)	978-7-301-16737-3	冯　钢	59.00	2018.1	PPT/答案/二维码
47	建筑工程材料	978-7-301-28982-2	向积波等	42.00	2018.1	PPT/二维码
48	建筑材料与检测(第二版)	978-7-301-25347-2	梅　杨等	35.00	2015.2	PPT/答案/二维码
49	建筑材料与检测	978-7-301-28809-2	陈玉萍	44.00	2017.11	PPT/二维码
50	建筑材料与检测实验指导（第二版）	978-7-301-30269-9	王美芬等	24.00	2019.3	二维码
51	市政工程概论	978-7-301-28260-1	郭　福等	46.00	2017.5	PPT/二维码
52	市政工程计量与计价(第三版)	978-7-301-27983-0	郭良娟等	59.00	2017.2	PPT/二维码

序号	书　　名	书　　号	编著者	定价	出版时间	配套情况
53	市政管道工程施工	978-7-301-26629-8	雷彩虹	46.00	2016.5	PPT/二维码
54	市政道路工程施工	978-7-301-26632-8	张雪丽	49.00	2016.5	PPT/二维码
55	市政工程材料检测	978-7-301-29572-2	李继伟等	44.00	2018.9	PPT/二维码
56	中外建筑史(第三版)	978-7-301-28689-0	袁新华等	42.00	2017.9	PPT/二维码
57	房地产投资分析	978-7-301-27529-0	刘永胜	47.00	2016.9	PPT/二维码
58	城乡规划原理与设计(原城市规划原理与设计)	978-7-301-27771-3	谭婧婧等	43.00	2017.1	PPT/素材/二维码
59	BIM 应用：Revit 建筑案例教程（修订版）	978-7-301-29693-6	林标锋等	58.00	2019.8	APP/PPT/二维码/试题/教案
60	居住区规划设计（第二版）	978-7-301-30133-3	张　燕	59.00	2019.5	PPT/二维码
61	建筑水电安装工程计量与计价(第二版) (修订版)	978-7-301-26329-7	陈连姝	62.00	2019.7	PPT/二维码
62	建筑设备识图与施工工艺(第 2 版)（修订版）	978-7-301-25254-3	周业梅	48.00	2019.8	PPT/二维码
“十二五”职业教育国家规划教材						
1	★建设工程招投标与合同管理(第四版)（修订版）	978-7-301-29827-5	宋春岩	44.00	2019.9	PPT/答案/试题/教案
2	★工程造价概论（修订版）	978-7-301-24696-2	周艳冬	45.00	2019.8	PPT/答案/二维码
3	★建筑装饰施工技术(第二版)	978-7-301-24482-1	王　军	39.00	2014.7	PPT
4	★建筑工程应用文写作(第二版)	978-7-301-24480-7	赵　立等	50.00	2014.8	PPT
5	★建筑工程经济(第二版)	978-7-301-24492-0	胡六星等	41.00	2014.9	PPT/答案
6	★建设工程监理(第二版)	978-7-301-24490-6	斯　庆	35.00	2015.1	PPT/答案
7	★建筑节能工程与施工	978-7-301-24274-2	吴明军等	35.00	2015.5	PPT
8	★土木工程实用力学(第二版)	978-7-301-24681-8	马景善	47.00	2015.7	PPT
9	★建筑工程计量与计价(第三版)（修订版）	978-7-301-25344-1	肖明和等	60.00	2019.9	APP/二维码
10	★建筑工程计量与计价实训(第三版)	978-7-301-25345-8	肖明和等	29.00	2015.7	
基础课程						
1	建设法规及相关知识	978-7-301-22748-0	唐茂华等	34.00	2013.9	PPT
2	建筑工程法规实务(第二版)	978-7-301-26188-0	杨陈慧等	49.50	2017.6	PPT
3	建筑法规	978-7301-19371-6	董　伟等	39.00	2011.9	PPT
4	建设工程法规	978-7-301-20912-7	王先恕	32.00	2012.7	PPT
5	AutoCAD 建筑绘图教程(第二版)	978-7-301-24540-8	唐英敏等	44.00	2014.7	PPT
6	建筑 CAD 项目教程(2010 版)	978-7-301-20979-0	郭　慧	38.00	2012.9	素材
7	建筑工程专业英语(第二版)	978-7-301-26597-0	吴承霞	24.00	2016.2	PPT
8	建筑工程专业英语	978-7-301-20003-2	韩　薇等	24.00	2012.2	PPT
9	建筑识图与构造(第二版)	978-7-301-23774-8	郑贵超	40.00	2014.2	PPT/答案
10	房屋建筑构造	978-7-301-19883-4	李少红	26.00	2012.1	PPT
11	建筑识图	978-7-301-21893-8	邓志勇等	35.00	2013.1	PPT
12	建筑识图与房屋构造	978-7-301-22860-9	贠　禄等	54.00	2013.9	PPT/答案
13	建筑构造与设计	978-7-301-23506-5	陈玉萍	38.00	2014.1	PPT/答案
14	房屋建筑构造	978-7-301-23588-1	李元玲等	45.00	2014.1	PPT
15	房屋建筑构造习题集	978-7-301-26005-0	李元玲	26.00	2015.8	PPT/答案
16	建筑构造与施工图识读	978-7-301-24470-8	南学平	52.00	2014.8	PPT
17	建筑工程识图实训教程	978-7-301-26057-9	孙　伟	32.00	2015.12	PPT
18	◎建筑工程制图(第二版)(附习题册)	978-7-301-21120-5	肖明和	48.00	2012.8	PPT
19	建筑制图与识图(第二版)	978-7-301-24386-2	曹雪梅	38.00	2015.8	PPT
20	建筑制图与识图习题册	978-7-301-18652-7	曹雪梅等	30.00	2011.4	
21	建筑制图与识图(第二版)	978-7-301-25834-7	李元玲	32.00	2016.9	PPT
22	建筑制图与识图习题集	978-7-301-20425-2	李元玲	24.00	2012.3	PPT
23	新编建筑工程制图	978-7-301-21140-3	方筱松	30.00	2012.8	PPT
24	新编建筑工程制图习题集	978-7-301-16834-9	方筱松	22.00	2012.8	
建筑施工类						
1	建筑工程测量	978-7-301-16727-4	赵景利	30.00	2010.2	PPT/答案
2	建筑工程测量实训(第二版)	978-7-301-24833-1	杨凤华	34.00	2015.3	答案
3	建筑工程测量	978-7-301-19992-3	潘益民	38.00	2012.2	PPT
4	建筑工程测量	978-7-301-28757-6	赵　昕	50.00	2018.1	PPT/二维码
5	建筑工程测量	978-7-301-22485-4	景　铎等	34.00	2013.6	PPT
6	建筑施工技术	978-7-301-16726-7	叶　雯等	44.00	2010.8	PPT/素材
7	建筑施工技术	978-7-301-19997-8	苏小梅	38.00	2012.1	PPT
8	基础工程施工	978-7-301-20917-2	董　伟等	35.00	2012.7	PPT

序号	书　　名	书　　号	编著者	定价	出版时间	配套情况
9	建筑施工技术实训(第二版)	978-7-301-24368-8	周晓龙	30.00	2014.7	
10	PKPM 软件的应用(第二版)	978-7-301-22625-4	王　娜等	34.00	2013.6	
11	◎建筑结构(第二版)(上册)	978-7-301-21106-9	徐锡权	41.00	2013.4	PPT/答案
12	◎建筑结构(第二版)(下册)	978-7-301-22584-4	徐锡权	42.00	2013.6	PPT/答案
13	建筑结构学习指导与技能训练(上册)	978-7-301-25929-0	徐锡权	28.00	2015.8	PPT
14	建筑结构学习指导与技能训练(下册)	978-7-301-25933-7	徐锡权	28.00	2015.8	PPT
15	建筑结构(第二版)	978-7-301-25832-3	唐春平等	48.00	2018.6	PPT
16	建筑结构基础	978-7-301-21125-0	王中发	36.00	2012.8	PPT
17	建筑结构原理及应用	978-7-301-18732-6	史美东	45.00	2012.8	PPT
18	建筑结构与识图	978-7-301-26935-0	相秉志	37.00	2016.2	
19	建筑力学与结构	978-7-301-20988-2	陈水广	32.00	2012.8	PPT
20	建筑力学与结构	978-7-301-23348-1	杨丽君等	44.00	2014.1	PPT
21	建筑结构与施工图	978-7-301-22188-4	朱希文等	35.00	2013.3	PPT
22	建筑材料(第二版)	978-7-301-24633-7	林祖宏	35.00	2014.8	PPT
23	建筑材料与检测(第二版)	978-7-301-26550-5	王　辉	40.00	2016.1	PPT
24	建筑材料与检测试验指导(第二版)	978-7-301-28471-1	王　辉	23.00	2017.7	PPT
25	建筑材料选择与应用	978-7-301-21948-5	申淑荣等	39.00	2013.3	PPT
26	建筑材料检测实训	978-7-301-22317-8	申淑荣等	24.00	2013.4	
27	建筑材料	978-7-301-24208-7	任晓菲	40.00	2014.7	PPT/答案
28	建筑材料检测试验指导	978-7-301-24782-2	陈东佐等	20.00	2014.9	PPT
29	◎地基与基础(第二版)	978-7-301-23304-7	肖明和等	42.00	2013.11	PPT/答案
30	地基与基础实训	978-7-301-23174-6	肖明和等	25.00	2013.10	PPT
31	土力学与基础工程	978-7-301-23590-4	宁培淋等	32.00	2014.1	PPT
32	土力学与地基基础	978-7-301-25525-4	陈东佐	45.00	2015.2	PPT/答案
33	建筑施工组织与进度控制	978-7-301-21223-3	张廷瑞	36.00	2012.9	PPT
34	建筑施工组织项目式教程	978-7-301-19901-5	杨红玉	44.00	2012.1	PPT/答案
35	钢筋混凝土工程施工与组织	978-7-301-19587-1	高　雁	32.00	2012.5	PPT
36	建筑施工工艺	978-7-301-24687-0	李源清等	49.50	2015.1	PPT/答案
		工程管理类				
1	建筑工程经济	978-7-301-24346-6	刘晓丽等	38.00	2014.7	PPT/答案
2	建筑工程项目管理(第二版)	978-7-301-26944-2	范红岩等	42.00	2016. 3	PPT
3	建设工程项目管理(第二版)	978-7-301-28235-9	冯松山等	45.00	2017.6	PPT
4	建筑施工组织与管理(第二版)	978-7-301-22149-5	翟丽旻等	43.00	2013.4	PPT/答案
5	建设工程合同管理	978-7-301-22612-4	刘庭江	46.00	2013.6	PPT/答案
6	建筑工程招投标与合同管理	978-7-301-16802-8	程超胜	30.00	2012.9	PPT
7	工程招投标与合同管理实务	978-7-301-19035-7	杨甲奇等	48.00	2011.8	ppt
8	工程招投标与合同管理实务	978-7-301-19290-0	郑文新等	43.00	2011.8	ppt
9	建设工程招投标与合同管理实务	978-7-301-20404-7	杨云会等	42.00	2012.4	PPT/答案/习题
10	工程招投标与合同管理	978-7-301-17455-5	文新平	37.00	2012.9	PPT
11	建筑工程安全管理(第 2 版)	978-7-301-25480-6	宋　健等	43.00	2015.8	PPT/答案
12	施工项目质量与安全管理	978-7-301-21275-2	钟汉华	45.00	2012.10	PPT/答案
13	工程造价控制(第 2 版)	978-7-301-24594-1	斯　庆	32.00	2014.8	PPT/答案
14	工程造价管理(第二版)	978-7-301-27050-9	徐锡权等	44.00	2016.5	PPT
15	建筑工程造价管理	978-7-301-20360-6	柴　琦等	27.00	2012.3	PPT
16	工程造价管理(第 2 版)	978-7-301-28269-4	曾　浩等	38.00	2017.5	PPT/答案
17	工程造价案例分析	978-7-301-22985-9	甄　凤	30.00	2013.8	PPT
18	◎建筑工程造价	978-7-301-21892-1	孙咏梅	40.00	2013.2	PPT
19	建筑工程计量与计价	978-7-301-26570-3	杨建林	46.00	2016.1	PPT
20	建筑工程计量与计价综合实训	978-7-301-23568-3	龚小兰	28.00	2014.1	
21	建筑工程估价	978-7-301-22802-9	张　英	43.00	2013.8	PPT
22	安装工程计量与计价综合实训	978-7-301-23294-1	成春燕	49.00	2013.10	素材
23	建筑安装工程计量与计价	978-7-301-26004-3	景巧玲等	56.00	2016.1	PPT
24	建筑安装工程计量与计价实训(第二版)	978-7-301-25683-1	景巧玲等	36.00	2015.7	
25	建筑与装饰装修工程工程量清单(第二版)	978-7-301-25753-1	翟丽旻等	36.00	2015.5	PPT
26	建筑工程清单编制	978-7-301-19387-7	叶晓容	24.00	2011.8	PPT
27	建设项目评估(第二版)	978-7-301-28708-8	高志云等	38.00	2017.9	PPT
28	钢筋工程清单编制	978-7-301-20114-5	贾莲英	36.00	2012.2	PPT
29	建筑装饰工程预算(第二版)	978-7-301-25801-9	范菊雨	44.00	2015.7	PPT

序号	书　　名	书　　号	编著者	定价	出版时间	配套情况
30	建筑装饰工程计量与计价	978-7-301-20055-1	李茂英	42.00	2012.2	PPT
31	建筑工程安全技术与管理实务	978-7-301-21187-8	沈万岳	48.00	2012.9	PPT
		建筑设计类				
1	建筑装饰 CAD 项目教程	978-7-301-20950-9	郭　慧	35.00	2013.1	PPT/素材
2	建筑设计基础	978-7-301-25961-0	周圆圆	42.00	2015.7	
3	室内设计基础	978-7-301-15613-1	李书青	32.00	2009.8	PPT
4	建筑装饰材料(第二版)	978-7-301-22356-7	焦　涛等	34.00	2013.5	PPT
5	设计构成	978-7-301-15504-2	戴碧锋	30.00	2009.8	PPT
6	设计色彩	978-7-301-21211-0	龙黎黎	46.00	2012.9	PPT
7	设计素描	978-7-301-22391-8	司马金桃	29.00	2013.4	PPT
8	建筑素描表现与创意	978-7-301-15541-7	于修国	25.00	2009.8	
9	3ds Max 效果图制作	978-7-301-22870-8	刘　晗等	45.00	2013.7	PPT
10	Photoshop 效果图后期制作	978-7-301-16073-2	脱忠伟等	52.00	2011.1	素材
11	3ds Max & V-Ray 建筑设计表现案例教程	978-7-301-25093-8	郑恩峰	40.00	2014.12	PPT
12	建筑表现技法	978-7-301-19216-0	张　峰	32.00	2011.8	PPT
13	装饰施工读图与识图	978-7-301-19991-6	杨丽君	33.00	2012.5	PPT
14	构成设计	978-7-301-24130-1	耿雪莉	49.00	2014.6	PPT
15	装饰材料与施工(第 2 版)	978-7-301-25049-5	宋志春	41.00	2015.6	PPT
		规划园林类				
1	居住区景观设计	978-7-301-20587-7	张群成	47.00	2012.5	PPT
2	园林植物识别与应用	978-7-301-17485-2	潘　利等	34.00	2012.9	PPT
3	园林工程施工组织管理	978-7-301-22364-2	潘　利等	35.00	2013.4	PPT
4	园林景观计算机辅助设计	978-7-301-24500-2	于化强等	48.00	2014.8	PPT
5	建筑・园林・装饰设计初步	978-7-301-24575-0	王金贵	38.00	2014.10	PPT
		房地产类				
1	房地产开发与经营(第 2 版)	978-7-301-23084-8	张建中等	33.00	2013.9	PPT/答案
2	房地产估价(第 2 版)	978-7-301-22945-3	张　勇等	35.00	2013.9	PPT/答案
3	房地产估价理论与实务	978-7-301-19327-3	褚菁晶	35.00	2011.8	PPT/答案
4	物业管理理论与实务	978-7-301-19354-9	裴艳慧	52.00	2011.9	PPT
5	房地产营销与策划	978-7-301-18731-9	应佐萍	42.00	2012.8	PPT
6	房地产投资分析与实务	978-7-301-24832-4	高志云	35.00	2014.9	PPT
7	物业管理实务	978-7-301-27163-6	胡大见	44.00	2016.6	
		市政与路桥				
1	市政工程施工图案例图集	978-7-301-24824-9	陈亿琳	43.00	2015.3	PDF
2	市政工程计价	978-7-301-22117-4	彭以舟等	39.00	2013.3	PPT
3	市政桥梁工程	978-7-301-16688-8	刘　江等	42.00	2010.8	PPT/素材
4	市政工程材料	978-7-301-22452-6	郑晓国	37.00	2013.5	PPT
5	路基路面工程	978-7-301-19299-3	偶昌宝等	34.00	2011.8	PPT/素材
6	道路工程技术	978-7-301-19363-1	刘　雨等	33.00	2011.12	PPT
7	城市道路设计与施工	978-7-301-21947-8	吴颖峰	39.00	2013.1	PPT
8	建筑给排水工程技术	978-7-301-25224-6	刘　芳等	46.00	2014.12	PPT
9	建筑给水排水工程	978-7-301-20047-6	叶巧云	38.00	2012.2	PPT
10	数字测图技术	978-7-301-22656-8	赵　红	36.00	2013.6	PPT
11	数字测图技术实训指导	978-7-301-22679-7	赵　红	27.00	2013.6	PPT
12	道路工程测量(含技能训练手册)	978-7-301-21967-6	田树涛等	45.00	2013.2	PPT
13	道路工程识图与 AutoCAD	978-7-301-26210-8	王容玲等	35.00	2016.1	PPT
		交通运输类				
1	桥梁施工与维护	978-7-301-23834-9	梁　斌	50.00	2014.2	PPT
2	铁路轨道施工与维护	978-7-301-23524-9	梁　斌	36.00	2014.1	PPT
3	铁路轨道构造	978-7-301-23153-1	梁　斌	32.00	2013.10	PPT
4	城市公共交通运营管理	978-7-301-24108-0	张洪满	40.00	2014.5	PPT
5	城市轨道交通车站行车工作	978-7-301-24210-0	操　杰	31.00	2014.7	PPT
6	公路运输计划与调度实训教程	978-7-301-24503-3	高福军	31.00	2014.7	PPT/答案
		建筑设备类				
1	水泵与水泵站技术	978-7-301-22510-3	刘振华	40.00	2013.5	PPT
2	智能建筑环境设备自动化	978-7-301-21090-1	余志强	40.00	2012.8	PPT
3	流体力学及泵与风机	978-7-301-25279-6	王　宁等	35.00	2015.1	PPT/答案

注：为"互联网+"创新规划教材；★为"十二五"职业教育国家规划教材；◎为国家级、省级精品课程配套教材，省重点教材。如需相关教学资源如电子课件、习题答案、样书等可联系我们获取。联系方式：010-62756290，010-62750667，pup_6@163.com，欢迎来电咨询。